Veröffentlichungen der
Carl Friedrich von Siemens Stiftung
herausgegeben von
Heinz Gumin und Heinrich Meier

Band 1
Die Herausforderung der Evolutionsbiologie

Band 2
Die Zeit

SERIE PIPER
Band 1024

Zu diesem Buch

Die Zeit ist das Thema dieses Buches. Gemeint ist hier nicht „unsere Epoche" oder „die Gegenwart", vielmehr eine Dimension, die Zeit in ihrer Bedeutungsvielfalt. Diskutiert wird die Zeit als Thema von Geistes- und Naturwissenschaften. Die Autoren der Beiträge sind renommierte Forscher, die Texte überarbeitete Beiträge einer Vortragsreihe aus dem Jahr 1981. Veranstaltet wurde diese Reihe von der Carl Friedrich von Siemens Stiftung in München.

Neben der Physik (Blaser, Lüscher, Wheeler), der physikalischen Chemie (Eigen), der Physiologie (Aschoff, Grüsser), der Psychiatrie (Heimann) sind die Psychologie (Pöppel), die Ägyptologie (Assmann), die klassische Philologie (Cancik), die Theologie (Colpe), die Rechtswissenschaft (Häberle), die Geschichtswissenschaft (Seibt) und die Musikwissenschaft (Epstein) vertreten. Dies macht deutlich, daß eine angemessene Auseinandersetzung mit dem Thema Zeit nur interdisziplinär erfolgen kann.

DIE ZEIT

Dauer und Augenblick

Mit Beiträgen von
Jürgen Aschoff, Jan Assmann, Jean-Pierre Blaser,
Hubert Cancik, Carsten Colpe, Manfred Eigen,
David Epstein, Otto-Joachim Grüsser, Peter Häberle,
Hans Heimann, Edgar Lüscher, Ernst Pöppel,
Ferdinand Seibt und John A. Wheeler

Mit 51 Abbildungen

Piper
München Zürich

In der Serie Piper liegt außerdem vor:
Heinrich Meier (Hrsg.)
Die Herausforderung der Evolutionsbiologie (997)

Weitere Bände sind in Vorbereitung.

ISBN 3-492-11024-X
Dezember 1989
R. Piper GmbH & Co. KG, München
Lizenzausgabe mit Genehmigung des
R. Oldenbourg Verlags, München
© R. Oldenbourg Verlags GmbH, München 1983
Umschlag: Federico Luci,
unter Verwendung des Gemäldes
„Die Sanduhr" (1973) von Bruno Goller
Staatsgalerie moderner Kunst, München
(Sammlung Theo Wormland)
Satz: R. Oldenbourg Graphische Betriebe GmbH, München
Druck und Bindung: Clausen & Bosse, Leck
Printed in Germany

Inhalt

Editorische Vorbemerkung I

I

JEAN-PIERRE BLASER (Zürich)
Die Zeit in der Physik 1

JOHN A. WHEELER (Austin/Texas)
Jenseits aller Zeitlichkeit 17
Anfang und Ende der physikalischen Zeitskala

MANFRED EIGEN (Göttingen)
Evolution und Zeitlichkeit 35

HANS HEIMANN (Tübingen)
Zeitstrukturen in der Psychopathologie 59

OTTO-JOACHIM GRÜSSER (Berlin)
Zeit und Gehirn 79
Zeitliche Aspekte der Signalverarbeitung in den Sinnesorganen
und im Zentralnervensystem

JÜRGEN ASCHOFF (Seewiesen)
Die innere Uhr des Menschen 133

II

FERDINAND SEIBT (Bochum)
*Die Zeit als Kategorie der Geschichte und als Kondition
des historischen Sinns* 145

JAN ASSMANN (Heidelberg)
Das Doppelgesicht der Zeit im altägyptischen Denken 189

CARSTEN COLPE (Berlin)
*Die Zeit in drei asiatischen Hochkulturen
(Babylon – Iran – Indien)* 225

HUBERT CANCIK (Tübingen)
Die Rechtfertigung Gottes durch den „Fortschritt der Zeiten" . . 257
Zur Differenz jüdisch-christlicher und hellenisch-römischer
Zeit- und Geschichtsvorstellungen

PETER HÄBERLE (Bayreuth, St. Gallen)
Zeit und Verfassungskultur 289

DAVID EPSTEIN (Harvard)
Das Erlebnis der Zeit in der Musik 345
Struktur und Prozeß

Nachworte

EDGAR LÜSCHER (München)
Zusammenfassende Bemerkungen zur physikalischen
Zeitdefinition 365

ERNST PÖPPEL (München)
Erlebte Zeit und die Zeit überhaupt:
Ein Versuch der Integration 369

Bibliographie 383

Die Autoren 389

Register 394

Editorische Vorbemerkung

Dieses Buch handelt von der Zeit. Sein Gegenstand ist die Zeit verstanden nicht als „unsere Epoche" oder „die Gegenwart", sondern als Dimension. Es handelt von der Dimension Zeit in ihrer ganzen Spannweite und Bedeutungsvielfalt, von Weltzeit und Lebenszeit, von Geschichte und Ewigkeit, von Dauer und Augenblick. *Dauer und Augenblick* lautet daher auch der Untertitel der Neuausgabe des Bandes, der 1983 im Rahmen der von Anton Peisl und Armin Mohler herausgegebenen *Schriften der Carl Friedrich von Siemens Stiftung* im Oldenbourg Verlag erstmals veröffentlicht wurde.

Das Buch vereinigt die überarbeiteten Beiträge einer Vortragsreihe, die die Carl Friedrich von Siemens Stiftung im Sommer 1981 in ihrem Haus in München-Nymphenburg veranstaltete. Daß in dem Symposion je zur Hälfte Naturwissenschaftler und Geisteswissenschaftler zu Wort kamen, ist kein Zufall. Eine angemessene Auseinandersetzung mit dem Thema *Zeit* kann nur interdisziplinär erfolgen. Sie muß auf das Wissen weit auseinanderliegender Fächer zurückgreifen und ganz unterschiedliche Forschungsansätze fruchtbar machen. Die Vortragsreihe der Carl Friedrich von Siemens Stiftung wurde denn auch von zwei Naturwissenschaftlern und einem Geisteswissenschaftler gemeinsam konzipiert und durchgeführt: von dem Historiker Armin Mohler, der zu der Zeit die Stiftung leitete, dem Physiker Edgar Lüscher von der Technischen Universität München und dem Neurophysiologen Ernst Pöppel von der Ludwig-Maximilians-Universität München. Edgar Lüscher und Ernst Pöppel haben Nachworte zur Verfügung gestellt, die sie im Rückblick auf die Vorträge schrieben, und von Arnim Mohler stammt die Bibliographie, die den Band beschließt.

Jean-Pierre Blaser

Die Zeit in der Physik

1. Einführung

Jeder Mensch erlebt subjektiv den Ablauf der Zeit, einerseits bezüglich seines Lebens, wobei die Zeit empfunden wird entweder wie ein Fluß, der unaufhaltsam vorbeifließt, oder als das Gefühl, selbst durch die statische (oder eher stationäre) Umwelt von der Geburt bis zum Tod zu schreiten. Andererseits, von sich selbst abstrahierend, stellt der Mensch unabänderliche Prozesse in seiner Umgebung fest, bei unbelebten Dingen ebenso wie bei biologischen Objekten, welche auf den Ablauf einer äußeren Zeit hinweisen.

Diesen subjektiven Ablauf der Zeit teilt der Mensch ein in die Vergangenheit, die er zwar schnell vergißt, aber grundsätzlich genau kennen kann, und die Zukunft, die er in gewissen Belangen und mit einer mit der Entfernung zunehmenden Unsicherheit voraussagen oder erahnen kann, eine Zukunft, die sein Schicksal enthält und die er fürchtet. Dazwischen empfindet der Mensch das „Jetzt", den „Augenblick", die „Gegenwart", in der er sein „Leben" eben „erlebt". Dies birgt einen ersten Konflikt: Auf einer objektiven Zeitskala ist dieses – auch für den Physiker, der ein Experiment durchführt – lebendiges Bewußtsein des gegenwärtigen Momentes lediglich ein mathematischer Trennpunkt ohne Dauer zwischen Vergangenheit und Zukunft. Mit diesen letzteren Begriffen verknüpft der Mensch auch die Kausalität, indem die Ursache in der Zeitskala vor dem bewirkten Ereignis liegen muß. Auch wenn die Zeit subjektiv noch so verschieden schnell ablaufen kann, die kausale Rangfolge bleibt bestehen, im Jetzt allerdings verwischt.

Angesichts dieses intensiven subjektiven Zeitgefühls des Menschen ist es nicht erstaunlich, daß ein wissenschaftlicher Zeitbegriff, wie er in der Mechanik, der Physik der Materie, der Erdgeschichte und Kosmologie gebildet wird, nicht von der subjektiven Zeit losgelöst werden kann, da sich durch die Zeit in der Biologie, zu deren Bereich der Mensch gehört, der Kreis sozusagen schließt.

In dieser Einführungsvorlesung möchte ich versuchen, die Entstehung und die Wandlungen des wissenschaftlichen Zeitbegriffs zu skizzieren und insbesondere die engen Verbindungen zwischen scheinbar so unabhängigen Gebieten wie etwa Teilchenphysik, Thermodynamik, Kosmologie, Molekularbiologie, Verhaltensforschung aufzuzeigen, Gebiete, über welche wir in dieser Vortragsreihe aus berufenem Munde noch hören werden.

2. Die Zeit im Altertum

Das subjektive Zeitempfinden, das wir in einem gewissen Grade auch bei Tieren beobachten, wird zweifellos sowohl vom äußeren Zeitrhythmus (zum Beispiel der Tageslauf), als auch von einer inneren biologischen Uhr bestimmt. Diese subjektive Zeit kann wohl als gegeben betrachtet werden. Ganz unterschiedlich beurteilt werden in verschiedenen Kulturen und Religionen aber natürlich Fragen wie die Kausalität, die mit dem Schicksal zusammenhängt, die Erschaffung und das Ende der Welt, die Ewigkeit, das Leben nach dem Tode oder die Reinkarnation usw. Trotzdem wurde sehr früh die subjektive Zeit verbunden mit der äußeren, von der Natur durch den Gang der Himmelskörper aufgeprägten Zeit. Daß den Babyloniern zum Beispiel schon die Sarosperiode bekannt war, ist höchst beeindruckend. Wer würde heute schon spontan eine über 18jährige Periode in der Wiederholung der Anordnung von sonst sich recht willkürlich folgenden Sonnen- und Mondfinsternissen entdecken?* Bei den Griechen, deren Wissenschaft sich wenig mit dynamischen Prozessen befaßte, scheint der Zeitbegriff vor allem chronologisch gewesen zu sein, so daß eine natürliche Einordnung der subjektiven Zeit in den göttlich gegebenen und durch die Gestirne dargestellten Ablauf der Welt und des Lebens erfolgte.

3. Entstehung des wissenschaftlichen Zeitbegriffs in der Mechanik

Die Einführung eines dynamischen Zeitbegriffs geht zweifellos auf Galilei zurück, der erstmals zum Beispiel beim Studium des freien Falls

---

* Die Periode ist das kleinste gemeinsame Vielfache des synodischen und drakonitischen Monats = 6585.3 Tage.

nicht etwa die Durchschlagskraft eines Körpers in Abhängigkeit von der Fallhöhe studierte, sondern die Bewegung in Funktion einer äußeren, universellen Größe, eben der Zeit, darstellte. Bekanntlich maß er diese in Herzschlägen, damit die Verbindung zur subjektiven Zeit herstellend. Diese revolutionierende Denkweise wurde dann von Newton in seiner genialen Formulierung der Dynamik präzisiert, wobei die Zeit als „unabhängige Variable" klar einen absoluten Charakter erhielt, das heißt eine in allen Referenzsystemen – über deren Äquivalenz sich ja Newton tiefe Gedanken machte – gleiche Zeitskala. Spezifiziert hat Newton das Postulat, daß diese absolute Zeit einen gleichförmigen Ablauf hat. Einen Widerspruch zwischen der Zeitsymmetrie der Bewegungsgleichung und der subjektiv nur in einer Richtung fließenden Zeit sah Newton insofern nicht, als er seine Axiome als Idealisierung oder Näherung ansah für Bewegungen ohne „Reibung". Bemerkenswerterweise äußerte er daher Zweifel an der genauen Beschreibung der Planetenbahnen durch seine Gesetze, da diese Bewegungen vielleicht auch durch eine Reibung beeinflußt würden.

Hier sollten wir vielleicht präzisieren, was man unter Zeitumkehrinvarianz in der Mechanik meint. Betrachten wir ein Billardspiel oder den Schuß der Kugel in eine Gruppe Kegel als beschrieben durch die Lage jedes Körpers in Funktion der Zeit. Wegen der Symmetrie der Bewegungsgleichung bei Ersatz von t durch -t ist die umgekehrte Bewegung – zum Beispiel durch einen rückwärts laufenden Film dargestellt – eine ebenso gültige Lösung der Bewegungsgleichungen. Mit Ausnahme allereinfachster Vorgänge „gibt es" aber offenbar die Umkehrvorgänge in Wirklichkeit nicht. Dieses Paradoxon wurde damals offenbar dadurch verarbeitet, daß die subjektiv als gültig empfundene Kausalität eine Vertauschung von Ursache und Wirkung unmöglich machte. Dazu ist es aber interessant festzustellen, daß Newton durch die Formulierung des Gesetzes der Gravitation als augenblickliche Fernwirkung zusammen mit dem Axiom Actio gleich Reactio gerade diese Unterscheidung von Ursache und Wirkung unmöglich machte.

In der dann folgenden Entwicklung der Physik blieb der Konflikt zwischen der zeitsymmetrischen Newtonschen Mechanik und dem zeitgerichteten Ablauf der natürlichen Erscheinungen nur latent. Einerseits feierte die Dynamik mit Hilfe der Mathematik in der Himmelsmechanik Triumphe der Genauigkeit und der Voraussagekraft – man denke an die Neptun-Entdeckung –, anderseits entwickelte sich weitgehend unabhängig von der Mechanik die Wärmelehre.

4. Die Zeit in der Thermodynamik

Nachdem die Wärme als Energieform erkannt worden war, konzentrierte man sich im Anschluß an Carnot auf das Studium von Gleichgewichtszuständen und idealisierten reversiblen Prozessen, also grundsätzlich „zeitlosen" Vorgängen. Die Thermodynamik sollte daher ja eher Thermostatik heißen. Dann kam Clausius mit dem zweiten Hauptsatz und führte damit eine eindeutige Zeitrichtung ein. Damit war ein Prinzip gefunden, das erklärte, warum ein Stab, dessen Enden heiß, respektive kalt sind, einem Endzustand homogener Temperatur, eben dem thermodynamischen Gleichgewicht, zustrebt. Dabei nimmt das „Maß der Irreversibilität", die Entropie, zu und der 2. HS verbietet den umgekehrten Prozeß der Temperaturscheidung. Diese wird in der Natur ja auch nie beobachtet.

Trotz der allgemeinen Überzeugung, alle Prozesse seien im Grunde mechanisch, brach der Konflikt erst durch Boltzmann aus, als er die Gesetze der Thermodynamik durch statistische Aussagen über die mikroskopischen mechanischen Prozesse zwischen Molekülen zu begründen versuchte. Der Konflikt ist der: Die Bewegung von einigen wenigen, sich gegenseitig stoßenden Molekülen folgt den Stoßgesetzen von Newton. Ihre zeitumgekehrte Bewegung ist ebenso zulässig und natürlich. Nimmt man aber eine sehr große Zahl von Molekülen (z. B. 10^{24}, 1 Mol), gibt es plötzlich nur noch eine Richtung der Entwicklung. Wie am berühmten Beispiel des scharfsinnigen Gedankenexperiments von Maxwell gezeigt werden soll, können sozusagen Newton und Clausius nicht beide recht haben, eine wahrhaft dramatische Situation, die, wie wir sehen werden, zum Teil noch heute besteht.

Maxwell erfand einen Dämon, der in der Lage ist, dem 2. HS zuwiderzuhandeln. Er verwendet dazu scheinbar nur Newtonsche Mechanik, indem er zwei durch ein kleines Loch kommunizierende Gasvolumina A und B gleicher Temperatur ins Ungleichgewicht bringt, das heißt die Richtung der natürlichen Wärmeleitung umkehrt. Er tut das einfach, indem er die schnell von A nach B fliegenden Moleküle durchläßt und für die langsamen das Loch sperrt, was er grundsätzlich ohne Arbeitsleistung tun kann. Tut er in der Gegenrichtung das Umgekehrte, so erwärmt er tatsächlich B auf Kosten von A.

Der Ausweg aus diesem Dilemma ist ein schwieriger, und die Kontroversen darüber haben fast ein Jahrhundert gedauert, ja tiefe Fragen, beispielsweise inwiefern die thermodynamische Zeitrichtung bei Teilsystemen vom grundsätzlichen Nichtgleichgewichtszustand des Universums getrennt betrachtet werden kann, sind heute noch offen. Einen wichtigen Aspekt, nämlich die Rolle des Beobachters, der sich etwa über den mikroskopischen Zustand eines Gases in einem Gefäß Information beschaffen will, wollen wir hier kurz beleuchten. Nehmen wir an, daß wir vom erwähnten Gas zwei zu verschiedenen Zeiten gemachte photographische Aufnahmen betrachten. Auf der einen sind alle Moleküle in der linken Hälfte des Gefäßes, und rechts ist Vakuum; auf der zweiten Aufnahme sind die Moleküle gleichmäßig, aber zufällig verteilt, wie man es gewohnt ist. Jedermann wird in der ersten Aufnahme einen durch Randbedingungen – zum Beispiel eine anfänglich trennende Membran – sehr unwahrscheinlichen Anfangszustand sehen, welcher durch die Stoßgesetze dann in den eben „späteren" Zustand der zweiten Aufnahme übergeführt wird. Genauso führte Boltzmann den mit der Wahrscheinlichkeit eines Zustandes verknüpften Entropiebegriff ein. Die Zeitrichtung wird also scheinbar durch diese statistische Evolution bestimmt. Das ist leider ein falscher Schluß: Kehren wir nämlich in einem Zwischenzeitpunkt sämtliche Geschwindigkeitsvektoren der Moleküle um, so wird sich das Gas zu gegebener Zeit wieder in einer Hälfte des Gefäßes sammeln. Woher stammt dieser Konflikt mit der Erfahrung? Hauptpunkt ist der: Um die Geschwindigkeiten umkehren zu können, muß man diese einzeln und genau kennen, das heißt „Information" haben. Hat man diese – zum Beispiel einen Film des Vorgangs –, kann man einen beliebig unwahrscheinlichen Anfangszustand wieder herstellen. Indem man der Information, wie man das in der Informationstheorie tut, eine negative Entropie zuordnet, bleibt beim natürlich ablaufenden Vorgang die Entropie konstant, was ja gerade die Reversibilität des Vorganges gewährleistet. Die Frage aber bleibt offen, warum man sich diese Information nicht „gratis" beschaffen kann, etwa wie beim Zeitstoppen eines Skirennens. Es brauchte fast hundert Jahre nach der Geburt des Maxwellschen Dämons, um Klarheit darüber zu schaffen, daß die Quantenmechanik in der Wechselwirkung zwischen dem Beobachter und einem Objekt atomarer Dimension eine Informationsbeschaffung nur unter entsprechender Entropiezunahme zuläßt.

Eine andere Betrachtungsweise ist, daß man in der Thermodynamik Systeme zu beschreiben sucht, über die schon wegen der statistischen Behandlung, aber eben auch grundsätzlich, die detaillierte mikroskopische Information nicht zugänglich ist. Das System folgt dann Gesetzen, die mit den mikroskopischen Bewegungsgleichungen im Widerspruch stehen können. So ist die Boltzmann-Gleichung ein gutes Gesetz, weil sie die Erscheinungen korrekt beschreibt – einschließlich der

Zeitrichtung –, sie kann aber nicht aus dem Newtonschen Gesetz hergeleitet werden. Auch das Weltall wird in der gegenwärtigen kosmologischen Diskussion als ein solches System angesehen, über das detaillierte mikroskopische Information grundsätzlich nicht beschaffbar ist. Die Frage, ob die einseitigen Zeitrichtungen in Thermodynamik und Kosmologie zusammenhängen, ist daher nicht abwegig.

5. Die Zeit in der Elektrodynamik und speziellen Relativitätstheorie

Gehen wir zurück zur Mitte des 19. Jahrhunderts. Als Maxwell seine großartige Synthese der elektrischen und magnetischen Erscheinungen vollbracht hatte, realisierte man bald, daß die Maxwellschen Gleichungen mit dem Galilei-Newtonschen Relativitätsprinzip im Widerspruch waren. Frappantester Gegensatz ist die Geschwindigkeit des Lichtes, welche aus den Maxwell-Gleichungen in jedem System gleich c ist, während die gewohnte Geschwindigkeitsaddition, mit oder ohne dem damals postulierten Äther als Lichtmedium, je nach Bewegung von Quelle und Beobachter verschiedene Werte liefert. Welche Auswirkungen hatte dieses Problem, daß nun Newton und Maxwell nicht beide recht haben konnten, auf den Begriff der Zeit? Auf dem Weg zum unvermeidlichen Aufgeben der Newtonschen „absoluten Zeit" machte sich zum Beispiel Poincaré Gedanken über den Begriff der Gleichzeitigkeit, über welche sind zwei Beobachter einigen müssen, obwohl sie ja nur über Signale beschränkter Geschwindigkeit korrespondieren können. Poincaré gibt Beispiele mit Schall und Licht, relativiert aber die Gleichzeitigkeit oder die Ordnung von Vergangenheit und Zukunft noch in unechter Weise. Interessant sind seine Gedanken über die Messung der Zeit in solchen großen Räumen, da diese nur mit Kenntnis der Signalgeschwindigkeit möglich ist, dabei aber gleichzeitig die Messung der Lichtgeschwindigkeit eine vorhergehende Definition der Zeit erfordert. Bemerkenswert ist, daß Poincaré dabei das Einsteinsche Postulat der Konstanz der Lichtgeschwindigkeit in jedem Referenzsystem vorweggenommen hat, aber nur so beiläufig und mit der Bemerkung, man werde es sowie nie nachweisen können (was ja heute ganz leicht ist).

Einstein brachte dann die Lösung, die bekanntlich die Aufgabe des

Newtonschen absoluten Zeitbegriffs bedingt. Einerseits führte dies zur Transformation der Zeit zwischen Referenzsystemen und zur Notwendigkeit, die Zeit als vierte Koordinate jenes des Raumes hinzuzufügen. Bekannteste Auswirkung ist das Zwillingsparadoxon, das heute in der Teilchenphysik und auch mit menschengemachten Uhren als Realität leicht nachzuweisen ist. Anderseits zeigte Einstein, daß zusätzlich zum Problem der endlichen Signalgeschwindigkeit in der Beurteilung der Gleichzeitigkeit von Ereignissen eine Abhängigkeit vom System des Beobachters eintritt, also eine echte Verwischung der Folge von Vorher und Nachher, allerdings ohne den Kausalzusammenhang zu verletzen.

Weder die Elektrodynamik noch die Relativitätsmechanik enthalten eine Zeitrichtung. Trotzdem wurde frühzeitig bemerkt, daß die Wellengleichung sowohl eine auslaufende Kugelwelle wie auch die zeitumgekehrte, konvergente Welle als Lösungen besitzt und daß trotzdem konvergente Wellen in der Natur nicht von selbst vorkommen. Das ist gleichermaßen der Fall bei den Wellen, die ein Steinwurf ins Wasser erzeugt, wie bei elektromagnetischen Wellen. Bei den letzteren äußert sich das bei der Behandlung der Strahlung einer bewegten Ladung durch das formale Auftreten von retardierten und avancierten Potentialen, wobei die letzteren sozusagen aus der Zukunft kommen müßten. Die beobachtete Inexistenz von einlaufenden Kugelwellen gibt der Elektrodynamik also auch eine Zeitrichtung. Diese wird aber nur als scheinbar, und schließlich als durch die „Offenheit" des Universums bedingt, betrachtet werden müssen. Dieses verschluckt im Unendlichen die Strahlung und sendet keine zurück. In einem geschlossenen System von Strahlung, die mit Materie wechselwirkt, würde sich schnell ein für die Elektrodynamik zeitsymmetrischer Gleichgewichtszustand einstellen, für den aber ja dann die Frage nach dem Zeitablauf sinnlos wird.

6. Die Zeit in der Quantenmechanik

Neues zum Begriff der Zeit bringt die Quantenmechanik nur indirekt. In der Tat unterscheidet die Schrödingergleichung auch nicht zwischen vergangenen und zukünftigen Zuständen, und die Zeit spielt die gleiche Rolle eines externen absoluten Parameters wie in der klassischen Mechanik. Wichtig ist hingegen die Einführung eines Indeterminismus dadurch, daß die Wellenfunktion nur die Wahrscheinlichkeit für ein Ereignis oder einen Meßwert gibt, die Entwicklung, auch bei definiertem Ausgangszustand, also nur im Mittel vieler Versuche als Erwartungswerte vorauszusagen ist. Besonders wichtig ist die durch die Quantenmechanik erzwungene Klarstellung des Vorganges der Messung, das heißt die grundsätzliche Untrennbarkeit der Kette Objekt – Meßapparat – experimentierendes Subjekt, und dem dadurch bedingten Übergang von atomaren Dimensionen zum Makroskopischen. Diese Forderung ist die Folge der Notwendigkeit, den quantenmechanischen Zustand des ganzen Systems zu betrachten. Die daraus folgende grundsätzliche Unbestimmtheit beim Versuch, gleichzeitig Ort und Geschwindigkeit eines Moleküls des Gases in unserem thermodynamischen Beispiel zu messen, ist die Beschränkung jener Information, die uns sonst gestatten würde, den unwahrscheinlichen Anfangszustand wiederherzustellen. Auch quantitativ kann gezeigt werden, daß bei der Messung ein Energieaustausch mit dem Beobachter stattfindet, der einer Entropiezunahme entspricht, welche die Negentropie der gewonnenen Information übersteigt.

In diesem Sinne trägt der Indeterminismus der Quantenmechanik dazu bei, die Zeitrichtung der Thermodynamik zu bestimmen, obwohl in den Wahrscheinlichkeitsaussagen der Quantenmechanik selbst keine Zeitrichtung liegt. Die Zeitsymmetrie ist daran zu erkennen, daß der Wahrscheinlichkeit eines zukünftigen Zustandes die Aussage gegenübersteht, mit welcher Wahrscheinlichkeit der betrachtete Zustand sich aus den Zuständen der Vergangenheit entwickelt hat. Diese Vergangenheit kann man aber nicht genau kennen, denn hätte man sie „gemessen", wären die Zustände geändert worden.

7. Zeitmessung

Hier ist vielleicht der Punkt, an dem etwas über die Zeitmessung gesagt werden sollte. Einem Begriff in der Physik muß ein Meßverfahren zugrundeliegen. Bis zu Galilei war die Zeit durch die Bewegung der Himmelskörper gegeben, zwischen deren langsamen Zyklen man mit Uhren zu interpolieren versuchte: zum Beispiel Wasseruhr, Sanduhr als kontinuierliche Vorgänge zur Simulierung des Flusses der Zeit. Nach der Einführung der Zeit als Variable der Mechanik öffnete sich die

Möglichkeit, periodische Vorgänge als Uhr einzusetzen wie Huygens' Penduhr. Die Rotation der Erde, die man mit astronomischen Messungen wie einen Uhrzeiger auf Genauigkeiten von etwa 10^{-7} ablesen kann, blieb der unbestrittene Standard, obwohl die Rotation an sich nicht fundamental ist, sondern als Folge der Drehimpulserhaltung näherungsweise konstant ist. Einerseits konnte man den geophysikalischen Effekt der durch die Gravitationskräfte des Mondes verursachten Gezeitentreibung nachweisen und mit den erwähnten Messungen der Finsternisse im Altertum genaue Werte ermitteln. Nachdem die Quarzuhr die Genauigkeit der Penduhren um mehrere Größenordnungen überholte, fand man, daß auch das Trägheitsmoment der Erde durch Vorgänge in der Erdatmosphäre und im Erdinnern schwankt und damit die Erde als Uhr bei Genauigkeitsanforderungen von über 10^{-7} nutzlos wird. Mit der Entwicklung der Atomuhr ging die Zeitdefinition endgültig von der Astronomie zur Physik über. Interessanterweise wurde noch darüber gestritten, ob Frequenzstandards, wie es Quarz- und Atomuhren sind, richtige „Uhren" sein können. Auch die Frage, ob ein Unterschied zwischen der absoluten Zeitepoche und Zeitintervallen zu machen sei, wurde unnötigerweise diskutiert.

Mit der Atomuhr ist ein entscheidender Schritt gemacht, indem eine atomare Frequenz, das heißt die Energiedifferenz von zwei quantenmechanischen Zuständen, als Zeitnormal erschlossen wurde, ein nun fundamentales Normal, das völlig unbeeinflußt an jedem Ort im Weltall reproduziert werden könnte, ganz im Gegensatz zu einem menschengemachten Normalmeter. Als Beispiel eines solchen Überganges in der atomaren Chronometrie sei der Wasserstoffmaser erwähnt, bei dem die Hyperfeinwechselwirkung zwischen Proton- und Elektronspin im Wasserstoffatom zu einer der modernen Elektronik zugänglichen, das heißt im Prinzip zählbaren, Frequenz führt (1420 MHz). Die Genauigkeiten haben heute 10^{-13} erreicht.

Diese Entwicklungen sind relevant, indem zum Beispiel mit solchen Atomuhren, die im Überschallflugzeug in beiden Richtungen die Erde umkreisen, die beiden relativistischen Effekte nachgewiesen wurden. Neben dem Zwillingseffekt tritt dabei die Beeinflussung der Zeit durch das Gravitationspotential auf. Letztere, auch Gravitations-Rotverschiebung genannt, ist ein Effekt der allgemeinen Relativitätstheorie, der übrigens mit der genauesten existierenden „Uhr", dem Mößbauereffekt, direkt im Labor nachgeprüft werden konnte. Die dabei maßgebenden Frequenzen von Kernübergängen sind allerdings so hoch, daß sie wohl niemals gezählt werden können. Dank dem erwähnten quantenmechanischen Effekt der rückstoßfreien Emission können sie aber verglichen werden, und zwar mit der unvorstellbaren Genauigkeit von etwa 10^{-15}.

Die Atomuhr hat zwar die Erdrotation als nicht fundamentalen und ungenauen Zeitstandard ersetzt, aber gleichzeitig die Möglichkeit eröffnet, verschiedene fundamentale Zeiten zu vergleichen. Die Zeit als Variable der Himmelsmechanik ist nämlich direkt an die Größe der Gravitationskonstante gebunden. Der Vergleich dieser Zeit – Ephemeridenzeit, zum Beispiel der Erdumlauf um die Sonne – mit der von der Planckschen Konstante bestimmten Atomzeit ist kosmologisch interessant. In der Tat kann nicht a priori ausgeschlossen werden, daß sich die Gravitationskonstante in Zeiträumen des Alters des Universums ändert. Ein dann zu erwartendes Auseinanderlaufen der Ephemeridenzeit und der Atomzeit in der Größenordnung von 10^{-10} pro Jahr ist in wenigen Jahren schwer nachweisbar. Es ist aber denkbar, daß die Satellitenhimmelsmechanik mit ihren elektronischen Distanzmessungen die nötige Steigerung der Genauigkeit in der Bestimmung der Planetenbahnen bringt. Diese Methoden haben ja bereits die beste Messung der Lichtablenkung durch die Sonne, einen anderen berühmten Effekt der allgemeinen Relativitätstheorie, erlaubt, allerdings durch eine Zeit- statt Winkelmessung.

Durch indirekte Zeitmessungen ist eine riesige Spanne zugänglich: Durch die Expansion des Universums und durch den radioaktiven Zerfall oder Isotopenverhältnisse ist die Zeit vom Urknall bis in historische Zeiten verfolgbar. Zu den kurzen Zeiten hin sind direkte elektronische Messungen bis unter 10^{-10} s, indirekte über Flugstrecken bis etwa 10^{-13} s möglich.

Dann sind schließlich über Wechselwirkungen zwischen an Kernreaktionen beteiligten Teilchen Zeiten bis hinunter zu 10^{-22} s erreichbar. Der Zeitbegriff scheint also eine sinnvolle Interpretation über etwa 40 Zehnerpotenzen zu erlauben. Was bedeuten aber Zeiten jenseits des Alters des Universums? Tritt irgendwo im Kleinen ein Zeitquantum auf? Beides sind Fragen, zu denen schon manche Hypothesen aufgeworfen wurden und die nicht so bald geklärt werden dürften.

8. Die Zeit in der Teilchenphysik

Nachdem die Gleichungen der Mechanik und der Elektrodynamik bezüglich Zeitumkehr invariant sind, ist es von großem Interesse zu wissen, ob die Vorgänge zwischen Elementarteilchen ebenso zeitsymmetrisch sind. Neben der elektromagnetischen Wechselwirkung haben wir dort die starke Kernkraft und die schwache Wechselwirkung des Betazerfalls. In der Teilchenphysik kann die Frage nach einer Zeitumkehrinvarianz nicht losgelöst von anderen Symmetrien betrachtet werden. Besonders wichtig ist die räumliche Spiegelungsinvarianz oder Paritätstransformation P. Dazu kommt, durch das symmetrische Auftreten von Teilchen und Antiteilchen, welche die umgekehrte Ladung tragen, die Ladungskonjugation genannte Operation C; schließlich die Zeitumkehroperation T. Aus sehr fundamentalen Transformationseigenschaften in der relativistischen Feldtheorie folgt das sogenannte PCT-Theorem, nach dem einzelne Symmetrien verletzt sein dürfen, aber nur bei Aufrechterhaltung von PCT = 1. Bis 1956 deutete alles darauf hin, und es erschien auch weitgehend selbstverständlich, daß Raum-, Ladungs- und Zeitsymmetrie in allen Prozessen der Atom-, Kern- und Teilchenphysik erfüllt sind. Auf den berühmten Hinweis von Lee und Yang, daß für die schwache Wechselwirkung dazu keine experimentellen Beweise vorhanden seien, erfolgte die revolutionäre Entdeckung, daß die Parität bei schwachen Prozessen in der Tat verletzt ist und sogar maximal. Letzteres bedeutet, daß Elektronen, Müonen und Neutrinos und deren Antiteilchen in der Natur eine definierte Händigkeit oder Drehrichtung haben, die sich durch Parallelität (oder Anti-) der Spins (Eigendrehimpulse) und Impulse äußert. Diese vollständige Verletzung von P zusammen mit dem Übergang zum jeweiligen Antiteilchen läßt aber das Produkt CP und damit auch T erhalten.

Ein zweiter Schock kam 1964, als ein seltener Zerfallsmodus des neutralen, langlebigen K-Mesons gefunden wurde, der bei CP-Erhaltung strikt verboten wäre. Es handelt sich hier zwar um eine sehr schwache Verletzung (ca. 1 Promille), sie hat aber, wenn man das CPT-Theorem akzeptiert, effektiv eine kleine Verletzung der Zeitumkehrinvarianz zur Folge. Andere Messungen scheinen die Gültigkeit von CPT aufrechtzuerhalten, und Modelle, welche die kleine CP-Verletzung durch eine zusätzliche „superschwache" Wechselwirkung deuten, sind in ihrer Interpretation noch unklar.

Viele Experimente zum direkten oder indirekten Nachweis einer T-Verletzung sind vorgeschlagen und durchgeführt worden, ohne daß die Frage bisher geklärt worden wäre. Neben solchen Experimenten, wo die Raten einer genauen Umkehrreaktion verglichen werden und die bisher keine allgemein überzeugende Evidenz für T-Verletzung ergaben, gibt es zahlreiche Möglichkeiten, nach Korrelationen von Impulsen, Spins, Polarisationen zu suchen, wobei leider immer zahlreiche Nebeneffekte eine Unsymmetrie in T simulieren können. Einer der reinsten Fälle wäre das Auftreten von gewissen statischen Momenten, zum Beispiel wäre ein elektrisches Dipolmoment, das mit dem Spin des Neutrons gekoppelt wäre, ein Zeichen für verletzte Zeitumkehrinvarianz.

Zum Abschluß möchte ich zwei besonders aktuelle Gebiete andiskutieren, in denen die Natur der Zeit in besonders grundlegender Weise zum Vorschein kommt. Da wir darüber in dieser Vortragsreihe die eminenten Mitgestalter Archibald Wheeler und Manfred Eigen hören werden, möchte ich das nur kurz und auch mit der angebrachten Bescheidenheit tun.

9. Die Zeit in der allgemeinen Relativitätstheorie und Kosmologie

Bis ins letzte Jahrhundert war das Universum ja ein Sinnbild des stationären, zeitlosen und ewigen Gebildes, in dem die Himmelskörper ihre wiederkehrenden Bahnen ziehen. Das hat sich mit der modernen Astrophysik geändert, es brodelt jetzt überall, und offensichtlich entwickelt sich das Universum in einer deutlichen Zeitrichtung. Einerseits haben wir die Expansion des Weltalls, die rückwärts auf ein Urereignis zu weisen scheint, anderseits laufen gigantische Prozesse wie Supernovaentwicklungen in für kosmische Verhältnisse ungeheuer kurzen Zeiten ab. Dabei ist es klar geworden, daß hier Gravitation, Elektrodynamik, Atom-, Kern- und Teilchenphysik alle in ähnlichem Maße das Geschehen bestimmen, eine wahrhaft erleuchtende Erkenntnis über die Einheit der Physik.

Eine erste zentrale Feststellung ist, daß das Universum sehr weit entfernt ist vom Gleichgewicht. Einerseits ist es im thermodynamischen Sinn sehr strukturiert, anderseits ist es ein „offenes System". Dies als Folge der als Olbersches Paradoxon bezeichneten Tatsache, daß in einem homogenen unendlichen Universum der Nachthimmel die Helligkeit von Sternoberflächen haben müßte. Schon durch die Hubblesche Expansion und die daraus resultierende Rotverschiebung versikkert der Energierückfluß mit zunehmender Entfernung. Umgekehrt ist man zur Überzeugung gelangt, daß im Kleinen die schwarzen Löcher als Singularitäten der Gravitation als Senken für Materie wirken müssen.

Bei beiden Prozessen scheint die Zeitrichtung klar vorgegeben. Ist sie es im Sinne der Thermodynamik oder nicht eher wie bei Lebensvorgängen? Während die Umkehrung von gaskinetischen Prozessen mit dem nötigen Entropieaustausch ja immer möglich ist, muß man sich fragen, inwiefern in der Kosmologie die Vorstellung des zeitumgekehrten Prozesses überhaupt erlaubt ist. Versucht man sich etwas vorzustellen, was eine Umkehrung der Fluchtgeschwindigkeiten der Galaxien bewirken würde, stellt man fest, daß unter anderem eine unendliche Strahlungsdichte entstehen würde. Bei den schwarzen Löchern ist wohl auch die Frage nach einer Umkehrung an sich schon sinnlos.

Was bedeutet dies für den Zeitbegriff? Der Pfeil der Zeitrichtung scheint noch eindeutiger in eine Richtung zu weisen als in der Thermodynamik. Die letztere gilt natürlich in Teilsystemen des Universums, die mit ihrer eigenen Zeitrichtung evoluieren. Es ist zu vermuten, daß dies aber nicht unabhängig vom Zustand des Universums geschehen kann.

Neu treten in der allgemeinen Relativitätstheorie Erscheinungen auf, die uns zwingen, den Zeitbegriff weiter zu relativieren. Um genügend große kollabierende Massen herum entstehen Zeithorizonte, welche die Kommunikation zwischen Beobachtern grundsätzlich verunmöglichen, obwohl jeder für sich den Ablauf der Zeit weiterempfinden würde. In gewissen Situationen bleibt nur in einer Richtung eine Möglichkeit des Signalaustausches, was auch ein Überdenken des Kausalitätsbegriffes erfordert. Ähnliche Fragen stellen sich übrigens auch, wenn man sich den Zustand von immer dichter werdender Materie vorstellt, in der die Schallgeschwindigkeit an die Lichtgeschwindigkeit herankommt.

10. Thermodynamik und Leben

Hier liegt ein dramatisches Problem vor, das wohl stets erkannt, aber lange Zeit je nach philosophischem Standort negiert, verdrängt oder verniedlicht worden ist. Es muß sicher als eine der wichtigsten Entwicklungen der heutigen Wissenschaft angesehen werden, daß man Wege zu finden im Begriffe ist, um diese Fragen anzugehen. Jedes Lebewesen, noch so klein und primitiv, ist ein hochgradig geordnetes System mit, im Sinne der Thermodynamik, kleiner Entropie und daher an sich beliebig unwahrscheinlich. Zwar widerspricht die Entstehung eines Tieres wohl nicht dem 2. Hauptsatz, indem die Ordnung des Lebewesens erkauft wird durch Zufuhr von Nahrung oder Licht von außen – beide haben tiefe Entropie – sowie durch Abstoßen von Wärme und anderen Abfällen, Entropieabgabe. Bezieht man also die Umgebung ein, ohne die das Lebewesen nicht entstehen kann, bleibt gesamthaft eine vom 2. Hauptsatz geforderte Eintropiezunahme. Das ist also nicht das Problem, sondern die Frage ist, wie und warum eine solche Strukturierung oder Selbstorganisation entsteht. Darüber macht die Thermodynamik eine klare Aussage: Geht man von einem Gleichgewichtszustand aus, sind Abweichungen im Sinne der Entstehung lokaler Ordnung nur durch Schwankungen möglich. Bei einigen wenigen Molekülen sind diese in der Tat groß, verschwinden aber für Molekülzahlen, wie sie hier relevant sind, vollständig.

Man hat das Problem treffend situiert mit der Aussage, Clausius und Darwin könnten nicht beide recht haben. Die Thermodynamik ist wohl nur für Teilsysteme nahe am Gleichgewicht eine brauchbare Näherung; eine Näherung schon deshalb, weil wir ja als Beobachter mit dem System kommunizieren und es dadurch mit dem vom Gleichgewicht weit entfernten Universum verbinden. Es kann also gar keine echt geschlossenen Systeme geben. Der berühmte thermodynamische Wärmetod der Welt, die homogene, lauwarme Suppe, ist also kaum das Ziel der Entwicklung der Welt.

Was in der klassischen Thermodynamik aber vollständig fehlt, ist ein Prinzip der Selbstorganisation, welches schließlich die Entwicklung zu immer komplexeren, sich selbst reproduzierenden Organismen ermöglicht. Es ist hochinteressant, daß in den letzten Jahren Ansätze zur Lösung dieser Grundfrage von drei verschiedenen Richtungen gekommen sind: Erstens hat man in der mathematischen Physik die klassische Dynamik von komplexen und sehr großen Systemen untersucht und festgestellt, daß Stabilitätsprobleme besonderer Art auftreten, wenn ganz verschiedene Bewegungstypen an Bifurkationen ausgewählt werden, zum Beispiel schlagartig als „Katastrophen". Auch in der klassischen Dynamik treten dann Situationen auf, bei denen unendlich kleine Störungen über die Wahl des Zustandes entscheiden. Dabei kann die Symmetrie spontan gebrochen werden, indem ein von den Bewegungsgleichungen und von den Anfangsbedingungen her vollständig isotropes System Zustände mit ausgezeichneten Richtungen annimmt. Ein bekanntes Beispiel ist die spontane kollektive Ausrichtung von magnetischen Momenten in einem Ferromagnetikum beim Abkühlen unter den Curiepunkt.

Dann zweitens von seiten der Chemie, wo die Prigoginesche Schule wegweisende Ideen über die Thermodynamik vom Gleichgewicht weit entfernter Systeme entwickelt und zeigt, daß komplexe, nichtlineare chemische Reaktionssysteme, zum Beispiel mit Autokatalyse, zu Schwingungszuständen und Bifurkationen zwischen Zuständen führen, bei denen ebenfalls räumliche Symmetrien gebrochen werden. Im Versuch zu einem neuen Formalismus für die Zeit wird nahegelegt, daß möglicherweise die Richtung des Zeitpfeiles in der Thermodynamik und der Biologie mit einer ähnlichen Symmetriebrechung der Zeitkoordinate zusammenhängen könnte.

Schließlich von der Seite der Molekularbiologie, wo Mechanismen gesucht werden, mit denen biologische Grundstrukturen bis zu einem Punkt aufgebaut werden können, wo Selbstreplikation erfolgen kann. Für das Spiel und den Zufall im Sinne von Eigen und Monod sorgen wohl an den Bifurkationen die undeterminierten, quantenmechanischen Schwankungen.

11. Ausblick

Ausgehend vom ursprünglichen, verträglichen Nebeneinander der subjektiven Zeit und der kosmischen Uhr der Himmelskörper stehen wir heute vor einem komplexen Zeitbegriff, mit tiefen philosophischen Implikationen. Komplexer ist die Zeit geworden, weil ihre Pfeilrichtung in so verschiedenen Gebieten der Wissenschaft wie Physik, Kosmologie und Biologie nicht mehr getrennt betrachtet werden kann. Andererseits haben uns die Entwicklungen der letzten Jahre gezeigt, daß zwischen zeitsymmetrischen Gesetzen und zeitgerichteter Entwicklung von Systemen nicht unbedingt der befürchtete Widerspruch liegt. So scheint auch in der Teilchenphysik die spontane Brechung der Symmetrie erklären zu können, warum ohne weiteres, und trotz der völligen Symmetrie Teilchen-Antiteilchen, im Universum nur die „richtige" Materie aus Protonen und Elektronen entstanden ist. Offen bleibt noch, ob in der Kernphysik tatsächlich bei gewissen Wechselwirkungen echt zeitunsymmetrische Gesetze existieren. Die jetzige Evidenz so zu interpretieren, wäre verfrüht, und jedenfalls dürften es kaum die Eigenschaften der K-Mesonen sein, welche den Zeitablauf in Biologie und Kosmos festlegen.

John Archibald Wheeler

Jenseits aller Zeitlichkeit

Anfang und Ende der physikalischen Zeitskala

> *Raum und Zeit sind nicht Sachen sondern*
> *Anordnungen von Sachen.*
>
> Gottfried Leibniz[1]
>
> *Raum und Zeit sind Denkweisen die wir benutzen.*
> *Raum und Zeit sind nicht Zustände*
> *unter denen wir leben.*
>
> Albert Einstein[2]

Mein Thema läßt sich in drei Worte fassen:

Die Zeit endet

Die Zeit endet vor dem Urknall am Anfang des Universums; die Zeit endet im Zentrum eines Schwarzen Loches. Das Schwarze Loch liegt näher und ist deshalb ein bequemeres Studienobjekt. Heute nennen wir den Urknall und den Gravitationskollaps die zwei Tore der Zeit.

Das erste Tor bedeutet, daß es eine Zeit gibt, vor der keinerlei Vorher existiert. Das zweite Tor bedeutet, daß es eine Zeit gibt, nach der es keinerlei Nachher gibt. Die Zeit, die die Physik zu beherrschen *scheint*, ist weder Musik, noch Taktmesser, noch Trommelschlag. Die Zeit ist Sklave der Physik und sie endet mit der Physik. Das lernen wir aus der Physik unserer Tage. Es stellt für uns eine Herausforderung dar, nach

---

[1] G. W. Leibniz, Animadversiones ad Joh. George Wachteri librum de recondita Hebraeorum philosophia, c. 1708.
[2] A. Einstein in A. Forsee, Albert Einstein, Theoretical Physicist, New York, 1963, S. 81.

einer tieferliegenden Konzeption der Zeit zu suchen, und zwar nach einer, bei der die Zeit nicht plötzlich endet.

Die Tore der Zeit, so wie wir sie heute sehen, geben uns den Eindruck einer Vielfalt von Ideen, die sich uns offenbaren, sobald wir den geeigneten Schlüssel finden. Sicherlich wird kein echter Fortschritt im Verstehen der Zeit jemals möglich sein, bis wir eine neuere und tiefere Beschreibung für die Natur der Dinge gefunden haben. Solch eine Darstellung, so wie wir heute glauben, wird das Konzept der Zeit überhaupt nicht als Grundlage enthalten. Anstatt dessen wird die Zeit als untergeordnet und ungenau verstanden werden.

Was wissen wir heute über die Tore der Zeit? Wie weit sind sie von uns entfernt? Welche Spuren haben wir, die auf sie hinweisen? Was wird uns passieren, wenn wir uns ihnen nähern? Warum glauben wir eigentlich, daß hinter den Toren der Zeit nichts existiert?

Die unumstößlich feststehende geometrische Theorie der Gravitation, die Einstein uns 1915 gegeben hat[3], sowie in diesem Zusammenhang gemachte Beobachtungen sprechen dafür, daß das Weltall mit einem Urknall begann[4]. Die Materie, die uns heute umgibt, war damals etwa sieben bis fünfzehn Milliarden Jahre jünger als heute[5].

Schon zwei Jahre nachdem Einstein die Allgemeine Relativitätstheorie aufgestellt hatte, hat er sie auf die Kosmologie angewendet. Er sah das Universum in Form einer Kugel, dreidimensional, und in sich geschlossen. Er nahm an, daß dieses Modell-Universum statisch ist und von Ewigkeit zu Ewigkeit lebt. Aber seine Gleichungen konnten das Universum nicht bewegungslos bleiben lassen. Er suchte deshalb nach einem Fehler in seiner Gravitationstheorie. Es stellte sich heraus, daß es keinen natürlichen Weg gab, die Theorie zu verändern. Die Argumente von Einfachheit und Korrespondenz mit der Gravitationstheorie Newtons ließen keine Alternative zu. Da es keinen natürlichen Weg gab, die Theorie zu verändern, suchte er nach dem am wenigsten unnatürlichen Weg, den er finden konnte, sie zu ändern: Er führte ein sogenanntes „kosmologisches Glied" ein aus dem einzigen Grund und mit dem einzigen Zweck, das Universum statisch zu halten.

---

[3] A. Einstein, „Die Feldgleichungen der Gravitation", Preuß. Akad. Wiss. Berlin, Sitzber., 844–847 (1915).

[4] Siehe zum Beispiel R. H. Dicke, P. J. E. Peebles, P. G. Roll und D. T. Wilkinson, „Cosmic black-body radiation", Astrophysical Journal 142, 414–419 (1965), und A. A. Penzias und R. W. Wilson, „A measurement of excess antenna temperature at 4080 Mc/s", ibid., 419–421.

[5] Siehe zum Beispiel P. J. E. Peebles, Physical Cosmology, Princeton University Press, 1971 und The Large Scale Structure of the Universe, Princeton University Press, 1980.

Im Gegensatz zu Einstein, nahm Alexander Friedmann die ursprünglichen Einsteinschen Gleichungen *ohne* kosmologischen Term ernst. Er zeigte, daß das Einstein'sche „Kugel"-Universum mit einem Urknall beginnt, sich ausdehnt, einen maximalen Durchmesser erreicht, sich dann zusammenzieht und beim sogenannten „Big Crunch" einstürzt[6] (Abb. 1). Einstein konnte dieses Resultat nicht akzeptieren. Zuerst fand er die Mathematik Friedmanns fehlerhaft. Dann zog er seine Kritik zurück. Ende der zwanziger Jahre lieferte Ed-

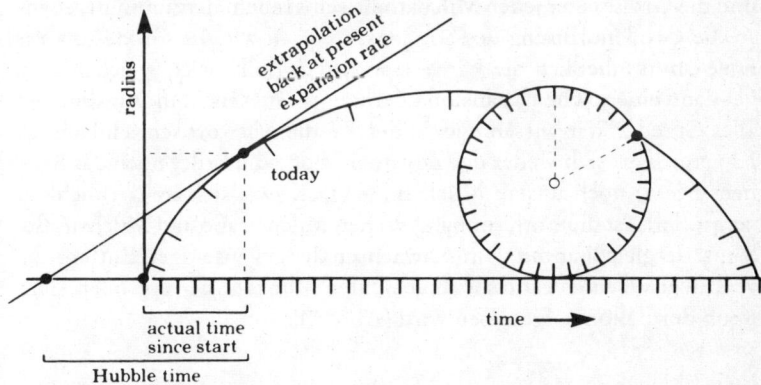

Abbildung 1: Ausdehnung und Einsturz des Universums nach dem Friedmannschen Modell.

win Hubble, der am Mount Wilson Observatorium arbeitete, einen überzeugenden Beweis, daß das Universum sich tatsächlich ausdehnt[7]. Danach bemerkte Einstein, das „kosmologische Glied" sei „die größte Eselei seines Lebens" gewesen[8]. Wenn wir heute zurückschauen, können wir ihm diese Eselei vergeben und ihm für seine Gravitationstheorie, die die Expansion voraussagte, unsere Anerkennung zollen.

Die Wissenschaft hat im Laufe der Jahrhunderte viele verschiedene Voraussagen gemacht. Wir stellen uns heute aus dieser Fülle von Leistungen unsere eigenen etwas kleineren Listen zusammen; sie sind gefüllt mit Errungenschaften, die uns persönlich ans Herz gewachsen

---

[6] A. FRIEDMANN, „Über die Krümmung des Raumes", Zeitschrift für Physik 10, 377–386 (1922).

[7] E. P. HUBBLE, „A relation between distance and radial velocity among extragalactic nebulae", Proceedings of the [U.S.A.] National Academy of Sciences 15, 169–173 (1929).

[8] A. EINSTEIN in G. Gamow, My World Line, Viking, New York, 1970.

sind. Aber war unter allen je eine größere als die, vorauszusagen, und zwar korrekt vorauszusagen, ein solch phantastisches, gegen alle Erwartungen stehendes Phänomen, wie die Expansion des Universums? Wann hat die Natur je den Menschen mehr Ermutigung zu dem Glauben gegeben, daß er eines Tages das Geheimnis des Seins verstehen wird?

Wann auch immer ein Student zum ersten Male von der Expansion des Weltalls etwas hört, so stellt er sich eine ganz natürliche Frage. Wenn die Entfernung zwischen Milchstraße und Milchstraße zunimmt und die Größe einer jeden Milchstraße selbst ebenfalls zunimmt, ebenso die Größenordnung des Sonnensystems sowie die Größe unserer Erde und schließlich die Länge eines jeden Zollstocks, welchen Sinn hat dann eine solche Expansion überhaupt? Ist es nicht in Wirklichkeit alles Gerede? Wir wissen, daß in der Tat die Antwort sehr einfach ist. Es vergrößert sich weder der Zollstock, noch die Erde, noch das Sonnensystem, noch unsere Milchstraße. Das, was sich in Wirklichkeit vergrößert, ist die Entfernung zwischen Milchstraße und Milchstraße. Sie ist vergleichbar mit dem Anwachsen der gegenseitigen Entfernung von zwei auf einen Luftball aufgeklebten Münzen, sie vergrößert sich, wenn der Ballon aufgeblasen wird (Abb. 2).

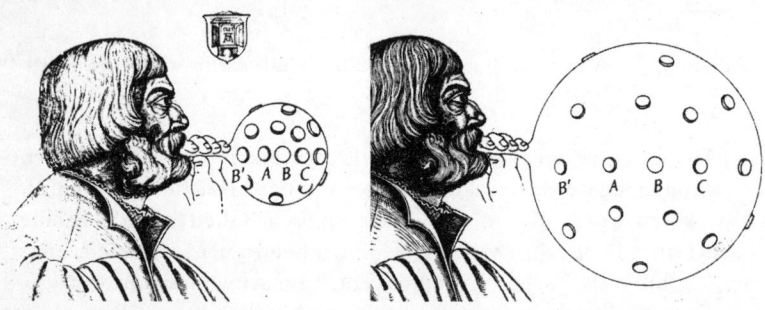

Abbildung 2: Ausdehnung des Universums, dargestellt anhand eines Luftballons. Die Münzen, die daran befestigt sind, stellen die Milchstraßen dar. Jede Milchstraße sieht, daß die nächstliegende Milchstraße sich entfernt. Weiter entfernte Milchstraßen geben den Eindruck, daß sie schneller verschwinden, als die, die sich in der Nähe befinden.

Wir haben Nachweise über die allgemeine Ausdehnung des Weltalls. Wir haben Ziffern, die aussagen wie weit zurück im Zuge der Zeit dies begann. Wir haben außerdem Nachweise über die extremen Verhältnisse, die zu diesem Zeitpunkt bestanden.

Kein Nachweis in dieser Angelegenheit ist eindrucksvoller als der,

der erbracht werden kann durch das Beobachten der Radioaktivität der Materie um uns herum. Radioaktivität kann nicht unendlich lange dauern. Deshalb kann der Aufbau dieser Materie nicht unendlich weit in die Vergangenheit zurückreichen.

Wenn ich auf einem Parkplatz einen Tanklaster stehen sehe, weiß ich in diesem Moment nicht, ob er vor einem Tag, einem Monat oder einem Jahr gefüllt wurde. Beobachte ich aber, daß der Lastwagen ein Loch in seinem Tank hat, ein Loch aus dem Benzin fließt, dann weiß ich, daß er vor nicht allzu langer Zeit gefüllt wurde. Genauso geht es mit radioaktiven Substanzen. Sie zerfallen fortwährend seit dem Tage, an dem sie entstanden sind.

Ich kann mich gut erinnern, daß Wright Langham, der Arzt verantwortlich für Strahlungssicherung am Wissenschaftlichen Laboratorium Los Alamos in Neu Mexiko große Sorgen hatte, als er versuchte, Radioaktivitätsmessungen an Laborarbeitern vorzunehmen. Diese Laborarbeiter gingen mit radioaktiven Stoffen um. Dr. Langham nahm an, daß ein Großteil der Strahlung von den Kleidungsstücken herführte. Deshalb mußte der Patient sich ausziehen, sich anschließend gründlich abbürsten und sich dann in eine mit Szintillatorflüssigkeit gefüllte Wanne stellen. In dieser Flüssigkeit wird jegliche radioaktive Strahlung, die aus dem Körper tritt, in Form eines Blitzes registriert. Dr. Langham fand heraus, daß diese nackten Laborarbeiter trotz allem Strahlen von sich gaben. Daraufhin fragte er sich, ob Patienten die nichts mit dem Laboratorium zu tun hatten, ebenfalls Strahlung aussenden könnten. Er führte dementsprechende Versuche durch und fand heraus, daß sie ebenfalls die gleichen Strahlen abgaben.

Anschließend nahm er seine Versuche an Frauen vor. Egal ob sie nun aus Los Alamos oder von außerhalb stammten, sie wiesen typischerweise weniger als die Hälfte der radioaktiven Strahlung der Männer auf. Gab es eine Lösung dieses Rätsels? Plötzlich fand Langham die Erklärung. Die Strahlen konnten nicht von radioaktiver Verseuchung stammen, aber sie kamen von der natürlichen Radioaktivität des Kaliums, einem Element, das man in Muskeln findet. Die meisten Frauen haben weniger Muskeln als Männer, deshalb wird geringere Radioaktivität beobachtet[9].

[9] Weitere dazu (nach freundliche Mitteilung von Dr. G. Boelz) in E. C. ANDERSON, „Triple – component body composition analysis based on potassium and water determinations", Annals of the New York Academy of Sciences 110, 189 (1963) und A. ANDRASI und E. BELEZNAY, „Natural potassium content and internal radiation burden of the Hungarian adult population from ^{40}K", Journal of Health Physics 37, 591–592 (1979).

Die Materie aus der wir gemacht sind, und die uns am Leben erhält, rinnt uns langsam durch die Finger, unwiderbringlich. Das Kalium und seine Radioaktivität hat nicht seit ewig existiert. Es entstand erst nach dem großen Urknall.

Radioaktives Kalium aber auch andere Nuklearstoffe radioaktiver und nicht radioaktiver Art sind entstanden. Aber ihre Entstehung fand unter Druck- und Temperaturverhältnissen statt, die sich wesentlich von denen unterscheiden, die sich der Erde in der Vergangenheit geboten haben. Wo und wann ereignete sich die Entstehung des Nuklearmaterials? Die Antwort auf diese Frage wurde von unseren Kollegen aus dem Gebiet der Nuklearchemie ausgearbeitet. Bei der Enträtselung haben sie ein prachtvolles Stück Detektivarbeit geleistet. Das Beweismaterial, das vorlag, war zum einen das relative Aufkommen der verschiedenen Nuklearstoffe in unserer Gegenwart, zum anderen das Wissen über den Grundmechanismus, der zur Verfügung stand, sie herzustellen. Sie haben herausgefunden, daß ein Teil der Erzeugung von Elementen in den Sternen stattgefunden hat und noch immer stattfindet, aber ein anderer Teil, besonders die Synthese von Helium aus Wasserstoff, hat innerhalb der ersten drei Minuten stattgefunden[10]. Indem wir gegenwärtige Vorkommen von den verschiedenen Elementen analysieren, können wir viel lernen über die Temperatur- und Druckverhältnisse, die geherrscht haben müssen im Anfangsstadium des Universums, eine Minute nach dem Urknall. Wäre es nicht möglich, vergleichbare Beweise auf ähnliche Art zu entdecken über Zustände, wie sie ein Million Millionstel einer Sekunde nach dem Urknall geherrscht haben müssen, indem wir herausfinden, wie die noch winzigeren Bestandteile der Materie, die Elementarteilchen, entstanden sind? Fortschritte auf diesem Gebiet zu machen sind die Hoffnungen und Bemühungen unserer Kollegen, die heute auf diesem Sektor arbeiten[11]. Ihre Ergebnisse geben dem Konzept der Zeit eine Bedeutung, die dem Urknall als solchen unheimlich nahe kommt.

Besteht die Möglichkeit eines Zyklen durchlaufenden Universums? Dafür lassen die Einsteinschen Gleichungen nicht die geringste Möglichkeit offen. Alle Anzeichen deuten heute darauf hin, daß es vor dem Urknall kein Vorher gab. Sollte dies das erste Tor der Zeit sein, was können wir dann über das zweite Tor der Zeit, nämlich das Schwarze Loch, oder allgemeiner ausgedrückt, den Gravitationskollaps sagen?

---

[10] Siehe zum Beispiel W. A. FOWLER, Nuclear Astrophysics, American Philosophical Society, Philadelphia, 1967.
[11] Siehe zum Beispiel S. WEINBERG, „Cosmological production of baryons", Physical Review Letters 42, 850–853 (1979).

Das Schwarze Loch ist ein vollkommen eingestürztes Objekt[12]. Das Schwarze Loch ist Masse ohne Materie.

Die Cheshire Katze aus „Alice im Wunderland" verschwand allmählich und ließ schließlich nur noch ihr Grinsen zurück. Auch ein Stern, der in ein bereits bestehendes Schwares Loch fällt oder der zusammenstürzt, um ein neues Schwarzes Loch zu werden verschwindet allmählich. Alle Spuren des Sterns, seine Materie, seine Sonnenflecken, seine Solarprominenzen verschwinden vollkommen. Zurück bleibt nur noch Anziehungskraft, das heißt Anziehungskraft einer nun entkörperten Masse. Diese Anziehungskraft hält jeglichen Planeten weiterhin in einer solchen Umlaufbahn, wie sie bereits zu Lebzeiten des Sterns bestanden hatte.

Wenn Materie irgendwo an einer Stelle im Raum in ein Schwarzes Loch fällt, wird dieselbe Materie nicht aus einem Weißen Loch irgendwo an einer anderen Stelle des Raumes heraustreten?

Die Antwort ist Nein. *Erstens:* Wir haben nicht die geringsten Anzeichen für die Existenz von Tunnels durch den Raum, Tunnels die von alltäglicher oder astrophysikalischer Größe sind. Ferner, selbst wenn es in der Frühgeschichte des Universums einen derartigen Tunnel gegeben hätte, würde uns Einstein's Theorie von Raum und Zeit versichern, daß er sich vor langer Zeit ausgedünnt, getrennt und abgesondert hätte[13]. *Zweitens:* Obwohl der Gravitationskollaps Materie zur Vernichtung bringt, bleibt Masse zurück. Wenn die Materie eines Sterns in ein Schwarzes Loch fällt, verschwindet die Masse nicht; sie bleibt wo sie ist.

1799 wurde in Weimar „Allgemeine geographische Ephemeriden" herausgegeben. Darin ist ein Artikel enthalten in dem Laplace die These beweist, daß die Anziehungskraft eines Himmelskörpers so gewaltig sein könnte, daß keinerlei Lichtstrahlen ihn verlassen würden[14].

In unserem Zeitalter der Raumfahrt erscheint die Grundidee eigentlich ganz einfach: Eine Startgeschwindigkeit von 2,4 Kilometer pro Sekunde wird benötigt, um eine Rakete vom Mond aus in den Weltraum

---

[12] J. R. OPPENHEIMER und H. SNYDER, „On continued gravitational collapse, Physical Review 56, 455–459 (1939); R. RUFFINI und J. A. WHEELER, „Introducing the black hole", Physics Today 24, 30–36 (1971).

[13] R. W. FULLER und J. A. WHEELER, „Causality and multiply connected spacetime", Physical Review 128, 919–929 (1962).

[14] P.-S. LAPLACE in Allgemeine geographische Ephemeriden herausgegeben von F. VON ZACH, IV Band, I st., I Abhandl., Weimar, 1799. Siehe auch seine Exposition du système du monde, Cercle-Social, Paris, Band 2, 1795, S. 305; auch J. MICHEL, Philosophical Transactions [of the Royal Society, London] 74, 35–37 (1784).

Eine Startgeschwindigkeit von 300 000 km/s wird benötigt, um eine Rakete von einem typischen Pulsar oder Neutronenstern aus in den Weltraum zu schicken. Neutronensterne sind, abgesehen von Schwarzen Löchern, die kompaktesten Objekte, die wir kennen. Wenn ein Körper von 5 Solarmassen in eine so verdichtete Form in sich zusammenfällt, daß die berechnete Startgeschwindigkeit 300 000 km/s – nämlich die Lichtgeschwindigkeit – überschreiten muß, dann ist ein Entkommen unmöglich, weder für die Rakete, noch für Lichtstrahlen.

Abgesehen von der fortgesetzten Anziehungskraft hat das Schwarze Loch noch zwei andere Hauptmerkmale. Den Einsturzpunkt, auch Singularität genannt in seinem Zentrum und den sogenannten „Schwarzschild Radius", der sich etwas weiter entfernt befindet. Wenn sich irgendjemand oder irgendetwas diesem Kreis von außen nähert ist eine Umkehr unmöglich. Dieser „Schwarzschild Radius" wird allgemeine als der Horizont des Schwarzen Loches bezeichnet (Abb. 3). Ein Raumfahrer, der sich dieser Grenze mit seinem Raum-

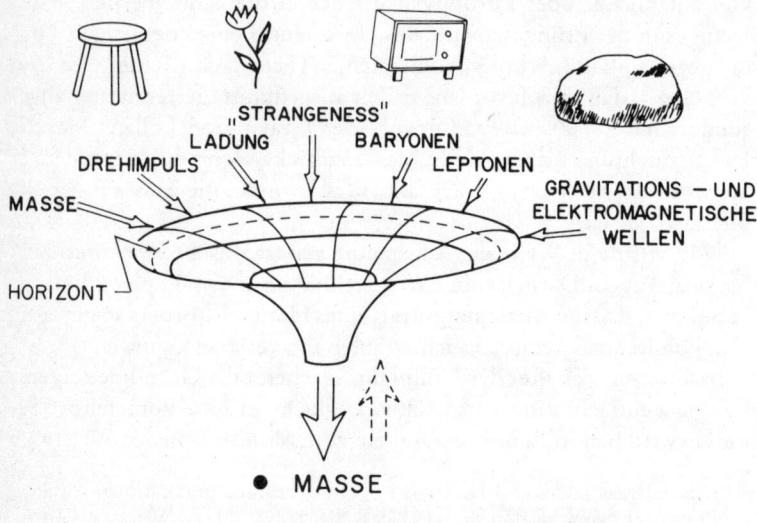

Abbildung 3: Der Raum um ein Schwarzes Loch. In diesem Raum gibt es weder Unebenheit noch Erschütterung noch Unterbrechung wenn ein Raumschiff (oder ein Partikel, oder Strahlung) den Horizont überquert. Aber nach der Überquerung ist es unmöglich zu entkommen, gleichgültig wie stark der Raketenantrieb ist. Wer und was auch immer den Horizont überquert, kommt in begrenzter Zeit bei den Toren der Zeit an.

schiff nähert, fühlt weder Rütteln noch Rasseln, wenn er zu dieser nicht gekennzeichneten Schranke kommt. Hat er sie einmal überschritten, dann kann er nicht mehr umkehren, ganz gleichgültig wie stark sein Raketenantrieb ist. Auch Licht- und Radiosignale können nicht mehr ausgesendet werden. Die Signale, der Raumfahrer und das Raumschiff werden von einem entfernten Beobachter als Schwärze gesehen, sonst nichts. Innerhalb einer kurzen und genau festgelegten Zeit sind Signale und Raumfahrer ausgelöscht und zwar im Zentrum der Singularität, am Einsturzpunkt[15].

Den Unterschied zwischen dem Horizont und dem Einsturzpunkt kann man am anschaulichsten anhand eines Beispiels erläutern, wobei man sich vorstellen muß, daß man kopfüber von einer Klippe auf einen Felsen gestürzt ist. Während im Krankenhaus der Kopf zu heilen beginnt fängt man an, sich zu erinnern; zuerst an den Aufprall, dann an das nasse Gras, das oben auf der Klippe gewachsen war. Als man zuerst zu dem Abgrund gekommen war, erschien der Neigungswinkel sicher genug. Er lud ein noch näher zu treten. Man wollte so gern über die Kante hinausblicken und nahm nicht wahr, daß der Neigungswinkel zunahm. Man begann auf dem nassen Gras mit seinen Schuhen vorwärts in Richtung Abgrund zu rutschen. Plötzlich wurde es einem klar, daß die Katastrophe unvermeidbar war, eine Katastrophe, die noch bevorstand. Jener trügerische und nicht gekennzeichnete Punkt ohne Umkehr versinnbildlicht den ebenso trügerischen und ebenfalls unmarkierten Horizont des Schwarzen Loches. Die Felsen die hinter dem Abgrund liegen symbolisieren den Einsturzpunkt, aber nicht nur den Einsturzpunkt der Materie, sondern auch der Raumzeit, die diese Materie umschließt.

Die Relativitätstheorie war bereits 1915 ausgearbeitet. Warum hat es danach 50 Jahre gedauert, bis sich Physiker mit der Theorie der Schwarzen Löcher beschäftigt haben? Erstens war während des zweiten Weltkrieges die Aufmerksamkeit auf andere, unmittelbar wichtigere Themen gelenkt. Zweitens waren dann nach dem Krieg die Physiker auf anderen Gebieten in Anspruch genommen. Drittens war es für viele schwer anzunehmen, daß der Gravitationskollaps mehr darstellte als ein Märchen, und daß er irgendetwas mit der wirklichen Astrophysik zu tun haben könnte. Viertens war es erschreckend, daran glauben zu müssen, daß Materie zu einem bestimmten Zeitpunkt unendlich ver-

---

[15] Siehe zum Beispiel den Teil, „Black holes", in C. W. MISNER, K. S. THORNE und J. A. WHEELER, Gravitation, Freeman, San Francisco, 1973.

dichtet werden könnte. Warum sollte man sich mit einem Problem beschäftigen, für das es keine vorstellbare Lösung gab?

Wissen wir genug von Materie, um sicher zu sein, daß sie dem Gravitationskollaps nicht widerstehen kann? Die Antwort ist Ja. Es kostete langwierige Untersuchungen dies zu prüfen, und mehr noch, den zentralen Punkt zu begreifen. Es verhält sich so: Je mehr die Materie dem Gravitationskollaps widersteht, umso leichter fällt sie zusammen. In anderen Worten: der Druck der Materie hat Energie und damit Gewicht; und dieses Gewicht verursacht noch mehr Druck. Man hat es mit einem selbstverstärkenden Vorgang zu tun[16]. Die Materie kann dabei nur eins, nämlich einstürzen.

Zwischen einem lebenden und einem nichtlebenden Schwarzen Loch herrscht ein großer Unterschied. Woraus besteht dieser Unterschied?

Die Lieblingsbeschäftigung zweier meiner Kollegen an der Universität von Texas in Austin, Alfred Schild und Roy Kerr, war es immer gewesen, sich mit der Mathematik der Einsteinschen allgemeinen Relativitätstheorie zu befassen anstatt mit deren Anwendung. Vor ein paar Jahren beschlossen sie, ihre Aufmerksamkeit auf die Gleichungen zu konzentrieren, deren Lösungen von „algebraisch einfacher Art" waren. Auf diese Weise haben sie viele, bis zu diesem Zeitpunkt ungelöste mathematische Lösungen gefunden. Eine der Gleichungen wurde von Roy Kerr ausgearbeitet, und die Lösung war so interessant, von solch mathematischer Schönheit, daß er hoffte, eine physikalische Auslegung finden zu können. Und er fand sie! Die mathematische Lösung beschreibt nämlich den Zustand der Raumkrümmung die im Umkreis eines sich drehenden, deshalb eines lebenden, Schwarzen Loches existiert[17].

Warum ist diese von Kerr ausgearbeitete Lösung heute von zentraler Wichtigkeit was das Verstehen in der Astrophysik der Schwarzen Löcher anbelangt? Fast jeder Stern dreht sich um seine Achse. Wenn er durch Gravitationskollaps zu einem Schwarzen Loch wird, hält er nicht nur an seiner Masse fest, sondern auch an seinem Drehimpuls. Deshalb drehen sich die meisten Schwarzen Löcher.

Diese Drehung ist von seltsamer und stoffloser Art. Denn sie hat die erstaunliche Fähigkeit, an Materie, die sich in der Nähe befindet, Ener-

---

[16] „Central density and regeneration of pressure" in B. K. HARRISON, K. S. THORNE, M. WAKANO und J. A. WHEELER, Gravitation Theory and Gravitational Collapse, University of Chicago Press, Chicago, 1965.

[17] R. P. KERR, „Gravitational field of a spinning mass as an example of algebraically special metrics", Physical Review Letters 11, 237–238 (1963).

gie abgeben zu können. Diese bemerkenswerte Fähigkeit, Energie abgeben zu können, wurde besonders von Roger Penrose[18] und anschließend von Demetrios Christodoulou[19] vom Max-Planck-Institut untersucht.

Ein nicht lebendes Schwarzes Loch entsteht aus einem lebenden nachdem all die Energie, die mit dem Drehimpuls in Verbindung steht, an Materie im Umkreis abgegeben wurde.

Natürlich kann man sich wünschen, ein Schwarzes Loch zu finden, aber es ist etwas anderes, eine Methode auszuarbeiten, mit deren Hilfe man ein Schwarzes Loch auch wirklich finden kann. Die beste Methode, einen unsichtbaren Gegenstand zu suchen, ist es, nach einem sichtbaren Ausschau zu halten. Die beste Methode, ein Schwarzes Loch zu finden ist, einen sichtbaren Stern zu finden, der diesem Schwarzen Loch nahe ist (Abb. 4). Einerseits wird das Schwarze Loch von seiner unsichtbaren Masse Kenntnis geben durch seine gravitative Anziehungskraft auf den sichtbaren Stern. Andererseits wird Gas des sichtbaren Sternes in die Richtung des Schwarzen Loches treiben, und zwar in Schwaden und Wölkchen, wie aus einem Fabrikschornstein. Wenn dieses Gas dem Schwarzen Loch näher kommt, wird die Anziehungskraft des Schwarzen Loches es stärker und stärker zusammendrücken. Diese Kompression erhöht die Temperatur des Gases in der Größenordnung von einigen 10 Millionen Grad. So stark erhitztes Gas erzeugt eine große Menge von Röntgenstrahlung, die nicht gleichbleibend ist, sondern die schwankt (Abb. 5). Dieses Zusammenwirken von schwankender Ausstrahlung von Röntgenstrahlen und gravitativer Anziehungskraft auf einen sichtbaren Begleitstern ist das beste derzeit bekannte Kennzeichen für das Vorhandensein eines Schwarzen Loches.

Der am meisten untersuchte Kandidat für ein Schwarzes Loch ist der Röntgen-Stern X-1 im Sternbild des Schwans (Abb. 6), der anfangs der siebziger Jahre von Bruno Rossi, Herbert Gursky, Ricardo Giacconi und ihren Kollegen vom Massachusetts Institute of Technology entdeckt wurde. Er zeigt das charakteristische Zusammenwirken von unterschiedlich starker Röntgenstrahlung und gravitativer Anziehungskraft, und zwar zieht er seinen sichtbaren Begleitstern innerhalb von 5, 6 Tagen vorwärts und rückwärts über eine Entfernung von 5,2

---

[18] R. PENROSE, „Gravitational collapse: The role of general relativitiy", Nuovo Cimento 1, 252–276 (1969).

[19] D. CHRISTODOULOU, „Reversible and irreversible transformations in black-hole physics", Physical Review Letters 25, 1596–1597 (1970).

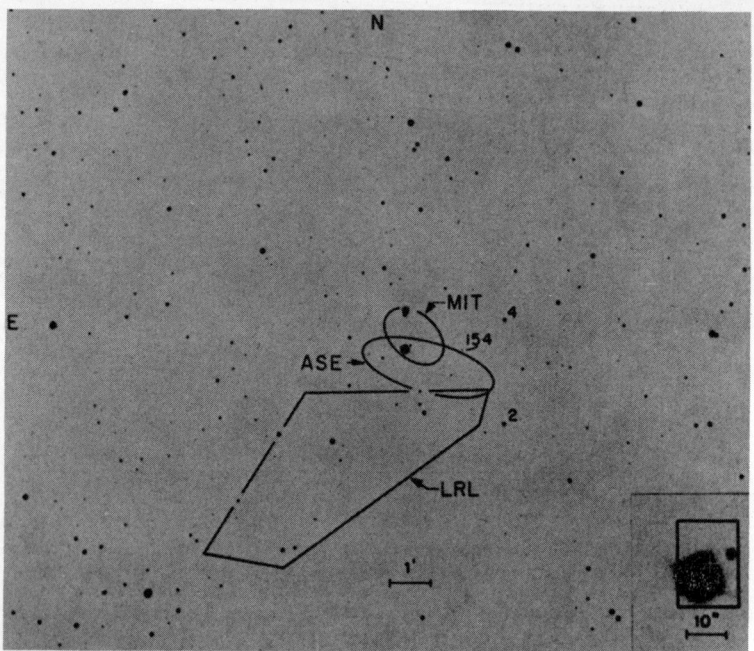

Abbildung 4: Der Stern HDE 226868, mit einem optischen Fernrohr photographiert. Die eingefaßten Gebiete stellen die Quelle der Röntgenstrahlung dar. Die Strahlen wurden bei Raketenflügen wiederholt beobachtet (LRL, ASE, MIT). Rechts unten im Bild: der vergrößerte Stern HDE 226868 mit einem weißen Kreuz, der die Radioquelle darstellte. Bild 4 stammt von einem Artikel geschrieben von H. Tananbaum, erschienen im Buch *Galactic Radiostronomy* und herausgegeben von F. J. Kerr und S. C. Simonsen III, I.A.U. Symposium Band 60, Reidel, Dordrecht, 1973. © 1974 International Astronomical Union.

Millionen Kilometer. Niemand kann für dieses unsichtbare Objekt eine vernünftige Erklärung finden, es sei denn, es wäre ein Schwarzes Loch mit etwa zehnfacher Sonnenmasse. Heutzutage besitzt man einigermaßen zuverlässige Hinweise auf acht weitere Schwarze Löcher.

Ausbrüche von Röntgenstrahlen lassen uns ein Schwarzes Loch von einigen hundert bis einigen tausend Sonnenmassen jeweils im Zentrum von fünf Sternhaufen in unserer Milchstraße wahrscheinlich erscheinen[20]. Charles Townes und seine Mitarbeiter[21], Jan Oort[22] und

---

[20] Siehe zum Beispiel J. E. GRINDLAY, „Two more globular-cluster x-ray sources?", Astrophysical Journal Letters 224, L 107 – L 111 (1977).

[21] E. R. WOLLMAN, „Ne II 12.8μ emission from the galactic center and com-

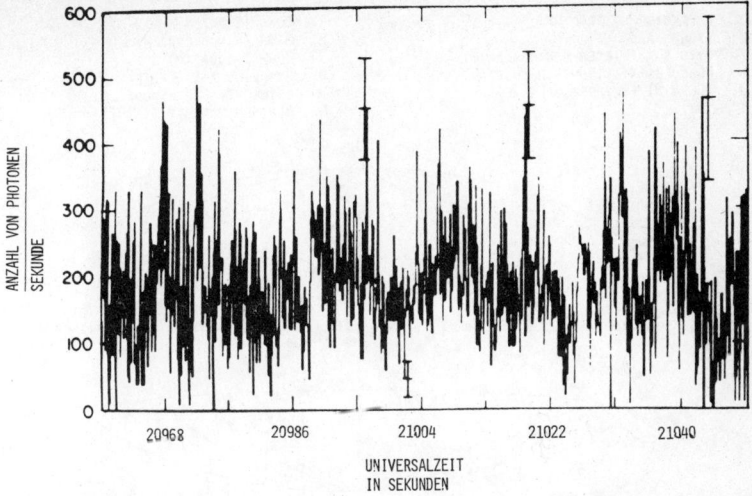

Abbildung 5: Anzahl von Röntgenstrahlen von Cyg X-1 herführend. Sie wurden am 10 Juni 1971 von E. Schreier, H. Gursky, E. Kollegg, H. Tananbaum und R. Giacconi beobachtet. *Astrophysical Journal Letters 170 L*, 21 (1971). © 1971, University of Chicago Press.

andere argumentieren, daß ein Schwarzes Loch von etwa 4×10^6 Sonnenmassen im Zentrum unserer Milchstraße existiert. Ferner gibt es Hinweise, daß ein Schwarzes Loch von 5 Milliarden Sonnenmassen im Zentrum der Galaxis M-87 vorkommt[23]. Offenbar stehen wir heute nur am Anfang der „Schwarzen-Loch-Physik", einem großen und bedeutenden Teilgebiet der modernen Physik.

---

pact H II regions" (Ph. D. dissertation, University of California, Berkeley, 1976); J. H. LACY, F. BAAS, C. H. TOWNES und T. R. GEBALLE, „Observations of the motion and distribution of the ionized gas in the central parsec of the galaxy", Astrophysical Journal 227, L 17 – L 20 (1979).

[22] J. H. ORT, „The galactic center", Annual Reviews of Astronomy and Astrophysics 15, 295–362 (1977, in besonders S. 341–353. Siehe auch L. F. RODRIGUEZ und E. J. CHAISSON, „The temperature and dynamics of the ionized gas in the nucleus of our galaxy", Astrophysical Journal 228, 734–739 (1979).

[23] P. J. YOUNG, J. A. WESTPHAL, J. KRISTIAN und C. P. WILSON, „Evidence for a supermassive object in the nucleus of the galaxy M-87 from SIT and CCD area photometry", Astrophysical Journal 221, 721–730 (1978); W. L. W. SARGENT und P. J. YOUNG, „Dynamical evidence for a central mass concentration in the galaxy M 87, Astrophysical Journal 221, 731–744 (1978); J. STAUFFER und H. SPINRAD, „Spectroscopic observations of the core of M 87", Astrophysical Journal Letters 231, L 51 – L 56 (1979).

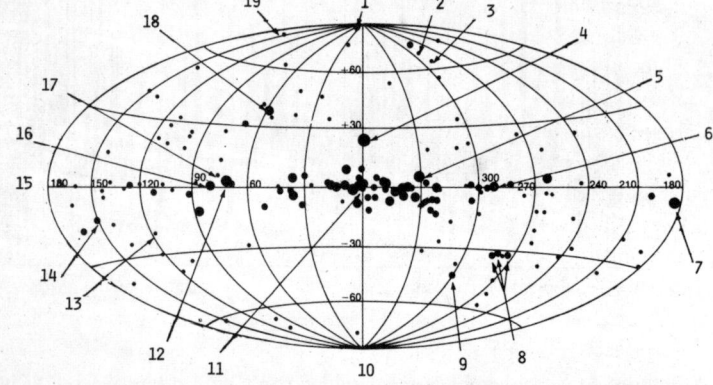

15. GALAKTISCHER ÄQUATOR
16. CYGNUS X-3
17. CYGNUS A (RIESEN-RADIOGALAXIE)
18. HERCULES X-1 (RÖNTGEN-PULSAR)
19. NGC 4151 (SEYFERT GALAXIE)

1. COMA (NEBELHÄUFUNG)
2. M-87 (VIRGO NEBELHÄUFUNG)
3. 3C-273 (QUASAR)
4. SCORPIUS X-1 (ERSTE ENTDECKTE RÖNTGENQUELLE, 1962)
5. RÖNTGEN NOVA (VIII 1971)

10. GALAKTISCHER SÜDPOL
11. GCX (MILCHSTRASSEN-KERN)
12. CYGNUS X-1 (SCHWARZES LOCH)
13. ANDROMEDA-NEBEL (BENACHBARTE GALAXIE)
14. NGC 1275 (PERSEUS NEBELHÄUFUNG)

6. CENTAURUS X-3 (RÖNTGEN-PULSAR)
7. KREBS-NEBEL (SUPERNOVA VII 1054; RÖNTGENSTRAHLEN 1963 ENTDECKT)
8. GROSSE MAGELLEN-WOLKE (BENACHBARTE GALAXIE)
9. KLEINE MAGELLEN-WOLKE (BENACHBARTE GALAXIE)

Abbildung 6: Ursprungsort von Röntgenstrahlung an einem Himmelskörper, der die Position von Cygnus X-1 zeigt. Cygnus X-1 ist das erste Objekt, das vorläufig als Schwarzes Loch identifiziert wurde. Der Äquator, der im Bild zu sehen ist, folgt der Milchstraße. (Das Bild stammt von R. Giacconi.)

Es sind hunderte von Forschungsergebnissen aus der „Schwarzen-Loch-Physik" veröffentlicht worden. Eine Bibliographie über dieses Thema füllt bereits ein umfangreiches Buch. Die Forschung auf diesem Gebiet befaßt sich fast ausschließlich mit Verhältnissen wie sie außerhalb des Horizontes herrschen. Die Verhältnisse, im unmittelbaren Umkreis von weißen Zwergsternen und Neutronensternen sind ähnlich, aber weniger merkwürdig. Das wirklich Neue, das Ungeheuere, findet man jedoch innerhalb des Horizonts, nämlich am Punkt des Einsturzes. Einmal bei der zentralen Singularität angelangt, findet die Zeit ihr Ende.

Von der Schwarzen-Loch-Physik gewinnen wir außerdem neue Einsichten über Energieerzeugung. Aus einer Tonne Materie in der Form von Kohle wissen wir, daß wir Energie durch chemische Verbrennung gewinnen können. Aus einer Tonne Materie in der Form von

Uran können wir das Millionenfache an Energie durch nukleare Spaltung gewinnen. Aber durch einen „Gravitations-Superprozeß" kann zehn- oder hundertmal mehr Energie aus einer Tonne Materie *irgendeiner* Art gewonnen werden; aus Gestein, sogar aus Abfall, oder sogar aus irgendwelchen Gasen von Sternen. Nehmen wir an, eine Tonne Gas von einem Stern würde in das Kraftfeld eines Schwarzen Loches fließen. Das Schwarze Loch zieht die Tonne Gas von großer Distanz und mit so großer Kraft an, daß eine enorme Menge von Energie frei wird. Das ist der Gravitations-Superprozeß.

Wir wissen nicht im einzelnen, wie diese Energie in andere Energieformen umgewandelt wird. *Davon, daß* dies auf irgendeine Weise geschieht, sind viele unserer Kollegen der Astrophysik überzeugt. Sie sehen keine andere Möglichkeit, als die den Vorgang des Gravitations-Superprozesses zu benutzen, um die Energie der sogenannten quasistellaren Objekte oder Quasare, erklären zu können. Quasare sind die am weitesten entfernten Objekte, die je entdeckt wurden. Sie sind auch die am weitaus stärksten Lichtquellen, die wir zu sehen glauben. Heutzutage nimmt man allgemein an, daß das Kraftwerk in der Mitte jedes Quasars auf einem Schwarzen Loch sitzt. Falls weitere Arbeiten diese Folgerung bestätigen, dann sehen wir in diesen Objekten das letzte Freiwerden von Energie aus Tonne um Tonne von Masse, bevor sie in den Klauen eines Schwarzen Loches gefangen wird. Auf diese Weise spricht die Masse zu uns gerade bevor sie den Horizont des Schwarzen Loches überquert und sich selbst am letzten Tor der Zeit zerstört.

Was geschieht aber nun, wenn die Zeit aufhört? Was ist das für ein Vorgang, der nicht nur Signale, Raumfahrer und Raumfährten, sondern sogar astronomische Niagarafälle, wie sie das Sternmaterial darstellt, in sich verschlingt und auslöscht? Neues und Seltsames ereignet sich im Gravitationskollaps von Materie und der Raumzeitgeometrie, die jene Materie umschließt; Neues von tiefer Bedeutung was unser Verstehen über die Beschaffenheit dieser Welt betrifft.

Ein rückwärts laufender Film, der über den Gravitationskollaps im Zentrum der Singularität des Schwarzen Loches gedreht wurde, unterscheidet sich in keiner uns bekannten Weise von einem Film über den Urknall. Das Geheimnis wie Materie und Raumzeit allmählich verschwinden ist Teil und Gesamtheit der ungelösten Frage wie die Welt zustande kam.

Die Materie hat also einen Anfang und ein Ende. Die Raumzeit ebenfalls. Zeit selbst hat einen Anfang und ein Ende. Die Theorie Einsteins über die Anziehungskraft läßt keinen Raum frei für ein eventuelles „Vorher" vor dem Urknall oder ein „Nachher" nach dem Gravitationskollaps. Die Tore der Zeit können auf vielfältige Weise beschrieben werden. Aber die beste Erklärung, nämlich die, die zu neuen Erkenntnissen führen kann, ist die folgende: Zeit als solche kann nicht das letzte Konzept in der Beschreibung der Natur sein. Zeit ist weder ursprünglich noch genau. Sie ist eine Schätzung (Abb. 7). Sie ist ein sekundärer Begriff. Sie wird in ihrer Wichtigkeit irgendwann ins zweite Glied rücken[24].

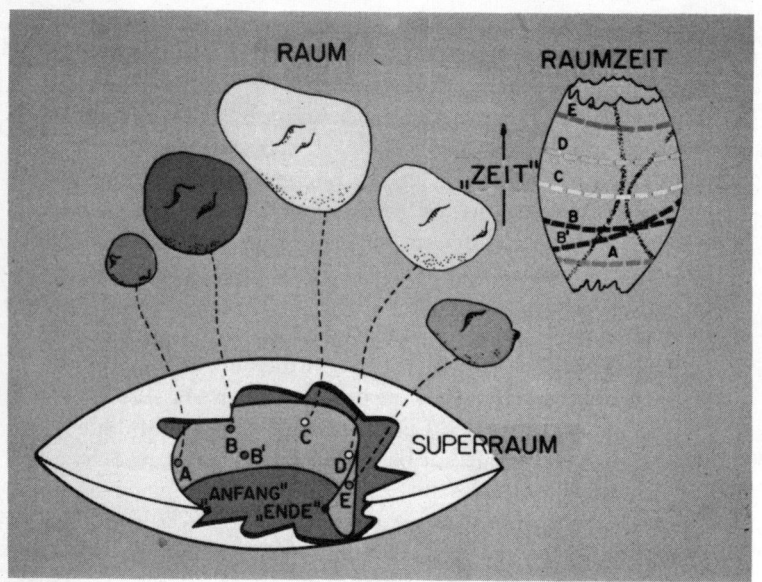

Abbildung 7: Raum, Raumzeit und Superraum. Links oben: Fünf Musteraufbauten A, B, C, D, E die Raum erlangt, während er sich ausdehnt und wieder zusammenzieht. Unten: Superraum und die fünf Beispielaufbauten, jeder stellt einen Punkt im Superraum dar. Rechts oben: Raumzeit. Jeder raumartige Schnitt durch Raumzeit (wie A) ergibt einen vorübergehenden Aufbau von Raum. In der klassischen Physik gibt es nur solche Raumaufbauten, die entlang eines einzelnen gekrümmten Blattes (siehe rosa Blatt, Mitte unten) der Geschichte liegen, und die dünne Scheiben durch Superzeit schneiden. Die Quanten Theorie in Form des Unbestimmtheitsprinzips von Heisenberg sagt uns, daß das Blatt nicht unendlich dünn sein kann. Mit anderen Worten, die Raumaufbauten die mit größter Wahrscheinlichkeit vorkommen, sind so zahlreich, daß sie nicht in eine einzelne Raumzeit passen können. Das heißt, daß Raumzeit nicht existiert. Die Folge ist, daß die Zeit selbst begrenzt definierbar ist. Bei Planck's Maßstab von Entfernung ($L^* = 1,6 \times 10^{-33}$), besonders bei den extremen Verhältnissen des Urknalls und des Gravitationskollapses verlieren die Begriffe von dem „Vorher" und dem „Nachher" ihre Bedeutung und ihre Anwendbarkeit.

Im allgemeinen stellen wir uns sowohl Zeit als auch Raumzeit als ideale mathematische Kontinua vor. Eine durchsichtige Platte aus Quarz sieht wie ein ideales mathematisches Kontinuum aus, genauso wie ein Stück Stoff. Nirgends deutlicher als an einem Riß zeigt ein Kristall, daß es kein Kontinuum sein kann. Nirgends deutlicher als an den Webkanten, wo die Fäden untergezogen sind zeigt ein Stück Stoff, daß es kein Kontinuum sein kann (Abb. 8). Nirgends deutlicher als

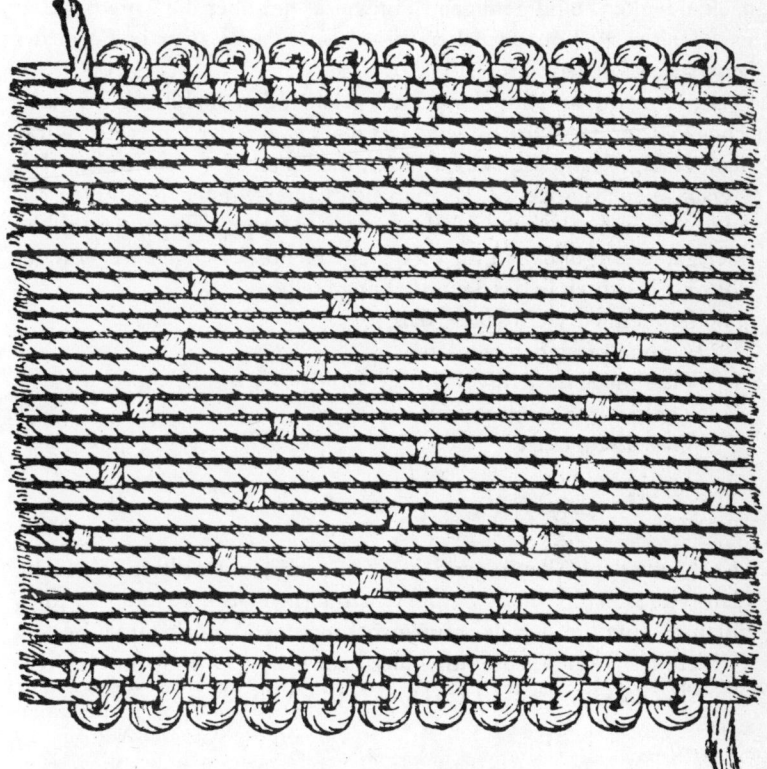

Abbildung 8: Nirgends deutlicher als an den Webkanten sieht man, daß Stoff nicht ein ideales mathematisches Kontinuum sein kann, sondern aus einzelnen Fäden gewoben ist.

[24] J. A. WHEELER, „Frontiers of time" in N. TORALDO DI FRANCIA, ed., Problems in the Foundations of Physics, Rendiconti della Scuola Internazionale di Fisica ‚Enrico Fermi', LXXII Corso, North-Holland, Amsterdam, 1979, S. 395–497; und J. A. WHEELER, „Beyond the black hole" in H. WOOLF, ed., Some Strangeness in the Proportion: A Centennial Symposium to Celebrate the Achievements of Albert Einstein, Addison-Wesley, Reading, Massachusetts, 1980, S. 339–375.

an den Toren der Zeit, beim Urknall und beim Gravitationskollaps zeigt Raumzeit, daß sie kein ideales Kontinuum sein kann. Kristalle sind aus Molekülen zusammengesetzt, Stoff aus Fäden, raumzeitliche Geometrie, so müssen wir glauben, ist ebenfalls aus einem Substrat zusammengesetzt, nennen wir es „Vorgeometrie" oder so ähnlich. Wir haben genügend Hinweise, um Vorgeometrie in den kommenden Jahrzehnten enträtseln zu können, wir brauchen nur über die Tore der Zeit nachzudenken. Und genügend Hinweise, um über die Tore der Zeit nachdenken zu können haben wir ebenfalls und zwar in Form der Schwarzen Löcher.

Die letzten Jahrzehnte haben uns gelehrt, daß die Physik ein magisches Fenster darstellt. Es zeigt uns den Schein, der hinter der Wirklichkeit liegt – und die Wirklichkeit, die hinter dem Schein liegt. Die Physik reicht viel weiter, als man sich früher vorstellen konnte. Wir sind nicht mehr damit zufrieden, nur Elementarteilchen, Kraftfelder oder gar Raum und Zeit zu verstehen. Heute verlangen wir von der Physik Einsichten in das Sein der Dinge selbst.

So können wir wohl sagen, daß
> Wir erst verstehen werden,
> Wie einfach das Universum ist,
> Sobald wir erkennen
> Wie seltsam es ist.

Der Autor dankt Ruth Bentley, W. Drechsler, Friedrich W. Hehl, Hans von Känel, Günter Kelpe, Christa Mayer-Bohne und Eva Riley für ihre Hilfe bei der Zusammenstellung des Manuskriptes. Bei der Vorbereitung zur Veröffentlichung haben das Zentrum für theoretische Physik, Universität Texas und NSF Grant PHY 78-26592 geholfen.

Manfred Eigen

Evolution und Zeitlichkeit

1. Was ist Zeit?

Für den Physiker ist diese Frage wenig sinnvoll. So sagt Richard Feynman lapidar: „Zeit ist, wie lange wir warten", und er fügt hinzu: „Worauf es dem Physiker schließlich ankommt, ist nicht, wie man Zeit definiert, sondern wie man sie mißt"[1]. Schon Aristoteles fragte, „ob die Zeit existieren würde, wenn es kein Bewußtsein gäbe"[2]. Eine klare Antwort sind wir bis heute schuldig geblieben.

Die Geschichte der Physik verzeichnet einen steten Wandel des Zeitbegriffs. Postuliert Newton[3], „die absolute, wahre und mathematische Zeit, die gleichförmig für sich und vermöge ihrer eigenen Natur fließt ohne Beziehung zum äußeren Geschehen", so hält Leibniz dagegen[4]: „Zeit läßt sich nicht von Geschehnissen trennen, Raum und Zeit können nicht in sich selbst, unabhängig von Körpern existieren – es sei denn als Ideen Gottes." Baut die dynamische Theorie der Materie zunächst auf Newton auf, so scheint sie sich in der Relativitätstheorie wieder Leibniz zu nähern. Hermann Minkowski fordert, daß „Raum für sich und Zeit für sich völlig zu Schatten herabsinken. Nur noch eine Art Union der beiden soll Selbständigkeit bewahren"[5]. Doch konservieren Relativitätstheorie wie auch Quantenmechanik eine wesentliche Eigenschaft des Zeitbegriffs der klassischen Dynamik: die Umkehrbarkeit. Die Zeit hat keine Vorzugsrichtung. Die Gesetze der Dynamik sind invariant gegenüber einer Zeitumkehr. Anderseits machen

---

[1] R. Feynman, „Lectures on Physics" Vol. I, Addison-Wesley Publ. Comp., Reading, Mass. 1963.
[2] Aristoteles, Physik Buch IV, XIV 23/24.
[3] I. Newton, „Philosophiae Naturalis Principia Mathematica", S. 5 Joseph Streater, London 1686.
[4] G. F. W. Leibniz, 3. Brief an Samuel Clarke.
[5] H. Minkowski, „Raum und Zeit" S. 1 B. G. Teubner, Leipzig und Berlin 1909.

sowohl Relativitätstheorie als auch Quantenmechanik die Rolle des Beobachters evident, die eine in der Relativierung des Bezugssystems, die andere in der Begrenzung der Schärfe der Zeitfestlegung. Jede Beobachtung oder Messung stellt einen Eingriff in den ablaufenden Prozeß dar. Die Zeit „fließt" für den Beobachter, auch wenn dieser ihre Registrierung Instrumenten überläßt, die sich universell koordinieren lassen. Allein was ist dieser „Beobachter"? Ist er nicht selbst ein „Prozeß in der Zeit"?

2. Uhren und Zeitkonstanten

Zur Zeitmessung eignen sich vor allem periodische Vorgänge, zunächst natürliche, wie die Planetenumläufe, sodann künstlich erzeugte, wie die Schwingungen des Pendels bzw. des Piezoquarzes, oder die Spektrallinienaufspaltung im Magnetfeld, die in der Atomuhr zur Anwendung gelangt. Periodizität an sich ist noch kein hinreichendes Kriterium für die Eignung zur Zeitmessung. Wer garantiert, daß die Perioden konstant oder zumindest in dem Maße konstant sind, wie es die jeweils angestrebte Präzision der Zeitmessung verlangt? Darüber hinaus muß man das den periodischen Prozeß determinierende physikalische Gesetz kennen, und man muß unter Kontrolle der Randbedingungen sicherstellen, daß das Gesetz im Rahmen der vorgegebenen Genauigkeitsgrenzen durch den realiter ablaufenden Meßprozeß erfüllt ist. Eine Uhr ist nur so gut wie die dem Meßprozeß zugrundeliegende Theorie. Dann aber bedarf es gar nicht einmal einer Periodizität, es genügt, daß das Zeitgesetz als solches bekannt ist. Beispiele sind die „Uhren", die auf dem exponentiellen Abklinggesetz des radioaktiven Zerfalls basieren – etwa die Radiocarbonuhr. Andere Uhren gehen von linearen Zeitabhängigkeiten aus, so das Stundenglas, bei dem eine bestimmte Menge Sand pro Zeiteinheit durch eine enge Öffnung rieselt.

Ähnlich wie bei der Zeitmessung verfährt man auch, wenn man die Zeitkonstanten physikalischer oder chemischer Prozesse bestimmen will[6]. Man muß nach Eichung der Zeitskala zunächst das für den Ablauf charakteristische Zeitgesetz festlegen, um dann aus diesem die Zeitkonstante abzuleiten. In der Nähe des thermodynamischen Gleichgewichts klingen alle Prozesse exponentiell ab. Hiervon machen

---

[6] M. EIGEN, „Der Zeitmaßstab der Natur", Jahrbuch der Max-Planck-Gesellschaft 1966, S. 64.

die sogenannten Relaxationsverfahren[7] Gebrauch, bei denen durch äußere Einwirkung – zum Beispiel durch Veränderung von Temperatur oder Druck – das Gleichgewicht geringfügig gestört wird. Auf diese Weise ist es möglich, die charakteristischen Zeiten chemischer Umwandlungen bis hinunter zu Picosekunden (= 10^{-12} Sekunden) zu messen. Bei anderen Methoden wird der chemischen Reaktion ein nach bekanntem Zeitgesetz ablaufender physikalischer Vorgang überlagert. So läßt sich beispielsweise das zeitliche Nacheinander der Reaktion in einem strömenden Reaktionsgemisch in ein räumliches Nebeneinander verwandeln[8]. Ähnlich verfährt der Elektronenstrahloszillograph. Der mit bekannter Geschwindigkeit ausgelenkte Elektronenstrahl bildet das zeitliche Geschehen als räumliches Diagramm ab.

3. Lange Zeiten – kurze Zeiten

Wie ist unsere Welt zeitlich strukturiert?
Ob wir eine Zeitspanne als kurz oder lang bezeichnen, ist durch unsere sinnliche Wahrnehmung und Erfahrung vorgegeben. Unser Bewußtsein ist ein „Bewußtsein in der Zeit". Diese Wechselbeziehung von Bewußtsein und Zeit ist für das Verständnis des Zeitbegriffs von zentraler Bedeutung. Deshalb sollten wir zunächst unser Zeitbewußtsein kalibrieren.

Für die längsten Zeitkonstanten, die heute in den Theorien der Physiker erscheinen, fehlt uns jedes Vorstellungsvermögen, auch wenn die Zahlen sich als Dezimalen hinschreiben lassen. Unser durch wissenschaftliches Instrumentarium und Theoriengebäude erweitertes Wissen reicht bis an den Anfang des Universums zurück:

$$
\left.\begin{array}{l}
\text{Das Universum} \\
\text{die Erde} \\
\text{Leben auf der Erde}
\end{array}\right\} \text{existiert seit} \begin{array}{l} \sim 2 \cdot 10^{10} \\ 4.7 \cdot 10^{9} \\ \lesssim 4 \cdot 10^{9} \end{array} \left.\begin{array}{l} \\ \\ \\ \\ \\ \end{array}\right\} \text{Jahren}
$$

$$
\left.\begin{array}{l}
\text{Vielzeller} \\
\text{Menschen} \\
\text{Kulturerzeugnisse}
\end{array}\right\} \text{existieren seit} \begin{array}{l} \lesssim 1 \cdot 10^{9} \\ \sim 1 \cdot 10^{6} \\ \gtrsim 10^{4} \end{array}
$$

[7] M. EIGEN, L. DE MAEYER, „Theoretical Basis of Relaxation Spectrometry" in „Techniques of Chemistry" (Editor G. G. Hammes) Vol. VI, II. S. 63. Wiley-Interscience New York 1974.
[8] B. CHANCE, „Rapid Flow Methods" in: „Techniques of Chemistry" (Ed. G. G. Hammes) Vol. VI.II., S. 5, Wiley-Interscience, New York 1974.

Ein Menschenleben		$\lesssim 3 \cdot 10^9$	
eine Generation		$\sim 10^9$	
die Anfertigung einer Dr. Arbeit	währt	10^8	Sekunden
ein Jahr		$3 \cdot 10^7$	
ein Tag		86 400	

Das untere Ende dieser Skala „langer Zeiten" ist willkürlich festgelegt. Was ist eine lange Zeit? Für ein Kind bedeuten die rund hunderttausend Sekunden, die ein Tag währt, schon eine sehr lange Zeitspanne. Was immer man als „lange" oder „kurze" Zeit bezeichnen will, gemessen an den größten physikalisch extrapolierbaren Zeiträumen sind alle die in der Tabelle aufgeführten Zahlenwerte verschwindend klein.

Das Universum ist jung, sonst könnten wir uns nicht von der Sonne wärmen lassen. Wie jung es wirklich ist, hat sich erst in allerletzter Zeit herausgestellt, nämlich aus Überlegungen, mit deren Hilfe man sämtliche physikalischen Wechselwirkungen auf eine einheitliche Ursache zurückführen möchte[9]. Aus diesen Überlegungen ging hervor, daß die Materie instabil ist. Man schätzt für das Proton eine Lebensdauer von etwa 10^{31} Jahren bzw. 10^{38} Sekunden. Der experimentelle Beweis für diese Schlußfolgerung steht (noch) aus. Doch ist er in greifbare Nähe gerückt, nicht etwa weil die Physiker einen Zeitraffer erfunden hätten, mit dessen Hilfe man die 10^{31} Jahre auf unseren Meßinstrumenten abspielen könnte, sondern weil der Zerfallsprozeß des Protons stochastischer Natur ist. Unter 10^{31} Protonen findet sich im Durchschnitt eins, das im Verlaufe eines Jahres zerfallen muß. 10^{31} Protonen entsprechen einem Materieblock von etwa sechs Tonnen Gewicht. Die Physiker liegen bereits auf der Lauer, um das seltene Ereignis zu registrieren. Das heißt vor allem, es von überlagerten Störereignissen zu unterscheiden.

Gemessen an dieser Zeit hätte das Universum erst den 10^{-20}sten Teil seines Lebensweges zurückgelegt. Die historische Route ist einzigartig und nicht wiederholbar. Schon vor über hundert Jahren hatte Ludwig Boltzmann für einfache Materiezustände, zum Beispiel ein Kubikzentimeter Luft, „Wiederkehrzeiten" der Größenordnung von $10^{10\,000\,000\,000\,000\,000\,000}$ Jahren berechnet[10]. Die (Poincarésche) „Wie-

---

[9] H. GEORGI, „A Unified Theory of Elementary Particles and Forces", Scientific American 244 April 1981, S. 48.
[10] L. BOLTZMANN, Ann. Phys. 57, 773 (1896); 60, 392 (1897).

derkehrzeit"[11] gibt an, wie lange es dauert, bis ein bestimmter Mikrozustand der Materie sich reproduziert – in dem von Boltzmann betrachteten Fall also der Zustand eines Gases, in dem für 10^{18} Moleküle mit einer mittleren Geschwindigkeit von 500 m/sec die individuellen Geschwindigkeitskoordinaten auf 1 m/sec und die entsprechenden Lagekoordinaten auf ± 10 Å genau fixiert wurden. Im Sinne der Quantenmechanik ist zwar eine solche individuelle Lokalisierung kleinster Teilchen nicht mehr zulässig. Dennoch ändert sich dadurch nichts am prinzipiellen Ergebnis. Der Ablauf der Geschehnisse in unserer Welt ist im Detail absolut einmalig.

Muß einerseits das Universum als „sehr jung" bezeichnet werden, so hat es andererseits – wenn wir die Zeitdauer seiner Existenz mit den kürzesten unserer Erfahrung zugänglichen Zeiten vergleichen – ein ansehnliches Alter erreicht.

Gibt es eine untere Grenze der Zeit, eine Elementarzeit? Diese Frage ist berechtigt, denn es gibt ja eine Quantelung der Energie, und es gibt eine maximale Ausbreitungsgeschwindigkeit für Signale. Die Frage nach einer kürzesten Zeit ist wegen der Begrenzung der Signalgeschwindigkeit gleichzeitig die Frage nach einer kleinsten Länge. Weiterhin, da einer „kürzesten" Zeit eine „höchste" Frequenz entspricht, ist sie auch die Frage nach einem oberen Grenzwert für ein Energiequantum.

Die Physiker glaubten zunächst, aus den Dimensionen der Atomkerne eine Elementarlänge von etwa 10^{-24} cm „herauslesen" zu können. Diese Vorstellung konkretisierte sich vor allem in einer von Werner Heisenberg konzipierten Theorie[12], mit deren Hilfe die Zustände der Materie aus einer einheitlichen Feldtheorie abgeleitet werden sollten. Die heutigen Bestrebungen zur Vereinheitlichung der Theorie der Felder weisen in eine andere Richtung. Die von Sheldon L. Glashow, Abdus Salam und Steven Weinberg[13] erreichte Vereinigung der elektromagnetischen und schwachen Kernkräfte wird bei Abständen von 10^{-17} cm wirksam. Darüber hinaus deutet sich an, daß bei Abständen von 10^{-29} cm auch die starken Kernwechselwirkungen ihre Eigenständigkeit verlieren und daß schließlich unterhalb von 10^{-34} cm alle

---

[11] A. MÜNSTER, „Prinzipien der statistischen Mechanik" in: Handbuch der Physik (Herausgeber: S. Flügge) Bd. III.2, S. 217; Springer, Berlin, Heidelberg 1959.

[12] W. HEISENBERG, Mitteilungen aus der Max-Planck-Gesellschaft 1958, Heft 3, S. 140.

[13] S. L. GLASHOW, A. SALAM, S. WEINBERG, in „Les Prix Nobel en 1979", Inprimerie Royale P. A. Norstedt + Söner, Stockholm 1980.

Wechselwirkungen inklusive der Gravitation ununterscheidbar werden. Den genannten Abständen können, indem man durch die Lichtgeschwindigkeit dividiert, folgende Zeiten zugeordnet werden[14]:

Theorie:	Quantenelektrodynamik	Quantenfelddynamik	Quantenchromodynamik	Supergravitation
Abstand: (cm)	10^{-8}	10^{-17}	10^{-29}	10^{-34}
Zeit: (sec)	10^{-18}	10^{-27}	10^{-39}	10^{-45}

Für den Menschen haben die auf die Zeit bezogenen Begriffe „lang" oder „kurz" eine durch unsere Wahrnehmung festgelegte semantische Bedeutung. Wir bezeichnen einen Vorgang als „schnell", wenn er schnell im Vergleich zur Auflösung durch unsere Sinnesorgane abläuft. Die Millisekunde ist hier etwa der Bezugswert. Die sinnliche Wahrnehmung selbst basiert wiederum auf physikalisch-chemischen Prozessen, deren Zeitkonstanten dann klein gegenüber einer Millisekunde sein müssen. Die Speicherung der Information im Zentralnervensystem erfordert aber Zeiten, die sehr viel größer als eine Millisekunde sind. Die Stabilität dieser „Langzeit-Information" legt die Annahme einer strukturellen Fixierung unter Einschluß kovalenter Bindungen nahe. Die charakteristischen Zeiten der für biologische Mechanismen relevanten chemischen „Elementarschritte" sind in der folgenden Tabelle zusammengestellt. Dabei ist zu berücksichtigen, daß für kovalente Bindungen die angegebenen unteren Grenzwerte der Reaktionszeiten durchweg erheblich überschritten werden. Bei den Polymeren ist jeweils die Reaktionszeit pro Monomer aufgeführt. Die Synthese eines aus 10^6 Bausteinen bestehenden DNA-Moleküls z. B. erfordert demnach Zeiten von etwa 10^3 Sekunden (vgl. Zellteilung: E. Coli).

---

[14] M. Eigen, „Fast Reactions and Primary Processes in Chemical Kinetics", Nobel Symposium 5, Wiley-Interscience, New York 1967.

Protonenübergang in H-Brücke		10^{-12}
Neutralisation ($H^+ + OH^-$)	erfolgt	10^{-11}
Ionenfluß durch Synapse	innerhalb	10^{-4}
Konformationsänderung in Proteinen und Membranen	von	$<10^{-3}$
Wasserstoffbrücke		$<10^{-9}$
Nucleotid Basenpaar AU	zerfällt	10^{-7}
Nucleotid Basenpaar GC	nach	10^{-6}
Codon-Anticodon Komplex		$<10^{-3}$
Covalente Bindung		$>10^{-3}$
Enzymatische Katalyse		$>10^{-5}$
RNA- und DNA-Polymerisation (pro Baustein)	erfordert Mindestzeit	$>10^{-3}$
Proteinbiosynthese (pro Aminosäure)	von	$>10^{-2}$
Zellteilung (E. coli)		10^{3}

(Sekunden)

4. Boltzmanns Zeitpfeil

Mit Hilfe unseres Zentralnervensystems sind wir intuitiv in der Lage, Vergangenheit und Zukunft zu unterscheiden. (Lediglich die Definition von „Gegenwart" bereitet uns einige Schwierigkeiten). Ist nun diese uns inhärente Zeitlichkeit physikalisch determiniert?

Die Frage nach einer immanenten Zeitausrichtung hat gegen Ende des letzten Jahrhunderts eine kontroverse Diskussion unter den Physikern ausgelöst, die bis auf den heutigen Tag nicht abgeklungen ist. Die Gesetze der Dynamik sind reversibel, d. h. sie sind invariant gegen eine Zeitumkehr. Bildlich gesprochen: Es hängt allein von der Konstruktion unserer Uhren ab, in welche Richtung die Unruhe den Zeiger vorrücken läßt. Doch ein „Prozeß" hängt außer von den Gesetzen der Dynamik noch von seinen Rand- und Anfangsbedingungen ab. In einem Vielkörpersystem sind diese nur schwer bzw. gar nicht im einzelnen festzulegen.

Betrachten wir ein makroskopisches Materiesystem. Es sollte sich durch Angabe von jeweils drei Orts- und Impulskoordinaten sämtlicher in ihm vorhandenen N Massepunkte vollständig charakterisieren lassen. Der Zustand dieses Systems ist damit durch einen Punkt im 6N-dimensionalen Phasenraum darstellbar, und die zeitlichen Veränderungen können durch eine Trajektorie in diesem Phasenraum beschrieben werden. Nach einem Satz von Henri Poincaré[15], der auf der Reversibilität der dynamischen Gesetze beruht, müßten die Trajektorien sich nach hinreichend langer Zeit einem einmal durchlaufenen Punkt bis auf einen beliebig klein vorgebbaren Abstand nähern. Eine Umkehr der Zeitrichtung würde an diesem Verhalten nichts ändern.

Andererseits postuliert aber der 2. Hauptsatz eine Vorzugsrichtung der Zeit. Die Entropie eines nicht im Gleichgewicht befindlichen, abgeschlossenen Systems nimmt zu, bis das System den Gleichgewichtszustand erreicht hat. Es war Ludwig Boltzmann, der zuerst versuchte, die Aussage des 2. Hauptsatzes auf eine mechanische Grundlage zu stellen. Er berechnete aus dem „Stoßansatz" eine Funktion H, die – nach Umkehr des Vorzeichens – die Eigenschaft der Entropie hat, nämlich zuzunehmen, und die sich in einfachen Systemen auch mit der negativen Entropie identifizieren läßt[16]. Erfolgreich war er, indem er den irreversiblen Prozeß, also die Einstellung des Gleichgewichts statistisch-mechanisch darstellen konnte. Scheitern mußte aber der Versuch der formalen Etablierung eines Zeitpfeils. Diesem stand der Wiederkehr-Einwand der dynamischen Theorie im Wege, nach dem jede Trajektorie sich ihrem Ausgangspunkt irgendwann wieder beliebig nähern sollte.

Poincaré[17] hatte aber auch festgestellt, daß die Etablierung einer dynamischen Theorie der Materie sich schon am Dreikörperproblem festläuft, indem bereits hier eine vollständige Voraussagbarkeit des Prozeßablaufs im Prinzip unmöglich wird. Boltzmann hatte denn auch von vornherein statistische Verteilungsfunktionen eingeführt und damit das Konzept der Trajektorie, in dem der Mikrozustand eindeutig festgelegt ist, aufgegeben. Ernst Zermelo[18], dessen Name mit dem Wiederkehr-Einwand verknüpft ist, hatte diesen Umstand zwar übersehen, doch das Dilemma mangelnder logischer Konsistenz blieb. Joseph Loschmidt[19] hatte zuvor gezeigt, daß sich zu einem System, das eine monotone Abnahme von H zeigt, immer ein solches konstruieren läßt, in dem H wieder zunimmt (Umkehr-Einwand). Dies läßt sich

---

[15] H. POINCARÉ, Acta math. *13*, 67 (1890).

[16] L. BOLTZMANN, Wien. Ber. *66*, 275 (1872).

[17] H. POINCARÉ, „Les Méthodes Nouvelles de la Mecanique Céleste", Paris 1893.

[18] E. ZERMELO, Ann. Phys. *57*, 485 (1896).

[19] J. LOSCHMIDT, Wien. Ber. *73*, 139 (1876).

durch Computersimulation[20] eindeutig bestätigen. Boltzmanns H-Funktion hat nicht die Eigenschaft, die dieser ihr ursprünglich zugedacht hatte, nämlich nur monoton mit der Zeit abzunehmen. Man erkannte damals sehr bald, daß die Hauptursache des Dilemmas in der Definition der Ausdrücke: *Gleichgewicht, Schwankung* und *irreversibler Prozeß* begründet lag.

Was bedeutet thermodynamisches Gleichgewicht?

Es waren die Physiker Paul und Tatjana Ehrenfest, die diesen Begriff durch ein Gedanken-Experiment klärten[21]. Wir wollen dieses Experiment hier wiederholen, allerdings in einer modifizierten „Spielanordnung"[22].

Wir benutzen als Spielbrett eine quadratische Fläche, die analog einem Schachbrett in 8×8 Felder unterteilt ist. Jedem dieser Felder ist ein Koordinatenpaar zugeordnet. Auf die Spielfläche werden zu Beginn 64 Kugeln, bestehend aus zwei Farbsorten (z. B. Blau und Gelb), in einer beliebigen Anfangsverteilung plaziert. Wir würfeln mit Hilfe zweier Oktaeder, deren Flächenbezeichnungen den jeweils acht Koordinatenziffern entsprechen. Die Regel des Ehrenfest-Spiels lautet ganz einfach: Die Kugel auf dem jeweils erwürfelten Feld wird gegen eine Kugel der anderen Farbe ausgetauscht. Der Spielverlauf gestaltet sich allgemein wie folgt: Etwa innerhalb einer Generation – das sind 64 Würfe, wobei jede Kugel im Mittel die Chance hat, einmal ausgetauscht zu werden – stellt sich ein „Gleichgewicht" ein, das im vorliegenden Fall einer Gleichverteilung beider Kugelfarben entspricht. Dabei fluktuiert die Verteilung um den Gleichgewichtswert: 32 : 32 mit einer zu $\sqrt{\overline{N}}$ (hier $\overline{N}_i = 32$) proportionalen mittleren Schwankungsamplitude.

Kann man nun behaupten, daß *eine bestimmte*, nach Koordinaten spezifizierte Verteilung, bei der gerade 32 blaue und 32 gelbe Kugeln auf der Spielfläche erscheinen, eine „Gleichgewichtsverteilung" sei, und daß diese als solche häufiger auftrete als irgend eine der unpaarigen Verteilungen mit spezifischer Besetzung, insbesondere als eine der Extremverteilungen, bei der alle 64 Kugeln auf dem Spielbrett einer Sorte angehören? Die Antwort lautet: „nein". Man kann sich leicht davon überzeugen, daß jede individuelle festgelegte Verteilung – der Physiker spricht vom Mikrozustand – a priori gleichwahrscheinlich ist und da-

---

[20] A. Bellemans, J. Orban, Phys. Letters *24A*, 620 (1967).
[21] P. und T. Ehrenfest, Phys. Z. *8*, 311 (1907).
[22] M. Eigen, R. Winkler-Oswatitsch, „Das Spiel", Piper u. Co. Verlag, München 1975.

mit dieselbe (Poincarésche) Wiederkehrzeit hat. Keine der vielen individuellen Verteilungen von 32 blauen und 32 gelben Kugeln erscheint „im Zeitmittel" häufiger als eine der beiden extremen Verteilungen von jeweils 64 gelben oder 64 blauen Kugeln. Der „Gleichgewichtszustand" 32:32 ist allein dadurch gekennzeichnet, daß dem *einen* der beiden Extremzustände mit je 64 Kugeln *einer* Farbe jeweils eine *ungeheuer große Zahl* von verschiedenen Mikrozuständen mit je 32 Kugeln beider Farben gegenübersteht. Quantitativ läßt sich das folgendermaßen beschreiben: Aus der Gesamtzahl von $2^{64} \approx 2 \times 10^{19}$ möglichen Mikrozuständen repräsentiert nur jeweils *einer* die Besetzung mit 64 Kugeln einer Farbe, während rund 2×10^{18} verschiedene Mikrozustände mit jeweils 32 blauen und gelben Kugeln auftreten. Der Erwartungswert für den durch das Kugelzahlverhältnis charakterisierten Makrozustand ist durch das statistische Gewicht – das ist die Zahl der Realisierungsmöglichkeiten – von gleichartigen Mikrozuständen bestimmt. Zum Gleichgewicht gehört der singuläre Extremzustand ebenso wie all die Mikrozustände mit tariertem Kugelzahlverhältnis – nur tritt er seiner statistischen Wichtung entsprechend selten auf. Aus der stochastischen Theorie läßt sich auch für den Makrozustand eine Wiederkehrzeit herleiten, die durchweg wesentlich kürzer als die Poincarésche Wiederkehrzeit der Mikrozustände ist. Sie ist dem statistischen Gewicht der Makrozustände umgekehrt proportional, wird also um so kürzer, je höher die Zahl der Realisierungsmöglichkeit ist. Lediglich für den Extremzustand stimmt diese Wiederkehrzeit mit der Poincaréschen überein, eben weil der Makrozustand mit extremem Kugelzahlverhältnis nur durch jeweils einen einzigen Mikrozustand repräsentiert ist. Würde man in dem beschriebenen Spiel jede Sekunde einen Zug tun, so müßte man im Mittel etwa 500 Milliarden Jahre lang – das ist länger als das Universum bisher existiert – würfeln, bevor sich einmal die Chance ergäbe, entweder 64 blaue oder 64 gelbe Kugeln auf dem Spielbrett zu haben. Bei realen Materiezuständen mit 10^{24} statt 64 Molekül-„Kugeln" sind die entsprechenden Zahlenverhältnisse ungleich extremer.

Aus diesen Betrachtungen resultiert: „Gleichgewicht" ist nur für die einer Beobachtung zugänglichen Makrozustände definiert. Ähnlich wie der Gleichgewichtszustand einer Waage ist der Zustand des thermodynamischen Gleichgewichts „kräftefrei". Jede Auslenkung bewirkt eine Rückstellkraft, die um so größer wird, je größer die Auslenkung ist. Dementsprechend dauert es umso länger, einen Auslenkungszustand zu reproduzieren, je weiter dieser vom Gleichgewicht entfernt ist. „Kraft" ist hier durch statistische Gewichte definiert. Aufgrund einer solchen automatischen Schwankungsbeantwortung ist das Gleichgewicht stabil. Es gibt im statistischen Mittel eine zeitliche Vorzugsrichtung, nämlich „hin zum Gleichgewicht", aber nicht derart, daß auf der Ebene der Mikrozustände der Prozeß „nur" in einer Richtung ablaufen kann. Gleichgewicht ist gar nicht für den einzelnen Mikrozustand definiert. Ja man könnte die Gleichgewichtseinstellung als einen „Gedächtnisverlust" für den individuellen Mikrozustand, gleichgültig zu welchem Makrozustand er gehört, bezeichnen.

5. „Schwache" Zeitlichkeit

Das Dilemma der Zeitumkehr ist eher ein Dilemma der formalen Theorie. Die Trajektorie ist eine Abfolge von Mikrozuständen. Über diese kann der Entropiesatz oder Boltzmanns H-Theorem keine Aussage machen. Die Trajektorie eines Mehrkörpersystems läßt sich andererseits nicht ohne weiteres aus einer zeitinvarianten dynamischen Theorie berechnen. Die Schwierigkeiten liegen nicht so sehr in der Unkenntnis der Anfangsbedingungen, sondern resultieren aus unentscheidbaren Alternativen. Schon im Dreikörpersystem treten – wie Poincaré darlegte – solche prinzipiell unentscheidbaren Probleme auf, bei denen die Information des Anfangszustandes verloren geht. Dieser ist dann bei Zeitumkehr nicht wieder herstellbar. Auch ein auf eine Umlaufbahn geschossener Satellit würde bei Zeitumkehr nicht auf die Abschußrampe zurückkehren, weil die Information für den Anfangszustand verloren gegangen ist.

Die Methode, die Boltzmann im H-Theorem anwandte, geht von Verteilungsfunktionen, d. h. von statistischen Argumenten aus. Trotz der Erfolge, die diese Methode für die Gleichgewichts- sowie die lineare Nicht-Gleichgewichtsthermodynamik – verzeichnete, ist Boltzmanns eigentliches Programm, nämlich eine Funktion zu finden, die eine *eindeutige* zeitliche Vorzugsrichtung anzeigt, gescheitert. Die Schwierigkeit besteht in der Unterscheidung zwischen einer *Fluktuation* und einem *irreversiblen Prozeß*. Einem Vorschlag Marian v. Smoluchowskis und Subrahmanyan Chandrasekhars[23] zufolge könnte man den Prozeß als irreversibel definieren, wenn der Ausgangszustand eine

---

[23] M. von Smoluchoswky, Phys. Z. *13*, 1069 (1912); S. Chandrasekhar, Rev. Mod. Phys. *15*, 1 (1943).

kelzahl die Wiederkehrzeit ein sehr scharfes Minimum für den dem Gleichgewicht zugeordneten Makrozustand zeigt, gelingt hiermit eine relativ gute Abgrenzung der Fluktuation vom irreversiblen Prozeß. Doch ist die Methode logisch nicht ganz befriedigend. Es bleibt nur, sich „dialektisch" aus der Affäre zu ziehen und auf die Unterschiedlichkeit der Betrachtungsweisen von Dynamik und Statistik hinzuweisen.

Thermodynamisches Gleichgewicht ist nur auf der Ebene von Makrozuständen statistisch faßbar. Angenommen, man könnte die Einzelzustände des Systems im Sinne der Dynamik genau charakterisieren, d. h. die Orts- und Impulskoordinaten aller materieller Partikel fixieren. „Gleichgewichtseinstellung" wäre dann identisch mit dem Verlust dieser Information, d. h. mit dem Zerfließen aller Korrelationen. Der Informationsverlust entspricht dem mit der Gleichgewichtseinstellung verbundenen Entropiezuwachs. Zeitumkehr würde bedeuten, daß man die Information für den im Moment der Umkehr eingestellten sowie für den anfänglichen Mikrozustand sprungweise rekonstituieren muß. Das kommt einem negativen Entropiesprung gleich. Läuft nunmehr der Prozeß ab, so verliert man diese Information wieder. Das bedeutet, der Prozeß ist ebenfalls mit einem Entropieanstieg verbunden.

Die durch Energiedissipation gekennzeichnete Irreversibilität definiert in einer Welt, die nicht im Gleichgewicht ist, eine Zeitlichkeit – wir wollen sie zunächst als „schwache" Zeitlichkeit bezeichnen. Die Richtung ist allein durch die Bewegung „zum Gleichgewicht hin" und durch die damit verbundene *positive* Entropieerzeugung definiert. Diese Zeitlichkeit verschwindet im eingestellten Gleichgewicht. Man kann diese Definition auch auf nichtabgeschlossene Systeme, die sich im stationären Zustand befinden, anwenden. Bei konstanten Materieflüssen verhalten sich solche stationären Systeme oft analog den echten Gleichgewichtszuständen. Die Erhaltung des stationären Zustandes erfordert ständige Entropieerzeugung, deren Wert im stationären Zustand lediglich ein lokales Minimum aufweist, die aber nicht Null wird. Durch Manipulation der Flüsse läßt sich ein solcher stationärer Zustand auch umkehrbar verschieben, ähnlich wie ein Gleichgewicht durch Veränderung der Zustandsparameter reversibel verschoben werden kann. „Schwache" Zeitlichkeit ist dann nur noch als Entropieerzeugung registrierbar. Dem System selber ist eine Veränderung nicht anzumerken. Für die „schwache" Zeitlichkeit, sofern sie als eine allgemeine Eigenschaft unserer Welt gilt, ist es wichtig, daß diese Welt noch „jung", also weit von einem generellen Gleichgewicht entfernt ist. Das bedeutet – wie Boltzmann in seiner Erwiderung an Zermelo sehr richtig hervorhob[23a] – daß beliebig herausgegriffene Anfangszustände in unserer Welt sich durchweg *nicht* im Gleichgewicht befinden. Anders ausgedrückt: Wir erleben ständig die durch das Streben zum Gleichgewicht charakterisierte *„schwache"* Zeitlichkeit. An diese wollen wir anknüpfen, wenn wir nunmehr – zunächst wiederum anhand eines Modells – die „starke" Zeitlichkeit als einen Sonderfall dieser allgemeinen Eigenschaft eines nicht im Gleichgewicht befindlichen Universums definieren.

6. Katastrophen und „starke" Zeitlichkeit

Wir beginnen wieder mit einem Spiel. Es ist die Umkehrung des im vorangehenden Kapitel beschriebenen Ehrenfestschen Urnenmodells, wiederum in Form eines Kugelspiels[24]. Diesmal wird das Spielbrett mit exakt 32 blauen und 32 gelben Kugeln in willkürlicher Verteilung besetzt. Die Spielregel lautet nunmehr: Jede erwürfelte Kugel wird auf Kosten der anderen Farbe verdoppelt. Im Spiel wird das folgendermaßen realisiert: Man ersetzt jeweils eine x-beliebige Kugel der anderen Farbe durch eine Kugel der erwürfelten Farbe, die man einem Reservoir entnimmt.

Man beobachtet bei diesem Spiel, daß die beiden Kugelfarben zunächst um ihren Gleichverteilungswert fluktuieren. Da das Gleichgewicht „kräftefrei" ist, sind die Wahrscheinlichkeiten für den Austausch von blauen und gelben Kugeln gleich groß. Unterschiedlich ist jedoch die Schwankungsbeantwortung. Löst im Ehrenfest-Spiel jede Abweichung von der Gleichverteilung eine Gegenreaktion aus, die das System in die stabile Gleichgewichtslage zurückführt, so erfolgt im vorliegenden Fall eine Verstärkung der Schwankung. Bei kleinen Schwankungen fällt eine Verstärkung kaum ins Gewicht, und so verhalten sich

---

[23a] BOLTZMANN schloß allerdings eine Schwankung kosmischen Ausmaßes innerhalb eines „im Gleichgewicht befindlichen" Universums nicht aus. Hier wäre das Vorzeichen der globalen Entropieproduktion von der Phase der Schwankung abhängig. L. Boltzmann, Ann. Phys. *57*, 773 (1896); *60*, 392 (1897).

[24] M. EIGEN, W. GARDINER, P. SCHUSTER, R. WINKLER-OSWATITSCH, „The Origin of Genetic Information", Scientific American Vol. 244 April 1981, S. 88.

zunächst beide Systeme ähnlich. Die Situation ändert sich aber mit Größerwerden der Fluktuationen, und zwar um so mehr, je größer die Schwankung wird, bis es schließlich zur Katastrophe kommt. Sie besteht hier im Aussterben der einen Kugelsorte und vollzieht sich lawinenartig. Die ursprüngliche „Gleichgewichtssituation" ist instabil. Obwohl sich nicht vorhersagen läßt, *welche* der beiden Kugelsorten der Katastrophe zum Opfer fällt, kann man doch mit deterministischer Strenge postulieren, *daß* eine der beiden Kugelsorten ausstirbt. Auch die Zeit, in der dies im Mittel geschieht, ist angebbar. Sie ist im Schnitt nicht länger als die für die Gleichgewichtseinstellung charakteristische Zeit des Ehrenfest-Spiels.

Diese zunächst trivial anmutende Spielversion läßt sich in vielfältiger Weise abwandeln und damit realen physikalischen Gegebenheiten weitgehend anpassen. Auf der Ebene der Elementarereignisse erfolgen Bildung und Zerfall der einzelnen Teilchen unabhängig voneinander. Im Spiel kann man das Verdoppeln und Entfernen der beiden Kugelsorten dadurch entkoppeln, daß man für beide Prozesse getrennt würfelt, und zwar zunächst – wie im Ehrenfest-Spiel – für das Entfernen, sodann – wie im Katastrophenspiel – für das Verdoppeln, wobei die neue Kugel das zuvor frei gewordene Feld besetzt. Diese Prozedur wird alternierend fortgeführt. Auch kann die Zahl der Kugelsorten unbegrenzt erweitert werden. Vermittels Mutationswürfen nach einem vorgegebenen Schlüssel lassen sich verschiedene neue Kugelsorten sukzessive ins Spiel einführen. Auch das Verdoppeln oder Entfernen kann nach einem für die einzelnen Kugelfarben spezifischen Mechanismus ausgeführt werden. Mit einem solchen Spiel wird der in der Natur ablaufende Selektions- und Evolutionsprozeß bis ins realistische Detail simuliert. Das läßt sich im Laboratorium für Populationen von RNA-Molekülen oder Viren unter exakt definierten Randbedingungen experimentell verifizieren[24, 25, 26, 27].

Dieser Evolutionsprozeß ist prinzipiell *un*umkehrbar. Das liegt daran, daß die Mutation selbst ein nicht vorhersagbares Elementarereignis ist. Besitzt die zunächst singulär erscheinende Mutante einen selektiven Vorteil, so wird dadurch die zuvor (meta-)stabile Verteilung destabilisiert. Sie verschwindet, und mit dem Aufbau neuer besser angepaß-

---

[25] S. Spiegelmann et al. Proc. Nat. Acad. Sci. USA, *50* (1963) 905, *54* (1965) 579, 919, *60* (1968) 866, *63* (1969) 805.

[26] Ch. Weissmann, et al. Cold Spring Harbor Symp. Quant. Biol. *33* (1968) 83, Gene *1* (1976) 3, 27.

[27] Ch. K. Biebricher, M. Eigen, R. Luce, J. Mol. Biol. *148* (1981) 369, 391; M. Sumper, R. Luce, Proc. Nat. Acad. Sci. USA *72* (1975) 162.

ter Mutantenverteilungen verschwindet schließlich auch die „Erinnerung" an die Vergangenheit. Selektion und Evolution spielen sich auf makroskopischer Ebene ab. Jedoch – anders als im Falle des Gleichgewichts – müßte man zur Umkehrung des historischen Ablaufes des makroskopischen Prozesses auch das mikroskopische Detail (mit seinen riesigen Wiederkehrzeiten) reproduzieren. Hier sind drei Gesichtspunkte zu berücksichtigen:

1) Die lawinenartige Verstärkung, die zur Selektion führt, ist immanent zeitlich ausgerichtet.

2) Die Abfolge der Elementarereignisse, die jeweils die „Lawine" auslösen, ist nicht vorhersagbar.

3) Nach erfolgter Selektion ist die Erinnerung an den jeweils vorangegangenen Zustand weitgehend verschwunden.

Die Instabilität des Systems verhindert eine Umkehrung des makroskopischen Geschehens, wie sie sich in „schwach" zeitlichen Systemen durch Manipulation, etwa durch Überlagerung von Energie- oder Materieflüssen, noch erzielen läßt. Wir nennen diese eindeutige und makroskopisch evidente zeitliche Ausrichtung „starke" Zeitlichkeit. Sie hat die „schwache" Zeitlichkeit des Nicht-Gleichgewichts zur Voraussetzung, ja sie ist ein Sonderfall derselben und wie diese durch Energiedissipation charakterisiert. Im Prinzip könnten die beschriebenen Instabilitäten auch in einer größeren Schwankung eines global im Gleichgewicht befindlichen Systems bei Erfüllung der mechanistischen Voraussetzungen auftreten. Sie würden aber – gleichgültig in welcher Phase der Schwankung man sich befindet (s. Fußnote S. 47) – die Zeitrichtung von der Vergangenheit in die Zukunft eindeutig festlegen.

Die allgemeinen Voraussetzungen für das Eintreten der den „stark" zeitlichen Prozeß charakterisierenden Instabilität wurden von Ilya Prigogine[28] und seiner Schule eingehender untersucht und durch „hinreichende" Kriterien eingeschränkt. Wesentlich ist, daß ein vorher eindeutig stabiler Zustand alternative Fortentwicklungen zuläßt. Die Zustandskurve gabelt sich auf: „Bifurkationen", in denen einer der beiden Äste das aus der Vergangenheit zu extrapolierende thermodynamische Verhalten wiedergibt, während der andere Ast den Weg in einen neuen Zustandsbereich beschreibt.

Die Weichenstellung ist Fluktuationen überlassen, die erst die „Katastrophe" mit ihrer neuen Eigengesetzlichkeit auslösen. Hermann

---

[28] P. GLANDSDORFF, I. PRIGOGINE, „Thermodynamic Theory of Structure, Stability and Fluctuations", Wiley-Interscience, New York 1971.

Haken[29] spricht in diesem Zusammenhang von „Versklavung" des Systems, es gerät unter die Herrschaft neuer „slaving parameters". Der Ausdruck „Katastrophe" wurde von René Thom[30] geprägt, dem wir eine allgemeine differentialtopologische Klassifizierung und Charakterisierung der strukturellen Stabilität verdanken. Die Zeitfunktionen solcher stark zeitlicher Prozesse reichen vom exponentiellen Anschwellen über nichtlineare Schwingungen bis zu einem (scheinbar) regellosen, sogenannten chaotischen Verhalten[31].

7. Manifestation „starker" Zeitlichkeit im biologischen Geschehen

Das Phänomen „starker" Zeitlichkeit ist – wenn auch nicht ausschließlich, so doch vornehmlich – im Bereich der Lebenserscheinungen anzutreffen. Es gibt sich auf nahezu allen Organisationsstufen zu erkennen, so
▸ beim Ursprung des Lebens,
  in der selektiven Selbstorganisation des molekularen Reproduktionsapparates sowie in der Ausbildung und Fixierung eines genetischen Codes und einer Übersetzungsmaschinerie,
▸ in der Phylogenie,
  in einer baumartigen Auffächerung der Arten,
▸ in der Ontogenie,
  in den Mechanismen der Zelldifferenzierung und Determination,
▸ auf der Ebene der Organismen,
  vor allem in der Regelung des Metabolismus,
▸ im Bewußtsein des Menschen,
  in der Fähigkeit des Zentralnervensystems zur selektiven Informationsverarbeitung.

Ursprung und Evolution des Lebens sind unumkehrbare, „stark" zeitliche Prozesse. Eine Vorzugsrichtung erhielt der Evolutionsprozeß

---

[29] H. Haken, „Some Aspects of Synergetics" in „Synergetics, A. Workshop", Springer, Berlin-Heidelberg 1977.
[30] R. Thom, „Stabilité Structurelle et Morphogenèse, Benjamin, New York 1972.
[31] H. Haken, „Synergetics – An Introduction", Springer, Berlin-Heidelberg 1978; „Erfolgsgeheimnisse der Natur", DVA, Stuttgart 1981.

erst durch das Auftreten selbstreproduktiver Strukturen. Selbstreproduktion ist die Voraussetzung selektiver Informationsbewertung. Sie besteht in der Stabilisierung des jeweils bestangepaßten Typs, des sogenannten Wildtyps, und seines Mutantenspektrums – wir nennen eine solche Molekülverteilung „Quasispezies"[32]. Sie umfaßt alle möglichen Varianten des Wildtyps. Die Zahl der Mutanten ist aber so ungeheuer groß (z. B. bei einem RNA-Molekül der Kettenlänge 100 : $4^{100} \approx 10^{60}$ Mutanten gleicher Länge), daß – abhängig von der Größe der Gesamtpopulation – jeweils nur die nächsten „Verwandten" des Wildtyps in einer Quasispezies mit endlichen Populationszahlen auftreten können. Das Mutantenspektrum ist also „offen"; es erscheinen ständig neue Varianten, die den Wildtyp „in Frage stellen". Taucht in diesem nicht-determinierten „Rauschspektrum" eine Variante mit besseren Reproduktionseigenschaften oder höherer Lebensdauer auf, so löst dies einen deterministisch sich selbst verstärkenden makroskopischen Prozeß aus: Der vorher etablierte Wildtyp und mit ihm auch der ganze „Mutantenclan" wird instabil und eine neue Quasispezies baut sich auf.

Diejenige Sequenz, die zur Selektion gelangt, bestimmt als Wildtyp die Eigenschaft der neuen Quasispezies. Diese Sequenz ist meistens identisch mit der „mittleren Sequenz", oder besser gesagt: mit der „Überlagerungssequenz" aus sämtlichen Mutanten der Quasispezies, in der der Wildtyp selbst oft nur einen kleinen Bruchteil ausmacht. Durch die Präsenz vieler Mutanten bleibt eine gewisse Flexibilität gewahrt. Bei einer Veränderung der Umwelt findet sich im Mutantenspektrum durchweg eine Sequenz, die besser angepaßt ist und daher sofort zum Ausgangspunkt eines evolutiven Anpassungsprozesses wird.

Die „starke" Zeitlichkeit und die historische Einzigartigkeit dieser auf Selektion basierenden Evolution ist in der Unumkehrbarkeit der auf mikroskopischer Ebene sich vollziehenden Abfolge der Mutationen verankert. Selektion bedeutet Instabilität aller bis auf eine – nämlich die bestangepaßte – Quasispezies. Evolution ist somit eine unumkehrbare Abfolge von „Katastrophen". Die historische Route der Evolution wird durch Schwankungen auf der mikroskopischen Ebene bestimmt, also durch Elementarereignisse, die nicht im Detail voraussagbar sind. Quantenmechanische Unschärfe wie auch Komplexität des Phasenraumes sind für diese Unbestimmtheit verantwortlich. Das be-

---

[32] M. Eigen, P. Schuster, „The Hypercycle", Springer, Berlin-Heidelberg 1979.

deutet aber keineswegs, daß die Evolution als solche undeterminiert ist. Auf der makroskopischen Ebene stabilisiert sich das System in der bevorzugten Reproduktion der jeweils bestangepaßten Quasispezies. Dieser Vorgang ist unausweichlich. Ebenso ist der Zusammenbruch einer Quasispezies im Falle des Auftauchens einer besser angepaßten Variante (innerhalb enger stochastischer Grenzen) unabwendbar. Selektion und Evolution sind gesetzmäßig ablaufende makroskopische Prozesse, wobei das Ziel indirekt durch die Umwelt geprägt wird. Von vornherein nicht festgelegt dagegen sind die der selektierten Eigenschaft zugrunde liegenden Detailstrukturen. Sie haben ihren Ursprung in nicht determinierten Fluktuationen, aus denen sie durch reproduktive Verstärkung unter Destabilisierung der vorher etablierten Struktur emporwachsen.

Ungewißheit der Zukunft hat ihre Entsprechung in einer Nichtrekonstruierbarkeit der historischen Vergangenheit (sofern nicht fossile Zeugnisse erhalten bleiben). Mit dem Zusammenbruch der Quasispeziesverteilung ist deren Information unwiederbringlich verloren. Der Evolution liegt inhärent eine makroskopisch wahrnehmbare „starke" Zeitlichkeit zugrunde, die sich allgemein in einem Streben zu höherer Organisation manifestiert, dabei aber von der Erhaltung günstiger Umweltbedingungen entscheidend abhängt.

In diesem Zusammenhang ist die Frage interessant, wie ein solcher zeitlich ausgerichteter Prozeß zu Strukturen oder Organisationsformen führt, die man als optimal bezeichnen kann. Betrachten wir zum Beispiel die Proteine, so stellen wir fest, daß sie ihre Funktionen optimal erfüllen. Das bedeutet, sie erreichen eine Effizienz, die sehr dicht an die durch die Physik gesetzten Schranken herankommt. Die Reaktionsgeschwindigkeit eines Enzyms läßt sich im allgemeinen nicht steigern, ohne daß man entweder eine andere gleichzeitig zu erfüllende Funktion schwächt, oder aber eine durch die Physik vorgegebene Grenze, zum Beispiel die durch Diffusion festgelegte Maximalgeschwindigkeit einer Rekombination verletzen müßte. Die Tatsache der optimalen Funktionsanpassung an sich ist überraschend. Bei einer Wanderung in einer Berglandschaft muß man sowohl bergan als auch bergab gehen. Natürliche Selektion hat aber die inhärente Eigenschaft, nur Bewegungen „bergan" zuzulassen. Wollte man mit Hilfe des Selektionsmechanismus etwa auf der Erdoberfläche die höchsten Berge erreichen, so müßte man schließlich riesige Sprünge ausführen, Sprünge, wie sie vermittels der natürlichen Mutationen nicht mehr realisierbar wären.

Wie kommt es, daß die „Welt" unserer Proteine eine – im Sinne

Leibniz'[33] – „beste aller Welten" ist? Die Antwort liegt im Mechanismus der sequentiellen Informationsspeicherung. Die spezielle Bausteinabfolge eines Nukleinsäuremoleküls, die eine bestimmte Information repräsentiert, läßt sich als Punkt in einem vieldimensionalen Raum – einem Sequenzraum – darstellen. Jede der n Positionen in der Sequenz kann im nächsten Augenblick einer Mutation unterliegen, wodurch sich der Punkt entlang der dieser Position zugeordneten Koordinate des Sequenzraumes verschiebt. Der größtmögliche Sprungabstand ist in diesem Raum auf $<n$ begrenzt, wenngleich man sich nunmehr in der Mannigfaltigkeit der Kombinationen von Koordinaten verlieren könnte. Die Berglandschaft eines solchen vieldimensionalen Raumes ist sehr viel bizarrer als die, die wir auf der Erde antreffen. Alles ist auf kleine Absolutabstände zusammengedrangt. Selektion legt nun einen Gradienten in dieser bizarren Landschaft fest. Es gibt eine optimale Mutantenverteilung, innerhalb derer die optimale Steigungsroute gefunden werden muß. Der Optimierungsprozeß der Evolution wird so einer quantitativen Darstellung zugänglich gemacht. Die sich daraus ergebenden Konsequenzen werden gegenwärtig an relevanten Systemen eingehend experimentell und theoretisch studiert[34].

Ein anderes, „starke" Zeitlichkeit demonstrierendes Phänomen der Evolution ist die baumhafte Verästelung in der Phylogenie. Wir haben heute in der Bestimmung homologer Sequenzen der Erbstrukturen eine quantitative Methode zur eindeutigen Festlegung der Topologie phylogenetischer Verwandtschaftsbeziehungen. Es gibt äußerst konservative Gene. So stimmen z. B. bestimmte t-RNA-Moleküle für alle Säugetiere exakt miteinander überein[35]. Selbst beim Menschen zeigen sich in den entsprechenden Sequenzen nur relativ geringfügige Abweichungen gegenüber den einzelligen Mikroorganismen. Dagegen sind andere Strukturen, z. B. die Gene des Hämoglobinmoleküls, sehr variabel und weisen gar erhebliche Unterschiede innerhalb der Primaten auf[36].

So ist es möglich, je nach Wahl der zu untersuchenden Sequenzen ein sehr präzises Bild der Verwandtschaftsbeziehungen zu entwerfen. Die

---

[33] G. F. W. Leibniz, „Die Theodizee" (1710) 1.8, Felix Meiner Verlag Hamburg 1968, S. 101.
[34] A. Dress, Druck in Vorbereitung.
[35] M. Eigen, R. Winkler-Oswatitsch, Naturwissenschaften 68, 217, 282 (1981).
[36] M. O. Dayhoff, in: „Atlas of Protein Sequence and Structure", Vol. 5.2, National Biomedical Research Foundation, Washington D. C. 1976.

Frage, ob es sich hierbei um ein Auseinanderstreben mit gelegentlichen Überlappungen oder um eine echte konsekutive Verästelung handelt, kann aus dem Datenmaterial quantitativ entschieden werden. Bei einem zeitlich-parallel auseinanderstrebenden Büschel ließe sich zum Beispiel nicht unterscheiden, ob die Sequenzhomologien die „Erinnerung" an eine gemeinsame Vergangenheit, oder die „Vorahnung" einer noch nicht erreichten gemeinsamen „Zukunft" darstellen. Mit anderen Worten, die Übereinstimmungen können noch nicht verrauschte Überbleibsel einer Ursequenz, oder aber eine durch Anpassung an gleichartige Funktionen erzwungene Kongruenz ursprünglich unterschiedlicher Sequenzen bedeuten. Diese für büschelhafte Topologien nicht entscheidbaren Alternativen einer divergenten oder konvergenten Evolution lassen sich dagegen im Falle baumhafter Verzweigungen eindeutig festlegen[37]. Die durch die Sequenzanalyse als baumhaft bewiesene Topologie der Phylogenie ist wiederum ein Ausdruck für die „starke" Zeitlichkeit unseres Seins.

Die in der Evolution beobachtbare Zeitlichkeit hat in der Ontogenie des individuellen Organismus ihre Entsprechung. Damit soll nicht einer starren Korrelation zwischen den an sich sehr unterschiedlichen Prozessen von Ontogenie und Phylogenie, etwa im Sinne des Haeckelschen „biogenetischen Grundgesetzes" das Wort geredet werden. Vielmehr soll die Übereinstimmung der für Selbstorganisationsphänomene gültigen physikalischen Mechanismen mit ihren „katastrophenhaften" Bifurkationen herausgestellt werden. Diese sind es, die Zelldifferenzierung und Morphogenese steuern und auch für Funktionszuweisung und Programmierung im Zentralnervensystem verantwortlich sind[38]. Ihr Charakteristikum ist die starke Zeitlichkeit, und als solche rüsten sie das Individuum inhärent mit dieser Eigenschaft aus. Wie die vorteilhafte Mutante im Evolutionsprozeß die Vergangenheit der Quasispezies jeweils „auslöscht", so bedeutet im mentalen Lernprozeß jede gespeicherte neue Information eine Umprogrammierung des Gedächtnisses. Unser Wissen breitet sich dabei in baumhafter Verästelung aus. Modellvorstellungen[39], die auf den Mechanismen von Selektion und Evolution – also auf Prozessen, in denen ein Lerncharakter zum Ausdruck kommt – aufbauen, gewinnen in dem zur Zeit experi-

---

[37] A. DRESS, M. EIGEN, in Vorbereitung.
[38] H. MEINHARDT, „Models for Ontogenetic Development of Higher Organisms", Rev. Physiol. Biochem. Pharmacol. *80*, 47 (1978).
[39] M. EIGEN, in: „Rückblick in die Zukunft", S. 209, Severin u. Siedler, Berlin 1981.

mentell und theoretisch intensiv bearbeitete Gebiet der Neurobiologie zunehmend an Bedeutung.

8. Sein und Zeitlichkeit

Die Überschrift – so sehr sie zu einem Exkurs in die Philosophie reizt – soll lediglich andeuten, daß der Zeitbegriff in der modernen Physik mit den Prozessen, dem Sein eng verwoben ist. Wir haben Zeit auf dreierlei Weise erfahren,

1) als die durch keinerlei Vorzugsrichtung ausgezeichnete Koordinate einer Raum-Zeit-Welt, deren komplexer Mikrozustand sich in einen Phasenraum projizieren läßt, in dem zeitliche Veränderungen als Trajektorien darstellbar sind,
2) als Flußgröße, die mit dem Begriff der Irreversibilität – meßbar als positive Entropieerzeugung – verknüpft ist, und
3) als direkt erfahrbare, in unwiederholbaren Ereignissen zum Ausdruck kommende Richtgröße, die unserem Sein zugrunde liegt.

Daß wir – als Beobachter dieser Zeitlichkeit – uns ihr nicht entziehen können, liegt daran, daß Leben und Bewußtsein selber auf „stark" zeitlichen Ereignissen basieren. Das nachfolgend aufgeführte Schema, das die genannten drei Aspekte der Zeitlichkeit beinhaltet, wurde von Kenneth G. Denbigh[40] eingeführt:

Zeitkonzept	Was das Konzept zuläßt:		
	Anisotropie	Voranschreiten in einer Richtung	Vergangenheit/ Gegenwart/ Zukunft
Theoretische Physik	nein	nein	nein
Thermodynamik	ja	nein	nein
Bewußtsein	ja	ja	ja

[40] K. G. Denbigh, „Three Concepts of Time", Springer, Berlin, Heidelberg, New York 1981.

In den vorliegenden Ausführungen wurde lediglich die subjektive zeitliche Erfahrung: „conscious awareness", durch die ihr zugrunde liegenden objektiven Prozesse: Katastrophen, Bifurkationen oder Instabilitäten, ersetzt, im Sinne eines Vorschlages von Ilya Prigogine[41], der die verschiedenen Stufen der Zeitlichkeit folgendermaßen miteinander kombiniert:

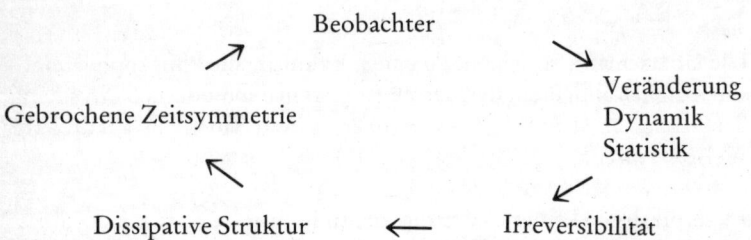

Ob eine solche Vereinigung der verschiedenen Aspekte des Zeitbegriffs in vollem Umgange gelingt, muß erst die zukünftige Forschung, vor allem auf dem Gebiet der Neurobiologie, erweisen.

Die Unvereinbarkeit des klassischen Zeitbegriffs, der „leeren" Zeitkoordinate, die sowohl in positiver als auch negativer Richtung durchlaufen werden kann, mit dem Zeitbegriff subjektiver Erfahrung, der einen Zeitstillstand oder gar eine Reversion der Zeit ausschließt, dokumentiert eine Lücke im Gebäude formaler Theorien. Sie tat sich erstmals bei der statistischen Behandlung irreversibler Prozesse durch Ludwig Boltzmann auf und wurde von Henri Poincaré als solche erkannt. Diese Lücke scheint sich in unseren Tagen zumindest aufzufüllen. Dazu haben vor allem die Arbeiten Ilya Prigogines und seiner Schule beigetragen. Prigogine[41] ersetzt Entropie und Zeit durch Operatoren und erhält eine Aufspaltung der kinetischen Gleichungen in einen konventionellen dynamischen Term mit reversiblem Charakter und einen Dissipationsterm mit zeitlicher Vorzugsrichtung. Der konventionelle Zeitbegriff läßt sich als Mittelwert der Operatorzeit darstellen, also als Mittelwert von Individualzeiten in der Verteilung. Wäre die Form dieser Verteilung invariant, so träfe man das klassische Verhalten einer Trajektorie an. Der neue Zeitbegriff schließt aber Veränderungen in der Verteilung ein; dadurch wird das Alter von dieser abhängig.

Evolutionsprozessen ist eine solche Zeitentfaltung inhärent. Zeit ist in diesem Konzept nicht einfach die Koordinate eines geometrischen

---

[41] I. PRIGOGINE, „Vom Sein zum Werden", Piper u. Co. Verlag München 1979.

Universums, sondern verflochten mit der materiellen Komplexität unserer Welt, mit uns selbst.

Wir sollten uns der Tatsache bewußt sein, daß eine Beschreibung der Welt nur aspekthaft sein kann, da *wir* – die beobachten und reflektieren – uns niemals aus der Beschreibung ausschließen können. Wir erleben diese logische Unvollkommenheit unserer Abstraktion allenthalben. Kurt Gödel[42] bewies, daß es unmöglich ist, mit Hilfe der formalen Theorien die Widerspruchsfreiheit einer Theorie zu beweisen. Alfred Tarski[43] zeigte, daß es zu einem unendlichen Regreß führen würde, wenn man eine logisch in sich geschlossene Formalsprache deduzieren wollte, in der alle Sätze wahr und widerspruchsfrei wären. Wir müssen schließen, daß auch die Zeitdimension in eine für die Zukunft offene Welt weist, eine Welt, deren Trajektorien sich ständig verzweigen, und in der es auf unser Handeln ankommt, welche Weiche sich stellt. Nicht daß diese Welt von inneren Zwängen frei wäre. Das Streben zum Gleichgewicht, das Erhalten des lebenswichtigen Nichtgleichgewichts durch Energiedissipation, die selektive Verschärfung der Komplexität, die naturgegebenen Ungleichheiten sind Zwänge, die wir akzeptieren müssen. Allein durch selektive Steuerung ihrer Wirkungen können wir die Welt gestalten, die Zukunft gewinnen.

Besonderer Dank gebührt Ruthild Winkler-Oswatitsch für wertvolle Ratschläge bei der textlichen Gestaltung.

---

[42] K. Gödel, „On Formally Undecidable Propositions", Basic Books, New York 1962; „Über Formal Unentscheidbare Sätze der Principia Mathematica und Verwandter Systeme", Monatshefte für Mathematik und Physik, *38* (1931) 173.

[43] A. Tarski, „Logic, Semantics, Metamathematics", Oxford University Press, New York 1956.

Hans Heimann

Zeitstrukturen in der Psychopathologie*)

Dem gesunden Menschenverstand macht das Umgehen mit der Zeit keine besonderen Schwierigkeiten. Er orientiert sich für seine Verpflichtungen und Vergnügen an dem Kalender und an der Uhr, einem zeitlichen Bezugsystem, das allen Menschen gemeinsam ist und Kommunikation erleichtert. Man nennt dieses Bezugsystem deshalb auch „Weltzeit" und hält sich daran, wenn man sich treffen, sprechen oder verständigen will[1]. Der Erwachsene mag zwar vielleicht bemerken, daß ihm die Jahre mit zunehmendem Alter kürzer erscheinen, und sich daran erinnern, daß ihm als Kind Wochen und Tage vor Weihnachten unendlich lang wurden, d. h. daß „Zeit" auch einen subjektiven, erlebten Aspekt haben kann. Zeit bedeutet für den gesunden Menschenverstand jedoch im Alltag zunächst Orientierung in einem gemeinsamen Bezugsystem, dessen Verläßlichkeit unser Planen und Handeln ermöglicht. Daß „Weltzeit" auch etwas mit unserer Welt zu tun hat, mit Gestirnen, Tag und Nacht und mit den Jahreszeiten, erscheint selbstverständlich. Der gesunde Menschenverstand ist philosophischer Realist, denn für ihn hat Zeit eine Richtung, ist eine reale Dimension des Universums mit gleichmäßig fließender Struktur, ohne ausgezeichnete Punkte, verweisend auf Zukunft[2].

---

* Herrn Prof. Dr. Dr. h. c. Christian Müller, Lausanne, zum 60. Geburtstag gewidmet.

[1] Daß diese Feststellung nur für den „normalen Durchschnittsbürger" gilt, der an Verständigung mit anderen Menschen interessiert ist und bereit, sich an „der Realität" zu orientieren, sich also auf diesem Planeten in einer wie auch immer gearteten historisch gewordenen Sozietät einzurichten, muß heute besonders hervorgehoben werden; denn wir leben in einer Zeit, in der es merkwürdigerweise Mode geworden ist, keine Uhren zu tragen, sich an Verabredungszeiten nicht zu halten, sozusagen als infantilen Protest gegen eine „Knechtschaft", die durch Terminkalender und „Sachzwänge" ausgeübt wird.

[2] Zum Problem des philosophischen Realismus vergl. KARL R. POPPER: „Ausgangspunkte. Meine intellektuelle Entwicklung", Hoffmann und Campe, 1979, inbesondere das Gespräch mit ALBERT EINSTEIN, S. 184–189 und das Kapitel über LUDWIG BOLTZMANN, S. 227ff.

Doch sobald wir solche Begriffe wie Zukunft, Gegenwart und Vergangenheit gebrauchen, wird die Problematik des Zeitbegriffes für den Menschen offenbar: *Zukunft* kann bedeuten, daß ich morgen, gemäß meinem Terminkalender zu einer bestimmten Tageszeit jemand treffen muß. Zukunft kann aber auch heißen, *meine* Zukunft, etwa für einen Gefangenen, ob er in den nächsten Tagen begnadigt wird und das Gefängnis verlassen darf. *Vergangenheit* kann bedeuten, daß ich heute die Nachwirkungen eines feuchtfröhlichen Festes verspüre und meine Tagesgeschäfte mühsamer erledige. *Meine* Vergangenheit kann aber auch bedeuten, was ich vor Jahren gesagt oder getan habe und mir heute als *mir* zugehörig und mein Schicksal bestimmend zugerechnet wird, bedeutsam nicht nur in totalitären Staaten! *Gegenwart,* das was mir gegenwärtig ist, schließlich, ist mehr als ein ausdehnungsloser Punkt auf der Dimension der Weltzeit. Gegenwart ist Dauer, Zukünftiges wie Vergangenes hereinnehmend und bezogen auf die Weltzeit von unterschiedlicher Länge[3]. Gegenwart kann erfüllt sein, z. B. im Glück einer guten „Stunde", etwa im Gelingen eines Werks, im freundschaftlichen Gespräch oder in der liebenden Begegnung. Gegenwart als Dauer kann aber auch heißen, Betroffensein von Ausweglosigkeit oder von der Mühsal seelischer oder körperlicher Schmerzen. Wenn der Psalmsänger des 31. Psalmes seine Glaubensgewißheit mit den Worten ausdrückt: „Meine Zeit steht in Deinen Händen", wird noch einmal deutlich, daß die Begriffe, die wir zur Kennzeichnung der Weltzeit benutzen, unendlich mehr beinhalten, als nackte physikalisch zu bestimmende Größen. Denn in diesem Psalm bedeutet „meine Zeit" nicht nur eine Lebensspanne, Anfang und Ende eines Lebens, sondern umfaßt das ganze Sein dieses Lebens, der Inhalt einer Lebensgeschichte mit ih-

---

[3] Zum Problem der „Gegenwart" wäre vom Standpunkt des Psychopathologen zu ergänzen die „Gegenwartslosigkeit" des Neurotikers, der, vereinfachend formuliert, nicht bei sich selbst sein kann und deshalb für erfüllte Gegenwart nicht frei ist. Der verdrängte Triebkonflikt und die gestörte Ich-Entwicklung fixieren ihn an Vergangenheit, die kompensatorischen Phantasmen lassen ihn auf zukünftige Wunder hoffen. Die kleinen möglichen Schritte in der Gegenwart, z. B. die Mühseligkeit psychotherapeutischer Arbeit, erscheinen ihm zu beschwerlich und nicht verlockend. Es handelt sich um das, was SCHULTZ-HENCKE etwas zu moralisierend die Tendenz zur „Bequemlichkeit" des Neurotikers genannt hat. Der geneigte Leser mag in dieser Haltung auch einen allgemeinen Zug unserer westlichen Zivilisation erkennen. Auf das Problem der Neurose und der Prägung ihres Erscheinungsbildes durch gesellschaftliche Faktoren unter dem Aspekt der Zeitstrukturen in der Psychopathologie kann ich in diesem Vortrag nicht näher eingehen.

ren Verknüpfungen und Bedeutungen eines Gefüges menschlicher Beziehungen[4].

Wir verstehen jetzt, was der Heilige Augustinus im 11. Buch seiner Bekenntnisse sagen will, wenn er die Frage stellt: „Was also ist die Zeit? Wenn niemand mich es fragt, so weiß ich es; will ich dem Fragenden es auseinandersetzen, weiß ich es nicht: Gleichwohl sagt' ich zuversichtlich, ich wisse, es gäbe keine Vergangenheit, wenn nichts vorüberginge und wenn nichts käme, gäbe es keine Zukunft und wenn nichts wäre, gäbe es keine Gegenwart"[5].

In erster Annäherung können wir demnach festhalten, daß die Begriffe Zeit, Zukunft, Gegenwart und Vergangenheit, die der gesunde Menschenverstand zunächst unreflektiert in ihrer weltzeitlichen Bedeutung auffaßt, gleichzeitig für den Menschen und seine Erlebniswelt eine wesentlich tiefere und umfassendere Bedeutung erhalten. Mit Erwin Straus bezeichnen wir diesen Aspekt der Zeit als *„Ichzeit"* oder *„subjektive Zeit"*[6]. Dabei ist es für den gesunden Menschenverstand im Alltag wiederum problemlos beide Bedeutungen oder Dimensionen von Zeit aufeinander zu beziehen: Wenn wir einen geliebten Menschen erwarten und wissen, daß er zu einem bestimmten Zeitpunkt des Tages ankommen wird, ist die Weltzeitstrecke bis zum Zeitpunkt seiner Ankunft in der Dimension der Ichzeit lang. Die gleiche Strecke der Gegenwart seiner Anwesenheit vor dem Abschied, gemessen in der Dimension der Weltzeit, erleben wir als kurz. Die subjektive Zeit hat demnach ausgezeichnete Momente, Raffungen und Dehnungen, wenn wir sie auf das Bezugssystem der gemeinsamen Weltzeit beziehen, was uns im Alltag unreflektiert und gewöhnlich ohne Schwierigkeiten gelingt.

Freilich ist dieser Umgang des Erwachsenen mit der Weltzeit nicht eine apriorische Tatsache. Die Zeit als „apriorische Anschauungsform des inneren Sinnes" nach Kant[7] ist nicht etwas, was den Menschen von

---

[4] Vergleiche dazu KARL BARTH: Rufe mich an! Neue Predigten aus der Strafanstalt Basel, EVZ-Verlag Zürich 1965, S. 37ff.

[5] Des Heiligen Augustinus Bekenntnisse, lateinisch-deutsch, übertragen und eingeleitet von HUBERT SCHIEL, Herder, Freiburg 1959, S. 300.

[6] ERWIN STRAUS: Das Zeiterlebnis in der endogenen Depression und in der psychopathischen Verstimmung. In: Psychologie der menschlichen Welt, gesammelte Schriften von ERWIN STRAUS, Springer Berlin-Göttingen-Heidelberg, 1960, S. 126.

[7] Vergl. dazu HEINRICH LANGE: Die transzendentale Logik als Grundform aller Wissenschaftslehre nebst einigen Betrachtungen mathematischer und physikalischer Probleme, sowie der existenziellen Zeit, Duncker und Humblot Berlin, 1973, S. 75ff.

Anfang seiner Existenz gegeben ist, sozusagen eine Ausstattung seiner Weise des Existierens als Mensch, sondern Zeit in ihrer subjektiven und objektiven Bedeutung des „vorher" und „nachher", ist eine Leistung, die sich in der menschlichen Entwicklung des Kindes erst verwirklicht. Jean Piaget formuliert dies folgendermaßen: „In einem gewissen Sinne kann man von der Zeit wie vom Raume sagen, daß sie schon in jeder elementaren Wahrnehmung gegeben ist, denn jede Wahrnehmung hat eine Dauer und eine gewisse Breite. Aber diese ursprüngliche Dauer ist ebenso weit entfernt von der eigentlichen Zeit, wie die Breite der sensorischen Stimulation es vom organisierten Raume ist. Denn: Die Zeit wie auch der Raum werden nach und nach aufgebaut und implizieren die Elaboration eines Systems von Beziehungen. Man kann sogar sagen, daß die beiden Konstruktionen korrelativ sind"[8]. Die Untersuchungen von Piaget über den Aufbau der Wirklichkeit beim Kinde, auf die ich später zurückkommen werde, sind m. E. für das Verständnis der Beziehungen zwischen Ichzeit und Weltzeit von fundamentaler Bedeutung. Sie gestatten uns, die Zeitstrukturen bei seelischen Erkrankungen als regressive Phänomene zu verstehen und dadurch die psychotischen Abwandlungen des menschlichen Daseins jenseits der heute gängigen und immer wieder propagierten romantischen Idealisierungen als defiziente Formen menschlicher Existenz aufzufassen[9].

[8] JEAN PIAGET: Der Aufbau der Wirklichkeit beim Kinde. Klett, Stuttgart 1974, S. 309.
[9] Ein schönes Beispiel romantischer Idealisierung von Modellpsychosen und Schizophrenie ist die Besprechung dieses Vortrages durch ALBERT VON SCHIRNDING, Süddeutsche Zeitung Nr. 143, 26. 7. 81, S. 37. Der Rezensent stellt abschließend die Frage, woher die Psychiatrie denn ihre Sicherheit im Hinblick auf eine „objektiv gegebene absolute Zeit" hernehme. Abgesehen davon, daß ich in meinem Vortrag ausdrücklich den Konventionscharakter der objektiven Zeit betont und von „absoluter Zeit" nicht gesprochen habe, gibt es auf die Frage von Herrn von SCHIRNDING eine einfache Antwort: Wenn er in der S-Bahn zu seinem Arbeitsplatz fährt, wie es sich für einen fortschrittlichen, umweltbewußten Menschen heute gehört, geht er sicher davon aus, daß der Zugführer nicht ein „Zeit-Verrückter" ist, „gar nicht so weit von der Wahrheit entfernt, wie manche denken, die ihn heilen wollen", sondern ein realitätsorientierter Zeitgenosse, der sich an die Konventionen der objektiven Zeit zu halten vermag und seine Zugkomposition zuverlässig dem Ziele zusteuert. Wäre er nämlich mit dem Schirnding'schen „Leiden an der Zeit" behaftet, dem Leiden an „der Gleichgültigkeit ihres physikalischen Ablaufs", würde Herr von SCHIRNDING das Ziel seiner Fahrt nicht lebend erreichen. Glücklicherweise gibt es Betriebsärzte, die solches verhindern. Mit der Verleugnung der seelischen Krankheit hat sich kürzlich HEINZ HÄFNER auseinandergesetzt: Der Krankheitsbegriff in der Psychiatrie, in:

Die Psychopathologie, d. h. die mit wissenschaftlichen Methoden erforschte Realität seelischer Erkrankungen muß, wenn sie sich den Zeitstrukturen und den pathologischen Bedingungen der seelischen Wirklichkeit zuwendet, die zwei Aspekte des zeitlichen Begriffs im Auge behalten: *Zeit als subjektive erlebte Erfahrung von lebendiger Veränderung,* vor allem im Wahrnehmungsbereich und *Zeit als Bezugsystem objektiver biologischer Abläufe,* sozusagen Organisationsformen von biologischen und psychologischen Dispositionen des Organismus. Deshalb werden wir im folgenden Zeitstrukturen in der Psychopathologie unter zwei Aspekten untersuchen:

1) Direkt als Veränderungen der „erlebten Zeit", also subjektiv, vom Patienten erlebt und berichtet und

2) indirekt als Veränderungen biologischer Funktionsabläufe unter der Annahme, diese seien objektive Indikatoren psychopathologischer Zustände oder Prozesse. Die Nahtstelle dieser beiden Aspekte des Begriffes „Zeit" liegt m. E. auch für die Psychopathologie im empirischen Subjekt oder, anders ausgedrückt, in der Person des in seinem seelischen Sein veränderten Kranken.

Meine Darstellung der Zeitstrukturen in der Psychopathologie gliedert sich im folgenden in drei Abschnitte: 1. Eine eingehende Analyse gestörten Zeiterlebens in der Modellpsychose, als Beispiel für toxische Psychosen, weil hier Bedingungen vorliegen, welche eine solche Analyse ermöglichen; 2. die Darstellung von Störungen der Zeitstrukturen in der Schizophrenie am Beispiel eines besonders eindrücklichen Falles und 3. schließlich einige Hinweise auf objektiv veränderte Zeitstrukturen in der endogenen Depression als Beispiel für die Grundlage der Störung der Ichzeit bei dieser Erkrankung.

1) Die bekanntesten Berichte über gestörtes Zeiterleben verdanken wir der experimentellen Psychopathologie mit den sogenannten Phantastica, welche Modellpsychosen erzeugen. Ich stütze mich im folgenden u. a. auf eigene Untersuchungen mit Psilocybin und LSD, Untersuchungen, die *vor* der Drogenwelle unter kontrollierten Bedingungen zur Erforschung des Übergangs in psychotische Erlebnisweisen an gesunden Probanden durchgeführt wurden[10]. Zunächst eine Passage aus einem Selbstbericht eines Probanden nach LSD-Psychose: „Für das, was nun folgte, besteht in der Erinnerung keine chronologische Rei-

Standorte der Psychiatrie, Herausgeber R. Degkwitz und H. Siedow, Urban Schwarzenberg, München-Wien-Baltimore 1981.

[10] H. Heimann: Ausdrucksphänomenologie der Modellpsychosen (Psilocybin) Vergleich mit Selbstschilderung und psychischem Leistungsausfall. Psychiat. Neurol., Basel, 141:69–100 (1961).

henfolge. Es sind nur noch einzelne Bilder die unzusammenhängend auftauchten. Ich weiß vor allem, daß ich nirgends verharren konnte. Sobald ich etwas anschaute, löste es sich auf. Mein Arm schrumpfte zu einer unansehnlichen Masse zusammen. Das Gesicht als Versuchsleiters löste sich in farbige Strukturen auf, sobald ich es länger als einen kurzen Augenblick betrachtete. Dabei hatte ich das entsetzliche Gefühl, daß sich in mir alles ebenso auflöste, wie die äußere Wahrnehmungswelt. Die Qual wurde noch schlimmer durch das Bewußtsein, daß das alles nie aufhören werde. *Die Zeit schien nicht mehr vorwärts zu gehen...* Einmal blickte ich voller Erwartung auf die Stoppuhr, *weil für mich die Zeit stillstand.* Ich wollte mir am Gang des Zeigers beweisen, daß die Zeit noch existiere. Der Zeiger blieb aber zu meinem Schrecken stehen, dann war er plötzlich an einer ganz anderen Stelle. Als der Versuchsleiter später auf mich zukam, sah ich ihn zuerst sitzen, dann einen Augenblick später auf halbem Wege stehend, dann plötzlich neben mir. *Es schien gar nichts mehr wirklich zu sein.*"

Der Proband berichtet dann, daß er sich bei den Testaufnahmen bemühte herauszubekommen, ob er noch eine Ahnung von Zeitstrecken hatte. Bei einer Testaufgabe mußte er mit den Augen einer Linie durch ein Liniengewirr folgen, was beim ersten Versuch sehr leicht und schnell gelang. Beim nächsten Versuch begann sich die Linie zu bewegen, dehnte sich aus und er mußte sie mehrfach wieder aufsuchen. Dabei stellte er fest, daß der Versuchsleiter beim ersten Mal 5 Sekunden, beim zweiten 17 Sekunden notiert hatte. In seinem Bericht bemerkt er dazu: „Obwohl mir die Zeit viel länger erschienen war, beruhigte mich dies doch ein wenig, weil ich richtig bemerkt hatte, was länger und was kürzer war, also doch *noch etwas mit der Wirklichkeit der anderen gemeinsam hatte.*"

Über den Heimweg berichtet er folgendes: „Bevor ich nach der letzten Testserie nach Hause ging, telefonierte ich meiner Frau, die mir entgegen kommen wollte... Ich bemühte mich möglichst schnell und unauffällig nach Hause zu gehen. Der Weg war endlos. Ich sah das Haus vor mir in der Abendsonne *und es bewegte sich mit mir fort,* so daß ich befürchtete, nie mehr bei ihm ankommen zu können. Auf der Straße sah ich vor mir eine Frau mit einem Kind, auch sie kamen trotz meinem forschen Schreiten nicht näher, bis sie plötzlich vor mir standen. *Unendliche Zeit* schien verstrichen zu sein, bis ich endlich vor die Haustüre gelangte. Hier traf ich meine Frau, die sich gerade auf den Weg machte. Sie sagte, es seien *nur wenige Minuten* seit meinem Anruf vergangen"[11].

Wenn wir die einzelnen Phänomene herausgreifen, die gestörte Zeitstrukturen betreffen, läßt sich feststellen, daß *das Erleben der veränderten Zeit immer mit Sinneseindrücken auftrat*, die Beziehungen *zu Bewegungen haben*. Der Eindruck, die gewohnte Zeitordnung sei aufgehoben, blieb ebenfalls auf einzelne Erlebnisse bezogen, die von begrenzter Dauer waren. Besonders das Erlebnis der Zeitstillstandes während des ängstlichen Versuchs den Zeitablauf an der Bewegung des Sekundenzeigers der Stoppuhr zu verifizieren und die Erfahrung, daß der gewohnte Bewegungsablauf des Zeigers nicht mehr stattfand, der Zeiger vielmehr stillstand und im nächsten Augenblick an einer ganz anderen Stelle war, zeigen, daß Zeitstillstand und die Unfähigkeit Bewegungsabläufe als kontinuierliche Ereignisse wahrzunehmen miteinander gekoppelt sind, worauf schon Mayer-Groß und Stein[12] hingewiesen haben.

Es ist ferner bedeutsam, daß das Erleben der unendlichen, nicht aufhörenden Gegenwart mit quälenden Körpersensationen verbunden war, d. h. mit überwältigenden, die zentralen Verarbeitungszentren, überlastenden somatosensorischen Afferenzen. Störung der Zeitstrukturen und Unfähigkeit Bewegungsabläufe als kontinuierliche wahrzunehmen, führten zu dem Erlebnisphänomen der *Derealisierung:* Der Versuchsleiter, der sich der Versuchsperson nähert, erscheint unwirklich, weil dieser Gang für die Versuchsperson in einzelne statische Etappen zerfällt. Die Scheinbewegung des vor den Augen liegenden Hauses wird nicht als solche verarbeitet, sondern führt zu dem Erlebnis, daß sich das Haus in der gleichen Richtung mit dem Schreitenden entfernt und vermittelt so den Eindruck, man werde nie dahin gelangen.

Die extreme Überschätzung der Zeitstrecke des Heimwegs muß im Zusammenhang mit dem Bemühen gesehen werden, möglichst rasch und unauffällig nach Hause zu kommen. Das Tempo des Gehens und die durchschrittene Strecke, aber auch die vorausschauende Schätzung der benötigten Zeit, sind nicht mehr wie im Alltag bezogen auf ein dahinterliegendes objektives, zeitliches Bezugssystem der Weltzeit, sondern erscheinen davon völlig losgelöst.

Man kann demnach zusammenfassen, daß in der Modellpsychose eine extreme *Labilisierung der Ichzeit* mit raschem Wechsel und ungeheuren Dehnungen zu beobachten sind und eine *Dissoziation zwischen Ichzeit und Weltzeit*, verbunden mit einem zeitweiligen *Verlust des*

---

[11] H. HEIMANN: Beobachtungen über gestörtes Zeiterleben in der Modellpsychose. Schweiz. Med. Wschr. 92. Jahrgang, S. 1703, 1963.

[12] W. MAYER-GROSS u. H. STEIN: Über einige Abänderungen der Sinnestätigkeit im Meskalinrausch. Z. Ges. Neurol. Psychiat. 101: 354 (1926).

Realitätsbewußtseins. Auffallend ist, daß der Proband in dieser Phase der Psychose äußerlich apathisch und in sich selbst versunken wirkte, ein Verhalten, das mit den ihn innerlich bedrängenden Erlebnissen der Strukturauflösung der wahrgenommenen Objekte kontrastierte. Stabile Objektbeziehungen scheinen demnach die Voraussetzung für eine strukturierte Zeit zu sein, natürlich auch für einen strukturierten Raum, worauf hier nicht näher eingegangen werden kann. In der durch LSD hervorgerufenen psychotischen Verfassung kann die Versuchsperson nirgends verweilen. Alles, worauf sie ihre Blicke richtet, verändert sich dauernd, schmilzt zusammen, löst sich auf, wobei gleichzeitig das Gefühl besteht, daß auch im Innern selbst die „Strukturen" zerfließen.

Eine vertiefte Analyse der Störungen des Zeiterlebens in der Modellpsychose verdanken wir den sorgfältigen Untersuchungen meines Freundes Kaspar Weber[13]. Er untersuchte *bei musikalischen Probanden die Abwandlungen des Musikerlebens* in der durch Psilocybin hervorgerufenen Modellpsychose. Zunächst eine Passage aus dem nachträglich verfaßten Bericht eines Cellisten, der in der Psychose eine altfranzösische Sarabande spielte: „Alle Gegenstände stehen seltsam gewichtig und bedeutungsvoll, sie scheinen unverrückbar. Darum herum ist Stille. Daß es eine Zeit gibt, kommt mir nur in den Sinn, wenn ich zum Beispiel im Konzentrationstest die Böglein eins nach dem anderen durchstreiche. Die Musik, die ich spiele, kommt mir ganz nebensächlich vor, irgendwie flächenhaft, nicht voll und rund wie sonst. Sie gehört fast zu den sichtbaren Dingen, aber als unbedeutende Erscheinung an den Rand des Gesichtsfeldes. Wenn ich die Noten spiele, dominiert das Notenbild über die Töne: Ein leuchtend weißer Grund; darauf vergrößert überdeutlich das Gitter des Notenbildes. Wenn ich Musik mache, kommt es mir vor, als skizziere ich Figuren diesem Gitter entlang. Ich sehe die Musik nicht direkt als Zeichnung, ich fühle mich beim Spielen nur wie ein Zeichner." Der Versuchsleiter fragt den Probanden nach dem Spiel, wie ihm das Tempo und die Stimmung während des Spiels vorgekommen seien und erhält zur Antwort, Tempo und Stimmung seien Begriffe, die hier nicht mehr angewendet werden könnten. Wörtlich: „Tempo setzt innere Bewegtheit voraus, und die fehlt mir. Man fragt doch auch nicht, was für ein Tempo ein Gemälde habe."

[13] K. Weber: Veränderungen des musikalischen Ausdrucks unter Psilocybin-Wirkung. Schweiz. Arch. Neurol. Psychiat. 99:176 (1967). Ders.: Veränderungen des Musikerlebens in der experimentellen Psychose (Psilocybin), Confin. Psychiat. 10:139–176 (1967).

Abwandlungen von Zeitgestalten (Melodien)

Das Tonbandprotokoll einer anderen Versuchsperson, welche entsprechend der Untersuchungsanordnung den Übergang zum Wirbeltanz aus dem zweiten Teil des „Carneval romain" von Berlioz hörte, läßt erkennen, daß der Bewegungscharakter der Musik nicht mehr erfaßt wird. Der dynamisch zurückhaltende Überleitungsteil, die Fanfarenstöße und der Forteausbruch des Wirbeltanzes werden im psychotischen Zustand als drei beziehungslos nebeneinanderstehende Stücke erlebt. Erst beim Abklingen der psychotischen Verfassung kann die Versuchsperson beim nochmaligen Hören den dynamischen Zusammenhang und die damit verbundene musikalische Steigerung wieder erleben.

Eine andere Versuchsperson, die nach dem Tempo einer Bach-Fuge gefragt wurde, die sie soeben gehört hatte, sagte folgendes: „Das Tempo war ganz unwichtig, das war weder schnell noch langsam, sondern es war einfach Musik da; *es war fast eine Musik, die stillgestanden ist, die als Ganzes da war, ohne Ablauf, ohne Tempo*... Fast statisch, aber... so, daß es eine ganze Passionsmusik einfach in sich geschlossen hätte... Es war noch mehr als vorher ein Verschmelzen von Akustischem und Visuellem – *da ist auch nicht nötig, daß es einen Ablauf hat, es ist gestanden an sich*..."[14].

Weber zeigt, vereinfachend zusammengefaßt, daß in der Modellpsychose *die Melodie als Zeitgestalt*, ein dynamisches Gefüge dessen Teile für den musikalisch gebildeten Hörer ihre Bedeutung vom Ganzen her erhalten, zu einer beziehungslosen Reihe von nebeneinander erklingenden Tönen abgewandelt wird. Anstelle von *Gestaltqualitäten* treten *Komplexqualitäten* in den Vordergrund, d. h. nach der Formulierung von Wellek[15] Eigenschaften ungegliederter Ganzer, die nicht auf dem *Verhältnis*, sondern der *Summe* der Eigenschaften der Bestandteile beruhen, z. B. die Helligkeit der Klänge oder ihre Lautheit. Helligkeit oder Lautheit treten als Figur hervor, wogegen sich die von dem zeitgestalthaften Gefüge der Melodie abhängigen Figur-Hintergrund-Relationen auflösen. Dabei wird *der innere Zustand des Wahrnehmenden*, seine *innere Gestimmtheit* in der Psychose wesentlicher als die Struktur des Wahrgenommenen. Dieser Wandel des Erlebnisfeldes

---

[14] Ders.: Beobachtungen und Überlegungen zum Problem der Zeiterlebensstörungen, ausgegangen von den Veränderungen des Musikerlebens in der experimentellen Psychose. Confin. Psychiat. 20:79–94 (1977).

[15] A. WELLEK: Musikpsychologie und Musikästhetik. Akademische Verlagsgesellschaft, Frankfurt, 1963.

entspricht dem von Conrad[16] beschriebenen *protopathischen Gestaltwandelt* bei exogenen Psychosen.

Mit Bezug auf die entwicklungspsychologischen Untersuchungen der Intelligenz beim Kinde von Jean Piaget[17] kann Weber nun zeigen, daß die analysierten Störungen der Zeitwahrnehmung in der Modellpsychose, aber auch die bei neurologischen Fällen beobachteten Zeitraffungs- und Dehnungsphänomene (vergleiche Häfner[18], Hoff und Pötzl[19], Pichler[20]) auf eine fundamentalere Störung zurückzuführen sind, welche dem Begriff der Regression bei diesen exogenen Psychosen eine präzisere Bedeutung geben: Nach Piaget durchläuft die Entwicklung der Intelligenz beim Kinde von der Geburt an verschiedene Stadien und zwar durch „Assimilation" und „Akkommodation". Unter „Assimilation" in ihren Anfängen versteht Piaget den Gebrauch der Umwelt durch das Subjekt durch Nährung seiner ererbten oder erworbenen „Schemata" (z. B. Saugen, Sehen, Greifen etc.). „Akkommodation" an die Dinge der Umwelt bezieht sich auf die Widerstände, welche die Umwelt der „Assimilation" entgegensetzt. Piaget zeigt, daß sich Objekte, Raum, Kausalität und Zeit im Verlaufe der Entwicklung erst allmählich konstituieren und zwar korrelativ zu der Entwicklung und Differenzierung von „Assimilation" und „Akkommodation", sowie der Schemata der sensomotorischen Einwirkungen des Kindes auf die Umwelt. Diese Entwicklung sichert schrittweise die Abgrenzung zwischen Umwelt und Subjekt.

Ohne auf Einzelheiten dieser Entwicklungsstadien einzugehen, können wir feststellen, daß das Kind eine intellektuelle Phase durchläuft, in welcher es noch an der Oberfläche der Erscheinungen haftet und Phänomene seiner Umgebung nicht von seiner eigenen Aktivität abzulösen vermag. Piaget hat beispielsweise Kinder zum Ablaufen ei-

---

[16] K. CONRAD: Die symptomatischen Psychosen. In: H. W. GRUHLE, R. JUNG, W. MAYER-GROSS und M. MÜLLER, Psychiatrie der Gegenwart, Bd. 2, Springer Berlin, 1960.

[17] JEAN PIAGET: La genèse du temps chez l'enfant (1946). Deutsch: Die Bildung des Zeitbegriffs beim Kinde, Rascher, Zürich 1955.

[18] H. HÄFNER: Psychopathologie der cerebral-organisch bedingten Zeitsinnesstörungen. Arch. Psychiat. Nervkrankh. 190:530–545, 1953.
Ders.: Über die Zeitdehnungs- und Zeitbeschleunigungsphänomene im Rahmen von Zwischenhirnstörungen. Mschr. Psychiat. Neurol. 127:336–348, 1954.

[19] H. HOFF und H. PÖTZL: Über eine Zeitrafferwirkung bei homonymer linksseitiger Hemianopsie. Z. Ges. Neurol. Psychiat. 151:599, 1934.

[20] E. PICHLER: Über Störungen des Raum- und Zeiterlebens bei Verletzungen des Hinterhauptlappens. Z. Ges. Neurol. Psychiat. 176:434, 1943.

ner Sanduhr einmal rasch und einmal langsam arbeiten lassen und festgestellt, daß sie den Eindruck hatten, der Sand laufe rascher, wenn sie rascher arbeiten. Wenn man einem 5jährigen Kind 2 Spielzeugautos vorführt, die beide im gleichen Moment losfahren und anhalten, jedoch verschieden weit kommen, behauptet das Kind, das Auto, das weiter gefahren sei, habe mehr Zeit gebraucht. Es ist demnach nicht in der Lage, die beiden Objekte mit ihrer unterschiedlichen Geschwindigkeit einer für beide gültigen objektiven Zeit zuzuordnen. Das Kind wird wie Piaget an anderer Stelle erwähnt, Mitbewegungen von weit entfernten Objekten nicht unabhängig von seiner eigenen Bewegung erfahren und z. B. denken, daß die Sterne ihm folgen. Erst mit dem 7. – 9. Jahr erwirbt es den Begriff von einheitlichen für Objekte und andere Personen gültigen Zeit und Raum, in welchen es selbst auch eingeordnet ist. Es ist jetzt in der Lage zwei Bewegungen, die voneinander unabhängig sind, die 2 Autos, das Durchlaufen des Sandes in der Sanduhr und die eigene Aktivität, in der Vorstellung miteinander zu korrelieren und dadurch auf einen objektiven Zeitbegriff zu rekurrieren. Dieser Entwicklungsschritt entspricht *dem Übergang von einem egozentrisch anschaulichen Denken durch fortschreitende Dezentrierung* zu einem *operationalen Denken,* dem die Loslösung von der unmittelbar wahrgenommenen Oberfläche der Objekte und Vorgänge gelingt, diese auch von der eigenen Aktivität abzulösen und *in ein allgemeines Koordinatensystem von Raum und Zeit einzuordnen vermag.*

Wenn wir zu den Selbstschilderungen von Störungen des Zeiterlebens in der Modellpsychose zurückkehren, erkennen wir, daß den Störungen des Zeiturteils *eine Regression auf dieses anschaulich egozentrische Denken zugrundeliegt*. Im psychotischen Zustand gibt es keinen einheitlichen Raum, sondern wechselnde, den momentanen Erfahrungen und den sich wandelnden Sinneseindrücken zugeordnete Räume. Es gibt keine einheitliche objektive Zeit, auf welche die Ichzeit bezogen ist, sondern einzelne, sich wandelnde Zeiten, wiederum gekoppelt an Wahrnehmungserlebnisse im Erlebnisfeld, in welchem die Probanden nicht zwischen „innen" und „außen" zu trennen vermögen. Die Scheinbewegung des Hauses beim Schreiten wird beispielsweise nicht als solche erkannt, sondern das Haus bewegt sich mit dem Schreitenden. Deshalb wird auch das Realitätsurteil des Alltags verfälscht: Es kommt zu den Phänomenen der Derealisation, weil Wirklichkeit stabile Objekte, Raum, Kausalität und Zeit als Ordnungsschemata voraussetzt.

Nun ist aber zu beachten, daß die Regression auf das anschaulich egozentrische Denken in der Intoxikationspsychose nur *eine* Seite des

Problems klärt, denn ein Erwachsener unter LSD wird ja nicht zu einem Kinde, so wie auch jemand, der im Alter einen Intelligenzabbau erlebt, nicht einfach auf eine kindliche Stufe zurücksinkt[21]. Wenn wir berücksichtigen, daß die Probanden unter LSD oder Psilocybin einer Überfülle von chaotischen Sinneseindrücken ausgeliefert sind, vor allem auch solchen, die ihnen aus der gesamten Körperfühlsphäre zufließen, Sinneseindrücke die normalerweise ausgefiltert werden, können wir diese Regression auf das egozentrisch anschauliche Denken *als eine Antwort des Organismus auffassen, einen Versuch durch den Rückgriff oder die Wiederaufnahme kindlicher Strategien mit der vergiftungsbedingten chaotischen Erlebniswelt umzugehen*. Betrachten wir die Störungen der Zeitstrukturen in der toxischen Psychose von diesem Standpunkt aus, können wir *als allgemeines pathophysiologisches Prin-*

---

[21] R. TISSOT hat in einer ausgezeichneten Übersicht die Forschungsresultate über den dementiellen Abbau im Alter (Altersdemenzen) der Genfer Klinik dargestellt und gezeigt, daß der Abbau kognitiver Funktionen im hohen Alter bei dementiellen Prozessen durch folgende strukturelle Phänomene zu charakterisieren ist:
a) Wiederauftreten charakteristischer Stadien der kognitiven Entwicklung beim Kinde;
Wiederauftreten primitiver instinktiv-reflexartiger Verhaltensweisen des frühesten Kindesalters (z. B. Saugreflex, Greifreflex), deren Verschwinden die Voraussetzung für die willensmäßige Betätigung dieser Funktionen bildet;
Auftreten von neuartigen pathologischen Verhaltensweisen (Amnesien, Stereotypien), die nur eine sehr entfernte Beziehung zu den Entwicklungsstadien des Kindes haben;
b) eine Differenzierung der Amnesien führt zur Unterscheidung eines *engen Gedächtnisbegriffs* (für Einzelereignisse), gebunden an den Papez'schen Funktionskreis und gestört bei der für Korsakow-Kranke typischen Amnesie, und eines *weiteren Gedächtnisbegriffs* (für generalisierbare Funktionsschemata operationaler Akte) gebunden an große Bezirke des Gehirns und gestört bei den diffusen chronischen Schädigungen der dementiellen Syndrome;
c) der alte Mensch, unabhängig von dementiellen Prozessen im klinischen Sinne, hat Mühe Vergangenes in Gegenwärtiges zu integrieren und Zukünftiges vorauszusehen;
diese Schwierigkeit wird bei dementiellen Syndromen massiv verstärkt; die *Erschwerung der Antizipation* sowohl im hohen Alter, als auch bei dementiellen Syndromen erklärt die Tatsache, daß dem alten Menschen *induktive* Schlußfolgerungen, bezogen auf Ereignisse die nur bestimmt oder wahrscheinlich aber nicht notwendig sind, schwerer fallen, als *deduktive* Schlußfolgerungen, welche sich auf notwendige Ereignisse beziehen. R. TISSOT: Modèle non psychometrique des états déficitaires cerebraux. In: Etats déficitaires cerebraux liés à l'age. Herausgeber: R. TISSOT, Georg, Librairie de l'Universite Genève 1980, S. 275 ff.

zip bei der Intoxikationspsychose eine *Filterstörung* annehmen, als primäre Folge des toxischen Stoffes mit ihren Konsequenzen auf sensorischem Gebiet in der Form eines Überwältigtwerdens von neuartigen, vor allem somatosensorischen, aber auch visuellen, illusionären und halluzinatorischen Sinneseindrücken und *als Folge dieser chaotischen Verfassung des Erlebnisfeldes,* eine Regression auf anschaulich-egozentrisches Denken, ein hilflos anmutender Versuch, Strategien aus frühen Erfahrungen im Umgang mit einer noch ungeordnet wahrgenommenen Umwelt wieder zu aktualisieren.

2) Welche Störungen von Zeitstrukturen sind uns bei *schizophrenen Psychosen* bekannt? Von akut schizophrenen Patienten erfahren wir in der Regel selten direkte Schilderungen über gestörtes Zeiterleben. Was wir darüber wissen, stammt von Einzelbeobachtungen (vgl. F. Fischer[22], E. Minkowski)[23]. Das hängt wohl damit zusammen, daß Schizophrene, wenn ihr akut psychotischer Zustand abgeklungen ist, in der Regel nur sehr ungern über das Erlebte in Einzelheiten berichten, wenn sie nicht sogar große Bereiche der durchgemachten psychotischen Erlebniswelt völlig verdrängen. Als Beispiel dient uns deshalb ein Fall, den Ciompi[24] ausführlich beschrieben und untersucht hat: Eine 39jährige, unglücklich verheiratete Frau, hat mit 37 Jahren in einem Gottesdienst plötzlich ein Eingebungserlebnis und entwickelt einen Liebeswahn auf den Priester. Sie ist überzeugt, daß dieser ihr zukünftiger Geliebter sein wird. Während 2 Jahren hält sie, äußerlich noch unauffällig, an diesem Wahn fest, bis sie plötzlich einen neuen Wahneinfall erlebt, nämlich, daß eine Handleserin ihr diese glückliche Zukunft mit dem Geliebten schon vor 20 Jahren vorausgesagt habe. Sie gerät in eine zunehmende innere Erregung, hört Stimmen des Geliebten und wird in einem zerfahrenen, pseudoekstatischen Glückszustand in die Klinik eingeliefert. Das Besondere der Erlebnisweise dieser schizophrenen Patientin besteht nun darin, daß ihr nicht nur die halluzinierten Stimmen ihr zukünftiges Leben mit dem Geliebten voraussagen, sondern daß man ihr Bilder macht, in welchen sie konkret die Zukunft mit dem Geliebten bis in alle Einzelheiten erlebt, diese jedoch gleichzeitig auch in der Gegenwart leibhaftig verspürt und zugleich weiß, daß sie das alles schon einmal in genau gleicher Weise in der Vergan-

---

[22] F. Fischer: Zeitstruktur und Schizophrenie. Z. Neuro. Psychiat. 121:544, 1929.

[23] E. Minkowski: Le temps veĉu, 1933. Deutsch: Die gelebte Zeit, Otto Müller, Salzburg 1971.

[24] L. Ciompi: Über abnormes Zeiterleben bei einer Schizophrenen. Psychiat. Neurol. (Basel) 142:100–121, 1961.

genheit erlebt hat. Zum Beispiel sagt sie: „Der Priester machte Experimente mit mir. Er probierte auch die Geburt aus. Ich fühlte mich schwanger und dann hatte ich 3 starke Wehen... Man gab mir zu wissen, daß ich mein zukünftiges Leben erlebte, aber ich wußte die ganze Zeit, daß ich all dies genauso schon einmal erlebt hatte." Oder: „Ich hatte den Eindruck, daß es sich in der Zukunft und in der Vergangenheit abspielte. Jetzt weiß ich, daß es der Priester war, der die Ereignisse durcheinanderbrachte."

Wir haben es hier mit einer Ineinanderschachtelung der subjektiven Zeitdimensionen Vergangenheit, Gegenwart und Zukunft zu tun, wobei sowohl das Erleben der Zukunft, wie auch dasjenige der Vergangenheit von dem Erleben Gesunder deutlich zu unterscheiden ist[25]. Zukunft ist für diese Frau nicht Offenheit, das auf sie Zukommende, sondern durch die Handleserin vorausgesagt und in den psychotischen Halluzinationen in allen Einzelheiten voraus bestimmt, oder, präziser, vorausgelebt. Vergangenheit ist für sie eine Art Neukonstruktion aus Zukünftigem, Negierung der eigenen real erlebten und unbefriedigen-

---

[25] Eine hervorragende Darstellung mit vielen eindrucksvollen Beispielen über die regressiven Tendenzen im Erleben und Denken Schizophrener unter dem Aspekt der Entwicklungspsychologie und der magisch-mythischen Vorstufen des menschlichen Ich- und Gegenstandsbewußtseins ist immer noch die Monographie von A. STORCH: Das archaisch-primitive Erleben und Denken der Schizophrenen. Entwicklungspsychologisch-klinische Untersuchungen zum Schizophrenieproblem. Berlin, Julius Springer, 1922. STORCH gelangt in dieser Studie durch den Vergleich von Erlebens- und Denkstrukturen Schizophrener mit den damals bekannten ethnologischen, kultur- und religionssoziologischen Untersuchungen zu der einfachen und überzeugenden Annahme, daß in der schizophrenen Psychose frühere Stadien der ontogenetischen Entwicklung reaktiviert werden, und daß diese Stadien Ähnlichkeiten mit den Denkgewohnheiten und mit dem Erleben primitiver Gemeinschaften wesentliche Analogien aufweisen. Sein Begriff des „komplexhaften Denkens" deckt sich m. E. mit dem egozentrisch-anschaulichen Denken von PIAGET und seine in dieser Monographie mitgeteilten Beispiele von Erlebnisweisen Schizophrener ergänzen den hier geschilderten Fall pseudo-ekstatischen schizophrenen Erlebens. Allerdings folgt seine patho-physiologische Deutung der Regression kognitiver Funktionen der damals üblichen Vorstellung eines primären Abbaus höherer Intelligenzfunktionen als Voraussetzung einer Freisetzung archaischer Schichten. Wir betrachten heute aufgrund vieler experimenteller Befunde bei Schizophrenen pathophysiologisch die Filterstörung, d. h. das Versagen der Mechanismen selektiver Aufmerksamkeit, welche irrelevante, für die augenblicklichen Bedürfnisse des Organismus störende Informationen ausfiltert, als primäre Störung. Ähnlich wie in der Modellpsychose sind dann die regressiven intellektuellen Versuche einer Bewältigung als adaptive und reparative Mechanismen des Organismus aufzufassen.

den Partnersituation. Wesentlich für dieses Durcheinandergeraten von zeitlichen Dimensionen ist der pseudoekstatische Zustand, in welchem die Patientin trotz erfolgreicher medikamentöser Behandlung und Abklingen der akuten Psychose noch wochenlang verharrt, die gehobene Stimmung eines unbegreiflichen Glücksgefühls[26].

Unterscheiden läßt sich diese Ineinanderschachtelung der Zeitabschnitte von der Aufhebung der Zeit in echten mystischen Erlebnissen. Martin Buber[27] erwähnt zum Beispiel die Mystikerin de la Mothe Guyon, die den mystischen Zustand mit folgenden Worten schildert: „Die Vergangenheit, die Gegenwart und die Zukunft sind da in der Art eines gegenwärtigen und ewigen Augenblicks." Im Gegensatz zu den Erlebnissen, die religiöse Mystiker berichten, ist *das Ich der Patientin desintegriert,* denn es werden ihr die Gedanken, die Bilder und die Halluzinationen gemacht durch ihren Geliebten und, was ihr gemacht wird, was in Zukunft sein wird, was sie jetzt erlebt und was sie schon einmal erlebt hat, sind alltägliche Ereignisse.

Wir sehen, daß auch bei dieser schizophrenen Patientin, in Analogie zu den Verhältnissen der Modellpsychose eine objektive Weltzeit nur noch als verbales Gerüst existiert. Die Patientin spricht noch von Zukunft, Gegenwart und Vergangenheit, in ihrem psychotischen Erleben hat aber eine Abwandlung der Bedeutung dieser Begriffe und eine Aufhebung der für den Alltag gültigen Grenzen stattgefunden. Auch der pseudoekstatische Zustand, die hochgradige innere Erregung, das Überflutetwerden von Sinneseindrücken und das psychotische Glücksgefühl sind an den Störungen der Zeitstrukturen beteiligt, ähnlich wie in der Modellpsychose, denn bei einem späteren akuten schizophrenen Zustand ohne Pseudoekstase, ließ sich bei der Patientin die Ineinanderschachtelung der Zeitabschnitte nicht mehr feststellen, wohl aber hielt sie an ihrem Liebeswahn fest.

Was die hier berichtete Störung der Zeitstrukturen einer schizophrenen Psychose von den analogen Störungen der Modellpsychose unterscheidet ist eigentlich nur *die Stabilität* dieses über Tage und Wochen von der Patientin immer wieder vorgebrachten Erlebens. Man erhält sogar den Eindruck, weil sie immer wieder darüber sprechen mußte, daß bei ihr das Hervorheben von Zeitstrukturen einen Versuch darstellt, dem chaotischen Durcheinander in der Psychose eine gewisse Ord-

---

[26] Vergl. dazu auch A. STORCH, l. c., welcher Beispiele schizophrener Entmachtung und schizophrenen Allmachtsgefühls darstellt, beide Ausprägungen in emotional-triebhaften, frühkindlichen Tendenzen wurzelnd und daher entwicklungsgeschichtlich psychodynamisch deutbar.
[27] M. BUBER: Ekstatische Konfessionen. Schocken, Berlin 1955, S. 158.

nung zu geben. Die Beobachtung dieser Patientin zeigt jedoch, *daß Störungen der Zeitstrukturen in psychopathologischen Zuständen nicht nosologisch spezifisch sind*[28].

3) Dies wird noch deutlicher in der *endogenen Depression*. Hier hat vor allem die Hemmung viele Deutungen erfahren. Sie tritt als psychomotorische Verlangsamung, als Denkhemmung und als „Unfähigkeit zu trauern" und ähnliches in Erscheinung. Erwin Straus' und von Gebsattel[29] haben sie als „Werdenshemmung" oder als „Stillstand der inneren Lebensgeschichte" beschrieben. Der Depressive ist auf seine Vergangenheit fixiert, und in der Hoffnungslosigkeit erfährt er seine Zukunft als durch die unheilvolle Vergangenheit völlig determiniert. Ob nun, wie die genannten Autoren vermutet haben, „gelebte Zeit", die sich im Gesamterleben manifestierende „Hemmung des Werdens", für den psychopathologischen Zustand der Depression eine zentrale Bedeutung hat, bleibe dahingestellt.

Bei der endogenen Depression sind aber in den letzten Jahren Befunde erhoben worden, *welche auf eine gestörte Organisation circadianer biologischer Rhythmen hinweisen*. Es handelt sich dabei *um objektive Aspekte von Zeitstrukturen*, die der gestörten Ichzeit in der Depression zugrunde liegen könnten. Durch Langzeitregistrierung der Körpertemperatur hat z. B. Pflug[30] bei einzelnen Patienten mit phasischen Depressionen nachweisen können, daß der Tagesgang der Körpertemperatur im depressiven Zustand destrukturiert ist, wie man auf der *ersten Abbildung* sehen kann. Während im gesunden Intervall das Maximum der Körpertemperatur eine sehr große Regelmäßigkeit zeigt, ist es während des depressiven Zustandes unregelmäßig über den Tag verteilt. Wir wissen, daß beim Menschen die circadiane Organisation biologischer Funktionen vor allem durch soziale Zeitgeber erfolgt. Des-

---

[28] Nosologische Spezifität würde bedeuten, daß gestörte Zeitstrukturen der subjektiven Zeit, wie wir sie hier dargestellt und analysiert haben, nur bei bestimmten, durch eine einzige Krankheitsursache bedingten Syndromen nachzuweisen seien. Da wir sie sowohl bei Modellpsychosen, bei toxischen Psychosen und bei der Schizophrenie vorfinden, müssen sie als nosologisch unspezifisch bezeichnet werden. Wir postulieren heute für die Entstehung psychischer Störungen eine mehrdimensionale Ätiologie (was schon KRAEPELIN in seinen letzten Arbeiten vermutet), deshalb ist die Frage der Krankheitsspezifität meines Erachtens heute von sekundärer Bedeutung.
[29] V. E. VON GEBSATTEL: Störungen des Werdens und des Zeiterlebens im Rahmen psychiatrischer Erkrankungen. In: Prologomena einer medizinischen Anthropologie, Springer Berlin-Göttingen-Heidelberg, 1954.
[30] PFLUG, R. ERIKSON and A. JOHNSSON: Depression and daily temperature. Acta psychiat. scand. 54, 254–255 (1976).

halb ist es wahrscheinlich, daß diese circadiane Organisation *die zeitliche Struktur des inneren Milieus des Organismus und dadurch die Basis für die Ichzeit bildet*. Allerdings variieren die bisher erhobenen Befunde von verschiedenen Untersuchern erheblich. Es ist deshalb heute nur gesichert, daß in der depressiven Phase zentrale Regulationsprozesse des circadianen Systems gestört sind und es bleibt ungewiß, ob diese Störungen für den depressiven Zustand pathogenetisch wesentlich sind[31].

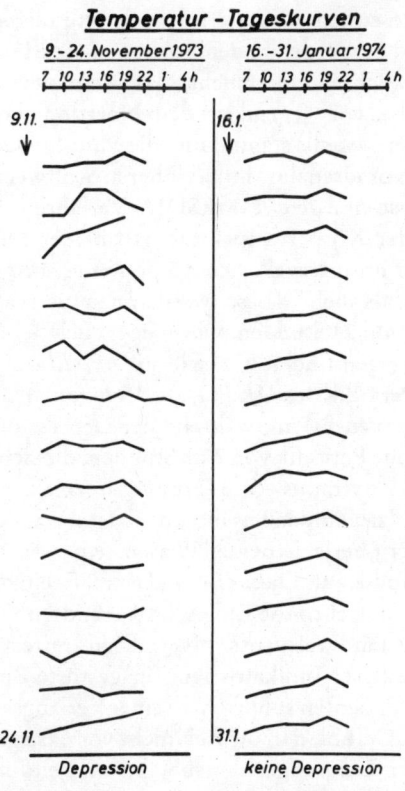

Abbildung 1: Temperaturtageskurven einer Patientin mit bipolarer Depression. Links im depressiven, rechts im nichtdepressiven Zustand (weiteres siehe Text).

[31] GIEDKE, H., B. PFLUG: Diurnal rhythmus in manic-depressive disorders. In: B. SALETU et al. (eds.) Neuropsychopharmacology, Pergamon Press Oxford and New York 1979, 211–231.

Der neueste Befund von Pflug[32] und Mitarbeitern über *periphere und zentrale Metaboliten des Noradrenalinstoffwechsels* bei einer 38 Jahre alten Frau mit bipolarer Depression, verdient in diesem Zusammenhang besonderes Interesse, weil Noradrenalin als Neurotransmitter für die Pathogenese depressiver Phasen wesentlich ist. Die Patientin wurde je 10 Tage während einer schweren gehemmten Depression und im beschwerdefreien Intervall untersucht. Sie erhielt keine antidepressiven Medikamente und keine Neuroleptika. Kontinuierlich wurde die Körpertemperatur mit rektaler Sonde gemessen und digital gespeichert. Zu festgesetzten Zeiten erfolgte in 3stündigen Intervallen die Urinabgabe und es wurden in den Portionen die Metaboliten des Noradrenalinstoffwechsels untersucht, das *Metoxyhydroxyphenylglycol (MHPG)*, welches vorwiegend aus dem Noradrenalinstoffwechsel des zentralen Nervensystems stammt und die *Vanillinmandelsäure*, die als Metabolit des Noradrenalins im peripheren Stoffwechsel gilt. In einer Zeitreihenanalyse mit dem TIMESDIA-Verfahren, ergaben sich Periodogramme der Körpertemperatur und beider Metaboliten in der Depression und im Intervall. Die *Körpertemperatur* zeigte sowohl in der Depression, als auch im beschwerdefreien Intervall, einen circadianen Rhythmus von 24 Stunden, wie man es auch bei Gesunden erwarten könnte. Dagegen finden wir, wie auf *Abbildung 2* dargestellt, für die circadiane Periodik des *MHPG, des Metaboliten des Noradrenalins* im zentralen Nervensystem, während der Depression eine signifikant kürzere circadiane Periodik von 20,5 Stunden, die sich im gesunden Intervall auf einen Rhythmus von 24 Stunden normalisiert. Im Gegensatz dazu weist die Vanillinmandelsäure, der Metabolit des Noradrenalins in der Körperperipherie, in beiden Phasen keine von 24 Stunden unterschiedliche Periodik auf. Dieser Befund ist m. E. ein besonders interessanter Hinweis auf chronobiologische Veränderungen eines für den depressiven Zustand relevanten Neurotransmitters im Gehirn. Er könnte ein objektiver Indikator sein für gestörte Zeitstrukturen, die bei depressiven Patienten subjektiv zu einer Verlangsamung der Ichzeit führen, zu dem Gefühl, daß die Zeit nicht vorwärtsgehen will, also zu ausgesprochenen Dehnungen der subjektiven Zeitdimension.

Ich fasse zusammen: Zeitstrukturen in der Psychopathologie müssen unter 2 Gesichtspunkten beachtet werden, unter dem subjektiven Aspekt der Störungen des Zeiterlebens, welche in toxischen Psychosen, aber auch in besonderen Fällen der Schizophrenie als regressive

[32] PFLUG, B., W. ENGELMANN, H. J. GAERTNER: Circadian course of body temperature, MHPG- and VMA-urine excretion during depression and symptom-free interval. In press.

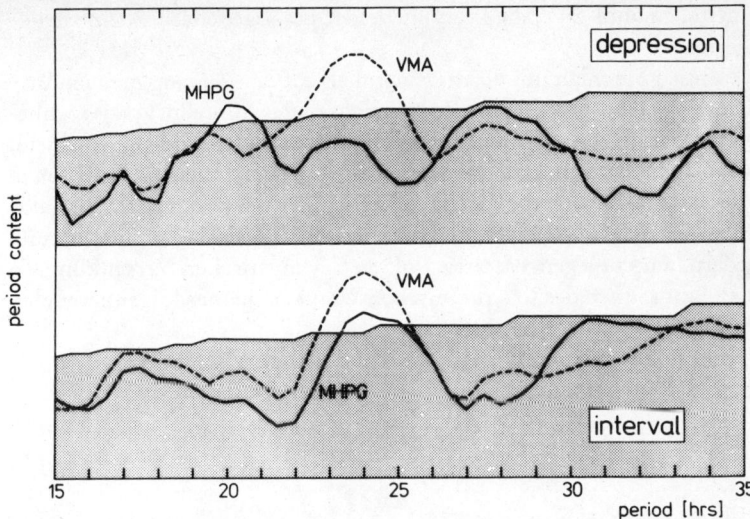

Abbildung 2: Periodogramme der Ausscheidung von Vanillinmandelsäure und von MHPG (Metoxyhydroxyphenylglycol) im Urin einer depressiven Frau. Oben im depressiven Zustand, unten während des Intervalls.

Verhaltensstrategien des Organismus gedeutet werden können. Der andere Aspekt, die auf biologischer Ebene feststellbaren objektiven Regulationsstörungen, welche zu einer Destrukturierung circadianer Organisation der biologischen Funktionen führen, können wir hypothetisch als den Störungen der Ichzeit zugrundeliegend betrachten. Dies wird aber vorläufig nur durch einige wenige, aber eindrucksvolle Befunden bei depressiven phasischen Erkrankungen nahegelegt. Da die Störungen der Zeitstrukturen in der Psychopathologie nicht spezifisch sind, sondern an elementarere Störungen im Wahrnehmungsbereich gebunden, wäre es durchaus denkbar, daß die objektiven Störungen der circadianen Regulation biologischer Funktionen sich als pathogenetisch ebenfalls unspezifisch erweisen. Dafür spricht, daß der Aufbau einer objektiven Zeitkoordinate auf welche das Erleben von Zeitstrukturen bezogen wird, ein relativ später Erwerb in der ontogenetischen Entwicklung darstellt. Unter pathophysiologischen Gesichtspunkten könnten Störungen der Zeitstrukturen sowohl im subjektivem Bereich der Ichzeit, wie im objektiven Bereiche gestörter circadianer biologischer Organisation einen interessanten, vor allem auch therapeutisch bedeutsamen Aspekt psychopathologischer Veränderungen darstellen und zwar bei verschiedenen pathogenetischen Konstellationen[33].

Lassen Sie mich mit einem Rückblick auf den Anfang meiner Ausführungen zur Störung des Zeiterlebens in der Modellpsychose schließen. Wir haben gesehen, daß diesen Störungen eine ungeordnete, chaotische Überflutung mit Sinneseindrücken parallelgeht, und daß in dieser Überflutung die „Zeit" verschwindet oder stillesteht. Angelus Silesius[34] faßt die Beziehung zwischen sinnlicher Wahrnehmung und „Zeit" am entgegengesetzten Pol, an der mystischen Versenkung, in den Sinnreimen des Cherubinischen Wandersmannes folgendermaßen zusammen:

Du selber machst die Zeit: das Uhrwerk sind die Sinnen;
hemmst Du die Unruh' nur, so ist die Zeit von hinnen.

---

[33] Ich neige dazu, die Störungen des Zeiterlebens und ihre pathophysiologische Fundierung in der gestörten zirkadianen Organisation biologischer Funktionen ähnlich aufzufassen wie die Hemmvorgänge bei depressiven und schizophrenen Syndromen, bei welchen es sich ebenfalls um krankheitsunspezifische, aber vom Organismus in Gang gesetzte psychophysiologische Mechanismen handelt, um in einer Extremsituation auf einem beschränkteren Niveau noch existieren zu können. Vgl. dazu meine KRAEPELIN-Vorlesung: Nosologie und Pathophysiologie in der Psychiatrie – Aspekte der Krankheitslehre Kraepelins heute. In: Conf. Psychiat. Bd. 23, 1980.

[34] ANGELUS SILESIUS: Ewige Sinnreime des cherubinischen Wandersmann. Thiedemann und Uzielli, Frankfurt/Main 1922, S. 8.

Otto-Joachim Grüsser

Zeit und Gehirn*

Zeitliche Aspekte der Signalverarbeitung in den Sinnesorganen und im Zentralnervensystem

Das Thema „Zeit und Gehirn" umfaßt mehr als das im folgenden Besprochene. In das weitere Umfeld dieses Themas gehören die vom Nervensystem kontrollierte Entwicklung des Organismus, sein Werden und Vergehen, die mannigfachen, durch nervöse Prozesse gesteuerten biologischen Rhythmen, die periodische Aktivität des Stoffwechsels der Nervenzellen, die durch das Nervensystem kontrollierten rhythmischen Organfunktionen (Herzschlag, Atmung) und die Rhythmen, die am Verhalten des ganzen Organismus erkennbar sind (Schlaf-Wach-Rhythmus, Tiefschlaf-/Traumphasenrhythmus, circadiane Periodik usw.). Ein Teil dieser Fragestellungen wurde im Rahmen dieser Vortragsreihe von J. Aschoff[1] besprochen. Ich werde mich im folgenden auf Betrachtungen über die *zeitlichen Aspekte von Wahrnehmungsprozessen, über wahrgenommene und erlebte Zeit,* über die *zeitliche Strukturierung der Erinnerung* und ihre möglichen zentralnervösen Grundlagen beschränken.

1. Zur Entwicklung des Zeiterlebens in der Kindheit

Das motorische Verhalten des noch unreifen Kindes im Mutterleib wird von nervös gesteuerten Biorhythmen beeinflußt. Nach der Geburt werden diese endogenen Rhythmen von Umweltfaktoren mitbestimmt. Das noch sehr „unreife" Gehirn eines normalen Säuglings hat die Fähigkeit, neue zeitliche Periodizität rasch zu erlernen (z. B. die Zeiten des Stillens). Die *bewußte* Zeiterfahrung des Kindes entwickelt sich jedoch erst im 4. bis 5. Lebensjahr. Es ist daher nicht sehr wahr-

---

* Meinen Eltern zum 80. Geburtstag in Dankbarkeit gewidmet.
[1] s. S. 133 ff.

scheinlich, daß das *Zeiterleben* nur durch genetisch bestimmte, bis zum 4. oder 5. Lebensjahr spontan „reifende" Funktionen des Gehirns geprägt wird. Zeiterleben ist vermutlich auch von der Erfahrung, und vor allem von sprachlichen Lernprozessen abhängig. Erscheint dem erwachsenen, nachdenkenden Menschen die Strukturierung der Zeit *a priori* gegeben (s. S. 85), so läßt sich daraus nicht sicher schließen, daß dieses *a priori* nicht auch Komponenten enthält, die erfahrungs- und erziehungsabhängig sind. Versuchen wir zunächst über die Entwicklung des Zeiterlebens in der Kindheit durch Betrachtung unserer eigenen Kindheitserinnerungen etwas zu erfahren. Unsere frühesten Kindheitserinnerungen haben in der Regel zwei Merkmale:

1) Sie weisen zurück auf Erlebnisse oder Ereignisse, die sich im dritten bis fünften Lebensjahr abspielten. Unser Leben *vor dieser Zeit* gehört heute nicht mehr zu unserer *direkt* erinnerbaren Lebensgeschichte[2].

2) Die Erinnerungen an diese frühe Zeit der Kindheit sind meist Erinnerungsinseln, Bruchstücke oder aus Teilen zusammengefügte Fragmente von Erinnerungen an verschiedene Ereignisse. Eine *zeitliche Kontinuität* fehlt diesen frühen Kindheitserinnerungen[3].

Ursula Cornehls[3] hat 1957 in ihrer medizinischen Doktorarbeit versucht, durch systematische Befragung von Kindern und Erwachsenen herauszufinden, in welchem Lebensabschnitt die *ersten Kindheitserinnerungen,* die Bilder, die der Mensch von seiner frühen Kindheit hat, sich verfestigen. Die Versuchspersonen schrieben im Abstand von zwei Jahren ihre frühesten Kindheitserinnerungen auf und wurden im Anschluß an die zweite Erhebung auch mündlich befragt. Die meisten Ersterinnerungen reichten in das 3. – 5. Lebensjahr zurück, in seltenen Fällen bis in das zweite. Die Erinnerungs*inhalte,* die in der Untersuchung ermittelt wurden, und in Einzelfällen auch durch Befragung der Eltern objektiviert werden konnten, wiesen darauf hin, daß die ersten Kindheitserinnerungen häufig Bruchstücke von einstmals für das Kind wichtigen und stark gefühlsbetonten Erlebnissen sind. Der systematische Vergleich der im Abstand von zwei Jahren erhaltenen frühesten Kindheitserinnerungen ergab jedoch, daß die Erinnerungen aus

---

[2] In Shakespeare's „Sturm" fragt Prospero Miranda: „Canst thou remember time before we came onto this cell? I do not think thou canst, for then thou wast not out three years old" (Act 1, Scene II, V 38–41).

[3] CORNEHLS, U.: „Untersuchungen über die ersten Kindheitserinnerungen und die Abhängigkeit ihrer Konstanz vom Lebensalter". Medizinische Dissertationsschrift. Universität Marburg, 1957, 81 p.

unserer frühen Kindheit sich erst *während oder nach der Pubertät* verfestigen und konstant werden (Abbildung 1).

Unsere Erinnerungen an die *Zeit der ersten Schuljahre* sind viel umfangreicher und differenzierter als jene an die frühe Kindheit. Wesentlich mehr *erlebte Zeit* läßt sich in das Gedächtnis zurückrufen. Bildlich gesprochen kann man sagen, daß aus den isolierten Erinnerungsinseln im Ozean des Vergessens der frühen Kindheit sich allmählich größere kontinentale Strukturen entwickeln, deren wir als *erlebte Zeit* inhaltlich und emotional differenziert in der Erinnerung inne werden können.

Versuchen wir in der Erinnerung an die Kindheit Ereignisse zu finden, in denen *Zeit* als bewußt *erlebte Zeit* eine Rolle zu spielen begann, so weisen diese Erinnerungen meist in das 6. bis 8. Lebensjahr. Sie charakterisieren drei Weisen, wie wir als Kinder erstmals bewußt Zeit erfahren:

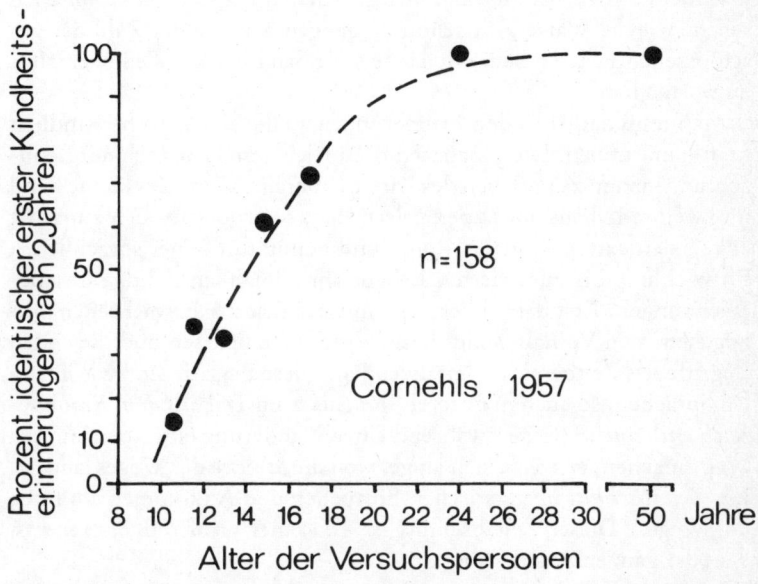

Abbildung 1: Abhängigkeit der Konstanz der *frühesten Kindheitserinnerungen* (Ordinate) vom Lebensalter (2. Befragung, Abszisse). Die Versuchspersonen schrieben im Abstand von zwei Jahren unter kontrollierten Bedingungen ihre frühesten Kindheitserinnerungen auf (bei der zweiten Befragung wurde auch eine mündliche Kontrolle durchgeführt). Der Inhalt der beiden Berichte wurde verglichen. Die Resultate zeigen, daß die Erinnerungsinhalte der frühesten Kindheit erst während oder nach der Pubertät sich verfestigen (nach Cornehls, 1957[3]; Daten umgezeichnet).

a) Zeit tritt als *Ordnungsfaktor* in unser Leben. Bestimmte Ereignisse sind bevorzugt einer bestimmten *Tageszeit* zugeordnet. Die Mutter sagt jeden Morgen: „Steh auf, es wird höchste Zeit für den Kindergarten". Das Spiel am Nachmittag im Garten wird unterbrochen: „Kinder kommt, es ist jetzt Zeit zum Abendessen".

b) Wir beginnen zu ahnen, daß Zeit etwas mit *rhythmischen Ereignissen* und mit dem *Zählen* zu tun hat: „Wenn der große Zeiger der Kirchturmuhr zweimal herumgelaufen ist, mußt du nach Hause kommen". Meine Großmutter hat mir einmal die Funktion ihrer Penduluhr so zu erklären versucht: „Das Uhrwerk zählt die Pendelschläge zur Zeit zusammen".

c) Wir erleben, daß Zeit etwas Vergehendes und etwas in die Zukunft Weisendes, etwas Vorhersehbares ist. Ich erinnere mich an die Adventszeit meines sechsten Lebensjahres: Jeden Morgen durfte ich vor dem Weggehen in den Kindergarten ein Fensterchen des Adventskalenders öffnen. An der Zahl der geöffneten Fensterchen konnte ich sehen, wieviel Warte-Zeit schon vergangen war, an der Zahl der geschlossenen Fensterchen, wie lange ich noch bis zum Weihnachtsfest zu warten hatte.

Man muß natürlich den Erinnerungen an die eigene frühe Kindheit kräftig mißtrauen. Die genannten Beispiele stimmen jedoch mit Beobachtungen zum Zeiterleben des Kindes überein. Wenn das kleine Kind im zweiten Lebensjahr laufen gelernt hat, so erobert es sich zunächst *zeitlos* den extrapersonalen Raum und benützt in seiner sprachlichen Entwicklung bis zum vierten Lebensjahr allmählich richtige Ortsbezeichnungen. Erst danach lernt es, mit der Zeit der Erwachsenen umzugehen, sein Verhalten auf diese Zeit hin anzupassen und die ersten Begriffe des Zeitbereiches anzuwenden. Diese Begriffe sind wie in vielen Sprachen, so auch in unserer Sprache, zum Teil *aus dem Raumbereich entlehnt*[4]: Die Zeit während einer Wanderung einen bestimmten Weg zu gehen, *erstreckt* sich lange, weil die *Strecke* des Weges lang ist. Ein *Zeitabschnitt liegt* zwischen Fortgehen und Ankommen am Ende des Weges. Dieser Zeitabschnitt ist Teil eines größeren *Zeitraumes*, dem der ganzen Wanderung.

In guter Übereinstimmung mit unserer Rückerinnerung an die Zeit des 6. bis 8. Lebensjahres haben die meisten Kinder bis zum 2. Schuljahr sechs wesentliche Eigenschaften erfahrbarer Zeit kennengelernt:

---

[4] CASSIRER, E.: „Philosophie der symbolischen Formen. I. Die Sprache". 5. Aufl., Wissenschaftliche Buchgesellschaft. Darmstadt, 1972, 300 p.

1) Die erlebte Zeit gliedert sich in Vergangenheit, Gegenwart und Zukunft.

2) Die Zeit hat eine *Richtung,* sie weist aus der Vergangenheit in die Zukunft.

3) Die Zeit läßt sich durch ein periodisches Ereignis – zum Beispiel eine Pendeluhr – messen und durch Zählen der Perioden in ihrer Länge angeben.

4) Zwar ist beim 50-m-Lauf „deine Zeit" nicht „meine Zeit", die Menschen haben sich jedoch darauf geeinigt, Zeit in den jeweils gleichen Meßgrößen anzugeben: Sekunden, Minuten, Stunden, Tage, Jahre.

5) Die Zeit bringt Veränderungen, die nicht umkehrbar sind: „Die Winterstiefel vom letzten Jahr passen nicht mehr".

6) Die subjektive Dauer der erlebten Zeit stimmt häufig nicht mit der durch die Uhr gemessenen Zeit überein.

2. Was meinen wir, wenn wir „Zeit" sagen?

Die Entwicklung unseres Zeitbegriffes ist nicht nur vom Lernen in der Kindheit abhängig, sie beruht auch auf einem geschichtlichen Lernprozeß, in dem der Begriff der Zeit im Denken mannigfach modifiziert wurde. Im folgenden möchte ich einige typische Weisen besprechen, „Zeit" zu sagen und „Zeit" zu denken. Sie weisen auf unterschiedliche Leistungen unseres Gehirns hin, das Phänomen der Zeit zu erfassen, in Sprache zu formulieren, Zeit zur Welt zu bringen.

2.1. Die theologisch-mythologische Zeit

In den theologisch-mythologischen, „vorwissenschaftlichen" Kosmologien versucht der Mensch das Unbegreifbare in Begriffe zu fassen und zu sagen, warum etwas existiert und nicht Nichts sei. Zwei verschiedene mythologische Welt-Zeit-Interpretationen wirken auch heute noch auf das abendländische Denken: In der jüdisch-christlichen Religion dominiert die Vorstellung einer *linearen Zeit,* die vom Anfang der Welt bis zum Weltende läuft. Am Anfang war das ordnungsschaffende Wort, am Ende erscheint der die Zeit aufhebende Messias. In Konkurrenz zu dieser Zeitinterpretation, die sich als Abbildung der

Endlichkeit des menschlichen Lebens deuten läßt, stehen mythologische Kosmologien, in denen die Zeit *zyklisch* sich von Äonen zu Äonen erneuert, Welt und Zeit gemeinsam vergehen und immer wieder neu erschaffen werden. Diese zyklischen Zeitvorstellungen sind vermutlich aus der Beobachtung periodischer astronomischer Ereignisse entstanden: Tag/Nacht-Periodik, Mondphasenperiodik, Jahreszyklus.

2.2. Philosophische Betrachtungen zur Zeit

Linearer Ablauf der Zeit oder *zyklisches Zeitverhalten*, diese beiden religiösen Zeitvorstellungen kehren wieder in frühen philosophischen Betrachtungen über die Zeit. In der antiken griechischen Philosophie findet man bei Platon Anklänge an die zyklische Zeitvorstellung mythologischer Kosmologien und der pythagoräischen Philosophen, z. B. in seinen Schriften „Der Staat" und „Timaios". Aristoteles hat dagegen in seinen Physik-Vorlesungen die *Linearität* der Zeit betont, die gerichtet aus der Vergangenheit über den *Jetztpunkt* in die Zukunft weist.

Im Dialog mit den Naturwissenschaften hat die westliche Philosophie seit der Renaissance allmählich erkannt, daß Zeit und Raum nicht oder nicht nur Eigenschaften der Welt, sondern Vorbedingungen der Erfahrungen des Menschen sind. In der Sprache der modernen Neurobiologie formulieren wir diese Hypothese so: *Die Bedingungen räumlicher und zeitlicher Erfahrungen sind zum Teil durch genetisch determinierte Eigenschaften der Informationsverarbeitung in unseren Sinnesorganen und im Gehirn vorgegeben.*

Gottfried Wilhelm Leibniz hat sich in seinen „Neuen Abhandlungen über den menschlichen Verstand"[5] ausführlich mit dem Problem der Zeit, ihrer Meßbarkeit und ihrer erkenntnistheoretischen Bedeutung auseinandergesetzt. Für ihn sind Zeit und Raum „Weisen der Ordnung". Es sind abstrakte Begriffe, über die er sagt, „das schlechthin Einförmige, was keinerlei Mannigfaltigkeit in sich schließt, ist immer nur eine Abstraktion, wie die Zeit, der Raum und die übrigen Wesenheiten der reinen Mathematik". Andererseits betont Leibniz, daß die Meßbarkeit der Zeit von der Veränderung der Objekte und der Sachverhalte abhängig ist: „Gäbe es in der Zeit eine Leere, d. h. eine Dauer

---

[5] LEIBNIZ, G. W.: „Neue Abhandlungen über den menschlichen Verstand", übersetzt, eingeleitet und erläutert von E. Cassirer. F. Meiner: Hamburg, 1971, 736 p.

ohne Veränderung, so wäre es unmöglich, ihre Länge zu bestimmen".

Die Deutung von Raum und Zeit als Matrix aller möglichen Erfahrung kommt in der Erkenntnistheorie Immanuel Kants zu einem gewissen Höhepunkt. Im zweiten Teil der transzendentalen Ästhetik der „Kritik der reinen Vernunft" schreibt Kant[6]: „Die Zeit ist kein empirischer Begriff, der von irgendeiner Erfahrung abgezogen worden... Die Zeit ist eine notwendige Vorstellung, die allen Anschauungen zugrunde liegt. Man kann in Ansehung der Erscheinungen überhaupt die Zeit selbst nicht aufheben, ob man zwar ganz wohl die Erscheinungen aus der Zeit wegnehmen kann. Die Zeit ist also a priori gegeben. In ihr allein ist alle Wirklichkeit der Erscheinungen möglich". Der Raum ist die „reine Form aller äußeren Anschauungen", die Zeit dagegen eine Bedingung a priori aller Erscheinungen. Sie ist die „unmittelbare Bedingung der inneren (unserer Seele) und eben dadurch mittelbar auch der äußeren Erscheinungen".

Über die Sinneswahrnehmungen sagt Kant: „Alle Gegenstände der Sinne sind in der Zeit und stehen notwendigerweise im Verhältnis der Zeit". Kants Auffassung von Raum und Zeit hatte einen erheblichen Einfluß auf die Sinnesphysiologie des 19. Jahrhunderts und die physiologischen Vorstellungen zur Deutung der Zeit. Die meisten Sinnesphysiologen haben jedoch die subjektivistische Konsequenz Kants („Raum aber und Zeit sind beide *nur in uns* anzutreffen") nicht nachvollzogen[7]. Sie folgt auch nicht notwendigerweise aus seiner erkenntnistheoretischen Position.

Die gegenwärtige philosophische Diskussion über die Zeit ist heterogen. Wissenschaftstheoretisch orientierte Philosophen und Physiker versuchen, die Zeitproblematik der modernen Physik erkenntnistheoretisch zu bewältigen. Die klare Diskussion bei Adolf Grünbaum und Karl Popper[8] ist ein besonders lehrreiches Beispiel dieser Bemühungen. Auf der anderen Seite entzieht sich die Philosophie einer erkenntnistheoretischen Konfrontation mit empirischer Wissenschaft. Martin Heidegger bezeichnete die Zeit der messenden und rechnenden Wis-

---

[6] KANT, I.: „Kritik der reinen Vernunft", 2. Aufl. (1787). Ausgabe von Th. Valentiner. Meiner: Leipzig 1923.

[7] KRIES, J. VON „Allgemeine Sinnesphysiologie", F. C. W. Vogel: Leipzig, 1923.

[8] GRÜNBAUM, A.: „Die Anisotropie der Zeit". In: „Erkenntnisprobleme der Naturwissenschaften" Hrg. L. Krüger, Kiepenheuer und Witsch: Köln, Berlin 1967 p. 476–508. POPPER, K.: „Time's arrow and entropy". Nature, *207, 233–234 (1965)*. „Irreversible Processes in physical theory" Nature *181*, 402–403 (1958).

senschaft wie auch die Zeit des den Alltag planenden Menschen als *vulgäre Zeit*. In „Sein und Zeit" entwickelte er einen eigenen Zeitbegriff und betonte den existentiellen Aspekt der Zeit. Die Zeitlichkeit des Daseins ist für ihn im ontologischen Sinn der Sorge gegeben. Diese ist „die eigentliche Zukunft, die primär die Zeitlichkeit zeitigt, die den Sinn der verlaufenden Entschlossenheit ausmacht"[9]. Zeitlichkeit als begrenzende Eigenschaft unseres „Seins zum Tode" bestimmt unser Leben und Verhalten nicht unwesentlich. Vermutlich ist diese Weise, Zeit als auf ein *individuelles* Lebensende hin begrenzt zu erleben, erst mit der Differenzierung des Gehirns auf der Entwicklungsstufe von Homo sapiens entstanden und bei Homo erectus noch nicht vorhanden[10].

2.3. Die Zeit der Physik

Die Bedeutung der Zeit in der Physik wurde im Rahmen dieser Vorlesungsreihe von kompetenten Wissenschaftlern besprochen (Blaser, S. 1, Wheeler, S. 17). Als Mediziner kann ich zu dieser Diskussion wenig beitragen. Da einerseits die Zeit der Physik auch die Zeit der messenden und rechnenden Biologen ist, andererseits die Zeit der Physik sicher nicht mit der unmittelbar erlebten oder erlebbaren Zeit identisch ist, erlaube ich mir dennoch zwei Anmerkungen:

a) Die Schwierigkeiten, die sich durch die Auseinanderentwicklung des subjektiven und des quasi objektiven physikalischen Zeitbegriffes ergeben, sind schon in den ältesten uns überlieferten Physikvorlesungen erkennbar, nämlich jenen des Aristoteles. Für Aristoteles war es zunächst evident, daß die Zeit *andere* Eigenschaften hat als die unmittelbaren Sinneswahrnehmungen. Im 10. Kapitel seiner Physikvorlesungen schreibt er: „Für jegliches Gebilde, das Teile besitzt, gilt, wenn es überhaupt sein soll, das unverbrüchliche Gesetz, daß für die Dauer seines Seins entweder überhaupt alle seine Teile oder doch wenigstens stets einige derselben sein müssen. Bei der Zeit hingegen, die ein sol-

---

[9] HEIDEGGER, M.: „Sein und Zeit". 7. Aufl. Niemeyer: Tübingen 1953, 437 p.
[10] Eine Bewußtwerdung der Endlichkeit erlebbarer Zeit läßt sich m. E. an der Bewußtwerdung des *individuellen* Todes ausdrücken. Eine solche Bewußtseinsentwicklung ist Voraussetzung ritueller Begrabungen. Auf Grund von Pollenanalysen im unmittelbaren Umfeld von ca. 60000 Jahre alten Knochenfunden kann man schließen, daß *Homo sapiens neanderthaliensis* gestorbene Angehörige rituell begraben hat. Von den früheren Frühmenschenfunden gibt es m. W. keine Hinweise auf ähnliches Verhalten.

ches Gebilde doch darstellt, sind die einen Teile vorbei, und kommen die anderen erst und kein einziger hat Sein. Der Jetztpunkt aber ist kein Teil; der Teil ist eine Meßgröße, mit der man das Ganze, zu dem es gehört, messen kann, und das Ganze muß aus den Teilen bestehen; es sieht aber nicht so aus, als ob die Zeit aus den Jetztpunkten bestehe"[11].

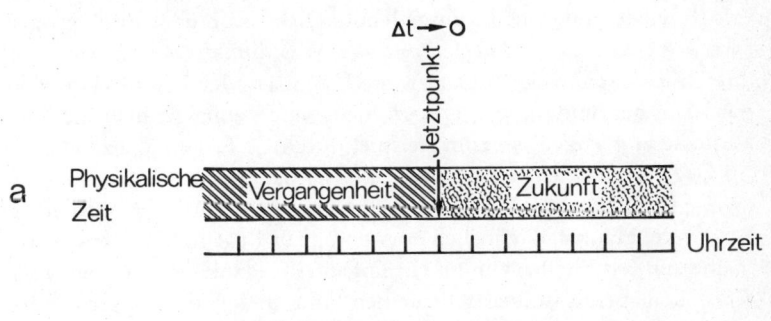

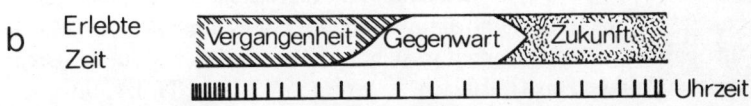

Abbildung 2: (a) Schema des Verlaufs der physikalischen Zeit nach Aristoteles. Vergangenheit und Zukunft sind durch einen unendlich kurzen *Jetztpunkt* getrennt. (b) Die *erlebte Zeit* hat einerseits nicht-lineare Eigenschaften, andererseits enthält sie die erlebte Gegenwart (Präsenzzeit), in der ein Teil physikalische Vergangenheit ist, der andere unmittelbar erwartete Zukunft.

Die physikalische Zeit des Aristoteles setzt sich also aus Vergangenheit und Zukunft zusammen, die durch einen unendlich kurzen *Jetztpunkt* getrennt wird (Abbildung 2). Der Zeitbegriff der aristotelischen Physik ist der erlebten Zeit jedoch noch sehr verwandt. Dies ändert sich in der Geschichte der Physik mit Galilei und Newton. Mit dem Zeitbegriff Newtons befreit sich die Physik endgültig von der erfahrenen Zeit und von der primär erlebten Zeitrichtung. In Newtons theoretischer Mechanik werden Raum und Zeit als jeweils unendlich ausgedehnt angenommen. Die Gesetze der klassischen Mechanik sind in der Zeit umkehrbar und die täglich erfahrene Gerichtetheit des Zeitflusses von Vergangenheit über die Gegenwart in die Zukunft wird unwichtig. Darüber hinaus verschwindet aus der Zeit der Physik endgültig die erlebte Gegenwart. Der Jetztpunkt ist schon bei Aristoteles unendlich

---

[11] ARISTOTELES: „Physikvorlesung". Übers. v. H. Wagner, In: „Werke", Band 11. Wiss. Buchgesellschaft; Darmstadt: 1967, p. 105.

kurz und selbst wenn in der modernen Physik gelegentlich die Existenz einer Zeitquantelung diskutiert wird, so hat dies nichts mit erlebter Gegenwart zu tun. Diese Bemerkungen gelten auch für den „relativen", durch die Lorentz-Transformationen charakterisierten Zeitbegriff der modernen Physik.

b) Die Gerichtetheit des Zeitflusses taucht in der modernen Physik jedoch wieder auf, wie die ausgedehnte Diskussion über Eddington's „arrow of time", den *Zeitpfeil und die Nichtumkehrbarkeit der Zeit*, ihre Anisotropie, zeigt[12]. Der zweite Hauptsatz der Thermodynamik wird zur Begründung des Unterschieds von Vergangenheit und Zukunft herangezogen, so zum Beispiel durch C. F. von Weizsäcker[13]. Im Gegensatz zu den Gesetzen der klassischen Mechanik zeichnet der zweite Hauptsatz der Thermodynamik *eine* Zeitrichtung aus. Aber ist der zweite Hauptsatz wirklich notwendig zur Begründung der Anisotropie der Zeit? Stellen wir uns ein einfaches Gedankenexperiment vor: Wir sehen abends im Fernsehen einen Film, in dem ein Bagger vor einem großen Trümmerhaufen hin- und herfährt und bei jeder Bewegung zwischen Bagger und Trümmerhaufen sich allmählich eine Mauer aufrichtet, die Staubwolken in sich einzieht. Aus der Mauer entsteht mit der Zeit ein Haus mit Dach, Fenstern und Türen; Holzsplitter setzen sich zu Fensterrahmen, Glassplitter zu ganzen Fensterscheiben zusammen. Der Bagger fährt schließlich rückwärts weg. Dann sehen wir einige Leute Säcke tragend rückwärts in das Haus gehen, das alsbald von Uniformierten rückwärts verlassen wird, die mit merkwürdigen, an die alten Germanen erinnernden Schildern und Stöcken ausgerüstet sind. Sie springen danach rückwärts in große Kraftwagen, die schnell rückwärts davonfahren. Bei der Betrachtung eines solchen Filmes glauben wir nicht an ein Wunder, sondern wir *wissen*, und zwar auch ohne Anwendung des zweiten Hauptsatzes der Thermodynamik, daß der Film der „Berliner Abendschau" versehentlich in falscher Richtung ablief. Es muß also im Bereich der *makroskopisch* erfahrbaren Welt etwas geben, das die Richtung der Zeit begründet. Ich werde später versuchen zu zeigen, daß dieses Etwas die Art und Weise ist, wie unser Gehirn die zeitlichen Komponenten die Sinnesdaten verarbeitet und

---

[12] Diskussion z. B. bei GARDNER, M.: „Can time go backword?", Scientific American *216* (1) 98–108 (1967). OVERSETH, O. E.: „Experiments in time reversal", Scientific American *221*, (4) 89–101 (1969).

[13] WEIZSÄCKER, C. F. VON: „Der zweite Hauptsatz und der Unterschied von Vergangenheit und Zukunft". Ann. Physik *36,*275 (1939). Nachdruck in: „Die Einheit der Natur", 2. Aufl., Hanser: München, 1971.

Strukturveränderungen im extrapersonalen Raum, d. h. strukturelle Information (Negentropie[14]) deutet.

2.4. Historische Zeit

Zeit ist auch verstehbar als *historische Zeit,* die sich durch *Dokumente* aus der Vergangenheit mit mehr oder weniger großer Präzision rekonstruieren läßt. Historische Zeit in diesem Sinne ist die geologische Weltzeit, die biologische Evolutionszeit, die gesellschaftlich-historische Zeit des Menschen und schließlich unsere individuelle Lebensgeschichte als Teil dokumentierbarer historischer „Gegenwart".

Ein Teil der für das Überleben notwendigen Anpassungsprozesse während der biologischen Evolutionszeit bestimmt noch heute unsere Hirnfunktion. Die rhythmischen Prozesse der Atmung, die Organisation der elementaren Motorik, die Grundmuster der Augenbewegungen, aber auch elementare angeborene Auslösemechanismen, die rudimentär das Verhalten des Menschen mitbestimmen, sind ein Nachwirken der Evolutionszeit in der Gegenwart. Mittels der in Millionen Jahren von Mutation und Selektion geformten genetischen Information wird die Geschichte der Wirbeltiere in den neuronalen Strukturen des Rückenmarks und des Hirnstammes gegenwartsbestimmend, während die Entwicklungsgeschichte der Primaten und der Vorstufen des heute lebenden Menschen die Organisationsstruktur der Großhirnrinde wesentlich prägte. Der Physiologie Ewald *Hering*[15], dem wir neben Ernst Mach[16] die erste Beschreibung jener Mechanismen verdanken, die unter dem Begriff *Schlüsselreiz* und *angeborene Auslösemechanismen*[17] heute zum Lehrstoff der gymnasialen Oberstufe gehören, hat

---

[14] Der formale Zusammenhang von Information und Entropie ergibt sich auch aus der formalen Gleichheit der Boltzmann'schen Entropie-Formel und der Shannon'schen Berechnung des Informationsgehaltes einer Zeichenserie oder einer räumlichen (strukturellen) Ordnung. S. ZEMANEK, K.: „Elementare Informationstheorie", Oldenbourg: Wien und München, 1959, 120 p. K. POPPER[8] hat auch an Beispielen aus der Makrophysik die Anisotropie der Zeit in der Physik demonstriert.

[15] HERING, E.: „Über das Gedächtnis als eine allgemeine Funktion der organisierten Materie". Abhandlungen der kaiserlichen Akademie der Wissenschaften, Wien 1870; Nachdruck: E. J. Bonset: Amsterdam, 1969.

[16] MACH, E.: „Die Analyse der Empfindungen und das Verhältnis des Physischen zum Psychischen". 5. Aufl. Fischer: Jena, 1906, 309 p.

[17] EIBL-EIBESFELDT, I.: „Grundriß der vergleichenden Verhaltensforschung". R. Piper: München, 1967, 527 p., LORENZ, K.: „Über tierisches und menschliches Verhalten. Aus dem Werdegang der Verhaltenslehre". Band 1 und 2. R. Piper: München, 1965.

dies 1870 in einem Vortrag vor der Wiener wissenschaftlichen Akademie das „Gedächtnis organisierter Materie" genannt. Ich werde auf S. 127 zeigen, daß auch unser Zeiterleben als phylogenetische Adaptation interpretiert werden kann.

2.5. Ich-Zeit

Die individuell-historische Zeit leitet über zum letzten noch zu besprechenden Begriff erfahrbarer Zeit, nämlich der subjektiven *Zeit des Individuums*, der *Ich-Zeit*. Diese Zeit kann erlebte Gegenwart sein, sie kann erfahrene und erinnerte Zeit sein, die sich auf Vergangenes bezieht, sie kann aber auch planende, sorgende, erwartete Zeit sein, Vorgriff auf Zukünftiges. Die subjektive Zeiterfahrung wurde mit psychologischen Methoden untersucht. Diese Untersuchungen befassen sich meist mit einer der folgenden Eigenschaften erfahrbarer Zeit:

a) Das Erleben der *Gleichzeitigkeit* von mehreren Ereignissen,

b) die Dauer des subjektiven „Jetzt" und die zeitliche Ausdehnung des Augenblicks,

c) die Dauer einer Wahrnehmung oder der „leeren" Zeit zwischen zwei wahrgenommenen Ereignissen,

d) die zeitliche Folge (Ordnung) von Ereignissen und die Wahrnehmung von Rhythmen,

e) das Wissen der kalendarischen Ordnung des Jetzt („zeitliche Orientiertheit"),

f) die Erfahrung eines kontinuierlichen (aber nicht notwendigerweise gleichförmigen) Vergehens der Zeit während des Wachbewußtseins, sowie die Unterbrechung dieser Erfahrung durch den Schlaf.

3. Über die Wahrnehmung von Zeit und Dauer – der Zeitsinn

Alle unsere Wahrnehmungen beziehen sich entweder auf unser Ich, unseren Leib oder auf Objekte und Sachverhalte im extrapersonalen Raum. Unsere Wahrnehmungen lassen sich in mehrere *Modalbereiche* der Sinnesempfindungen gliedern, die phänomenal eindeutig gegeneinander abgrenzbar sind[18]. Den schon von Aristoteles beschriebenen klassischen fünf Sinnesmodalitäten *Sehen, Hören, Fühlen, Schmecken* und *Riechen* können heute noch die Modalität der *Lagewahrnehmung* und der *Bewegungswahrnehmung des eigenen Körpers im Raum* hinzugefügt werden.

Den verschiedenen Sinnesmodalitäten sind *spezifische* Sinnesorgane zugeordnet. Für die Zeitwahrnehmung (wie auch für die Raumwahrnehmung) gibt es dagegen *kein spezifisches* Sinnesorgan. Unabhängig von der Modalität kommt jedoch jedem Sinneserlebnis Zeitlichkeit zu.

Als *Zeitsinn* wird unsere Fähigkeit bezeichnet, zeitliche Dauer und Ordnung von Sachverhalten wahrzunehmen. Wahrgenommene Zeit ist in der Regel charakterisiert durch Kontinuität und Eindimensionalität. Der Zeitsinn beruht auf einer *transmodalen* zentralnervösen Analyse der durch die verschiedenen Sinnesorgane vermittelten Sinnesdaten und der für die Wahrnehmung notwendigen motorischen Akte. Mittels des Zeitsinnes können wir die zeitliche Dauer von Ereignissen oder Intervallen, den Rhythmus und die zeitliche Sequenz von Sinnesdaten wahrnehmen und in der Erinnerung reproduzieren. Im folgenden beschreibe ich zunächst einige messende Verfahren, mittels derer die Leistungen des Zeitsinnes genauer analysiert wurden[18a].

3.1. Das kritische Zeitintervall

Der Mensch kann nur mit begrenzter Genauigkeit das zeitliche *Nacheinander* von Ereignissen unterscheiden. Bei welchem Wert das *kritische Zeitintervall* T_c, also der Übergang von „nacheinander" zu „gleichzeitig" unterschritten wird, hängt von der *Modalität* und dem *Komplexitätsgrad* der Reize ab. T_c wird größer, wenn die Reizkomplexität ansteigt. Zwei einfache Beispiele aus dem Bereich des Hörens mö-

---

[18] HENSEL, H.: „Allgemeine Sinnesphysiologie. Hautsinne, Geschmack, Geruch." Springer: Berlin, Heidelberg, New York, 1966, 345 p. Im extrapersonalen Raum werden primär Objekte und Sachverhalte, d. h. Relationen von Objekten zueinander und Änderungen von Relationen und Objekten wahrgenommen. Diese primär gegebenen Wahrnehmungsinhalte können sekundär in „Elemente" (E. Mach)[16] gegliedert werden, die durch *modale Bereiche* gekennzeichnet sind. Eine „Wahrnehmung von Reizen" ist bestenfalls für sehr künstliche wahrnehmungspsychologische Laborexperimente eine passende Beschreibung.

[18a] PÖPPEL, E.: „Time perception" in: Handbook of Sensory Physiology Vol. IX „Perception" Herausg.: R. Held, H. W. Leibowitz, H.-L. Teuber. Springer: Berlin, Heidelberg, New York, 1978, p. 675–712.

gen diese Behauptung illustrieren[19]: Im ersten Experiment werden durch Ansteuerung eines Lautsprechers mit elektrischen Spannungsimpulsen von 2 ms Dauer kurze Knackgeräusche erzeugt. Die Impulse werden zeitlich zu Paaren geordnet (Abbildung 3). Das zeitliche Intervall T_s zwischen dem ersten und zweiten Knackimpuls wird verändert. Bei hinreichend langem Impulsintervall hört man zwei durch eine *leere Zeit* deutlich getrennte kurze Geräusche. Ist das zeitliche Intervall zwischen den Impulsen kürzer als 50 – 60 Millisekunden (ms), so verschmelzen die beiden Impulse in der Wahrnehmung zu einem Geräusch, das eine trillerartige Rauhigkeit hat. Die kritische Zeit T_c ist unterschritten. Man hört *kein akustisch leeres zeitliches Intervall* mehr zwischen den beiden Knackgeräuschen.

Im zweiten Experiment hört die Versuchsperson einen auf Tonband gesprochenen Text, dem in Abständen von mehreren Sekunden ein kurzer Knackimpuls überlagert ist. Die Versuchsperson wird gefragt,

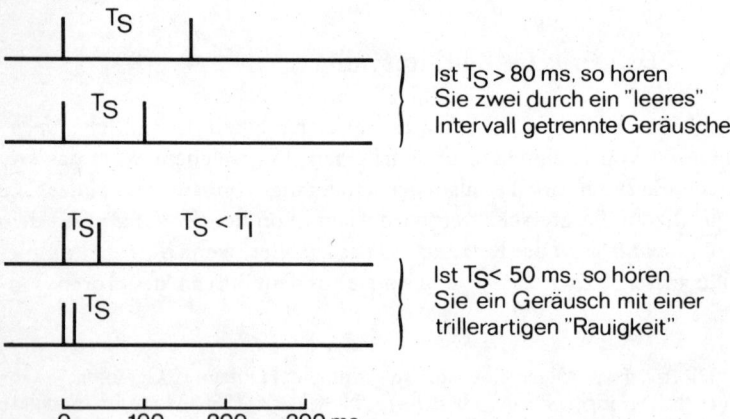

Abbildung 3: Versuchsschema zur Bestimmung des kritischen Zeitintervalls T_c im auditorischen Bereich. Ist das zeitliche Intervall T_s von zwei aufeinanderfolgenden kurzen Knackgeräuschen größer als 80 ms, so werden die beiden Geräusche durch ein *leeres* zeitliches Intervall getrennt gehört. Ist T_s dagegen kleiner als 50 ms, so ist das kritische Zeitintervall T_c unterschritten. Dann hört man kein leeres Zeitintervall mehr zwischen den beiden Geräuschen.

---

[19] Im Vortrag wurden dazu Demonstrationen vom Tonband vorgespielt.

bei welchem Wort oder bei welcher Silbe das kurze Geräusch zu hören war. Die zeitliche Genauigkeit, mit der diese Aufgabe ausgeführt werden kann, ist – auch wenn die Versuchsperson bewußt darauf achtet – nicht besser als 300 ms.

Die Sinnesphysiologen haben zahlreiche Experimente über die Verschmelzung der Wahrnehmung von zwei aufeinanderfolgenden, die gleichen Sinnesreceptoren erregenden Reize vorgenommen (*homomodale, homotope Reizung,* Abbildung 4). Wird die Versuchsperson gefragt, ob zwischen zwei Signalen ein *leeres* zeitliches Intervall wahrnehmbar ist, so ergeben sich für Hören, Sehen und Fühlen Grenzwerte zwischen 50 und 250 ms. Muß die Versuchsperson dagegen unterscheiden, ob der Doppelreiz von einem Einzelreiz gleicher mittlerer Reizstärke unterschieden werden kann, so ist die kritische Zeit in der Regel kürzer: für das Sehen je nach Leuchtdichte des Reizes zwischen 30 – 120 ms, für Berührungsreize 25 – 80 ms. Zwei rasch aufeinanderfolgende Duftstöße müssen unter beiden Versuchsbedingungen jedoch fast

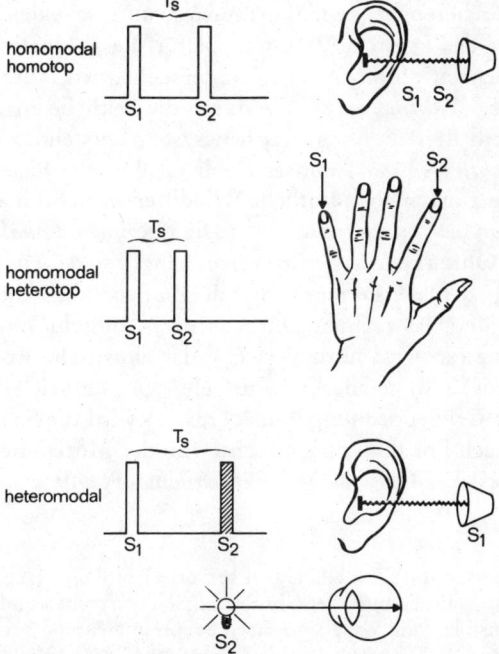

Abbildung 4: Anschauliche Definition für Zeitexperimente, bei denen homodale, homotope und heteromodale Reize eingesetzt werden. S_1 = 1. Reiz, S_2 = 2. Reiz, T_s = Reizintervall.

eine Sekunde getrennt sein, um auch als getrennt wahrgenommen zu werden.

Wesentlich kleinere Werte für das kritische Zeitintervall erhält man, wenn *unterschiedliche* Receptoren des gleichen Sinnessystems von zwei kurz aufeinanderfolgenden Reizen erregt werden (*homomodale, heterotope* Reizung, Abbildung 4): Werden am linken und rechten Zeigefinger je ein elektrischer Impuls von 1 ms Dauer und gleicher gerade überschwelliger Reizstärke mit variablem zeitlichem Intervall appliziert, so beträgt die kritische Zeit T_c etwa 10 Millisekunden[20]. In der gleichen Größenordnung liegt das kritische Zeitintervall, wenn zur Bestimmung von „Gleichzeitigkeit" ein Lichtreiz von 1 ms Dauer in die rechte Gesichtsfeldhälfte des rechten Auges, ein zweiter in die linke Gesichtsfeldhälfte des linken Auges projiziert wird. Kriterium bei solchen Bestimmungen der „Gleichzeitigkeitsgrenze" ist häufig jedoch nicht die direkte Wahrnehmung des *zeitlichen Nacheinanders*. Andere, zeitabhängige Komponenten der Wahrnehmung – im Bereich des Sehens z. B. ein Bewegungseindruck – werden von der Versuchsperson als Kriterium herangezogen. Man muß also unterscheiden, ob in einem Experiment das kritische Zeitintervall für die alternative Wahrnehmung „gleichzeitig/nacheinander" untersucht wird, oder eine *andere Qualität der Wahrnehmung*, die durch die zeitliche Erregungsdifferenz in einem afferenten sensorischen System entsteht.

Beim *Richtungshören* ist unser Gehirn z. B. in der Lage, unter optimalen Bedingungen noch zeitliche Reizdifferenzen bis in die Größenordnung von 0.1 ms auszuwerten[21]: Die *räumliche Lokalisation* eines mit beiden Ohren gehörten Schallreizes hängt von der *binauralen Zeitdifferenz* ab, d. h. der Differenz, mit der die Schallreize die Receptoren des linken und des rechten Ohres erregen. Besteht keine binaurale Zeitdifferenz, so wird normalerweise das akustische Ereignis in der Saggitalebene, z. B. geradeaus vorne gehört. Ändert sich die Zeitdifferenz in der Größenordnung von 0.1 ms, so wird die Schallquelle geringfügig nach links oder nach rechts von der Mittellinie verschoben gehört. *Was in einem solchen Experiment bewußt wahrgenommen*

---

[20] z. B. CONRAD, B.: „Zur bilateralen sensorischen Konvergenz beim Menschen: Die Wahrnehmung der Gleichzeitigkeit von rechts- und linksseitigen somatosensiblen und visuellen Reizen bei Gesunden und bei Kranken mit Großhirnläsionen". Arch. Psychiatr. Nervenkr., *211*, 274–288 (1968).

[21] KLINKE, R.: „Physiologie des Gleichgewichtsinnes, des Hörens und des Sprechens". In: SCHMIDT, R. und THEWS, G.: „Physiologie des Menschen". Springer: Berlin, Heidelberg, New York, 1980, p. 300–327.

wird, ist jedoch nicht die Zeit, sondern die Änderung des Ortes der Schallquelle im extrapersonalen Raum.

Das kritische Zeitintervall T_c kann schließlich auch für *heteromodale Signale untersucht werden (Abbildung 4). Man läßt die Versuchsperson dann z. B. wiederholt zwei kurze Reize unterschiedlicher Modalität zeitlich so einstellen, daß sie gleichzeitig wahrgenommen werden. Aus der Streuung dieser Einstellung findet man dann das kritische Zeitintervall. Es ist in der Regel größer als für homomodale Signale.*

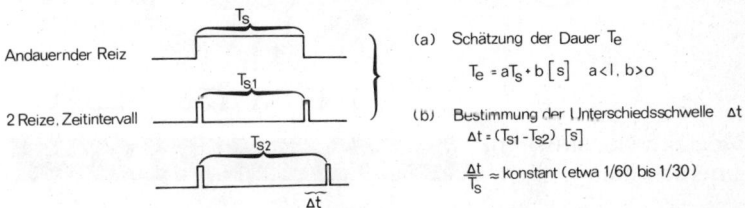

Abbildung 5: Schema der Messung der wahrgenommenen Dauer eines Reizes (a) und der Unterschiedsschwelle Δt für das zeitliche Intervall zwischen zwei Reizen. Die Weber'sche Zahl ($\Delta t / T_{s1}$) ist näherungsweise unabhängig von T_{s1}.

3.2. Beispiele einer quantitativen Analyse der frequenzübertragenden Eigenschaften von Sinnessystemen

Die zeitlichen Übertragungseigenschaften eines Sinnessystems können nicht nur durch das kritische Zeitintervall T_c charakterisiert werden, sondern auch durch die Messung der zeitlichen Modulationstransferfunktion (MTF). Um die MTF zu bestimmen, wird die Antwort eines Sinnessystems auf periodische Reize unterschiedlicher Frequenz gemessen. In psychophysischen Experimenten am Menschen kann man dafür z. B. *Schwellenwerte* bestimmen: Man mißt die Amplitude der Reize, die gerade zur Wahrnehmung notwendig ist, und trägt diesen Wert in einem logarithmischen Koordinatensystem als Funktion der Reizfrequenz auf. So erhält man die MTF im Schwellenbereich. Ist das untersuchte System *näherungsweise linear*, so kann man aus der MTF die Differentialgleichung bestimmen, durch die das zeitliche Übertragungsverhalten des untersuchten Sinnessystems charakterisiert wird.

Bei der Anwendung dieser aus der Ingenieurstechnik entlehnten Verfahren muß der an zeitlichen Phänomenen interessierte Physiologe sich jedoch vergewissern, *daß er nicht an wichtigen Phänomenen vor-*

Wahrnehmung eines intermittierend sichtbaren "Lichtdreiecks"

Flimmerfrequenz:

< 3 Hz

Wechsel zwischen
Dreieck u. Dunkelpausen

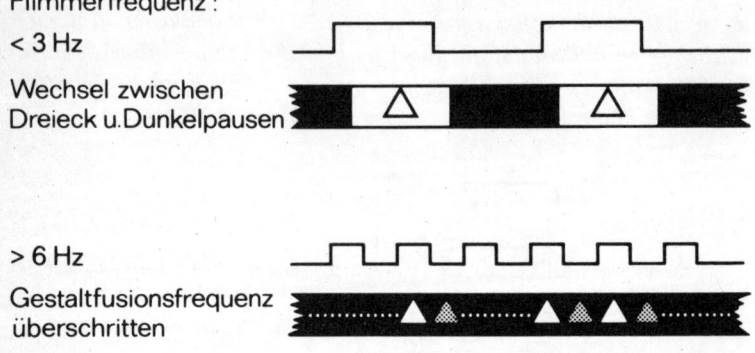

> 6 Hz

Gestaltfusionsfrequenz
überschritten

> 50 Hz

Flimmerfusionsfrequenz
überschritten

Abbildung 6: Schema zur experimentellen Untersuchung der *Gestaltfusionsfrequenz* und der *Flimmerfusionsfrequenz*.

beimißt. Dies sei für den Modalbereich des Sehens an der *Flimmerfusionsfrequenz* und der *Gestaltfusionsfrequenz* erläutert. Der Leser möge sich einen Diapositivprojektor vorstellen, der einen einfach strukturierten Lichtreiz, z. B. ein Dreieck an die Wand wirft. Vor dem Projektor rotiere eine Sektorenscheibe; ihre Sektoren sollen so angeordnet sein, daß jeweils 50 Prozent der Zeit der Lichtreiz auf die Projektionswand fällt, die dazwischen liegenden Zeiten Dunkelphasen sind (Abbildung 6). Eine allmähliche Zunahme der Rotationsgeschwindigkeit der Sektorenscheibe erhöht die *Flimmerfrequenz*. Beträgt die Flimmerfrequenz weniger als 4 Lichtreize pro Sekunde, so sieht der Beobachter ein Dreieck, das kurzzeitig auf der Projektionswand erscheint und während der Dunkelphasen wieder verschwindet. Liegt die Flimmerfrequenz über 6 Lichtreizen pro Sekunde, so sieht man das Lichtdreieck kontinuierlich auf der Projektionswand, seine Helligkeit schwankt jedoch periodisch. Die Frequenz der Flimmerlichtreize hat die *Gestaltfusionsfrequenz überschritten, die Flimmerfusionsfrequenz jedoch noch nicht erreicht. Oberhalb der Flimmerfusionsfrequenz sieht man trotz der intermittierenden Belichtung ein Dreieck von konstanter Helligkeit.* Die Flimmerfusionsfrequenz liegt erheblich höher als die Gestaltfusionsfrequenz und ist im Gegensatz zu dieser von der Leuchtdichte, der Ausdehnung und dem Modulationsgrad des Lichtreizes abhängig (Abbildung 7). Beim Tageslichtsehen steigt die Flimmerfusionsfrequenz mit der Leuchtdichte von etwa 20 Hz bis maximal 80 Hz an. Die Flimmerfusionsfrequenz ist im wesentlichen durch die frequenzübertragenden Eigenschaften der Photoreceptoren des Auges und der noch in der Netzhaut liegenden nachgeschalteten Nervenzellen bestimmt. Sie ist für die visuelle Gestaltwahrnehmung jedoch von geringer Bedeutung. Die Gestaltfusionsfrequenz wird durch die langsamere zeitliche Signalverarbeitung in Neuronennetzen der visuellen

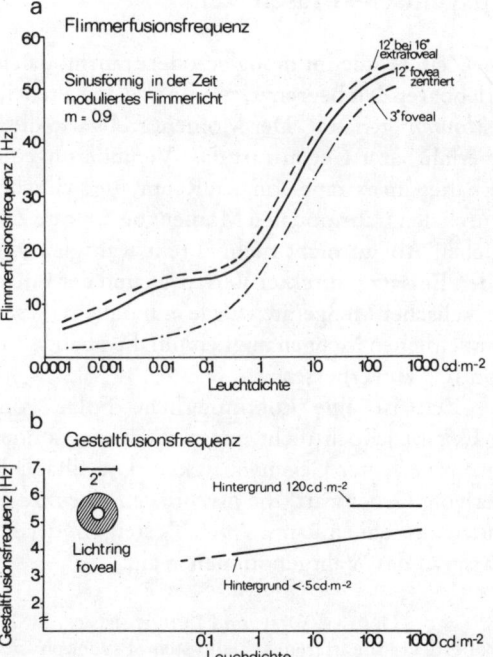

Abbildung 7: (a) Abhängigkeit der Flimmerfusionsfrequenz von der Leuchtdichte, der Winkelgröße der Reize und ihrer Position im Gesichtsfeld. (b) Abhängigkeit der Gestaltfusionsfrequenz von der Leuchtdichte[22].

Hirnrinde begrenzt. Viele Neurone des visuellen Cortex haben eine obere zeitliche Frequenzgrenze im Bereich von 4 – 6 Hz[22].

Dieses einfache Beispiel zeigt, daß man mit der gleichen psychophysischen Versuchstechnik je nach Fragestellung unterschiedliche Werte für die zeitliche Auflösung von Sinnesempfindungen messen kann. Bei der Gestaltwahrnehmung wird nach einem komplexeren Prozeß gefragt als bei der Wahrnehmung einer Helligkeitsschwankung. Die wesentlich niedrigeren Frequenzwerte für die Gestaltfusionsfrequenz weisen auf die oben schon erwähnte allgemeine Regel für die zeitlichen Übertragungseigenschaften im Zentralnervensystem hin: Je komplexer die Struktur einer Wahrnehmung ist, desto länger ist die Zeitkonstante der neuronalen Mechanismen, die dieser Wahrnehmung zu Grunde liegen.

3.3. Die psychische Präsenzzeit

Die kritische Zeit T_c, die im modalen oder transmodalen Bereich die Präzision erlebbarer Zeit begrenzt, wurde von den alten Sinnesphysiologen auch *Moment* genannt. Der Moment stellt also die *untere* zeitliche Grenze erfahrbarer Gegenwart dar. Veränderungen an Objekten und Sachverhalten im extrapersonalen Raum, die sich schneller abspielen als die durch den transmodalen Moment bestimmte Zeit, können in ihrem zeitlichen Ablauf nicht mehr direkt wahrgenommen werden. Erst durch den Einsatz indirekter Verfahren und der Entwicklung moderner physikalischer Meßgeräte wurde es möglich, diese „biologische Grenze" der zeitlichen Meßgenauigkeit um die phantastische Größenordnung von 10^{15} zu verbessern.

Erfahrene Zeit ist eine kontinuierliche Folge von „Momentzeichen"[23]. Es gibt jedoch nicht nur eine untere, sondern auch eine obere Zeitgrenze erlebter Gegenwärtigkeit. Die alltägliche Erfahrung zeigt, daß erlebte Gegenwart, die *psychische Präsenzzeit* T_p sich über viele Sekunden ausdehnen kann. Auch T_p steigt in der Regel mit dem Komplexitätsgrad des Wahrgenommenen an.

---

[22] GRIND, W. VAN DE, GRÜSSER, O.-J. und LUNKENHEIMER, H. U.: „Temporal transfer properties of the afferent visual system. Psychophysical, neurophysiological and theoretical investigations". In: Handbook of Sensory Physiology", Vol. VII/3a; Hrsg.: R. Jung, Springer: Berlin, Heidelberg, New York, 1973, p. 431–573.
[23] J. VON UEXKÜLL: „Theoretische Biologie". Springer: Berlin 1928.

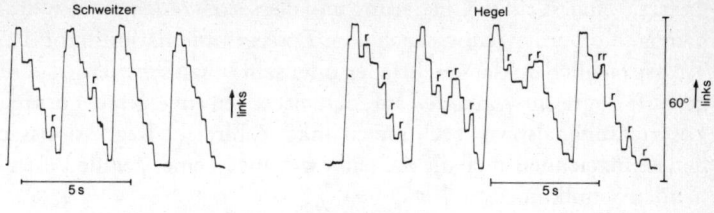

G Lesen, einfacher Text   H Lesen, schwieriger Text

Abbildung 8: Verlauf der Augenposition beim Lesen eines einfachen Textes (Albert Schweitzer „Aus meiner Kindheit und Jugendzeit") und eines strukturell einfachen, inhaltlich jedoch schwierigeren Textes (Hegel „Einführung in die Philosophie"). Beim Lesen des schwierigeren Hegel-Textes entstehen sehr viel mehr Rückwärtssaccaden (r) von rechts nach links entgegen der normalen Leserichtung als beim Lesen eines einfachen Textes[24].

Betrachtet sei zunächst der *Augenblick.* Schaut man sich in der Welt um, so verschiebt sich der Fixationspunkt der Augen durch *Saccaden* von einer Stelle des Blickfeldes zur anderen. Saccaden sind ruckartige Bewegungen von 10 – 80 ms Dauer. Zwischen den Saccaden liegen *Fixationsperioden* von etwa 150 – 600 ms Dauer. Die der visuellen Gestaltwahrnehmung dienende Information wird diskontinuierlich, nämlich nur während der Fixationsperioden aufgenommen. Die Dauer der Fixationsperioden, der Augenblicke im wörtlichen Sinne, ist gut an die oben erwähnte Gestaltfusionsfrequenz von 4 – 6 Hz angepaßt. Die Diskontinuität der Augenblicke wird, wie jeder Leser an sich selbst sehen kann, in der Regel jedoch nicht bemerkt. Daraus folgt, daß es irgendwo im Zentralnervensystem zeitliche Integrationsprozesse geben muß, durch die die visuelle Signalaufnahme während der durch Saccaden unterbrochenen Augenblicke in eine kontinuierliche Wahrnehmung umgesetzt wird. Dieser Integrationsprozeß muß mit einer Zeitkonstante arbeiten, die mehrere Augenblicke umfaßt. Ich möchte dies am Beispiel der Informationsaufnahme während des Lesens erläutern: Wenn wir einen normalen Zeitungstext lesen, so bewegt sich der Fixationspunkt unserer Augen ruckförmig über die Zeile. Kurze, nach rechts gerichtete Saccaden wechseln regelmäßig mit Fixationsperioden von 200 – 500 ms Dauer ab (Abbildung 8). Der im Bereich des Fixationspunktes liegende Textausschnitt wird nur während der Fixationsperioden visuell aufgenommen. Ist der Fixationspunkt beim Lesen am Zeilenende angelangt, so springen die Augen mittels einer Saccade wieder nach links zum nächsten Zeilenanfang zurück. Die Amplitude und die Frequenz der Lesesaccaden sind von der formalen Struktur des

Textes, seiner Größe, Gliederung und der Groß-/Kleinschreibung abhängig. Sie werden jedoch auch vom *Textverständnis* bestimmt. Ist ein Text sprachlich unklar geschrieben oder sein Inhalt schwierig, so treten gehäuft *Regressionssaccaden* auf, d. h. Saccaden entgegen der normalen Leserichtung, also von rechts nach links. Zahlreiche Regressionssaccaden kennzeichnen auch die Augenbewegungen eines gerade Lesen lernenden Schulkindes.

Vor einigen Jahren haben Heigaz Ghazarian und ich an erwachsenen Versuchspersonen die Augenbewegungen beim Lesen verschieden schwieriger Texte untersucht[24]. Die Texte waren nach einem einheitlichen Standardmuster geschrieben und wurden an eine Wand projiziert. Es waren Texte aus dem Buch Albert Schweitzer's „Aus meiner Kindheit und Jugendzeit", aus einem Roman von Günter Grass („Der Butt") und aus einem der einfacheren philosophischen Werke Hegels, seiner „Einführung in die Philosophie". Unsere Versuchspersonen sollten versuchen, beim Lesen den Text auch zu verstehen. Bei dem einfachen, in schönem, klarem Deutsch geschriebenen Text Albert Schweitzer's traten sehr selten Rückwärtssaccaden auf. Beim Text Hegels, der in seiner sprachlich-syntaktischen Struktur keineswegs schwieriger war als der Schweitzer-Text, inhaltlich jedoch erhebliche Anforderungen an den Leser stellte, fanden wir bei allen Versuchspersonen, die sich bemühten, den Text auch zu verstehen, zahlreiche Rückwärtssaccaden (Abbildung 8). Der komplexe Prozeß, nicht nur zu lesen, sondern auch den schwierigen Text zu verstehen, bewirkte also eine Änderung des motorischen Programms der Abtastbewegungen der Augen. Beim Text von Günter Grass, bei dem gedanklich einfache Inhalte zum Teil in etwas manirierten syntaktischen Strukturen dargestellt werden, lag die Frequenz der Vorwärts- und korrigierenden Rückwärtssaccaden zwischen dem Schweitzer- und dem Hegel-Text.

Versuchspersonen ohne physiologische Vorkenntnisse waren überrascht, wenn sie nach dem Experiment erfuhren, daß sie den Text in einer *unstetigen Folge* von Fixationsperioden und Saccaden gelesen hatten. Sie glaubten, daß sich ihre Augen *gleichförmig* über den Text bewegen würden. Das Auftreten von Rückwärtssaccaden im Falle eines schwierigeren Textes blieb ihnen meist ebenfalls verborgen. Für die ge-

---

[24] GALLEY, N. und GRÜSSER, O.-J.: „Augenbewegungen und Lesen". In: „Lesen und Leben", Hrsg. H. G. Göpfert, R. Meyer, L. Muth und W. Rüegg. Buchhändler-Vereinigung: Frankfurt a. M., 1975, p. 65–75. GHAZARIAN, H.: „Quantitative elektrooculographische Untersuchungen der Augenbewegungen beim Lesen verschieden schwieriger Texte". Med. Dissertationsschrift, Freie Universität Berlin, 1980, 101 p.

dankliche Vergegenwärtigung des Textes durch Lesen muß es also einen langsamen zeitlichen Integrationsprozeß in den Nervenzellnetzen der Großhirnrinde (vermutlich in der sensorischen Sprachregion des Temporallappens) geben. Dieser Integrationsprozeß arbeitet mit einer Zeitkonstante von mehreren Sekunden Dauer und ordnet die nicht streng sequentielle Textaufnahme (Wechsel von Vorwärts- und Rückwärtssaccaden) offenbar wieder hinreichend richtig, so daß Textverständnis und gleichförmiges lautes Lesen möglich werden. Ist ein Text inhaltlich oder strukturell sehr schwierig, so nimmt die Häufigkeit der Saccaden zu, die Lesegeschwindigkeit ab. In unseren Experimenten wurde der Schweitzer-Text schneller als der Grass-Text und dieser etwas schneller als der Hegel-Text gelesen.

Die Existenz eines zeitlich über viele Sekunden ausgedehnten neuronalen Integrationsprozesses bei der Verarbeitung sprachlicher Signale im Gehirn kann man auch noch an einer anderen einfachen Alltagserfahrung erkennen: Die Bedeutung eines Wortes innerhalb eines längeren Satzes ändert sich unter Umständen durch Wörter, die im Satz oder Nebensatz sehr viel später gehört oder gelesen werden. Die zeitliche „Rückwärtskorrektur" der Wortbedeutung erfolgt in der Regel jedoch völlig automatisch, ohne daß der subjektiv stetige „Vorwärtsfluß" der Informationsaufnahme verändert wird. Der Informationsfluß beim Lesen oder Hören von Sprache wird darüber hinaus noch durch einen in die unmittelbare Zukunft weisenden Erwartungswert beeinflußt, der durch die Redundanz sprachlicher Information bedingt ist.

Dieser in die Zukunft weisende Erwartungswert stellt jedoch keine Besonderheiten der *sprachlichen* Informationsaufnahme dar. Aufmerksame Wahrnehmung enthält immer auch einen Erwartungswert, der durch die Bewertung des gerade Wahrgenommenen durch frühere Erfahrung (Gedächtnis) entsteht. Etwas vereinfachend kann man sagen, daß *während der psychischen Präsenzzeit immer auch unmittelbar Zukünftiges erwartend mit berücksichtigt wird*. Wie jeder beim Lesen oder Hören längerer und komplizierter Sätze an sich selbst beobachten kann, ist die Dauer der sprachlichen Präsenzzeit jedoch begrenzt (etwa 20 Sekunden maximal). Diese Grenze gilt auch für die Satzproduktion beim Sprechen. Daher kann auch ein geübter Redner „den Faden verlieren", wenn er einen Satz, der länger ist als die psychische Präsenzzeit, neu formuliert.

3.4. Die Schätzung zeitlicher Dauer

Die Leistungen des Zeitsinnes werden auch durch die Resultate von Messungen deutlich, in denen ermittelt wird, wie genau der Mensch die *Dauer von Sinnesreizen* oder *die Dauer des zeitlichen Intervalls zwischen zwei Sinnesreizen* wahrnehmen und schätzen kann. Zwei Methoden, diese Leistung des Zeitsinnes zu messen, seien im folgenden besprochen (Abbildung 5):

a) Die Versuchspersonen sollen Zeitintervalle zwischen je zwei kurzen Reizen (Lichtblitze oder akustische Clicks) jeweils paarweise vergleichen und entscheiden, ob die zwei Zeitintervalle gleich oder unterschiedlich sind. In solchen Experimenten findet man, daß die *zeitliche Unterschiedsschwelle* (die Weber'sche Zahl der alten Physiologen) in einem Zeitbereich zwischen 1 und etwa 50 Sekunden näherungsweise konstant 2 – 5 Prozent beträgt. Die Weber'sche Zahl erreicht ähnliche Werte, wenn die Versuchspersonen die *Dauer* von zwei aufeinanderfolgenden homomodalen oder heteromodalen Signalen unterscheiden sollen.

b) Die Fähigkeit des Menschen, Zeit wahrzunehmen, kann man auch mit Hilfe *direkter Schätzung* ermitteln. Im Sommersemester 1980 und 1981 habe ich während der Sinnesphysiologie-Vorlesung im Hörsaal mit einer größeren Gruppe von Medizinstudenten zwei Experimente zur Zeitschätzung von Sinnesreizen durchgeführt (Abbildung 9). Die Versuchspersonen mußten die Dauer eines Lichtreizes bzw. eines 500 Hz Tones mit einer Genauigkeit von 0.1 Sekunde schätzen. Die Dauer der Reize variierte zwischen 0.1 und 30 Sekunden. Die Resultate erlauben folgende Schlüsse:

1) Die geschätzte Dauer steigt im Mittel *linear* mit der „wirklichen" Dauer der Reize an.

2) Die multiplikative Konstante in der linearen Regressionsgleichung zwischen Reizdauer und geschätzter Dauer ist signifikant kleiner als 1. In unseren Experimenten betrug sie für beide Sinnesmodalitäten etwa 0.75.

3) Die lineare Regressionsgleichung hat eine additive Konstante, die signifikant größer als 0 ist.

4) Eine außerordentlich große *interindividuelle* Variabilität war kennzeichnend für die Resultate beider Experimente. Es gab Versuchspersonen, die alle Reizzeiten überschätzten; die Mehrheit *unterschätzte* jedoch die Reizdauer meistens. Da wiederholt vermutet wurde, daß die *Gestimmtheit* einer Versuchsperson auf das Zeiterleben einen Einfluß hat[25], haben wir im zweiten Experiment (akustische Reize)

die Versuchspersonen nach ihrer Stimmungslage im Anschluß an das Experiment schriftlich befragt. Wir fanden jedoch keinen signifikanten Unterschied für die Zeitschätzung der Gruppe von Versuchspersonen,

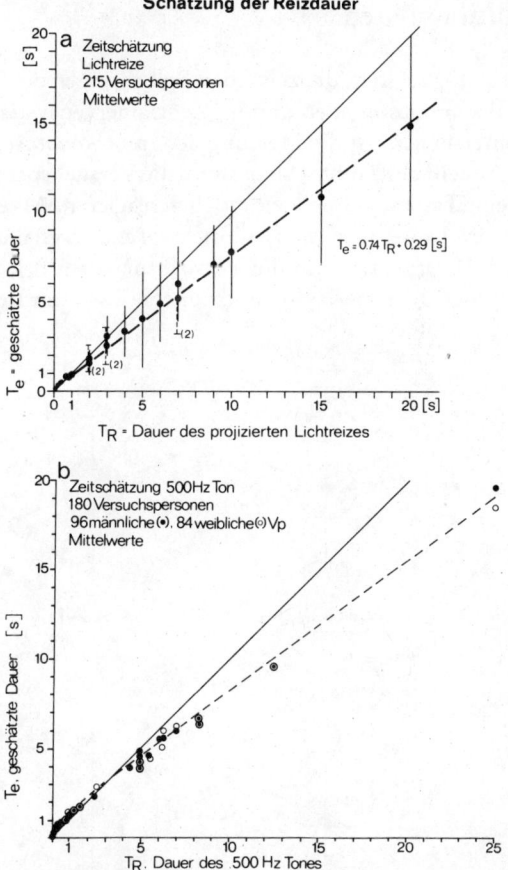

Abbildung 9: (a) Abhängigkeit der wahrgenommenen (geschätzten) Dauer eines Lichtreizes (Ordinate) von der physikalischen Dauer T_R. Mittelwerte und Standardabweichungen der Resultate von 215 Versuchspersonen (Medizinstudenten). (b) Gleiches Experiment wie in (a), der Reiz war jedoch ein 500 Hz-Ton. Darstellung der Mittelwerte für die geschätzte Dauer T_e für männliche und weibliche Versuchspersonen getrennt (kein signifikanter Unterschied). Die Resultate der Experimente (a) und (b) zeigen, daß oberhalb von 2 Sekunden im Mittel die Dauer eines Reizes von den Versuchspersonen *unterschätzt* wurde.

[25] s. S. 59, Beitrag von HEIMANN.

die sich als gut gestimmt bezeichneten, und den Versuchspersonen, die angaben, schlecht gestimmt oder depressiv zu sein[26].

3.5. Reaktionszeiten

Eine weitere Möglichkeit, die zeitlichen Bedingungen der Signalverarbeitung in den Sinnesorganen und im Zentralnervensystem des Menschen zu untersuchen, ist die Messung der *„psychomotorischen Reaktionszeit":* Auf ein bestimmtes Signal muß die Versuchsperson mit dem Druck auf eine Taste so schnell wie möglich reagieren. Als *einfache Reaktionszeit* bezeichnet man die Zeit, die zwischen Signal und motorischer Reaktion vergeht, wenn die Versuchsperson auf *jeden Reiz* so schnell wie möglich reagieren soll und nur *eine* Taste zur Reaktion vor-

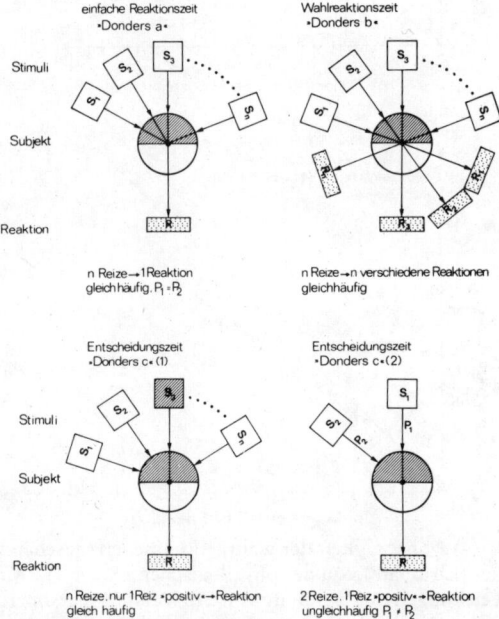

Abbildung 10: Schema der Messung der Reaktionszeiten. (a) einfache Reaktionszeit (Donders a). (b) Wahlreaktionszeit (Donders b). (c) Entscheidungszeit (Donders c). (d) Entscheidungszeit (Donders c) mit ungleicher Häufigkeit der Reize.

[26] Die Versuche fanden jeweils in der Vorlesung morgens zwischen 8.00 und 9.00 Uhr statt.

handen ist (Abbildung 10). Die einfache Reaktionszeit liegt für Lichtsignale in der Größenordnung von 200 – 350 ms und hängt von der Ausdehnung, der Leuchtdichte, dem Kontrast und der Position des Lichtreizes im Gesichtsfeld ab. Subjektive Faktoren, die einen Einfluß auf die Reaktionszeit haben, sind Aufmerksamkeit, Grad der Ermüdung und der circadiane Rhythmus der Versuchsperson[1, 27].

Bei der Messung der *Wahlreaktionszeit* (Abbildung 10) muß die Versuchsperson auf jedes der n verschiedenen Signale eine der n verschiedenen Tasten drücken. Die Zuordnung der Signale zu den Reaktionstasten ist hierbei eindeutig. Die Wahlreaktionszeit ist natürlich immer länger als die einfache Reaktionszeit. Sie steigt näherungsweise mit dem Logarithmus der Menge möglicher Signal-Reaktionspaare, also etwa proportional zum *Informationsgehalt* der Reaktion an (Abbildung 11).

Eine ähnliche Regel findet man auch bei der Messung der Entscheidungszeiten nach dem sog. Donders c Paradigma (Abbildung 10). Auch hier steigt die Reaktionszeit mit dem Komplexitätsgrad und der Menge möglicher Reizklassen an[28] (Abbildung 11).

Die Reaktionszeiten sind altersabhängig. Ein Minimum wird von Jugendlichen zwischen 16 und 22 Jahren erreicht. Eine Hirnläsion führt in der Regel zu einer Zunahme der einfachen Reaktionszeit, der Wahlreaktionszeit und der Entscheidungszeit. Dieser Befund korrespondiert mit der häufig vorhandenen allgemeinen Verlangsamung eines hirnverletzten Patienten. Neben dem allgemeinen Faktor der Verlangsamung kann man durch eine spezifische Aufgabenstellung den Beitrag bestimmter Hirnregionen bei der Verarbeitung von Signalen aus der Umwelt ermitteln. Wird in den Entscheidungszeitmessungen z. B. eine Kategorie-Klassifikation mit einbezogen (es soll nur auf bildliche Reize reagiert werden, die zur Klasse „Obst" gehören, nicht jedoch zur Klasse „Möbel" oder „Kleidungsstücke"), so schneiden Patienten mit einer durch die Hirnläsion bedingten Sprachstörung (Aphasie) im Vergleich zu Patienten mit einer Hirnläsion ohne Aphasie besonders schlecht ab. Bei ihnen ist der Zeitbedarf, um eine bestimmte sprachliche Klassifikation durchzuführen, besonders groß.

[27] Höhne, P.: „Die Abhängigkeit der einfachen visuellen psychomotorischen Reaktionszeit des Menschen von verschiedenen Reizparametern. Med. Dissertationsschrift. Freie Universität Berlin, 1974, 78 p.
[28] Reischies, F.: „Über die Latenzzeit der Diskrimination einfacher visueller Reizmuster. Entscheidungszeit-Messungen im Donders c Paradigma. Informationstheoretische Parameter, Sequenzeinflüsse und „Speed-accuracy Trade-off". Dissertation, 79 S., Freie Universität Berlin, 1981.

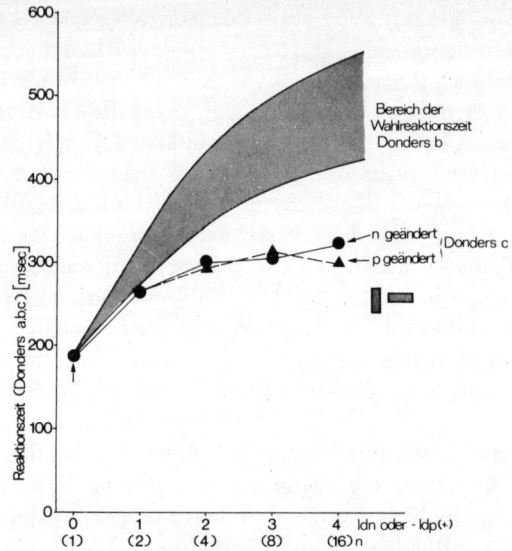

Abbildung 11: Die Wahlreaktionszeiten (Donders b, schraffiert, schematisch) und die Entscheidungszeiten (Donders c) steigen mit der Menge n der Reizklassen an. Die Entscheidungszeitwerte sind Resultate aus einer Versuchsserie, bei der visuelle Reizmuster benutzt wurden: foveal projizierte einfache Balken verschiedener Konfiguration. Die Versuchsperson mußte auf den vertikalen Balken so schnell wie möglich mit dem Druck auf eine Taste reagieren, auf die anderen Reizmuster nicht. ld n = 0 ist die einfache Reaktionszeit (Donders a). Die Entscheidungszeit nimmt zu, wenn die Häufigkeit der positiven Reize abnimmt. Dies kann durch zusätzliche weitere negative Reize (durchgezogene Kurve) oder durch die Erhöhung der Häufigkeit eines *einzelnen negativen* Reizes (horizontaler Balken, gestrichelte Kurve) erfolgen. Auf der Abszisse ist der Logarithmus zur Basis 2 der Reizmenge n aufgetragen[28].

3.6. Rhythmen und Zeitgestalten

Die Fähigkeit des Menschen, zeitliche Abläufe zu strukturieren, wird in der Wahrnehmung und Erzeugung von Rhythmen deutlich. Diese Fähigkeit ist neben der Tonalität und der Harmonik Grundlage der Musik (s. Beitrag von Epstein, S. 345). Die Fähigkeit, Rhythmen zu erzeugen oder wiederzugeben, scheint eng mit der intakten Funktion der Sprachzentren der Großhirnrinde verknüpft zu sein. Diese sind bei mehr als 99 Prozent der Rechtshänder und etwa der Hälfte der Linkshänder in der linken Großhirnhemisphäre lokalisiert. Rechtshändige Patienten, die an einer Sprachstörung (Aphasie) infolge einer Schädigung ihrer *dominanten, linken* Großhirnrinde leiden, haben erhebliche Schwierigkeiten, einen einfachen Rhythmus richtig nachzuklopfen, Patienten mit einer etwa gleich großen Läsion der rechten Großhirnhemisphäre dagegen nicht. Die Tonalität und Harmonik der Musik scheint dagegen vorwiegend eine Funktion der rechten Großhirnhemisphäre zu sein. In den vergangenen Jahren habe ich wiederholt einen Patienten untersucht, der von Beruf Sänger war und infolge einer plötzlich aufgetretenen Hirnblutung im Bereich der rechten Großhirnhemisphäre nicht nur an einer Lähmung der linken Körperhälfte leidet, sondern auch an einer zunächst sehr schweren *Amusie*. Als er nach dem „Schlaganfall" wieder begann, Lieder oder Arien zu singen, sang er viele Takte mit exakter rhythmischer Präzision und richtigem Text, jedoch – ohne dies selbst zu bemerken – immer auf ein und demselben Ton. Seine Leistungen beim Nachklopfen eines mehr oder weniger komplizierten Rhythmus oder beim Erkennen musikalischer Rhythmen waren jedoch nicht beeinträchtigt.

In einfachen Experimenten kann man demonstrieren, was jeder aus der alltäglichen Erfahrung weiß: Wir sind in der Lage, komplexe zeitli-

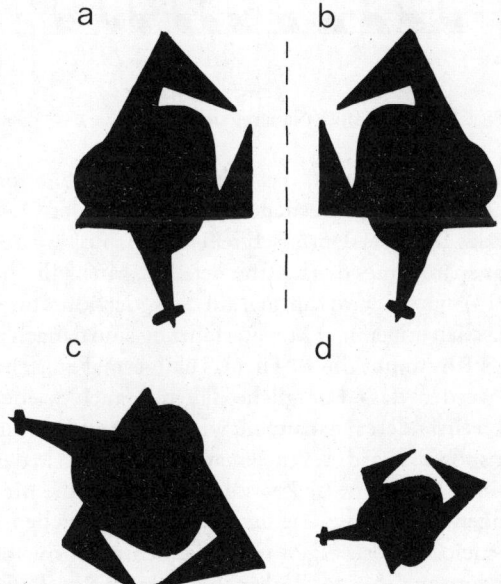

Abbildung 12: Diese Abbildung soll veranschaulichen, daß eine Figur (a) visuell auch dann als ähnlich erkannt wird, wenn sie an einer Achse gespiegelt (b), rotiert (c) oder gespiegelt, rotiert und verkleinert (d) wird.

che Strukturen als geschlossene *Zeitgestalten* wahrzunehmen. Mit wenig Übung können wir diese Zeitgestalten etwa durch Klopfen oder Singen reproduzieren. Was jedoch bei der räumlichen Wahrnehmung leicht gelingt (Abbildung 12), nämlich eine komplexe Gestalt als die gleiche zu erkennen, wenn sie *verkleinert* oder *vergrößert, räumlich rotiert* oder an *einer Achse gespiegelt* wird, gelingt bei der Wahrnehmung von Zeitgestalten in der Regel nicht. Im Vortrag habe ich dies an drei Beispielen demonstriert, die im folgenden geschildert seien:

Experiment 1: Es wird ein einfacher Rhythmus fünfmal vorgeklopft. Die meisten Menschen sind ohne Schwierigkeiten in der Lage, diesen Rhythmus nachzuklopfen. Der Leser kann dies anhand der Abbildung 13 selbst versuchen. Hat er den Rhythmus auswendig gelernt, so möge er versuchen, die rhythmische Folge ohne Noten in zeitlicher Umkehr, also rückwärts zu klopfen. Dies wird den meisten nicht gelingen.

Abbildung 13: Klopfrhythmus (Näheres siehe Text).

Experiment 2: Das Thema, das Friedrich der Große Johann Sebastian Bach 1747 bei dessen Besuch in Potsdam auf der Querflöte vorspielte, über das Bach bei dem anschließenden Schloßkonzert improvisierte und das später eines der Leitthemen des „Musikalischen Opfers" (Abbildung 14) wurde, wird fünfmal auf der Querflöte vorgespielt. Die meisten Menschen mit einiger Musikerfahrung sind danach in der Lage, Tonfolge und Rhythmus dieses Themas einigermaßen richtig nachzusingen. Sie werden das „königliche Thema" auch wiedererkennen, wenn es durch ein anderes Instrument wiederholt und um ein beliebiges Intervall transponiert wird. Kaum jemand wird jedoch in der Lage sein, das Thema ohne Noten in der Zeit zu spiegeln und die Melodie rückwärts zu singen. Die Schwierigkeiten bei der zeitlichen Spiegelung rhythmisch-melodischer Folgen treten jedoch nicht nur bei der Produktion, sondern auch bei der *Wahrnehmung von Rhythmen* auf. Hört man das Thema Friedrichs des Großen rückwärts gespielt (wenn z. B. das Tonband rückwärts läuft), so erkennt man das Thema auch ansatzweise nicht.

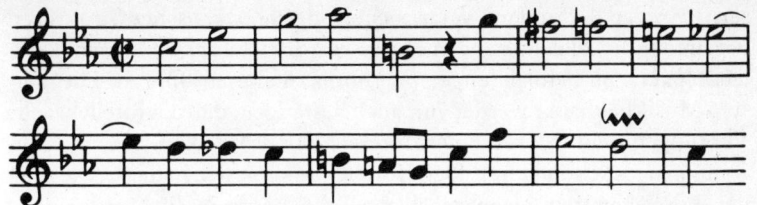

Abbildung 14: Leitthema des „Musikalischen Opfers" von J. S. Bach.

Experiment 3: Die Schwierigkeiten, Zeitgestalten zu spiegeln, werden bei der Wahrnehmung *sprachlicher Strukturen* besonders deutlich. Läuft ein Tonband mit einem gesprochenen Text rückwärts ab, so erkennt man gerade noch, daß es sich um Sprache handelt. Meist kann man nicht mehr feststellen, welche Sprache gesprochen wurde. Hört man einen Satz in zeitgespiegelter Wortfolge, jedes einzelne Wort jedoch in der richtigen zeitlichen Folge, so erkennt man natürlich die Art der Sprache, den Inhalt versteht man jedoch kaum: „Symmetrie keine es gibt überhaupt Zeit der und Rhythmus des Gebiete im. Zeitempfindung die auf Bezug in derartiges nichts zeigen, darbieten Symmetrie eine Verstand den und Auge das für welche, Takte nebenstehenden beiden die".

Abbildung 15: Notenbeispiel, auf das sich die im Text zitierte Bemerkung von Ernst Mach bezieht.

Diese Wörter in richtiger zeitlicher Reihenfolge geben eine wichtige Feststellung von Ernst Mach[16] über den hier diskutierten Tatbestand wieder. Auf ein Notenbeispiel (Abbildung 15) verweisend schrieb Mach: „Die beiden nebenstehenden Takte, welche für das Auge und den Verstand eine Symmetrie darbieten, zeigen nichts derartiges in Bezug auf die Zeitempfindung. Im Gebiete des Rhythmus und der Zeit überhaupt gibt es keine Symmetrie".

Die einseitige Gerichtetheit bei der Wahrnehmung von Zeitgestalten zeigt sich auch im verstehenden Wahrnehmen von Sprache oder Musik. Das jeweils Wahrgenommene enthält hierbei nicht nur Inhalte des gerade Vergangenen und des im Augenblick Gehörten, sondern in der Regel auch einen Erwartungswert auf die unmittelbare Zukunft. Dieser ist in der Redundanz sprachlicher oder musikalischer Strukturen begründet. Er erleichtert beim Hören von Sprache das Verstehen, kann jedoch auch zu Fehlleistungen (Verhören, Verlesen) führen. Die meisten Musikliebhaber werden mir auch bestätigen, daß das intellektuelle Vergnügen beim Hören eines differenzierten Musikstückes ansteigt, wenn man es schon kennt. Der Horchende kann sich in der Erwartung der ihm bekannten, jeweils nächsten Takte besser in die Musik einhören als bei einem völlig neuen Musikstück.

3.7. Die Anisotropie erinnerter Zeit

Im vorausgehenden Abschnitt wurde gezeigt, daß ein in der Zeit strukturierter Wahrnehmungsablauf, eine *Zeitgestalt,* nicht oder nur mit großer Schwierigkeit in zeitinverser Richtung reproduziert werden kann. Die Behauptung Ernst Machs, daß es beim Zeitsinn keine Symmetrie geben würde, ist durch zahlreiche Experimente gut geprüft. Diese *Anisotropie* erlebter Zeit gilt nicht nur für den kontinuierlichen Fluß der zeitlichen Erfahrung. Sie gilt auch für die zeitliche Strukturierung der Erinnerung. Wenn wir uns früher Erlebtes ins Gedächtnis zurückrufen, so machen wir „Rückwärts-Sprünge" in die Vergangenheit. Das direkte Erinnern eines bestimmten Ereignisses gelingt jedoch nur in „Vorwärtsrichtung", d. h. in jener zeitlichen Richtung, in dem sich das Ereignis abspielte. Wie jeder durch Selbstbeobachtung weiß, können im Erinnern Irrtümer in der zeitlichen Sequenz auftreten; man glaubt, daß das Ereignis B vor dem Ereignis A gewesen sei, obgleich dies objektiv nicht zutrifft. Diese „Fehler" ändern jedoch nichts an der Eigentümlichkeit, daß beim rückschauenden Erinnern die Anisotropie erlebter Zeit eingehalten wird und der zeitliche Ablauf nicht umgekehrt werden kann. Die zeitliche Rückwärtswendung des Bewußtseins im Erinnern erfolgt also sprungförmig entgegen der Richtung erfahrener Zeit, der Prozeß des Erinnerns selbst verläuft jedoch kontinuierlich in Richtung der erfahrenen Zeit (Abbildung 16). Wie groß die Rückwärtssprünge bis zum Einsetzen der abgerufenen Erinnerung sind, ist willkürlich wählbar: Erinnere ich mich an den 1. Januar 1958, so mache ich einen großen Sprung rückwärts. Den Ablauf dieses Tages kann ich mir jedoch nur in einer zeitlichen Folge ins Gedächtnis zurückrufen, die näherungsweise der zeitlichen Ereignisfolge dieses Tages entspricht. Ich kann mich jedoch auch an die Zeit heute morgen zwischen Aufstehen und Frühstück zurückerinnern, die Ereignisse in kontinuierlicher Folge jedoch nur in „Vorwärtsrichtung" in die Erinnerung zurückrufen. Auch bei kleinen Rückwärtssprüngen der Erinnerung bleibt die zeitliche Anisotropie des Sich-Erinnerns erhalten. Für die Erinnerung räumlicher Beziehungen besteht in der Regel eine solche Anisotropie nicht. Hat man die räumlichen Bedingungen eines Weges vom Ort A zum Ort B genau in Erinnerung, so kann man den Weg nicht nur von A nach B, sondern auch von B nach A beschreiben. Dieser (biologisch natürlich sehr zweckmäßige) Freiheitsgrad des räumlichen Gedächtnisses besteht für die zeitlichen Komponenten der Erinnerung offenbar nicht.

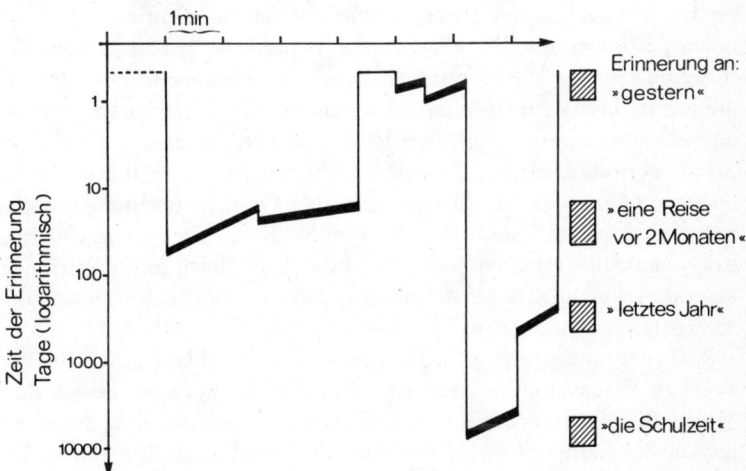

Abbildung 16: Schema zur Veranschaulichung des Ablaufs einer zeitlichen Rückerinnerung. Die erinnerte Zeit ist (logarithmisch) auf der Ordinate, die Zeit während des Sicherinnerns linear auf der Abszisse dargestellt. Im zeitlichen Sicherinnern folgt auf „Rückwärtssprünge", die der Auswahl der Zeitbereiche der Erinnerung dienen, eine langsamere, kontinuierliche „Vorwärtsfolge" des Sicherinnerns.

3.8. Zeitliche Orientiertheit bewußter Erfahrung – Wachen, Schlafen, Träumen

Der gesunde wache Mensch gibt, wenn er älter als 10–12 Jahre ist, auf Befragen Tageszeit, Wochentag, Monat und Jahr in der Regel richtig an; er ist für das kalendarische Datum mit einer Genauigkeit von ±1 bis

2 Tagen richtig orientiert. Er erlebt seine Umwelt und sich in einem kontinuierlichen Fluß der Zeit, der durch die Periodik der Tage, Wochen und Jahre gegliedert ist. Die zeitliche Orientiertheit verschwindet bei schweren allgemeinen Hirnläsionen, bei Vergiftungen, epileptischen Dämmerzuständen und schweren Alkoholpsychosen. Ohne bewußtlos zu sein, sind diese Patienten zeitlich völlig desorientiert, z. Tl. auch räumlich desorientiert. Ein *„Sekundengedächtnis"*, d. h. eine schwere Störung der Merkfähigkeit, ist ein häufiges Begleitsymptom der zeitlichen Desorientiertheit.

Aus der klinischen Beobachtung weiß man, daß Störungen der *Raumwahrnehmung* und des *Raumerlebens* beim Menschen durch umschriebene Läsionen der parietalen Bereiche der Großhirnrinde verursacht sein können. Störungen der zeitlichen Orientiertheit gibt es meines Wissens nur bei *allgemeinen Veränderungen der Großhirnfunktion.* Solche Veränderungen gehen im *Elektroencephalogramm* meist mit einer Verlangsamung der elektrisch registrierbaren Hirnrindenaktivität einher. Bessert sich der Zustand des Patienten, so behält er für die Periode zeitlicher Desorientiertheit meist eine völlige Gedächtnislücke *(Amnesie).* Im Zustand zeitlicher Desorientiertheit kann der Patient jedoch noch sinnvolle, den unmittelbaren Umweltgegebenheiten angepaßte Verhaltensweisen ausführen, obgleich er die Wirklichkeit oft verkennt (z. B. bei Alkoholpsychosen oder epileptischen Dämmerzuständen).

Wahrnehmungsstörungen für den zeitlichen Ablauf unterscheiden sich von Wahrnehmungsstörungen des Raumes noch auf eine andere Weise: Eine Störung der Raumwahrnehmung kann auf *Teile* des extrapersonalen Raumes beschränkt sein. Bei einer Läsion des rechten Parietallappens der Großhirnrinde können z. B. die Patienten Objekte und räumliche Relationen im linken Teil des extrapersonalen Raumes nicht oder nicht mehr richtig wahrnehmen, während die Wahrnehmung im rechten Teil des extrapersonalen Raumes ungestört ist (sog. unilateraler Neglect[29]). Eine dieser teilweisen Störung der Raumwahrnehmung analoge *teilweise Störung des Zeitsinnes tritt bei umschriebenen Läsionen des Gehirns nicht auf.* Man kann sich auch sehr schwer vorstellen, wie ein Ausfall der Wahrnehmung eines „Zeitteiles" aussehen sollte.

---

[29] Neuere Literatur z. B. in HYVÄRINEN, J.: „Neurobiology of the primate parietal lobe, Berlin, Heidelberg, New York: Springer 1982 und GRÜSSER, O.-J.: „Die räumliche Ordnung der Wahrnehmung. Neurobiologische Grundlagen." Nova Acta Leopoldina 1982 (im Druck).

Wenn wir beim Einschlafen das Wachbewußtsein verlieren, so schwindet auch die zeitliche Orientiertheit. Wird ein Schläfer aus einer *Tiefschlafphase* geweckt, so braucht er einige Sekunden, um sich zeitlich zu orientieren. Während der im Schlaf regelmäßig auftretenden *Traumphasen* stellt sich wieder ein Zeiterleben ein. Träumend werden wir zeitlicher Abläufe inne. Wie jeder weiß, ist jedoch die Traumzeit in der Regel nicht mit der „wirklichen" Zeit des Wachbewußtseins korreliert. In der Traumzeit wird die Abweichung der subjektiven zeitlichen Erfahrung von der physikalischen Zeit besonders deutlich.

Wie kontinuierliche Registrierungen des Elektroencephalogramms zeigen, wacht auch der normal Schlafende mehrfach in der Nacht kurz auf, in der Regel am Ende einer Traumphase. Diese Wachzeiten sind sehr kurz und werden am nächsten Morgen meist nicht erinnert. Man hat vergessen, daß man wach war, weil die kurzen Unterbrechungen des nächtlichen Schlafes nicht in die zeitliche Kontinuität des Wachbewußtseins eingeordnet werden. Bei *Schlafstörungen* dauern die Schlafunterbrechungen länger an; sie werden in die Zeit des Wachbewußtseins eingegliedert (man hört z. B. die Kirchturmuhr schlagen) und am anderen Morgen erinnert. Viele Menschen überschätzen dann die zeitliche Dauer dieser Unterbrechungen des Nachtschlafes ganz erheblich („heute Nacht habe ich kein Auge zugemacht").

4. Zur Neurophysiologie der Zeitwahrnehmung

Im folgenden werden Befunde aus der experimentellen Neurophysiologie besprochen, die einige Eigenschaften des Zeitsinns, die im vorausgehenden Kapitel beschrieben wurden, erklären können. Ich beschränke mich hierbei auf verhältnismäßig gut gesichertes Wissen der Experimentalforschung. In Kapitel 5 werde ich dagegen Hypothesen zur Deutung des Zeitsinnes und der zeitlichen Strukturierung der Erinnerung entwickeln, deren experimentelle Begründung (oder Falsifikation) noch aussteht.

4.1. Die zeitlichen Übertragungseigenschaften der Sinnesorgane

Die Receptoren der Körperoberfläche setzen Signale aus der Umwelt mittels eines spezifischen *Transduktionsprozesses* in körpereigene Signale um. Resultat dieser Umsetzung ist schließlich eine Veränderung

Schema der Signalaufnahme und Signalverarbeitung

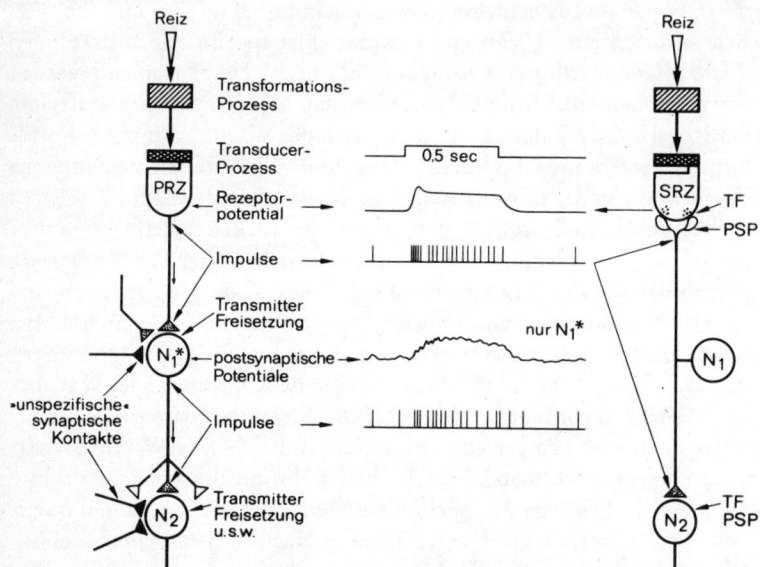

Abbildung 17: Schema der Signalfolge in Receptoren und Nervenzellen. PRZ = primäre Receptorzelle, SRZ = sekundäre Receptorzelle. TF = Transmitterfreisetzung, PSP = postsynaptisches Potential, N_1, N_2 = 1. und 2. sensorische Nervenzelle in der Neuronenkette zwischen Receptorzelle und zentralem Nervensystem[30].

des Membranpotentials der Receptorzellen (Abbildung 17). Ich möchte diesen Prozeß am Beispiel der Photoreceptoren des Auges erläutern:

Der Transduktionsprozeß in den Photoreceptoren beginnt mit der *Absorption* eines Lichtquants (Photons) durch ein Sehfarbstoffmolekül. Die Sehfarbstoffmoleküle sind in den Scheibchen bzw. Membraneinfaltungen der Außenglieder der Photoreceptoren regelmäßig angeordnet. Sehfarbstoffe bestehen aus einer *chromophoren Gruppe,* dem *Retinal* und einem Glycoprotein, dem *Opsin.* Durch Absorption eines Photons im Bereich der chromophoren Gruppe erreicht das Sehfarbstoffmolekül eine höhere Energiestufe und beginnt stärker zu schwingen. Dies leitet den Transduktionsprozeß ein: mit einer Wahrscheinlichkeit („Quantenausbeute") von 0.5 – 0.65 tritt eine Stereoisomerisa-

[30] GRÜSSER, O.-J.: Informationstheorie und die Signalverarbeitung in den Sinnesorganen und dem Nervensystem. Naturwissenschaften 59, 436–447 (1972).

tion des Sehfarbstoffes auf (Abb. 18); ein mehrstufiger Zerfallsprozeß setzt ein, der schließlich zur Freisetzung eines intrazellulären Transmittermoleküls führt (Calcium-Ionen werden dafür diskutiert). Die Transmittermoleküle diffundieren zur Zellmembran und verändern deren Leitwert für kleine Ionen. Dies hat eine Änderung des elektrischen Membranpotentials zur Folge, das Receptorpotential entsteht (Abbildung 17). Alle hier geschilderten Prozesse benötigen Zeit, die physikalisch meßbar ist. Diese Zeit bestimmt die obere Frequenzgrenze der Signalübertragung durch die Receptorzellen. Für die Stäbchen der Netzhaut des Auges beträgt die Frequenzgrenze etwa 22 – 28 Hz, für die Zapfen maximal 80 – 100 Hz. Ein Teil der anderen Receptorzellen an der Körperoberfläche reagiert schneller als die Photoreceptoren. Die Mechanoreceptoren der Haut im Bereich der Fingerkuppen, mit denen wir die Rauhigkeit einer Oberfläche bestimmen, können bis etwa 180 Hz auf mechanische Reize regelmäßig antworten, die Mechanoreceptoren des Innenohres sogar bis zu einer Frequenzgrenze von

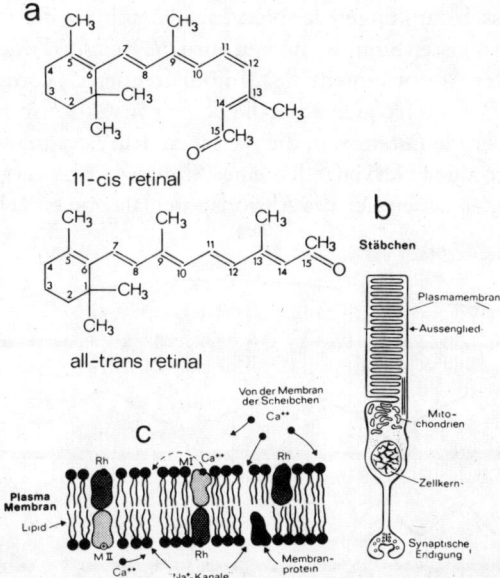

Abbildung 18: Stereoisomerisation eines Sehfarbstoffmoleküls nach Absorption eines Lichtquants. Aus 11-cis-Retinal entsteht all-trans-Retinal (a). An die Stereoisomerisation schließt sich die Freisetzung eines intrazellulären Transmittermoleküls an, das zur Zellmembran diffundiert (c) und dort den Membranleitwert für kleine Ionen verändert. So kommt es bei Belichtung eines Photoreceptors (b) zur Entstehung des Receptorpotentials (Abb. 17).

ca. 800 Hz. Die Chemoreceptoren der Zungenoberfläche oder des Riechepithels der Nase haben dagegen eine wesentlich niedrigere Maximalfrequenz von einigen Hz.

Der Zeitbedarf des Receptorpotentials setzt der *homomodalen homotopen* Zeitwahrnehmung und der kritischen Zeit T_c (s. S. 92) eine untere Grenze. Da an der Zeitwahrnehmung jedoch nicht nur die Receptoren, sondern auch die nachgeschalteten Nervenzellen der Sinnessysteme beteiligt sind, ist die kleinste noch wahrnehmbare Zeit in der Regel etwas länger als der kürzeste Zeitbedarf der Receptorprozesse.

4.2. Die zeitlichen Übertragungseigenschaften von Nervenzellen und Neuronennetzen

Das Receptorpotential wird in der Receptorzelle selbst oder an den nachgeschalteten Nervenzellen in eine Folge von Aktionspotentialen umgesetzt (Abbildung 17). Aktionspotentiale sind kurze elektrische Spannungsschwankungen der Nervenzellmembran, die etwa 1 ms dauern. In den meisten Sinnessystemen wird die Reiz*stärke* durch die mittlere *Rate* der Aktionspotentiale („Impulsfrequenz") codiert. Je stärker ein Reiz ist, desto frequenter ist die Folge von Aktionspotentialen und desto kürzer die *Latenzzeit*, die zwischen dem Beginn des Reizes und der Reaktion der Nervenzellen eines Sinnessystems vergeht. Mit *Mikroelektroden* lassen sich die Aktionspoteniale von einzelnen Nerven-

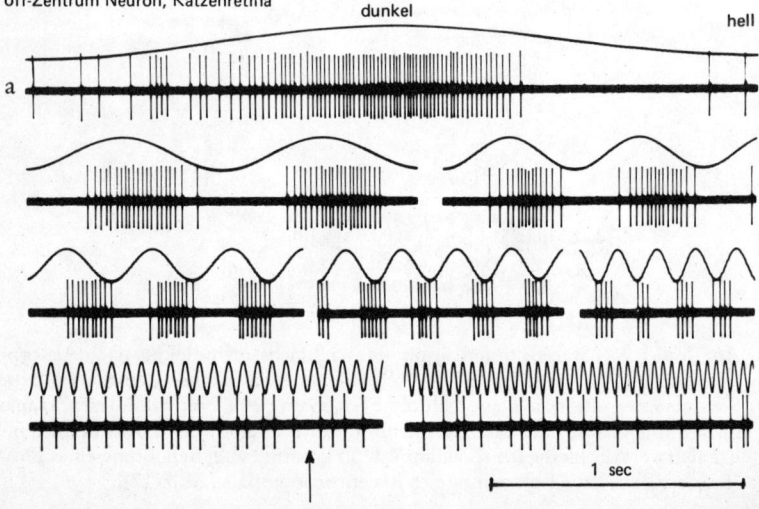

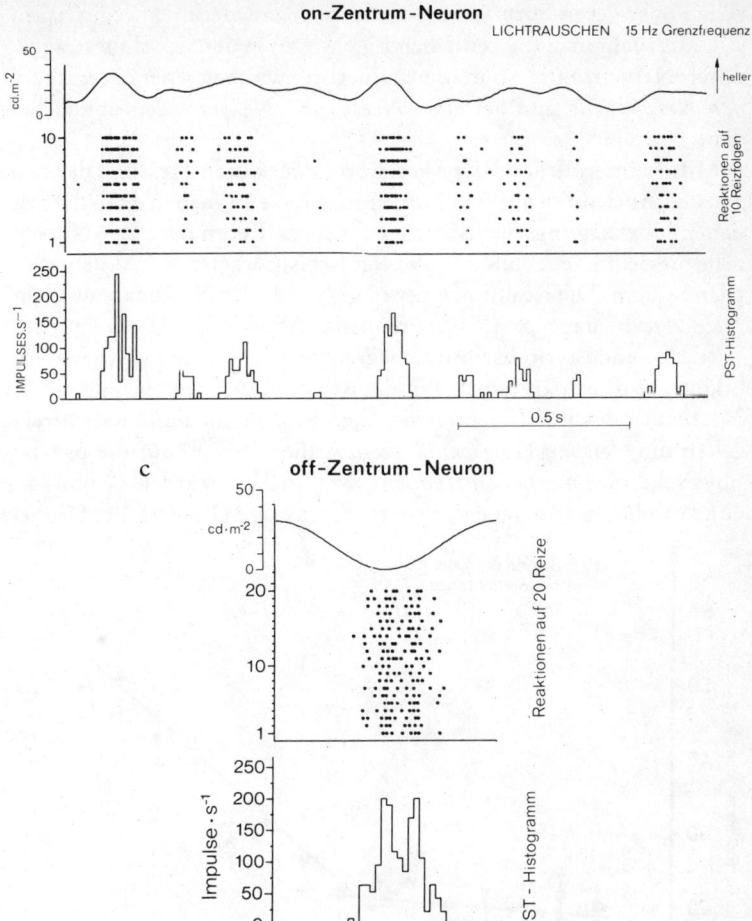

Abbildung 19: (a) Reaktion einer retinalen off-Ganglienzelle auf sinusförmige Belichtung des receptiven Feldes verschiedener Frequenz. Flimmerfusionsfrequenz durch Pfeil markiert[37]. (b) Reaktion einer on-Zentrum Ganglienzelle der Netzhaut (Katze) auf aperiodische Leuchtdichtemodulation. Der Zeitpunkt jedes Aktionspotentials ist durch einen Punkt in dem Rasterdiagramm dargestellt. Die aperiodische Modulation der Lichtreize wiederholt sich nach 2 Sekunden wieder. Das Rasterdiagramm zeigt die unterschiedliche Reaktion der Nervenzelle auf exakt gleiche Lichtreizung. (c) Reaktion einer retinalen off-Zentrum-Ganglienzelle auf zwanzig hintereinander folgende sinusförmige Lichtreize. Auch dieses Rasterdiagramm zeigt die Variabilität der neuronalen Antwort auf exakt gleiche Lichtreize. Die PST-Histogramme sind Summen aus den Rasterdiagrammen.

zellen oder deren Fortsätzen (Axone) im Tierexperiment registrieren.

Untersucht man die zeitlichen Eigenschaften der Signalübertragung durch Nervenzellen, so muß man hierbei zwischen jener einer *einzelnen Nervenzelle* und der eines *Netzes von Nervenzellen* unterscheiden.

Mittels intermittierender Sinnesreize oder durch Messung der neuronalen Antworten auf sehr kurze Einzelreize kann man dann die zeitlichen Übertragungseigenschaften der Kette Receptorzelle → Nervenzelle messen. Die Abbildung 19 zeigt Registrierbeispiele aus dem visuellen System. Die Reaktion einer Nervenzelle der Netzhaut auf Lichtreize verschiedener zeitlicher Frequenz (Abbildung 19a) und auf sich wiederholende periodische und begrenzt aperiodische Lichtreize (Abbildung 19b) ist dargestellt. Für die Reaktion der Nervenzellen in der Netzhaut oder im afferenten visuellen System auf Flimmerlichtreize gelten die *gleichen Gesetzmäßigkeiten*, die auf S. 97 für die psychophysische *Flimmerfusionsfrequenz* beschrieben wurden (Abbildung 20). Abbildung 19 zeigt einen weiteren wichtigen Befund, der für viele

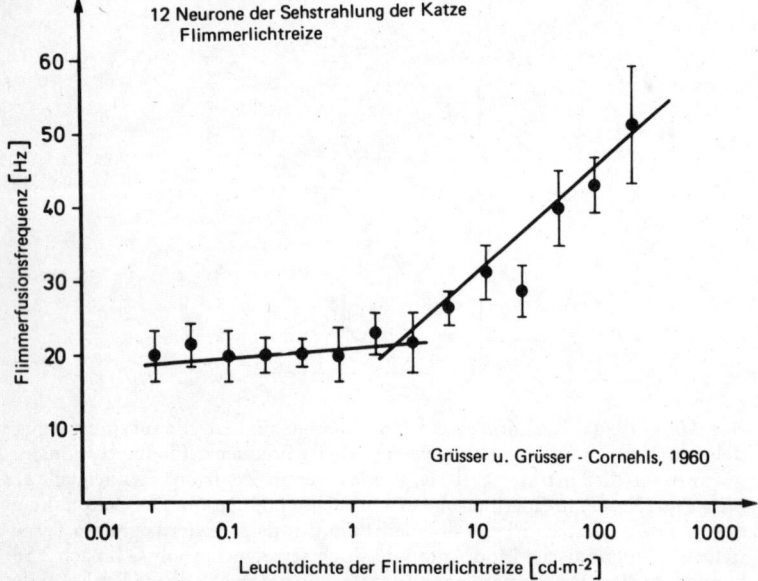

Abbildung 20: Quantitative Beziehung zwischen der Flimmerfusionsfrequenz (kritische Flimmerfrequenz, CFF) einzelner Nervenzellen des Corpus geniculatum laterale der Katze (Schaltstation zwischen Netzhaut und visuellem Cortex) von der Leuchtdichte der Flimmerlichtreize. Nach Grüsser und Grüsser-Cornehls (1960), aus[22].

Sinnessysteme gültig ist: auf exakt gleiche Sinnesreize antworten die Nervenzellen der sensorischen Systeme zwar mit sehr ähnlichen, nicht jedoch exakt gleichen Reaktionen. Ein System aus hintereinander geschalteten Nervenzellen ist also keine deterministische Maschine, sondern durch Reaktionen gekennzeichnet, die probabilistische Komponenten enthalten.

Ein systematischer Vergleich der Reaktionen der Nervenzellen auf den verschiedenen Stationen des afferenten visuellen Systems ergab eine relativ einfache Regel: je länger eine Neuronenkette ist (d. h. je mehr Nervenzellschichten die Verarbeitung der durch den Reiz ausgelösten Signale durchlaufen hat), desto niedriger ist die obere zeitliche Frequenzgrenze eines Systems[31]. Mit anderen Worten: *Die zeitliche Genauigkeit eines neuronalen Systems nimmt ganz erheblich mit der Zahl der Glieder (bzw. der Komplexität der Verschaltungen) einer Neuronenkette ab.* Diese Eigenschaft ist nicht durch die Ungenauigkeit der Signalleitung auf den Axonen von einer Nervenzelle zur nächsten bedingt, sondern vor allem durch die Signalübertragung an den Kontakten der Axone einer Nervenzelle mit der Membran der nachgeschalteten Nervenzelle:

a) An den Kontakten *(Synapsen)* zwischen Nervenzellen werden die Aktionspotentiale in einen chemischen Prozeß umgesetzt, Transmittermoleküle diffundieren an den Kontaktstellen von den Axonendigungen der einen Nervenzelle zur nachgeschalteten Nervenzelle, lösen an der Membran dieser Nervenzelle einen chemischen Prozeß aus, der schließlich wieder zu Aktionspotentialen führt. Dieser Prozeß spielt sich in einer molekularen Größenordnung ab, die (infolge von zufälligen Braun'schen Bewegungen der Moleküle) eine zeitliche Ungenauigkeit im Millisekundenbereich bedingt.

b) An den synaptischen Kontakten zwischen den Nervenzellen werden „spontan" (also ohne einen äußeren Reiz) kleine Mengen von synaptischen Transmittersubstanzen abgegeben, die neben anderen stoffwechselbedingten oscillatorischen Schwankungen des Membranpotentials die *Spontanaktivität* der Nervenzellen verursachen. Diese Spontanaktivität stellt im signaltechnischen Sinne ein „Rauschen" dar, das zur zeitlichen Ungenauigkeit (Variabilität) der Reaktion bei exakt gleichen Reizen beiträgt (Abb. 9b, c).

c) Je größer die zur Entstehung eines Aktionspotentials notwendige räumliche Erregungsintegration an der Oberfläche einer Nervenzelle

---

[31] s. a. GRÜSSER, O.-J., HELLNER, K. A. und GRÜSSER-CORNEHLS, U.: Die Signalübertragung im afferenten visuellen System. Kybernetik *1*, 175–192 (1962).

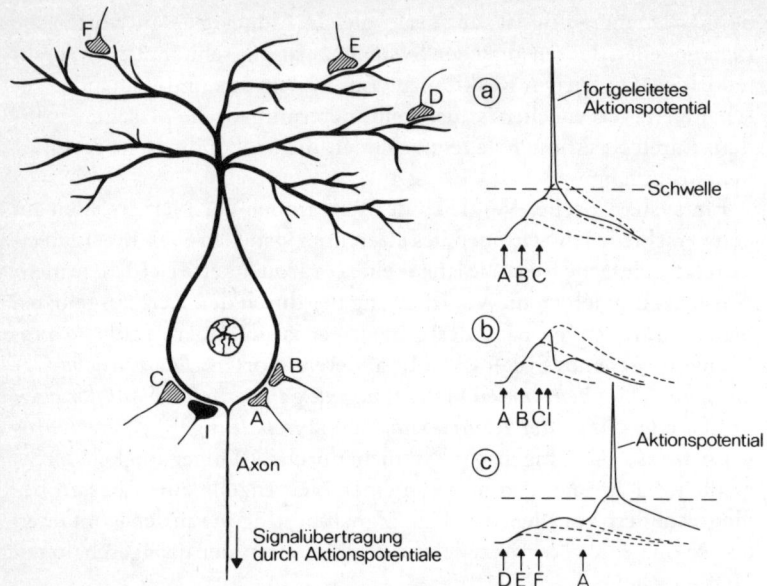

Abbildung 21: Durch die synaptischen Kontakte (A bis F, I) werden an der Membran einer Nervenzelle excitatorische (depolarisierende) oder inhibitorische (hyperpolarisierende) Potentiale ausgelöst. Wenn immer durch Depolarisation ein bestimmter Schwellenwert erreicht ist, wird ein Aktionspotential ausgelöst, das auf dem Axon der Nervenzelle zu den nachgeschalteten Nervenzellen weitergeleitet wird. Die excitatorischen oder inhibitorischen postsynaptischen Potentiale summieren sich zeitlich und räumlich. Die Lage der synaptischen Kontakte hat einen Einfluß auf die zeitliche Präzision des Entladungsmusters von Aktionspotentialen. An einer Nervenzelle können mehrere tausend synaptische Kontakte vorhanden sein. Drei unterschiedliche räumlich-zeitliche Summationsbedingungen sind schematisch eingezeichnet. (a) Die Erregung von drei synaptischen Kontaktstellen am Zellsoma summiert sich rasch, es entsteht ein überschwelliges Aktionspotential. (b) Das Auftreten eines inhibitorischen postsynaptischen Potentials (I, Hyperpolarisation) in der Nähe des Axonabgangs verhindert die Entstehung eines Aktionspotentials. (c) Die Erregung von drei synaptischen Kontaktstellen an den Dendriten (D, E, F) der Nervenzelle ist kleiner und summiert sich zeitlich langsamer als eine Erregung am Zellsoma. Eine einzelne Erregung (A) am Zellsoma reicht eventuell auch noch nach längerer Verzögerung (relativ zu D, E, F) aus, um ein Aktionspotential auszulösen.

ist, desto stärker sind in der Regel die zusätzlichen zeitlichen Ungenauigkeiten, die an jeder Nervenzelle bei der Signalübertragung entstehen (Abbildung 21).

d) Bei der Signalverarbeitung im Zentralnervensystem werden

Neuronennetze eingesetzt, die negative und/oder positive Rückkopplungsschaltungen haben. Daher kann ein *sehr kurzes Umweltsignal* („Reiz") eine bis zu einigen Sekunden andauernde, aperiodisch gedämpfte neuronale Antwort hervorrufen. Ein Reiz, der „objektiv" im extrapersonalen Raum < 50 ms dauert, kann schon in den afferenten sensorischen Systemen des Gehirns Erregungen von mehreren Sekunden Dauer auslösen. Beispiele dafür sind in Abbildung 22 gezeigt. Dieser Umstand ist eine der neurophysiologischen Grundlagen der Präsenzzeit: Ein Sinnesreiz wird mit einem anderen deshalb als „gleichzeitig" erlebt (obgleich dies physikalisch nicht zutrifft), weil die Signalverarbeitung im Zentralnervensystem jeweils mehrere Sekunden anhält. Die Erregung durch das zweite Signal, das objektiv z. B. 0.8 Sekunden später ausgelöst wurde, trifft im Zentralnervensystem noch auf „Resterregungen", die durch das vorausgehende Signal bedingt sind.

e) Die Dauer der zentralnervösen „Nacherregungen" ist offenbar umso länger, je größer der Komplexitätsgrad der miteinander verschalteten neuronalen Netze ist. So dauern z. B. *„eidetische Bilder"*, die auf einer Nacherregung im Bereich der Großhirnrinde zurückzuführen

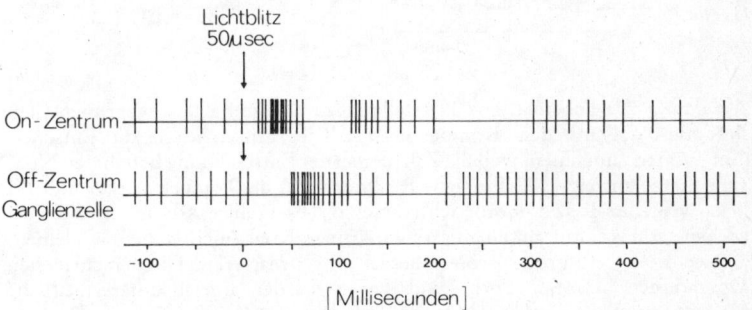

Abbildung 22: Schema der Reaktion einer retinalen on-Zentrum und einer off-Zentrum-Ganglienzelle auf einen kurzen Lichtblitz (vereinfacht nach[32]). Die Abbildung soll zeigen, daß in einem umschriebenen Neuronennetz periodische *Erregungs- und Hemmungsprozesse* (Aktivitätsphasen und Entladungspausen) entstehen, die den Reiz lange überdauern. Das Neuronennetz der Netzhaut besteht aus der Schicht der Receptoren und fünf weiteren Schichten von Nervenzellen.

[32] Einzelheiten s. GRÜSSER, O.-J. und GRÜSSER-CORNEHLS, U.: Periodische Aktivierungsphasen visueller Neurone nach kurzen Lichtreizen verschiedener Dauer. Pflügers Arch. *275*, 292–311 (1962) und BÜTTNER, U., GRÜSSER, O.-J. und SCHWANZ, E.: The effect of area and intensity on the response of cat retinal ganglion cells to brief light flashes. Exp. Brain Res. *23*, 259–278 (1975).

sind, wesentlich länger als die einfachen periodischen Nachbilder, die durch eine Nacherregung im Neuronennetz der Retina verursacht werden. Eidetisch begabte Kinder, die z. B. für 20 Sekunden ein Bild betrachten, können dieses in unmittelbarem Anschluß daran noch auf einem leeren Blatt für mindestens die gleiche Zeit „sehen" und genau beschreiben.

f) Die Zunahme der Reaktionszeiten bzw. Entscheidungszeiten mit dem Komplexitätsgrad der Entscheidung läßt sich ebenfalls durch den Umstand einfach erklären, daß desto mehr neuronale Netze am Entscheidungsprozeß beteiligt sind, je größer der Komplexitätsgrad der Entscheidung ist. Besonders durch Rückkopplungsprozesse zwischen den Neuronennetzen wird die Zeit der neuronalen Nacherregung und die Zeit, die zwischen Signal und motorischer Reaktion vergeht, erhöht. Dies ist schematisch in Abbildung 23 dargestellt.

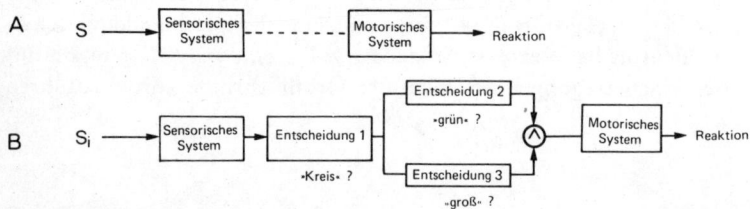

Abbildung 23: Schematische Darstellung zur Deutung des experimentellen Befundes, daß mit dem Komplexitätsgrad der Entscheidung die Entscheidungszeiten zunehmen, weil die Zahl der an der Entscheidung beteiligten Neuronennetze ansteigt. (A) Einfache Reaktionszeit, die Versuchsperson soll auf jeden visuellen Reiz S motorisch reagieren. (B) Wahlreaktionszeit, die Versuchsperson soll nur auf einen großen, grünen Kreis (nicht auf einen kleinen, grünen Kreis, ein großes, rotes Viereck usw.) reagieren. Die verschiedenen Operationen, Größe, Form und Farbe werden durch unterschiedliche Neuronennetze in der Hirnrinde ermittelt.

5. Neurobiologische Hypothesen zur Zeitwahrnehmung und zur Anisotropie erlebter und erinnerter Zeit

5.1. Uhren und Zähler

Jede Wahrnehmung hat eine *Zeitgestalt*, die als Brücke zwischen vergangenen und zukünftigen Zeitgestalten erlebt wird. Für räumlich-objektbezogene Wahrnehmungen sind Raumgestalt und Zeitgestalt eng verschränkt, während für Wahrnehmungen, die eine abstrakt-sprachliche Reaktion zur Folge haben (z. B. das Verstehen von Gesprochenem oder Gelesenem) sich die Zeitgestalt des Wahrgenommenen von den räumlich-objektbezogenen Komponenten der Wahrnehmung ablöst. Unabhängig vom Anteil räumlich-objektbezogener Komponenten der Wahrnehmung wird das Wahrgenommene jedoch immer als Teil einer Wahrnehmungsfolge erlebt, die zeitliche Kontinuität hat. Wie in Kapitel 3 gezeigt wurde, sind wir mittels unserer Sinnesorgane und unseres Zentralnervensysteme in der Lage, die Dauer und Kontinuität zeitlicher Abläufe wahrzunehmen. Ich möchte im folgenden einige Hypothesen formulieren, mittels derer die Zeitwahrnehmung und die Anisotropie erlebter und erinnerter Zeit gedeutet werden können.

Zur Bestimmung einer Zeitdauer oder eines Zeitintervalls müssen zwei Voraussetzungen erfüllt sein: Man braucht eine Uhr, d. h. die Kombination eines periodischen „Zeitgebers" und eines „Zählers", sowie einen „Notizblock" (Gedächtnis). Um die kontinuierliche zeitliche Orientiertheit während des Wachens zu gewährleisten, muß das Zentralnervensystem die jeweilige Wahrnehmung in ein internes und/oder externes zeitliches Referenzsystem (Kalender, Tageszeit) einordnen.

a) *Welche Funktionen unseres Gehirns können Zeitgeber, Zähler und Notizblock sein?* Aus den in Kapitel 3 geschilderten Befunden kann man ableiten, daß der Zeitgeber mindestens so schnell wie der Moment sein muß (S. 98). Daher kommen *langsame biologische Rhythmen* wie z. B. Atmung oder Herzschlag als Zeitgeber für die unmittelbare Zeitwahrnehmung nicht in Frage. Auf der Suche nach der „Uhr" für den Zeitsinn helfen uns die auf S. 112 beschriebenen klinischen Befunde weiter: Wir haben gelernt, daß umschriebene Läsionen der Großhirnrinde zu einer Verminderung der Genauigkeit der Zeitschätzung und der Wahrnehmung zeitlicher Dauer führen können, sowie zu einer Beeinträchtigung bei der Wahrnehmung und Wiedergabe von Rhythmen. Eine allgemeine Aufhebung des Zeitsinnes *(zeitliche Desorientheit)* ist jedoch nur bei einer allgemeinen Schädigung der Hirnfunktion zu beobachten. Es ist daher sinnvoll, den Zeitgeber in einer Funktion zu suchen, die große Bereiche des Gehirns in gleicher Weise bestimmt. Mögliche Kandidaten sind jene rhythmischen Prozesse in der Großhirnrinde und in den tiefen Strukturen des Großhirns, die in den periodischen elektrischen Spannungsschwankungen des *Elektroencephalogramms* zu erkennen sind (Abbildung 24). Es ist einerseits der Alpha-Rhythmus der Großhirnrinde, der beim erwachsenen Menschen im Frequenzbereich um 10 Hz liegt und von der Schädeloberfläche bei Anwendung geeigneter Apparaturen einfach registriert werden kann. Andererseits weiß man, daß es auch beim Menschen einen 5 – 7 Hz frequenten Theta-Rhythmus im Bereich des Hippocampus und anderer Strukturen des „limbischen" Systems in der Tiefe des Temporallappens des Großhirns gibt. Das limbische System ist der entwicklungsgeschichtlich älteste Teil der Großhirnrinde. Die an der äußeren Oberfläche des Großhirns liegenden Strukturen repräsentieren dagegen entwicklungsgeschichtlich jüngere Areale, die z. T. erst in der Phylogenese der Primaten, einige sogar erst in der ca. 12 Millionen Jahre alten Phylogenese des Menschen sich ausgebildet haben.

Die Hypothese, daß der Alpha-Rhythmus der Großhirnrinde und der Theta-Rhythmus des limbischen Systems Zeitgeber für den Zeitsinn und die zeitliche Orientiertheit des Menschen sind, werden durch folgende Beobachtungen gestützt:

α) Die oben geschilderten Zustände *zeitlicher Desorientiertheit* gehen fast immer mit einer schweren Störung des Elektroencephalogramms einher, das dann eine erhebliche Verlangsamung und dysrhythmische Abläufe zeigt (Abbildung 24).

β) Im *Tiefschlaf*, also einem Zustand, in dem jeder Zeitsinn und die zeitliche Wahrnehmung aufgehoben sind, zeigt das Elektroencephalogramm unregelmäßige und sehr langsame elektrische Spannungsschwankungen im Frequenzbereich von 0.5 – 3 Hz (Abbildung 24).

γ) In den *Traumphasen des Schlafes,* bei der eine partielle „innere" zeitliche Strukturierung des Erlebens festzustellen ist, kommt es im Elektroencephalogramm zu einer Frequenzzunahme (Abbildung 24).

δ) Das Elektroencephalogramm des Säuglings und Kleinkindes ist durch ein Gemisch langsamer periodischer und zahlreicher aperiodischer Abläufe charakterisiert (Abbildung 24). Ein dem Erwachsenen relativ ähnliches Elektroencephalogramm mit periodischen Abläufen im Frequenzbereich zwischen 8 und 9 Hz tritt dagegen beim älteren Kind (8 – 10 Jahre) auf, also zu einer Entwicklungszeit, während der der Mensch beginnt, bewußt Zeit und zeitliche Strukturierung der Wahrnehmung zu erleben (S. 82).

b) *Wo im Gehirn sind die „Zähler", die Signale des Zeitgebers auswerten?* Ich vermute, daß Zähler mit unterschiedlichen neurobiologischen Aufgaben in verschiedenen Bereichen des Gehirns vorhanden sind. Für die vegetativen Funktionen sind Neuronennetze im Zwischenhirn (Hypothalamus) Zähler. Sie sind auch für die Synchronisation der inneren, langsamen biologischen Rhythmen mit dem Tagesrhythmus verantwortlich. Für die direkte Zeitwahrnehmung, die Er-

Neurobiologie der Zeitwahrnehmung

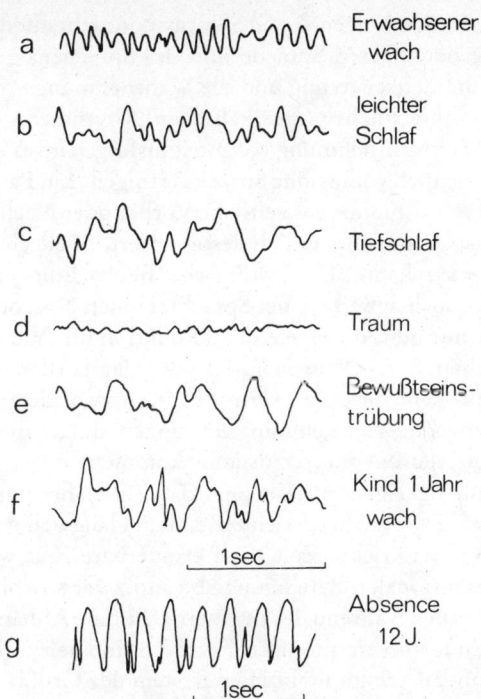

Abbildung 24: Registrierbeispiel des Elektroencephalogramms, d. h. der elektrischen Spannungsänderungen, die man an der Schädeloberfläche ableiten kann (EEG). (a) EEG eines Erwachsenen im Wachen. (b) EEG eines Erwachsenen im leichten Schlaf, (c) EEG im Tiefschlaf. (d) Während einer Traumphase. (e) EEG eines Erwachsenen während eines komatösen Dämmerzustandes, während dessen der Patient räumlich und zeitlich desorientiert war. (f) EEG eines einjährigen wachen Kindes. (g) EEG eines 12jährigen Kindes während einer epileptischen Absence, die während einiger Sekunden zu einer Unterbrechung der bewußten Wahrnehmung führt. Die Abbildungen sind etwas schematisiert (nach [33, 34]).

fahrung von Dauer und die Wahrnehmung von Rhythmus vermute ich die zeitmessenden „Zähler" in Neuronennetzen der Sprachregion der dominanten Großhirnrinde. Dies würde erklären, warum bei einer

---

[33] „Ableitung und Beschreibung des kindlichen EEGs" (Arbeitskreis für pediatrische klinische Elektroencephalographie) R. KRUSE, D. SCHEFFNER, Redaktion H.-M. WEINMANN. C. Klinke Gmbh Hamburg o. J.

[34] JUNG, R. in Psychiatrie der Gegenwart. Forschung und Praxis. Band 1, 1a, 2. Auflage, Berlin, Heidelberg, New York, 1973. SPEHLMANN, R.: EEG Primer. Elsevier/North-Holland Biomedical Press. Amsterdam 1981, 473.

Schädigung dieser Strukturen der Großhirnrinde nicht nur die zeitliche Strukturierung der inneren Sprache und des Sprechens gestört ist[35], sondern auch die Zeitschätzung und die Wahrnehmung von sprachlichen oder nicht-sprachlichen (musikalischen) Rhythmen.

Ein Teil der Zeitwahrnehmung von Ereignisfolgen im extrapersonalen Raum kann jedoch völlig ohne Sprache erfolgen. Ein Patient mit einer *globalen Aphasie* nimmt das zeitliche Vorher oder Nachher durchaus wahr. Er ist auch nicht zeitlich desorientiert, obgleich er das Datum nicht *nennen* kann. Diese klinische Beobachtung führt zum Postulat, daß es auch außerhalb der Sprachregionen Neuronennetze in der Großhirnrinde gibt, die eine Zähler-Funktion für „nicht-sprachliche" Uhren haben. Diese Neuronennetze sind dann in der nicht-dominanten Großhirnhemisphäre zu vermuten, und zwar dort, wo räumlich-objektbezogene Wahrnehmungsleistungen durch die Funktion entsprechender Neuronennetze zustande kommen[29].

c) Jeder weiß aus eigener Erfahrung, daß Zeitwahrnehmung einen stark *emotionalen Aspekt* hat; erlebte Zeit kann langweilig oder kurzweilig sein. Wieviel erlebte Zeit auch erinnerbare Zeit wird, hängt u. a. von der emotionalen Beteiligung ab, und zwar sowohl während des Erlebens als auch während des Erinnerns. Für die Abhängigkeit der Zeitwahrnehmung von emotionalen Faktoren sind vermutlich vor allem die Neuronennetze im limbischen System des Großhirns verantwortlich. Es sind wahrscheinlich die gleichen Systeme, die auch eine Schlüsselfunktion für kontinuierliche zeitliche Orientiertheit während des Wachens haben. Zeitliche Orientiertheit bedeutet *auch* die Eingliederung der augenblicklich erlebten Zeit in das kalendarische Datum und die Tageszeit. Dazu sind Merkfähigkeit und Gedächtnis notwendig (der oben erwähnte „Notizblock"). Da Gedächtnisfunktionen ebenfalls überwiegend vom limbischen System wahrgenommen werden, ist es nicht überraschend, daß das Symptom der zeitlichen Desorientiertheit in der Regel mit schweren Beeinträchtigungen der Merkfähigkeit und des Gedächtnisses einhergeht.

---

[35] RIEGER, K.: Über Apparate in dem Hirn. Arbeiten aus der psychiatrischen Klinik zu Würzburg. Herausg. M. Reichardt, Heft 5, Jena: Gustav Fischer 1909, 197 p. Trotz der etwas sonderlichen Formulierungen, durch die die Arbeit nur jenen verständlich wird, die die klinischen Phänomene selbst beobachtet haben, enthält Riegers Buch wichtige Feststellungen über die Signalverarbeitung zeitlicher und räumlicher Information im Gehirn.

5.2. Neurobiologische Grundlagen der Anisotropie erlebter Zeit

Die Funktion der Sinnesorgane und des Zentralnervensystems hat sich in den Jahrmillionen der Entwicklungsgeschichte der Säugetiere und der Primaten so an die „Wirklichkeit" der Umwelt angepaßt, daß durch die Wahrnehmungsprozesse ein biologisch zweckmäßiges Bild der Umwelt hergestellt wird[36]. Diese Annahme schließt die Auffassung eines „naiven" Realismus ein, der an eine objektive Welt unabhängig von unseren Wahrnehmungsprozessen glaubt. Unsere *biologische* Umwelt einschließlich der vom Menschen strukturierten Umwelt hat eine im *makroskopischen* physikalischen Bereich feststellbare zeitliche Anisotropie: *Strukturelle Information entsteht und vergeht nicht nach der gleichen Art*. Ich möchte dies an zwei einfachen Beispielen erläutern, die sich an das auf S. 88 beschriebene Beispiel der Berliner Hausbesetzerszene anschließen:

Während der ersten warmen Tage Ende März sieht man an einem Apfelbaum Knospen, die im April größer werden und sich Anfang Mai nach einigen Sonnentagen zu Blüten öffnen, die von fleißigen Bienen besucht werden. Nach einigen Tagen beginnen die Blütenblätter abzufallen; nach weiteren 10–14 Tagen sieht man an jenen Stellen, an denen zuvor Blüten waren, kleine grüne Gebilde, die zukünftige Äpfel ahnen lassen. Inzwischen trieb der Baum Blätter und bei weiterem günstigem Wetter stellen wir ein allmähliches Wachstum der kleinen Äpfel fest, bis diese im August oder September groß und rot sind und schließlich vom Baum auf den Boden fallen. Dort beginnen sie (falls sie nicht gegessen werden) nach einigen Wochen zu faulen. Der bakterielle Fäulnisprozeß zersetzt die Früchte im Herbst allmählich, und je nach klimatischen Bedingungen ist nach einigen Wochen oder Monaten von den Äpfeln nicht mehr viel übrig. Nehmen wir diesen oder jeden anderen beliebigen „makroskopischen" Prozeß des Aufbaus und Zerfalls struktureller biologischer Information mit einem Zeitrafferfilm auf und spielen diesen einem größeren Publikum vorwärts oder rückwärts vor, so wird selbst für unbekannte Prozesse die überwiegende Mehrheit der Zuschauer die richtige zeitliche Ordnung erkennen können. Dies sei an einem weiteren Gedankenexperiment erläutert: Sicher gibt es in unserer naturfremden großstädtischen Welt Menschen, die noch nie einen Molch gesehen, noch von Molchen etwas gehört haben. Jeder von ih-

---

[36] UEXKÜLL, J. VON: Theoretische Biologie, Berlin, J. Springer 1928 (Nachdruck Suhrkamp, Taschenbuch, Wissenschaft 20, 1973, 378 p.).

nen wird an einem Zeitrafferfilm über die Lebensgeschichte eines Molches jedoch erkennen, wenn der Film in falscher Richtung abläuft: Der Molch bewegt sich von kleinen Wasserkäfern weg, die aus seinem Maul herausschwimmen, er wird mit der Zeit immer kleiner, verwandelt sich in eine Kaulquappe, die vorwiegend rückwärts schwimmt und immer undifferenzierter wird (d. h. deren strukturelle Information abnimmt), schließlich als Ei sich auf eine große Eierkette hinzubewegt, die allmählich entquillt und im Leib eines Molches verschwindet.

Diese beiden Analoga zu dem auf S. 88 besprochenen Beispiel der Berliner Hausbesetzerszene sollen darauf hinweisen, daß der Auf- und Abbau struktureller Information in der uns umgebenden biologischen (oder menschgemachten) Welt nicht symmetrisch sind und *beide* eine wahrnehmbare Zeitrichtung ausdrücken. Die sequentielle Strukturdifferenzierung in kleinen Schritten (Zunahme der strukturellen Information) weist ebenso in die positive Zeitrichtung wie der aus kleinen, „diffusen" und großen Zerfallsprozessen *gemischte* Abbau der strukturellen Information (Fall des Apfels vom Baum, Zusammenbrechen des Hauses).

Der zeitlichen Anisotropie biologischer Prozesse in unserer Umwelt entspricht die Anisotropie aller jener zentralnervösen Prozesse, durch die zeitliche Sequenzen repräsentiert sind. Die Anisotropie erlebter und erinnerter Zeit ist offenbar nichts anderes als eine phylogenetisch zweckmäßige Anpassung von Wahrnehmungswelt und Umwelt (J. von Uexkülls Merkwelt-Wirkwelt-Kopplung[23]).

Wenn wir also weder in der Wahrnehmung, noch in der Erinnerung Zeitsymmetrie bzw. Zeitumkehr realisieren können, folgt, daß im Gegensatz zur räumlichen Wahrnehmung für die Zeitwahrnehmung und das zeitstrukturierende Erinnern neuronale Mechanismen im Gehirn vorhanden sind, aus denen die Anisotropie notwendigerweise folgt. Ich möchte abschließend eine Hypothese besprechen, durch die auf neuronaler Ebene die Anisotropie biologischer Zeit gedeutet werden kann.

Wie oben erwähnt wurde (S. 116f.), wird alle in den Sinnesorganen aufgenommene Information, die zur unmittelbaren Wahrnehmung führt, durch die Nervenzellen der sensorischen Systeme in eine Folge von kurzen Aktionspotentialen übertragen. An den Kontaktstellen (Synapsen) zwischen den Nervenzellen werden die Aktionspotentiale in einen chemischen Transmitterprozeß umgesetzt. Die Transmitter-

---

[37] RACKENSPERGER, W. und GRÜSSER, O.-J.: Sinuslichtreizung der rezeptiven Felder einzelner Retinaneurone. Experientia *22*, 192 (1966).

moleküle bewirken durch einen chemischen Prozeß an den Receptormolekülen der Membran der nachgeschalteten Nervenzelle eine *Konformationsänderung*. Diese führt zu einer Leitwertänderung der Membran für kleine Ionen (K^+, Na^+, Cl^-, Ca^{++}). Die Leitwertänderung bewirkt eine Änderung des Membranpotentials der nachgeschalteten Nervenzelle und schließlich die Entstehung fortgeleiteter Aktionspotentiale. Durch diese Modellvorstellung ist die *Erregungsübertragung* im Zentralnervensystem gut erklärt, nicht jedoch die *Speicherung* der aufgenommenen Information (Gedächtnis). Zur Deutung von Gedächtnisprozessen kann man z. B. annehmen, daß an Nervenzellen in den „Gedächtnisregionen" des Zentralnervensystems die Membranerregung auch zu einer Änderung der Struktur von Membranmolekülen führt, die selbst nicht direkt am Prozeß der Erregungsübertragung beteiligt sind, diesen jedoch beeinflussen („sekundäre" Membranproteine). Vermutlich gibt es außer den Transmittersubstanzen, die durch Interaktion mit Receptormolekülen eine *direkte* Leitwertänderung an der Membran der nachgeschalteten Nervenzellen bewirken, weitere Transmittersubstanzen, die nur eine Konformationsänderung der sekundären Membranproteine hervorrufen und so nur indirekt am Erregungsprozeß beteiligt sind (Abb. 25). Eine molekulare Konformationsänderung sekundärer Membranproteine könnte auch durch einen *kooperativen Prozeß* zwischen Receptormolekülen und benachbarten sekundären Proteinmolekülen bewirkt werden. Sind die sekundären Membranproteine einmal verändert, so bestimmen sie ihrerseits die elektrische Ladungsverteilung in ihrer unmittelbaren Umgebung und damit indirekt auch die Erregbarkeit benachbarter Receptormoleküle. Für alle zeitstrukturierten Gedächtnisprozesse ist zu postulieren, daß der kooperative Prozeß unter einer periodisch sequentiellen Kontrolle eines Zeitgebers (s. S. 123) steht. Vereinfacht gesprochen heißt dies, daß ein zur Zeit T_1 einlaufendes Signal den Proteinkomplex P_1 verändert, ein Signal zur Zeit $T_2 = (T_1 + T_k)$ den Proteinkomplex P_2 usw. Die Zeitverzögerung T_k entspricht der Periode des Zeitgebers. Da der Zeitgeber synchron tausende von Nervenzellen gleichzeitig in ihrer Erregbarkeit verändert, ist dieser Prozeß natürlich nicht auf eine einzelne Nervenzelle beschränkt, sondern spielt sich gleichzeitig in einem großen Netzwerk von Neuronen ab.

Um die unterschiedliche Konformationsänderung von Proteinkomplexen der Membran „festzuschreiben", muß die Information von den Proteinmolekülen auf das Proteinsynthesesystem der Ribonucleinsäuren des endoplasmatischen Reticulums der Nervenzellen übertragen werden. Von dort wird die kontinuierliche Resynthese der Struktur

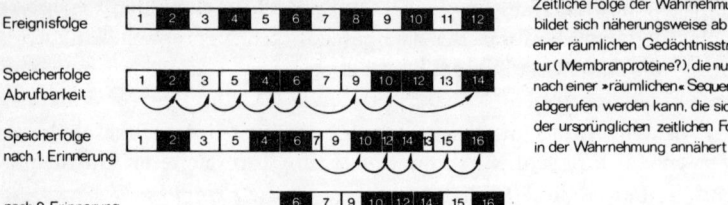

Abbildung 25: Schema für die Strukturierung des Überganges zeitliche Wahrnehmung → zeitliche Erinnerung.

der Membranproteine kontrolliert. *Für einen Teil der Nervenzellen der Gedächtnisregion des Zentralnervensystems wird also postuliert, daß die Sequenz zeitlicher Ereignisse in der Wahrnehmung in einer räumlich geordneten Sequenz des Membranproteinsynthesesystems der Ribonucleinsäuren abgebildet wird. So wird zeitliche Ordnung als räumliche Ordnung „festgeschrieben".*

Beim Abruf einer zeitbezogenen Erinnerung kommt es zu einer sequentiellen Aktivierung des räumlichen Rasters der Proteinkomplexe P_1, P_2, ... wiederum unter der Kontrolle eines Zeitgebers, wodurch die zeitliche Sequenz der aufgenommenen Information T_1, T_2 ... in der Erinnerung wieder erscheint. Der Abruf des zeitrepräsentierenden räumlichen Rasters erfolgt unter der Kontrolle des Zeitgebers gleichzeitig in tausenden von Nervenzellen der Gedächtnisregion. Für alle zeitbezogenen Ereignisse ist offensichtlich die Rastersequenz richtungsmäßig determiniert, während bei raumbezogenen Gedächtnisprozessen die Richtung des Abrufs auch umgekehrt werden kann.

Da sich die hier spekulativ dargestellten Gedächtnisprozesse jeweils in der Größenordnung von Makromolekülen abspielen, ist es nicht verwunderlich, daß Irrtümer beim Abschreiben einer Wahrnehmungsfolge auftreten. Ebenso muß man fordern, daß der Prozeß des „Sich-Erinnerns" nicht ein vollständig passiver Mechanismus ist. Beim Abruf der räumlich gespeicherten Zeitsequenz können Verschiebungen vorkommen. Dies könnte die häufige Verwechslung zeitlicher Einzeldetails in der Erinnerung erklären.

Abbildung 26 stellt schematisch die eben geschilderte Hypothese dar. Ich möchte hier betonen, daß noch wenig sicheres experimentelles Wissen vorhanden ist, durch das diese Spekulation gestützt würde. Bei einer so komplexen Frage wie sie der Zusammenhang zwischen Erinnerung und Zeitstrukturierung darstellt, muß man jedoch zunächst

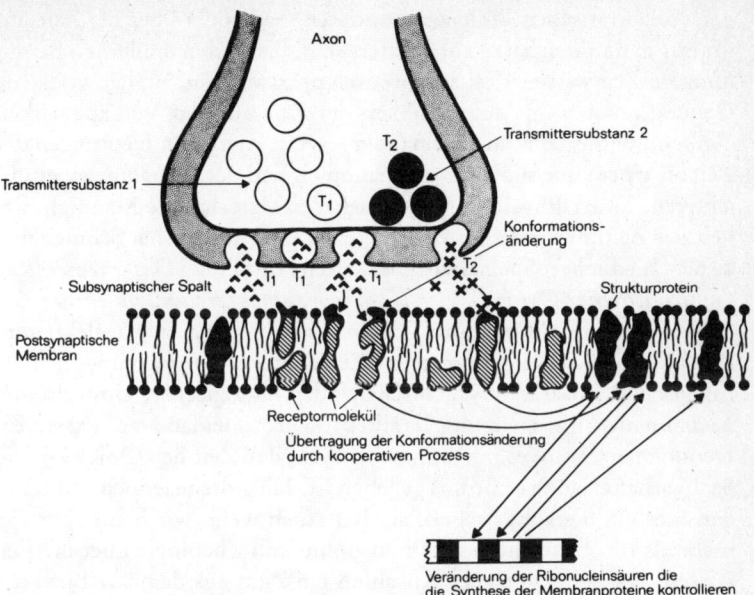

Abbildung 26: Neurobiologische Hypothese zur Erklärung der Anisotropie zeitlicher Erinnerung durch eine entsprechende molekulare Abspeicherung in Membranproteinen und dem Ribonucleinsäurensystem der Zelle. Nähere Erläuterungen s. Text.

Spekulationen wagen, die dann durch experimentelle Befunde falsifiziert oder verbessert werden können. Ich bin davon überzeugt, daß schon in der nächsten Generation eine molekulare Neurobiologie entstehen wird, durch die Gedächtnis, Sich-Erinnern und die Zeitstruktur des Erinnerten mit experimentellen Methoden untersucht wird.

6. Schlußbemerkungen

Dieser Vortrag ging einen langen und z. T. auch komplizierten Weg bei der Betrachtung der Beziehung zwischen Gehirn und Zeit. Der Weg führte wiederholt in Grenzbereiche von methodisch unterschiedlichen Wissenschaften. Er führte aber auch in die Grenzregionen zwischen fundiertem Wissen, also *starken* Hypothesen und vagen Vermutungen, also mehr oder weniger *schwachen* Hypothesen. Seit der Epoche der vorsokratischen Philosophen, deren Gedanken über die Zeit uns oft nur in dunklen Sätzen überliefert sind, bis zu den modernen Bemühungen, Zeit wissenschaftstheoretisch präzise zu fassen, hat wohl jede Generation sich mit dem Problem der Zeit und der Vergänglichkeit denkend und erfahrend auseinandergesetzt. Zwischen Deutungen der Zeit als einem nur subjektiven Phänomen und der Annahme einer objektiven, in der Physik vorgegebenen Zeit, hat sich die Mannigfaltigkeit der Zeitinterpretation verschiedener philosophischer Schulen und unterschiedlicher Spezialwissenschaften entfaltet. *Das menschliche Gehirn ist jener Ort im Weltall, wo sich subjektive und objektive Zeit treffen.* Seine Funktion ermöglicht in der Zeit über Zeit zu reflektieren. Zeit als subjektives Phänomen und Zeit als gerichtete oder ungerichtete Eigenschaft unserer physikalischen oder biologischen Umwelt sind nach meiner Einschätzung letztlich nicht voneinander zu trennen. Dennoch erscheint es mir wahrscheinlich, daß Zeit den Objekten und Sachverhalten auch ohne uns gegeben ist. Ich gestehe jedoch sofort zu, daß dies ein metaphysischer Satz ist. Auch wenn wir heute sehr viel mehr als die mittelalterliche Philosophie und Theologie über die Zeit wissen, erscheint mir zum Abschluß ein Zitat aus dem 11. Buch der „Confessiones" des Augustinus sinnvoll. Nach einer längeren Erörterung der philosophischen Aspekte der Zeit, ihrer Meßbarkeit und ihrer Beziehungen zur Bewegung der Körper schrieb Augustinus: „Was ist also Zeit? Wenn mich niemand danach fragt, dann weiß ich es, wenn ich es aber einem fragend erklären möchte, dann weiß ich nichts mehr. Dennoch behaupte ich zuversichtlich zu wissen, daß es eine vergangene Zeit nicht geben würde, wenn nichts verginge, eine zukünftige Zeit nicht sein könnte, wenn nichts auf uns zukäme und die gegenwärtige Zeit nicht erfahrbar wäre, wenn nichts existieren würde".

Diese Arbeit wurde durch eine Sachbeihilfe der Deutschen Forschungsgemeinschaft (Gr. 161) im Rahmen des Schwerpunktprogrammes: „Sprachpathologie" finanziell unterstützt. Frau U. Saykam danke ich für das geduldige Schreiben der verschiedenen Versionen des Textes, Frau M. Krawczynski und Herrn G. Winzer für die graphischen Arbeiten und Herrn P. Holzner für die Photoreproduktionen.

Jürgen Aschoff

Die innere Uhr des Menschen

In dieser Vortragsreihe ist mehrfach davon gesprochen worden, was Zeit eigentlich sei. Ich erinnere an die Definition von Herrn Eigen: „Zeit ist das, was uns fehlt, wenn sich zuviel ereignet." Diese negative Umschreibung möchte ich gerne durch eine positive ergänzen. Ich beziehe mich dabei auf den Münchner Poeten Ernst Penzoldt, dem wir die Powenzbande verdanken[1]. Baltus Powenz, der Vater dieser ungebärdigen Familie, hielt sich an die Devise– „Wer keine Uhr hat, hat immer Zeit". Daraus leite ich die Definition ab: „Zeit ist das, was wir haben, wenn wir unsere Uhren wegwerfen." Es scheint verlockend, auf solch einfache Weise Zeit zu gewinnen, und manch einer von Ihnen hat sicher schon versucht, diesen Trick in den Ferien anzuwenden. Leider aber gibt es Uhren, die wir nicht wegwerfen können, weil sie uns angeboren sind – und von diesen Uhren habe ich hier zu sprechen.

Die ältesten Geräte, mit deren Hilfe der Ablauf der Zeit ohne Bezug auf den Gang der Gestirne gemessen werden kann, sind Wasseruhr und Sanduhr. Sie haben den Nachteil, daß sie nach jedem Durchlauf erneut in Gang gesetzt werden müssen. *Echte* Uhren beruhen, wie uns die Physiker lehren, auf periodischen Prozessen, die keines immer erneuten Anstoßes von außen bedürfen. Im lebenden Organismus verlaufen zahlreiche Funktionen rhythmisch, zum Teil mit stark wechselnder Frequenz, teils aber auch mit nur geringen Schwankungen der einzelnen Perioden um das langfristige Mittel. Wir wollen der Frage nachgehen, ob diese periodischen Prozesse vom Organismus zur Zeitmessung genutzt werden können. Ich nenne ein paar Rhythmen sehr unterschiedlicher Art, die Ihnen allen geläufig sind. Da ist einmal die Folge der Herzschläge mit einer mittleren Periodendauer von etwa 1 Sekunde. Zum anderen erwähne ich den weiblichen Menstrualzyklus mit einer Periodendauer von rund 28 Tagen. Diese beiden Rhythmen liefern in erster Linie Maßstäbe für biologische Zeiträume; sie können dem Organismus schwerlich dazu dienen, den Ablauf der äußeren Zeit, etwa im Verlauf des Tages oder eines Jahres, zu messen. Der Pulsschlag

---

[1] E. PENZOLDT: Die Powenzbande. S. Fischer Verlag, Berlin, 1939.

ist zusätzlich deshalb zur Zeitmessung nur bedingt geeignet, weil sich seine Frequenz bei Arbeit oder Erregung ändert. Umso bemerkenswerter ist es, daß Galilei, als er in Pisa den Pendelgesetzen auf der Spur war, den Puls zur Hilfe nahm, um kleine Zeitintervalle zu bestimmen. Der österreichische Physiker und Philosoph Ernst Mach betont in seinem Buch über ‚Erkenntnis und Irrtum' die Bedeutung periodischer Vorgänge im Organismus für die Zeitempfindung. Er erwähnt den Rhythmus der Beinbewegung, der Atmung und des Herzschlages. Mach fährt fort: „Wären uns alle diese periodischen Vorgänge von so sehr verschiedener Dauer *bewußt*, so hätten wir an denselben ein vorzügliches Mittel der Zeitschätzung. Ohne Zweifel liegt in der Verwendung dieser Mittel der Anfang der physikalischen Chronometrie"[2].

Der Hinweis von Mach auf mögliche biologische Grundlagen der Chronometrie mag seine Berechtigung haben. Jedoch, die Funktionsweise der von ihm erwähnten Rhythmen entspricht nicht dem, was hier unter physiologischer Uhr verstanden werden soll. Um Sie auf diese Art von Uhr hinzuführen, bringe ich zwei weitere Beispiele von Rhythmen, die Sie ebenfalls aus persönlicher Erfahrung kennen. Ich denke an den 24stündigen Wechsel zwischen Wachen und Schlafen einerseits und zum anderen an jene den Wechsel der Jahreszeiten begleitenden Veränderungen unserer Physis und Psyche. Im Gegensatz zu Puls und Menstrualzyklus sind diese beiden Rhythmen periodischen Vorgängen in unserer Umwelt streng zugeordnet. Der regelmäßige Wechsel vom hellen Licht des Tages zum Dunkel der Nacht, und die Aufeinanderfolge von langen Sommertagen und kurzen Wintertagen sind Zeitstrukturen der Umwelt, an die sich die Lebewesen im Laufe der Evolution angepaßt haben. Auch der Mensch hat sich trotz aller zivilisatorischer Errungenschaften dem Einfluß dieser bioklimatischen Faktoren nicht entziehen können; alle seine Funktionen schwingen synchron mit den Perioden der Umwelt. Der Gedanke liegt nahe, daß biologische periodische Prozesse dieser Art es dem Organismus in der Tat erlauben, Tageszeiten und Jahreszeiten zu messen. Ich beschränke mich im folgenden weitgehend auf eine Erörterung der Tagesperiodik und der ihr zugrunde liegenden Mechanismen und werde nur kurz die Jahresperiodik streifen.

Wir schlafen täglich etwa 8 Stunden, und 16 Stunden sind wir wach. Dieser Wechsel zwischen zwei Zuständen ist begleitet von einer Fülle rhythmischer Veränderungen im Organismus. Unsere Körpertempe-

---

[2] E. MACH: Erkenntnis und Irrtum. Verlag von Joh. Ambrosius Barth, Leipzig, 2. Aufl. 1906, p. 430.

ratur steigt, wie Sie wissen, über den Tag hin an, erreicht gegen Abend ein Maximum und am frühen Morgen, noch während des Schlafes, ein Minimum. Einige Stunden früher hat die Tätigkeit der Nebenniere ihren Tiefpunkt. Das aus ihrer Rinde abgesonderte Hormon Cortisol, ist unter anderem wichtig für die Bereitstellung von Energie. Es erscheint also sinnvoll, wenn vorsorglich schon während der letzten Stunden des Schlafes der Cortisol-Spiegel im Blut ansteigt und einen Höchstwert gerade dann erreicht, wenn wir aufwachen. Hormonell wohlgerüstet, so möchte ich sagen, beginnen wir den Tag, in dessen Verlauf allerdings unsere Leistungsfähigkeit einem Wechsel unterworfen ist: Die meisten von uns haben einen Leistungsgipfel am späteren Vormittag, und einen zweiten etwas kleineren, am Nachmittag[3]. Der dazwischen liegende Leistungs-Sattel tritt auch dann ein, wenn wir das Mittagessen ausfallen lassen – er ist von der Natur einprogrammiert. Sie dürfen sich also getrost unter Berufung auf dieses Programm einem Mittagsschläfchen hingeben. In den Nachtstunden sinkt die Leistungsfähigkeit auf Tiefstwerte, unabhängig davon, ob wir uns, eben aus dem Schlaf gerissen, vor eine Aufgabe gestellt sehen oder ob wir wach geblieben sind. All dies gilt sowohl für die grobe Muskelkraft wie für psychische oder psychomotorische Leistungen, so z. B. für die Geschwindigkeit mit der wir auf ein Signal zu reagieren vermögen. Die Autofahrer unter ihnen sind zuweilen beim Antritt einer Ferienreise geneigt, nachts zu fahren, um den Staus auf Autobahnen auszuweichen. Sie müssen berücksichtigen, daß Sie auf einen Hupton nachts um drei Uhr um rund 20% langsamer reagieren als am Vormittag; die Folgen für die Unfallhäufigkeit liegen auf der Hand[4]. Schließlich sollte ich im Hinblick auf unser Oberthema noch erwähnen, daß wir auch den Ablauf der Zeit zu verschiedenen Tageszeiten unterschiedlich einschätzen: am hellen Tag eilt sie meist nur allzuschnell dahin, nachts um zwei oder drei Uhr, wenn wir einmal wach liegen, scheint sie zu schleichen. Etwa um diese Zeit durchlaufen wir das Minimum der Körpertemperatur und der Leistungsfähigkeit. Ernst Jünger hat hierzu in ‚Gärten und Straßen' angemerkt: „Unangenehm ist das Erwachen kurz nach der Erholung, etwa zwei Stunden nach Mitternacht. Die Spanne ist besonders nüchtern; sie gleicht dem toten Punkt vorm neuen Pendelschlag"[5].

[3] G. HILDEBRANDT (Hgb.): Biologische Rhythmen und Arbeit. Springer Verlag, Wien-New York, 1976.

[4] J. ASCHOFF: Urlaub nach der biologischen Uhr – und im Konflikt mit ihr. In: W. WACHSMUTH (Hgb.): Ärztliche Probleme des Urlaubs. Springer Verlag, Berlin-Heidelberg-New York, 1973, p. 98–112.

[5] E. JÜNGER: Gärten und Straßen. Verlag von E. S. Mittler & Sohn, Berlin, 2. Auflage, 1942, p. 57.

Genug der Beispiele. Was ich Ihnen klar machen wollte, ist, daß alle unsere Funktionen und die Arbeitsweisen aller unserer Organe einem 24-Stunden-Rhythmus folgen. Wir sind, um es in einem Satz zu sagen, zu jeder Stunde des Tages ein anderer Mensch, sowohl physisch wie psychisch. Diese Feststellung sagt noch nichts darüber aus, ob all diese rhythmischen Veränderungen von einer inneren Uhr im Sinne der eingangs gegebenen Definition gesteuert werden. Es könnte ja sein, daß wir nur passiv dem von der Erdrotation verursachten Wechsel der Umweltbedingungen folgen, und daß es ohne den immer wiederholten Anstoß von außen keinen Rhythmus im Organismus gäbe. Was, so müssen wir fragen, geschieht, wenn wir dem Wechsel von Tag und Nacht nicht ausgesetzt sind? Wie verhalten wir uns, wenn uns keine äußere Uhr zur Verfügung steht, von der wir die Tageszeit ablesen können? Bleibt der biologische Rhythmus erhalten, ändert er sich, oder geht er gar verloren? Antworten auf diese Fragen haben uns Versuche gegeben, die wir in den letzten 20 Jahren in unterirdischen Kammern durchführen konnten[6]. Bitte denken Sie nun nicht an dunkle Verliese und an Isolierhaft bei Brot und Wasser! Stellen Sie sich vielmehr ein einfaches aber ausreichend großes kombiniertes Wohn-Schlafzimmer vor, an das eine kleine Küche anschließt sowie ein Toilettenraum mit WC und Dusche. In dieser Umgebung leben unsere Versuchspersonen über Wochen von der Umwelt völlig isoliert, ohne Uhr, und natürlich auch ohne Radio und Fernsehen. Sie sind also ganz sich selbst überlassen, müssen sich ihre Mahlzeiten selbst zurichten, und können ihren Tag, ihre Wachzeiten und Schlafzeiten, ganz nach Belieben einteilen. Wir registrieren mit entsprechenden Vorrichtungen die Zeiten des Zubettgehens und des Aufstehens, sowie fortlaufend die Körpertemperatur. Die Versuchspersonen müssen außerdem in selbstgewählten, nicht zu großen Zeitabständen ihren Harn sammeln und einige Leistungstests durchführen. Im übrigen können sie sich nach Wunsch beschäftigen, lesen oder Musik von Platten hören.

Das Ergebnis eines solchen Versuches läßt sich in wenigen Sätzen zusammenfassen:

1) alle unter natürlichen Bedingungen beobachtbaren tagesperiodischen Prozesse bleiben erhalten;

2) es bleibt insbesondere beim regelhaften Wechsel zwischen Wachen und Schlafen, mit rund $2/3$ Wachzeit und $1/3$ Schlafzeit,

---

[6] Erste Mitteilung sh. J. Aschoff und R. Wever: Spontanperiodik des Menschen bei Ausschluß aller Zeitgeber. Naturwissenschaften 49, 337–342 (1962).

3) – und dies ist das wichtigste Ergebnis –: Wach- und Schlafzeit zusammen ergeben nicht 24 Std. sondern etwa 25 Stunden.

Mit anderen Worten: die von der Umwelt isolierte Versuchsperson steht jeden folgenden Tag eine Stunde später auf und geht auch eine Stunde später zu Bett. Wir sprechen von einem freilaufenden Schlaf-Wach-Rhythmus, dessen Frequenz nicht mehr der der Erddrehung entspricht. In der Tatsache, daß die Periode des freilaufenden Rhythmus von 24 Stunden abweicht, sehen wir den sicheren Beweis dafür, daß der Rhythmus nicht von periodischen Faktoren der Umwelt gesteuert sein kann – er muß seine Ursache im Organismus selbst haben. Diese Ursache eben ist die ‚Physiologische Uhr'. Sie läuft, wenn sie sich selbst überlassen ist und nicht täglich korrigiert wird, etwas zu langsam. Es handelt sich um einen im Laufe der Evolution entstandenen, dem Organismus angeborenen Schwingungsmechanismus, dessen Eigenperiode nur ungefähr der des astronomischen Tages entspricht. Halberg hat deshalb für diese Art Uhr das Beiwort ‚circadian', vorgeschlagen, gebildet nach dem lateinischen ‚circa' – ungefähr und ‚dies' – der Tag[7].

Circadiane Uhren wurden zuerst an Pflanzen und Tieren nachgewiesen. Wir wissen heute, daß nahezu alle Lebewesen bis hinunter zu den im Meer lebenden Einzellern solche Zeitmeßgeräte besitzen. Sie haben die Eigenschaften selbsterregter Schwingungen im technischen Sinne; wir sprechen deshalb auch von circadianen Oscillatoren. Im Laboratorium, unter künstlich konstanten Bedingungen, schwingen diese Oscillatoren, je nach Tier- oder Pflanzenart, entweder etwas zu schnell oder, wie beim Menschen, etwas zu langsam – sie sind mit der Umwelt ‚außer Tritt'. Zum Messen der äußeren Zeit kann der Organismus die circadiane Uhr nur dann sinnvoll verwenden, wenn ihr Gang täglich so korrigiert wird, daß die Periode genau 24 Stunden beträgt und daß eine feste Phasenbeziehung besteht zum Tag-Nacht-Wechsel. Diese Sychronisation erfolgt durch periodische Faktoren der Umwelt, die sogenannten Zeitgeber. Für Pflanzen und Tiere ist der natürliche Licht-Dunkel-Wechsel der wichtigste Zeitgeber. Für die Synchronisation der menschlichen circadianen Uhr spielen soziale Signale aus der Umwelt eine entscheidende Rolle.

Sie fragen sich vermutlich wozu die circadiane Uhr dem Organismus eigentlich dient. Ich möchte Ihnen das an wenigen Beispielen aus der Tierwelt erläutern. Die fortschreitende Spezialisierung der Lebewesen

---

[7] F. HALBERG: Physiologic 24-hour periodicity. Z. Vitamin-Hormon- und Fermentforschung 10, 224–296 (1959).

im Laufe der Evolution und ihre Aufspaltung in unterschiedliche Arten ist eng verknüpft mit der Anpassung an spezielle Lebensräume. Wir sprechen davon, daß eine Art die ihr gemäße ökologische Nische besetzt. Solche Nischen gibt es nicht nur im Raum sondern auch in der Zeit. Zwei im gleichen Biotop lebende und miteinander konkurrierende Arten können Konflikte vermeiden, wenn sie ihre Aktivitäten auf verschiedene Tageszeiten verlegen. Der offensichtlichste Ausdruck solcher Anpassung an Zeit-Nischen ist die Trennung in tag- und nachtaktive Arten. Als weiteres Beispiel nenne ich die Synchronisation der Geschlechter. Bei vielen Arten sind die Weibchen nur zu einer begrenzten Zeit des Tages zur Begattung bereit. Insekten-Weibchen signalisieren diese Bereitschaft den Männchen durch die Abgabe chemischer Lockstoffe nach einem circadianen Programm. Die Männchen sind entsprechend so programmiert, daß sie zur Zeit der Lockstoffabgabe am empfindlichsten reagieren. Schließlich erinnere ich Sie an die Fähigkeit der Zugvögel, sich bei ihren Wanderungen der Sonne als Kompaß zu bedienen. Wenn sie bei ihrem Herbstzug immer nach Süden wandern wollen, müssen sie den täglichen Gang der Sonne von Osten nach Westen einkalkulieren – sie müssen also die Tageszeit kennen. Diese unentbehrliche Information liefert ihnen die circadiane Uhr[8].

Erlauben Sie mir, noch ein wenig bei den Tieren zu verharren. Ich habe eben vom Vogelzug gesprochen. Er ist Teil eines umfassenden Jahreszeitenprogrammes, das die gesamte Physiologie des Zugvogels bestimmt, einschließlich tiefgreifender Wandlungen im hormonellen System in Verbindung mit der jährlichen Brutzeit. Meine früheren Mitarbeiter Gwinner und Berthold haben gezeigt, daß auch dieser 12-Monat-Rhythmus seine Ursachen im Organismus selbst hat und angeboren ist. Sie hielten Stare und Grasmücken im Laboratorium über viele Jahre hin dem Einfluß der Jahreszeiten entzogen, das heißt in einem immer gleichbleibendem Belichtungswechsel mit 12 h Licht und 12 h Dunkel. Trotzdem wechselten die Vögel, ebenso wie ihre freilebenden Artgenossen, mit großer Regelmäßigkeit zwischen Brutbereitschaft und Fortpflanzungsruhe, entwickelten zweimal im Jahr Zugunruhe, und mauserten regelmäßig ihr Gefieder. Die Synchronisation dieser Rhythmen mit der Umwelt ging allerdings verloren – die Periodendauer betrug nicht 12 Monate sondern 10 Monate; es war also wiederum

---

[8] K. HOFFMANN: Time-compensated celestial orientation. In: J. Brady (edt.): Biological Timekeeping. Cambridge University press, Cambridge, 1982, p. 49–62.

ein freilaufender ‚circa-Rhythmus' zu beobachten. Wir sind deshalb berechtigt in Analogie zur circadianen Uhr von einer circ-annualen Uhr zu sprechen. Ihr Programm versetzt den Vogel in die Lage, sich zu jeder Jahreszeit vorweg auf die Aufgaben vorzubereiten, die es in naher Zukunft zu meistern gilt[9].

Außer den Tageszeiten und den Jahreszeiten gibt es in unserer Umwelt noch zwei weitere Periodizitäten: Die Gezeiten der Meere und die Mondphasen. Auch an diese Zeitstrukturen haben sich einige Arten durch Entwicklung innerer Uhren angepaßt. Wir kennen demnach vier Arten von Circa-Uhren: die circa-tidalen, die circa-dianen, die circa-lunaren und die circannualen[10]. Mit ihrer Entwicklung hat die Evolution dem Umstand Rechnung getragen, daß die Umwelt 4 zeitliche Programme enthält. Wer im Besitze eines solchen Programmes ist, kann voraussehen was geschehen wird – er kann Vorsorge treffen[11]. Es entspricht der opportunistischen Natur der Evolution, wenn sie die Organismen mit Zeitprogrammen ausgestattet hat, die denen der Umwelt entsprechen. Dieses Prinzip ist komplementär zu dem der Homeostase. Unter Homeostase verstehen wir Regelmechanismen, die es dem Organismus gestatten, sich durch Schaffung eines konstanten inneren Milieus von Änderungen in den Lebensbedingungen unabhängig zu machen – die Homeostase schirmt den Organismus gegen die Umwelt ab. Das Prinzip der Circa-Uhren zielt auf das Gegenteil, auf die Hinwendung des Organismus zur Umwelt durch den Einbau von Programm-Kopien in seine Organisation. Metaphorisch gesprochen, sind dies die zwei auch uns zur Verfügung stehenden Weisen, mit Schwierigkeiten des Lebens fertig zu werden.

Nach diesem Ausflug in die allgemeine Biologie der Uhren möchte ich zum Menschen zurückkehren, unter Beschränkung auf die Tagesperiodik. Was ich Ihnen bislang über die circadiane Uhr berichtet habe, könnte Sie zu dem Glauben verführen, es handle sich um eine einzige, etwa im Gehirn lokalisierte zentrale Steuerstelle, die alle Funktionen und Organe kontrolliert. Die Ergebnisse unserer Versuche spre-

---

[9] P. BERTHOLD: Endogene Jahresperiodik. Konstanzer Universitätsreden 69. Universitätsverlag GmbH, Konstanz, 1974.
E. GWINNER: Ein endogenes Flugprogramm der Zugvögel. Umschau 8, 248–249 (1981).

[10] Die Biologie der vier ‚circa-Uhren' ist nach neuestem Wissensstand dargestellt in J. ASCHOFF (Ed.): Biological rhythms. Handbook of Behavorial Neurobiology Vol. IV, Plenum Press, New York, 1981.

[11] J. ASCHOFF: Tages- und Jahresuhren zur Orientierung im Raum und Zeit. Acta Leopoldina, 1981 (im Druck).

chen für ein komplizierteres System. Schon der typische freilaufende Rhythmus bietet Besonderheiten, die der Erklärung bedürfen. Erinnern Sie sich bitte an das, was ich über die Körpertemperatur gesagt habe: Sie erreicht normalerweise ihr Maximum gegen Ende der Wachzeit, und ihr Minimum in der zweiten Hälfte der Schlafzeit. Im freilaufenden Rhythmus, mit seiner typischen 25stündigen Periode, ist die Phasenbeziehung drastisch geändert. Höchstwerte der Temperatur werden jetzt kurz nach dem Aufwachen gemessen, und niedrigste Werte bei Schlafbeginn. Mit anderen Worten: In dem auf 24 Stunden synchronisierten System steigt die Temperatur über die Wachzeit hin an, sie fällt ab während des Schlafes. Genau das Gegenteil gilt für den freilaufenden Rhythmus: Die Temperatur fällt, während wir wach sind, und sie steigt, während wir schlafen. Diese Beobachtung legt die Vermutung nahe, daß der Schlaf-Wach-Rhythmus und der Rhythmus der Körpertemperatur von verschiedenen zentralen Oscillatoren gesteuert werden. Die Oscillatoren sind gewöhnlich aneinandergekoppelt, sie ändern aber ihre Phasenbeziehungen, wenn das System von Synchronisation zum Freilauf übergeht. Diese Hypothese eines multi-oscillatorischen Baues des circadianen Systems wird gestützt durch weitere Versuchsergebnisse, die wir Herrn Wever verdanken[12].

Ich schildere Ihnen kurz den Ablauf eines Versuches, bei dem der Kammer-Insasse zunächst einen ganz normalen freilaufenden Schlaf-Wach-Rhythmus entwickelte, mit einer Periode von 25 Stunden. Die Rhythmen der Körpertemperatur und anderer Funktionen waren hiermit synchronisiert. Nach einigen Tagen begann die Versuchsperson, ohne jeden äußeren Anlaß, rund 22 Stunden lang wach zu bleiben und 11 Stunden zu schlafen – ihr Schlaf-Wach-Rhythmus hatte sich auf eine Periode von 33 Stunden verlängert. Der Rhythmus der Körpertemperatur konnte hiermit nicht Schritt halten; er löste sich vom Schlaf-Wach-Rhythmus und lief frei mit einer Periode von 25 Stunden. Es waren somit nunmehr zwei, mit unterschiedlicher Frequenz freilaufende Rhythmen zu beobachten. Wir nennen dies den Zustand der ‚internen Desynchronisation'. Das Auftreten von interner Desynchronisation kann damit erklärt werden, daß die für die verschiedenen Rhythmen zuständigen Oscillatoren ihre gegenseitige Koppelung verlieren und unabhängig voneinander zu schwingen beginnen. Ich sollte nicht verschweigen, daß andere Deutungen des Phänomens vorgeschlagen worden sind. Bislang widersprechen jedoch keine Befunde der Annahme

---

[12] R. WEVER: The circadian system of man. Springer Verlag, New York-Heidelberg-Berlin, 1979.

eines Systems gekoppelter Oscillatoren, die sich trennen können. Die Ergebnisse verschiedenartiger Tierexperimente sprechen ebenfalls dafür, daß das circadiane System aus einer Vielzahl von Oscillatoren aufgebaut ist, die teils selbsterregt schwingen, teils gedämpft abklingen.

Wir wissen nicht, was die Ursachen der internen Desynchronisation sind, die wir an 30% unserer Versuchspersonen beobachtet haben. Keiner von ihnen ist das Ungewöhnliche des Zustandes bewußt geworden. Ganz allgemein ist es so, daß die Versuchspersonen in der Kammer die Dauer ihrer circadianen Periode nicht abschätzen können; die Mehrzahl ist davon überzeugt, gemäß dem Zeitplan eines ganz normalen 24-Stunden-Tages zu leben. Das gilt sogar dann, wenn der Schlaf-Wach-Rhythmus extreme Werte annimmt. Wir hatten einmal einen jungen Techniker in der Kammer, der nach wenigen Tagen einen 50stündigen Schlaf-Wach-Rhythmus entwickelte: er war im Durchschnitt 33 Stunden wach, ohne einen Mittagsschlaf einzulegen, und er schlief 17 Stunden lang ohne wesentliche Unterbrechungen. Dieser junge Mann hatte sich für eine Versuchszeit von 30 Tagen verpflichtet. Als wir am 30. Tag die Kammertüre öffneten, wollte er nicht glauben, daß der Versuch zu Ende sei – für ihn waren nur 15 Tage vergangen.

Ich hoffe, Ihnen klar gemacht zu haben, daß das System der circadianen Uhr sehr komplex zusammengesetzt ist, und daß es unter gewissen Umständen in voneinander unabhängige Komponenten zerfallen kann. Angesichts dieser Tatsache ist es erstaunlich, daß im gesunden Organismus und unter natürlichen Bedingungen eine so strenge zeitliche Ordnung besteht. Sie wird aufrecht erhalten durch die Koppelungskräfte zwischen den einzelnen Oscillatoren und durch die synchronisierenden Signale der Zeitgeber. Wir gehen sicher nicht fehl in der Annahme, daß diese zeitliche Ordnung bedeutungsvoll ist für das Wohlergehen des Organismus. Anders ausgedrückt: Wir können erwarten, daß Störungen der Ordnung schädliche Folgen haben. Mit dieser Bemerkung nähere ich mich dem letzten Abschnitt meines Vortrages, mit Ausblicken auf medizinische Probleme.

Fünf Punkte möchte ich in Kürze streifen:

1) Auf Grund seiner circadianen Organisation hat der Körper zu jeder Tageszeit eine andere physiko-chemische und psychische Struktur. Das beinhaltet, daß der Körper auf einen Reiz – aber auch auf ein Medikament – je nach Tageszeit unterschiedlich reagiert. Die Wirkung einer Hormoninjektion am Morgen entspricht nicht der einer Injektion am Abend. Manche Mediziner setzen beträchtliche Hoffnungen auf eine

künftige Chronotherapie, die der circadianen Zeitordnung Rechnung trägt[13].

2) Es ist denkbar, daß eine Krankheit von einer charakteristischen Veränderung der circadianen Ordnung begleitet ist. In der Tat sind abnorme Rhythmusverläufe für einige Krankheiten schon beschrieben worden. Es kann also diagnostisch nützlich sein, in der Klinik den Tagesgang einiger Größen genau zu bestimmen; allerdings muß hierfür ein beträchtlicher Aufwand an Zeit und Kosten in Kauf genommen werden.

3) Störungen der circadianen Zeitstruktur sind möglichenfalls nicht nur Folge einer Krankheit; es ist denkbar, daß sie ursächlich am Entstehen eines Krankheitsbildes beteiligt sind.

Die Gesichtspunkte, die ich unter Punkt 2 und 3 zusammengefaßt habe, sind heute Gegenstand lebhafter Erörterungen in der Psychiatrie. Viele Beobachtungen deuten darauf hin, daß z. B. bei manisch-depressiven Patienten die circadiane Ordnung gestört ist. Einige Untersucher haben Veränderungen in den inneren Phasenbeziehungen gefunden, anderen haben Hinweise darauf, daß der depressive Patient intern desynchronisiert ist. Befunde von Herrn Pflug aus Tübingen sprechen für diese Hypothese, wie wir kürzlich hier von Herrn Heimann hören konnten[14]. Eine endgültige Antwort auf die auch therapeutisch wichtige Frage steht aus.

Ich komme zum 4. Punkt. In vielen Industriezweigen und Dienstleistungsbetrieben muß rund um die Uhr gearbeitet werden. Eine wachsende Zahl von Werktätigen ist deshalb auch nachts beschäftigt, im System der Schichtarbeit. Der in Nachtschicht Tätige lebt in einer Konflikt-Situation. Die Arbeitszeit verlangt, daß er seine circadiane Uhr um 12 Stunden verstellt, die soziale Umwelt und deren Zeitgeber suchen sie in normaler Phasenlage zu halten. Hieraus ergeben sich unerwünschte Störungen der circadianen Ordnung. Wir sind zuversichtlich, daß die Forschung über circadiane Uhren dazu beiträgt, einige der hier auftretenden Probleme zu lösen[15].

---

[13] Eine neue Übersicht stammt von A. REINBERG: Clinical pharmacology, an experimental basis for chronotherapy. Arzneimittelforschung (Drug Research) 28, 1861–1867 (1978).

[14] Vgl. den Beitrag von H. HEIMANN in diesem Band. Ferner auch T. A. WEHR and F. K. GOODWIN: Circadian rhythms in psychiatry. Boxwood Press, Neuroscience Series, Los Angeles, 1981, sowie die Übersicht von M. PAPOUSEK: Chronobiologische Aspekte der Zyklotomie. Fortschr. Neurol. Psychiatrie 43, 389–440 (1975).

[15] Eine umfassende Abhandlung über Probleme der Schichtarbeit, zumal im

Der fünfte und letzte Punkt betrifft Erfahrungen, die die Mehrzahl von Ihnen schon selbst hat machen können. Der wohl berühmteste Arzt der Goethezeit, Christoph Wilhelm Hufeland, hat 1796 einen Bestseller verfaßt unter dem Titel ‚Die Kunst das menschliche Leben zu verlängern'. Im Kapitel über Schlaf behandelt er ausführlich die 24stündige Periode, die er die Einheit unserer natürlichen Chronologie nennt. Wenig später empfiehlt er Reisen als Mittel das Leben zu verlängern. Ich zitiere: „Am gesündesten und zweckmäßigsten sind Reisen zu Fuß und noch besser zu Pferde. Drei bis vier Meilen des Tags möchten etwa der allgemeinste Maßstab sein. Vorzüglich vermeide man das Reisen bei Nacht"[16].

Leider halten wir uns nicht an diese weisen Regeln, sondern eilen im Flugzeug, und häufig nachts, mit großer Geschwindigkeit rings um den Globus. Und hier beginnen unsere Schwierigkeiten. Sind wir im Jumbo auf dem Wege von München nach New York, so läuft unsere circadiane Uhr zunächst weiter nach mitteleuropäischer Zeit – sie ist in Kennedy Air Port um 6 Stunden außer Phase mit der Ortszeit. Die Trägheit des circadianen Systems bedingt es, daß mehrere Tage vergehen, ehe wir mit der für New York gültigen Zeit synchronisiert sind. Bedenklicher ist es, daß die einzelnen Teile der circadianen Uhr unterschiedlich schnell umgestellt werden. Unsere innere zeitliche Ordnung ist also während der ersten Tage nach dem Flug gestört, schädliche Folgen sind zu erwarten. Könnte es sein, daß wiederholte derartige Flüge die Lebensdauer – im Gegensatz zu Hufelands Empfehlung – verkürzen? Wir haben diese Frage verständlicherweise nicht am Menschen, wohl aber an einer Fliegenart geprüft. Diese Fliegen hielten wir zu Hunderten in großen Gurkengläsern und beobachteten, wie lange sie lebten. Alle Fliegen waren einem Belichtungswechsel ausgesetzt mit 12 Stunden Licht und 12 Stunden Dunkel. Bei einigen Gruppen blieb dieser Belichtungswechsel während des ganzen Versuches unverändert, bei anderen Gruppen wurden Licht- und Dunkelzeit einmal wöchentlich um 6 Stunden verschoben. Wir haben also diesen Fliegen wöchentliche Flugreisen nach Osten oder Westen vorgetäuscht. Das Ergebnis war eindeutig: Die nicht reisenden Fliegen lebten 125 Tage, die reisenden nur 98 Tage.

Hinblick auf das circadiane System, stammt von J. RUTENFRANZ: Arbeitsphysiologische Grundprobleme von Nacht- und Schichtarbeit. Rheinisch-Westfälische Akademie der Wissenschaften, Vorträge N 275, 1–50, Westdeutscher Verlag, 1978.

[16] CHR. W. HUFELAND: Die Kunst das menschliche Leben zu verlängern. Akademische Buchhandlung, Jena, 2. Auflage 1798, p. 163.

Meine Damen und Herren, hier haben Sie meinen Ratschlag, der sich Hufeland nähert: Wenn Sie schon reisen wollen, so tun Sie es, den Zugvögeln gleich, auf der Nord-Süd-Route. Noch besser aber: Bleiben Sie hier und wandern sie im schönen Oberbayern.

Ferdinand Seibt

Die Zeit als Kategorie der Geschichte und als Kondition des historischen Sinns

1.

Man hat dem Programm dieser Vortragsreihe vorhergesagt, Zeit erscheine hier vornehmlich als ein Problem der Naturwissenschaften. Die Nachreden bislang scheinen eine solche Definition zu rechtfertigen. Sie geben den Eindruck, als sei die Umwandlung unserer Zeitbegriffe seit Einstein erst jetzt in die kritische Diskussion der einzelnen naturwissenschaftlichen Disziplinen geraten, erst jetzt vor den Augen des Naturwissenschaftlers in ihrer vollen Tragweite offenbar geworden, aber auch in diesem und jenem Bezug verändert oder gar in Frage gestellt. Das ist wahrscheinlich kein deutsches Phänomen. Auch ein umfassendes amerikanisches Sammelwerk von 1968, das inzwischen Wellen geschlagen hat in der wissenschaftlichen Welt, lebt von den Beiträgen der Naturwissenschaftler[1]. Dabei sehe ich ab von einigen philosophischen Studien zum Thema aus den letzten Jahrzehnten. Wichtig erscheint, daß der Beitrag der Historie in jenem Sammelwerk von 1968 fehlt, und daß die Historiker überhaupt dem Zeitproblem, mit wenigen Ausnahmen, eher mit einer gewissen Selbstverständlichkeit begegnet sind, als mit den gehörigen fachbezogenen Fragen. Diesen Mangel beklagt eine deutsche Untersuchung aus dem Jahre 1934 geradeso wie eine amerikanische von 1971; und wenn auch Kluxen, Reinhard Koselleck und Rudolf Wendorff in den letzten Jahren je auf ihre

---

[1] J. T. FRASER (Hg.): The Voices of Time, 1968. Der Sammelband von P. K. MACHAMER und R. G. TURNBULL: Motion and Time. Space and Matter. Interrelations in the History of Philosophy and Science, 1976, bringt zwar einen interessanten Beitrag zur mittelalterlichen Raumtheorie von E. GRANT, aber nichts zur Zeittheorie der älteren Jahrhunderte. Einer Auskunft des Informationsdienstes Philosophie des Philosophischen Instituts der Universität Düsseldorf verdanke ich eine Fülle von bibliographischen Angaben aus der Zeitschriftenliteratur, doch fand sich darunter nichts zum Mittelalter. Leider blieb unser Thema auch außer acht bei M. HEIDELBERGER und S. THIESSEN: Natur und Erfahrung. Von der mittelalterlichen zur neuzeitlichen Naturwissenschaft, 1981.

Weise wichtige Beiträge zum Verständnis der Zeit als Problem der Geschichte geliefert haben, so scheint mir damit doch die Diskussion eines weittragenden Fragenkomplexes gerade erst auf eine sehr anregende Art eröffnet[2].

Tatsächlich ist für den Historiker vielfach die Zeit eine so selbstverständliche Grundlage allen Geschehens, daß eine Definition aus dem Jahre 1974 bündig lautet: „Geschichte ist allgemein genommen Ausdruck der Zeitlichkeit des Geistes, der zurückgewandt sein Zeitliches als Geschichte begreift." Eine andere Definition, im Vorjahr erst publiziert, schließt Zeit und Geschichte noch enger zusammen mit den Worten: „Weil Zeit nicht umkehrbar ist, ist auch Geschichte unwiederholbar..."[3]. Weitaus differenzierter ist der Zugang, den Reinhard Koselleck zum Thema sucht; freilich zum Thema in Verbindung mit dem Aufbruch des modernen historisch-politischen Denkens im 18. Jahrhundert, was ihn ja bekanntlich seit langem beschäftigt. „Die geschichtlichen Zeiten haben andere Zeitfolgen als die von der Natur vorgegebenen Zeitrhythmen"[4]. Und jedenfalls ist damit festgestellt, daß die Zeit der Geschichte eine ganz andere ist als die Zeit der Physik, der Biologie oder der Medizin, wenn sie auch den Anspruch erheben muß, zugleich mit aller Geschichtlichkeit unsere ganze Existenz zu umgreifen.

Allerdings läßt sich dabei auch von einem gewissen, seit neuem wachen Bewußtsein für unterschiedliche Zeitsysteme und ihre Relationen sprechen, also sozusagen von einer Relativitätstheorie in der geschichtlichen Zeit. Niklas Luhmann wies zuletzt 1980 auf das Problem einer solchen Historisierung der Zeit, deren Ansätze er schon im 18. Jahrhundert beobachtete, die er demnach für ein spezifisches Phänomen unserer Sprache ansieht, freilich als Bestandteil eines abstrakten und komplexen Theoriemodells im Rahmen seiner Systemtheorie zur Er-

---

[2] Den Mangel an Zeittheorie unter Historikern beklagte schon W. GENT: Das Problem der Zeit, 1934, und noch R. F. BERKHOFER: A Behavioral Approach to Historical Analysis, 1971, S. 211ff. In Deutschland haben sich mit dem Fragenbereich vornehmlich in den letzten zehn Jahren einige Autoren befaßt, meist im Rahmen allgemeiner Geschichtstheorien, so N. LUHMANN: Weltzeit und Systemgeschichte. In: Kölner Zs. für Soziologie, Sonderheft 16 hg. v. P. LUDZ 1972, S. 81–115; K. KLUXEN: Vorlesungen zur Geschichtstheorie I, 1974; H. ANGERMEIER: Geschichte oder Gegenwart. Reflexionen über das Verhältnis von Zeit und Geist, 1974; R. KOSELLECK: Vergangene Zukunft. Zur Semantik geschichtlicher Zeiten, 1979; H. J. LEUSCHNER: Geschichte in Vergangenheit und Gegenwart, 1980.
[3] KLUXEN 1974, S. 98; LEUSCHNER 1980, S. 88.
[4] KOSELLECK 1979, S. 133.

klärung, wie „struktureller Umbau in Richtung auf funktionale Systemdifferenzierung und Spezifikation des Medien-Codes für diskontinuierende Kommunikation sich wechselseitig bedingen und die Temporalstrukturen des Gesellschaftssystems transformieren"[5]. Was hier zunächst dem Leser wie dem Hörer geraubt ist, bedeutet, nicht nur im simplen Verstand, sondern auch in der schulgerechten Methode, den Verlust von gerade jener Anschaulichkeit, ohne die Geschichte eigentlich nicht leben kann. Auch dem Systemtheoretiker selber war das bewußt, denn er fürchtete nun: „Nimmt man die Probleme der gesellschaftlichen Komplexität zum Ausgangspunkt, hat dies allerdings weithin ungeklärte Konsequenzen für die Art und Weise, in der Zeit zu begreifen ist..."

Eigentlich besteht kein Zweifel, daß nicht nur in einzelnen Kulturen, sondern auch in unterschiedlichen Epochen einer jeden Kultur und ebenso auch in verschiedenen gesellschaftlichen Schichten Zeitvorstellungen variieren können, daß man die historische Zeit je und je anders begreift, und es ist seit hundert Jahren erwiesen, spätestens seit Bernheims Mittelalterlichen Zeitanschauungen[6], daß in unserem Fall, in unserem Kulturbereich, entsprechende Varianten des Zeitbewußtseins ein wichtiges Epochenkriterium zu bilden imstande sind, auch womöglich ein Korrektiv dafür. Gleichzeitig aber ist die Zeit nun einmal das wichtigste Instrument des Historikers, sein geistiges Rüstzeug, die Gedankenelle, mit der er Ordnung schafft im Chaos der Erinnerung; das analytische Skalpell, mit dem er in der breiten Masse des Geschehenen nach dem roten Faden sucht; und paradoxerweise ist die Zeit sowohl das eigentliche Maß als auch das eigentliche Thema der Geschichte[7]. Vergangenheitsbewältigung heißt in einem solchen Sinn

---

[5] LUHMANN 1980, S. 293; die Sache selber ist schon in den dreißiger Jahren in interessanten romanistischen Studien beleuchtet worden, dazu A. J. GURJEWITSCH: Das Weltbild des mittelalterlichen Menschen, 1980, S. 105 mit Lit.

[6] A. BERNHEIM: Mittelalterliche Zeitanschauungen in ihrem Einfluß auf die Geschichtsschreibung, 1918. Eigentlich hatte aber schon EICKENs System der mittelalterlichen Weltanschauung vor gut hundert Jahren so viel falsche „Geschlossenheit" des mittelalterlichen Weltbilds behauptet, daß man noch heute viele tatsächliche und tiefe Kontraste zwischen unseren und den mittelalterlichen Vorstellungen irrigerweise zu epochenbildenden systematischen und alles umfassenden Bezügen vereinigt, wie etwa noch GURJEWITSCH 1980.

[7] Die begriffliche Unterscheidung zwischen „Geschichte" als Vorgang und zwischen „Geschichte" als dem Bericht davon entwickelt sich seit dem 17. Jh. zugleich mit dem Kollektivsingular, vgl. KOSELLECK 1979, aber auch

letztlich nichts anderes, als sich auseinanderzusetzen um und vielleicht auch mit dem Sinn der Zeit, die uns alle umfaßt, mit Kronos, dem Vater des Zeus, dessen Walten wir nach der antiken Allegorie geradeso verfallen sind wie alle die, die vor uns da waren und noch alle jene, die nach uns kommen sollen. Das war auch der Grund, warum ich versuche, in diesem kleinen Essay zu unterscheiden zwischen der Bedeutung von Zeit als Kategorie der Geschichte und der Zeit als Kondition des historischen Sinns; das heißt also: zwischen der Bedeutung von Zeit für die Erkenntnis des Geschichtlichen an und für sich und der wechselnden Rolle der Zeit im Selbstverständnis einzelner Epochen, einzelner gesellschaftlicher Gruppen, möglicherweise insgesamt unserer europäischen Kultur im Verhältnis zu den anderen Weltkulturen.

Unter dieser Voraussetzung sehe ich also in der Zeit zunächst eine der *grundlegenden Kategorien*, neben, nein, vor dem Raum für die Erfassung allen Geschehens überhaupt. Ich will zugleich aber davon reden, wie in einzelnen Epochen dieser Zeitbegriff ein sehr unterschiedliches Lebensverständnis auslöste, mit dem sich ein wichtiger Entwicklungsstrang verfolgen läßt, im ganzen vielleicht sogar eine Eigenheit im besonderen Verständnis unserer Kultur. Von historischer Zeit ist dabei die Rede, und ich will versuchen, vielleicht nicht zu definieren, aber doch zumindest zu umschreiben, was ich mit dieser historischen Zeit eigentlich meine: Es geht um ein ordnendes Verständnis des Nacheinander, das sich nicht nur an einer Abfolge orientiert, sondern zugleich nach der Folgerichtigkeit fragt; das nicht nur imstande ist, Entwicklungsverläufe zu registrieren, sondern auch nach einem Sinn zu suchen. Dieser Sinn mag richtig erkannt sein oder nicht; die Frage ist wichtiger als die Antwort. Die Frage hat etwas zutiefst Historisches an sich.

Dabei geht es aber auch um die Beurteilung menschlicher Handlungen, menschlicher Auseinandersetzungen in Umwelt und Gesellschaft; es geht um die Fortdauer solcher Handlungen, um ihre Folgen oder um ihre Inkrustierung zu dem, was man als Institutionen im Organisationsgefüge bezeichnet, als den festen Kern im gesellschaftlichen Fluß, als die Struktur im unaufhörlichen Wandel der Dinge. Es geht schließlich um die Tradition solcher Entwicklungen, um die Beobachtung von Kontinuitäten ebenso wie von Kontrasten; um Erinnerung und Vergessen in der Geschichte. Es geht um die Vergegenwärtigung der Vergangenheit, der Gegenwart und der Zukunft in jenem Sinn, die

KLUGE-GÖTZES Etymologisches Wörterbuch. Noch heute halten wir aber an der Ambivalenz von „Geschichte" auch für „Vorfall, Ereignis" fest, vgl. etwa „Tolldreiste Geschichten" usw.

schon Augustinus jeweils nach Zeithorizonten fragen ließ, so wie wir das heute bezeichnen. Und nach all diesen Aufgaben erscheint mir die Zeit als die besondere Ordnungskategorie für die Wahrnehmung menschlicher Geschichte, nämlich für die Wahrnehmung in der Handlungsspanne von Sterblichen, die wir alle sind, außerstande, ohne Abhängigkeit von dieser unserer Lebensspanne historische Zeit zu empfinden und zu beurteilen[8]; überdies als die Reflexionen über diese Zeitempfindungen, differenziert nach unserem geistigen, unserem sozialen und unserem kulturellen Ort. Zeit und Raum sind zumindest in dieser Abstrakion voneinander nicht zu trennen.

2.

Zeit und Raum, oft als die Grundkategorien aller historischen Entwicklung angesprochen und meist in unserem Abstraktionsvermögen aufeinander bezogen, sind nun freilich voneinander verschieden genug. Wichtig für unsere Spekulation ist dabei unter anderem, daß sich der Raum bekanntlich mehrdimensional gibt; Zeit dagegen läuft für unser Vorstellungsvermögen in irreversiblen Linien. Diese nach subjektiver Erfahrung lineare, also einsinnig verlaufende Zeit, die schon Augustinus als Erinnerung, Erlebnis und Erwartung definierte[9], verwandelt nun der Zugriff des Historikers auf seine Weise sozusagen im Sinn der euklidischen Geometrie: Aus dem *Zeit-Punkt* nämlich wird dabei eine *Entwicklungslinie*, die man aber nicht nur für den integralen Verlauf, für den historischen Gesamtprozeß nachziehen kann, sondern auch in vielen einzelnen Zusammenhängen. Linien, wie sie der Griffel des Historikers führt, sind insofern bereits Abstraktionen, Simplifikationen oder Interpretationen der Wirklichkeit. Die wichtigste Funktion einer solchen Entwicklungslinie für die historische Erkenntnis ist zweifellos die Beziehung zwischen der zeitlichen und der ursächlichen Folge, zwischen Nacheinander und Kausalität. Hier ist eine der ursprünglichsten Aufgaben aller Geschichtsschreibung zu finden, der schon Thukydides in viel zitierten Beispielen folgte, hier ist

---

[8] Über den Wandel des Zeitbegriffs im Laufe des menschlichen Lebens, als Alltagsphänomen gut bekannt, habe ich keine näheren Untersuchungen finden können.
[9] AURELIUS AUGUSTINUS: Confessiones Buch 11,20; deutsch nach J. BERNHART 1955.

noch Rankes „wie es eigentlich gewesen" angesiedelt und hier sitzen auch, wohlverborgen zwischen erwiesenen Zeitenfolgen, nicht wenige Irrtümer über Antriebe und Ursachen im historischen Verlauf.

Denn nicht alles, was aufeinander folgt, folgt auseinander. Schon einfache Wechselbeziehungen zwischen einzelnen Entwicklungslinien – solchen zwischen technischen Neuerungen beispielsweise und wirtschaftlichen Möglichkeiten – schaffen Verknüpfungen aus Gleichzeitigkeit, die man, immer in abstrakter Spekulation, sozusagen synoptisch zu Flächen verbinden könnte oder zu *Zeithorizonten*, nach einem gerade in den letzten Jahren viel gebrauchten Begriff[10]. Dabei ist mit jener Vokabel[11] aber auch eine bemerkenswerte Vertiefung des Verständnisses erreicht worden. Solche Zeithorizonte sind nämlich nicht nur nach den vermeintlichen oder tatsächlichen Wirklichkeiten aus den Entwicklungslinien zu knüpfen, sondern auch nach den Möglichkeiten, wie sie tausendfältig den Zeitgenossen vor Augen gestanden haben dürften, ihre Perspektiven, ihr Gegenwartsverständnis, ihr Umweltbewußtsein beeinflussend, ohne daß sie sich doch in der Zukunft je verwirklichten oder solcherart auch für die Tatsachengeschichte faßbar wurden. Ihre Wiederentdeckung scheint eine wichtige, wenn auch schwierige Aufgabe, nicht nur um Mentalitäten, sondern auch um Kalkulationen in ihrem Einfluß auf den tatsächlichen Entwicklungsverlauf zu erfassen.

Die zeitliche Ebene läßt Konstellationen unterschiedlichster Verhältnisse erkennen, und der Vergleich mehrerer solcher Ebenen kann diese Konstellationen auf allen Lebensgebieten als *Strukturen* von mehr oder minder längerer Wirksamkeit erweisen. Strukturgeschichte ist ein beliebtes Beobachtungsfeld der letzten Jahrzehnte und insofern eine besondere Variante unserer Aussagen über den Zeitfaktor in der Geschichte. Die Unterscheidung von kurzen, von mittelfristigen und von langdauernden Strukturen in diesem Zusammenhang, wie sie etwa Fernand Braudel in den Begriffsgebrauch einführte, wird allgemein beachtet.

Zu den Langzeitstrukturen zählte Braudel allerdings auch den Raum, und hier scheint mir eine Differenzierung notwendig. Der Raum ist mit seiner strukturalen Funktion doch wohl etwas anders als alle jene Konstellationen, wie etwa verfassungsrechtliche Verhältnisse oder Wirtschaftsrelationen, die sich vornehmlich aus der zwischen-

---

[10] LUHMANN 1972; Der Aufsatz trägt den Untertitel: Über Beziehungen von Zeithorizonten und sozialen Strukturen gesellschaftlicher Systeme.
[11] KLUXEN 1974, S. 106; dazu A. MICKUNAS: Action and Historical Time. In: Research in Phenomenology 6 (1976) S. 47–62, hier S. 54.

menschlichen Beziehung ergeben. Der Raum ist auf seine Weise viel mehr eine der Zeit gleichrangige Kategorie, die, etwa durch Konsequenzen für die Verkehrsverhältnisse, die Landwirtschaft, die Strategie eines historischen Entwicklungsfeldes, zwar durchaus nicht zeitlos, sondern ebenfalls unter wandelnden Bedingungen, aber jedenfalls mit eigenständiger Kraft die beiden anderen Faktoren des Geschehens, die Zeit und den in beiden wirkenden Menschen beeinflußt. Die Konsequenzen aus diesem Dreiecksverhältnis sind hier nicht zu erörtern. Aber der Abstraktion von Zeit und Struktur mußte diese Anmerkung doch mitgegeben werden[12].

Die physikalische Zeit fließt gleichmäßig, sowie ihr schon die antike Philosophie und von neuem die naturwissenschaftliche Erkenntnis seit dem Spätmittelalter die Attribute von Gleichmaß und Dauer zuerkannten. Die historische Zeit hingegen ist bestimmt vom Gegensatzpaar aus Kontinuität und Diskontinuität, aus Rückgriffen, Traditionen, Verbindungen und Epochenmarken. Gewisse Kontinuitäten, so sagt es die mehr oder minder tragfähige Übereinkunft der Interpreten, brechen dabei ab im *Epochenwandel*. Das ist ein neues, ein besonderes Phänomen des historischen Zeitbegriffs.

Vielleicht macht wieder ein Bild die eigenartige Manipulation deutlich, die der Historiker dabei vornimmt: sein Griffel wird nämlich gewissermaßen zum Meißel, wenn er Epochen formt, um aus dem Zeitraum einzelnes herauszuheben, anderes zurücksinken zu lassen; einzelnes zu modellieren, anderes abzusondern, das Vergessen fördernd, das Erinnern formend. Man könnte, um die Anschaulichkeit der euklidischen Geometrie zu bewahren, geradewegs sprechen von der Ausweitung einer flächenhaften Basis durch Entwicklungsstrahlen in alle Dimensionen, um solcherart den *Zeit-raum* zu gewinnen. Zeiträume bilden Ären und Epochen, kleinere und größere Einheiten also nach der Interpretation der Historie, und für den Überblick des unendlichen Stromes, ganz gleich, ob man dafür die Vogelperspektive wählt oder ob man ihn gründlicher, dafür aus geringerer Distanz zu erfassen versucht, sind solche formierenden, gestaltenden Eingriffe jedenfalls unerläßlich.

Nun spricht man aber nicht nur von einer Epoche im Schriftwesen, im Arbeitsrecht oder in der bildenden Kunst. Man spricht auch von Epochen schlechthin, und das nicht nur mit jenen in mancher Hinsicht noch evidenten Vorzeichen der Außenpolitik, mit dem Ranke im vori-

---

[12] Dazu etwa F. BRAUDEL: Scritti sulla storia, italienisch v. A. SALSANO, 1973, bes. S. 57 ff und 151 ff.

gen Jahrhundert Epochen zu deuten suchte, sondern auch mit dem Verständnis einer Geschlossenheit, die solchen Epochen eine merkwürdige und mitunter gar mysteriöse geistige Einheit zusprach.

Hinter diesen Aussagen steckt freilich ein ganzes Gerüst von Hilfsvorstellungen. Nicht nur, weil eine jede Epochendefinition in viel größerem Maße von Interpretationen abhängt als etwa die Aussage über Ursache und Wirkung oder die Verflechtung von einzelnen Entwicklungspunkten zur Betrachtungsebene eines „Zeithorizonts". Es steckt im Epochenbegriff vielmehr auch die Vorstellung von einem grundsätzlichen Wandel überhaupt, der von Zeit zu Zeit den Geschichtsprozeß in eine neue Richtung lenke, so daß die uns scheinbar so selbstverständlich erscheinende Annahme eines solchen Prozesses an sich ebenso zur Debatte steht wie die Frage, unter welchen Anstößen sich, zu bestimmten Zeiten, also in engster Verbindung mit dem temporalen Element, die Dinge und die Gedanken der Menschen derart verknüpfen, daß ihre Handlungen anderes, Neues hervorzubringen imstande sind, ihre Denkweisen sich verändern, ihr Selbsturteil sich wandelt, ihre Ziele sich mit anderem Inhalt füllen.

Gesetzt, daß es solche Epochen gibt; gesetzt, es sei hier nicht weiter zu fragen nach dem geheimnisvollen Impuls eines „allgemeinen Wandels" – so bleibt doch erst recht der Interpretation die große Aufgabe, den weiten Raum zwischen solchen Epochengrenzen, die eigentlichen Epochen des Geschichtsverlaufs, mit Aussagen und Inhalt zu füllen: Gibt es Wandlungen zwischen Antike und Neuzeit, so daß ein „Mittelalter" sich dazwischen schiebt, wie wir seit Cellarius im 18. Jahrhundert zu denken gewohnt sind? Steht die Eigenart, das Wesen, der gemeinsame Nenner oder wie auch immer jenes Mittelalters zur Debatte? Und gegebenenfalls auch seine allmähliche Wandlung in sich selbst? Der temporale Faktor in der Geschichte wirkt in diesem Zusammenhang wie ein Seziermesser, oder wie ein besonderer Zwang zur Analyse.

Man kann auch sagen, daß die Zeitskala in der Hand des Historikers, bei all ihrer instrumentalen Simplizität oder eben deshalb, zum wichtigsten Werkzeug werden könne, um ihre Quantität in den Gegensatz zu Qualität zu setzen oder um ihrem gleichförmigen Rhythmus eine besondere Melodieführung mit Piano und Forte aufzuprägen, um den amorphen Fluß vor der unendlichen Aufeinanderfolge der unzählbaren Augenblicke jeweiliger Gegenwart zu strukturieren mit der Hoffnung, dabei die inneren Impulse dieses Geschehens zu entdecken. Erst das Zeitmaß hilft dabei zur Orientierung einzelner Phänomene; erst vor seinem Hintergrund läßt sich etwas aussagen von der Gleichzeitigkeit und der Ungleichzeitigkeit einzelner Handlungsverläufe, läßt sich weiter schließen auf Entwicklungszusammenhänge und Entwicklungsverspätungen, oder, in einem viel folgenschwereren Erkenntnisgang, es läßt sich die Regelhaftigkeit gewisser Strukturierungen auch in weit voneinander entfernten Zeiträumen behaupten und damit ein wichtiger Vorstoß wagen zur Aussage über den Gang der Weltgeschichte – und wieder ist dieser Gang Bewegung in der Zeit.

J. T. Fraser bekannte sich 1968 zur Zeit als einem Forschungsobjekt, „das im Mittelpunkt des menschlichen Denkens und Fühlens stehen müßte und sollte." Er irrt sicher nicht, wenn er dabei die Zeit als das entscheidende Kriterium für die „Weltanschauung einzelner Individuen wie ganzer Zeitalter" bezeichnet[13]. In diese Dimensionen des Urteils geraten wir, wenn wir unsere Gedanken über die Zeit als Kategorie der Geschichte noch einen Schritt weiter führen, *vom Epochenvergleich zur Epochenfolge.* Auf einmal sind wir dabei, nämlich unter den Prätentionen vergleichender Geschichtsbetrachtung, von der Zeitauffassung zur Weltanschauung geraten: Gibt es eine „Achsenzeit der Weltgeschichte", die mit der transzendent fundierten Individualethik in universaler „Gleichzeitigkeit" durch Konfuzius, Buddha, Sokrates und Christus den eurasischen Kontinent erfaßte? Und wird, was solcherart einen guten Anfang nahm, auch ein vergleichbares Ende finden? Kann man demnach den Gang der Geschichte nach Vernunft und Ethik bestimmen? Oder läßt sich, in pessimistischer Perspektive, von einem „Ende der Neuzeit" reden, als jener Epoche der europäischen Weltherrschaft mit eigenartigem Vernunftoptimismus und Fortschrittsglauben[14]? Läßt sich nach Marx und Engels jene merkwürdige Linie vom Sündenfall der Entfremdung des Menschen von seiner Arbeit über revolutionär gewandelte Produktionsverhältnisse bis zum Paradies einer nicht näher definierten Selbstfindung im Kollektiv des Kommunismus verfechten? Darf man denn überhaupt und prinzipiell, ganz gleich, ob sichtbar oder unendlich langsam und voller Regressionen, einen universalhistorischen Prozeß den vielen vereinzelten Entwicklungsverläufen auf der ganzen Welt ablesen, oder verläuft dieser Prozeß nicht vielmehr isoliert, auf sich selbst bezogen und gestellt in einzelnen Kulturkreisen, mit gewissen Entwicklungsparallelen, aber doch nach einer je eigenen inneren Uhr, sei sie nun Entelechie oder eine

---

[13] FRASER 1968, S. xxi.
[14] K. JASPERS: Vom Ursprung und Sinn der Geschichte, 1948; R. GUARDINI: Das Ende der Neuzeit. Ein Versuch der Orientierung, 1950.

rational erfaßbare Spirale, wie das schon Spekulationen von Plato, Aristoteles und Polybios zu deuten suchten und wie es neuerdings wieder die Interpretationen und Beobachtungen von Kurt Breysig, Oswald Spengler, Adama van Scheltema oder der große Entwurf von Arnold Toynbee nahelegen? Hier führt die Aussage über die Richtung der historischen Zeit, sozusagen über die Entwicklungsmuster auf dem Koordinatennetz aus Zeit und Leistung einer jeden Hochkultur, zwanglos zur Geschichtsphilosophie[15].

Aber eine *Geschichtsphilosophie* ohne Transzendenz, das heißt, eine Zeitenfolge ohne Ewigkeit, widerstrebt der Logik, wie ein Weg ohne Ziel, und selbst eine Kreislauftheorie wäre hier kein Auskunftsmittel. Karl Löwith formulierte 1946 vielleicht als einer der ersten nach der großen Katastrophe in Resignation über Humanität und Fortschrittsglauben diese Einsicht. Zehn Jahre später fand bei Hanno Kesting dieser Rückzug des europäischen Geschichtsverständnisses von der Transzendenz ausdrückliche Zustimmung mit dem Wunsch, das Fortschrittsdenken allein an der vorgeblich wertneutralen Technologie zu orientieren, damit es nicht im Streit der Ideologien zu einem neuen Weltbürgerkrieg führe[16]. Lassen wir den Irrtum außer acht, als könne man wirklich bei einem solchen Einsatz von Technologie auf eine philosophische Interpretation verzichten. Auch der Versuch, auf den Zeithorizonten der Möglichkeiten anstelle des jeweils realen Geschichtsverlaufs sozusagen den historischen Prozeß in seiner Vieldeutigkeit zu entspinnen und da, bei absoluter Offenheit der Entwicklung, gleichsam eine jede Zukunft aus der gehörigen Vergangenheit zu entwickeln, kann wohl vor der konkreten historischen Logik nicht bestehen[17]. Kaum ein Trost, daß alle diese Unternehmungen gleichzeitig als Zeugnisse zeitgenössischer Ratlosigkeit zu interpretieren sind[18]. Aber vielleicht ist hier doch die Frage erlaubt, ob die Geschichtsphilosophie tatsächlich diese Ratlosigkeit aus ihrer inneren, gedanklichen Argumentation herleiten muß oder nicht vielmehr aus den einfacheren Erkenntnisstrukturen von Zeit und Geschichte in den jüngsten Jahrzehnten. Auch wenn man mit Recht den „Abschied von der Geschichte" schon gleich unmittelbar nach der Apokalypse des Dritten Reiches

---

[15] Ein anschaulicher Vergleich der einzelnen Gedankensysteme etwa bei E. GELLNER: Thought and Change, 1964, in dem Kapitel: Time and Validity, S. 1–32.
[16] Beide Theorien konfrontiert MICKUNAS 1976.
[17] MICKUNAS 1976, S. 61f.
[18] M. LANDMANN: Der Mensch als Herr und Opfer der Geschichte. In: Kritik und Metaphysik, 1966, S. 248ff.

zurückführte bis auf den Vernunftoptimismus der Aufklärung[19]: auch dann mag die Frage erlaubt sein, ob es wirklich das feinere Gespinnst gedanklicher Konsequenzen aus dem allmählichen Verlust der Ehrfurcht vor der Transzendenz und der Demut vor der menschlichen Unvollkommenheit gewesen ist oder doch nicht vielmehr die Unvollkommenheit einer schließlich im Wahnsinn gipfelnden Politik, die sich nach 1945 im Gleichgewicht der Großmächte nur zum verschleiert lauernden Antagonismus wandelte, nicht aber zum verheißenen Weltfrieden. Man darf also fragen, ob nicht eine wahrhaft den Möglichkeiten des Menschen angepaßte politische Vernunft bei gehörigem Erfolg in den zwischenmenschlichen Beziehungen unserer Zeit nicht auch die weitgespannte Ratlosigkeit der Geschichtsphilosophie zu heilen vermöchte. Ob uns das dann ein neues Verständnis von der Zeit in der Geschichte, von Fortschritt und Zukunft beschert?

3.

Die Zeit ist nicht nur die grundlegende Kategorie historischer Erkenntnis, so daß unter ihrem Prisma der Blick in die Geschichte mitunter zum faszinierenden Abenteuer im Geheimnis des Menschlichen gerät: sie ist auch eine besondere *Kondition des historischen Sinns,* das heißt, sie ist sehr unterschiedlich von denen, die Geschichte machten oder erlitten, empfunden worden, und das nicht nur etwa nach Lebensschicksalen und nach den Positionen in der Gesellschaftspyramide, sondern eben auch in einzelnen Epochen und Kulturen. Der „Zeitgeist", ein Wort, das wir Johann Gottfried Herder verdanken[20], oder auch Montesquieus „esprit des lois" entsprang solchen Einsichten in den Wandel des Zeitempfindens, aber mir scheint, auf diesem Feld wäre noch viel zu tun zur Erkenntnis eines eigenartigen Faktors, und eigentlich desjenigen, der alle Kultur, das heißt, alle Zeitbildprägungen zur Lebensbewältigung in der Menschheitsgeschichte am meisten herausforderte. Nicht der Raum, mit seinen Gaben, mit seinen Bedingungen von Reichtum und Armut, von Mühsal und Lebensüberdruß, von Herr-

---

[19] A. WEBER: Abschied von der bisherigen Geschichte, 1946.
[20] Noch Goethe schrieb bekanntlich im ersten Teil des „Faust" vom „Geist der Zeiten", während Herder denselben Begriff zu „Zeitgeist" zusammengezogen hatte, vgl. KLUGE-GÖTZE.

schaft und Feindschaft, hat doch wohl den menschlichen Geist so tief herausgefordert wie die Zeit, „die allmächtige Zeit und das ewige Schicksal", die dem Menschenleben und damit seiner Selbst- wie seiner Fremdbestimmung Grenzen setzt. Deswegen reicht auch ihre Herausforderung an die geistige Daseinsbewältigung, an das, was sich schließlich in einem Begriff als die Quintessenz der Kultur zusammenfassen läßt, viel tiefer als alles, was die natürlichen, was die vielberufenen materiellen Bedingungen vom Menschen fordern, die wir schließlich alle miteinander unter der Kategorie des Raumes erfassen könnten. Zeit und Kultur: Das Thema, lange vernachlässigt, und gerade erst in einem fleißigen Buch mit vielen klugen Einsichten unter deutschem Akzent für die Geschichte des lateinischen Europa zusammengetragen[21], gibt uns noch viele Fragen auf. Es ist die Zeit, die sich hier selbst begrenzt, und wenn sie dabei auch einmal selber als der rote Faden in der Weltgeschichte erscheint, für den sie der geduldige Historiker mitunter zu Unrecht ansieht, so darf ich doch nicht eine ganze Fülle von Beobachtungen ausbreiten, um mich verständlich zu machen, sondern ich muß mit ihrer Hilfe periodisieren. Ich muß *Epochen* bilden. Ich muß auch den Versuch unternehmen, mit Hilfe des Themas zu zeigen, daß sich gerade durch den Zeitbegriff unsere, die abendländisch europäische *Kultur* besonders definieren läßt, so daß man hier vielleicht auch etwas von jenem vielberufenen und viel umrätselten Kern der europäischen Dynamik fassen könnte. Poetisch gesprochen: vielleicht schlägt etwas vom Herzen unserer Kultur im Gang unserer Räderuhren.

Drei Epochen empfiehlt das Kriterium „Zeit" für den Gang der Kultur im abendländischen Europa: drei Epochen zwar, aber nicht die sattsam bekannte Trias von Antike, Mittelalter und Neuzeit, denn die Alte Welt ist nicht unser lateinisches Abendland. Ihr galten deshalb auch im Rahmen dieser Vortragsreihe gesonderte Referate. Meine Aufgabe ist es vielmehr, das sogenannte Mittelalter in eine frühe Epoche zu teilen, etwa bis zum Jahre 1200, ein halbes Jahrtausend, in dem sich un-

---

[21] R. WENDORFF: Zeit und Kultur. Geschichte des Zeitbewußtseins in Europa, 1980. Aufmerksamkeit verdient auch die im selben Jahr bei uns deutsch erschienene Kulturinterpretation des russischen Historikers GURJEWITSCH 1980 mit manchen treffenden Erwägungen und mit guten Kenntnissen der westlichen, namentlich der deutschen Literatur. Auch Gurjewtisch beklagt in einer Analyse mittelalterlichen Zeitempfindens das „Niemandsland" in der Forschung zwischen Antike und Neuzeit in diesem Belang. Seine eigenen Erkenntnisse leiden dann allerdings an einem durch sein Belegmaterial, das meist mit dem 12. Jahrhundert schließt, gar nicht gerechtfertigten, freilich herkömmlichen Mittelalterbegriff in Konfrontierung mit „Renaissancedenken" seit dem 16. Jh.

ser eigenartiges lateinisch-abendländisches Kulturgefüge nördlich der Alpen etablieren und verbreiten konnte[22]. (Es ist hier nicht Gelegenheit, davon zu sprechen, daß es dabei merkliche Zeitverschiebungen in der Entwicklung dieses Kulturkreises gegeben hat, die sich im Raum niederschlagen als verhältnismäßig reguläre Distanzen zwischen Zentrum und Peripherie dieses Kulturkreises.)

In diesem ersten Entwicklungsabschnitt scheint das Zeitbewußtsein vornehmlich von der Ambivalenz zwischen *Zeit und Ewigkeit*, zwischen der Veränderlichkeit alles Irdischen und der Orientierung der menschlichen Existenz auf das Jenseits bestimmt. Es scheint überdies auch von einem Traditionsbewußtsein getragen, das ohne den Blick auf Entwicklungsdifferenzen Jahrhunderte überwinden konnte. Diese religiös bestimmte Zeiterfahrung und -empfindung erfuhr offenbar eine Veränderung im 12./13. Jahrhundert. So ergab sich eine zweite Periode im Verständnis von Zeit und damit auch in der Kondition des historischen Sinnes für das folgende halbe Jahrtausend. Das heißt, vom 13. bis ins 18. Jahrhundert, mit aller Ungenauigkeit von Säkularmarken, sind nach meinem Dafürhalten in unserem Kulturkreis die Gemeinsamkeiten um einen solchen Zeitbegriff für die individuelle Existenz wie für das Dasein größerer Gemeinschaften immerhin größer, als die Abweichungen davon. Ich weiß diese zweite Entwicklungsepoche nicht mit einem der herkömmlichen Begriffe zu bezeichnen. Es ist auch in diesem Zusammenhang vielleicht nicht notwendig, eine solche Bezeichnung zu ersinnen. Immerhin läßt sich zur Kennzeichnung von einem wachsenden Realitätsbezug sprechen, von einem stabileren Zeitgerüst in der Welt, abgesehen von den beiden Krisenschwellen zu Ende des 14. und um die Mitte des 17. Jahrhunderts, von einem ausgreifenden selbst- und entwicklungsbewußten Verhältnis zwischen *Zeit und Welt* von meßbarer Zeiterfassung für jeden einzelnen. Ein neues Zeitverständnis hebt nach meinem Dafürhalten dann im 17. Jahrhundert an und erreicht im 18. seine bestimmende Form. Es dauert bis in unsere Gegenwart. Es ist gekennzeichnet durch ein starkes Veränderungs- und Entwicklungsbewußtsein, als Fortschrittshoffnung, als Epigonengefühl, als Fortschrittsangst oder als Protagonismus im einzelnen ausgeprägt und insgesamt die Geschichtsphilosophie entfaltend oder zumindest eine Historisierung der Zeit auch in der Geschichtsschreibung. Ob dieses „moderne" Bewußtsein von *Zeit und Veränderung*

---

[22] Auch WENDORFF konstatiert: „Das moderne lineare Zeitbewußtsein erschien nicht, als das Mittelalter beendet war, sondern es wurde im Mittelalter geboren", S. 150.

die Gegenwart überdauert, ob wir uns heute in einer so tiefen Verständniskrise unseres Daseins und unserer Zeitbezüge befinden, daß man vielleicht mit der Mitte dieses Jahrhunderts dereinst eine neue Entwicklung datieren wird, das muß der Historiker nicht erwägen. Aber er kann solche Erwägungen anregen.

4.

„Das erste Charakteristikum der Zeit im Frühmittelalter war die Ungenauigkeit"[23], sagt ein besonderer Kenner der Epoche, aber uns muß doch von Bedeutung erscheinen, aus welchen Elementen diese frühmittelalterliche Ungenauigkeit aufgebaut war. Denn wie sie uns Heutigen auch immer erscheint, suchte sie doch Welt und Überwelt ineinanderzufügen und in die kurze Spanne eines Menschenlebens zu verweben. Das ist vornehmlich eine Leistung des Christentums, und überhaupt: Zeitverständnis wächst in unserer wie übrigens offenbar auch in den anderen Weltkulturen aus dem sakralen Bereich. Von daher rührten die alten Stundenweiser und die ersten Kalender; von daher hat sich natürlich erst recht die Einfügung des kleinen Menschenlebens in das Universum der Ewigkeit ergeben, die Individualzeit wurde ein Teil kosmischer Zeit, welcher auch immer, denn die Urfrage nach dem Sinn des Daseins konzentriert sich stets auf die zeitlichen Grenzen unserer Existenz:

Quae est enim vita vestra? vapor est, ad modicum parens, et deinceps exterminabitur.

Denn was ist euer Leben? Ein Hauch, eine kurze Zeit sichtbar, und danach wird er ausgelöscht werden.

(Jacobusbrief 4,15)

Es kann also nicht deutlich genug ins Bewußtsein gehoben werden, daß der moderne europäische Zeitbegriff religiösen Ursprungs ist, daß

---

[23] J. LECLERCQ: Zeiterfahrung und Zeitbegriff im Spätmittelalter. In: Antiqui und moderni. Miscellanea Mediaevalia Bd. 9, 1974, Hg. V. A. ZIMMERMANN, S. 1–20, hier s. 3. Vgl. auch J. LECLERCQ: Experience and Interpretation of Time in the Early Middle Age. In: Studies in Medieval Culture 6 (1973). Vgl. auch Gurjewitsch 1980 mit zahlreichen Belegen für einen Wandel des Zeitbewußtseins nach dem 12. Jh., die merkwürdigerweise aber nur gelegentlich ausdrücklich so gedeutet werden, z. B. S. 75. Zum biblischen Zeitbegriff, seinen Differenzen im Alten und im Neuen Testament und zur Entwicklung seines „linearen" Aussagesinns vgl. S. HERRMANN: Zeit und Geschichte, 1977, bes. S. 96 ff.

ihn das Christentum prägte, in der eigenartigen Atmosphäre des nordalpinen Frühmittelalters[24]. Er ist in Klöstern entwickelt worden. Hier rannen die Wasseruhren für das Stundengebet, hier berechnete man den Osterkalender, hier entstanden die ersten Annalen. Hier wurden, nach dem patristischen Bemühen um synchrone Datierungen der Weltgeschichte, wie sie Eusebius von Cäsarea vermittelte, die ersten Versuche zur Periodisierung der Weltgeschichte gemacht, auf biblischer Grundlage, nach drei Zeitaltern im Sinne der Trinität oder nach sieben Weltaltern gemäß den sieben Schöpfungstagen. Wichtig ist für unser Selbstverständnis, daß vieles von diesem frühmittelalterlichen Zeitbegriff die Epoche lange überlebte. Noch Schedels berühmte Weltchronik von 1493 ist nach den sieben Schöpfungstagen gegliedert, und die Dreiteilung nach der Trinität wich erst seit dem 18. Jahrhundert der heutigen populären Dreiteilung nach Antike, Mittelalter und Neuzeit aus dem Selbstverständnis der Renaissance.

Ähnlich langlebig auf dem Traditionsgrund der christlichen Religion erweist sich aber noch ein anderes, ein viel fundierteres Zeitverständnis, das den gläubigen Christen noch heute immer wieder für den Augenblick zumindest rückbindet und ihm die Imagination auferlegt, seine Gegenwart zu verlassen und in Gedanken unmittelbar teilzuhaben am weltgeschichtlichen Ursprung des Christentums. „Die Fülle der Zeiten" unter dem Regiment des Kaisers Augustus, des Kaisers schlechthin für das ältere Verständnis von der Weltmonarchie, wird nicht nur im Weihnachtsevangelium memoriert. Jede Eucharistiefeier macht vielmehr den Christen eine solche tiefgründige Meditation zur Pflicht, und ganz unbeschadet, ob sie auch glückt, welche Assoziationen sie auslöst, welche Fehlvorstellungen sie begleiten mögen, ist doch in jenem konfessionellen Bereich und damit im größten Teil des Christentums eine ganz ungewöhnlich vitale gedankliche Rückversetzung in Übung, eine Pflicht für den Gläubigen, für Augenblicke seine Gegenwart zu verlassen um dabei zu sein, um persönlich zu erleben:

Hoc e s t enim corpus meum – Dies i s t mein Leib.

(Missale Romanum)

Es mag mit dem seit Max Weber viel diskutierten Berufsethos im Calvinismus zusammenhängen, daß gerade hier die metaphysische Rückbindung an die Ursprungszeit in der Eucharistiehandlung verlassen ist. Das Abendmahl hat bekanntlich im Bereich sogenannter reformierter

---

[24] J. NEEDHAM: Time and Knowledge in China and the West, in: FRASER 1968, S. 92–135, hier 129.

evangelischer Bekenntnisse nur mehr Symbolcharakter[25]. Wie auch immer: bis ins 16. Jahrhundert gab es zu einem solchen Gegenwartsverständnis, dem die Rückversetzung in die Lebenszeit Christi so nahe lag, keine Alternative. Und dazu trat im weiteren Umkreis der breite Meditationsstoff in Wort und Bild aus der biblischen Geschichte, aus dem Leben Christi, dem Marienleben, und in zeitlicher Variante den vielen Heiligenleben, die den Gläubigen auftrugen, sich hier einmal in die neronische Verfolgung zurückzuversetzen, dort in die irische Missionszeit, hier der Judengemeinde zur Zeit Peter und Pauls, Stephans und Thomas' zuzuwenden und da dem frommen Hieronymus im Gehäus beizuwohnen. Kennzeichnend für die geläufige Überschätzung von Renaissanceeinflüssen mit allen ihren Vor- und Nachwehen auf dieses Zeitverständnis erscheint mir, daß eine solche Vergegenwärtigung in der bildenden Kunst erst im 17. Jahrhundert allmählich zur Beachtung äußerlicher Distanzen führte. Bis dahin begegnen wir Christus und seinem Gefolge in byzantinischer, mittelalterlicher Kleidung, der heiligen Maria und der heiligen Barbara und vielen anderen aber oft im jeweils zeitgenössischen Gewand[26]. Der Realismus des Marterholzes machte diese Unmittelbarkeit sogar noch besonders anschaulich. Mit der Losung: Nudus Christus in nudo ligno – Ein nackter Christus am nackten Holz! durchbrach er die Tradition des königlichen Gekreuzigten um den armen, geschundenen Schmerzensmann ganz zeitnah vorzuführen – das Vorbild der Corpus-Christi-Darstellungen bis zum heutigen Tag! In denselben gedanklichen Zusammenhang, mit nicht minderer Breitenwirkung, gehört auch der *Reliquienkult*, im Westen erst seit dem 9. Jahrhundert verwurzelt, in den folgenden zwei-, dreihundert Jahren aber wohl zu einem vergleichbaren Verständnis der Vergegenwärtigung eines Heiligen aus seinen Überresten ausgewachsen. Es scheint, daß auch dieses Verständnis, dessen gelegentlicher Kritik wir seit dem 12. Jahrhundert begegnen können, noch lange weiterwirkte[27].

[25] ARIÈS verweist treffend und ausführlich auf die Bedeutung des Christentums für den europäischen Zeitbegriff, aber er schenkt dabei dem Moment der Vergegenwärtigung durch Eucharistie und Reliquienkult keine Aufmerksamkeit.
[26] Zur kunstgeschichtlichen Problematik, namentlich zum magischen Charakter des frühmittelalterlichen Reliquienkultus und der Paradiesvorstellungen in der bildenden Kunst zuletzt V. H. ELBER: Chiffren das Paradiesischen. In: Tagungsbericht der Görres-Gesellschaft 1980, 1981, S. 56–84, bes. S. 82f.
[27] Allerdings sind unsere Kenntnisse über die Entwicklungen solcher Bewußtseinsströmungen sehr punktuell. Dazu vgl. zuletzt A. FUNKENSTEIN: Heils-

Das ist das Zeitverständnis des frühen Mittelalters, das leichthin immer wieder ein Jahrtausend überspringt, um dem Gläubigen in Kirche und Reich, vor dem Tabernakel wie vor dem Königsthron, die Statik der Dinge nahezulegen, die vorbestimmte Dauer der Welt und ihrer politischen Gemeinschaften, in die sein Leben eingefügt ist wie ein Baustein im Kirchengebäude, aber mit eben unmittelbarer, mit individueller Teilhabe am höchsten Heil durch die Vermittlung dieses gesamten Kirchenbaus. Diesem Bild entspricht auch die Struktur des Denkens mit allegorischer Symbolik, die unmittelbar Brücken schlägt vom Alten Testament ins Neue und von dort zu den symbolhaften Aussagen des sichtbaren Kosmos. Auch die Architektur selbst, die nach Maß und Zahl und Bild dieser kosmogonalen Symbolik immer wieder Ausdruck gibt, scheint in dieser Gesamtaussage der unmittelbaren Zeitentrückung mit der Konfrontation zwischen Gegenwart, vergangener Heilszeit und künftiger Heilserwartung eingefügt[28]. Es fällt einem solchen Zeitverständnis wohl auch schwer, die Gegenwart vom Anfang und Ende der Zeiten zu trennen, den Augenblick zu erfassen, das eigene Dasein anders als eine Variante der Vergänglichkeit zu sehen. Und es begreift die Ewigkeit nicht unendlich, sondern Maß für Maß – per saecula saeculorum!

Auch die politische Welt, neben der religiösen freilich minder eindringlich und sozusagen ideologisch schwächer genährt, lebt von solchen Zeitempfindungen. Allgemein bekannt sind vergleichbare Verknüpfungen der mittelalterlichen Monarchie mit dem biblischen Königtum, und daß die vorgeblich ranghöchste unter diesen Monarchien, das Kaisertum, ausgerechnet die einzige nichtreligiöse Rückbindung an das römische, das heidnische Imperium aus der Hand eines Papstes empfing, mag als ein wahrhaft unbeabsichtigtes Paradoxon erscheinen. Im Kampf der beiden Universalmächte wirkte es sich künftig bekanntlich auch ideologisch aus, namentlich durch den Rückgriff des staufischen Kaisertums auf das spätantike Kaiserrecht. Dem ist hier nicht nachzugehen. Wichtig ist die Idee einer Renovatio oder Restitutio des Imperiums, die seit der ersten Kaiserkrönung die Selbstdarstellung einzelner Herrscher auf dem vorgeblich römischen Imperatorenthron begleitet und fortan als eine schwächer ausgebildete weltliche Parallele dem abendländischen Zeitverständnis mithalf, jenes spezifische Tradi-

plan und natürliche Entwicklung. Formen der Gegenwartsbestimmung im Geschichtsdenken des hohen Mittelalters, 1965.

[28] WENDORFF 1980, 129ff; zum Thema vor allem W. VON DER STEINEN: Der Kosmos des Mittelalters, 1959. Viele Beobachtungen auch bei GURJEWITSCH 1980.

tionsbewußtsein aus quasi metaphysischer Identität auszubilden, von dem die Rede war. Als ein drittes und im intellektuellen Bereich besonders wirksames Element im Sinne dieser Rückbindungen tritt schließlich alles das hinzu, was wir ohne allzu anspruchsvolle Definitionen als die „Renaissancen" in unserer Kultur bezeichnen.

Es handelt sich hier um eine besondere, westliche, also abendländische Eigenart, das sei wohl erwogen: der byzantinisch-orthodoxe Bereich christlicher Kultur, bei seiner ununterbrochenen und insofern echten Tradition des Kaisertums, hatte weder eine vergleichbare Anstrengung zu bewältigen, um die Übertragung des Kaisertitels herzuleiten, noch kennt er westlichen Vorgängen entsprechende kulturelle Renaissancen. Das hat sich auf die osteuropäische Kultur, namentlich auf die russische, ausgewirkt bis ins 18. Jahrhundert[29].

Das Orientierungsbewußtsein, das solcherart entstand, eröffnete eine lange historische Perspektive, von der Erschaffung der Welt bis zur Erschöpfung ihrer Zeit nach 7000 Jahren oder nach einem numerisch nicht fixierten Ablauf der vier großen Weltreiche der Babylonier, Perser, Griechen und des noch andauerndem „römischen". Dabei jedenfalls sah man die eigene Gegenwart immer am Ende der Geschichte angesiedelt. Freilich: niemand weiß den Tag und die Stunde. Deshalb orientierten sich manche nach dem Verlauf der Politik und fühlten sich nach der oder jener Katastrophe jäh dem Weltende ausgesetzt, oder faßten nach einem positiven Umschlag neue Hoffnung, wie der geistreiche Magister Walter Map in der Umgebung des englischen Königs oder sein Zeitgenosse Otto von Freising im Umkreis des staufischen Kaisertums[30].

Die Gegenwartsdeutungen der Historiker des 12. Jahrhunderts lassen dann aber doch schon den Ansatz des neuen Zeitbewußtseins erkennen. Im alten Sinn ausgerichtet an den Weltzeitaltern und gerade nur bestrebt, die eigene Epoche, nostra tempora, mit einem gewissen Modernitätsverständnis zu sehen, geben sich die großen deutschen Weltchronisten. Sie sind alle im Westen gebildet: Otto von Freising, der rheinische Benediktinerabt Rupert von Deutz, oder der ebenfalls mit dem lebhafteren geistigen Leben in Frankreich bekannte Prämonstratenser Anselm von Havelberg, der, ein weitgereister Mann, die

---

[29] Zur byzantinischen Tradition ARIÈS 1954, S. 98.
[30] Darüber z. B. H. MORDEK: Vergangenheit und Zukunft im Geschichtsdenken des Mittelalters. In: Geschichte und Zukunft, Hg. v. H. LÖWE 1978, S. 33–49.

Neuerungen des Westens gegen byzantinische Vorwürfe verteidigte[31]. Ob in symbolhafter Deutung, ob in zukunftsweisendem Sinn eines politischen Pragmatismus, wie ihn damals der Engländer Johannes von Salisbury repräsentiert, hervorragender Zeuge für den zeitgenössischen Humanismus: insgesamt erscheint das Verhältnis zur Geschichte in Bewegung geraten, bietet ein besonderes Arsenal für intellektuelle Gegenwartskritik, präsentiert Werturteile aus dem Weltverlauf und weiß damals, im 12. Jahrhundert, auf seine Weise auch schon ein Fortschrittsbewußtsein zu erzeugen. Die historische Alternative zu einem solchen kritischen Umweltbewußtsein, etwa die Rückkehr zur weltfernen, eher spiritualisierten Kirchengemeinschaft, scheiterte mit einem noch heute umrätselten Vertrag zwischen Kaiser und Papst zum Verzicht der Kirche auf alle weltliche Herrschaft[32]. Sie suchte sich dann aber einen eigenen Weg nach den Möglichkeiten jenes frühen „Historismus" und wurde gelegentlich in einem genialen Kopf zu einer merkwürdigen Geschichtsspekulation, die zugleich auch, so konservativ ihre Methode war, eine völlig neue Vorstellung von Modernität unserem Kulturleben einfügte, die nach manchen Wandlungen jahrhundertelang das Fortschrittsdenken prägte und von manchen Betrachtern längst als der Beginn einer neuen Epoche des Denkens angesprochen worden ist[33].

Es handelt sich um die Hoffnung, wie sie auch immer herbeigeführt werden mag, daß anstelle des Weltendes, des Jüngsten Gerichts und der Rückkehr des irdischen Lebens ins Jenseits, eine mehr oder minder vervollkommnete Menschheit schon hier auf Erden zu erwarten sei. Nicht die oft mühselige Spekulation aus Bibelallegorie und Zahlensymbolik, sondern der Fortschrittsoptimismus, der aus diesen Erwä-

---

[31] J. Spörl: Grundformen hochmittelalterlicher Geschichtsanschauungen, 1935, hat das mit Anschaulichkeit vor Augen geführt, vgl. etwa S. 29. Danach zuletzt Funkenstein 1965, zusammenfassend S. 77.

[32] Noch immer muß man in diesem Zusammenhang die knappe Skizzierung der Lage von A. Dempf: Sacrum Imperium, 1929, S. 217f für treffend halten; dazu auch E. Benz: Ecclesia spiritualis, 1934, für die franziskanische Tradition.

[33] H. Grundmann: Neue Forschungen über Joachim von Fiore, 1950, S. 81: „Bei Joachim kommt statt des Endzeitbewußtseins aller katholischer Eschatologie ein ganz neuartiges Epochenbewußtsein zum Durchbruch, das von der Zukunft nicht nur das Weltende, sondern vorher noch entscheidende Wandlungen und ganz neue Möglichkeiten höherer Vollkommenheit des menschlichen irdischen Daseins erwartete..." Dazu vgl. F. Seibt: Utopica. Modelle totaler Sozialplanung, 1972, S. 24ff und F. Seibt: Liber Figurarum XII and the Classical Ideal of Utopia, in: Essays in Honour of Marjorie Reeves, ed. by Ann Williams 1980, S. 259–266.

gungen spricht, kennzeichnen das neue Zeitverständnis. Der Autor, ein kalabresischer Abt, Joachim von Fiore, selber keineswegs weltfern, sondern vielgereist und wohl auch im Milieu des aufblühenden französischen Geisteslebens nicht unerfahren, entwickelte es in einem umfangreichen Werk aus vielen Schriften. Es handelt sich um die Idee von einem, wie er es nannte, dritten Reich des heiligen Geistes, das nun nicht mehr, wie das erste, Gottvater zugeschriebene, nur dem auserwählten Volk; auch nicht das zweite, unter der Ägide des Gottessohnes, der Christenheit allein, sondern *der gesamten Menschheit* zugedacht war. Sie sollte, vom heiligen Geist erleuchtet, schließlich ohne weitere kirchliche oder politische Institutionen zur vollkommenen Gemeinschaft finden. Wir begegnen hier also um 1200, in religiöser Gewandung und belegt durch allegorische Bibelexegese, dem Ziel nach gerade jenem universalen Fortschrittsoptimismus, den 600 Jahre später die sogenannte Aufklärung aus ihrer säkularisierten, nicht mehr biblischen, sondern nach ihren Kräften und Einsichten universalen Geschichtsphilosophie herleiten wird. Und damit eben, mit jenem Joachim von Fiore und einer Reihe anderer mehr oder minder fortschrittsbewußter, optimistischer Spekulationen über die Zukunft aus der Geschichte, setzt augenscheinlich auch die neue Epoche des Zeitbewußtseins in unserem Kulturkreis ein[34].

5.

„O weh, war sind verswunden alliu mîniu jâr!..." Der elegische Rückblick Walthers von der Vogelweide, um 1226, kann als ein besonderes Zeugnis des Zeitbewußtseins im gebildeten Laienmilieu angesprochen werden. Als ein durchaus aussagekräftiges: nicht nur der Stoßseufzer Walthers nach den scheinbar so spurlos verschwundenen Jahren, als habe er sein Leben nur geträumt, also die noch heute beliebte Metapher von Traum und Vergangenheit, sollten uns dabei nachdenklich machen, sondern auch die Überlegungen vom sinkenden gesellschaftlichen Wert des alten Menschen, die Walther zu Papier bringt, oder die interessanten, sozusagen ökologischen Beobachtungen über die Veränderungen seiner Umwelt:

„bereitet ist daz velt, verhouwen ist der walt: wan daz daz wazzer

---

[34] M. REEVES: The Influence of Prophecy in the Later Middle Ages, 1969.

fliuzet, als ez wîlent vlôz..." Auch die Mentalität seines Standes hat sich geändert, und Walther verbindet damit die bekannte Klage über die Jüngeren, nur mit einem ganz anderen Inhalt, als sie uns heute geläufig wäre: „Ouwê wie jaemmerliche junge lîute tuont... die kunnen niwan sorgen..."

Nicht etwa die Abkehr von der rechten Lebensfürsorge beklagt der Minnesänger also, eine Klage, wie sie mancher Generationenwechsel in der bürgerlichen Mentalität auslöst, sondern die Abkehr von der freien und leichten höfischen Lebensart: die Jungen sind ganz von Sorgen verzehrt – sind es die Sorgen einer neuen Wirtschaftsmentalität, die das Feld gebreitet und den Wald gehauen hat?[35]

Alles scheint sich gewandelt zu haben nach den Beoachtungen des doch zumindest in Mitteleuropa weitgereisten Mannes. Die Welt ist in Bewegung geraten. Ihr Gesicht hat sich verändert. Wenn er die Landschaft betrachtet, dann sind nur noch die Flüsse an ihrem alten Ort. Und wenn er über die Menschen nachdenkt, kränkt ihn die Ruhelosigkeit, die von ihren Gedanken Besitz ergriffen hat, anstatt der sorglosen Sicherheit mit Tanz und Spiel des Hoflebens zu seiner Zeit.

Wir finden fortan häufiger Betrachtungen von Chronisten über den Wandel der Dinge. Das mag nicht nur damit zusammenhängen, daß man von jenem Jahrhundert an mehr schreibt. Viel eher scheint es Teil von einem „Dynamismus der Gotik", den die Kunstsoziologie konstatierte[36], der sich im viel beachteten architektonischen Stilgefühl in der „Lichtgestalt" der neuen Kathedralkunst[37] ebenso zeigt wie in der neuen Musik. Bisher sang und spielte man in den Kirchen die sogenannten gregorianischen Choräle ohne ersichtliche zeitliche Notierung. Nun wird die Tonlänge festgelegt, es herrscht nicht nur die Hingabe an eine Melodie, die man für zeitlos erachten könnte, sondern im Aufbruch zur Mehrstimmigkeit regiert ein strenges Maß, und damit bekommt das zeitliche Element in der Musik zumindest eine neue Wertigkeit[38].

Man hat gemeint, für dieses neue Verhältnis zur Zeit die bekannte Aristoteles-Rezeption verantwortlich machen zu können, weil gerade jetzt, mit der Masse der Schriften des Philosophen schlechthin, auch je-

---

[35] Die Gedichte WALTHERs VON DER VOGELWEIDE, hg. v. HERRMANN PAUL 1945, S. 110ff.

[36] A. HAUSER: Sozialgeschichte der Kunst und der Literatur, 1953, hier zitiert nach WENDORFF 1980, 129 ff. Vgl. auch GURJEWITSCH 1980, 88 f.

[37] H. JANTZEN: Kunst der Gotik, 1957, S. 32 und 66.

[38] P. GÜLKE: Mönche, Bürger, Minnesänger, 1975, allgemein zur Musikentwicklung im Spätmittelalter; dazu WENDORFF 1980, S. 208.

ner Satz aufgenommen und diskutiert wird: „Die Zeit ist das Maß einer Bewegung, die sich von einem Vorher zu einem Nachher vollzieht"[39]. Aber diese Schuldiskussion des 13. Jahrhunderts spiegelt wohl nur auf gelehrter Ebene wider, was sich allgemein auf anderem Weg und mit anderen Sätzen in den Köpfen verbreitet. Und in den ungelehrten mit einem viel lebensnäheren Effekt: Zeit ist, was man nützen kann, Zeit läßt sich in Bezug setzen mit der individuellen Arbeitskraft der aus der Leibeigenschaft Entlassenen, die freigesetzt ist durch die Entstehung von Hunderten und bald Tausenden von Stadtgemeinden im ganzen westlichen und mittleren Europa, mit Zehntausenden von Einwohnern, die bei festgesetzten Abgaben im übrigen bald nur ihrer eigenen ökonomischen Leistung ihren Lebensstandard und ihre Entwicklungsmöglichkeiten verdanken. Es ist dieser neue homo oeconomicus, der, unterschiedlichen Standes, handarbeitend oder als wagender und bald spekulierender Fernkaufmann, unsere Welt in Bewegung bringt und der Zeit, der Arbeitszeit wie auch bald der Umlaufzeit bestimmter Kapitalsummen oder Warenmengen, besondere und bisher ungekannte Möglichkeiten abgewinnt[40]. Es ist jene Zeit, die nach einer bündigen Aussage eines französischen Mediaevisten sich wandelt von der theologischen zur technologischen Funktion, von der Kirche zum Markt[41].

Wenn wir aber schon einerseits die zitierte Aristoteles-Definition von der Zeit als Maß der Bewegung und umgekehrt, der Bewegung als Maß aller Zeit erwägen; wenn wir zudem die wachsende, zur raschen Verständigung einstweilen sogenannte „bürgerliche Welt" mit ihren freigesetzten, über ihre eigene Arbeitsleistung und damit eben auch über ein ökonomisches Maß an Zeit disponierenden Gesellschaftsgruppen übrigens nicht nur in der Stadt, sondern auch auf den neuen, „gefreiten" Rodedörfern nachdenken; dann muß man zunächst einmal grundsätzlich gerade im Hinblick auf unser Thema vor Augen haben, daß fortan die Gesellschaft unseres Kulturkreises in dem ihr eigenen Pluralismus auch über mehrere Gedankenkreise von Zeitbewußtsein verfügt, die sich anders in den bäuerlichen Jahreslauf fügen als in den städtischen, anders im adeligen Schloß als am königlichen Hof, am Bischofssitz, an den neuen Hohen Schulen oder im Kloster gedeutet wer-

---

[39] In lateinischer Version, wie sie in jener Zeit entstand: tempus est numerus actus secundum prius et posterius. Die deutsche Übersetzung nach LECLERCQ 1974, S. 19.
[40] Zusammenfassend zuletzt K. BOSL: Europa im Aufbruch. Herrschaft, Gesellschaft, Kultur vom 10. bis zum 14. Jahrhundert, 1980, bes. S. 43 ff.
[41] J. LE GOFF: Le temps de l'eglise et le temps des marchands. In: Annales E.S.C. 15 61960), S. 417–473; dazu auch: J. LECLERCQ: Aux sources de la spiritualité occidentale. 1964, S. 169–184.

den. Daß alle diese (und noch mehrere) Bewußtseinsebenen in den einzelnen gesellschaftlichen Gruppen und mitunter sogar in einzelnen Köpfen gleichzeitig leben und manchmal auch schier gleichzeitig zu Wort kommen, das macht auf jeden Fall eine besondere Diffizilität unseres Themas aus und führt manche Urteile, die sich etwa nur nach dem Gang der philosophischen Diskussion oder nach dem literarischen Niederschlag richten, in ihrer Bedeutung für das kulturelle Ganze einfach in die Irre[42].

Allerdings wächst im ganzen der kulturelle Einfluß des städtischen Milieus. Daß unsere Zivilisation mit dem Begriff der civiltà gerade in jener Zeit in oberitalienischen Städten zum Bewußtsein gebracht wurde, und also aus der civitas, der Stadtgemeinde, mit nomenklatorischer Symbolik zwar eben durchaus nicht ihren Ursprung nimmt, in Anbetracht der Leistungen von Kloster und Schloß, von Kirche und Königshof, aber ihr Selbstbewußtsein, das mag dafür zur raschen Orientierung dienen[43]. Und das nicht nur im sogenannten zivilen Bereich: auch die neue Religiosität, auch sie übrigens nur eine neue Komponente zu der fortlebenden älteren, die das spätere Mittelalter bis über das Reformationsjahrhundert hinaus nun charakterisiert, kennt eine besondere Rechenschaftsablage nach Zeitabschnitten zur Nutzung jedes einzelnen Tages für den inneren, den religiösen Fortschritt[44].

---

[42] Auch WENDORFF betont 1980, S. 151: „Wesentlicher ist die unterschiedliche Entwicklung in gesellschaftlicher Hinsicht: Kirche, Adel, Bürgertum und Bauerntum, Stadt und Land entfalten mehr und mehr ihr Eigenleben". Aber gerade das stets zu beachten, wenn möglich in seiner Unterschiedlichkeit zu erfassen, wäre wohl noch die besondere Aufgabe einer umfassenden Darstellung des Zeitbewußtseins unserer Kultur – zumindest im Bereich der entwicklungstragenden Schichten Klerus, Adel, städtische Oberschicht und städtische (handarbeitende) Mittelschicht.

[43] Eine Verbindung zwischen civis (Bürger), civitas (Stadtgemeinde) und civilitas suchten im 14. Jahrhundert schon Dante, Marsilius von Padua und Petrarca, vgl. A. RÖMHILD: Ursprung und Entwicklung des Begriffs civilitas in Italien, 1946. Auch Nikolaus von Cues erläuterte 1433 in seiner Reformschrift De concordantia catholica den Begriff auf diese Weise, der eigentlich das stadtbürgerliche Element zum Träger der historischen Selbstbestimmung macht, sein Zeitbewußtsein zum Entwicklungsmesser.

[44] E. ISERLOH: Die Devotio moderna, in: Handbuch der Kirchengeschichte III/2, 1968, hier S. 524. Kritisch zur These vom Ursprung der Devotenbewegung in Böhmen R. R. POST: The Modern Devotion. Confrontation with Reformation and Humanism, 1968. Zur Vielfalt der Frömmigkeit jener Zeit allgemein F. SEIBT: Die Krise der Frömmigkeit – Die Frömmigkeit aus der Krise. In: 500 Jahre Rosenkranz 1475 – 1975, Kunst und Frömmigkeit im Spätmittelalter und ihr Weiterleben. Erzbischöfliches Diözesan-Museum Köln, 1975, S. 11–29.

Vielleicht müßte man, um das neue Umweltbewußtsein zu charakterisieren, das solcherart im 13., 14. Jahrhundert allmählich wächst, mehr als von den Schulen der Philosophen an den Universitäten, seinen Ausgang nehmen vom sichtbaren Niederschlag der Technik an den neuen Instrumenten zur Messung von Raum und Zeit. Die neuen, mit dem Kompaß erarbeiteten Karten des 14. Jahrhunderts belegen ihn ebenso wie der gleichzeitige neue, mit Hilfe der Räderuhr bestimmte Tageslauf. Man muß nur eine dieser neuen Weltkarten gesehen haben, um verblüfft die Ähnlichkeit mit unserem eigenen, noch gängigen Atlantenbild zu konstatieren; und man muß überlegen, daß wir noch heute vorwiegend die Zeit mit prinzipiell denselben Uhren messen, die bereits das 14. Jahrhundert entwickelt hat.

Es ist vielleicht ein besonderes Zeichen für die breite Basis der Neuerung, daß sich die Erfindung der Räderuhr nicht mit einem Namen, mit Zeit und Ort bezeichnen läßt. Im 13. Jahrhundert gibt es wiederholt Berichte von Bemühungen um die Konstruktion einer solchen Uhr, die mit Gewichten zu betreiben sei, um die bisher verwendeten einfachen Wasseruhren abzulösen[45]. Um 1300 sind solche Wunderwerke jedenfalls in Italien und dann auch in Paris vorhanden. 1344 wird in Chioggia von Jacopo Dondi vermutlich das uns bis heute wohlbekannte Zifferblatt entworfen, und der Sohn dieses Astronomen und Konstrukteurs, Arzt im Dienste Kaiser Karl IV., beschreibt 1364 eine Uhr, die gleichzeitig die Stunden zeigt wie den Stand der Gestirne, dazu auch noch den christlichen Festkalender in seinem jährlichen Wandel, eine Konstruktion, die in ihrer Vielseitigkeit in den nächsten 500 Jahren nicht überboten werden konnte. Das Manuskript ist erhalten und ein Nachbau aus dem 19. Jahrhundert stellt das volle Ausmaß spätmittelalterlicher Kunstfertigkeit vor Augen[46]. Eine einfache, den Stunden zugedachte Uhr von der Kathedrale von Salisbury aus dem Jahre 1386 können wir übrigens im Original noch heute bewundern.

Lewis Mumford nannte die Uhr, nicht etwa die Dampfmaschine, das Schlüsselwerk, die key-machine des Industriezeitalters[47]. Die ge-

---

[45] H. A. LLOYD: Timekeepers – A Historical Sketch. In: FRASER (ed.) 1968, S. 388–400. Zur Geschichte der Räderuhr neuerdings besonders M. MAURICE: Die deutsche Räderuhr – Zur Kunst und Technik des mechanischen Zeitmessers im deutschen Sprachraum. 2 Bde., 1976. L. LÜBKE: Das große Uhrenbuch. Von der Sonnenuhr zur Atomuhr, 1977. K.-E. BECKER und H. KÜFFNER: Uhren. Battenberg, Antiquitäten-Kataloge, 1978 (mit Lit.). S. FLEET: Uhren. Deutsch v. A. LÜBKE. J. Vgl. auch C. M. CIPOLLA: Clocks and Time, 1967.

[46] Kaiser Karl IV. 1316–1378. Ausstellungsführer, 1978. S. 26, Kat.-Nr. 14.

[47] Zitiert nach WENDORFF 1980, S. 137.

niale Erfindung liegt dabei nicht in dem von Gewichten betriebenen Räderwerk, sondern in einer Hemmung, die in kurzen regelmäßigen Abständen, – seit der Erfindung des Pendels im 17. Jahrhundert im Sekundenmaß, – in ein Zahnrad greift und solcherart, nach Ernst Jünger, in „neuen Takten, die die Natur nicht kennt... die Schwerkraft mit einem Zauberspruch des Geistes zu bändigen vermag. Wer die Hemmung ersann, muß als der Erfinder der Uhr gelten. Er zählt zu unseren Heroen, denn er tat mehr als Jason mit den Stieren... er legte der Zeit die Zügel an"[48].

Währenddem, noch im selben 14. Jahrhundert, das ohnehin von einer Sachkennerin als das erste große Jahrhundert der europäischen Physik bezeichnet wurde, tauchten auch die ersten Sanduhren auf, zunächst wohl aus übereinander gestellten Flaschen[49]. Sie verdrängten in der bildenden Kunst gelegentlich sogar die Räderuhren, während sie nur in der Schiffahrt wirklich unersetzlich waren. Über diese Vorliebe hat man mitunter tiefsinnig spekuliert, besonders, weil noch im 17. Jahrhundert kunstvolle Räderuhren auch zusätzlich mit kleinen Sanduhren versehen sind. Man kann aber auch die einfache Erklärung heranziehen, daß das handliche Gerät, seit dem 15. Jahrhundert in der uns noch heute bekannten Art von durchsichtigen Glaszylindern, die unwiderruflich verrinnende Zeit viel anschaulicher macht, als der endlose Kreislauf der Räderuhr.

Man spricht oft vom neuen Welt- und Lebensgefühl der Renaissance. Das Zeitgefühl ist bestimmt ein Teil davon. Es scheint mir wichtig festzustellen, daß nach meiner Umschau ein besonderes Charakteristikum im Zeitverständnis der Renaissance, also etwa der europäischen Gedankenwelt um 1500, eigentlich nicht zu finden ist. Bei genauerem Hinsehen nämlich wird das alles, was man für gewöhnlich als Renaissance-Denken in diesem Belang beansprucht, schon im 14. und im 15. Jahrhundert entwickelt. Das bezeugen nicht nur die neuen Weltkarten aus Spanien, Portugal und Italien oder die neuen Räderuhren, sondern auch die Ratschläge, die Leon Battista Alberti um 1450 für den Alltag bereit hielt: Die Zeit ist ihm das „bei weitem kostbarste". „Wer keine Zeit zu verlieren weiß, der kann beinahe jede Sache tun"[50].

[48] E. JÜNGER: Das Sanduhrbuch, 1954, 88f; zur Bedeutung des neuen Zeitempfindens auch F. SEIBT: Karl IV. Ein Kaiser in Europa. 1978, 9ff.
[49] JÜNGER 1954 nennt 1393 als Datum der Erfindung, LÜBKE 1977 und FLEET lesen die Jahreszahl als 1339, vgl. WENDORFF 1980, 189. Doch hebt FLEET 19ff ausdrücklich hervor, daß die Sanduhr erst im 15. Jh. allgemein in Gebrauch kam und in Italien gelegentlich für eine Erfindung des 16. Jh.s gehalten wurde.
[50] LEON BATTISTA ALBERTI: Über das Hauswesen, dt. v. W. Krau, 1962,

Freilich hat sich diese neue Mentalität allmählich entwickelt. Mit Jahreszahlen ist ihr nicht leicht beizukommen. Sie hebt das Zeitalter der Räderuhren augenscheinlich nicht nur als eine technische Epoche ab. In der herkömmlichen Gegenüberstellung von Mittelalter und Renaissance wird man dieser Entwicklung nicht gerecht. Allerdings verhalf ihr erst die Allegorie der Renaissance zu einer neuen Anschauung. Aber wo setzt die neue Denkweise an? Hätte nicht das bekannte Bild Pieter Breughels des Jüngeren vom „Triumph der Zeit", mit Glockenwerk, Sanduhr und Lebensbaum, mit Kronos/Saturn, der seine Kinder verschlingt und mit dem unaufhaltsam rollenden Wagen der Zeit auch schon im 14. Jahrhundert Verständnis gefunden? Damals entwickelte sich das Bild vom Knochenmann, der in wahlloser Reihe arm und reich, hoch und niedrig in seine Reigen zieht; damals hatte der „Ackermann aus Böhmen" die Ohnmacht des Menschen vor dem unerbittlichen Tod in Worte gefaßt. Seit dem 16. Jahrhundert vereinten sich augenscheinlich die Bilder, Kronos erscheint mit der Sense und der Knochenmann weist uns die Sanduhr vor. Beide haben Gewalt über den Menschen. Aber Kronos mit der Uhr weiß sie genauer, weiß sie handgreiflich zu zeigen. Das alte „tempus fugit" gewinnt nicht nur ein neues Bild, es wird auch meßbar. Den Totentänzen des 14. wie den Kronos-Szenen des 16. Jahrhunderts ist gemeinsam, daß sie Zeitlichkeit, Vergänglichkeit, Ohnmacht bezeugen ohne die kirchliche Vermittlerrolle, ohne eigentlich das ältere Gegensatzpaar von Zeit und Ewigkeit, von der Einbindung aller irdischen Zeit in Gottes Hand zu bemühen. Zwar der „Ackermann aus Böhmen" entscheidet seinen Streit mit dem Tod vor Gottes Richterstuhl; aber es ist eben ein Streit und ein Aufbegehren, keine Hingabe[51].

S. 216ff. Herkömmlicherweise, so etwa schon bei W. SOMBART: Der Bourgeois, 1913 und noch bei GURJEWITSCH 1980, S. 187, werden diese und andere Stimmen schon für „das neue Verhältnis zur Zeit" in der Renaissance beansprucht. ALBERTI schrieb Mitte des 15. Jh.s.

[51] Das Bild P. Breughel d. J. vom Triumph der Zeit ist mehrfach kunstgeschichtlich gedeutet worden, zuletzt von PANOFSKY 1962, der Vater Kronos in abstract grandeur and malignant voracity hervorhebt. Damit ist er wohl in gewisser Funktion an die Stelle des älteren Sensenmannes getreten, zugleich aber wurde dabei das etwas amorphe Symbol der Vergänglichkeit durch eine Allegorie der exakteren Schicksalsmacht „Zeit" ersetzt. Aber dieselbe Verbindung findet sich auch schon in der Ikonographie der großen Kirchenuhren des 14. Jahrhunderts und läßt sich wohl in Verbindung bringen mit der gleichzeitigen Darstellung von „Totentänzen" als „Reigen der Vergänglichkeit", vgl. H. ROSENFELD: Der mittelalterliche Totentanz, 1968. Besondere Beachtung verdient an dem Breughel-Bild auch die Bedeutung des Rades im Vergleich mit Vergleichbarem aus dem 12. Jahrhundert. Kro-

Schon das 14. Jahrhundert diskutierte über ein heliozentrisches Weltbild, über Impuls und Bewegung. Bald beginnt man auch über den unendlichen Fortschritt zu meditieren. Er ist bei Nikolaus von Cues schon konzipiert, jenem Genius, der in vielen Spekulationen seine Mitwelt überragte[52]. Gerade deshalb darf man seine „Coincidentia oppositorum", seine Theorien über Toleranz auf der Basis von Vernunftreligion und eben auch über die Unendlichkeit nicht gerade für die Mentalität seiner Gegenwart betrachten. Ist auch der Mensch, in seiner Version, mit einer „ruhelosen Aktivität begabt" und „trägt ein unstillbares Streben nach der Tat in sich, das ihn über alle zeitlichen und räumlichen Grenzen zur endlosen Vervollkommnung treibt und zur Unendlichkeit erhebt"[53], so wird das erst Jahrhunderte später Comenius wie Leibniz inspirieren. In den Köpfen unterschiedlichen Ranges all derer, die wir heute als Intellektuelle bezeichneten, im Gegenwartsbewußtsein zu Lebzeiten des Cusaners läßt sich davon noch nicht das rechte Echo finden.

Allein die alte Hoffnung auf eine Wiederkehr des Reiches Gottes in der Zeit, im siebten Zeitalter oder nach dem vierten Reich Daniels, aber unbekannt wann, vielleicht schon morgen, das Bild vom mundus iam senescens ohne weitere Altersangabe, wird nun abgelöst durch einen weiteren Ausblick. Das ist freilich wieder ein schwieriger Zusammenhang, nicht leicht zu fassen: die alten Vorstellungen vom ewigen Kreislauf in der unendlichen Zeit sind dem Mittelalter nicht ganz unbekannt geblieben und lebten anscheinend unter den oberitalienischen Averroisten fort. Demgegenüber hatte zumindest die offizielle Aristoteles-Re-

---

nos überrollt mit seinem Wagen alles Irdische; Fortuna dagegen, vergleichbare Schicksalsgöttin wie sie die älteren Darstellungen liebten, dreht mit ihrem Rad in stets gleicher Reihenfolge Gunst und Ungunst, Aufstieg und Niedergang. Zum Fortuna-Verständnis K. HAMPE: Zur Auffassung der Fortuna im Mittelalter, Archiv für Kulturgeschichte 17 (1927), S. 21–37.

[52] GENT 1934 hebt hervor, das Unendlichkeitsdenken der Renaissance beginne mit Nikolaus von Cues – und damit in der Mitte des 15. Jahrhunderts. In dieser Hinsicht hatte sich aber wohl bereits die Mystik seit längerem entfaltet. Von Meister Eckert, um 1300, wird überliefert: „Gott schuf die Welt und alles darin in einem einzigen gegenwärtigen Jetzt..." Dazu und allgemein zur Überwindung der Zeit im mystischen Denken I. PROGOFF: The Dynamic of Hope. In: Eranos 10 (1963), S. 119.

[53] J. CERVENKA: Die Weltschichten bei Campanella und Comenius, in: Acta Comeniana 4 (1979), S. 135: „Der Mensch ist mit einer ruhelosen Aktivität begabt, die Cusanus, dem Meister Eckhardt folgend, mit den Bezeichnungen ‚unersättlicher Hunger', ‚unendliche Sehnsucht' oder ‚immer erweitertes Fortschrittsvermögen' (infinita capacitas, in infinitum progressio) bezeichnet."

zeption, namentlich in der Leistung des Albertus Magnus, ein distanziertes, ein mittelbares Naturverhältnis hervorgebracht, in dem die Welt und ihre Eigenständigkeit ein neues Recht bekam[54]. Damit hängt vielleicht zusammen, daß man nun immer wieder einmal das Weltende erst in eine fernere Zukunft verlegte, ins 18. Jahrhundert, wie Nikolaus von Cues, genau auf das Jahr 1789, wie Pierre d'Ailly, einer der führenden Kardinäle des Konstanzer Konzils, in eine unbestimmte, ferne Zeit, wie eine Weissagung, die man dem 14. Jahrhundert und der heiligen Birgitta von Schweden zuschreibt, auf 1994 wie Pico della Mirandola, ins Jahr 2000 mit dem ersten protestantischen Historiographen Carion[55]. Zwar Luther, das ist bekannt, wollte noch heute sein Bäumchen pflanzen, auch wenn die Welt schon morgen zugrunde ginge. Auch hielten sich alle möglichen Weissagungen von einem nahen Ende der Zeiten. Aber es fällt doch auf, daß man jetzt längerfristig kalkulierte, und erst die Greuel des Dreißigjährigen Krieges belebten augenscheinlich die kurzfristigen Untergangsängste aufs Neue. Herbert Grundmann, der gelegentlich einiges aus dieser Zeitspekulation berichtet, bestätigt dabei ungewollt jene Epocheneinheit im Zeitempfinden, die hier angemessener scheint als die herkömmliche Mittelalterschwelle: „Diese seltsamen Bemühungen so ernsthafter Männer zeigen deutlich, wie stark die christliche Lehre vom Weltende und der Endzeit auch dann noch das Denken über die Geschichte beherrscht, als das lebendige Geschichtsbewußtsein schon ganz andere Wege wies..."[55].

Nun müßte man eigentlich Calvins Fortschrittsdenken dagegen halten: „So verhält es sich mit dem Reich Gottes, daß es von Tag zu Tag wächst und zum Besseren fortschreitet..."[56]. Damit ist eine alte Formel vom inneren Fortschritt auf den Gang der Reformation anwendbar, auf den Optimismus der neuen Lehre, auf die Zuversicht und die Hoffnung – damit auch auf eine besondere Variante vertrauensvollen Gegenwarts- und Zukunftsgefühls. „Die Welt als Uhr", so hatte in einer ideenreichen, noch heute anregenden „Kulturgeschichte der Neuzeit" Egon Friedell vor fünfzig Jahren diesen Gedanken in der Philoso-

---

[54] H. ALTNER: Albertus Magnus als Naturwissenschaftler in seiner Zeit. In: Albertus Magnus – Bischof von Regensburg und Kirchenlehrer. Hg. v. G. SCHWAIGER und P. MAI, 1980, S. 63–76; F. SEIBT: Albertus Magnus. Rundfunkmanuskript Bayerischer Rundfunk 15. 11. 1980.

[55] H. GRUNDMANN: Die Grundzüge der mittelalterlichen Geschichtsanschauung. Zuletzt in: H. GRUNDMANN: Ausgewählte Aufsätze 2, 1977, 211–219, hier 218f. Hierzu zählen auch die populären Prophetien des Spätmittelalters, die teils, wie etwa die Weissagungen des Blinden Jünglings aus dem 14. Jh., das Weltende in fernerer Zeit vorhersagen.

[56] WENDORFF 1980, 172.

phie des genialen und weithin wirksamen Leibniz einmal charakterisiert und hinzugefügt, das barocke Seelenleben stehe zwischen den Polen des Mechanischen und des Unendlichen[57]. Die Welt als Uhr hatten aber auch schon die großen Räderwerke in den Kathedralen der Spätgotik vor Augen gestellt, und es sieht so aus, als hätte über 300 Jahre hin der damals grundgelegte Gedanke nur fester Wurzeln gefaßt, bereichert und vertieft, aber noch lange nicht geklärt in seinen Zeitbegriffen. Noch Leibniz konnte Newtons Zeitvorstellung nur zustimmen im Hinblick auf Gleichmaß und Kontinuität, sah aber in Newtons Vorstellung von der unabhängigen Existenz der Zeit vor den Dingen ein metaphysisches Ungeheuer[58].

6.

Seit dem Jahre 1300 versah der Kulturkreis augenscheinlich die Säkularmarken mit besonderen Wertungen. Hatte das Jahr 1000 beispielsweise den Zeitgenossen noch gar keinen besonderen Eindruck hinterlassen, so begann die Kirche, wieder die Kirche, zuerst in sogenannten Jubeljahren mit besonderen Gnaden für Romwallfahrer, die Christenheit auf die Bedeutung der Säkularzahlen hinzuweisen. Das fernere Echo dieser älteren Kalenderjubiläen ist bislang noch nicht untersucht, auch nicht der Einfluß auf die Geschichtsschreibung, die der bedeutende Propagator evangelischer Kirchengeschichte Flaccius Illyricus seit 1559 mit seinen „Magdeburger Centurien" auslöste[59].

Aber damit verlieren wir uns fast schon in kulturgeschichtliche Nebensachen. Das Zeitbewußtsein jener Jahrhunderte hat weit Wirkmächtigeres hervorgebracht als Kalenderjubiläen. Es hat, auf den Spuren Joachims von Fiore und auch außerhalb, jene alte, nicht recht orthodoxe christliche Sehnsucht nach einem womöglich tausendjährigen Friedensreich am Ende der Zeiten zur realen politischen Erwartung

---

[57] E. FRIEDELL: Kulturgeschichte der Neuzeit, 1974 (1. Aufl. 1927–1931), S. 560f.
[58] Zum Zusammenhang in der Entwicklung vgl. auch C. M. CIPOLLA: Clocks and Time 1300–1700, 1967.
[59] J. BURCKHARDT: Die Entstehung der modernen Jahrhundertrechnung, 1971. Dazu WENDORFF 1980, 305f.
H. ZEMANEK: Bekanntes & Unbekanntes aus der Kalenderwissenschaft, 1978. Gutes zeitgenössisches Anschauungsmaterial aus der Kalenderkunde bringt E. KOTULOVÁ: Kalendář aneb kniha o věčností a času (Der Kalender oder Das Buch von Ewigkeit und Zeit), Prag 1978.

umgewandelt. Seit dem Aufstand des Fra Dolcino 1303 führt diese Erwartung zu volkstümlichen Revolten, so daß dieser revolutionäre Chiliasmus fortan, gelegentlich, so bei Cola di Rienzo 1347, auch mit römischem Messianismus untermischt, alle Aufstandsbewegungen auf ihrem „linken", dem populären Flügel, begleitete, ein neues Zukunftsbild weckte, in seiner Theorie wie in seiner Verbreitung gekennzeichnet durch Eigenheiten abgesunkenen Kulturguts[60].

Das bewegliche und sozusagen instrumentale Zeitbewußtsein stand aber auch noch Pate bei ungleich umfassenderen und effektiveren politischen Bewegungen, die seit dem 15. Jahrhundert die europäische Geschichte im welthistorischen Vergleich um ein besonderes Charakteristikum bereichern: den Revolutionen. Re-volution heißt ja doch schon, dem Begriff nach und lange zuvor auch schon nach dem Sinn, Rück-wendung zu historischen Zuständen mit vorbildhaftem Charakter, zu vergangenen Zeiten, also eine Re-valutierung zumindest gewisser vergangener Zustände. Revolution ist insofern ein Begriff historischen Zeitbewußtseins. Schon das 14. Jahrhundert kennt den Begriff in diesem politischen Sinne, wenn er auch erst drei-, vierhundert Jahre später zum politischen Schlagwort wurde[61]. Die Re-formation war aber geradewegs ein Schlüsselbegriff der Diskussion um Kirche und Welt seit dem 15. Jahrhundert, und als religiöses Anliegen sind die ersten großen europäischen Revolutionen, nämlich die hussitische im 15. Jahrhundert, die nach ihrem Verlauf unkonzentrierte und insofern „unvollendete" deutsche Reformation hundert Jahre später, die niederländische zu Ende des 16. und die englische um die Mitte des 17. Jahrhunderts, gerechtfertigt worden, sind als Volksbewegungen verständlich gemacht worden, und haben ihre propagandistische Effizienz zu einem guten Teil auch in der Auseinandersetzung mit kirchlichen Mißständen gefunden. Es läßt sich hier nicht ausführen, wieviel eine solche Revolution in ihrer gedanklichen Struktur mit dem besonderen Zeitbewußtsein zu tun hat, auch mit dem Bewußtsein, alte Zustände zu wiederholen, oder besser gesagt, herzuholen in die Gegenwart, bis zum Symbolcharakter, ja zur förmlich magischen Beschwö-

---

[60] N. COHN: Das Ringen um das Tausendjährige Reich, 1961. Allerdings mischen sich in die chiliastischen Formen auch Elemente der Säkularisierung, die ein neues Fortschrittsbewußtsein zu vermitteln imstande sind, wie R. KALIVODA: Revolution und Ideologie. Der Hussitismus, 1976, zeigen konnte.
Daß chiliastisches Denken alle zyklischen Geschichtsspekulationen ausschließt, betonte neuerdings etwa NEEDHAM 1968, 132.

[61] K.-H. BENDER: Revolutionen. Die Entstehung des politischen Revolutionsbegriffs in Frankreich zwischen Mittelalter und Aufklärung, 1977.

rung alter Namen, Daten und Worte. Revolution ist insofern zu einem Teil absichtliche Wiederholung des längst Vergangenen, wenn sie auch dabei absolut Neues schafft. Verquickt mit diesen Neuerungen ist ein virulentes Fortschrittsbewußtsein, das sich schon äußert im hussitischen „Veritas vincit", in Luthers Berufung auf die Wahrheit, in der ihrer Wahrheit nur allzu gewissen puritanischen Theologie und gleichzeitig, im Effekt ähnlich, in der Begründung weit verschieden, in den zeitgenössischen englischen naturrechtlichen Argumenten. Eine jede Revolutionsideologie kennt solche unüberwindliche, höhere, „fortschrittliche" Wahrheiten, und sie sind im Zusammenhang mit der Zeit zu sehen, auch mit dem Fortschrittsbegriff, sowie man gelegentlich bei Leonardo, Macchiavelli, Giordano Bruno, Galilei und anderen die Parole beobachtet hat: Veritas temporis filia – die Wahrheit ist eine Tochter der Zeit[62].

Aber ein so lebhaftes Zeitvertrauen kennzeichnet in jener Epoche weder den intellektuellen Bereich noch gar den gesamten Mentalitätshorizont. Ihm stehen, auf jeweils merkwürdige Weise, zwei andere Strömungen gegenüber, in ihrer Ausprägung oder doch zumindest in ihrer Verbreitung jeweils kennzeichnende Elemente der Gegenwartsflucht.

Da muß davon gesprochen werden, daß jene Epoche des Zeitempfindens von der Gotik bis zum Barock, also etwa zwischen 1300 und 1700, jeweils durch Kriseneinbrüche gekennzeichnet ist. Es handelt sich um tiefe Einbrüche in der demographischen Entwicklungslinie, die an und für sich den sichtbarsten Fortschritt in unserem Kulturkreis zeigt; es handelt sich um die Bevölkerungskatastrophen durch den sogenannten Schwarzen Tod, der zwischen der Mitte des 14. und der Mitte des 15. Jahrhunderts epidemisch grassierte, und um die jedenfalls in Mitteleuropa nicht minder schweren Bevölkerungsverluste im Gefolge des Dreißigjährigen Krieges durch Seuchen und Hungersnöte. Nicht, daß man die Epoche des Zeitgefühls mit jenen beiden Einbrüchen geradewegs datieren dürfte. Das widerspräche einfach dem Verbreitungsgang einer geistigen Bewegung im Medium vielfacher gesellschaftlicher Brechungen unseres kulturellen Pluralismus. Aber ganz entscheidende Impulse sind offensichtlich aus den beiden großen Krisen in das Zeitempfinden eingeflossen, etwa: die Flucht in die schon zuvor entfaltete Mystik des Spätmittelalters, die in Klöstern, aber auch in Laienbewegungen ihre Kreise zog; auch die Zukunftsangst, ausgedrückt in der wachsende Intensität der alten Vorstellungen von Wel-

[62] WENDORFF 1980, 178.

tende und Antichrist, die jetzt in Wort und Bild, schließlich bis zu den gemalten Wahnträumen eines Hieronymus Bosch, ihren Ausdruck fanden. Vergleichbares läßt sich in der neu belebten Mystik des späteren 17. Jahrhunderts beobachten und andererseits auch hier in der wiederbelebten apokalyptischen Angst, die selbst einen so gelehrten Denker wie Jan Amos Comenius ergriff, so daß er in seiner verhältnismäßig bekannten Biographie geradewegs zum Beispiel für Einflüsse aus Traumdeuterei und Visionarismus auch auf gelehrte Köpfe werden konnte. Über Spener, Bengel, Oetinger und die schwäbischen Pietisten setzten chiliastische Hoffnungen ihren Weg in kleinen Zirkeln fort, abgewandt von der tatsächlichen Besserung der Zustände, bis ins 19. Jahrhundert hinein[63].

Bemerkenswert, daß beide diese, wie mir scheint, tiefgreifenden Krisen im 14. und im 17. Jahrhundert in der Zukunftserwartung und insofern in der Stabilität des Zeitempfindens allmählich aufgefangen wurden und aufgelöst durch die ordnende Kraft der Monarchie; zunächst in ihrer ersten, sich ständestaatlich stabilisierenden Phase des Spätmittelalters, und danach in einem zweiten Entwicklungsgang, der sich in England durch die Revolution mit der bekannten Konstitutionalisierung parlamentarischer Formen durchsetzte, auf dem Kontinent unter ganz anderen Richtungszeichen aber dem absoluten Königtum zum Durchbruch verhalf. Dabei soll nicht übersehen werden, daß in diesem Zusammenhang auch die kirchliche Organisation sich monarchisch reformierte, bereits um die Mitte des 15. Jahrhunderts mit der Ablehnung der konziliaren Bewegung, und unter dem Druck der Reformation auf dem Konzil zu Trient in einem neuen, freilich durch den Verlust des nördlichen Europa beeinflußten Triumph. Jedesmal war dabei das monarchische Ordnungsdenken auch imstande, die Mehrzahl der unruhigen, kritischen und beweglichen Intellektualität an sich zu ziehen, von deren Entwicklungsgang während dieser drei, vier Jahrhunderte jetzt nicht die Rede sein kann. Immerhin war diese Intellektualität in jener Zeit aber doch noch selbständig genug, um eine besondere Gattung von in sich zeitlosen Gesellschaftsidealen zu entwickeln, meist in literarischer Form.

Im Rückblick ordnen wir diese Literatur nur allzu leicht in den Entwicklungsgang. In Wirklichkeit war sie Ausdruck des je zeitgenössischen Erwartungshorizonts, als Kaiser- und Papstprophetien, Ritter-

---

[63] WENDORFF 1980, 284; H.-J. MÄHL: Die Idee des Goldenen Zeitalters im Werk des Novalis, 1965. Zu den Einflüssen von visionärer Prophetie auf Comenius M. BLEKASTAD: Comenius, 1969.

romanzen, Minnehöfe und Visionen von einer Reichsreform durch den Gemeinen Mann, als glückliche Inseln und imaginäre Republiken. Thomas Morus prägte für Jahrhunderte ihre literarische Form und gab ihnen auch den modernen Namen: Utopia – Formierte Sehnsüchte! auf rationalen Bahnen war schon seit der spätmittelalterlichen Reformbewegung die Zukunft projizierbar als Spiel – oder als Programm aus kalkulierbaren Möglichkeiten. In der zeitlosen Utopie schien nun endlich die Zeit gebändigt, stillgelegt, eingefügt in die ewige Harmonie zwischen Individuum und Gesellschaft[64].

7.

Ein neues Zeitbewußtsein zeigt sich offenbar bereits im 17. Jahrhundert an. Diese Meinung vertrat schon Pitirim A. Sorokin in einer vielzitierten Arbeit über soziale und kulturelle Dynamik vor fünfzig Jahren[65], aber man muß natürlich seine sehr allgemeine Feststellung nicht nur zeitlich differenzieren, sondern auch räumlich, denn zu jener Zeit ist unser Kulturkreis von seiner spätmittelalterlichen Einheit wieder weit entfernt, ganz abgesehen von jenen Distanzen, die sich mit der sozialen Hierarchie übereinbringen lassen. Augenscheinlich sind es die beiden modernen Wissenschaften der Zeit, die mathematische Physik und die nun universal verstandene Geschichte, die ein neues Zeitverständnis vorbereiten.

Der Akzent auf dem kontinuierlichen Fluß der Zeit, der den naturwissenschaftlichen Theorien zugrunde lag, schlägt jedenfalls auch durch zur historischen Theorie, die erst jetzt, und gerade jetzt versucht, die biblische Epochenteilung, festgehalten bekanntlich noch bei Bossuet 1681, zu ersetzen durch Spekulationen über Ursachen und Erscheinung einer kontinuierlichen Entwicklung der Menschheitsgeschichte. Vor 70 Jahren hatte Hermann Nohl solche Theorien bereits zusammengestellt und dabei Francis Bacon als den ersten bezeichnet,

[64] F. Seibt, 1972.
[65] P. A. Sorokin: Social and Cultural Dynamics. 2. Bd. 1937, zitiert nach Wendorff 1980, 233. Völlig in die Irre führt dagegen eine Erwägung von H.-B. Levy: Barbarei mit menschlichem Gesicht, 1978, 91, wonach eine „irreversible, globale und globalisierende Zeit" dem Mittelalter noch unbekannt und erst dem Kartesianismus zu verdanken sei. Zum Ursprung des neueren Fortschrittsbewußtsein vgl. neuerdings: R. F. Jones: Ancients and Moderns. A Study of the Rise of Scientific Movements in the 17th Century England, 1965.

der den Entwicklungsgang unserer Kultur auf eine solche neue Art in drei Perioden teilte, getragen von den Griechen, den Römern und der Entwicklung im westlichen Europa, und gleichzusetzen mit Kindheit, Jugend und Mannesalter[66]. Fortan spielte diese Geschichtsbetrachtung augenscheinlich in wachsendem Maß mit bei der Gegenwartsorientierung, wurde zum Bildungsbestandteil, allmählich zum bestimmenden Element für den eigenartigen Fortschrittsoptimismus der neueren Jahrhunderte. Man darf dabei nicht an abrupte Übergänge denken. Auch Reinhard Koselleck machte darauf aufmerksam, daß geschichtliche Strukturen und temporale Erfahrungen wohl längst artikuliert waren, bevor „die Geschichte an und für sich" als die Geschichte des Fortschritts, und bevor solcherart ein Historismus semantisch greifbar geworden sei[67]. Aber Geschichte, nun begrifflich als Kollektivsingular gefaßt, im Gegensatz zum älteren Sprachgebrauch von den „Geschichten", werde jetzt ein fester Vorstellungskomplex mit eigener Interdependenz der Ereignisse, mit der Intersubjektivität der Handlungsabläufe, und solcherart sei universalgeschichtliche Betrachtung nun kein Aggregat von Ereignissen mehr, sondern weltgeschichtliches System, wie etwa in deutscher Sprache bei Schlözer um 1785.

Die Wirkkraft einer solchen geschichtlichen Betrachtung ist zweifellos um ein, zwei Generationen älter als der Ansatz der berühmten kritisch-genetischen Methode um 1800, den man oft aus einem etwas eingeschränkten Beobachtungskreis zum Beginn der modernen Geschichtsbetrachtung erklärt. Die Verfeinerung der Methode ist durchaus nicht identisch mit der Wirksamkeit der Theoreme. Ist doch schon längst bekannt, daß Voltaires Weltgeschichtlicher Diskurs von 1754, teils schon ein Jahrzehnt zuvor konzipiert, einem solchen Entwicklungsdenken zur Grundlage diente. Er prägte den Begriff der Geschichtsphilosophie[68] und wurde für die Entwicklung unseres Zeitbewußtseins wohl weit wichtiger als die an sich interessante, nicht minder zeitbewußte überlieferungsgeschichtliche Reflexion, welche 50 Jahre später nach dem bekannten Vorbild von Barthold Niebuhr der neuen quellenkritischen Methode zugrunde lag und jeweils nach der Genese einer Nachricht, also nach der Überlieferungsgeschichte fragte[69]. Aber schon der Abt Semler sah um die Mitte des 18. Jahrhun-

---

[66] H. NOHL: Das historische Bewußtsein. Hg. v. E. HOFFMANN und R. JOERDEN, 1979, S. 37. F. WAGNER: Die Anfänge der modernen Geschichtswissenschaft im 17. Jahrhundert, SBA 1979.
[67] KOSELLECK 1979, 142.
[68] Philosophie d'histoire.
[69] NOHL 1979, 40.

derts „die Geschichte der historischen Wiedergaben als inhärentes Moment der wirklichen Geschichte"[70].

Der große Theoretiker des Fortschrittsdenkens war freilich der Neapolitaner Gian Battista Vico[71]. Hier finden wir mit einem für die Geisteswissenschaft fremden, aber schon dem 17. Jahrhundert geläufigen Fachbegriff von der „geometrischen Methode", mos geometricus, die Analogie als das geistesgeschichtliche Äquivalent für das naturwissenschaftliche Experiment angesprochen. More geometrico muß eine Erscheinung zur anderen passen und in ihrer Entwicklung eine konsequente Aufeinanderfolge zeigen. More geometrico entwickelte Vico ein Dreistufenmodell für die Weltgeschichte, das vom Mythos über das Heroenzeitalter bis zur humanen Epoche führt. Die humane Epoche ist seine eigene. Grundlegend für diese Betrachtung ist die Parallele, nicht die Aufeinanderfolge von antiker und moderner Kultur, ist die Entfernung der Lebenszeit Christi aus der bisherigen Zentralstellung, ist der Ersatz einer durchgängigen Linie durch gleich oder ähnlich laufende kulturelle Prozesse. Der Gang der Entwicklung führt vom Sinnlichen zum Abstrakten, vom Wunder zum Verstand, aber unklar bleibt am Ende die Frage nach dem letzten Sinn. Die Frage der Teleologie aller Geschichte ist schon in dieser Konzeption durch die Säkularisierung der Fortschrittsidee aufgerissen. Zwar kann man nun versuchen, aus dem innerweltlichen Zusammenhang anschaulich zu machen, was bislang in den rätselhaften Entschlüssen Gottes verborgen blieb, den Entwicklungsgang kann der menschliche Geist nachvollziehen, kann ihn mindestens heraufführen bis zu seiner eigenen Gegenwart, aber das Ziel, eine wie auch immer gefaßte irdische Vollkommenheit mit der Frage, mit der an sich nicht unlogischen Frage nach dem Ende eines linearen Prozesses, bleibt offen bis zum heutigen Tag. Noch heute ist das wirkmächtigste und anspruchsvollste Fortschrittssystem, wie es aus den Grundlagen weltgeschichtlicher Betrachtung bei Marx und Engels erwuchs, in dieser Hinsicht verwundbar gegen jeden Angriff aus schlichter Logik: wie soll ein einmal in Gang gesetzter Fortschritt eigentlich enden?[72]

Unter diesen Umständen war es tatsächlich einleuchtender, beim

---

[70] KOSELLECK 1979, 193: „Zwar trennt Semler weiterhin die wirkliche Geschichte von ihrer Wiedergabe, aber die Geschichte der historischen Wiedergaben wird ihm zu einem inhärenten Moment der wirklichen Geschichte."
[71] NOHL 1979, 56ff.
[72] Die Frage, immer wieder erhoben, läßt sich natürlich durch den oder jenen Aspekt aus ihrer zwingenden Logik drängen; widerlegen nicht.

Gang der Entwicklung an einen Kreislauf oder ein Spiralmodell zu denken, wie es Johann Christian Wieland gelegentlich vor Augen stellte; auch das mit dem Optimismus, es stünde die Rückkehr zu einem Goldenen Zeitalter bevor. Derselbe Optimismus kennzeichnete in Deutschland gegen Ende des 18. Jahrhunderts eine ganze, die jüngere Generation, und ist durch Friedrich Schlegel oder Novalis vielleicht am besten bekannt geworden[73]. In Frankreich hatte sich ein solcher Optimismus währenddem gewaltsam Bahn gebrochen, und das Ereignis wurde augenscheinlich für die intellektuelle Welt vielfach zum Schlüsselerlebnis des Fortschritts, wenn man auch dabei immer unterscheiden muß zwischen den Auswirkungen der grande révolution im realen Verlauf und zwischen denen im mentalen Bereich. Insofern ist es wohl nicht richtig, diese Revolution auch außerhalb Frankreichs schlechthin zur Epochenzäsur zu erheben. Aber jedenfalls hatte sie weithin und besonders in Frankreich erfüllt, was dort hellsichtige Köpfe 20, 30 Jahre zuvor, übrigens mit Bangen, erwartet hatten, obwohl sie selber durch ihren gedanklichen Einfluß zu den Vorläufern der Entwicklung zählen. Noch die englische Re-volution von 1688 hatte sich als Rückführung in ältere Zustände legitimiert, wenn auch nicht ganz zu Recht. Die französische kündete offen den Anbruch eines neuen Zeitbewußtseins mit schier unbegrenzten Möglichkeiten gesellschaftlicher Veränderung: „Die Revolution führt seitdem offensichtlich nicht mehr zurück in vorgegebene Zustände oder Möglichkeiten, sie führt seit 1789 in eine so unbekannte Zukunft, daß sie zu erkennen und zu meistern eine ständige Aufgabe der Politik geworden ist"[74].

Die Revolution verschlingt ihre Kinder: Es ist der Vergleich mit dem Zeitgott Saturn, der damals dieses bis heute aktuelle Bonmot zum Schlagwort machte, es ist also eigentlich eine Aussage über die Revolution als Entwicklungsintensität, eine Erinnerung an den unbarmherzigen Gang der Zeit, die insofern zu Recht mit dem alten Bilde vom Kinder verschlingenden Saturn gekennzeichnet werden kann. Auch die Revolutionäre selber empfanden sich ja bekanntlich als die Vollstrekker eines langen Entwicklungsganges und ihre Tat als eine große Beschleunigung im Weltprozeß. Das schuf, nicht umgreifend, aber doch in vielen Köpfen, ein neues Zeitbewußtsein. Auch wenn dieses Zeitbewußtsein nicht bis zum illusionären Fortschrittsglauben eines Marquis de Condorcet gedieh, der das Menschengeschlecht von den Ketten der

---

[73] MÄHL 1967.
[74] KOSELLECK 1979, 76, kennzeichnete so einen neuen Erwartungshorizont mit den Befürchtungen Rousseaus und Diderots vor künftigen Krisen und Revolutionen.

Zufalls- und der Fortschrittshemmungen befreit sah, auf dem Wege zu Wahrheit, Tugend und Glück; auch wenn der nachdenkliche Friedrich Schlegel dagegen einwandte, das eigentliche Problem der Geschichte sei die Ungleichheit des Fortschritts in den einzelnen Entwicklungsperioden, so war doch der mächtige Impuls eines neuen Zeitbewußtseins nicht aufzuhalten[75]. Es mag freilich sein, daß diesen neuen Fortschrittsimpuls nicht so sehr die oft überschätzte, in der intellektuellen Welt in Mitteleuropa ja doch bald durch die Restauration mit nachhaltigem Effekt bekämpfte revolutinäre Impuls aus Frankreich schuf, sondern der um vieles besser faßbare, auch dem Pragmatismus der Massen anschauliche Gang der technischen Entwicklung von der Dampfmaschine und der Eisenbahn bis zum schier unaufhaltbaren Siegeszug der Technik und ihrer Veränderungen unserer Lebens-, Wohn- und Arbeitswelt. Und wohl nicht zuletzt: auch die ungeheure innergesellschaftliche Organisation im Lauf der letzten einhundertfünfzig Jahre, welche unsere Staatlichkeit organisierte und über die Gemeindeverwaltungen, das Vereinsleben, den behördlichen Zentralismus nach jedem Einzelnen griff, war auf ihre Weise als Fortschritt zu empfinden.

Um 1830 war die Vokabel vom Fortschritt zum Schlagwort geworden: Ranke wandte sich dagegen, weil er weder die Menschheit noch „einen allgemein leitenden Willen" in einem solchen Sinne wirksam sehen konnte[76]. Aber der Entwicklungsoptimismus erfaßte mit einer merkwürdigen Selbstverständlichkeit das gesamte 19. Jahrhundert so sehr, daß die Europäer ungefragt zu ihren Zivilisationsakten auch zählten, überall auf der Welt nach einer vergleichbaren Entwicklungsgeschichte anderer Kulturen zu fragen um sie, schlimmstenfalls, selbst zu schreiben[77]. Selbst die bäuerliche Welt, in ihrem Jahres- und Generationenlauf über die Jahrhunderte hin mit einem verhältnismäßig stabilen Zeitbewußtsein, öffnete sich dem Sog der Entwicklung, der nicht aus den Spekulationen der Intellektuellen, sondern schließlich aus der alltäglichen Notwendigkeit nach ihr griff. Landflucht, Großstadtwachstum, Maschinenwelt schufen zugleich einen paradoxen gedanklichen Dualismus, weil sich über Entwurzelung und Massenelend die große Hoffnung vom Fortschritt wölbte. Manchmal war sie verbunden mit dem Zukunftsland Amerika. Meist ging sie nur mit der Anzie-

---

[75] F. SCHLEGEL: Kritische Schriften Bd. 5 – (eine Rezension über CONDORCET). Vgl. A. CONDORCET: Entwurf einer historischen Darstellung der Fortschritte des menschlichen Geistes. Dt.-frz. ed. W. ALFF 1963, 395ff.
[76] L. RANKE: Die Epochen der neueren Geschichte, Nachdruck 1948, S. 27.
[77] ARIÈS 1954, 90.

hungskraft der neuen Großstädte einher[78]. Jedenfalls aber brachte die neue Entwicklung auch eine Zäsar in den Zeitbegriffen der Arbeitswelt. Das wäre noch ungenügend erklärt mit den häufig zitierten Äußerungen von Benjamin Franklin von 1748: „Zeit ist Geld", oder vom Grafen Zinzendorf, fast gleichzeitig: „Man arbeitet nicht allein, daß man lebt, sondern man lebt um der Arbeit willen." Es ist vielmehr der gesamte Tagesrhythmus des einfachen Mannes[79], der, nun, weit mehr als nach den sparsamen Zeitbegriffen der Bürgerlichkeit seit Jahrhunderten, von der Uhr geregelt wird. „Des Dienstes immer gleichgestellte Uhr" umfaßt mit eben dieser Schillerschen Exaktheit auch das riesige Heer der Fabrikarbeiter und läßt es ein Leben zwischen Arbeitskasernen und Mietskasernen exerzieren. Es scheint so, als seien diese Schatten des Fortschritts heute, hundert Jahre danach, im Rückblick oft kürzer geworden.

Seinerzeit beinhaltete der Fortschrittsoptimismus zweifellos ein gutes Stück der ideologischen Überlegenheit Europas über die anderen Weltkulturen, unterstützt durch den Effekt selbst, im Wachstum der Industrialisierung und ebenso im Wachstum der Nationalimperien. Und gerade das europäische Tempo, den Zeitbegriff, hat man immer wieder für den Kern dieser europäischen Überlegenheit angesprochen. Der Vergleich namentlich mit der chinesischen Kultur zeigt das Problem besonders deutlich. Auch in China gab es ein lineares Zeitverständnis und auch der Konfuzianismus entwickelte Ansätze zu Rückbindung und Reformdenken, ebenso wie sich da auch apokalyptische Zukunftserwartungen ausmachen lassen[80]. Freilich ist das alles schwächer ausgeprägt und es mag schwer sein, dabei Ursache und Wirkung auseinander zu halten. Mir scheint aber der Vergleich, beschränkt auf die geistige Entwicklung, zu vordergründig. Vielmehr ist ein besonders weittragender Unterschied zwischen der chinesischen und der abendländischen Kultur doch wohl in der Ausbildung eines Mittelstandes zu beobachten, der sich jenen „bürgerlichen" Zeitbegriff Europas nun eben im besonderen Maße zu eigen machte und damit zum

---

[78] R. Heiss: Fortschritt und Revolution, 1973, S. 65. – Über Amerika als utopische Hoffnung M. Eliade: Paradis et utopie. In: Eranos 10 (1963), und demnächst H. Boerner in: Utopieforschung. Zur Bewußtseins- und Funktionsgeschichte der Utopie, hg. v. W. Vosskamp, 1982.
[79] A. Timm: Verlust der Muße. Zur Geschichte der Freizeitgesellschaft, 1968, S. 51ff.
[80] Das betont Needham 1968, S. 133, gegen Schlußfolgerungen von Paul Tillich, die er mit seiner Kenntnis der chinesischen Kultur unvereinbar findet.

Träger einer besonderen ökonomischen Leistungsfähigkeit werden konnte[81].

Aber auch diese Vergleichsbasis ist wohl noch zu schmal. Auch die intellektuelle Welt lehrte ja doch seit dem 13. Jahrhundert einen Arbeitsbegriff als Leistung in der Zeit, Grundstein ihrer Schulorganisation wie der Hierarchie ihrer akademischen Grade[82]. Und die wachsende Organisation der Öffentlichkeit, in der Stadtgemeinde ebenso wie in den großräumigen, den „staatlichen" Herrschaftsgebilden, trug nicht weniger bei zur Ausbildung einer Mentalität, die insgesamt ihre Effizienz in der intensiven Nutzung des Tages und der Stunde entdeckt hatte. Es war die Unruhe in den Räderuhren, in den großen wie den kleinen, auf Türmen, wie in den Bürgerhäusern und Ratsstuben, die allmählich nicht nur die kleinen und großer Räder in Schwung hielt. Schon im 15. Jahrhundert deutete ein niederdeutsches „Buch von den vielen Rädern", ein Boek van dem vilen Rade, die ganze menschliche Gesellschaft als ein Räderwerk. Tag und Stunde greifen da ineinander, ein jeder ist rastlos im Zusammenhang mit allen anderen, und niemand ist ohne Nutzen: oder die kleinen Räder sind für den Gang des Ganzen so wichtig wie die großen. Die Welt als Uhr?

8.

Diese Uhren sind vielleicht Allegorie genug, um den Wandel deutlich zu machen, der uns heute, wie es scheint, heraustreten ließ aus dem jahrhundertealten Gefüge unseres Zeitverständnisses mit seinem eige-

---

[81] SOMBART 1913; A. VON MARTIN: Soziologie der Renaissance, 1931, S. 37; „Das Geldkapital – der mobile Besitz – verbindet sich nun naturgemäß – als einer ihm artverwandten Macht – mit der Zeit... gegenüber der konservativen Macht des Raumes, des immobilen Grund und Bodens." So naturgemäß und artverwandt sollte man die Beziehungen aber wohl nicht sehen. Wohl zeigen sich Geld- und Grundbesitz immer wieder als Interessengegensätze, aber es ist von ihrer Verflechtung nicht abzusehen, die im Lauf der Entwicklung erheblich zum Aufstieg der modernen Wirtschaftswelt beitrug: auch Grundbesitzer sind zeit- und zinsbewußte Kapitalisten geworden!

[82] In der noch immer lückenhaften Erforschung unserer Schul- und Universitätsgeschichte fehlen Vergleiche über die Leistungsanforderung und ihren Wandel. Auch gab es immer wieder einmal Konzepte, die menschliche Lern- und Merkfähigkeit durch besondere didaktische oder technische Hilfsmittel zu steigern, der „Nürnberger Trichter" ist eine bekannte Karikatur darauf.

nen Geschichtsbewußtsein und mit seinen Zukunftserwartungen. Unsere Uhren haben nämlich, trotz gewisser bekannter Fortschritte in der Technik ihres Getriebes, ziemlich genau sechshundert Jahre hin ihr Gesicht behalten. Ein Jubiläum, das niemand zu feiern verstand: Um 1340 gab Jacopo Dondi in Chioggia dem Zifferblatt seine Form. Seit ein paar Jahren nun wird dieses Zifferblatt verdrängt durch die Zahlenanzeigen der Digitaluhren. Damit verschwindet das runde Gesicht der Uhr wahrscheinlich bald aus unserer Vorstellungswelt. Die kreisrunde Endlichkeit des Zwölfstundentages, mit einem Blick abzuschätzen nach den von zwei Zeigern gebildeten Segmenten, mit der (etwas jüngeren) Feinheit eines kleinen und eines großen Kreislaufes im selben Gehege, hatte jahrhundertelang auf ihre Weise die sichere Wiederkehr des Gleichen im unendlichen Ablauf der Ewigkeit suggeriert. Das weiße Rund wurde zu einem Symbol der menschlichen Sekundärschöpfung, die es auf sich nehmen wollte, nicht nur den Raum nach menschlichem Bedürfnis umzugestalten, sondern die auch der Zeit den geheimnisvollen Schein einer eigenen, einer menschlichen Bestimmung aufgetragen hatte, oder das Widerspiel der Planetenkreise, den Lauf des Unsichtbaren darzustellen. Und dabei war dieser beruhigenden, kreisrunden Suggestion auch noch ein Abbild eigen aus jenen Zeiten, da die ersten Hochkulturen mit gewaltiger Leistung Riesensteine in kreisrunde Observatorien fügten. Selbst das Zahlenschema dieser Uhren trug eine jahrtausendelange Tradition aus ZWÖLF und SECHZIG. Seit der Mensch sich ein eigenes Zählgerät geschaffen hatte, vermochte er damit scheinbar den Weltenlauf zu regieren. Es war nicht offensichtlich, welche Zeit vorgegeben war und welche der Listenreiche nur nachzuweisen wußte: ob die Sonne der Turmuhr folgte oder die Turmuhr der Sonne.

Diese Uhrenkultur, zuletzt noch millionenfach vermehrt und auf allen Kontinenten als Amulett am Handgelenk getragen, ist den neuen Uhren nicht mehr abzulesen. Die Ergebenheit in das Unabänderliche, fein überspielt im sinnreichen Mechanismus, der vorgibt, die Zeit zu regieren, wiewohl er sie lediglich mißt, wich einem anpruchsvolleren Antrieb und einer aussageloseren Anzeige: die neuen Digitaluhren, groß oder klein, elektrisch betrieben, schlagen nur mehr eine unsichtbare Brücke zur außermenschlichen, zur kosmischen Welt durch die Schwingungen ihrer Kristallgitter, mit der sie anstelle der alten Unruhe die unendliche Regelmäßigkeit reproduzieren. Sie sind nicht auf das Rad angewiesen, auf die Urerfindung der Menschentechnik, die es in der Natur nirgends gibt, auf diese erste ingeniöse Abstraktion von der gegebenen Erfahrungswelt. Das Innere einer Räderuhr, groß oder klein, ist anschaulich durch die langsam oder schneller sich drehenden Zahnräder. Das Innere einer Digitaluhr bleibt für den Betrachter so abstrakt wie die nachklassische Physik.

Auch äußerlich ist die neue Uhr weit entfernt von der runden Harmonie der alten. Zwar ist etwas übrig geblieben von der heiligen Zwölfzahl des jährlichen Mondumlaufs und vom Planetenzyklus, aber die Zwölfzahl ist auf das astronomische Doppel gebracht, gleichsam Tag und Nacht zu einer Einheit verschmelzend, welche die alte Uhr, mit wenigen frühen Ausnahmen, durch den Doppelkreis von zweimal zwölf geschieden hatte als zwei sehr unterschiedliche Zeitabläufe. Die neue Zählung erinnert nur zu sehr an die Globalzeit, die rund um den Erdball immer lebendig ist, in der abstrakten Ruhelosigkeit der Moderne.

Das mögen Eindrücke sein, Phantasien von zweifelhafter Objektivierungsrelevanz. Auch daß die neue Uhr gelegentlich schon mit dem Dezimalsystem nach Zehntel- und Hundertstelsekunden die alte Ordnung von zwölf und sechzig durchbricht, nimmt ihr nicht alles von der Anschaulichkeit der gewohnten Zeitbegriffe. Aber daß sie den Ablauf der Zeit nicht mehr am überschaubaren Rund demonstriert, sondern scheinbar aus dem Unendlichen eine Zahlenfolge ununterbrochen herbeiholt, daß sie nicht mehr dem Kundigen den feinen Unterschied ihrer Zeigerlängen zu deuten aufgibt im unerschütterlichen Rund des Zahlenkranzes, sondern unendlich wechselnde Ziffernkombinationen für jedermann in einer Lesezeile preisgibt, das mag die neue Uhr, alles in allem gewiß in einer Deutung aus der Sicht des Ungewohnten und des Übergangs, zur Allegorie eines neuen Zeitbegriffs machen.

Daß sie dabei auch besser taugt für das Bewußtsein der Relativität aller zeitlichen Systeme als die vollendete Kreisform der alten Zifferblätter, mag nebenbei gelten. Denn die neue Zeitdeutung aus der Physik hat zunächst einmal wohl nur erst Wissen gebildet, noch kein Bewußtsein.

Das Bewußtsein im Hinblick auf die langen Zeiträume, auf *Geschichte und Zukunft*, hat sich in den letzten Jahrzehnten ebenfalls mit Nachdruck verändert, wenn auch nicht gleichermaßen im ganzen Bereich des alten Europa und der neuen Welt. Auffällig ist allgemein, hier wie da, im Westen freilich ungleich stärker als im östlichen Europa, der Rücktritt der Geschichte von ihrer integrativen Funktion. Das betrifft besonders alles, was früher zum Nationalbewußtsein beizutragen vermochte. An die Stelle der Nationalgeschichte, die in ihrer Unvollkommenheit vor hundert Jahren noch gleichwohl die ganze Welt erfüllte, ist heutzutage aber nicht etwa ein vergleichbares, geschlossenes Bewußtsein von Weltgeschichte getreten. Von einer einigermaßen faßbaren weltgeschichtlichen Konzeption sind wir noch weit entfernt, und es mag sein, daß wir, aus dem Bewußtsein der erfolgreichsten Hochkultur, noch nicht einmal das gehörige Instrumentarium dafür besitzen. Was man statt dessen sucht, sind die Grundlinien des Humanen. In anschauliche Fragen übersetzt, rührt von daher das Interesse, nicht an der nächsten, sondern eher an der fernsten Geschichte: Der Hang zur Archäologie, zu rätselhaften einfachen Kulturen, aber auch zu fernen Individuen, die, oft losgelöst aus ihrer Welt, sachunkundig unmittelbar auf das eigene Ich bezogen werden. Es ist die Neigung zu den Namenlosen, oft auch zu den Leidenden an der Geschichte, weg von den Eliten und der Betrachtung von Gipfelwegen. Es ist die Nostalgie in Nebensachen schließlich, die ein geradewegs zeitloses Antiquariatsinteresse zu wecken imstande war, an einem verwitterten Holzgriff, einem rostigen Rad, einer verblichenen Bauerntruhe. Es ist aber auch der Drang nach großen Linien, nach Interdependenzen, nach Kontinuitäten, denen man nur oft genug auch noch aufhelfen müßte durch die Vermittlung der grundlegenden Kontraste in der Entwicklung der menschlichen Gemeinwesen.

Ganz verändert hat sich auch unser Bild von der *Zukunft:* Die Schulgeschichte von einst wird oft karikiert als ein Vexierspiel aus Jahreszahlen. Zahlen sind im Rückblick heute unpopulär. Merkwürdigerweise füllen sie aber den Blick in die Zukunft: Die Vervielfachung der Bevölkerungszahlen; die Relationen zwischen den Ernteerträgen und dem Verbrauch in zehn, in zwanzig, in dreißig Jahren; das Wachstum der bebauten Fläche in unserem Land, das Wachstum der Abraumhalden jährlich in Tonnen, heute und ein Jahrhundert danach; das Schwinden der Ozonschicht oder das Überhandnehmen von agrarischen Monokulturen in der nächsten Generation ist uns allen schon irgendwann einmal demonstriert worden und wir haben mit Interesse zugehört. Selten, daß uns dabei aufging, daß es sich hier um Hochrechnungen mit dem Irrglauben handelte: mit dem Irrglauben von einem linearen Fortschritt, den wir im ganzen paradoxerweise, einst ausgestattet mit all den Hoffnungen der aufgeklärten Welt eines Voltaire oder Wieland, eines Diderot oder Friedrich Schlegel, schon längst abgeschworen haben. Wie eine Perversion des Fortschrittsglaubens blieb übrig, was man heute oft mit Pessimismus als Futurologie bezeichnet. Dieser Pessimismus verdeckt, was unser Jahrhundert als Frucht eines wahrhaften Fortschritts in seine Scheuern tragen könnte: die internationale und mit Selbstverständlichkeit akzeptierte Diskussion vom Weltfrieden, die keinen nationalen sacro egoismo mehr gelten lassen will, wenigstens nicht in öffentlicher Diskussion. Die Selbstverständlichkeit, mit der man rings um den Erdball auf die Menschenrechte schwört, und die Tatsache dieses Eides müßten eigentlich jedermann als ein großer Gewinn gelten, auch wenn sich mancher Meineid darein mischt.

Im ganzen haben wir uns aber abgekehrt von vielem, das in irgendeiner Weise öffentlichen Idealismus zu wecken imstande wäre. Wir sind auch dabei, uns abzuwenden von den großen Lehren der Geschichtsphilosophie des 19. Jahrhunderts, selbst von der vitalsten daraus, dem Marxismus, der am ehesten noch in manchen Entwicklungsstadien seine Anhänger findet, in ferneren Räumen, sei es räumlich oder soziokulturell. Wir neigen miteinander zu aktuellen Realitätsbezügen in der Tagespolitik wie im weiträumigeren Geschehen: zum konkreten Kompromiß ohne alle Eschatologie. Freilich auch das auf einer gemeinsamen Grundlage: eben auf den allseits beschworenen und von niemandem bezweifelten Menschenrechten. Vielleicht wird das einmal im Rückblick als ein wichtiger Neubeginn erscheinen.

Die vergangene Zukunft interessiert den Historiker als Erschließung einer historischen Mentalität. Die gegenwärtige Zukunft, die Aspekte, die Hoffnungen, das Krisenbewußtsein unserer Welt hier und heute, werden möglicherweise in dreißig oder vierzig Jahren zurückgetreten sein hinter dem Bewußtsein dessen, wie sich alles wirklich weiter entwickelt hat. Unsere Krisenangst ist dann dabei am Ende gar nur mehr eine Spielart in einem halbvergessenen Zeithorizont.

Die gegenwärtige Zukunft aber gehört hier und jetzt zu unserem Zeitgefühl. Es fällt auf, daß neben vieler Ratlosigkeit auf diesem Feld sich zwei der Einstellung nach oder im Hinblick auf ihre Ergebnisse gar nicht sehr verwandte Auskünfte in einer gewissen Hinsicht doch stark einander angenähert haben. Ich meine hier die Vorstellung von Jürgen Habermas von einer Identifikationsmöglichkeit mit der Rollenerwartung von Lernenden, die den großen Fortschritt zum universalen Humanismus üben. Wahrlich eine sehr „offene" Identität. Ihr läßt sich merkwürdig der Begriff einer „offenen Zeit" an die Seite stellen, wie ihn Carl Friedrich von Weizsäcker entwickelte. Beide Urteile konvergieren nicht nach ihren Aussagen, sondern nach dem Dafürhalten, die Zukunftsperspektive einer offenen Entwicklung anzuvertrauen anstelle des konkreten, des je sichtbaren und sich allmählich entfaltenden Fortschritts[83].

---

[83] J. HABERMAS: Können komplexe Gesellschaften eine vernünftige Identität ausbilden? In: Zwei Reden aus Anlaß der Verleihung des Hegel-Preises der Stadt Stuttgart, 1974. C. F. VON WEIZSÄCKER: 1980, S. 326.

Einen Fortschritt im Entwicklungsgang registriert der Blick über anderthalb Jahrtausende europäischer Geschichte zweifellos: Jahrhundertelang war unsere Geschichte eingefügt in die religiöse Deutung der Zeit nach einem Anfang und nach einem Ende. Und wie diese Deutung auch allmählich zurücktrat, wirksam blieb doch dabei noch immer der geheimnisvolle Bericht vom Anfang der Welt, von der Erschaffung aus dem Nichts, vom Paradies, vom Sündenfall und von der darauffolgenden immerwährenden Unvollkommenheit der Kinder Evas. Das menschliche Tun, im persönlichen Erlebniskreis wie in der Bindung an größere Gemeinschaften, mochte davon belastet werden, tröstlich war der Ausblick auf den Gang der Erlösung, auf die Erfüllung der Sehnsüchte nach Harmonie. Freilich, dieser Weg führte über die Schwelle der Apokalypse. Bis vor wenigen Jahren, bis 1945, war diese kosmische Katastrophe der Menschheit von außen angesagt.

Seitdem hat der Mensch die Apokalypse säkularisiert. So scheint es unserem Gegenwartsbewußtsein, daher rührt unsere Zukunftsangst in doch wohl einer neuen, einer bisher ungekannten Anschaulichkeit und Stärke. Wir leben, merkwürdig genug, mit dieser Angst vor der Apokalypse aus Menschenhand. Vielleicht drückt sie unsere aufgeklärte Welt schwerer als unsere Ahnen die Angst vor dem Antichrist. Vielleicht wissen wir uns deshalb, in der Angst vor uns selber, auch dem alten Pessimismus über die menschliche Unvollkommenheit wieder stärker ausgeliefert. Vielleicht haben wir so, aus Angst vor der menschlichen Unvollkommenheit, ein Stück des alten Zeitbewußtseins auf gewandelte Art wieder vor Augen.

Was übrig bleibt vom zukunftsgläubigen Optimismus, der einst die Väter der Aufklärung zu kühnen Spekulationen hinriß: sei es die unklare Hoffnung auf die menschliche Lernfähigkeit, wie sie Habermas entwickelt, sei es die besinnliche Erwägung von Weizsäckers über die Notwendigkeit einer offenen Zeit – in beiden Fällen erscheint unsere Zukunft abhängig von einer merklichen Fähigkeit zur Veränderung unseres Tuns und unserer Absichten. Unter diesen Umständen mag die Zukunftserwartung unserer Zeit sehr diskursiv zu sein. Nur: diese Diskussion darf ein Historiker bestenfalls anregen.

Jan Assmann

Das Doppelgesicht der Zeit im altägyptischen Denken

1.

Wir leben bekanntlich in einer „schnellebigen" Zeit, in einer Ära der Halbwertzeiten, Verfallsdaten, Lebenserwartungen und mittelfristigen Planungen, einer Zeit der „Nostalgiewellen", die in immer rascherer Folge die 20er, 30er, 40er und 50er Jahre hochgespült haben und bald die Gegenwart einzuholen drohen. Je schneller die Zeit zu vergehen scheint, desto länger dehnt sie sich in unserem Bewußtsein aus. Wir reden nicht vom Tode und richten uns im Diesseits ein als hätten wir ewig zu leben[1]. „Wir vertrauen", wie der Ägypter sagen würde, „auf die Länge der Jahre"[2]. Die Klagen über die Kürze des menschlichen Lebens stammen aus Zeiten, als man die Zeit noch nach Stunden maß und nicht nach Sekunden. *ars longa, vita brevis* – der Satz[2a] läßt sich heute umkehren. Ehe man die Kunst gelernt hat, ist sie schon wieder veraltet. Kein Leben ist kurz genug, um in einem künstlerischen Stil oder in einer wissenschaftlichen Theorie heimisch zu bleiben. Unser Begriff von Kunst und Wissenschaft ist auf Einmaligkeit ausgerichtet. Jedes Kunstwerk, jede Theorie ist ein Individuum, das den Stempel seiner Epoche, ja seines Entstehungsjahres trägt. Wir lesen ein Buch, wir betrachten ein Bild mit anderen Augen, wir hören ein Musikstück mit anderen Ohren, wenn wir erfahren, daß es nicht 1952, sondern 1928 entstanden ist. Das Entstehungsjahr ist konstituierendes Element seines Sinngehalts[3].

---

[1] Für eine grundsätzliche Behandlung dieser Problematik unter einer Vielzahl verschiedener Aspekte s. z. B. FULTON 1976.
[2] Lehre für Merikare ed. HELCK 1977, 31.
[2a] Dieser Satz ist sinngemäß in der äg. Literatur mehrfach belegt, s. dazu BRUNNER 1980.
[3] Einzelne Aspekte dieser Problematik behandeln etwa GOMBRICH 1978, KUBLER 1973 und BELTING 1978. Diese Parallelisierung von Kunst und Wissenschaft hinsichtlich der Datierbarkeit ihrer Produkte, also ihrer Zeitgebundenheit, darf aber nicht darüber hinwegtäuschen, daß sich Kunst und

In beiderlei Hinsicht ist die altägyptische Kultur unser genaues Gegenbild. Der Rhythmus der kulturellen Veränderungen grenzt dort an Stillstand. Die in den ersten Jahrhunderten des 3. Jt. v. Chr., am Ausgang der Steinzeit also, gefundenen Formen und Institutionen der Kultur werden bis zum Ausgang der Antike nicht wesentlich verändert. Die Kunst ist ganz auf Wiederholbarkeit ausgerichtet: eine „Serienfabrikation" von Modellen, die über 3000 Jahre in Gebrauch bleiben, immer denselben Mustern, demselben Kanon verpflichtet[4]. Platon, von dem überliefert wird, er habe sich im ägyptischen Heliopolis in die Weisheit der Ägypter einweihen lassen, hat das in den *Gesetzen* als Vorbild gepriesen:

„Weder den Malern, noch anderen, die Kunstwerke schaffen, war es gestattet, Neuerungen zu treffen oder anderes als von den Vätern übernommenes auszusinnen, weder damals noch heute in allem, was zur Kunst gehört. Und wenn du nachforschst, wirst du dort vor zehntausend Jahren (und das nicht, wie man so sagt, sondern wirklich vor zehntausend Jahren) Gemaltes und Geformtes finden, das die Kunstwerke des heutigen Tages weder übertrifft noch ihnen nachsteht, sondern zu derselben Kunst vollendet ist"[5].

Die Ägyptologie gibt sich zwar die größte Mühe, dieses Image der ägyptischen Kultur zu widerlegen und ihren Hinterlassenschaften doch so etwas wie eine Geschichte abzuringen, aber sie wird doch oft genug von der mangelnden Datierbarkeit ihrer Forschungsgegenstände zur Verzweiflung gebracht. In der Ny Carlsberg Glyptothek zu Kopenhagen gibt es einen königlichen Porträtkopf, der zu den höchsten Meisterwerken der ägyptischen Kunst gerechnet werden muß. Seine Datierung schwankt noch immer um 2000 Jahre: zwischen der 12. Dyn., d. h. dem 18. Jh. v. Chr., und der griechisch-römischen Zeit[6].

Wissenschaft in der spezifischen Form ihrer Zeitgebundenheit in charakteristischer Weise entgegengesetzt verhalten. Gegenüber dem strikten Fortschrittsprinzip, das die Wissenschaft kennzeichnet, wo alles Frühere vom und im Späteren (im Hegelschen Doppelsinn) „aufgehoben" wird, gilt im Bereich der Kunst die prinzipielle Einmaligkeit, Unwiederbringlichkeit und Unersetzbarkeit des Kunstwerks und in bestimmten Epochen sogar die Vorbildhaftigkeit des Früheren. Vgl. zu dieser Unterscheidung Steiner 1971, 102f. (Hinweis Aleida Assmann).

[4] Für eine freilich stark vereinseitigende und der ägyptischen Kunst in keiner Weise gerecht werdende Darstellung dieses Aspekts s. Worringer 1927. Zur Kategorie der „Wiederholbarkeit", die mir für die äg. Kunst grundlegend erscheint, s. ASSMANN, in: Vandersleyen 1975, 304ff.

[5] Plato, Leges II 656e.

[6] Für die Spätdatierung vgl. z. B. KOEFOED-PETERSEN 1960, 70: „basse époque (époque ptolémaique?)", für die Datierung ins MR z.B. BOTHMER 1960, 177.

Eine Inschrift im Britischen Museum (um ein anderes prominentes Beispiel zu nennen), das sog. Denkmal memphitischer Theologie, enthält einen Traktat, der als differenzierteste Darstellung der Lehre von der Schöpfung durch das Wort berühmt ist. Die Inschrift stammt aus der 25. Dyn., also um 700 v. Chr., gibt aber vor, einen weit älteren Text zu kopieren. Manche Ägyptologen setzen ihn an den Anfang der ägyptischen Kultur, also um 2800 v. Chr., andere in die Zeit seiner Niederschrift[7]. Auch hier schwankt die Datierung um 2000 Jahre. Stellen wir uns einmal vor, wir wären im Zweifel, ob das *Gastmahl* von Platon oder von Marsilio Ficino stammt, oder ob eine Plastik einen frühgriechischen Kuros oder einen spätmittelalterlichen Adam darstellt, und wir gewinnen einen Eindruck von den Problemen meines Faches, aber auch von der Permanenz der Kultur, mit der es zu tun hat[8].

Gemessen an dieser Permanenz kam dem Einzelnen sein diesseitiges Dasein als ein flüchtiger Augenblick vor. Hekataios v. Abdera (~ 350/ 290 v. Chr.) schreibt, daß die Ägypter das irdische Leben zu kurz fanden als daß es sich lohnte, steinerne Wohnhäuser zu errichten[9]. Ihre Wohnhäuser waren ihnen bloße „Herbergen", „Absteigequartiere", die sie in Holz und Lehm aufführten; alle Mühe und Aufwendungen aber verwandten sie auf den Bau „ewiger Häuser" – aidioi oikoi –, in denen sie die Ewigkeit[10] zu verbringen gedachten. Was Hekataios hier bemerkt, kann die Ägyptologie ebenfalls nur bestätigen. Die Spur der Wohnungen ist verweht und gelingt nur in seltensten Glücksfällen und

---

[7] Für die Spätdatierung vgl. JUNGE 1973 (25. Dyn.) und SCHLÖGL 1980, 110ff. (19. Dyn.); für die Datierung in die 2. Dyn. s. z. B. SETHE 1928, 3ff.

[8] Natürlich sind das extreme Beispiele. Im Allgemeinen ist es mit der Datierbarkeit ägyptischer Kunstwerke nicht so schlecht bestellt. Es gibt Epochen, die einen ausgeprägten Zeitstil haben wie z. B. die 12. Dyn. oder die Amarnazeit. Thebanische Wandmalereien lassen sich in der 18. Dyn. aufs Jahrzehnt, teilweise sogar aufs Jahrfünft genau datieren. Aber der Grad der Datierbarkeit schwankt von Epoche zu Epoche und von Gattung zu Gattung. Vor allem aber läßt die Ausprägung des zeitlichen Ablaufs in der materiellen Kultur – „the shape of time", vgl. KUBLER 1973 – jene evolutionistische Logik vermissen, die eine kunstgeschichtliche Beschreibung immer mehr oder weniger implizit voraussetzt. Neuerungen machen keine Schule, bilden keine Stadien in einem evolutionären Prozeß, Vergangenes ist niemals überholt, Rückgriffe und Rückfälle verschiedenster Art sind grundsätzlich immer möglich.

[9] Bei Diodor I, 51.

[10] Hier fügt Hekataios eine Begründung ein, die in der Tat einen Aspekt des ägyptischen Grabgedankens genau trifft: „indem sie ihrer ‚arete' (äg.: *nfrw*) wegen im Gedächtnis bewahrt werden"; vgl. dazu u.,

hochspezialisierten Grabungstechniken aus den Überresten nur allzu vergänglicher Materialien zu rekonstruieren. Die Spur der Gräber aber, diese grandiose, auf Ewigkeit abgezielte Selbstdarstellung einer Kultur, die es nicht dem Zufall überließ, was von ihr übrig bleiben sollte, hat die Jahrtausende überdauert und die Zeit das Fürchten gelehrt. „Bauten, vor denen die Zeit sich fürchtet", nannte der arabische Rechtsgelehrte Umāra al-Yámani (gest. 1175) die Pyramiden[11].

Die Zeitlosigkeit der Kunst, auf die es Platon ankam, hängt mit dem Sinn der von Diodor hervorgehobenen „ewigen Häuser" zusammen. Sie schmückte nicht Häuser und Plätze und Gärten, sondern Tempel und Gräber. Sie hatte die Aufgabe, Ewigkeit zu realisieren, als Abbildung ewiger, zeitenthobener Ordnungen. Sie ist nicht nur zeitlos in dem Sinne, daß sie, auf Wiederholbarkeit gestellt, keinen Fortschritt und keine Geschichte zu kennen scheint; sie ist auch „zeit-abstrakt": sie stellt keine zeithaltigen Vorgänge oder Zustände, sondern nur zeitenthobene Formen dar. Nie hat man Vergangenes dargestellt, und sei es eine Szene des Mythos. Nie (von einer kurzen Episode vielleicht abgesehen) hat man Einmaliges dargestellt, es sei denn als Manifestation ewiger Ordnung[12]. Der Mensch wird nie in konkreten Haltungen dargestellt, die sich auch nur für einen Augenblick einnehmen ließen, sondern in den abstrakten Formen eines „Stehens an sich", „Sitzens an sich", das aller Zeitlichkeit enthoben ist.

Damit sind wir mitten in unserem Thema. Die Zeitabstraktheit einer auf Wiederholbarkeit gestellten Kunst und die Verewigungstechnik der Mumien und Gräber, diese beiden von Platon und Diodor (bzw. seinem Gewährsmann) als für die ägyptische Kultur typisch hervorgehobenen Phänomene berühren auch uns Heutige noch am eigentümlichsten; die Annahme liegt auf der Hand, daß sie einem spezifischen Zeitbegriff entspringen, von dem die ägyptische Kultur geprägt ist. Nach diesem Zeitbegriff wollen wir fragen und diese Untersuchung auf zwei Ebenen durchführen: auf der Ebene der sprachlichen Befunde und auf der Ebene der religiösen Erscheinungsformen.

---

[11] „Bauten, vor denen sogar die Zeit sich fürchtet, und es fürchtet sonst doch alles in der sichtbaren Welt die Zeit", nach: GRAEFE 1911, 86.
[12] Zum ramessidischen Historienbild, der charakteristischsten Ausnahme dieser allgemeinen Regel, s. GROENEWEGEN-FRANKFORT 1951, 120ff.; GABALLA

2.

Den ersten Einstieg in den Zeitbegriff einer Kultur bietet die Analyse des sprachlichen Befundes, also der Wörter für Zeit[13]. Damit möchte ich auch hier beginnen, wähle allerdings aus der Fülle nur das Wichtigste aus und verbinde dies zugleich mit einigen Fakten, die über das rein Lexikalische hinausgehen, aber in unserem Zusammenhang von Interesse sind. Das Ägyptische kennt kein Wort, das so abstrakt und umfassend ist wie unser Wort „Zeit", aber eine große Menge von Wörtern, die alle etwas mit Zeit zu tun haben.

2.1.

Da sind zunächst die Einheiten, in denen die Zeit gemessen wurde: Stunde, Tag, Dekade, Monat, Jahreszeit und Jahr. Wichtig scheint mir, daß es keine Begriffe für größere Zeiteinheiten als das Jahr gibt. Die sog. Phönix-Periode von 500 Jahren und die Sothis-Periode von 1460 Jahren, von der die griechischen und römischen Autoren berichten, lassen sich in ägyptischen Quellen bislang nicht nachweisen und gehören jedenfalls einer späteren Epoche an, die bereits mit babylonischen u. a. Vorstellungen in Berührung gekommen war[14]. Die Jahre summieren sich also nicht zu höheren Einheiten, sondern bilden den größten Zyklus und lassen nach ihrem Ablauf die Zeit von neuem beginnen. Daher heißt das Jahr ägyptisch „die sich Verjüngende" und bezieht sich auf den Begriff einer in sich kreisenden Zeit, die immer wieder von vorn anfängt. Immer von vorn fing man auch mit der Jahreszählung an, bei jeder Thronbesteigung eines neuen Königs wurde wieder beim Jahr 1 begonnen.

Das Jahr was das Sonnenjahr zu 365 Tagen, eingeteilt in 12 Monate zu je 30 Tagen und 5 Zusatztage „zwischen den Jahren", die „Epagomenen" (äg. „Tage, die ‚auf‘ dem Jahr sind")[15]. Es gab 3 Jahreszeiten zu

---

1976, 94 ff.; ASSMANN in: Vandersleyen 1975, 315 f.; WOLF 1957, 510 ff.

[13] Zum folgenden vgl. für die Einzelheiten SETHE 1919/20; OTTO 1954; OTTO 1966.

[14] Die Apis-Periode von 25 Jahren und die Sedfest-Periode von 30 Jahren beruhen klärlich auf einem Generations-Begriff; sie haben spezifischere Bedeutung und spielen im allgemeinen Kalenderwesen und der darin fixierten Zeitvorstellung keine Rolle.

[15] Zum äg. Kalender s. PARKER 1950; SCHOTT 1950 und demnächst KRAUSS (im Druck).

je 4 Monaten: Überschwemmung, Aussaat und Ernte. Die Jahreszeiten hießen also nach den landwirtschaftlichen Tätigkeiten, die in ihnen stattzufinden hatten, und auf diese Beziehung zwischen Zeit und Tätigkeit werden wir noch in anderem Zusammenhang stoßen.

Die Monate waren eingeteilt in 3 Dekaden zu je 10 Tagen, die wie die jüdische Woche durch einen regelmäßigen Ruhetag skandiert waren (Helck 1964). Dazu gab es Feiertage; diese verteilten sich in ungleichem Rhythmus über das Jahr und folgten einem eigenen Kultkalender, der auf dem Mondjahr beruhte. Wie das Jahr wurden auch Tag und Nacht in 12 Teile geteilt. Da die Tage immer von Sonnenauf- bis Sonnenuntergang gerechnet wurden und immer 12 Stunden hatten, mußte man der verschiedenen Länge der Tage durch variable Stundenlängen Rechnung tragen[16]. Im Winter waren die Tagesstunden kürzer, im Sommer länger, und die Nachtstunden umgekehrt. Wie das Jahr, das „sich Verjüngende", hat auch die Stunde einen sprechenden Namen: die „Vergehende". Denn die Stunde verjüngt sich nicht in der nächsten, sondern muß ihr Platz machen und kommt erst nach 23 anderen Stunden wieder zum Zuge, die alle einen Eigennamen tragen und sozusagen eine eigene Physiognomie haben. Auch die Tage haben ihre Physiognomie, ihre guten oder schlechten Eigenschaften, je nach dem Ereignis, das in der Mythologie auf sie fällt. Nur das Jahr fängt immer wieder von vorne an. So kommen in den beiden Wörtern für die kleinste und größte Einheit, in der die Ägypter die Zeit gemessen haben, zwei entgegengesetzte Aspekte der Zeit zum Ausdruck: die *vergehende* Stunde und das sich *verjüngende* Jahr.

Die verschiedene Physiognomie der Zeiteinheiten ist ein so eigenartiges und zugleich so kennzeichnendes Element des ägyptischen Zeitdenkens, daß mir wenigstens ein kurzer Seitenblick auf dieses Phänomen unerläßlich erscheint. Zu verweisen wäre hier in erster Linie auf die bis in das europäische Mittelalter fortwirkende Tradition der Loskalender, der „dies aegyptiaci", die die Qualität des jeweiligen Tages nach den mythologischen Präzedenzen bestimmten (s. auch E. Brunner-Traut 1971), sowie auf die erst in der Spätzeit hervortretende Vorstellung der göttlichen „Chronokratoren", d. h. Gottheiten der einzelnen Tage, Dekaden, Monate und Jahreszeiten, die in langen „défilés" auf Tempelfriesen erscheinen. Ihr Wesen ist ambig: sie verkörpern sowohl das Unheil wie den Segen, den die Zeit bringt und der sich in der Zeit ereignet. Aber das Gefährliche, Unheilvolle scheint doch zu über-

---

[16] Für eine Wasseruhr mit monatlich verschiedenen Stundenskalen s. BORCHARDT 1920; NEUGEBAUER-PARKER 1969.

wiegen, und ihre Verehrung in den Tempeln hat die Funktion, dieses potentielle Unheil zu bannen, so daß es sich an keinem einzigen Tag des Jahres ereignen kann. Eine besonders eindrucksvolle und bis in die 18. Dyn. zurückführende Ausformung dieser Idee hat kürzlich Jean Yoyotte (1980) erschlossen. Ausgehend von dem Problem der über ganz Ägypten und zahlreiche Museen verstreuten Sachmet-Statuen Amenophis' III. hat er anhand von ptolemäischen Tempelfriesen und Litaneien zeigen können, daß sich diese Statuen zu einem Zyklus von 2 × 365 Statuen ergänzen, 2 (eine stehende und eine sitzende) für jeden Tag des Jahres. Gemeinsam realisieren sie zugleich eine Litanei und einen Kalender. Sachmet verkörpert die Einheit von „Zeit" und „Unheil": mit ihrer Beschwörung verbindet sich der Gedanke, das Jahr in jedem einzelnen seiner Tage so zu bannen, daß kein Unheil sich darin ereignen kann. Auf die sich darin äußernde zugleich pessimistische und dramatische, d.h. zu unablässigem Handeln aufrufende Vorstellung der Zeit werden wir abschließend noch zurückkommen.

2.2. Die Zeit des Menschen und der Dinge

Eine zweite Gruppe von Wörtern bezieht sich auf Zeit von etwas und Zeit für etwas. Das Wort *3t* ('at) bedeutet soviel wie „Augenblick", „Moment" und bezeichnet den Zeitpunkt, an dem sich ein Phänomen am charakteristischsten und vollsten entfaltet; das Wort *tr* (ter), das auch „Jahreszeit" bedeutet (im selben Doppelsinn wie das frz. „saison") bezeichnet die rechte Zeit für etwas[17]. Beide Ausdrücke, *'at* und *ter*, berühren sich mit dem griechischen Kairòs-Begriff[18]. In diesen Wörtern erschließt sich am klarsten die Bedeutung, die der Ägypter dem flüchtigen Augenblick seines Erdendaseins beigemessen hat, für den sich ihm, nach Diodor, die Anlage eines steinernen Wohnhauses nicht lohnte. Auch das Erdendasein erschien ihm als eine solche „saison", eine Gelegenheit, die es zu ergreifen und mit der Tätigkeit zu er-

---

[17] Zum Zusammenhang von Jahreszeit und (landwirtschaftlicher) Tätigkeit vgl. den in Ägypten über zweieinhalb Jahrtausende tradierten Satz aus der ältesten erhaltenen Lebenslehre (des Djedefhor): „Lehre deinen Sohn Schreiben, Pflügen, Fischen und Fallenstellen nach dem Umlauf des Jahres" (BRUNNER 1979, 119 und 122).
[18] Hierzu s. MORENZ 1960, 78–84. Seine These, daß die Ägypter mit diesen Begriffen einen Kairos in der menschlich-geschichtlichen Sphäre *(3t)* und einen in der natürlichen Sphäre *(tr)* unterschieden hätten, läßt sich allerdings nicht halten.

füllen gilt, die sie erfordert. So liest man z. B. in der Lehre des Ptahhotep:

> Folge deinem Herzen in der ‚saison' deines Erdendaseins und tue nicht mehr als die Sache erfordert.
> Vermindere nicht die Zeit (*tr*) in der du dem Herzen folgst, denn ein Abscheu für den ‚Ka' ist es, seine rechte Zeit (*3t*) zu schmälern.
> Beeinträchtige nicht die Bedürfnisse des Tages über das Bestellen deines Hausstands hinaus.
> (Auch der) Besitz dessen wächst, der seinem Herzen folgt,
> doch nichts taugen Reichtümer, wenn es (das Herz) vernachlässigt ist[19].

Das ist eine Aufforderung zum rechten Gebrauch der Zeit, die dem Menschen gegeben ist, eine Mahnung zum Ergreifen der Gegenwart[20], anstatt in der Sorge um die Zukunft, die Vermehrung des Besitzes über das Notwendige hinaus, die Gelegenheit zum Leben zu schmälern. Auf einer Statue der 22. Dyn. liest man:

> Schlafe nicht, wenn die Sonne im Osten steht,
> und dürste nicht zur Seite des Bierkrugs.
> Sitze nicht in der Kammer der Herzenssorge,
> das Morgen vorherzusagen, bevor es gekommen ist[21].

Einmal liest man sogar die erstaunlichen Worte, die die Klage des Achill vorwegzunehmen scheinen:

> Wertvoller ist der Augenblick, da man das Licht der Sonne sieht als die Ewigkeit als Herrscher der Unterwelt[22].

---

[19] 11. Maxime, ed. ŽABA 1956, 30f. Nr. 186–1923, s. dazu auch HORNUNG 1978, 307; FECHT 1978, 30f.

[20] Dieser Lehre folgt auch ein gewisser Megegi aus Theben, der sich um die Wende zum 2. Jt. v. Chr. in seiner Grabinschrift folgendermaßen charakterisiert (nach SCHENKEL 1965a, 108f.):
„Ich bin einer, der das Gute liebt und das Böse haßt,
der den Tag voll ausnutzt.
Ich zog keine Zeit vom Tag ab, ich ließ keine nützliche Stunden verstreichen.
Ich verbrachte die Jahre auf Erden
und erreichte die Wege der Nekropole,
nachdem ich mir jede Grabausrüstung bereitet hatte,
die den Seligen bereitet werden kann.
Ich bin einer, der seinem Tag folgt,
der seiner Stunde nachgeht im Verlauf eines jeden Tages."
In einer ungefähr 1700 Jahre späteren Inschrift heißt es entsprechend: „Folget eurem Herzen in dem Augenblick des diesseitigen Daseins (Petosiris, Inschrift Nr. 127, s. OTTO 1954b, 184). Vgl. auch ASSMANN 1977a.

[21] Statue Kairo CG 42 225, s. KEES 1962, 24–26; ASSMANN 1977a, 80.

[22] Statue Kairo CG 42 206 ed. LEGRAIN 1914, 16(b) vgl. ASSMANN 1975, 18.

Dieser Begriff von der Kostbarkeit des Erdendaseins als einer vorübergehenden Gelegenheit, die genutzt werden muß und als einer Gegenwart, die nicht in der Sorge um die Zukunft vertan werden darf, erschließt sich dem Ägypter aus dem Bewußtsein seiner Sterblichkeit. „Es gibt kein Verweilen auf Erden" lautet ein ägyptisches Sprichwort[23]. Das vergißt man nur allzuleicht über dem überwältigenden Zeugnis der Gräber und Mumien. Der Ägypter hat sich nicht eingebildet, mit seiner aufwendigen Verewigungstechnik den Tod überwinden zu können. Auch wenn der Tod für ihn kein absolutes Ende, sondern Übergang in eine andere Existenzform war, hat er ihm die gebührende Furcht oder besser Ehrfurcht nicht verweigert. Das Zeugnis der Gräber lehrt vielmehr, daß ihm der Tod und die Ewigkeit ständig vor Augen standen[24]. Aus der Intensität dieser Beherzigung des Sterbenmüssens erschloß sich ihm ein Begriff der Lebenszeit als einer kostbar unwiederbringlichen Gegenwart und Chance.

Damit hat uns die Analyse der sprachlichen Ausdrücke an den problematischen Gegensatz von Zeit und Ewigkeit herangeführt. Dieser Gegensatz stellt sich im Ägyptischen dar als Opposition von abgemessenen Zeitspannen auf der einen Seite und unendlicher Zeitfülle auf der anderen[25]. Das Wort für die abgemessene Zeitspanne lautet $^cḥ^cw$ (aḥau), das auch spezifisch „Lebenszeit" bedeuten kann, als die allem Lebenden für den Aufenthalt im Diesseits zur Verfügung gestellte Zeitspanne, ohne die Konnotationen der Gelegenheit und Vergänglichkeit, aber mit dem Merkmal der Begrenztheit, dem die kosmische Zeitfülle als das Unbegrenzte und in diesem Sinne als eine Art von Ewigkeit gegenübersteht. Dieser „Ewigkeit" wollen wir uns nun als dem dritten lexikalischen Bereich der ägyptischen Zeitausdrücke zuwenden.

2.3. Die kosmische Zeit

Wenn die Texte die individuell begrenzte Zeitspanne, aḥau, der allgemeinen, ungemessenen Zeitfülle gegenüberstellen, dann verwenden sie

---

[23] GUNN 1926, 183 Nr. 10 n. 16–17; ASSMANN 1975, 16; 1977, 68.

[24] „Ich habe gemacht, daß ihre Herzen den Westen (= das Totenreich) nicht vergessen können", sagt der Schöpfergott in einem vielzitierten Text aus dem MR (CT VII 464d).

[25] Zu dieser Opposition s. ASSMANN 1975, Kap. I, mit den ergänzenden Bemerkungen Hornung 1978, 281ff., die deutlich machen, daß der Begriff $^cḥ^cw$ sich nicht auf diesseitige im Gegensatz zu jenseitiger Zeit bezieht, sondern auf abgemessene Zeit im Gegensatz zur unerschöpflichen Zeitfülle (nḥḥ). Abgemessene Zeit gibt es nach ägyptischer Vorstellung auch im Jenseits.

für diese das Wort *nḥḥ* (neheh). Dieses Wort bezeichnet den unerschöpflichen Vorrat der Stunden, Tage, Monate und Jahre, aus dem allem Seienden sein Teil zugemessen ist. Nun also, werden Sie einwenden, da haben wir ja, was wir suchen: das ägyptische Wort für „Zeit". Aber so einfach ist es nicht, und zwar aus zwei Gründen: erstens hat der ägyptische Begriff neheh kaum etwas mit dem gemeinsam, was wir unter „Zeit" verstehen: er vergeht nicht, schafft keine Distanz, ist kein Worin für geschichtliche Abläufe. Er stellt nur die Zeiteinheiten und Zeitspannen bereit, in denen sich Dasein und Geschichte ereignen können; zweitens, und hier liegt das eigentliche Problem des ägyptischen Zeitbegriffs, gibt es noch ein anderes Wort für „Zeit": *ḏt* (djet). Meist kommen die beiden Wörter gemeinsam vor und drücken in der Form eines Hendiadyoin den Begriff der unendlichen Zeitfülle aus. Die Tatsache, daß wir es hier nicht nur mit einem, sondern mit zwei Wörtern zu tun haben, hat der Ägyptologie besonderes Kopfzerbrechen gemacht[26]. Die einen halten sie schlechtweg für Synonyme. Aber diesen Luxus erlaubt sich bekanntlich die Sprache nicht. Zwei Ausdrücke, zwei Inhalte, lautet die Regel. Diese Inhalte können sich überschneiden, aber niemals völlig decken. Daher suchen die anderen die Lösung in Oppositionen wie Vergangenheit (djet) und Zukunft (neheh), diesseitige (neheh) und jenseitige Zeit (djet), zyklische (neheh) und lineare Zeit (djet), räumliche (djet) und zeitliche Unendlichkeit (neheh) und vieles andere mehr. Jeder dieser Vorschläge ist an der Fülle beigebrachter Gegenbeispiele gescheitert. Ich möchte Ihnen meinen eigenen Vorschlag nicht vorenthalten. Dafür muß ich Ihnen aber einen Exkurs in das Tempus-System der ägyptischen Sprache zumuten.

Daß der Zeitbegriff einer Kultur etwas mit dem Tempussystem der Sprache zu tun hat, in der sie denkt, läßt sich am klarsten anhand jener Stellen veranschaulichen, wo im Bereich unserer eigenen Kultur erstmals und für alle Späteren maßgeblich eine Bestimmung der Begriffe „Zeit" und „Ewigkeit" unternommen wird. Ewigkeit, heißt es in Platons *„Timaios"*, ist die Sphäre des Seins, von dem in Wahrheit nur ausgesagt werden kann: es ist; Zeit dagegen ist die Sphäre des Werdens, alles dessen, von dem gesagt werden kann: es war, ist, wird sein. Zeit ist Vergangenheit, Gegenwart und Zukunft[27]. Damit folgte Platon und folgen wir den Kategorien unseres indogermanischen Tempussystems, das auf die Zeit in den drei Zeitstufen Vergangenheit, Gegenwart und Zukunft verweist.

---

[26] Entsprechende Literaturhinweise gab ich in ASSMANN 1975, 41 f.n. 138–143. Vgl. zuletzt NIWINSKI 1981, 41–53.
[27] Timaios 37e–38a.

Die semitohamitische Sprachfamilie, zu der auch das Ägyptische gehört, gründet ihr Tempus-System nicht auf die Dreiteilung der Zeitstufen, sondern auf die Zweiteilung der Aspekte Perfektiv und Imperfektiv[28]. Der perfektive Aspekt gibt an, daß sich ein Agens außerhalb des in seiner Gesamtgestalt abgeschlossen überschauten Vorgangs befindet, der Imperfektiv stellt das Agens innerhalb des unabgeschlossenen Vorgangs dar[29]. Schon diese binäre Opposition der Aspekte macht die Existenz eines Zeitbegriffs, der Zeit als Hendiadyoin oder „duale Einheit" ausdrückt, plausibel. Die Beziehung dieses dualen Zeitbegriffs zu den spezifischen Tempus-Kategorien des Ägyptischen[30] ist aber noch viel enger. Bevor ich aber darauf eingehe, muß ich daran erinnern, daß das Ägyptische wie viele andere und besonders semitohamitische Sprachen die Möglichkeit hat, sich vollkommen zeitabstrakt auszudrücken. Die Form dafür ist der Nominalsatz, der kein verbum finitum und keine Zeitreferenz hat[31]. Zeitreferenz findet also überhaupt nur in einem Teil der ägyptischen Satzformen statt, in den Sätzen mit Verbum finitum. Hier ist nun aus der ursprünglichen semitohamitischen Aspekt-Opposition eine Opposition geworden, die ich als Virtualität vs. Resultativität verstehe[32]. Die Verbformen des Virtualis bezeichnen einen Vorgang als solchen, unabhängig von der Zeitstellung seines aktuellen Verlaufs; die Formen des Resultativs bezeichnen ihn in der Art eines perfectum praesens als aktuell abgelaufen und in seinem Resultat fortdauernd. Im Deutschen läßt sich diese Opposition veranschaulichen an Verben, die sich auf Fähigkeiten oder Gewohnheiten beziehen. Dort bringt das Praesens ähnlich wie der äg. Virtualis die bloße Disposition zum Ausdruck, z. B. „er raucht", „er trinkt", während das Perfekt sich auf die soeben aktuell vollzogene Handlung bezieht: „er hat geraucht", „er hat getrunken".

Von dieser Grundopposition des ägyptischen Tempussystems her verstehe ich die semasiologische Differenzierung der beiden Wörter für Zeit. Djet ist der *resultative* Aspekt der Zeit, die gegenwärtige und unendliche Fortdauer dessen, was sich in der Zeit vollendet hat. Neheh ist die *virtuelle* Zeit, der Oberbegriff der Zeitfiguren, d. h. der Stunden, Tage, Monate, Jahreszeiten und Jahre, die in unendlicher Folge

---

[28] Aus der schwer übersehbaren Fülle einschlägiger Lit. und zugleich als Wegweiser zu dieser seien nur DIAKONOFF 1965, 78–101; KURYLOWICZ 1972, 79–93 und SCHENKEL 1975, 3 ff. zitiert.
[29] Nach KOSCHMIEDER 1929.
[30] S. hierzu etwa JUNGE 1970; ASSMANN 1974, 59–76 und HANNIG (im Druck).
[31] Vgl. SCHENKEL 1965b, zusammengefaßt bei ASSMANN 1974, 65–67.
[32] Eine vorläufige Skizze dieser Konzeption gab ich in ASSMANN 1974, 64 ff.

dem Neheh als einem unerschöpflichen Vorrat entströmen. Ähnlich haben sich auch die Ägypter selbst über die semantische Differenz zwischen neheh und djet geäußert. Aber da sie sich natürlich nicht in abstrakten Kategorien äußerten wie „Resultativität" und „Virtualität"[33], haben sie ihre Zuflucht zu veranschaulichenden Metaphern genommen. So haben sie neheh als „Tag", djet als „Nacht", neheh als „das Morgen", djet als „das Gestern", neheh als „Anfang", djet als „Ende" erklärt und vieles andere mehr.

„Gestern" und „Morgen": das klingt nun doch wieder wie „Vergangenheit" und „Zukunft". Aber dieses ägyptische „Morgen" ist kein zukünftiges Morgen, das einmal Vergangenheit wird, sondern ein virtuelles oder „ewiges" Morgen, das immer im Kommen bleibt und aus dem jedes aktuelle „Heute" hervorgeht[34]. Die Zukunft wird zur Vergangenheit, die neheh-Zeit wird aber nie zur djet-Zeit, sondern nur das, was sich in den aus der neheh-Zeit hervorgehenden Zeiteinheiten vollendet, geht in die Resultativität der djet-Zeit ein. Ebenso ist das „Gestern" keine Vergangenheit, sondern die aktuelle Gegenwart, in der das, was jemals seine Endgestalt gewonnen hat, lebendig bleibt und andauert; ein „ewiges Gestern", von dem man sich nie weiter entfernen kann, das nie zum „Vorgestern" wird[35]. Vergangenheit und Zukunft:

---

[33] Gegen derartige Versuche, am sprachlichen Befund (anhand verschiedener Verwendungskontexte) beobachtbaren semasiologischen Differenzierungen mit Kategorien wie „Perfektivität" und „Imperfektivität", „Resultativität" und „Virtualität" beizukommen, ist von der Kritik (zuletzt NIWINSIKI 1981, 41 m.n. 2) immer wieder der Vorwurf erhoben worden, sich in ihrer Abstraktheit von der „prälogischen Denkweise" der alten Ägypter zu entfernen. Aber es dürfte wohl einleuchten, daß wir uns auch über eine „prälogische" Denkweise im wissenschaftlichen Diskurs nur verständigen können, wenn wir sie, um den Preis der „Entfernung", in eine „logische" Sprache übersetzen.

[34] Zur Verbindung der Nḥḥ-Zeit mit der Vorstellung des „Kommens" s. ASSMANN 1975, 13f., dazu BAUER B1, 145 vom „Nahen" (tkn) des nḥḥ, vgl. auch ASSMANN, a.a.O., 39 oben: „der nhh kommt verjüngt". Ebenso hängt die ḏt-Zeit mit der Vorstellung des „Bleibens" (äg. mn, auch ḏd „dauern") zusammen.

[35] Aus dieser Struktur des äg. Zeitbegriffs lassen sich unmittelbar gewisse Eigentümlichkeiten des äg. Geschichtsverständnisses herleiten, wie sie besonders Wildung 1969 herausgearbeitet hat. „Vergangenheit" ist für diese Geschichtsauffassung keine Kategorie; nicht ihr hohes Alter macht z. B. die Pyramiden bedeutsam, sondern der Umstand, daß einzelne ihrer Erbauer im Bewußtsein ihrer Nachwelt lebendig geblieben, d. h. also gerade nicht vergangen, sondern gegenwärtig sind. Ḏt ist die fortwährende Gegenwärtigkeit dessen, was von der Kultur in die fortfließende Gegenwart mitgenommen wird.

das ist die Zeit, wie sie der Mensch in Erinnerung und Erwartung an sich selbst erfährt. Es lassen sich zwar Sprachen denken, deren Tempussystem sich nicht auf Vergangenheit, Gegenwart und Zukunft bezieht; aber es läßt sich kein menschliches Bewußtsein denken, das ohne Erinnerung und Erwartung funktioniert. Neheh und Djet sind offensichtlich *nicht* auf der Grundlage des menschlichen Zeitbewußtseins konzipiert. Dasein und Geschichte lassen sich in diesen Kategorien nicht denken. Hier haben wir es nicht mit der Zeit des Menschen, sondern mit der Zeit des Kosmos zu tun. Das Wesen der neheh-Zeit tritt für den Ägypter am klarsten an den Bewegungen der Gestirne in Erscheinung, das Wesen der djet-Zeit an der starren Unwandelbarkeit des Gesteins. In der Dichotomie von neheh und djet, Virtualität und Resultativität, erschließt sich das Wesen der Zeit, nicht als Fluß, sondern als Gegenwart, in der das Vollendete lebt und in die das Virtuelle einströmt, als ein ewiges „Heute", das sich aus der Komplexion von „Gestern" und „Morgen" ergibt.

Nach allem Gesagten ist klar, daß und in welcher Weise Neheh und Djet keine Synonyme sind. Trotzdem bleibt das Faktum bestehen, daß sie in gegebenen Kontexten oft füreinander eintreten können. Auch dies läßt sich erklären. Neheh und Djet bezeichnen gemeinsam einen Oberbegriff, für den das Ägyptische kein eigenes Wort hat und den auch wir in ein Wort unserer Sprache zu übersetzen in Verlegenheit sind, denn er umfaßt Zeit und Ewigkeit in einem, wäre also mit Wendungen wie „ewige Zeit" zu umschreiben. Ganz anders steht es mit „Vergangenheit", „Gegenwart" und „Zukunft": das sind, wie Platon im Timaios zeigt, die „Teile" der Zeit. Hier gibt es einen klaren Oberbegriff (Chronos) und ebenso klare Unterteilungen. Im Ägyptischen aber ist der Oberbegriff verborgen (lexikalisch nicht realisiert). Er kommt nicht nur durch das Hendiadyoin, die „duale Einheit" Neheh-und-Djet zum Ausdruck, sondern klingt auch in jedem einzelnen der beiden Wörter mit an. Daher kann jeder der beiden Ausdrücke fallweise so etwas wie „ewige Zeit" bedeuten und nur in Kontexten, wo es darauf ankommt, wird ihre Differenzierung in resultative und virtuelle Zeit herausgestellt.

Man kann sich die Übersetzungsprobleme des Ägyptologen vorstellen, der dieselben Ausdrücke bald mit „Zeit", bald mit „Ewigkeit" wiedergeben zu müssen glaubt. Zeit ist ein zwar geheimnisvolles, aber doch natürliches und sogar alltägliches Phänomen, Ewigkeit aber ist ein „Donnerwort", ein schwindelerregendes Hinausdenken in ein Jenseits alles Vorstellbaren. Wie kann man jemals im Zweifel sein, welches dieser abgrundtief verschiedenen Wörter die richtige Übersetzung ist,

Abbildung 1: Neheh (links) und Djet (rechts) als Himmelsträger. Darstellung auf einem der vergoldeten Schreine Tutanchamuns, nach: A. Piankoff, N. Rambova, The Shrines of Tut-Ankh-Amon (Bollingen Series XL. 2, New York 1955, Abb. 47). Die Wiedergabe als männliche (Neheh) und weibliche (Djet) Gottheit richtet sich nach dem gramm. Geschlecht der ägyptischen Lexeme. Beachtenswert ist die hieroglyphische Schreibung der beiden Wörter, die bereits in der Wahl und Anordnung der Zeichen das Element des Zyklischen und die Beziehung zur Sonne bei Neheh, sowie bei Djet die Beziehung zur Erde (zum Gestein als Inbegriff der Dauer) zum Ausdruck bringt.

wie kann man sie gar zu Formeln wie „ewige Zeit" vermengen? Gegen solche Vermengung hat deshalb Erik Hornung den Vorschlag gemacht, das Wort Ewigkeit überhaupt aus den Übersetzungen zu streichen und *nḥḥ* und *ḏt* nur mit „Zeit" wiederzugeben, da sie mit unserem Ewigkeitsbegriff nichts zu tun hätten[36]. Das Problem liegt aber noch tiefer, denn sie haben ebensowenig mit unserem Zeitbegriff zu tun. Sie sind nicht, wie dieser, gegen eine Ewigkeit begrifflich abgegrenzt. Sie ufern, sozusagen, in Richtung auf das aus, was man unter Ewigkeit verstehen, was man jedenfalls nicht mehr Zeit nennen kann. Wichtig ist vor allem, das dem Ägypter diese Unterscheidung überhaupt fremd

---

[36] HORNUNG 1965, 28–32; ähnlich BRUNNER 1954/55, 141–145; HORNUNG 1971, 166–179. HORNUNG 1978, 294 und 304 folgt jedoch unserem Vorschlag (ASSMANN 1975, 48), *nḥḥ* und/oder *ḏt* fallweise mit „Ewigkeit" oder „Zeit" zu übersetzen.

war. Für ihn gibt es kein „Jenseits der Zeit". Der Übergang vom Diesseits zum Jenseits liegt innerhalb der Zeit, von der Knappheit hier zur Fülle dort[37]. Auch die Götter stehen *in* der Zeit. Ihre Theologie bietet keinen archimedischen Punkt, von dem aus, viā negationis, über die Welt und die Zeit hinauszudenken wäre[38]. Die Zeit der Götter ist zwar unendlich lang, aber sie verläuft wie die Zeit der Menschen in Tagen und Jahren und nicht wie die Zeit Jahwes, vor dessen Augen

„Tausend Jahre sind wie der gestrige Tag,
wenn er vergangen ist"[39].

Hier wird wirklich über die Zeit hinausgedacht. Von dem archimedischen Punkt eines transzendenten Gottesbegriffs aus wird sie aus den Angeln gehoben, negiert, zum Stillstand gebracht. Mit dem Problem der Zeit ist der Mensch in allen Lebensbereichen konfrontiert, für das Problem der Ewigkeit aber ist, so scheint es, allein die Religion zuständig. Solange eine Religion sich nicht zu einem Jenseits des Kosmos, der Zeit und des Vorstellbaren aufschwingt, solange kann auch von Ewigkeit nicht die Rede sein.

Gestatten Sie mir hierzu eine Anmerkung. Tatsächlich gibt es in der ägyptischen Religionsgeschichte eine Phase, in der einer bestimmten theologischen Tradition dieser Aufschwung zu einem transzendenten Gottesbegriff gelang. Es handelt sich um die Ramessidenzeit – das 13. und 12. Jh. v. Chr. – die es unternahm, den Monotheismus der vorausgegangenen Amarnazeit durch die pantheistische Theologie eines Höchsten Wesens zu überwinden, das die Götterwelt – und damit den Kosmos – transzendiert. Dieser Gottesbegriff bietet erstmals den Ansatz für eine *Negation* der Zeit, d. h. eine *Position* der Ewigkeit. Von ihm heißt es in fast wörtlicher Vorwegnahme des zitierten Verses aus Ps 90:

Der die Zukunft vorhersieht in Millionen von Jahren,
die *dt* steht ihm vor Augen
wie der gestrige Tag, wenn er vergangen ist[41].

---

[37] Vgl. hierzu bes. HORNUNG 1978, 269–307, spez. 304.
[38] Für die eine, berühmte Ausnahme – das 175. Kapitel des Totenbuchs mit seinem Vorläufer in Sargtext-Spruch 1130 und seinem Nachklang in einem späten Osiris-Hymnus – s. ASSMANN 1975, 26 ff.; HORNUNG 1978, 300 f.; KAKOSY 1978, 109 f.
[39] Ps 90,4
[40] Zum Weltgott-Begriff der Ramessidenzeit s. allgemein ASSMANN 1979; mit besonderem Bezug auf die Zeit-Problematik: ASSMANN 1975, 61–69. Vgl. auch GRAEFE 1979, 47–78.
[41] Papyrus Berlin 3049, XII, 4–5; Papyrus Strasbourg 2 und 7, II, 17, vgl. zu

Die djet-Zeit ist das schlechthin Unabsehbare. Man kann sie nicht treffender negieren, als das man sie einem Gotte vor Augen stehen läßt wie der gestrige Tag. In diesem Blick, der aus einem Jenseits der Zeit schaut, ist die Zeit aufgehoben[42].

Zum Haupttext zurückkehrend, wollen wir aus dieser Anmerkung vor allem folgende Beobachtung mitnehmen: die Ewigkeit ist ein historisches Phänomen. Mit den Problemen der Zeit – was immer man unter ihr verstehen will – sind wir immer schon konfrontiert und keine Kultur kommt ohne eine begriffliche Artikulation der Zeitdimension aus. Der Ewigkeit aber fehlt jede natürliche Evidenz. Der argentinische Dichter und Essayist Jorge Luis Borges hat wohl am klarsten den Vorrang der Zeit als eines „natürlichen Mysteriums" vor der „von Menschen erschaffenen Ewigkeit" zum Ausdruck gebracht. Er schreibt:

Die Zeit ist für uns ein Problem, ein furchtbares und anheischiges Problem, vielleicht das vitalste Problem der Metaphysik; dagegen ist die Ewigkeit ein Spiel oder eine müde gewordene Hoffnung. Wir lesen in Platons „Timaios", die Zeit sei ein bewegliches Abbild der Ewigkeit; doch ist dies zur Not ein schöner Akkord, der keinen Leser von der Überzeugung abbringen wird, daß die Ewigkeit ein *aus der Substanz der Zeit* hergestelltes Bild ist"[43].

Die Ewigkeit ein „aus der Substanz der Zeit hergestelltes Bild" – vielleicht kann man noch genauer sagen: ein Gegen-Bild der Zeit. Unter einem Ewigkeitsbegriff möchte ich die Negation der Zeit verstehen, und zwar nicht der Zeit „an sich", denn was das ist, scheint niemand zu wissen, sondern eines spezifischen Zeitbegriffs. Wenn eine Kultur überhaupt zu einem Ewigkeitsbegriff vorgedrungen ist, dann ist dieser

diesen Stellen im Zusammenhang einer verbreiteten Topik der „Zeit im Angesicht Gottes" ASSMANN 1975, 67–69.

[42] Dieser Gottbegriff transzendiert auch den Gegensatz von *nḥḥ* und *dt:* er ist beides in einem. Von ihm heißt es z. B.:

,*nḥḥ*' ist sein Name,
dt ist sein Ebenbild,
sein ,Ka' (planender Wille) ist alles Seiende.

(zusammen mit ähnlichen Stellen bei ASSMANN 1975, 65). Die kosmische Zeit ist der Lebensvollzug dieses Gottes, die geschichtliche Zeit entspringt seinem „Ka", seinem planenden Denken und Wollen.

[43] BORGES 1965 (1957), 5. Eine Ausnahme, auf die in der auf den Vortrag von A. Wheeler folgenden Dikussion W. Pannenberg aufmerksam machte, stellt vielleicht der auf der Evidenz der „black holes" beruhende „Ewigkeits"-Begriff der neuesten Astrophysik dar. Deswegen spezifiziere ich: der Ewigkeit fehlt jede *natürliche* Evidenz. „Natürlich" ist die nur über komplizierteste Apparate und Berechnungen zugängliche Evidenz der „black holes" jedenfalls nicht.

zu beschreiben als die Negation der dominierenden Merkmale ihres Zeitbegriffs. Wo Zeit als gerichteter Fluß verstanden wird, ist Ewigkeit als Stillstand denkbar, wo Zeit Entfaltung heißt, erscheint Ewigkeit als punktartige Kopräsenz, wo Zeit – wie in Indien – Bindung an einen Zyklus der Wiederkehr bedeutet, ist Ewigkeit Erlösung, wo Zeit die Sphäre des Werdens und Vergehens kennzeichnet, ist Ewigkeit die Sphäre des Seins usw. usw. Nach dieser Regel läßt sich nun auch genau bestimmen, in welchem Sinne *nḥḥ* und *ḏt* einen Ewigkeitsbegriff ausdrücken: sie negieren speziell die existenzielle Dimension des ägyptischen Zeitbegriffs, die Zeit der Menschen und der Dinge. Wo Zeit als Kairos und zugemessene Spanne begriffen wird, als Einmaligkeit und Begrenztheit, da erscheint Ewigkeit als unbegrenzte Duration und unendliche Wiederholbarkeit. Dieser Ewigkeitsbegriff denkt aber nur über den Menschen, nicht über den Kosmos hinaus. Daher ist er kein Donnerwort, worin sich das absolut Unvorstellbare ausdrückt, sondern ein Begriff, der sich an den natürlichen Manifestationen der Zeit: an der Unwandelbarkeit des Gesteins und der Unendlichkeit der Gestirnsbewegungen orientiert.

An diesem Punkt möchte ich die Analyse des sprachlichen Befundes zum Abschluß bringen, die uns als erster Einstieg in die Problematik des ägyptischen Zeitbegriffs dienen sollte. Die Betrachtung der Zeiteinheiten hat uns mit der „vorübergehenden" Stunde und dem „sich verjüngenden" Jahr, der kleinsten und der größten Einheit, in der die Ägypter die Zeit gemessen haben, zwei Eigenschaften der Zeit bezeichnet, die auch in den anderen beiden Gebieten, die wir untersucht haben, eine Rolle spielen: die *Vergänglichkeit* auf der existenziellen Ebene, wo die Zeit als Kairos erscheint, als Zeit für etwas und von etwas, die nicht versäumt werden darf, und die *Verjüngung* auf der kosmischen Ebene der Zeitfülle, die uns mit dem Begriff der Zeit (bzw. Ewigkeit) als dualer Einheit von Resultativität und Virtualität, unabsehbarer Dauer und unendlich wiederholbarer Zeitfiguren, konfrontiert hat. Dieser Begriff ist unserem Denken fremd, aber er läßt sich zu manchen Phänomenen in Beziehung setzen, die wir eingangs, unter Berufung auf Platon und Diodor, als die hervorstechendsten Eigentümlichkeiten der ägyptischen Kultur, in Erinnerung gerufen haben. Der Bezug der Zeit als resultative Fortdauer des geschichtlich Vollendeten zum Drang nach Selbstverewigung im Stein liegt auf der Hand. Aber auch der Bezug der virtuellen Zeit zur Wiederholbarkeit der künstlerischen Formen ist evident.

Ermutigt von diesen Zusammenhängen – denn was ist historische Wahrheit anderes als die Anschließbarkeit von Beobachtungen? – können wir den zweiten Schritt tun und die Untersuchung von der Ebene der sprachlichen Befunde auf die Ebene der religiösen Gestalten und Vorstellungswelten verlagern. In der religiösen Dimension füllen sich die abstrakten Kategorien nicht nur mit lebendiger Anschauung und Erfahrung, sondern gewinnen Gestalt in Gottheiten von ungeheurer Strahlkraft und Bedeutungsfülle. Alles bisher Behandelte erscheint hier in einem neuen Licht. Der enge Rahmen des Vortrags, die „zugemessene Zeit", die als kostbare Gelegenheit genutzt werden will, zwingt mich aber, eine Auswahl zu treffen. Ich werde bei der Zeit als dualer Einheit, bei Resultativität und Virtualität, verweilen, die mir nicht nur als der fremdartigste und interessanteste, sondern auch als der zentrale Aspekt der ägyptischen Zeitauffassung erscheint. Wir werden also die Dämone des Mondgottes Thoth beiseite lassen, dem die Zeitmessung und das Kalenderwesen heilig sind. Wir werden auch – und dieser Verzicht fällt wesentlich schwerer – auf die ägyptische Idee vom Totengericht hier nicht näher eingehen, in deren Sicht sich die Bedeutung der diesseitigen Lebenszeit, der zugemessenen Zeitspanne, als ein *Weg* darstellt, der auf ein Ziel hinführt. Statt dessen beschränken wir uns auf die Götter der virtuellen und der resultativen Zeit, in deren Theologie sich uns der ägyptische Zeitbegriff am anschaulichsten und differenziertesten erschließt.

3.

Wenn es in einer so frühen Kultur wie der altägyptischen überhaupt so etwas wie eine Philosophie der Zeit gegeben haben soll, dann ist gar nicht anders zu erwarten, als daß sie in Gestalt der Theologie derjenigen Gottheit auftritt, die vor allen anderen mit den Phänomenen der Zeit verbunden wird. Das ist in Ägypten die Sonnentheologie[44], die im Tempel von Heliopolis beheimatet ist, demselben Tempel, in dem der Überlieferung nach Platon sich in die ägyptische Weisheit hat einweihen lassen. Über keine andere Theologie der altägyptischen Religion sind wir so gut unterrichtet wie über diese, die ihren Niederschlag in Tausenden von Texten gefunden hat, vor allem Hymnen, aber auch Traktaten, kosmographischen Beschreibungen des Sonnenlaufs, Him-

---

[44] Zur ägyptischen Sonnenreligion s. mein im Druck befindliches Buch *Re und Amun. Die Krise des polytheistischen Weltbilds im Ägypten des Neuen Reichs*, das in der Reihe *Orbis Biblicus et Orientalis* erscheint.

mels- und Unterweltsbüchern, Toten- und Zaubertexten. Wenn wir unsere Untersuchung auf diese reichen Materialien stützen, geben wir ihr auf jeden Fall eine denkbar solide Basis, auch wenn wir es dabei – das müssen wir uns immer bewußt halten – nicht unbedingt mit dem Wissen des altägyptischen „Mannes auf der Straße" zu tun bekommen, sondern mit dem Wissen der „Weltbild-Spezialisten", der Priester[45].

Die Sonnentheologie ist eine Theologie des Sonnen*laufs*. Der Sonnengott erscheint darin in dreifacher Gestalt: als *Chepre* am Morgen, *Re* am Mittag und *Atum* am Abend[46]. In dieser Dreiheit verkörpert sich die Anschauung der Zeit als duale Einheit. Re ist der verborgene Oberbegriff, für den das Ägyptische kein Wort hat, während Chepre, die Morgensonne, den virtuellen Aspekt der Zeit und Atum, die Abend- und Nachtsonne, den resultativen Aspekt der Zeit verkörpert. Das geht aus der Bedeutung der Namen ganz klar hervor: Chepre heißt der „Werdende", der „sich Verwandelnde", Atum heißt der „Vollendete". Das ist keine Etymologie, die den Ägyptern, d. h. der lebendigen Sprache selbst undurchsichtig gewesen wäre. So liest man z. B. oft Sätze wie

„du hast dich vollendet zum Herrn der Djet (also der resultativen Fortdauer) in deinem Namen ‚Atum' (der Vollendete)"

Und zum Toten sagt man:

„du vereinigst dich mit der neheh-Zeit, wenn sie als Morgensonne aufgeht, und mit der Djet-Zeit, wenn sie als Abendsonne untergeht"[47].

---

[45] Die Vorstellungswelt gerade der Sonnenreligion ist aber im Ägypten zumindest des Neuen Reichs (1500–1000 v. Chr.) ausgesprochen populär, mit Ausnahme der esoterischen „Unterweltsbücher", die eine eigene und in manchen Punkten abweichende Theorie der Zeit zu entwickeln scheinen, vgl. dazu Hornung 1978, 281–290. Der teilweise Widerspruch zwischen Hornungs und meinen Interpretationen des ägyptischen Zeitbegriffs erklärt sich aus der wissenssoziologischen Differenzierung des von uns herangezogenen Materials. So scheint mir etwa die von Hornung erschlossene hochinteressante Vorstellung einer Zeit-Schlange, die die Stunden – oder auch andere ʿḥʿw-Zeitspannen – gebiert und verschlingt, auf die Unterweltsbücher beschränkt und sonst im ägyptischen Denken keine Rolle zu spielen. Die Verallgemeinerung dieser Vorstellung scheint mir umso problematischer, als der Gedanke des Gebärens und Verschlingens, auch über die „Zeit-Schlange" hinaus, für die Unterweltsbücher typisch ist und wohl weniger mit der Vorstellung der Zeit als des durch den Zug der Sonne durch die Unterwelt bedingten Wechsels von Licht und Finsternis zusammenhängt.

[46] S. hierzu Assmann 1969, 333 ff.

[47] Diese und ähnliche Stellen bei Assmann 1975, 43–48, bes. 44 n. 155 und 47 n. 161.

So besitzt für den Ägypter die Zeit als duale Einheit, als Komplexion von Virtualität und Resultativität, Wandel und Vollendung, in der Theologie des Sonnenlaufs eine natürliche und täglich neu erfahrbare Evidenz.

Aber im Sonnenlauf, im Zyklus von Chepre und Atum, Morgen und Abend, Wandel und Vollendung, wird zwar die Zeit als duale Einheit sehr sinnfällig, tritt jedoch ausschließlich auf der kosmischen Ebene, als kosmische Zeit in Erscheinung. Das ist die Zeit jenseits der menschlichen Sphäre, die von daher gesehen als Ewigkeit erscheint. In späterer Zeit tritt daneben aber eine Götter-Konstellation hervor, in der das Wesen der Zeit in noch viel umfassenderer, auch die Sinn-Dimensionen der Geschichte und des Menschen einbegreifenden Weise zur Anschauung kommt: Das ist die Konstellation des Sonnengottes Re mit seinem Antagonisten, dem Totengott Osiris, die sich als Verkörperung der Zeit zur dualen Einheit verbinden. Re verkörpert die virtuelle Zeit, Neheh, das „ewige Morgen", aus dem jeder neue Tag hervorgeht, Osiris verkörpert die resultative Zeit, djet, das „ewige Gestern", in dem alles, was in der Zeit zur Endgestalt gereift ist, aufgehoben ist und unwandelbar fortdauert[48].

Osiris ist ein Spätling in der ägyptischen Religionsgeschichte, der erst im 2. Jt. seine ganze Bedeutungsfülle entfaltet[49]. Man kann sein Wesen nicht umfassender beschreiben, als wenn man ihn als den Inbegriff und die Verkörperung der Resultativität bezeichnet. Osiris ist nicht nur ein *Totengott*, ein Herrscher der Unterwelt, sondern ein *toter* Gott. Sein Wesen ist, gestorben und als gestorbener Gott unvergänglich zu sein. Osiris gehört nicht zur Gruppe der „sterbenden und auferstehenden Götter". Gewiß hat er mit den Zyklen der Natur zu tun, mit dem Sterben und Wiederaufleben der Vegetation und dem Steigen und Fallen des Nils. Aber er ist kein Vegetationsgott, der *als* Vegetation

---

[48] Die Gleichsetzung von Re mit *Nḥḥ* und von Osiris mit *ḏt* wird im 17. Kapitel des Totenbuchs implizit vollzogen, wo erst „alles Seiende" als „*nḥḥ* und *ḏt*" und dann *nḥḥ* als „Tag" und *ḏt* als „Nacht" erklärt und in Abschnitt 5 Osiris dem „Gestern" und Re dem „Morgen" gleichgesetzt werden. Überdies sind *Nḥḥ*-Sonnengott-Tag und *ḏt*-Osiris-Nacht-Gestern auch sonst geläufige Gleichsetzungen, s. ASSMANN 1975, 44 n. 155 und LÄ II, 50 m.n. 43–45.

[49] Das Wesen des Gottes Osiris ist immer noch oder besser: seit neuestem wieder Gegenstand heftiger Kontroversen in der Ägyptologie, s. GRIFFITHS, in: LÄ IV.4 (1981) 623–633 und Westendorf 1981, 55–58 mit Verweisen auf weitere Lit. Meine eigene Deutung versteht sich nicht als Rekonstruktion hypothetischer Ursprünge (Westendorf), sondern bezieht sich auf die erst mit dem 2. Jt. in den Quellen greifbare Theologie die Gottes.

stirbt und aufersteht, sondern er ist der Tod, aus dem das Leben kommt und dem es wieder anheimfällt, der Tod, durch den das Korn hindurchgehen muß, um wieder zur Pflanze zu keimen, der Urgrund des Lebens, das aus dem Tode lebt. Osiris wird als Mumie dargestellt mit den Insignien der Königswürde. Die Königswürde hat er einmal im Diesseits ausgeübt[49a]: er ist derjenige ägyptische Gott, der eine Vergangenheit, ein Schicksal, kurz: einen *Mythos* hat im vollen Sinne dieses Wortes. Der Mythos entfaltet in der Form der Erzählung das Gewordensein des Gottes zu jener Endgestalt, als die er nun, der Inbegriff des Resultativen, mumienhaft unwandelbar fortdauert. Er trägt den Beinamen Wan-nafre (der übrigens in dem christlichen Namen Onnophrius weiterlebt). Wan-nafre bedeutet „Der Ausgereift Dauernde". Präziser läßt sich die Kategorie des Resultativen nicht umschreiben.

Osiris ist nicht, wie der Sonnengott, ein ausschließlich oder auch nur vornehmlich kosmischer Gott; sein Wesen als Inbegriff der Resultativität umgreift vielmehr alle drei Sinn-Dimensionen der ägyptischen Wirklichkeit: Kosmos, Mensch und Gesellschaft. Auf allen drei Ebenen verkörpert Osiris jeweils den resultativen Pol in drei analogen Konstellationen, die alle drei die duale Einheit von Resultativität und Virtualität zum Ausdruck bringen:

Re   und Osiris auf der Ebene des Kosmos
Horus und Osiris auf der Ebene des Staates, der Gesellschaft
               und der Geschichte
„Ba"   und Osiris auf der Ebene des Menschen, d. h. vor allem:
               des Totenglaubens
(den Begriff „Ba" werde ich unten erläutern)

Die Theologie des Gottes Osiris integriert die Ebenen oder Sinn-Dimensionen der Wirklichkeit und weitet zugleich den Begriff der Zeit als dualer Einheit vom Kosmischen auf die gesamte Wirklichkeit aus. Wir wollen diese Ausweitung des Zeitbegriffs anhand der drei Konstellationen näher betrachten, in denen Osiris in den drei Sinn-Dimensionen der Wirklichkeit das Wesen der djet-Zeit, die Resultativität, verkörpert.

a) Auf der *kosmischen* Ebene verkörpert sich in der Konstellation von Re und Osiris die duale Einheit der kosmischen Zeit. Re ist das „ewige Morgen", dem alles Werden und aller Wandel entspringt, Osiris ist das „ewige Gestern", dem alles Vollendete zu unwandelbarer Fortdauer anheimfällt. Der Sonnenlauf, die sinnfälligste kosmische Manifestation der Zeit, ereignet sich zwischen den beiden Göttern und

---

[49a] Vgl. hierzu YOYOTTE 1977, 145–149.

ist ihr gemeinsames Werk, das als zyklische Vereinigung der beiden Zeitkategorien, der Virtualität und der Resultativität, zustande kommt.

b) Auf der Ebene des *Königtums*, d. h. des Staates, der Gesellschaft und der Geschichte, verkörpert Osiris die Kategorie des Resultativen in Gegenüberstellung mit dem Gott Horus. Jeder lebende ägyptische König gilt als Verkörperung des Gottes Horus, jeder tote König wird

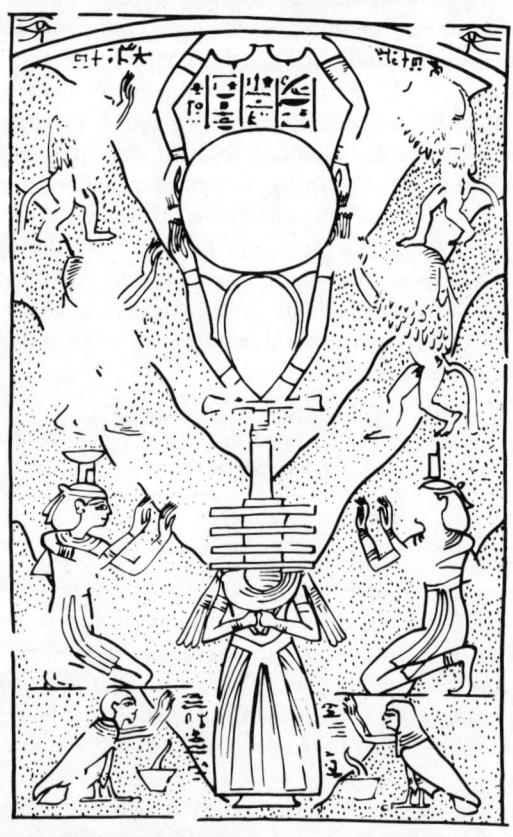

Abbildung 2: Der Sonnenlauf, Zeichnung von Aleida Assmann nach einer Wandmalerei im thebanischen Grabe des Nefersecheru (Nr. 296, um 1250 v. Chr.). Die Sonne, vom Symbol des Lebens emporgehoben, zwischen Himmel (das von oben empfangende weibliche Armpaar mit Brüsten) und Unterwelt (dem von unten stützenden Pfeiler, dem Symbol der „Dauer", in dem sich Osiris verkörpert). Der Vorgang vollzieht sich unter der Anbetung der „Sonnenaffen", der Göttinnen Isis und Nephtyhs und der „Ba"-Vögel des Grabherrn.

zu Osiris. Man kann daher den Gott Horus als einen „virtuellen König" bezeichnen, der sich in der als unendlich vorgestellten Reihe der ägyptischen Könige immer wieder verkörpert, in genau derselben Weise, wie die *Nḥḥ*-Zeit als ein „ewiges Morgen" in der unendlichen Reihe der Tage in die Welt einströmt. Entsprechend ist Osiris als Existenzform des toten Königs das „ewige Gestern", als das er nicht der Vergangenheit, sondern der *ḏt*-Zeit, der resultativen Fortdauer angehört und in die fortfließende Gegenwart mitgenommen wird. Neheh und Djet vereinen sich im lebenden König, der immer zugleich Sohn und Verkörperung eines Gottes ist: Sohn in Bezug auf den Toten Vater, der als Osiris die resultative Fortdauer des Gestern, des geschichtlich Gereiften darstellt, Inkarnation in Bezug auf den virtuellen König Horus, der in ihm zur Welt kommt wie das ewige Morgen im jeweiligen Heute. Kraft dieses Doppelbezugs zur Virtualität des Horus und zur Resultativität des Osiris, kommt auch im Königtum, genau wie im Sonnenlauf, die kosmische Zeitfülle in voller Präsenz zur Erscheinung[50].

c) Im Gegensatz zum König gewinnt der einzelne Mensch an dieser kosmischen Zeit jedoch erst nach dem Tode Anteil. Das ist die dritte Ebene, auf der Osiris als der Inbegriff der Resultativität erscheint. Nach dem Tode wird der Mensch durch die Riten der Einbalsamierung und Mumifizierung zu einem Osiris, dessen Namen er als Toter wie einen Titel führt: Osiris Antef, Osiris Amenophis, Osiris Ranofer. Als solcher geht er in die djet-Zeit ein. Er legt sich ein steinernes Grab an, worin er seine Biographie aufzeichnet, die Geschichte seines Gewordenseins zu dem, was als Resultat nun fortdauern soll[51]. Entscheidend für diese Fortdauer ist aber nicht die Summe, die er selbst zieht, sondern die im Totengericht gezogen wird, dem sich jeder Verstorbene nach ägyptischer Vorstellung nach dem Tode unterziehen muß. Hier wird in einem ordentlichen Gerichtsverfahren das Resultat festgestellt und über Fortdauer oder Vernichtung entschieden. Da der Ägypter als Person fortdauern will, d. h. im sozialen Bezug, bedarf er der Anerkennung. Nur das im Totengericht anerkannte Resultat einer im Tun des Rechten ausgereiften Persönlichkeit lebt in dem durch Mumie und

---

[50] Zur Horus-Osiris-Konstellation als Zentrum der ägyptischen Königstheologie und Geschichtsauffassung s. ASSMANN 1976, 29–49.

[51] Das, was wir hier „Resultativität" nennen und sowohl mit dem Tempussystem als auch mit der Zeitbegrifflichkeit des Ägyptischen in Verbindung bringen, ist als grundlegende Kategorie der mit Grab, Totenglauben und Osirisreligion verbundenen Vorstellungswelt schon von Spiegel 1935 in gültiger Form herausgearbeitet.

Steingrab bereitgestellten resultativen Aspekt der Zeit weiter[52]. Dem steht auch hier der virtuelle Aspekt gegenüber, in Gestalt eines vitalen Prinzips, das den Körper bewegt und beseelt. Der Ägypter nennt dieses Prinzip „Ba" und versteht darunter die Fähigkeit, sich in beliebigen Gestalten zu verkörpern, also Virtualität und Potentialität im reinsten Sinne des Wortes[53]. Im Leben ist dieser Ba in den Körper eingebunden, im Tode aber wird er frei zu beliebiger Gestaltung, während der Körper als Mumie fortdauert. Das ist die Form, in der der Mensch nach dem Tode in der dualen Einheit der kosmischen Zeitfülle existiert:

> Dein Ba existiert, indem er lebt in der Neheh-Zeit
> wie Orion am Leibe der Himmelsgöttin;
> Dein Mumienleib existiert, indem er dauert in der Djet-Zeit
> wie das Gestein der Berge[54].

Ba und Mumie realisieren also auf der Ebene der Anthropologie und des Totenglaubens die duale Einheit von Virtualität und Resultativität, und zwar nicht als die kosmische Zeit selbst, sondern als die Form der Teilhabe an ihr, die Weise des In-der-Zeit-Seins. In Re und Osiris dagegen verbinden sich Virtualität und Resultativität nicht zu einer Weise des In-der-Zeit-Seins, sondern zur Zeit selbst. Re und Osiris sind nicht „in" Neheh und Djet, sondern sie *sind* Neheh und Djet.

Hier liegt das eigentliche Mysterium des ägyptischen Zeitbegriffs. Es handelt sich buchstäblich um ein Mysterium, denn einer der Texte, der uns darüber Auskunft gibt, warnt ausdrücklich:

> Wer das enthüllt, stirbt eines gewaltsamen Todes,
> weil es ein großes Mysterium ist:
> Re ist das und Osiris[55].

Im Vertrauen darauf, diese Dinge doch nie völlig entschleiern zu können und immer noch ein gutes Stück von der gefährlichen Wahrheit entfernt zu bleiben, dürfen wir wohl unerschrocken auch an dieses Mysterium herangehen.

Auch Re und Osiris verhalten sich zueinander wie Ba und Mumienleib. Es handelt sich aber nicht um eine bloße Analogie. Genau wie der Ba des Menschen sich nach ägyptischer Vorstellung nächtens mit dem Leichnam vereinigt, so steigt auch der Sonnengott als Ba in die Unterwelt hinab und vereinigt sich um Mitternacht mit seinem Leichnam

---

[52] Vgl. hierzu meinen Artikel „Persönlichkeitsbegriff und -Bewußtsein" in LÄ IV (1982), 963–78.
[53] Zum Ba-Begriff s. WOLF-BRINKMANN 1968; ZABKAR 1968.
[54] Papyrus Boulaq III, 8,3–4 ed. SAUNERON 1952, Tf. 27.
[55] Papyrus Salt 825 XVIII. 1–2 ed. DERCHAIN 1965 I, 153 ff.; II, 19.

Abbildung 3: Re und Osiris als „Vereinigter Ba", Darstellung im Grab der Nefertari (um 1250 v. Chr.) nach A. Piankoff, The Tomb of Ramses VI (Bollingen Series XL. 1, New York 1954), S. 34. Der Mumienleib ist als Merkmal des Osiris, der Widderkopf mit Sonnenscheibe als Merkmal des (nächtlichen) Sonnengottes anzusehen, die in dieser Gestalt verschmelzen. Die hieroglyphische Beischrift besagt: „Osiris, der in Re ruht: das ist Re, der in Osiris ruht."

Osiris[56]. Die Zeit als duale Einheit wird in diesem Mysterium rituell dramatisiert. Die logische Beziehung der beiden Kategorien Virtualität und Resultativität zueinander und zu dem verborgenen Oberbegriff wird im Ritual als Vereinigung der beiden Götter zu einem einzigen Gott dargestellt, der „Vereinigter Ba" genannt wird. Re, der Sonnengott, ist das vitale Prinzip, der „Ba" des Kosmos, die Virtualität als Fähigkeit zu unendlicher Gestaltung, die nicht nur in der Sonne Gestalt annimmt, sondern in allem, was durch das Licht der Sonne sichtbar

[56] Zur Vorstellung einer allnächtlichen Vereinigung von Re und Osiris s. DERCHAIN 1965 I, 155 ff.; ASSMANN 1969, 101–105; HORNUNG 1971, 85–87; *Re und Amun* (n. 44), 2. Kap.

wird, d. h. seine Gestalt dem Licht verdankt[57]. Osiris, der Totengott, ist der Mumienleib des Kosmos, die Permanenz des Vollendeten, Gewordenen, Ausgereiften, Verwirklichten. Der Sonnenlauf, der die Zeit hervorbringt, ist das Zusammenspiel von Ba und Mumienleib und daher nichts anderes als der *Lebensvollzug* des Kosmos, dessen Lebendig-sein man sich nach dem anthropologischen Modell als zyklische Vereinigung von Ba und Leichnam vorstellt.

Auf allen drei Ebenen der Wirklichkeit – Kosmos, Königtum und Totenglauben – geht es um die Vereinigung von Djet und Neheh, Resultativität und Virtualität. Was dadurch gewährleistet werden soll, ist mehr und ist etwas Konkreteres als der Fortgang der Zeit. Am nächsten kommt dem damit angestrebten Ziel wohl der Begriff der *Kontinuität*[58]. Im Totenglauben gewährleistet die nächtliche Vereinigung von Ba und Leichnam die Kontinuität der personalen Identität, im Königtum gewährleistet die in der Doppelrolle des Königs, als Sohn und Verkörperung, gelungene Vereinigung von Resultativität und Virtualität die Kontinuität der Geschichte, d. h. der staatlichen, nationalen und kulturellen Identität, und auf der kosmischen Ebene bedeutet die mitternächtliche Vereinigung von Re und Osiris die Kontinuität der Wirklichkeit schlechthin. Die Kontinuität der Wirklichkeit: das ist der Oberbegriff von Neheh und Djet, der ägyptische Begriff der Zeit, der in Richtung Ewigkeit ausufert.

Kontinuität ist ein dramatischer Begriff von Zeit, der den Menschen zum Handeln aufruft. Djet und Neheh müssen fortwährend vereinigt, die Zeit in Gang gehalten, Kontinuität gewährleistet werden. Das geschieht in den Kulten der ägyptischen Sonnenheiligtümer. Hier wird die Zeit in Gang gehalten und der Sonnenlauf in der Form eines rituellen Kalenders kultisch mitvollzogen, der jede „vorübergehende" Stunde mit Handlungen und Rezitationen begleitet[59]. Dieser rituelle Mitvollzug des Sonnenlaufs geht nicht davon aus, daß die Zeit eine selbstverständliche Gegebenheit ist, daß automatisch jeder Nacht ein Morgen folgt und die Sonne ohne Stillstand vom Osten zum Westen gelangt. Die Grunderfahrung, auf der dieser Begriff der Zeit als *Kontinuität der Wirklichkeit* sowie der diesem Zeitbegriff gewidmete Kult

---

[57] Einiges Material hierzu findet sich im 4. und 5. Kap. von *Re und Amun* (n. 44).
[58] Zum Begriff der Kontinuität s. ASSMANN 1975, 28–30.
[59] Das sog. Stundenritual, s. ASSMANN 1969, 133–164. Eine Neuedition von E. GRAEFE ist in Vorbereitung.

beruhen, ist die jederzeitige Möglichkeit der Katastrophe[60]. Dieses uns so seltsam anmutende Handeln vollzieht sich im Sinnhorizont einer *virtuellen Apokalyptik*, die das Fortbestehen der Welt auf dem Hintergrund ihres einkalkulierten Endes sieht.

Es gibt sehr viele Texte, die dieses Weltende beschreiben[61]. So beginnt z. B. das Mysterium der Vereinigung von Re und Osiris, aus dem ich oben zitiert habe:

> Die Erde ist verwüstet,
> die Sonne geht nicht auf,
> der Mond zögert, es gibt ihn nicht mehr,
> der Ozean schwankt, das Land kehrt sich um,
> der Fluß fließt nicht mehr ab[62].

Das ist die Krise, die Katastrophe, die durch die Vereinigung von Re und Osiris abgewendet wird. Ein anderer Text stellt die Katastrophe so dar:

> Die Sonnenbarke steht still und fährt nicht weiter,
> die Sonne verharrt an ihrer gestrigen Stelle.
> Die Opfer sind aufgehalten, die Tempel verschlossen,
> Finsternis geht um, die Zeiteinheiten werden nicht geschieden,
> die Figuren des Schattens sind nicht zu beobachten.
> Die Quellen sind verstopft, das Gras verdorrt,
> das Leben ist den Lebenden entzogen[63].

Das ist ein Text, der bei Schlangenbiß rezitiert wird. Der Zauberer macht sich die Kohärenz oder „Sympathie" des Kosmos zunutze, der auf allen Ebenen der Wirklichkeit – Kosmos, Königtum und Einzelschicksal – vom Prinzip der dualen Einheit durchwaltet, d. h. auf die Kontinuität des Lebens angewiesen ist. Er stellt den Schlangenbiß als Eingriff in die allgemeine Lebenskontinuität hin, der alles Leben stokken läßt und die Götter zu sofortiger Abhilfe veranlaßt. Der Kult beruht auf den gleichen Prinzipien wie die Magie, verfolgt aber andere, allgemeine Ziele. Mit seinen Lobpreisungen fördert er den Sonnenlauf und zieht das kosmische Gelingen auf die Erde hinab.

Der kultische Mitvollzug des Sonnenlaufs verfolgt zwei Ziele: Kontinuität und Kohärenz. Kontinuität erzielt er durch die rituelle Bege-

---

[60] „Das Chaos ist ganz im Sinne ältester Mythen vorauszusetzen und natürlich, der Kosmos ist göttlich und gefährdet": GEHLEN 1961, 59. Mit speziellem Bezug auf das ägyptische Weltbild vgl. dazu ASSMANN 1982.
[61] Zusammengestellt bei SCHOTT 1959; vgl. ferner ASSMANN 1975, 26–28; ASSMANN 1982, 4; HORNUNG 1977.
[62] Papyrus Salt 825, I, 1–6 s. DERCHAIN 1965 I, 24–28.
[63] KLASENS 1952, 31f.; 57; 96.

hung der Zeit, durch die sie gleichsam „ornamentalisiert" wird. Lassen Sie mich diesen Begriff kurz erläutern. Das Ritual hat eine ähnliche Beziehung zur Zeit wie das Drama und die Musik und zwar in zweierlei Hinsicht. Erstens entfaltet es sich in der Zeit und gibt einem bestimmten Stück zeitlichen Ablaufs eine konkrete, bedeutungsvolle und genau festgelegte Gestalt, und zweitens gewährleistet es durch die genaue Befolgung der Vorschrift, daß jede Aufführung zur vollkommenen Wiederholung der vorhergehenden wird, genau wie in der Musik die Partitur den Wiederholungscharakter einer Aufführung sicherstellt. Das Prinzip des Rituals wie der musikalischen Partitur ist die Wiederholbarkeit festliegender Handlungs- und Zeitfiguren. Beim Ritual kommt nun noch etwas entscheidendes hinzu: die Einfügung dieser Wiederholungen in genau festliegende Zeitorte im Ganzen des zeitlichen Flusses. Indem nun das Ritual erstens im festliegenden Rhythmus seiner Wiederholungen die Zeit skandiert und zweitens durch die genaue Befolgung der Vorschrift jede Aufführung mit der vorhergehenden zur Deckung bringt, hebt es die Gerichtetheit der Zeit auf und macht aus dem Strahl des zeitlichen Ablaufs ein Ornament im unendlichen Rapport immer wieder sich deckender Zeitfiguren[64]. Diese Bemerkungen beziehen sich auf das Ritual im Allgemeinen. Im Sonnenkult haben wir es aber mit Ritualen zu tun, die ganz speziell die Zeit zum Thema haben. Jede einzelne Stunde wird hier mit kultischen Begehungen begleitet, die nicht nur mit der Vorschrift übereinstimmen, sondern auch in genauestem Einklang stehen müssen mit den kosmischen Ereignissen, die für die jeweilige Stunde charakteristisch sind[65]. Dadurch wird nicht nur die Zeit ornamentalisiert, sondern die Krise abgewendet und Kontinuität erzeugt.

Kohärenz, d. h. die Einbindung der verschiedenen Sinn-Dimensionen der Wirklichkeit in ein umfassendes Prinzip der „Sympathie", der aufeinander-Bezogenheit, erreicht der Kult durch die sprachliche Ausdeutung, mit der er unablässig die kosmischen Vorgänge begleitet und sie auf die Sinn-Dimensionen der Wirklichkeit – d. h. die kosmische Götterwelt, das Königtum und den Totenglauben – hin durchsichtig macht[66]. Die Überwindung des Sonnenfeindes am Mittag wurde in den

---

[64] Vgl. hierzu ASSMANN 1977b, 26–28.
[65] S. n. 59, vgl. auch *Re und Amun* (n. 44), Kap. 1. Eine Übersetzung der Texte: ÄHG Nr. 1–12.
[66] Nach ägyptischer Auffassung hat der Kult die Aufgabe, mit dem Mittel der „sakramentalen Ausdeutung" Erde und Himmel zueinander in Beziehung zu setzen (s. dazu ASSMANN 1977b, 15–25) und so die Erde zum Abbild des Himmels und zum Gefäß göttlicher Einwohnung zu machen (vgl. JUNGE

Hymnen als die Herrschaft des Rechts und der Sieg der göttlichen Ordnung dargestellt, der auch dem Pharao Sieg über innere und äußere Feinde garantierte, und die Durchquerung der Unterwelt bei Nacht wurde als Überwindung des Todes gefeiert, als Inbegriff des Lebens aus dem Tode, die allem Sterblichen ein neues Leben verhieß. Im Gelingen des Sonnenlaufs und in der genauen Befolgung der ihn begleitenden Riten stand die eigene Sache auf dem Spiel. Wenn die Riten nicht befolgt werden, heißt es in den Texten, entsteht Hungersnot im ganzen Land, wenn der Götterfeind nicht bekämpft wird, herrscht Gesetzlosigkeit, Anarchie und Aufruhr auf Erden, wenn der Kultbetrieb gestört wird, verfinstert sich die Sonne und der Ozean trocknet aus[67].

Nur allzuleicht belächelt man solche Visionen als Wahnvorstellungen einer primitiven Menschheitsstufe. Natürlich sind keine derartigen kosmischen Katastrophen eingetreten, seit und weil die Riten nicht mehr vollzogen wurden. Aber es ging ja gar nicht darum, die Zeit und den Sonnenlauf in Gang zu halten, sondern die Kohärenz und Kontinuität der Wirklichkeit. Was man in Gang hielt, war ein Wissen von der Ordnung des Ganzen, war die Kontinuität der kulturellen Identität. Das aber haben die Ägypter, allen Fremdherrschaften zum Trotz, in einer höchst eindrucksvollen Weise bewerkstelligt. Nicht eine neue Herrschaft – der Libyer, Assyrer, Äthiopier, Perser, Griechen und Römer – sondern erst ein neues Wissen: das Christentum, hat diese kulturelle Identität zerstört.

Man hat diese Schilderungen der Katastrophe immer für echte Apokalypsen gehalten, für Prophezeiungen des Weltendes. Erst in der Kategorie der Virtualität erschließt sich ihre eigentliche Bedeutung als die immer gegebene, aber auch immer abwendbare Gefahr des Abreißens der Kontinuität und des Zerfalls der Kohärenz, auf deren dunklem Hintergrund sich die gelingende Kontinuität als die volle Präsenz des Heils und des Lebens darstellt. Im Sinnhorizont einer virtuellen Apokalyptik ereignet sich Zeit als *realisierte Eschatologie,* als die volle Gegenwärtigkeit des Heils. Auf dem Hintergrund der glücklich bestandenen Krise erweist sich die Kontinuität der Zeit nicht als Fort*schreiten*, sondern als Fort*während*, als schiere Präsenz, die keinen Aufschub und keine Distanz, keine Erwartung künftigen und keine Erinnerung vergangenen Heils kennt. Die Riten hatten das Heil zu sichern, indem sie die irdischen Verhältnisse einbanden in die kosmische Zeit, deren

---

1978 mit Verweis auf Pseudo-Apuleius, Asclepius § 24 sowie DERCHAIN 1962, 188 ff.).

[67] Papyrus Jumilhac XVII.19 – XVIII.11 und Urk VI, 122–125 s. ASSMANN 1982, § 4.2–3.

Struktur wir uns veranschaulichen weder als Linie, noch als Kreis, sondern als ein Ornament im unendlichen Rapport der periodischen Vereinigung von Neheh und Djet.

Abbildung 4: Das Sonnenkind im Uroboros, nach einem Papyrus der 21. Dyn. (um 1000 v. Chr.) in Kairo, bei A. Piankoff, Mythological Papyri S. 22, Abb. 3. Zwischen den beiden Löwen, die als „Gestern" und „Morgen" = Djet und Neheh den Doppelaspekt der Zeit verkörpern, garantiert das Sonnenkind im Uroboros als deren Vereinigung die Kontinuität der Wirklichkeit.

Lassen Sie mich mit einem Bild schließen, das geeignet ist, uns die aktuelle Gegenwärtigkeit des ägyptischen Zeitbegriffs vor Augen zu führen. Es stammt von dem englischen Dichter und Graphiker William Blake und stellt eine Schlange dar, die, sich in den Schwanz beißend, einen Ring formt. Auf ihr, hochaufgerichtet, die Arme erhoben, die Hände zur Spitze zusammengelegt, ein nackter Mensch. Es handelt sich um einen unausgeführten Entwurf zu einer Illustration von Edward Young's Gedicht „Nacht-Gedanken" (Night Thoughts)[68] und bezieht sich auf folgende Zeilen:

nature revolves but man advances; both
eternal, that a circle, this a line[69]
(Die Natur kreist in sich, doch der Mensch schreitet voran, beide
ewig, jene ein Kreis, dieser eine Gerade)

[68] H. B. DE GROOT 1969, 560. Ich verdanke die Kenntnis dieser Zeichnung ALEIDA ASSMANN.
[69] Edward Young, *Night Thoughts*, VI, 690–92.

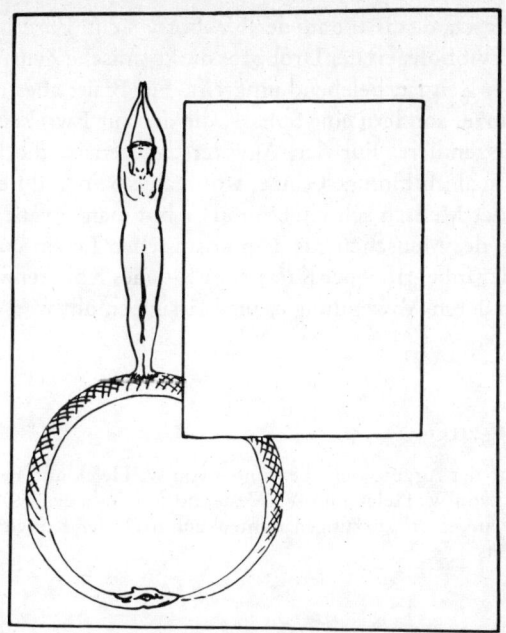

Abbildung 5: „Nature revolves but man advances" – Allegorie der geschichtlichen und der natürlichen Zeit, Zeichnung von Aleida Assmann nach einem Bleistift-Entwurf zu einer Illustration von William Blake (Ende 18. Jh. n. Chr.).

Die Schlange und der Kreis symbolisieren die in sich kreisende Natur (revolving nature), die ewig in sich selbst zurückkehrende kosmische Zeit. Der Mensch und die Gerade symbolisieren den Fortschritt des Menschen (advancing man), sein Schicksal und sein proprium: den „Fortschritt", der ihn von der Natur nicht nur unterscheidet, sondern entfernt. Beide streben unvereinbar auseinander. Auch hier die Zeit im Dual: aber nicht als duale *Einheit*.

Die sich in den Schwanz beißende Schlange, der Uroboros, ist ein ägyptisches Symbol der kosmischen Zeit, der schlechthinnigen Zeitfülle, außerhalb derer nichts gedacht werden kann[70]. Der Uroboros symbolisiert die Zeit als den Lebensvollzug des lebendigen Kosmos, der zugleich alles belebt und am Leben erhält, was in ihm ist. Nichts kennzeichnet den Unterschied zwischen dem ägyptischen und dem abendländisch-christlichen Weltbild knapper und treffender als der

---

[70] Zum Uroboros in Ägypten s. STRICKER 1953; ASSMANN 1975, 30–34 m. n. 93–106; HORNUNG 1977, 434 ff.; NIWINSKI 1981.

aufrechte Mensch, den Blake auf den Uroboros stellt. Für Blake wie für den Ägypter symbolisiert der Uroboros die kosmische Zeitfülle, die alles, was in der Zeit ist, belebend umgreift. Für Blake aber ist die Zeit nicht das Ganze, sondern eine Sphäre, die der zur Ewigkeit berufene Mensch transzendiert. Für den Ägypter dagegen ist die kosmische Zeitfülle das schlechthinnige Ganze, worin alles Sein und Leben gründet. „Doch der Mensch schreitet voran" – but man advances – dieses Heraustreten des Menschen aus dem kosmischen Leben wäre für ihn vermutlich der Inbegriff jener Katastrophe – jenes Kohärenz-Zerfalls – gewesen, um deren Abwendung er unablässig bemüht war.

Abkürzungen

LÄ = Lexikon der Ägyptologie, begründet von W. Helck und E. Otto, fortgeführt von W. Helck und W. Westendorf. Wiesbaden 1972ff.
Alle weiteren Abkürzungen richten sich nach der Konvention dieses Lexikons.

Literatur

Assmann, J., 1969, *Liturgische Lieder an den Sonnengott. Untersuchungen zur altägyptischen Hymnik I*. MÄS 19.
–, 1974, „Ägyptologie und Linguistik", in: *GM* 11, 59–76.
–, 1975, *Zeit und Ewigkeit im alten Ägypten. Ein Beitrag zur Geschichte der Ewigkeit*. AHAW.
–, 1976, „Das Bild des Vaters im alten Ägypten", in: H. Tellenbach (Hg.). *Das Vaterbild in Mythos und Geschichte* (Stuttgart), 12–49.
–, 1977a, „Fest des Augenblicks – Verheißung der Dauer. Die Kontroverse der ägyptischen Harfnerlieder", in: *Fragen an die ägyptische Literatur*, Gedenkschrift Eberhard Otto (Wiesbaden), 55–84.
–, 1977b, „Die Verborgenheit des Mythos in Ägypten", in: *GM* 25, 7–43.
–, 1979, „Primat und Transzendenz. Struktur und Genese der ägytischen Vorstellung eines Höchsten Wesens", in W. Westendorf (Hg.), *Aspekte der spätägyptischen Religion* (Wiesbaden), 7–42.
–, 1982, „Königsdogma und Heilserwartung. Politische und kultische Chaosbeschreibungen in ägyptischen Texten", in: D. Hellholm (Hg.), *Apocalypticism in the Mediterranean World and the Near East* (Tübingen).
Belting, H., 1978, „Vasari und die Folgen. Die Geschichte der Kunst als Prozeß?", in: K. G. Faber, Chr. Meier (Hg.), *Historische Prozesse* (München), 98–126.
Borchardt, L., 1920, *Die altägyptische Zeitmessung*.
Borges, J. L., 1965, *Geschichte der Ewigkeit. Essays*. München.
Bothmer, B. V., 1960, *Egyptian Sculpture of the Late Period*. New York.

Brunner, H., 1954/55, „Die Grenzen von Zeit und Raum bei den Ägyptern", in: *AfO* 17, 141–145.
–, 1955, „Zum Zeitbegriff der Ägypter", in: *StudGen* 8, 584–590.
–, 1979, „Zitate aus Lebenslehren", in: E. Hornung, O. Keel (Hg.), *Studien zu altägyptischen Lebenslehren* (OBO 28), 105–172.
–, 1980, „Vita brevis, ars longa", in: *ZÄS* 107, 42 ff.
Brunner-Traut, E., 1971, „Mythos im Alltag. Zum Loskalender im alten Ägypten", in: *Antaios* XII, 332–347.
Derchain, Ph., 1962, „L'authenticité de l'inspiration égyptienne dans le ‚Corpus Hermeticum'", in: *RHR* 161, 175–198.
–, 1965, *Le Papyrus Salt 825 (B. M. 10051), rituel pour la conservation de la vie en Egypte*. Brüssel.
Diakonoff, I. M., 1965, *Semito-Hamitic Languages*. Moskau.
Fecht, G., 1978, „Schicksalsgöttinnen und König in der ‚Lehre eines Mannes für seinen Sohn'", in: *ZÄS* 105, 14–42.
Fulton, R. (Hg.), 1976, *Death and Identity*. Bowie, Maryland.
Gaballa, G. A., 1976, *Narrative in Egyptian Art*. Mainz.
Gehlen, A., 1961, *Anthropologische Forschung*. rde, Hamburg.
Gombrich, E. H., 1978, *Kunst und Fortschritt. Wirkung und Wandlung einer Idee*. Köln.
Graefe, Eckart, 1911, *Das Pyramidenkapitel in al-Makrīzī's ‚Ḥiṭaṭ'*. Leipzig.
Graefe, Erhart, 1979, „König und Gott als Garanten der Zukunft (notwendiger Ritualvollzug neben göttlicher Selbstbindung) nach Inschriften der griechisch-römischen Tempel", in: W. Westendorf (Hg.), *Aspekte der spätägyptischen Religion* (Wiesbaden), 47–78.
Groenewegen-Frankfort, H. A., 1951, *Arrest and Movement. An Essay on Space and Time in the representational Art of the Ancient Near East*. London.
de Groot, H. B., 1965, „Uroboros", in: *English Studies* 50, 560.
Hannig, R., im Druck, *Text und Tempus*, Diss. Tübingen.
Helck, W., 1964, „Feiertage und Arbeitstage in der Ramessidenzeit", in: *Journal of the Economic and Social History of the Orient* 7, 136–166.
–, 1977, *Die Lehre für König Merikare. Kleine Ägyptische Texte*. Wiesbaden.
Hornung, E., 1965, „Zum ägyptischen Ewigkeitsbegriff", in: *FuF* 39, 334–336.
–, 1971, *Der Eine und die Vielen*. Darmstadt.
–, 1977, „Verfall und Regeneration der Schöpfung", in: *Eranos Jb.* 46 (erschienen 1981), 411–449.
–, 1978, „Zeitliches Jenseits im alten Ägypten", in: *Eranos Jb.* 47 (erschienen 1981), 269–307.
Junge, F., 1970, *Studien zum mittelägyptischen Verbum*. Diss. Göttingen.
–, 1973, „Zur Fehldatierung des sog. Denkmals memphitischer Theologie oder: Der Beitrag der ägyptischen Theologie zur Geistesgeschichte der Spätzeit", in: *MDIK* 29, 195 ff.
–, 1978, „Wirklichkeit und Abbildung. Zum innerägyptischen Synkretismus und zur Weltsicht der Hymnen des Neuen Reichs", in: G. Wießner (Hg.), *Synkretismusforschung. Theorie und Praxis* (Wiesbaden), 87–108.
Kakosy, L., 1978, „Einige Probleme des ägyptischen Zeitbegriffs", in: *Oikumene* 2, 95–111.
Kees, H., 1962, „Zu den Lebensregeln des Amonspriesters Nebneteru", in: *ZÄS* 88, 24–26.

Klasens, A., 1952, *A magical Statue Base (Socle Béhague)*, OMRO 33, Leiden.
Koefoed-Petersen, O., *Catalogue des Statues et Statuettes*, Ny Carlsberg Glyptothek, Kopenhagen.
Koschmieder, E., 1929, *Zeitbezug und Sprache. Ein Beitrag zur Aspekt- und Tempusfrage*. Leipzig.
Krauss, R., (im Druck), *Sothis, Elephantine und die altägyptische Chronologie*, HÄB 20.
Kurylowicz, J., 1972, *Studies in Semitic Grammar and Metrics*. Warschau.
Kubler, G., 1973, *The Shape of Time. Remarks on the History of Things*. (1962), 8. Auflage.
Legrain, G., 1914, *Statues et statuettes de rois et de particuliers III*. Kairo.
Morenz, S., 1960, *Ägyptische Religion*. Stuttgart.
Neugebauer, O., Parker, R. A., *Egyptian Astronomical Texts* III.
Niwinski, A., 1981, „Noch einmal über zwei Ewigkeitsbegriffe. Ein Vorschlag der graphischen Lösung in Anlehnung an die Ikonographie der 21. Dyn.", in: GM 48, 41–53.
Otto, E., 1954a, „Altägyptische Zeitvorstellungen und Zeitbegriffe", in: *Die Welt als Geschichte* 14.
–, 1954b, *Die biographischen Inschriften der ägyptischen Spätzeit*. Leiden.
–, 1966, „Zeitvorstellungen und Zeitbegriffe im Alten Orient", in: *StudGen* 19, 743–751.
Parker, R. A., 1950, *The Calendars of Egypt*, SAOC 26, Chicago.
Schenkel, W., 1965a, *Memphis, Herakleopolis, Theben. Die epigraphischen Zeugnisse der 7. – 11. Dyn. Ägyptens*, ÄA 12, Wiesbaden.
–, 1965b, *Grundformen mittelägyptischer Sätze anhand der Sinuhe-Erzählung*, MÄS 7, Berlin.
–, 1975, *Die altägyptische Suffixkonjugation. Theorie ihrer Entstehung aus nomina actionis*, ÄA 32. Wiesbaden.
Schlögl, H. A., 1980, *Der Gott Tatenen, nach Texten und Bildern des Neuen Reichs*, OBO 29, Fribourg-Göttingen.
Schott, S., 1950, *Altägyptische Festdaten*. AWL Mainz.
Sethe, K., 1919/20, *Die Zeitrechnung der alten Ägypter im Verhältnis zu der der anderen Völker*, NAWG 1919, 287–320; 1920, 28–55; 97–141.
–, 1928, *Dramatische Texte zu altägyptischen Mysterienspielen*, UGAÄ 10, Leipzig.
Spiegel, J., 1935, *Die Idee vom Totengericht in der ägyptischen Religion*, LÄS 2, Leipzig.
Steiner, G., 1971, *In Bluebeard's Castle. Some Notes towards the Re-definition of Culture*. London.
Stricker, B. H., 1953, *De groote zeeslang*, MEOL 10, Leiden.
Vandersleyen, C., 1975, *Das Alte Ägypten*, Propyläen Kunstgeschichte 15. Berlin.
Westendorf, W., 1981, „Drei Bemerkungen zu Osiris", in: *GM* 48, 55–58.
Wildung, D., 1969, *Die Rolle ägyptischer Könige im Bewußtsein ihrer Nachwelt*, MÄS 17. Berlin.
Wolf, W., 1957, *Die Kunst Ägyptens*. Stuttgart.
Wolf-Brinkmann, E., 1968, *Versuch einer Deutung des Begriffes B3 anhand der Überlieferung der Frühzeit und des Alten Reichs*, Diss. Basel, Freiburg.
Worringer, W., 1927, *Ägyptische Kunst. Probleme ihrer Wertung*. München.

Yoyotte, J., 1977, „Une notice biographique du roi Osiris", in: *BIFAO* 77, 145–149.
–, 1980, „Une monumentale litanie de Granit. Les Sekhmet d'Aménophis III et la conjuration permanente de la Déesse dangereuse", in: *Bull. Soc. Franc. d'Egyptol.* 87/88, 47–75.
Žaba, Z., 1956, *Les maximes de Ptahhotep*, Prag.
Žabkar, L. V., 1968, *A Study of the Ba Concept in Ancient Egyptian Texts*, SAOC 34, Chicago.

Carsten Colpe

Die Zeit in drei asiatischen Hochkulturen

(Babylon – Iran – Indien)

Das Verhältnis zwischen naturwissenschaftlichen und humanwissenschaftlichen Untersuchungen zur „Zeit" ist theoretisch keineswegs so geklärt, daß außer Frage steht, ob hier und dort immer von derselben Sache die Rede ist. Es steht bisher keine Metatheorie zur Verfügung, welche dergestalt als apriorische Voraussetzung oder Grundlage etwaiger bestimmten Einzelwissenschaften inhärenter Theorien begriffen werden kann, daß sie auch eine allerseits akzeptable Definition des Untersuchungsgegenstandes „Zeit" ermöglichen würde[1]. Man muß sich bereits angesichts dieses Sachverhalts darüber im klaren sein, daß dann erst recht keine Einzelwissenschaft hier einen theoretischen Ausgangspunkt liefern kann, auch dann nicht, wenn sie in der Lage ist, früheste erreichbare Annäherungen an Vorstellungen aufzuweisen, die etwas mit dem zu tun zu haben scheinen, was wir heute „Zeit" nennen.

Die bisherige Beschäftigung mit antiken Hochkulturen bestätigt diese Überlegungen insofern, als sie noch keine Untersuchungen erbracht hat, welche über die „Zeit" in diesen Kulturen etwas ermitteln wollen. Das ist offenkundig deshalb nicht geschehen, weil die „Zeit" hier keine Sinneinheit ist, welche innerhalb der Quellen als ein quantitativ evident angebbarer Bestand auffällt. Es gibt natürlich einige Wörter – wir wer-

---

[1] Nimmt man etwa die Zeitlehre Newton's, die statistische Begründung des zweiten Hauptsatzes der Thermodynamik durch Boltzmann und Einstein's Relativitätstheorie als naturwissenschaftliche, Bemühungen um historische Periodisierung, Ablaufsdynamiken und ihre Erklärung, Bezüge astronomischer Chronologie zu den verschiedenen kalendarischen Zeiteinteilungssystemen als humanwissenschaftliche Theorien, so darf man die Theorie dieser Theoriengruppen wohl eine Metatheorie nennen. Dem Laien stellt sie sich als die Theorie der Zusammenschau zeitlicher Strukturen des Kosmos, der Erde und der Menschheit dar, wie sie z. B. C. F. von Weizsäcker, Die Geschichte der Natur, Göttingen 1948, ²1954, bes. S. 31–43, 75–83, 104–114, und ders., Die Einheit der Natur, München ²1971, bes. S. 172–206, vornimmt. Gegenüber der dort vollzogenen Abweichung von Kant war hier keine andere Position als die in Anm. 70 angedeutete möglich.

den über sie Auskunft geben –, welche in den Lexica mit „Zeit" übersetzt werden. Und es gibt andere Sinneinheiten wie die Vorzeichenschau in Babylonien, die Dynastienlegitimation in Iran, die Seelenwanderung in Indien, die nicht nur als der jeweiligen Kultur gemäßere Sinneinheiten in den Quellen quantitativ evident hervortreten, sondern die auch als früheste Chiffren einer naiven Zukunfts-, Gegenwarts- und Vergangenheitsperspektive begriffen werden können, aus denen sich eine genau so naive Zeitvorstellung zusammensetzen läßt. Es gibt schließlich Zeit-Spekulationen in indischen philosophischen Systemen; aber sie heben sich von dem, was man als einen Kulturausdruck „Zeit" begreifen könnte, so deutlich ab wie jeder Begriff von einer Sache.

Es wäre unter jedwedem Untersuchungsaspekt verfehlt, bei Wörtern, die mit „Zeit" übersetzt werden, als der vermeintlich sichersten Gegebenheit einzusetzen. Denn wir kennen die theoretischen Voraussetzungen nicht, aufgrund derer früheste Lexikographen zu einer Übersetzung kamen, die – in ebenfalls ungeklärten Abhängigkeiten – von späteren Lexikographen mit westeuropäischen Wörtern wiedergegeben wurden, über deren gegenseitige Umsetzbarkeit im Sinne eines Zeitbegriffs erst in der Neuzeit Konsens besteht. Voraussetzungen und Querverbindungen in der in unseren modernen Wörterbüchern mündenden Wissenschaftsgeschichte aufzuhellen, wäre das Forschungsprogramm für eine Generation. Schon eher darf man bei quantitativ evidenten Sinneinheiten wie den genannten anfangen. Dieses Verfahren ist aber nur dann nicht ebenso irreführend wie das an Wörterbüchern orientierte, wenn man in aller Grundsätzlichkeit die Einsicht festhält, daß es um eine wieweit auch immer geklärte Kategorie „Zeit" *bei uns* sich handelt[2], welche mittels anderer Sinneinheiten in antiken Quellen aus einer Form innerer Anschauung in eine Gegebenheit überführt werden kann. Erst wir sind es dann, die darin eine Zeitvorstellung wiedererkennen, und erst wir können daraus vielleicht sogar einen Zeitbegriff bilden.

Es ist dafür, nach dieser formal-weiten Umschreibung der Problematik, eine etwas material-engere Orientierung vonnöten. Sie steht bereits in einer methodischen Zirkelbeziehung zu den historischen Sinneinheiten, zwischen denen wir uns zurechtfinden wollen, wenn es auch technisch nicht angeht, diese schon jetzt zu nennen. Unter den sechs

---

[2] Einen philosophiegeschichtlichen Überblick über solche Anschauungen gibt W. GENT, Die Philosophie des Raumes und der Zeit, 2 Bde., Hildesheim ²1962, einen kulturgeschichtlichen Überblick R. WENDORFF, Zeit und Kultur, Opladen ²1980. Beide Darstellungen sind auf Europa konzentriert.

Kategorien Geschichtslosigkeit, Geschichtseinteilung, Geschichtsvorstellung, Zeiteinteilung, Zeitvorstellung, Zeitbegriff – Kategorien also, die keine Gültigkeit a priori mehr beanspruchen können –, sollen die Grade der Annäherung an das begriffen werden, was erst nach dem vorkritischen Kant und auch dann noch in zahllosen Definitionen „Zeit" genannt werden darf. Warum in dem historischen Bereich, aus dem sich solche Annäherungen ergeben haben könnten, gerade Babylon, Iran und Indien gewählt wurden, wird sich ergeben. Vorweg sei nur darauf hingewiesen, daß die iranische Annäherung am dichtesten gelang, daß sie aber ohne gedankliche, wissenschaftliche und spekulative Anstöße aus der westlichen und aus der östlichen Nachbarkultur höchstwahrscheinlich nicht gelungen wäre.

Wenn hier zunächst von Geschichtslosigkeit gesprochen wird, dann soll das nicht heißen, daß das Fehlen eines Verhältnisses zur Geschichte in jedem Fall ein urtümliches war, oder daß es für schriftlose Gesellschaften, „Naturvölker", Stammeskulturen typisch ist oder geblieben ist. Wir wissen heute, daß es dort Geschichtskonzeptionen gab und gibt, und sogar recht verschiedene[3]. Zentralistisch organisierte geschichtete Gesellschaften einschließlich solcher Gruppen, die staatliche oder staatsähnliche Organisationsformen entwickelt haben, kennen z. B. regelrechte Institutionen, denen die Bewahrung und Weitertradierung der Geschichte obliegt (bestimmte Würdenträger, Spezialisten am Hof, Schulen); es handelt sich natürlich nicht immer um Geschichte in unserem Sinne – die Tradition konnte z. B. für das jeweils bestehende Herrschaftssystem manipuliert, ein unehrenhafter Herrscher konnte aus der Staatsgeschichte gestrichen werden –, doch enthält die Aufbewahrung und Wiederbekanntmachung von Genealogien, Namen, Ereignissen und Preisliedern für die Herrscher schon viel davon. Andererseits treten segmentäre Gesellschaften, die nicht in soziale Klassen geschichtet sind und keine zentralistische Autoritätsgewalt im Sinne eines dynastischen Herrschers kennen, jede für sich als „Besitzer von Geschichte" auf. Sie spiegelt die latenten Konflikte, die Rivalitäten der Einzelsegmente wider und enthält historische Legiti-

---

[3] Das folgende nach P. Fuchs, Zur Funktion der Geschichte in schriftlosen Gesellschaften, in: Mitteilungen der Anthropologischen Gesellschaft in Wien 99, 1969, S. 182–188. Den Schritt von der interpretierenden Heraushebung von Geschichts- zu der von Zeitvorstellungen tut F. Kramer, Über Zeit, Genealogie und solidarische Beziehung, in: ders. und Chr. Sigrist (Hsg.), Gesellschaften ohne Staat Bd. 2: Genealogie und Solidarität, Frankfurt/M. 1978, S. 9–27. Näheres siehe am Schluß von Exkurs I.

mationen für Prioritätsansprüche, z. B. indem ein Clan behauptet, vom ältesten Bruder in einer Ahnenfamilie abzustammen.

Hat also auch die Geschichte in beiden Typen von Ethnien von Fall zu Fall immer wieder eine Funktion, so gibt es doch auch in ebensolchen Ethnien, ja noch in Hochkulturen wie der griechischen, eine Haltung, die neben oder unterhalb von Schichten oder Institutionen steht, die sich in der Funktionalisierung von Geschichte gleichsam ein Monopol gesichert haben. Diese Haltung ist so beschrieben worden[4]:

„Eines ist das System religiöser Vorschriften einer kleinen sozialen Einheit mit elementaren Notwendigkeiten und Interessen und nur unbedeutender Berührung mit anderen Kulturen, die entweder materiell oder intellektuell überlegen sind oder einen Kult und einen Glauben haben, die Neugierde und Aufmerksamkeit zu erregen vermögen – einer Sozialeinheit in welcher, um es mit den Worten eines Bühnenschriftstellers zu sagen, nichts geschieht außer daß man es drei Uhr schlagen hört und darauf wartet, daß es vier schlägt. Ein anderes ist die Religion einer prophetischen Bewegung in der ersten Inbrunst des Gründers. In der ersten gibt es keine religiöse Grenze zu überschreiten, keine schwierige Entscheidung zu treffen zwischen zwei Zwekken des Lebens, durch welche seine sämtlichen Einzelheiten verschieden werden. In der anderen steht der Einzelne vor einer Wahl, welche entweder die Absage an die eigene Vergangenheit und Eintritt in ein Königreich bedeutet, welches, sollten die darüber gemachten Versprechungen wahr sein – aber das läßt sich weder beweisen noch widerlegen –, ganz anders hier ist und ganz anders künftig sein wird, oder welche die Abweisung seines Traumes als chimärisch bedeutet. Er kann weder zweimal heiraten noch zweimal seine Seele verlieren."

Es ist die hier zuerst charakterisierte Einstellung, gleichsam das Gewahrwerden des Glockenschlags drei mit immer wieder dem Warten auf den Schlag vier, die man eine geschichtslose nennen kann. Eine solche Einstellung nun ist aus den sozialen Verhältnissen im nordostiranischen Steppenland, dem von Oxus und Jaxartes durchflossenen Gebiet, zu erschließen[5]; seit alters, mindestens aber seit dem Beginn des 1. vorchristlichen Jahrtausends, hatten sich dort seßhafte Viehzüchter,

---

[4] A. D. Nock, Conversion, Oxford 1933 (= 1961), S. 4f.
[5] Für das Folgende würden Einzelnachweise hier zu weit führen. Es fußt im wesentlichen auf K. Barr, Die Religion der alten Iranier; C. Colpe, Zarathustra und der frühe Zoroastrismus; M. Boyce, Der spätere Zoroastrismus, in: J. P. Asmussen – J. Læssœ – C. Colpe (Hrsg.), Handbuch der Religionsgeschichte Bd. 2, Göttingen 1972, S. 265–372, und der dort S. 317f, 354–357, 371f. angegebenen Literatur.

die auch beschränkt Ackerbau trieben, mit räuberischen Nomaden auseinanderzusetzen, die in ihr Land einfielen und ihr Vieh raubten. Beide Gruppen hatten in immer gleichem Rhythmus etwas zu konstatieren, die einen, wann die Schneeschmelze Acker- und Weideland freigab und wann angebaut werden mußte, die anderen, wann ein Weideplatz abgefressen war; und beide hatten auf etwas zu warten, die einen auf eine gute Ernte, die anderen auf einen neuen Weideplatz, nach dem man suchen mußte. Mutatis mutandis ist eine solche Einstellung auch für die rein bäuerlichen Verhältnisse Mesopotamiens und des Pandschab vorauszusetzen.

In den eben zitierten Worten ist sodann von einem Gegentyp die Rede, dem Verhalten aufgrund einer prophetischen Bewegung. In der Tat bricht eine prophetische Predigt das wiederholende Einerlei der Geschichtslosigkeit mächtig in geschichtliche Perspektiven hinein auf, sei es daß nach vorn auf ein Gericht verwiesen wird, in welchem über eine hier und jetzt getroffene Entscheidung zu urteilen ist, sei es daß der Prophet nach rückwärts auf eine Schöpfungsordnung verweist, die verdorben worden ist und im Auftrag eines Schöpfergottes durch ihn wiederhergestellt werden muß[6]. Diese Züge finden sich in der Predigt Zarathustras, der in der 1. Hälfte des 1. Jahrtausends v. Chr. innerhalb des eben charakterisierten Grenzgebietes zwischen dem „heiligen Lande der Arier" und der zentralasiatischen Steppenkultur, wahrscheinlich in Baktrien im heutigen nordwestlichen Afghanistan, auftrat. „Im Antagonismus zwischen ansässigen Viehzüchtern und räuberischen Nomaden bezieht Zarathustra dergestalt Stellung, daß er erstere fördert und zu schützen sucht, zur Bekämpfung und Abwehr der letzteren... aber aufruft"[7]. Indem die seßhafte Lebensweise, die der Erde als einer Gottesgegebenheit pflegend gerecht werden soll, mit älteren arischen Begriffen für Weltordnung, Wahrheit, Recht und Gut zur Konvergenz gebracht wird, tritt die räuberisch-nomadische Lebensweise, welche sich im Blutrausch zum Göttlichen ekstatisch emporsteigern will und dabei das Rind vor Schmerzen klagen läßt, als Unordnung, Lüge, Unrecht und Böse dagegen. Die Wahl zwischen beidem, welche der von Zarathustra Angeredete zu treffen hat, stellt sich als Konkre-

---

[6] Daß dies in solcher Allgemeinheit auch für die altisraelitische Prophetie gilt – man denke an Amos 5,2, Hos. 10,1, den „Tag Jahwe's" vom 8. Jh. bis in die Exilszeit, die Schöpfungstheologie Deuterojesaja's –, ist hier nicht auszuführen.

[7] K. Rudolph, Zarathustra – Priester und Prophet, in: B. Schlerath (Hsg.), Zarathustra (Wege der Forschung 169), Darmstadt 1970, S. 270–313, dort S. 287.

tion einer Urwahl dar, die an allem Anfang und dann auch von zwei anfänglichen Geistern getroffen worden ist. Sie gewinnt damit einen protologischen Aspekt, der irgendwann zu einer vollen Protologie verselbständigt werden kann. Andererseits gewinnt eine alte Ordalpraxis, die mittels eines brennenden Stoffes vollzogen wurde, symbolischen Charakter auf ein Ende des Kampfes zwischen Gut und Böse, Wahrheit und Lüge hin. Helfer Zarathustras, die sein Werk in seiner eigenen und in der nächsten Generation fortführen werden, arbeiten damit zugleich auf eine eschatologische Zukunft hin und werden in späterer Überlieferung als endzeitliche Heilande erscheinen.

Man kann sagen, daß damit eine geschichtliche Weltschau in das wiederholende Einerlei der halbbäuerlich-nomadischen Lebensanschauung gelegt worden ist, ja daß es darin sogar schon eine Einteilung gibt, natürlich noch ohne jede auch nur mythische Chronologie. Die Einteilung reicht vom Ins-Dasein-Treten der Welt oder auch von der Urwahl zwischen Gut und Böse bis zu Zarathustra und von der durch ihn eingeleiteten Wende im Kampf zwischen den beiden ethischen Prinzipien bis zur Vollendung dieses Kampfes. Aber das Proton scheint durch seinen Entscheidungsaufruf, das Eschaton durch sein Verdikt über die Lüge nur erst hindurch. Deshalb kann man von Protologie und Eschatologie und dementsprechend auch von einer Vorstellung von Geschichte als eines geschlossenen universalen Ablaufs noch nicht reden.

Es ist aber nun darauf hinzuweisen, daß es nicht nur ein prophetischer Anstoß ist, der zu einer Art Geschichtseinteilung führen kann. Dasselbe kann geschehen, indem Völker und Dynastien langsam ihrer Vergangenheiten innewerden und vielleicht auch ihr Dasein als eine politische oder kulturelle Mission begreifen, die weiterwirken wird. Dergleichen ist in Mesopotamien, wo der prophetische Aufbruch fehlt, früher geschehen als in Iran, aber es wird auf die Meder und Perser einwirken, nachdem sie mit den Assyrern in Kontakt gekommen sind, und es wird in den historischen Selbstlegitimationen der Achämeniden breit ausgeführt werden[8]. Zahlreiche Mythen und Legenden, in die auch historische Fakten eingewoben sein können, und historische Erzählungen, die noch keine Geschichtsschreibung sind, bezeugen eine Art kollektiver Erinnerung des sumerisch-akkadischen Volkes. An ihren Anfang sind Spekulationen über den Beginn der Zivilisation als

---

[8] Das Folgende nach E. A. Speiser, Ancient Mesopotamia, und G. G. Cameron, Ancient Persia, in: R. C. Dentan (Hsg.), The Idea of History in the Ancient Near East (American Oriental Series 38), New Haven 1955, S. 35–76 und 77–97, dort bes. S. 49 f., 80 f., 86 f.

Gabe der Götter vom Himmel gestellt. Die Deutung einer das meiste Leben vernichtenden Flut, die nie aus dem Gedächtnis der Überlebenden schwand, als Bedrohung dieser Zivilisation, sowie ihr schließliches Bestehen oder ihre Erneuerung als rettende Tat eines Kulturheros konnten hinzukommen. Halbmythisch gewordene Herrschaften nach der Sintflut verdichteten sich dann wohl in der Gestalt des Schäfers Etana, der zum Himmel aufstieg, um die Möglichkeit fürsorgenden Herrschens über die Menschen durch einen König mit begrenzter Macht zu erkunden. Historische Kunde über Rivalitäten zwischen königsbeherrschten Stadtstaaten konnte im Licht dieser Wertung folgen. Dies führt zu Geschichtseinteilungen, wie sie sich für Dynastien in Königslisten, Annalen und Chroniken von selbst ergeben. Daß dergleichen bewußt festgehalten wurde, ergibt sich aus der Sammlung der Urkunden in Bibliotheken.

Die Assyrer, welche dieses Erbe weiterführten, wußten mithin erheblich besser über sich und ihre Vergangenheit Bescheid – und konnten ihre politische Sendung schon vom Aufkommen des Weltreichgedankens unter der Akkad-Dynastie her erheblich selbstbewußter interpretieren – als die erstaunten Meder und Perser, die zu Beginn des ersten Jahrtausends im Gebiet des heutigen Kurdistan mit ihnen in Berührung kamen, als sie in das Territorium einwanderten, welches dann Iran sein sollte. Was die fahrenden Sänger und Spielleute bewahrten, um die medischen und persischen Häuptlinge zu unterhalten, mußte schnellstens in historische Vergewisserung überführt – und aufgeschrieben! – werden, mittels derer das neu entstehende Königtum gegenüber dem nachbarlichen der Assyrer sein Selbstbewußtsein finden konnte. Die Nachrichten über Kyros den Großen zeigen, daß damit auch Geschichtseinteilung einhergeht – von der Zeit, in der das Mederreich noch bestand, bis zu der, in welcher das Perserreich es ablöst, und von da bis zur Eroberung Babyloniens, die u. a. die Beendigung der dortigen Gefangenschaft der Juden einleitet. Und an den Inschriften Darius' des Großen sieht man, wie die Königslegitimation in eine konsistent gegliederte historische Linie gebracht, und wie auf das Weltreich als ein Resultat folgerichtigen Heranwachsens geblickt wird.

Weil im iranisch-armenisch-assyrischen Grenzgebiet, also im wesentlichen in Kurdistan, innerhalb von nur zwei Generationen die Abfolge von drei Reichen mit universalem Anspruch im gleichen Blickfeld blieb – 612 v. Chr. machten dem Assyrerreich die Meder und Babylonier ein Ende, die 553 v. Chr. und 539 v. Chr. ihrerseits von den Persern unter Kyros abgelöst wurden –, konnte dort eine Einteilung der Geschichte in Weltreiche entstehen, die weltgeschichtlich folgenreich werden sollte⁹. Die Einteilung wurde später bekanntlich durch Hinzunahme des Alexanderreiches zum Vier-Weltreiche-Schema erweitert. Welche Rolle dieses – mit der leichten Veränderung, daß das in Wirklichkeit neben dem Mederreich gestandene neubabylonische Reich vor dieses, also an die Stelle der Assyrer trat – in den Weltgeschichtsvisionen von Daniel Kapp. 2 und 7 und in der gesamten davon abhängigen Apokalyptik bis in unser Mittelalter hinein spielt, ist hier nicht auszuführen¹⁰. Aber festzuhalten ist die Vier-Einteilung der nunmehrigen Weltgeschichte, und daß es historische Konstellationen sind, die eine solche Einteilung am ehesten erklären.

Der Seitenblick auf das antike Judentum ist deshalb wichtig, weil er uns zu der Einsicht verhilft, daß es noch erheblicher weiterer Voraussetzungen eben dort bedurft hat, damit eine Vorstellung von Geschichte im eigentlichen Sinne entstehen konnte. Aber in den drei älteren Hochkulturen kann sich unser nächster Schritt, eben der zu einer Geschichtsvorstellung, soweit bisher ersichtlich auf keine Zeugnisse stützen. Es könnte als Spielerei erscheinen, diesen Schritt hier dennoch zu reflektieren. Aber da es uns nicht nur auf das historisch Wirkliche, sondern auch auf das faktisch Mögliche ankommt, müssen wir auch das Fehlen einer Geschichtsvorstellung als Kriterium für die Aufstellung eines kulturbezogeneren Zeitbegriffs nehmen. Mit Geschichtsvorstellung ist hier die Erfassung von Geschichte oder geschichtlichen Abläufen über bloße Einteilungen hinaus als Sinneinheit gemeint. Es gehören Gesetze in der Geschichte dazu, die für den Menschen erkennbar sind; sie können als gottgegeben gelten wie in der altisraelitischen Geschichtsschreibung, sie können sogar als Summe und Umschlag der

---

⁹ Aufgezeigt von M. Noth, Das Geschichtsverständnis der alttestamentlichen Apokalyptik, in: ders., Gesammelte Studien zum Alten Testament (Theolog. Bücherei 6), München 1957, S. 248–273, dort S. 257f. Dieser Auffassung gebe ich unter den bei K. Koch u. a. (nächste Anm.) referierten den Vorzug.

¹⁰ Zur Forschungsgeschichte siehe K. Koch/T. Niewisch/J. Tubach, Das Buch Daniel (Erträge der Forschung 144), Darmstadt 1980, S. 102–105 und 113–115 (Tabellen zu Dan. 2 und 7), 127–157 (Großreiche), 182–213 (Vier-Monarchien-Lehre); zur Weiterwirkung z. B. A. Dempf, Sacrum Imperium. Geschichts- und Staatsphilosophie des Mittelalters und der politischen Renaissance, München und Wien ⁴1973 (= Darmstadt 1954). Die Unterbrechungen der Interpretationsgeschichte, z. T. auch ihre Durchkreuzungen, mit einer Zwei-Reiche-Lehre (z. B. Augustin) und mit einer trinitarischen Drei-Reiche-Lehre (z. B. Joachim von Fiore) machen die jeweiligen Aktualisierungen freilich recht kompliziert. Dazu sind gute Analysen enthalten in A. Funkenstein, Heilsplan und natürliche Entwicklung. Gegenwartsbestimmung im Geschichtsdenken des Mittelalters, München 1965.

Weltgeschichte begriffen werden wie in der jüdischen und christlichen Eschatologie. Nur in der Erfassung bestimmter Kausalzusammenhänge, die gleichfalls Bestandteil einer solchen Sinneinheit sind, reicht innerhalb der altorientalischen insbesondere die hethitische Geschichtsschreibung an die Qualität der jüdischen heran[11]. Die iranische Geschichtsschreibung hingegen wird nahezu ausschließlich in der Geschlossenheit von Königssequenzen befangen bleiben, und eine indische Geschichtsschreibung gibt es überhaupt nicht.

Die Indizien, welche aus diesem Tatbestand zu gewinnen sind, sagen aber nicht nur negativ, sondern auch positiv etwas aus: würden Zeiteinteilungen, -vorstellungen, -begriffe lediglich aus korrespondierenden Geschichtsstrukturierungen gerinnen, würde sich unser Problem in unserem Themabereich gar nicht stellen. Daß es sich dennoch stellt, liegt an dem Sachverhalt, auf den die festgestellten Indizien nun umso positiver hinweisen: unabhängig von jedem etwaigen Gerinnen aus Geschichtsabläufen gibt es Zeitvorstellungen, die etwas mit Astronomie oder jedenfalls mit Beobachtung anderer Vorgänge etwas zu tun haben, als irdische Geschicke es sind. Es sind die babylonischen Mond-, Planeten-, Tierkreis- und Periodenrechnungen seit dem 6. Jh. v. Chr., also in der sog. neubabylonischen und persischen Zeit, an die wir uns hier halten müssen[12]. In einer denkwürdigen Abhängigkeit von ihnen, die aber durch autochthone Anschauungen fast unkenntlich geworden ist, klammern indische Astronomie/Astrologie zusammen mit den babylonischen bestimmte iranische religiöse Anschauungen ein und wirken auf sie, die ursprünglich weder astral waren noch etwas mit Mathematik zu tun hatten. Erst aus dieser Interdependenz erwächst das in einer solchen Akkulturation letztmögliche Endprodukt im Zeitdenken.

Auszugehen ist von einer Zeiteinheit, die man erst im babylonisch-seleukidischen Kontaktbereich der astronomischen Wissenschaft voll begriffen hat, dem sog. „Großen Jahr"[13]. Voraussetzung für die Konzeption eines „Großen Jahres" ist das Bedürfnis nach Periodenrech-

---

[11] Erstmalig aufgezeigt von H. CANCIK, Grundzüge der hethitischen und alttestamentlichen Geschichtsschreibung, Wiesbaden 1976.
[12] Siehe Exkurs I, Seite 253f.
[13] Das Folgende ist ganz und gar dem meisterhaften Werk von B. L. VAN DER WAERDEN, Die Anfänge der Astronomie (Erwachende Wissenschaft Bd. 2), Groningen o.J. (nach 1956) verpflichtet, in welchem die einschlägigen Resultate der Wissenschaftsgeschichte auch dem Nicht-Mathematiker und Nicht-Assyriologen verständlich gemacht werden. Zum „Großen

nung schlechthin; des Näheren werden die „Großen Jahre" schließlich ein gemeinsames Vielfaches bestimmter Planetenperioden sein. Die Grundeinheit, die hierfür zunächst wichtig ist, ist der σάρος (so die Wiedergabe des babylonischen šāru[14] bei dem Historiker Abydenos im 2. Jh. v. Chr. und in der Suda[15]), ursprünglich eine Finsternisperiode von 222 Monaten oder 18 Jahren, nach der in der Seleukidenzeit Finsternisbeobachtungen überhaupt in 18-Jahr-Gruppen geordnet wurden. Es gibt viele Gruppierungen solcher Art, in denen das Streben nach immer sachgemäßeren, besseren Perioden deutlich erkennbar ist. Als Saros bezeichnete man aber auch eine Periode von 3600 Jahren, wenn zum betreffenden Zahlsystem auch noch der νῆρος (akkad. nēr = 600) und der σῶσσος (jungbabylonisch šuššu = 60) gehören[16]. Dem „Großen Jahr" kommen lange Perioden der Planetengruppe Saturn/Jupiter/Mars/Venus/Mond oder Merkur in neubabylonischen Texten und bei dem davon abhängigen griechischen Astrologen Rhetorios nahe, die nicht durch Beobachtungen, sondern nur durch Berechnungen bestimmt worden sein können. „Große Jahre" im engeren Sinn kennen wir dann von dem eben genannten Rhetorios (kosmische Wiederkehr aller Sterne im 30. Grad des Krebses oder 1. Grad des Löwen in 175300 Jahren); von dem babylonischen Belpriester Berossos, wahrscheinlich aus seinen bereits griechisch geschriebenen Βαβυλωνιακά (oder Χαλδαϊκά o. ä.; 600 Saroi = 2160000 Jahre von der Schöpfung über die Sintflut und die historischen Könige von Babylon bis auf Alexander den Großen); von Diogenes von Babylon (6480000 Jahre vergehen, bis alle Planeten gleichzeitig wieder an ihrem Ausgangspunkt ankommen); von Heraklit (10800 oder 18000 Jahre; beide Perioden durch Saroi teilbar); und mehrere andere. Das „Große Jahr" war schon vor Berossos und den griechischen Astronomen/

Jahr" siehe S. 116–119, 210f., 230, 255f., 277. Die dort gegebenen Belege brauchen hier nicht wiederholt zu werden. Zur Ergänzung sind die Präzisierungen in der materialreichen Abhandlung von PINGREE (Anm. 21) heranzuziehen.

[14] VAN DER WAERDEN, S. 8, 106, 121 f., 148–153, 254; W. VON SODEN, Akkadisches Handwörterbuch Bd. 3, Wiesbaden 1981, S. 1182b. Die häufig gegebene Übersetzung „Kreis" ist sinngemäß – es handelt sich um das dem Sumerischen entlehnte š/sár, das ursprünglich eine Gesamtheit bezeichnet – und hat etymologisch nichts mit sâru(m) „kreisen, tanzen" (a.a.O., S. 1031b) zu tun.

[15] H. G. LIDDELL-R. SCOTT, A Greek-English Lexicon, Oxford ⁹1940 (= 1953), S. 1585a.

[16] W. VON SODEN, Grammatik § 69f.; Handwörterbuch S. 779b, 1288b (beide als „unbekannter Herkunft" angegeben). Zu Berossos s. Anm. 29.

Astrologen den Griechen bekannt. Pythagoras oder seine Schüler müssen es in oder in der Nähe von Babylonien kennengelernt haben; die bekannten Erwähnungen bei Platon, Aristoteles und Eudemos sind ein Nachhall davon. Bei den vier letztgenannten Autoren finden sich noch keine Zahlenangaben.

Es ist deutlich, daß sich unser Begriff einer absoluten Zeit im Newton'schen Sinne am ehesten aus Berechnungen des „Großen Jahres" gewinnen läßt. Ein Terminus in den Quellen findet sich dafür nicht. Wichtig dafür sind die Ereignisse und die Wiederholungen, die innerhalb eines „Großen Jahres" stattfinden, z. B. Überschwemmung in einem Teil des Weltalls im 30. Grad des Krebses (Rhetorios) oder im Steinbock (Berossos), Weltenbrand bei Zusammenkommen aller Sterne im Krebs (Berossos) oder zu einer anderen Zeit (Heraklit und wohl von ihm abhängige Stoiker), Wiederkehr aller Dinge bis zu kleinsten Tageseinzelheiten (Pythagoreer). Diese Ereignisse gehören jedoch nicht von Anfang an integrierend in ein Großes Jahr hinein. Die Überlieferungen davon haben ihre je eigene Geschichte. Besonders der Weltenbrand wird uns als iranisches Element noch beschäftigen. Das wichtigste Merkmal für den Absolutheitscharakter der Zeit, die dieses alles einschließt, hat im 4. Jh. v. Chr. der Pythagoreer Hippasos von Metapont so wiedergegeben: „(Er behauptete), die Veränderung der Welt vollziehe sich in festbestimmter Zeit und das All sei begrenzt und in steter Bewegung"[17].

Ein ungelöstes Problem ist es, ob und wie das „Große Jahr" in Perioden eingeteilt war. Dieses Problem stellt sich angesichts des vorhin skizzierten Vier-Weltreiche-Schemas sowie der nachher zu besprechenden Einteilungen des indischen Mahāyuga und des iranischen Weltenjahres, denen neben anderen ebenfalls die Vierzahl zugrunde liegt. Man kommt hier nicht um die Hypothese herum, daß die vier Fixpunkte des Sonnenjahres, nämlich Sommer- und Wintersolstitium sowie Herbst- und Frühjahrsäquinoktium, auf das Große Jahr übertragen wurden. Zu dieser Hypothese berechtigt außer den Rückschlußmöglichkeiten aus iranischem Weltenjahr und indischem Mahāyuga die Tatsache, daß dergleichen schon mit einer früheren ganz anderen Einheit vorgenommen wurde, auf welche die Vierteilung gleichfalls nicht paßte, dem sog. Uruk-Schema[18]. Dabei handelte es

---

[17] Bei Diogenes Laertios 8,84 (deutsch von O. APELT, neu hsg. von K. REICH [Philosophische Bibliothek 53/54], Hamburg ²1967, S. 151).

[18] O. NEUGEBAUER, A History of Ancient Mathematical Astronomy Bd. 1, Berlin-Heidelberg-New York 1975, S. 360–363.

sich um eine Periode von 19 Jahren, die durch bestimmte, jeweils bei einem solchen Einschnitt astronomisch für notwendig erachtete Schaltungen zustande kam; sie hat nichts mit dem Saros von 18 Jahren zu tun. Wie immer die Lösung des Problems aussehen wird, eines ist sicher: die etwaige Vierteilung des Großen Jahres und das Vier-Weltreiche-Schema sind vollkommen unabhängig voneinander entstanden. Keine Einteilung ist in Anlehnung an die andere vorgenommen worden. Bei der Übereinstimmung der Vierzahl handelt es sich um einen historischen Zufall. Er sollte allerdings höchst folgenreich werden. Erwähnt sei noch, daß das Verhältnis dieser Vierteilungen zum Goldenen (χρύσεον: op. 109), Silbernen (ἀργύρεον: op. 128), Erzenen (χάλκειον: op. 144) und Eisernen (σιδήρεον: op. 176) Weltalter in Hesiods „Werken und Tagen" (8. Jh. v. Chr.) ein Rätsel darstellt. Wahrscheinlich gehört dort das heroische Weltalter (ἀνδρῶν ἡρώων θεῖον γένος: op. 159) ganz ursprünglich als viertes zwischen das Erzene und das Eiserne Weltalter und ist kein späterer Einschub[19]. Mit der Annahme eines solchen hätte dann die Forschung eine ganz eigenständige Vorstellung vom Abstieg aus einem ursprünglichen Glückszustand bis zum Elend von Hesiods Gegenwart in vier Abstufungen, aber fünf Weltaltern unter dem Zwang eben der Systeme falsch interpretiert, mit denen wir uns hier beschäftigen[20].

---

[19] Das ergibt sich immer noch überzeugend aus der Einordnung dieses Geschlechtes bei E. ROHDE, Psyche, Bd. 1, Leipzig und Tübingen ²1898 (= Darmstadt 1961), S. 103 f.

[20] Ohne Erörterung werden vier Metallperioden u. a. nach Hesiod als Parallele zu den vier Weltreichen noch bei A. BENTZEN, Daniel (Handbuch zum AT 1. Reihe 19), Tübingen ²1952, S. 29 herangezogen. – Von den bei E. HEITSCH(Hsg.), Hesiod (Wege der Forschung 44), Darmstadt 1966, S. 439–601 zusammengestellten sieben Aufsätzen zum Weltaltermythos ist für das Folgende laufend vorausgesetzt und wegen der Interpretation der zentralen Stelle Mahābhārata 3, 1123 ff. heranzuziehen R. ROTH, Der Mythus von den fünf Menschengeschlechtern und die indische Lehre von den vier Weltaltern (S. 450–470; urspr. in: Tübinger Universitätsschriften aus dem Jahre 1860, fasc. 2, S. 9–33). Die Verundeutlichung, welche R. Roth's Resultaten durch R. REITZENSTEIN, Vom Töpferorakel zu Hesiod, in: ders. und H. H. SCHAEDER, Studien zum antiken Synkretismus aus Iran und Griechenland, Leipzig und Berlin 1926 (= Darmstadt 1965), S. 38–68, u. a. durch Hereinziehung iranischer Lehren zuteil geworden ist (weitere Autoren bei KOCH S. 196), habe ich durch Annahme einer zweistufigen Amalgamierung von Weltaltern und Dynastienfolgen im Bahman-Yašt in der in Anm. 55 genannten Arbeit, dort S. 551, in Ordnung zu bringen versucht.

Das indische Zeiteinteilungssystem, dem wir uns nunmehr zuwenden müssen, ist die Lehre von den vier Yugas[21]. Ein Yuga ist eigentlich ein „Joch", das Mehreres überspannt. Weil das, was überspannt wird, in unseren Sprachen „Welt" oder „Zeit" genannt werden kann, interpretieren wir den Ausdruck mit der Übersetzung „Weltalter" oder „Zeitalter"[22]. Wir werden, nach dieser Warnung vor einer Gleichsetzung etwaiger Zeitbegriffe, beide Ausdrücke der Einfachheit halber beibehalten. Das System dieser Riesenperioden, das von indischen Astronomen wie Brahmagupta und im Sūrya-Siddhānta voll ausgebaut worden ist, wird ausführlich schon im dritten und im zwölften Buch des Mahābhārata und kürzer, aber in den Hauptsachen übereinstimmend, im ersten Buch der „Gesetze des Manu" erklärt. Dort wird ein „Jahr der Götter" 360 gewöhnlichen Jahren gleichgesetzt. 12 000 „Jahre der Götter", also 4 320 000 gewöhnliche Jahre, werden dort ein „Yuga der Götter" genannt. Bei den späteren Astronomen heißt diese Periode Mahāyuga, d. h. „Großes Yuga"[23]. Dieses wird schon in den älteren Quellen in vier kleinere Yugas eingeteilt.

Am Anfang steht das sog. Kṛtayuga[24], „Yuga des Gemachten" oder „Gelungenen", auch Devayuga „Yuga der Götter" oder Satyayuga „Yuga der Wahrhaftigkeit" genannt. Der Vergleich mit dem Goldenen Zeitalter im griechischen Denken bei und seit Hesiod ist gezogen worden. Es ist ein Zeitalter höchsten menschlichen Glückes und sittlicher Vollkommenheit, natürlich nach dem Maßstab der Weltordnung, des brahmanischen Dharma, der von selbst befolgt wird, ohne daß die von den Veden gelehrten rituellen Pflichten oder Manus Gesetz befolgt werden müßten. Dementsprechend widmen sich die Brahmanen dem Dharma, die Kṣatriya der Königspflicht, die Vaiśya dem Ackerbau und die Śudra dem Dienst an den höheren Kasten. Das Kṛtayuga wird in vielen Texten ausführlich geschildert, welche die priesterlichen, epischen, philosophischen Voraussetzungen der Verfasser deutlich erken-

---

[21] Näheres vor allem bei E. ABEGG, Der Messiasglaube in Indien und Iran, Berlin und Leipzig 1928, S. 5–39, und neuerdings bei D. PINGREE, Astronomy and Astrology in India and Iran, in: Isis 54, 1963, S. 229–246, wo über den Titel hinaus auch eine Geschichte der Übertragung babylonischer astronomisch/astrologischer Theorien nach Indien geboten wird, die mit der achämenidischen Besetzung des Industales begann.

[22] Belege bei M. MONIER-WILLIAMS, A Sanskrit-English Dictionary, Oxford 1899 (= 1970), S. 854a.

[23] MONIER-WILLIAMS a.a.O. und S. 799b; SHARMA (Anm. 33), S. 27.

[24] MONIER-WILLIAMS S. 302b. Vgl. auch W. E. MÜHLMANN, Chiliasmus und Nativismus, Berlin ²1964, S. 298–300 („Die psychologische Struktur des ‚Goldenen Zeitalters'").

nen lassen. Dementsprechend läßt sich kein einheitliches Bild zeichnen, sondern nur eine Summe der jeweils bedingten Idealbilder zusammenstellen. Aber es ist jedesmal, von welchem Standpunkt auch immer, eine Projektion des Idealen oder Utopischen in die Anfänge.

Es folgt das Tretāyuga[25], „Yuga der Triaden" (der Name kommt von einem der vier Würfe im indischen Würfelspiel). Der Dharma und mit ihm die Lebenszeit der Menschen nimmt um ein Viertel ab; äußere Zeremonien, Kulthandlungen, Opferwesen müssen die Erfüllung des Dharma stützen.

Im dritten Zeitalter, Dvāparayuga[26] „Yuga mit der (Würfel-)Nummer Zwei", nehmen Dharma und Lebenszeiten um ein weiteres Viertel ab. Die Menschen werden jetzt auch von Leidenschaften befallen, sie werden gewinnsüchtig und heimtückisch.

Den Tiefpunkt der Weltalterfolge bildet das Kaliyuga[27], in welchem man nach der Auffassung der Lehrer, die sich darüber äußern, in ihrer jeweiligen Gegenwart lebt, und in welchem auch wir, nimmt man die dazugehörigen Zeitberechnungen als gegeben, noch leben. Der Name bezeichnet entweder den schlechtesten Wurf des Würfelspiels, vielleicht aber auch einen Dämon (*kāla* „schwarz"), oder er hängt gar mit dem Begriff für Zeit, Kāla, zusammen, über den zu sprechen sein wird. Die Schilderungen des Kaliyuga sind, wie immer wenn es um das Schlimmste geht, in allen Texten die ausführlichsten. Doch müssen wir uns eingehendere Referate versagen, da sie uns vom eigentlichen Zeitproblem wegführen würden. Mit Bezug auf dieses ist aber noch hervorzuheben, daß für den Zeitpunkt des Eintritts des Kaliyuga auch genauere astronomische Berechnungen angestellt werden, und daß in seine Schilderungen außer mythischen auch mehr und mehr historische Bestandteile mit eingehen.

Die babylonische Herkunft der indischen Weltperioden, d. h. ihres Grundansatzes ohne die Verfallstheorie, ergibt sich durch eine ganz einfache Berechnung, welcher eben das babylonische Sexagesimal- und nicht das indische Dezimalsystem zugrunde liegt[28]. Die Weltperiode

---

[25] MONIER-WILLIAMS S. 462a.
[26] MONIER-WILLIAMS S. 503c. Zur Verankerung in der Gesetzes-Smṛti siehe WM. TH. DE BARY u. a. (Hsg.), Sources of Indian Tradition (Introduction to Oriental Civilizations 56), New York ⁴1964, S. 223ff.
[27] MONIER-WILLIAMS S. 261c.
[28] Die Zahlen mit Belegen bei den in Anm. 20–27 und 33 genannten Autoren sowie bei V. MOELLER, Die Mythologie der vedischen Religion und des Hin-

des Berossos war, wie wir sahen, 2160000 Jahre lang. Das indische Mahāyuga hat genau das Doppelte, nämlich 4320000 Jahre. Nicht nur dieses, sondern auch die darin enthaltenen Yugas sind durch 60³ teilbar. Das letzte davon, das Kaliyuga, ist mit 432000 Jahren genau so lang wie die Periode der gesamten Regierungszeit aller Könige bei Berossos (dort 120 Saroi zu je 3600 Jahren)[29]. Das Dvāparayuga hat das Doppelte des Kaliyuga, nämlich 864000 Jahre; das Tretāyuga das Dreifache, 1296000 Jahre; und das Kṛtayuga das Vierfache, 1728000 Jahre. Addiert man die vier Yuga-Zahlen, ergeben sich 4320000 Jahre. Diese Korrespondenzen und Übereinstimmungen mit einem babylonischen System können kein Zufall sein. Vielleicht sind schon die Emissäre des Königs Aschoka um 250 v. Chr., die bis in die Mittelmeerwelt gelangten, damit in Berührung gekommen, wenn nämlich bestimmte eschatologische Zusammenhänge im vierten und fünften Felsenedikt dieses Königs darauf schließen lassen[30]. Vielleicht war es in dieser Zeit, wo eine ältere Konkretisierung des Zahlenverhältnisses 1 : 2 : 3 : 4 dem Kaliyuga 1000, dem Dvāparayuga 2000, dem Tretāyuga 3000 und dem Kṛtayuga 4000 Jahre zuschrieb; das ergibt 10000 Jahre, eine Zahl, die uns im Iran noch beschäftigen wird. Mathematisch genauer dürfte der westliche Einfluß am ehesten dadurch geworden sein, daß gleich zwei griechische astrologische Schriften, welche die einschlägigen Berechnungen des seleukidischen Babylonien zusammenfaßten, schon in der ersten Hälfte des 2. Jahrhunderts nach Chr. in Alexandrien verfaßt

---

duismus, in: H. W. HAUSSIG (Hsg.), Wörterbuch der Mythologie Bd. 5, Liefg. 8, Stuttgart 1966, S. 199f., die Berechnungen bei VAN DER WAERDEN S. 117f. und 276f.

[29] Zum Listenwissenschafts-Charakter der Dynastienfolgen und des Verhältnisses der Akkader zur Geschichte überhaupt siehe VON SODEN, Sumerische und babylonische Wissenschaft S. 451–457 (= 61–67), zu den apokalyptischen Implikationen bei Berossos siehe die beiden wichtigen Untersuchungen von JONATHAN SMITH, Wisdom and Apocalyptic, in: ders., Map is not Territory (Studies in Judaism in Late Antiquity 23), Leiden 1978, S. 67–87, dort S. 68–74, und A Pearl of Great Price and a Cargo of Yams: A Study in Situational Incongruity, in: History of Religions 16, 1976, S. 1–19, dort S. 2–11 (dort auch die Literatur zu Berossos; hinzuzufügen ist ST. M. BURSTEIN, The Babyloniaca of Berossus [Sources from the Ancient Near East vol. 1 fasc. 5], Malibu [California] o. J.).

[30] Zur Möglichkeit, hinduistische und buddhistische Zeitsysteme auf den Punkt vor ihrer Auseinanderentwicklung zurückzuverfolgen, vgl. F. O. SCHRADER, Über den Stand der indischen Philosophie zur Zeit Mahāvīras und Buddhas, Straßburg 1902 (die Kenntnis dieser und der in Anm. 33 genannten Arbeit verdanke ich Hinweisen von K. Bruhn).

wurden. Die eine wurde von einem gewissen Yavaneśvara um 150 n. Chr., die andere von einem Sphujidhvaja um 270 n. Chr. ins Sanskrit übersetzt. Außerdem ist wahrscheinlich die Quelle der Anthologie des Astrologen Vettius Valens (verfaßt zwischen 152 und 162 n. Chr.), welche die astrologischen Grundbegriffe sowie eine aus Babylonien stammende schematische Berechnung der Aufgangszeiten der Tierkreissysteme enthielt, ins Sanskrit übersetzt worden, möglicherweise über eine mittelpersische Zwischenstufe; denn sie findet sich in einer astronomischen Schrift des Varāha Mihira (6. Jh. n. Chr.) wieder. Es sind also mehrere Wege bekannt, auf denen letztlich babylonische Zeiteinteilungen den Indern übermittelt worden sein können[31].

Die Inder haben nun aber von hier aus weitergedacht und sind über die Babylonier hinaus zu einer Zeitvorstellung und zu einem Zeitbegriff gelangt, beides allerdings rein spekulativ und schon wieder halb mythologisch. Als Zeitvorstellung möchte ich den Kalpa, als Zeitbegriff den Kāla[32] interpretieren. Ein Kalpa ist für indische Astronomen eine Zusammensetzung aus 1 000 Yugas oder gar 1 000 Mahāyugas; das letztere wären 4 320 Millionen Jahre. Er wird auch „Tag des Brahmā" genannt. Ebenso lange dauert die Nacht des Brahmā, und dreißigmal so lange ein Monat des Brahmā. Zwölf solcher Monate ergeben ein neues, von uns nicht besser zu benennendes „Großes Jahr", und aus 100 solcher „Großen Jahre" besteht Brahmā's Lebenszeit. Es scheint, daß man sich hier dem Problem der Unendlichkeit der Zeit genähert hat. Für Zeit ausfüllende Aussagen ist man beim Kalpa stehengeblieben: ein solcher „Tag des Brahmā" gilt als eine Schöpfungsperiode. Am Anfang eines solchen Tages erschafft der Gott die Welt jedesmal neu. In jeder solchen neuen Schöpfung verhalten sich alle Kreaturen genau so wie in jeder früheren[33]. – Dem Kalpa gegenüber ist Kāla selbst ein

---

[31] Mit Nachweisen referiert bei VAN DER WAERDEN S. 267–276. Zum zweiten oben genannten Autor, seinem wunderlichen Namen und seinen Werken siehe jetzt D. PINGREE, The Yavanajātaka of Sphujidhvaja, in: Journal of Oriental Reserarch 31, Madras 1964, S. 16–31.

[32] MONIER-WILLIAMS S. 262b u. c; S. 278a u. b; SCHRADER S. 17–30.

[33] In concreto folgt daraus jedoch keine Zyklus-Erfahrung oder auch nur -Konzeption. A. SHARMA, The Notion of Cyclical Time in Hinduism, in: Contributions to Asian Studies 5, 1974, S. 26–35, zeigt aus der Geschichte der Entstehung dieses Zeitsystems, wie die Einzelvorstellungen, die darin eingegangen sind, für Details bestimmend bleiben. Schlußabsatz: „If the description of the Hindu notion of time as cyclical has to be abandoned on account of its inadequacy if not inaccuracy then in its place a compact conceptual framework for looking at the notion of time in Hinduism must be

Gott. Sein Name ist das Wort, das in den Lexica mit „Zeit" wiedergegeben worden ist. Es scheint, daß es sich um eine Abstraktion aus der Lehre von den vier Yugas handelt. Als Gott wäre Kāla dann nicht nur eine Symbolisierung, sondern auch eine Personifizierung dieser Abstraktion. Mythologisch wird sie wieder dadurch, daß in ihr auch die Gestalt des mythischen Urkönigs und Totenrichtes Yama aufgehen kann, vor allem aber dadurch, daß Kāla manchmal vier Gesichter oder vier Gestalten hat. Darin bleibt die Vier-Einteilung der zugrundeliegenden Zeitvorstellung noch erkennbar. Auch die Viergestaltigkeit wird uns in Iran, hier beim Zeitgott Zurvan, wiederbegegnen.

Von den zu selbständiger Qualität gelangten indischen wie von den babylonischen Anschauungen aus lassen sich nun die iranischen am besten erklären[34]. Auf eine Spur hatte uns schon die mittelpersische Zwischenübersetzung der Quelle des Vettius Valens geführt, über die uns der in Nordostiran beheimatete, arabisch schreibende Universal- und Wissenschaftshistoriker Bīrūnī berichtet. Es ist jedoch zu beachten, daß in den mindestens tausend Jahren, die von Zarathustra bis zur Ausbildung der mittelpersischen Tradition vergangen sind, die iranische Religion zahlreiche Veränderungen durchgemacht hat[35]. Diese können hier nicht mitreferiert werden, da es nur um das Zeitdenken gehen soll. Wir erinnern uns dafür der Beobachtung, daß die prophetische Predigt des Zarathustra die Wiederholungserfahrung des Alltagsdaseins in einen Vergangenheitsrückblick, ein Innewerden von Gegenwart und eine Zukunftsschau aufgebrochen hatte. Am Anfang wurde eine Schöpfungsvorstellung, am Ende ein Feuerordal sichtbar. Demgegenüber treffen wir nun eine regelrechte Weltalterlehre an[36]. Wir lassen noch offen, ob sie der Kategoriengruppe Geschichtslosigkeit, -einteilung,

---

provided. Such a framework is provided by the realization that the Hindu notion of time tends to vary with the puruṣārtha or the goal of life under discussion. Hinduism recognises four such goals: Dharma, Artha, Kāma and Mokṣa, and the notion of time varies with the goal involved" (S. 33f.).

[34] Untersucht, wenn auch z. T. überholt, bei I. SCHEFTELOWITZ, Die Zeit als Schicksalsgottheit in der indischen und iranischen Religion, Stuttgart 1929.

[35] In diese Veränderungen sind neben Späterem auch vorzarathustrische Elemente wieder aufgenommen worden. Man hat sich angewöhnt, diejenige Form der iranischen Religion, die sich chronologisch nach Zarathustra entwickelt hat, „Zoroastrismus" zu nennen (von Zoroastres, der griechischen Wiedergabe des Namens Zarathustra).

[36] Als Weltalter kann man hier Zeiteinheiten von je 3000 Jahren definieren, aus denen sich das kosmische Weltenjahr zusammensetzt.

-vorstellung oder der Kategoriengruppe Zeiteinteilung, -vorstellung, -begriff zugehört[37].

Die iranische Weltalterlehre begegnet in verschiedenen Systemen[38]. Ihr ältester[39] Zeuge ist, schon im 4. Jahrh. v. Chr., der griechische Schriftsteller Theopomp, bei dem die Zahlenverhältnisse leider nicht ganz deutlich sind. Genauere Ausführungen finden sich erst in fünf mittelpersischen Schriften, von denen die beiden Fassungen einer Schrift mit dem Titel Bundahišn[40] (etwa „Grundlegung", sc. der Welt) die wichtigsten sind[41], ferner bei den arabischen Historikern Šahrastānī und dem schon erwähnten Bīrūnī sowie bei zwei christlichen Autoren,

---

[37] Die zoroastrische Weltalterlehre unterscheidet sich sowohl von der babylonischen astronomischen Zeitberechnung mit Projektion aufs Historische ohne deutende Geschichtsvorstellung als auch von der indischen spekulativen „Weitermythologisierung" der astronomischen Zeiten bis zu phantastischen Zahlen mit Zurückdrängen selbst von Geschichtseinteilungen. Die iranische Mischform kann historisch nur von Babylon und Indien, strukturell von den beiden oben und in Exkurs I nochmals genannten Kategoriengruppen her verstanden werden, jedoch mit Preisgabe der rechnenden Astronomie und eigenen Ansätzen zu deutenden Geschichtsvorstellungen. Das Iranische bleibt in der inhaltlichen Füllung dieser Strukturen bestehen. Da der Befund aus diesem Bereich der Grund für die Übertragung des größeren Themas an mich war und neuerdings weitere Kreise interessiert, bin ich hier mit Belegen, Einzelnachweisen und -erörterungen etwas ausführlicher als bisher, wobei ich freilich noch in den Porportionen des Ganzen bleiben muß.

[38] Siehe Exkurs II, S. 255.

[39] Die Angaben bei Xanthos dem Lyder (älterer Zeitgenosse Herodots) und Eudoxos von Knidos (4. Jh. v. Chr.) sind anders zu interpretieren (siehe unten).

[40] Zitiert als „Großes" (GrBd.) und „Indisches Bundahišn" (IndBd.). Die vier anderen sind Mēnōīg Ḫrad „die himmlische Vernunft" (MḪ), das „Buch von Ardā Wirāz" (auch „Wirāf" gelesen; AW), das Dādistān i dēnīg „Religionsurteil" (DD) und die Wizīdagīhā i Zādspram „Auszüge des Zadspram" (WZs.). Hinzuzufügen ist die schon neupersische, aber noch ganz in älterer Tradition stehende Schrift 'Ulemā-ye Islām „Die Gelehrten des Islam". Ausgaben siehe bei C. COLPE (Hsg.), Altiranische und zoroastrische Mythologie, in: H. W. HAUSSIG (Hsg.), Wörterbuch der Mythologie Bd. 4, Liefg. 12, Stuttgart 1974, S. 197–204.

[41] Nach G. WIDENGREN, Stand und Aufgaben der iranischen Religionsgeschichte 1, in: Numen 1, 1954, S. 16–83, dort S. 40 f., und Religionsphänomenologie, Berlin 1969, S. 461 (im Zusammenhang eines anderen Vergleichs des iranischen Materials mit dem indischen) bezeichnen auch die vier Zweige des Weltenbaumes von Bahman-Yašt 1,1 ff. die vier Weltperioden. Hier liegt jedoch eine Verwechslung mit dem Weltreich-Schema vor.

dem Syrer Theodor bar Konai und dem Armenier Eznik von Kolb. Die Systeme umfassen wohl kaum zwei Weltalter zu je 3000 Jahren, wohl aber drei, Aufrundung der letzteren auf 10000 Jahre und vier Weltalter. Jedes der Systeme ist manchmal so undeutlich vorausgesetzt, daß man annehmen muß, es seien von Fall zu Fall Interpretationen, die zu einem anderen System besser passen, in Anspruch genommen worden. Die folgende Rekonstruktion der Entwicklung der Weltalterlehre ist hypothetisch, versucht aber, über die Addition der Weltalter und die innere Gliederung so zu referieren, daß die Weltalter-Systeme auch in andere Verhältnisse zueinander gesetzt werden können.

Primär ist wahrscheinlich die Einheit von vier Weltaltern zu je 3000 Jahren in beiden Bundahišn[42], weil die sich ergebenden 12000 Jahre als Ganzes am ehesten ein anderes Ganzes, nämlich den babylonischen Tierkreis, voraussetzen. Dieser war ja gezwölftelt, und das 12-Monats-Jahr gehörte dazu[43]. Die 12000 Jahre erinnern an dieselbe Summe im älteren indischen Yuga-System und sind vielleicht in Anlehnung an dieses konzipiert worden, allerdings mit der Konzentration des Verfalls auf das letzte Trimillennium, ohne Konstruierbarkeit von Wiederanfängen des ganzen Zyklus und mit anderer innerer Gliederung[44]; in iranischen Quellen vertritt außerdem jedes der zwölf Sternbilder des Tierkreises ein Jahrtausend[45], womit nun wieder babylonische Vorstellungen weitergeführt werden. Die mathematischen Standards, welche für die babylonischen Periodenberechnungen gelten, sind damit übrigens preisgegeben.

Die Zwölfteilung des Zodiakós in Babylonien kann kaum vor dem Beginn des 4. Jahrhunderts vor Chr. erfolgt sein[46]; da dies auch die Zeit des Theopomp v. Chios ist (geb. wohl 378/7 v. Chr.; vorhin erwähnt),

---

[42] GrBd. 1,14–28; IndBd. 1,18–20.
[43] Zur Unterteilung der Ekliptik durch die vier astronomischen Jahreszeiten und zur Übertragung der Zwölfteilung des schematischen Jahres auch auf die Ekliptik siehe VAN DER WAERDEN S. 124.
[44] Vgl. ABEGG S. 8, der es aber noch für ungeklärt hält, nach welcher Seite historische Abhängigkeit besteht. Die böse Rezension, die H. S. NYBERG dem Buch von Abegg hat zuteilwerden lassen (jetzt in: Acta Iranica 7 = Monumentum H. S. Nyberg 4, Leiden-Teheran-Liège 1975, S. 39–54), förderte das Verständnis der Pahlavi-Texte an zahlreichen Stellen entscheidend, berührte aber die größeren rezeptionsgeschichtlichen Zusammenhänge nicht.
[45] Zuordnung z. B. in GrBd. 36; IndBd. 34.
[46] H. GUNDEL u. R. BÖKER, Art. Zodiakos, Pauly-Wissowa Bd. 10 A (= 2. Reihe 19. Halbband), München 1972, Sp. 462–709, dort S. 493 (vgl. vorher bes. 491).

liegt im 4. Jahrh. der terminus post quem, vor dem die iranische Weltalterlehre nicht entstanden sein kann; dazu paßt die Zeitdauer, welche die seit Eroberung des Mederreiches von den Achämeniden mit Mantik, Astrologie und ähnlichem betrauten Priester, die Magier, gebraucht haben mögen, um nach der persischen Eroberung Babyloniens (539 v. Chr.) mit der Astrologie der dortigen Priesterklasse, die man oft Chaldäer nennt, genauer bekannt zu werden und mit iranischen Deutungen zu versehen. Die seit Zarathustra mögliche Zeiteinteilung konnte nun systematisch gegliedert werden.

In diesem System ist das erste Weltalter (Jahre 1–2999) „Gegebenheit" oder Schöpfung des obersten Gottes, der nun Ōhrmazd (spätere Form von Ahura Mazdā) heißt; sie hat einen rein geistigen Zustand, genannt Mēnōg. Im zweiten Weltalter (Jahre 3000 – 5999) wird die Mēnōg-Welt, die dabei bestehen bleibt, in eine irdisch-materielle Welt überführt, die Gētīg genannt wird. In ihr herrschen Prototypen von Mensch- und Tierwelt, Gayōmard (das „sterbliche Leben") und das Urrind; es existiert noch keine Sünde. Gegen die Mēnōg-Gētīg-Welt bringt der göttliche Repräsentant der Lüge und des Bösen, Ahriman (spätere Form von Angra Mainyu), eine Gegenschöpfung hervor, die auch sowohl geistig wie materiell ist. Im dritten Weltalter (Jahre 6000 – 8999) mischen sich Gut und Böse, die jetzt, anders als bei Zarathustra, substanzhaften Charakter haben; die Mischung ist eine Form des Kampfes, in welchem eine Substanz die andere pervertieren will. In dieses Weltalter werden Züge der mythischen (Urkönig Yima im 1. Jahrt.[47]) und der historischen (frühe Könige im 3. Jahrt.) Geschichte eingezeichnet. Das vierte Weltalter (Jahre 9000 – 12000) enthält die Eschatologie[48]. Sein erstes Millennium ist u. a. das des Zarathustra und der Geschichte bis zur Zeit der Verfasser; das zweite und das dritte Millennium sind die Zeit des ersten und zweiten Heilands (Saošyant). Am Ende dieses Millenniums und damit des ganzen Zyklus stehen das Auftreten des letzten Saošyant, Totenauferstehung, Vernichtung der Bösen, Lügenhaften in einem Strom glühend geschmolzenen Metalls und Tauglichmachung der Welt für die Alleinexistenz der Guten, Wahrhaften mit der Religion des Ōhrmazd (der ganze Vorgang wird deutsch oft als „Verklärung" bezeichnet)[49].

---

[47] Siehe Exkurs III, S. 255 f.
[48] Geschichtsaufriß der 6000 Jahre seit Beginn der Mischung mit vielen historischen Einzelheiten in GrBd. 33; fehlt im IndBd.
[49] Dies ist auch die im Pahlavi-Vidēvdād (2), von den UI (8–37) und den WZs. (1,1–24) sowie die von Bīrūnī (Chronol. p. 14 SACHAU) vorausgesetzte Anschauung.

Nach der Aufstellung eines solchen Systems kann die Bindung an die babylonische Astrologie/Astronomie, die für den Anstoß zu seiner ersten Bildung unabdingbar war, preisgegeben und eine Gliederung vorgenommen worden sein, die der iranischen Einteilung in drei Weltzeiten gemäßer war: je 3000 Jahre Weltschöpfung (*dahišn*, von geistiger und materieller Welt zusammen), Mischung (*gumēzišn*, einschließlich Kampf), Auflösung (*wizārišn*, der Eschatologie entsprechend)[50].

Am Ganzen des Weltenjahres können zwei Aspekte wichtig geworden sein: einmal der einer Theogonie (einschließlich Götterkampf), die immerhin vom Anfang bis zum Ende des Weltenjahrs andauert, wenn man die mirakulöse Zeugung der Saošyants mitrechnet; zum anderen der Aspekt einer Zeit, die wirklich-irdisch erst mit dem prototypischen Menschen Gayōmard begann und mit dem letzten Saošyant endete. Nach Meinung einiger sollen sich dann unter der Voraussetzung, daß der zweite Aspekt wichtiger wurde, für den ganzen Zyklus 6000 Jahre ergeben haben. Diese Zahl ist jedoch nur erschlossen. Genau gerechnet, sind es ja auch von Gayōmard nur bis zu Zarathustra 6000, bis zum letzten Saošyant hingegen 9000 Jahre. Aus Xanthos dem Lyder, nach welchem Zoroaster 600 oder 6000 Jahre vor Xerxes' Feldzug gegen die Griechen gelebt habe[51], hat man gefolgert, daß die Lesart 6000 vielleicht noch auf die Zeit zwischen einem archetypischen Urereignis und einer historischen Kulmination hinweist. Aus Eudoxos von Knidos, nach welchem Zoroaster 6000 Jahre vor Platon lebte[52], hat man gefol-

---

[50] Zusammen 9000 Jahre: AW 18,57; 54,11; MḤ 8,9–11; 28,2.9; 57,31; DD 36,9; Theopomp bei Plut. Is et Os. 47; Eznik De Deo 2,78f. (160–165) SCHMID; J. BIDEZ-F. CUMONT, Les Mages hellénisés Bd. 2, Paris 1938, S. 91; ZAEHNER [unten Anm. 62)] S. 426); Theodor bar Konai (BIDEZ-CUMONT und ZAEHNER a.a.O.).

[51] Diogenes Laertios (oben Anm. 17), Prooem. 2: „Von den Magiern aber, deren erster der Perser Zoroaster gewesen sein soll, bis zum Fall von Troja rechnet der Platoniker Hermodoros in seinem Buche von den Wissenschaften 5000 Jahre, der Lyder Xanthos von Zoroaster bis zum Übergange des Xerxes über den Hellespont 6000 Jahre; danach, sagte er, hätte es noch eine lange Reihe von Magiern gegeben, die einander ablösten, Ostanes und Astrapsychos, Gobryas und Pazatas, bis zur Auflösung des Perserreiches durch Alexander." Die Variante „600" in den wichtigeren Handschriften, die der historischen Realität erstaunlich nahe kommt, diskutieren BIDEZ-CUMONT Bd. 2, S. 8 Anm. 4.

[52] Plinius, nat. hist. 30,2,3,: „Eudoxus, qui inter sapientiae sectas clarissimam utilissimamque eam intellegi voluit, Zoroastrem hunc sex milibus annorum ante Platonis mortem fuisse prodidit, sic et Aristoteles." Danach ein syntaktisch unklarer Satz, wonach vielleicht Hermippus, dann wie Hermodoros (vorige Anm.) Zoroaster 5000 Jahre vor den Trojanischen Krieg datiert; vgl. BIDEZ-CUMONT Bd. 2, S. 9–12.

gert, daß ursprünglich die Zeit zwischen dem Erzeuger der drei Weltheilande und dem letzten von diesen gemeint sei, der diesen Äon vollendet[53]. Da jedoch beide Autoren vor der Zeit lebten, in welcher das Zodiakalsystem fertig geworden sein kann, da es ferner sehr gezwungen erscheint, daß Zarathustra zu einem Repräsentanten des Weltanfangs, Xerxes und Platon zu solchen des Weltendes geworden sein sollen, hat die 6000-Jahr-Hypothese moderner Forscher kaum mehr wissenschaftlichen Wert als die antiken Angaben, auf denen sie basiert[54]. Diese Hypothese mußte hier aber deshalb erwähnt werden, weil sie die noch offene Frage illustriert, zu welcher Kategoriengruppe das iranische System gehört. Wir können nun versuchen, diese Frage zu beantworten.

Die 12000 Jahre, die Regierung der Millennien durch Planeten, die Vierteilung des Weltenjahres weisen, wenn auch astronomisch nicht mehr zuverlässig, auf die Zeiteinteilung. Das Ganze des Weltenjahrs

---

[53] Die vielzitierten Ausführungen von H. S. NYBERG, Die Religionen des alten Iran (Mitteil. d. Vorderas.-Aeg.Ges. 43), Leipzig 1938 (= Osnabrück 1966), S. 27–31, welche Angaben über Zarathustras wirkliche Zeit von der Weltalterlehre her verstehen, laufen offenbar auf ein System aus zwei Weltaltern hinaus. Eine Vorschaltung von 1000 Jahren analog der nach Anm. 60 möglichen, welche die 7000 Jahre bei Theodor Abu Qurrā (De vera religione 12f. CHEIKHO bei ZAEHNER S. 428f.) erklären würde, läßt ein solches System immerhin sekundär als möglich erscheinen.

[54] Nach den Orakeln des Hystaspes, verfaßt frühestens im 3. Jh. v. Chr., soll die gegenwärtige Welt bis zur Vollendung (συντέλεια) 6000 Jahre dauern (Aristokritos, Theosophie; Lactanz, div. inst. 7,14,8ff.; Texte bei BIDEZ-CUMONT Bd. 2, S. 363f., 366). Dies fügt sich nicht zur zoroastrischen Weltalter-Lehre; denn die Schlechtigkeit dominiert während dieser 6000 Jahre ungebrochen, sie wird von keinem Heiland in den letzten 3000 Jahren bekämpft und erst mit einem siebenten Jahrtausend abgelöst. Dahinter steht eher die jüdische oder christliche Woche, kombiniert mit Psalm 90,4, oder die griechische Hebdomas. Gerade dieser Umstand hat es aber erleichtert, daß die Eschatologie der Hystaspes-Orakel, die sonst inhaltlich iranisch (wenn auch wohl nicht zoroastrisch) ist, mit der neutestamentlich-jüdischen, die mit der Weltreich-Folge bei Daniel ein Element aus dem iranischen Raum (siehe Anm. 9) und mit der 1000jährigen Bindung des Satans ein zoroastrisches Mythologem weiterführt (siehe Exk. III), bei Laktanz verschmelzen konnten. Laktanz, dessen siebentes Buch der Divinae institutiones für die abendländische Eschatologie von größter Bedeutung werden sollte, hat dieser damit neben vielem anderen auch drei wichtige – heterogene! – iranische Elemente vermittelt (die Hystaspes-Orakel sind inhaltlich weitgehend aus Laktanz rekonstruierbar; Daniel-Interpretation am deutlichsten in Kap. 16; 1000 Jahre Satansbindung z. B. Kap. 26,1f., dort mit dem siebenten Welt-Millennium synchronisiert).

bzw. der vier Weltalter impliziert eine Zeitvorstellung. Aber die Angleichung an die historischen Aspekte Gegenwart, Vergangenheit und Zukunft in den 9000 Jahren sowie die von Xanthos und Eudoxos vorgenommenen historischen Eintragungen, die zur 6000-Jahres-Hypothese gereizt haben, weisen auf Geschichtseinteilung, der teleologische Aspekt in ihnen sogar auf eine Geschichtsvorstellung. Die letztgenannten Kategorien würden noch deutlicher hervortreten, wenn wir analysieren könnten, wie in apokalyptischer Literatur die Eschatologie, ursprünglich nur vom Prinzip der Zeiteinteilung umgriffen, vom Vier-Weltreiche-Schema, das auf ein Siebener-Schema erweitert werden kann, durchkreuzt wird. In einer wichtigen mittelpersischen Apokalypse, dem Bahman-Yašt, wird durch Symbolisierung der vier Weltreiche (mit anderen Herrschaften als im Buch Daniel) durch Zweige am Weltenbaum sogar die irdische Geschichtseinteilung mit der kosmischen Zeiteinteilung gleichgeschaltet[55]. Dies alles berechtigt zu der Feststellung, daß die iranische Lehre eine Mischform darstellt, die beide Kategoriengruppen zur Voraussetzung hat.

Nur in dieser Lehre finden wir auch einen Zeitbegriff, der sich seiner inneren Struktur nach mit Χρόνος und Αἰών im Griechischen[56], Kalpa und Kāla im Sanskrit vergleichen läßt. Er wird wiedergegeben durch Zamān und Zurvan, beide in den Wörterbüchern mit „Zeit" übersetzt. Ob diese beiden Wörter denselben Zeitbegriff wiedergeben, oder ob dahinter zwei Begriffe stehen, oder ob es ein Begriff aber mit einer inneren Spannung oder gar Dialektik zwischen Endlichkeit und Unendlichkeit ist[57], diese Frage ist bis auf weiteres nicht zu entscheiden. Man spricht von einem ganzen religiösen System, dem Zurvanismus, als einer heterodoxen Variante des Zoroastrismus, und man diskutiert, ob die 9000[58], die 10000[59] oder die 12000 Jahre des Weltenjahres die für diesen Zurvanismus maßgebliche Zahl ist[60]. Nur in den jüngsten Teilen

---

[55] C. COLPE, Sethian and Zoroastrian Ages of the World, in: B. LAYTON (Hsg.), The Rediscovery of Gnosticism vol. 2 (Studies in the History of Religions 41), Leiden 1981, S. 540–552, bes. S. 551.

[56] Und wohl auch mit 'ôlām und 'et im Hebräischen.

[57] Das ist nicht die „Ewigkeit" (ein Wort, das als Übersetzung z. B. von 'ôlām und αἰών in den Wörterbüchern zu rasch riskiert wird). Die Ewigkeit im religiösen Sinne ist auch kein Gegenstand der Infinitesimalrechnung, die man bei den oben genannten Größen theoretisch müßte anwenden können.

[58] Nach GrBd. 1,26; IndBd. 1,18 ist dies die Kampfzeit.

[59] Šahrastānī 1,2,2,2 (p. 183 CURETON; Übers. HAARBRÜCKER Bd. 1, S. 277).

[60] Diskussion bei H. S. NYBERG, Questions de cosmogonie et de cosmologie mazdéennes, jetzt in Acta Iranica 7 (oben Anm. 44), S. 75–378, dort S.

des Awesta[61] wird Zurvan als ein Wesen angerufen, das trotz seiner gewichtigen Prädikate ganz blaß bleibt als *zrvan akarana* „unbegrenzte Zeit" und als *zrvan dareyō.hvadāta* „lange, nur eigener Bestimmung unterstehende Zeit". Diese Gestalt hat man später auch als ein zweigeschlechtiges Urwesen gedeutet, aus dem Ōhrmazd und Ahriman als Zwillinge, die sich in ihrer Macht zugleich gegenseitig begrenzen, entstanden sind. Zurvan wäre als der, der diese Begrenzungen übergreift, unbegrenzt, und zwar zeitlich als einer, der die Zwillinge zunächst in sich hat und dann gebiert, jedoch räumlich als einer, der die Gut-Böse-Ambivalenz statisch in sich trägt[62]. Dazu scheint zu passen, daß „nach Eudemos von Rhodos" das intelligible und geeinte All von einigen Magiern Τόπος, von anderen aber Χρόνος genannt wird[63]. Zurvan wäre dann die unendliche Raumzeit. Das würde eben die Unausweichlichkeit und Geschlossenheit von Raum und Zeit bedeuten, deren Erfahrung sich in dem ausdrückt, was man Fatalismus nennt. In der Tat dienen fatalistische Züge immer wieder zur Charakterisierung dessen, was als Zurvanismus gilt, und es mag eine Religion dieses Charakters gegeben haben, die mehr war als eine von Zeit zu Zeit auftretende Reaktion gegen den ganz unfatalistischen, an Willensfreiheit und moralische Qualität des Menschen appellierenden, ja optimistischen Zoroastrismus[64]. Es kann sogar, obwohl dies textlich nicht belegt ist, Zurvan als

---

249f., 369–378; ZAEHNER S. 96–100; H. LOMMEL, Die Religion Zarathustras, Tübingen 1930, S. 140f., der annimmt, der Zurvanismus habe die ganzen 9000 Jahre als faktisch im Bösen resultierende Schicksalsherrschaft begriffen und diesem Königtum Ahrimanns ein vorbereitendes des Ōhrmazd von 1000 Jahren vorgeschaltet; dieses System verundeutlichte an einigen Stellen auch das 12000-Jahr-System des Bundahišn. Die 9000-Jahr-Interpretation von Lommel S. 141 ist oben Anm. 50 für die AW- und die MH-Stellen übernommen.

[61] Nyāyišn 1,8; Yasna 72,10. Vgl. zum alten Material B. SCHLERATH, Art. Zurvan, in: C. COLPE (unten Exkurs III), S. 478.

[62] Die heute maßgebende Monographie, mit Materialsammlung, ist R. C. ZAEHNER, Zurvan. A Zoroastrian Dilemma, Oxford 1955. Andere religionsgeschichtliche Thesen vertritt z. B. U. BIANCHI, Zamān i Ōhrmazd, Turin-Mailand etc. 1958. Zu beiden ausführlich C. COLPE, Göttingische Gelehrte Anzeigen 222, 1970, S. 1–22, wo auch Begründungen für die oben folgenden Thesen gegeben werden.

[63] Text bei ZAEHNER S. 447; BIDEZ-CUMONT Bd. 2, S. 69. Es ist übrigens umstritten, ob Eudemos (Aristoteles-Schüler, spätes 4. Jh. vor Chr.) oder sein neuplatonischer Überlieferer Damaskios (um 458 – nach 533 nach Chr.) diese Meinung bezeugt. Daß man in einer Datierung um 800 Jahre schwanken kann, ist für den Zurvanismus nicht untypisch.

[64] Die letztere Meinung vertritt mit guten Argumenten M. BOYCE, Some re-

Schicksalsgottheit eben die Größe gewesen sein, innerhalb derer sich das Weltenjahr abspielt, wie lang und mit welchen Einteilungen immer man es ansetzt. Zurvan wäre dann die unendliche Zeit, welche die endliche, in einer eschatologischen Erfüllung endende Zeit „zeitigt". Man würde gern das Wort *zamān* – das übrigens, im Unterschied zu Zurvan, eine iranische Etymologie hat – als Ausdruck für die nichtfatalistisch verstandene Zeit dafür einsetzen. Aber auch dieses kann, genau wie Zurvan, in mittelpersischen Texten das Attribut *akanārag* „grenzenlos, unbegrenzt, unendlich" erhalten, wie umgekehrt Zurvan sein anderes älteres Attribut als *dagrand-ḫwadāy* „der mit der langen Herrschaft" weiterführen kann. Die Kontexte gestatten hier keine besseren begriffsgebundenen Unterscheidungen, sondern müssen, ohne daß der in ihnen enthaltene Zeitbegriff ihnen einen Sinn mitgibt, für sich allein sprechen[65]. Wichtige solche Kontexte sind leider nur außerhalb der hier befragten mittelpersischen Tradition zu finden. Aus der großen Inschrift Antiochos' I von Kommagene wie aus manichäischen Texten ist z. B. die Viergestaltigkeit des Zurvan zu erschließen, die etwas mit der Viergestaltigkeit oder der Viergesichtigkeit des indischen Kāla zu tun haben muß. Aber hier müßten wir als neues Thema die Zeitvorstellungen der hellenistischen Aion-Verehrung, der Mithrasmysterien, des Manichäismus und der sethianischen Gnosis eröffnen[66]. Gerade

flections on Zurvanism, in: Bulletin of the School of Oriental and African Studies 19, 1957, S. 304–316.

[65] Einzelne Interpretationen immer noch am besten in der grundlegenden Abhandlung von H. F. J. JUNKER, Über iranische Quellen der hellenistischen Aion-Vorstellung, in: Vorträge der Bibliothek Warburg 1921–1922, Leipzig-Berlin 1923, S. 125–178. Viel wäre daraus oben zu wiederholen gewesen. Einzelnes konnte ich als Antwort auf genauere Nachfragen einfach vorlesen.

[66] Auf Belege muß in diesem Zusammenhang verzichtet werden. Die von Junker und anderen vertretenen, oft zu weit gefaßten Abhängigkeitsverhältnisse wurden auf ein vertretbares Maß zurückgeführt in den gedrängten Materialdarbietungen von C. COLPE, Art. Aion, und CHR. ELSAS, Art. Zurvan, in: C. COLPE (s. Anm. 40 u. Exk. III), S. 246–250 und S. 478–481 (mit unterschiedlicher Beurteilung der möglichen Viergestaltigkeit Zurvans, wie schon in der älteren Literatur). Verhältnis zum Sethianismus s. oben Anm. 55, dort S. 540–542, und C. COLPE, Heidnische, jüdische und christliche Überlieferung in den Schriften aus Nag Hammadi VI, in: Jahrb. f. Antike und Christentum 20, 1977, S. 149–170, dort S. 161–170. Doch sind die Interpretationen von Armozel, Oroiael, Daveithe, Eleleth als Repräsentanten von Weltzeiten jetzt zu verbessern nach S. PÉTREMENT, Les „quatre illuminateurs". Sur le sens et l'origine d'un thème gnostique, in: Revue des Études Agustiniennes 27, 1981, S. 3–23. Auf die vielverhandelte Frage, ob die löwenköpfigen Statuen mit gewundener Schlange und Tierkreiszeichen

deren iranischer Hintergrund ist ein besonderes Problem, und dies wird nicht zuletzt an der Zeitvorstellung akut. Soweit diese noch in den iranischen Bereich in engeren Sinne gehört, ist unser Überblick hiermit beendet[67].

Versuchen wir abschließend, einige Einsichten zusammenzufassen. Die Geschichtslosigkeit des wiederholungsgesättigten Alltags kann auf Geschichtseinteilungen hin aufgebrochen werden durch prophetische Predigt, durch hochkulturliches Interesse an den Anfängen der Zivilisation, durch dynastienbezogene Vergegenwärtigung früherer herrscherlicher Legitimationen, schließlich sogar durch Anfänge weltgeschichtlicher Chronologisierung. Eine Geschichtsvorstellung entsteht darüber hinaus, wo der Gedanke einer göttlichen Führung oder ein anderes unmittelbares Verhältnis zu Gott oder einem göttlichen Weltgesetz der Geschichte Sinn und Ziel verleiht. Aus Geschichtseinteilungen und -vorstellungen läßt sich der Begriff einer historischen Zeit abstrahieren. Ganz heterogen sind Zeiteinteilungen der rechnenden Astronomie. Die Zeitvorstellungen, die sich daraus entwickeln lassen, haben mit den historischen ursprünglich nichts zu tun. Sie sind von ihnen

---

auf dem Leib Chronos/Aion oder Ahriman darstellen, kann hier nicht eingegangen werden. J. HINNELLS, Reflections on the Lion-headed Figure in Mithraism, in: Acta Iranica 4 (Monumentum H. S. Nyberg 1), 1975, S. 333–370, bringt die Figur mit dem Grad des Löwen in den Mithrasmysterien zusammen und nimmt sie damit ganz aus der Zurvan-Zeit-Diskussion heraus.

[67] Zurvan, Aion und die gnostischen Zeitbegriffe mit Ausnahme des valentinianischen kann man als verdinglicht bezeichnen. Zum valentinianischen Zeitverständnis vgl. H. I. MARROU, La théologie de l'histoire dans la gnose valentinienne, in: U. BIANCHI (Hsg.), Le Origini dello Gnosticismo (Studies in the History of Religions 12), Leiden 1967, S. 215–226 (wäre die Sophia nicht gefallen, gäbe es keine Geschichte und keine Zeit!). Die Zeitverdinglichung ist am komplettesten da, wo man Zeit „haben" oder „verlieren", schließlich wo man von ihr „gehabt" oder „verschlungen" werden kann. Wenn das im Zurvanismus noch nicht empfunden worden sein sollte (zur interpretatorischen Schwierigkeit siehe Anm. 66), dann sicher seit der europäischen Renaissance, siehe den Holzschnitt „Von der Verlierung der Zeit" zu Petrarcas Werk „Von der Artzney bayder Glück des guten und des widerwärtigen", Augsburg 1532 (urspr. De remediis utriusque fortunae, 1366), bei A. BUCK, Die humanistische Literatur in der Romania = DERS. (Hsg.), Renaissance und Barock 1 (Neues Handbuch der Literaturwissenschaft 9), Frankfurt/M. 1972, S. 61–81, dort 69. Die Beziehung zwischen Genealogie und logischer Deduktion, deren beider Ordnungsmächtigkeit dann dieselbe dingliche Festigkeit bekommen kann wie die „verschlingende Zeit", erklärt K. HEINRICH, tertium datur. Eine religionsphilosophische Einführung in die Logik, Basel-Frankfurt/M. 1981, S. 61–69, 98–112 u. ö.

grundsätzlich so verschieden, wie wir auch heute noch den Unterschied zwischen historischer und astronomischer Zeit erfahren bzw. unmittelbar gar nicht erfahren können. Die Impulse zur rechnenden Astronomie liegen im Interesse an Horoskopie und Tagewählerei für das Lebensglück, in Berechnungen von Jahreszeiten für zeitliche Dispositionen auf allen Lebensgebieten, insbesondere für die Landwirtschaft und die damit zusammenhängende zeitliche Planung der Versorgung, des Steuer- und Zinswesens, schließlich im numinosen Innewerden der Geheimnisse des gestirnten Himmels überhaupt[68]. Das sind andere Erfahrungen, als sie für das Gewahrwerden der historischen Zeit vorauszusetzen sind. Da immerhin dieselben Menschen die einen wie die anderen Impulse und Erfahrungen haben können, kann es zu Mischformen kommen; aber zur vollen Durchbildung derselben bedarf es des Gelehrtentums. Es sind wohl erst solche Mischformen, die von Priestern und/oder Astronomen durchsystematisiert worden sind, welche auch über die historische Erfahrung ihrer Völker und Dynastien verfügen – es sind wohl erst solche synthetischen Spekulationen, an deren Spitze Zeitbegriffe oder einem Zeitbegriff nahekommende Vorstellungen wie indisch Kalpa und Kāla, iranisch Zamān und Zurvan stehen.

Es ist verlockend, dem Gedanken Raum zu geben, daß da, wo die Vorstellung von einer sinnerfüllten Geschichte entsteht wie bei den Juden, kein Ansatz zur Gewinnung einer astronomischen Zeit aufkommt – vielleicht weil man unter solchen Voraussetzungen kein Bedürfnis mehr danach hat; während umgekehrt da, wo man wenn auch ohne Begriff zu einer astronomischen Zeit kommt wie in Babylonien, keine eigentliche Geschichtsvorstellung entsteht – vielleicht weil dafür keine temporalen Valenzen mehr frei sind. Beweisen läßt sich hier nichts. Doch würden zwei weitere Befunde auf der Linie eines solchen Gedankens liegen: einmal der, daß nur das Prinzip der babylonischen Zeiteinteilung gewaltig in Indien Platz greift – so gewaltig, daß die in Babylonien daneben stets möglichen, mit dem Uranfang beginnenden Geschichtseinteilungen nur in marginalen Auffüllungen des Kaliyuga ihr Gegenstück behalten; zum anderen der, daß dort, wo im Unterschied

---

[68] Zum Weg von der gemessenen Zeit zur Zeitrechnung vgl. M. P. NILSSON, Primitive Time Reckoning, Lund 1920; H. KALETSCH, Tag und Jahr. Die Geschichte unseres Kalenders. Zürich u. Stuttgart 1970; H. KERN – KL.-J. SEMBACH, Kalenderbauten. Frühe astronomische Großgeräte aus Indien, Mexico und Peru, Ausstellungskatalog München (Staatl. Museum für angewandte Kunst) o. J. (mit guter Bibliographie).

zu Indien immerhin ein eigener Anstoß zu Geschichtseinteilungen gegeben war, die *historisch*-zeitlichen Komponenten in der iranischen Synthese gewichtiger bleiben als in der indischen. Dieser Befund ist dem Verhältnis zwischen den Zeitvorstellungen und -begriffen vergleichbar, welche bei den Griechen aus dem Verhältnis zwischen Geschichtserfahrung/wissenschaft und Astronomie folgen; unter unserem Thema konnten wir darüber leider nichts sagen.

Will man über den historischen Befund hinaus auch theoretisch etwas ausmachen, so ergibt sich m. E. nicht mehr als dies: die 12 000 bzw. 9000 Jahre des iranischen Systems und die vor der Kalpa-Multiplikation liegenden indischen Jahre sind insofern exemplarisch mythologisch, als die erst von Kant in seine erste Antinomie transzendentaler Ideen gefaßte Antithetik von Eingeschlossenheit und Unendlichkeit der Welt[69] noch nicht einmal von ferne ins Bewußtsein getreten ist. Deshalb ist der hier vorgetragene Stoff nur für die am historischen Sinn des Menschen hängende Selbstvergewisserung von Belang. Er dürfte kaum geeignet sein, den seit Dilthey und Rickert nicht mehr wegzuleugnenden Dualismus von Natur- und Geistes- bzw. Kulturwissenschaften zu überwinden, und selbst ob der hier vorgetragene Stoff in die Vorgeschichte einer erst seit dem kritischen Kant möglichen Theorie gehört, deren Begriffsbildung und Aussagebestimmtheit den Kriterien empirischer Wissenschaftlichkeit genügen, ist fraglich[70]. Es ist zu hoffen, daß die naturwissenschaftlichen Vorträge dieser Reihe gerade in Beziehung auf Theoriesprache, welche in diesem Beitrag ganz gefehlt hat, noch so viel Beobachtungssprache bieten, daß in Orientierung an der letzteren eine zweite Durchmusterung des Stoffes diejenigen Daten aussondert oder neu zutage fördert, welche sich zusammen mit heute aus der Natur erhobenen Daten denselben Überprüfbarkeitsregeln fügen.

---

[69] Kritik der reinen Vernunft B S. 452–461, A S. 425–433.
[70] Ich bin mir bewußt, hiermit erkenntnistheoretisch noch vor Dilthey zurückgegangen zu sein und nicht mehr vorausgesetzt zu haben, als für die Denk- und Erfaßbarkeit des physikalischen Zeitbegriffs bei E. CASSIRER, Zur Einstein'schen Relativitätstheorie, Berlin 1921, bes. S. 75–97 (= Zur modernen Physik, Darmstadt 1957, ²1964, S. 67–90), des geschichtlichen Zeitbegriffs bei G. SIMMEL, Die Probleme der Geschichtsphilosophie, Leipzig ²1905 (= München-Leipzig 1923) dargelegt ist. Aber da ich die Analyse der Quantenlogik als einer Logik zeitlicher Aussagen nicht nachvollziehen kann, blieb nur die Bescheidung mit einer formalen Problemstellung.

Exkurs I
Zu sprach- und alltagsorientierten Zeitvorstellungen.
Mit der Beschränkung auf die astronomisch begründeten Zeitvorstellungen wird, da aus Zeitmangel auch eine Kompetenz, wie sie mir fehlt, nicht zum Zuge kommen könnte, auf zwei Annäherungsweisen verzichtet, die vielleicht noch ergiebiger wären: a) Das Verstehen der Verbalaspekte und Aktionsarten in den „Tempora" der verschiedenen Sprachen. B. LANDSBERGER, Die Eigenbegrifflichkeit der babylonischen Welt, in: Islamica 2, 1926, S. 355–372, Nachdruck (mit W. VON SODEN, Leistung und Grenze sumerischer und babylonischer Wissenschaft, urspr. in: Welt als Geschichte 2, 1936, S. 411–464 und 509–557, mit Nachwort; für das Folgende ebenso vielfach zu konsultieren) in: Libelli 142, Darmstadt 1965, S. 1–19, hatte für die semitischen Sprachen, insbesondere das Akkadische und Hebräische, unterschieden zwischen den beiden Aktionen momentan oder punktuell (mit den beiden Themen des ruhenden Zustands und des dauernden Geschehens) und dauernd (mit den beiden Unterarten des Stativs und des fientischen Durativs und mehreren Unternuancierungen; in die Grammatik der schließlich herausgekommenen sog. Tempora umgesetzt bei W. VON SODEN, Grundriß der akkadischen Grammatik [Analecta Orientalia 33], Rom 1952, §§ 76–83). Erinnert sei daran, daß Landsberger zu seinen genialen Erkenntnissen nicht zuletzt deshalb befähigt war, weil er auch aufgewachsen war „im Slavischen, dem das Akkadische überhaupt hinsichtlich des Systems der Aktionsarten am nächsten steht" (a.a.O., S. 361 = S. 7). Von daher führten in der Diskussion des Vortrags am 22. Juni 1981 Bemerkungen der indogermanistischen und slavistischen Kollegen zum Injunktiv im Vedischen und Awestischen, zu sog. „vollendeten" und „unvollendeten" Verben im Russischen recht weit. Untersuchte man hier weiter, könnten die bekannte „Gegenwartsunfähigkeit" des *soveršennij vid* im Russischen, das Fehlen einer Zeitstufenbezeichnung im indogermanischen Injunktiv (vgl. K. HOFFMANN, Das Kategoriensystem des indogermanischen Verbums, in: DERS., Aufsätze zur Indoiranistik Bd. 2, Wiesbaden 1976, S. 523–540, bes. S. 553–537), das Einmünden der Kategorienpaare Punktual-Durativ und Fiens-Stativ in akkadische Bedeutungsklassen, die Verteilung von Sein und Geschehen auf den „analytischen" und den „synthetischen" hebräischen Satz darauf führen, daß alte Texte die Zeitvorstellungen bestimmter Kulturen noch ganz anders durchscheinen lassen, als oben zu zeigen versucht wird. b) Ebenfalls der Untersuchung einer großen Masse alter Texte bedürfte es, wenn man den Zeitvorstellungen der Menschen im Alltag auf die Spur kommen will. Es bedürfte hier einer umfassenden kategorialen Erfassung des Heute, Gestern und Morgen in Briefen und Omina, des Während, Als, Sobald in der Chronistik und Geschichtsschreibung, des Einst und Jetzt in der Epik, des „Du sollst..." oder „Wenn..., dann soll man..." in der Gesetzgebung. Der vorstehende Beitrag orientiert sich nur an zwei Kategoriengruppen

A) Geschichtslosigkeit
Geschichtseinteilung
Geschichtsvorstellung
(geht auf Deutung zurück);

B) Zeiteinteilung
Zeitvorstellung
Zeitbegriff
(geht auf Abstraktion zurück).

Ausgangspunkte sind beide Male größere Dimensionen, also
nicht Chronistik,
sondern Weltreiche-Schema;

nicht Jahreskalender,
sondern „Großes Jahr".

Beide Kategoriengruppen gewinnen durch Deutung und Abstraktion Affinitäten zur Apokalyptik (siehe Anm. 9, 29, 47). Diese hat jedoch, ebenso wie die großen Dimensionen überhaupt, die Alltagserfahrung außerhalb der Schreiber-, Gelehrten- oder Priesterklasse kaum bestimmt. Dies zeigt für Israel SH. TALMON, Kritische Anfrage der jüdischen Theologie an das europäische Christentum, in: G. MÜLLER (Hsg.), Israel hat dennoch Gott zum Trost. Festschrift für Schalom Ben-Chorin, Gütersloh 1977, S. 139–157, bes. S. 152 f.: Man kümmerte sich des Näheren um die Zeit der eigenen Generation und bis zur dritten oder vierten, also um 30 – 120 Jahre (frdl. Hinweis P. von der Osten-Sacken) – angesichts heutiger „kurz-", „mittel-" und „langfristiger Planungen" eine gewaltige Zeit. Ich kann statt dessen nur im drittletzten Absatz (oben S. 250 f.) versuchen, einige Motivationen für A und B in ein und demselben Alltagsleben, also als Wegführungen von Geschichts- und Zeitlosigkeit gleichermaßen, aufzufinden. Die Resultate in den großen Dimensionen haben sich davon aber abgehoben und führen ihr Eigenleben in Wissenschaften oder wissenschaftsähnlichen Zusammenhängen. Undiskutiert bleibt die Alternative oder Antinomie von zyklischer und linearer Zeitauffassung, da im Detail die Dinge komplexer sind, vgl. den Vortrag von H. CANCIK und A. SHARMA in Anm. 33, ferner E. R. LEACH, Zwei Aufsätze über die symbolische Darstellung der Zeit, in: W. E. MÜHLMANN – E. W. MÜLLER (Hsg.), Kulturanthropologie, Köln-Berlin 1966, S. 392–408, wonach es sich um Verabsolutierungen von überall möglichen Vorstellungen von der Wiederkehr (wie in der Natur) und von der Nicht-Wiederkehr (wie im Lebensprozeß) handeln könnte. Hingewiesen sei jedoch auf den weiterführenden Versuch von F. KRAMER (siehe Anm. 3), am zyklischen, linearen, verdinglichten und meßbaren Zeitbegriff vorbei einen Bezug besonderer „Zeit" zu einer gesellschaftlichen Organisationsform aufzuweisen. Es handelt sich um (mit CHR. SIGRIST, Regulierte Anarchie, Olten-Freiburg i. Br. 1967, S. 21–25 u. ö.) sog. segmentäre Gesellschaften. Hier wird „der Umfang eines Segments ... durch die Zeit repräsentiert, die seit seiner Gründung vergangen ist und die die Genealogie erinnert. Umgekehrt wird die vergangene Zeit durch die relativen Abstände zwischen jeweils ad hoc konstituierten Gruppen strukturiert und bezeichnet" (S. 14). Die genealogische Zeit, die einerseits zur Linearität tendiert (vgl. auch Anm. 67 am Schluß), andererseits Vergangenes immer wieder als Grund in jeweils Gegenwärtiges hineinholt und darin der mythischen Zeit verhaftet bleibt, entwickelt sich natürlich schon in Gesellschaften, deren Gruppen überhaupt genealogisch definiert sind, kommt aber erst in deren segmentär-akephalem Spezialfall zur vollen Entfaltung. Man kann sie auch eine ökologische Zeit nennen (S. 17); sie regelt nicht nur die „Zeit" für Arbeit, die noch nicht unter dem Zwang zur Akkumulation steht und mit gemessener Zeit noch nicht koordiniert zu werden braucht, sondern auch das soziale Leben zwischen den gesellschaftlichen Segmenten überhaupt. „Stirbt ein Segment aus oder verbindet es sich dauerhaft mit einem anderen, so wird der damit insignifikant gewordene Schritt in seiner Genealogie gekürzt, um der Verzeichnung einer neuen Segmentation Platz zu machen" (S. 14, mit Verweis auf E. E. EVANS-PRITCHARD, The Nuer, London 1940 = New York 1977, S. 107 u. 198–200).

[38] Exkurs II
Zu Begriff und mythischer Dauer der „Tausend Jahre"
Eine besondere Beachtung verdient innerhalb der Weltalter und Systeme das „Jahrtausend", zumal es durch hellenistische und christliche Vermittlung (Exk. III u. Anm. 54) im abendländischen Chiliasmus bzw. Millenarismus weiterlebt. Als termini technici begegnen vor allem mittelpers. *hazārag* „Tausendheit (von Jahren)" und *hazangrōkzim* „Tausend-Winter (-Periode)". Das letztere Wort ist aus dem Awestischen umgesetzt, als welches es einmal in einem Zusatz begegnet, welchen die Pahlavi-Übersetzung zu Vidēvdād 2, 19 zitiert (translit. u. übers. v. B. T. ANKLESARIA, hsg. von D. D. KAPADIA, Bombay 1949; nach älteren Ausgaben schon bei CHR. BARTHOLOMAE, Altiranisches Wörterbuch, Berlin 1904 [= ²1961], Sp. 796 s.v. ϑ *waresah-* und Sp. 1798 s.v. *hazangrō.zyam-*; nicht im Apparat bei K. F. GELDNER, Avesta Bd. III, Stuttgart 1896, S. 9f.; mit Parallelen bei M. MOLÉ, La legende de Zoroastre selon les textes Pehlevis, Paris 1967, S. 215 Z. 1–5). Es wird mit dieser kurzen Passage, evtl. von einem Schreiber nachträglich der Genauigkeit halber, der Abschluß registriert, nachdem im Reich des Urkönigs Yima die Erde dreimal (zu) voll geworden war und er sie nach 300 Wintern um ein Drittel, nach 600 Wintern um zwei Drittel und nach 900 Wintern um drei Drittel gedehnt hatte. Wenn danach noch Wert auf die Feststellung des Abschlusses eines „Jahrtausends" gelegt wird, zeigt dies entweder, daß für ein endzeitliches Jahrtausend ein urzeitlicher Typos gesetzt werden sollte, oder daß mit dem Wort schließlich eine erfüllte runde Zeiteinheit bezeichnet wurde, bei der es auf die numerische Genauigkeit von Eintausend nicht mehr ankam. Das letztere zeigt sich vielleicht auch im Pahlavi-Rivāyat zum Dādistān i dēnīg 48,1 (p. 141 DHABHAR; bei H. S. NYBERG, A Manual of Pahlavi Bd. 1, Wiesbaden 1964, S. 96 Z. 10; bei MOLE S. 215, Z. 16). Ist dort mit Nyberg zu lesen *hac hazangrōkzim*, bezeichnet das Wort, da „von" der mit ihm bezeichneten Zeit 1500 Jahre seit Zarathustras „Unterredung mit Ōhrmazd" vergangen sein sollen, mehr als 1500 Jahre, jedoch nicht das ganze letzte Trimillennium; ist mit Molé *kē hazangrōkzim* zu lesen, wird das Wort damit in Parenthese gesetzt, um eben die 1500 Jahre zwischen Ōhrmazds Unterredungen mit Zarathustra und dem ersten Heiland Hušētar zu bezeichnen. – Das Buch von Molé enthält im übrigen auch die wichtigsten eschatologischen Texte zu unserem Thema.

[47] Exkurs III
Zur Eschatologisierung der „Tausend Jahre"
In das zweite Jahrtausend des ersten Trimillenniums des iranischen Weltenjahres wird Aži Dahāka gesetzt, der ursprünglich eine Art Chaosdrache war, aber je nach Tendenz und Abfassungszeit der Quelle zu dem einen oder andern iranfeindlichen König historisiert werden kann. Er taucht als mythisches Ungeheuer im letzten Trimillennium wieder auf, wo er das elfte Millennium hindurch (von Thraētaona/Frētōn) an den Berg Demawend gefesselt ist, um danach (von Ahriman) wiedererweckt und zur Verhinderung ei-

ner Katastrophe endgültig (von Keresāspa/Krišasp) vernichtet zu werden (Belege bei B. LINCOLN, Art. Aži Dahāka, in: C. COLPE [Hsg.], Altiranische... Mythologie [s. Anm. 40, Fortsetzung in] Liefg. 17, Stuttgart 1982, S. 303, einzuordnen in C. COLPE, Art. Eschatologie, ebda. S. 337). Diese 1000 Jahre der Bändigung des Unheils vor seinem nochmaligen Ausbruch und endgültiger Besiegung sind das Vorbild für die 1000jährige Bindung des „Drachens, der alten Schlange" (nur in Apok. Joh. 12,9 und 20,2 beide Wörter nebeneinander als Bild für den Satan, in 12,13–17 im Wechsel – Hinweis auf Einmündung einer speziell iranischen neben der altorientalisch-hellenistischen Schlangensymbolik? Bedenken bei W. FOERSTER, Art. δράκων, Theol. Wb. zum NT 2 [Stuttgart 1935], S. 284–286) in Apok. Joh. 20,1–6 (richtig gesehen schon von W. BOUSSET, Die Offenbarung Johannis, Göttingen ⁶1906 = 1966, S. 436; Versehen nur Anm. 8: „Die 9000 Jahre sind um" in Bahman Yašt 3,55 WEST [= 9,14 ANKLESARIA] beziehen sich nicht auf die Fesselung, sondern sind wohl eine Variante für die Lebenszeit Aži Dahākas, der zu derselben Opferergeneration wie Thraētaona gehörte, für den aber in dieser alten Überlieferung von keinem Tod berichtet wurde. Boussets Erkenntnis wurde von den meisten späteren Kommentaren nicht aufgenommen). Dies wurde für den abendländischen Millenarismus der locus classicus für das 1000jährige Reich, in welchem Friede ja nur vorläufig, dank Bändigung satanischer Macht herrschte, bevor diese zu einem letzten – vergeblichen – Aufstand nochmals losbrach (Apok. Joh. 20,7–10; zum Weiterleben in der Alten Kirche vgl. W. BAUER, Art. Chiliasmus, in: Reallexikon für Antike und Christentum 2, Stuttgart 1954, Sp. 1073–1078; zum Zusammenhang mit den sibyllinischen Orakeln, Laktanz und den Orakeln des Hystaspes (dazu auch Anm. 54) siehe H. FUCHS, Der geistige Widerstand gegen Rom in der antiken Welt, Berlin 1938, S. 31–35 (= Anm. 19) und 83–85 (= Anm. 84); zur mittelalterlichen Rezeption vgl. statt vieler Lit. W.-E. PEUCKERT, Die große Wende Bd. 1, Hamburg 1948 [= Darmstadt 1966], S. 164–171; zur Rezeption im Messianismus der Dritten Welt vgl. vorläufig MÜHLMANN [oben Anm. 24] S. 300–311).

Hubert Cancik

Die Rechtfertigung Gottes durch den „Fortschritt der Zeiten"

Zur Differenz jüdisch-christlicher und hellenisch-römischer
Zeit- und Geschichtsvorstellungen

1. „Zeit ohne Ziel"

1.1. Sils Maria, August 1881

Vor einhundert Jahren, im August des Jahres 1881, ging ein 37jähriger, pensionierter Professor der klassischen Philologie aus Basel am See von Silvaplana durch die Wälder. Bei einem mächtigen, pyramidal aufgethürmten Block, so berichtet der Professor sieben Jahre später, habe er Halt gemacht, unweit Surlei, „6000 Fuß jenseits von Mensch und Zeit", das sind knapp 2000 Meter[1]: Da kam ihm, wie man weiß, jener Gedanke – die Grundkonzeption des Zarathustra, der Gedanke also der ewigen Wiederkehr des Gleichen.

Bei aller Pietät diesem verspäteten, sehr stilisierten Visionsbericht gegenüber muß man sagen: Er fand den Gedanken *wieder*.

In seinen Vorlesungen zu Basel hatte er seit 1872 über Heraklit

---

[1] Ecce homo (abgefaßt Herbst 1888: KSA 15,182), in: KSA 6,335. Das von N. erwähnte Blatt vom Sommer 1881 ist erhalten (Manuskript M III 1 = KSA 9,441 ff.; S. 494). Die Unterschrift lautet dort: „6000 Fuß über dem Meer und viel höher über allen menschlichen Dingen". Die in „Ecce homo", a.O., gegebene Fassung ist typisch für die Stilisierung seines Lebens, an der Nietzsche in diesen Monaten arbeitete. Löwith, Nietzsches Philosophie, cap. III, Anm. 133, verweist auf ähnliche Erlebnisse bei Descartes, Pascal, Rousseau, Kierkegaard. Es ist bemerkenswert, daß im Manuskript M III 1 keine Meditationen über Dionysos oder Heraklit dem Gedanken der ewigen Wiederkehr vorausgehen, sondern physikalische, physiologische, erkenntnispsychologische Erwägungen.

gehandelt[2]. Bei ihm fand er eine Formel für das ewige Werden in einer unendlichen Welt, die Nietzsche als *Künstler* befriedigte. Heraklit vergleicht den Weltprozeß mit dem Spiel eines Kindes: „Der Aeon", sagt er, „ist ein Knabe, der spielt, Brettsteine setzt: eines Knaben ist das Königtum"[3].

αἰὼν παῖς ἐστι παίζων, πεττεύων · παιδὸς ἡ βασιληίη.

Spiel ist zweckfreies Tun. Dementsprechend hat die Weltgeschichte kein Ziel. Was bei Heraklit als Prozeß und Gesetz (Maß, Logos) erscheint, deutet Nietzsche sich, mit Hilfe einer mehr als 200 Jahre späteren Philosophie, der stoischen, als einen periodischen Untergang und Neuanfang der Welt: die ewige Wiederkehr[4].

[2] Nietzsche, Vorlesung über: „Die vorplatonischen Philosophen" (Sommer 1872, 1873, 1876, je dreistündig), Teilabdruck in: Nietzsche, Philologica III (hrsg. von OTTO CRUSIUS und WILHELM NESTLE, Leipzig 1913 = Nietzsches Werke Bd. XIX) § 10: Heraclit, bes. S. 174f., 180, 182, 187 über periodischen Weltuntergang bei Heraclit, Teleologie, Zeit und Spiel. Eine stärker literarisierte Fassung unter dem sachlich unzutreffenden Titel: „Die Philosophie im tragischen Zeitalter der Griechen" (Manuskript U I 8: April 1873), in: KSA 1, 801 ff. Das Thema der „ewigen Wiederkunft" wird mehrfach besprochen, die Phrase selbst jedoch, soweit ich sehe, noch nicht gebraucht. Vgl. bes. S. 821, 823 (Zeit), 825 („das Ringen dauert in Ewigkeit fort"), 829: „er (Heraclit) glaubt wie jener (Anaximander) an einen periodisch sich wiederholenden Weltuntergang und an ein immer erneutes Hervorsteigen einer anderen Welt aus dem alles vernichtenden Weltenbrande"; S. 830 ff.: die Lehre „vom Spiel in der Nothwendigkeit".

[3] Heraklit, frg. 52 (D.) aus Hippolyt IX 9. Die Deutung des Fragments ist unsicher. – αἰών verstand Nietzsche als ‚Zeit – Weltzeit – Welt'. Bei Homer bedeutet das Wort ‚Lebenszeit' von Menschen und anderen Wesen; im klassischen Griechisch bedeutet es ‚Ewigkeit'. An dieser Heraklitstelle ist wohl das Leben, die Lebenszeit des ganzen Kosmos gemeint. Lukian (Versteigerung der Philosophen 14, referiert bei Nietzsche, Philologica III 180) versteht αἰών als „Weltzeit"; Nietzsche, KSA 1, 828: „Die Welt ist das Spiel des Zeus." – Vgl. H. FRAENKEL, Die Zeitauffassung in der frühgriechischen Literatur, S. 18: „Für αἰών und die verwandten Wörter wird man, nach dem, was sich über den ältesten Zeitbegriff ergeben hat, weder eine idg. Grundbedeutung ‚Zeit' annehmen wollen, noch braucht man andererseits ganz das Zeitelement aus der Grundbedeutung auszuschließen (wie LACKEIT, Aion, Diss. Königsberg 1916, S. 6ff. vorschlägt). Alles fügt sich gut, wenn man einen gemischten Begriff wie ‚Bestand, Dauer', insbesondere ‚Leben' zugrunde liegen läßt (ähnlich WILAMOWITZ, Herakles II[2] S. 363 f.)." Die Heraklitstelle behandelt FRAENKEL in seinem Aufsatz, „Eine herakliteische Denkform", a. O. 253–283, bes. S. 264; er übersetzt: „Das Dasein ist ein Kind beim Brettspiel; ein Kind regiert als König."

[4] Die Differenz zwischen Heraklit und stoischer Herakliterklärung war Nietzsche natürlich bekannt (vgl. seine Rezension von J. Bernays, Die heraklitischen Briefe, 1869, in: Nietzsche, Philologica I, S. 282–283), doch geht

Spiel, nicht Zweck; Periode – Umlauf, Kreis, nicht Ziel: das war für Nietzsche eine physikalische, eine geschichtstheoretische Aussage. Sie bestätigte seinen Zweifel an den üblichen Phrasen der Gründerzeit über „Sinn der Geschichte" und „Fortschritt der Cultur"[5].

Schon während der Arbeit an der „Geburt der Tragödie", während des preußisch-französischen Krieges also und der Tage der Pariser Kommune (1870/71), hatte Nietzsche sich notiert[6]: „Die Weltgeschichte ist kein einheitlicher Prozeß. Das Ziel derselben ist fortwährend erreicht."

Diese Notiz trifft genau und böse die christlichen Vorstellungen von Heilsgeschichte und Weltgeschichte. Die christliche Geschichte beginnt mit Adam und umfaßt deshalb alle Menschen. Ihre Mitte ist die Menschwerdung Gottes, ihr Ziel und Ende das jüngste Gericht.

Dies war Nietzsches Gegner; und es war nicht nur eine Religion. Hatten nicht die Fortschritts-Optimisten, die Sozialisten und Demokraten dasselbe Geschichtsbild: ‚Durch allgemeinen Fortschritt zu mehr Glück für alle'?

Gegen dieses Geschichtsbild hatte Nietzsche nun, im Sommer 1881 in Sils Maria, eine Waffe gefunden, eine voraussetzungsreiche, aber eingängige Formel: „Zeit ohne Ziel", oder: „die Mitte ist überall; krumm ist der Pfad der Ewigkeit"[7].

---

die neuere Quellenkritik in der Ausscheidung stoischer Gedanken aus Heraklit weiter, als Nietzsche damals ahnen konnte. Vgl. G. S. Kirk, Heraclitus. The Cosmic Fragments. Cambridge 1954, S. 318ff. – Die Stoiker konnten für ihre Lehre vom Weltenbrand ansetzen an herakliteischen Sätzen wie frg. B. 30 (D.), 31; vgl. A 5.

[5] KSA 9,476.
[6] Manuskript von Ende 1870 – April 1871: KSA 7,197.
[7] Die Formel ist m.W. zum ersten Male nachweisbar im November 1882/Februar 1883 (KSA 10,150): „ganz Meer, ganz Mittag, ganz Zeit ohne Ziel". Diese Verse sind eine Erweiterung des Gedichtes „Portofino" vom Sommer-Herbst 1882 (KSA 10,107). Eine nochmalige Erweiterung hat Nietzsche 1887 im Anhang zu „Die fröhliche Wissenschaft" publiziert („Die Lieder des Prinzen Vogelfrei", KSA 3,649):
„Hier sass ich, wartend, wartend, – doch auf Nichts,
Jenseits von Gut und Böse, bald des Lichts
Geniessend, bald des Schattens, ganz nur Spiel,
Ganz See, ganz Mittag, ganz Zeit ohne Ziel.
Da, plötzlich, Freundin! wurde Eins zu Zwei –
– Und Zarathustra gieng an mir vorbei..."
„Jenseits der Zeit": KSA 11,308.

1.2. Der Philolog mit dem Hammer

Nietzsches Lehre der ewigen Wiederkehr entfaltete eine große Wirkung und unvorhergesehene Nebenwirkungen. Die Lehre war geheimnisvoll und gefällig formuliert, fromm und aggressiv. Ihre antiken Voraussetzungen waren auf einen sehr kleinen, gut verständlichen Nenner gebracht. Nietzsche hat einen weit verästelten, an Nuancen und Polemik reichen Diskurs isoliert und genial versimpelt.

Er fand bei Heraklit den Gedanken der ewigen Wiederkehr, der aber, wie gesagt, erst eine stoische Ausdeutung ist. Diesen Gedanken hat er auf die ganze vorsokratische Philosophie, ja mit Hilfskonstruktionen wie ‚Einheit von Leben und Tod', ‚dionysisch', ‚tragisch' auf die gesamte griechische Kultur ausgedehnt[8].

Traditionen, die nicht passen, sind verschwiegen, z. B. das großartige Fragment des Xenophanes[9]: „Nicht doch von Anfang an haben die Götter den Sterblichen alles gewiesen, sondern mit der Zeit, suchend, (er)finden sie ein Besseres."

Hier ist eine Theologie des Fortschritts angelegt. Es ist noch nicht alles gut – die Götter wollen es so (Theodizee); die Menschen müssen suchen, aber sie können und werden finden, erkennen, erfinden; und es

---

[8] a) Ansatzpunkte für diese Verallgemeinerung sind Texte wie Heraklit, frg. 15 (D.): ὡυτὸς δὲ Ἀίδης καὶ Διόνυσος – „derselbe aber (ist) Hades und Dionysos".

b) Nietzsche hat auch für Anaximander einen Kreislauf angesetzt, was in der heutigen Forschung nicht vertreten wird. Auf der anderen Seite hat Nietzsche die ihm bekannten Gedichte des Empedokles, für den die Lehre von ‚Zyklen' im Kosmos und im menschlichen Leben wichtig ist, nicht berücksichtigt. Zum Stand der Heraklitforschung zur Zeit Nietzsches vgl. R. OEHLER, a.O., und W. NESTLE, a.O. Nietzsches Deutung der heraklitischen Kosmologie bedeutet m.E. keinen Fortschritt gegenüber Hegels „Vorlesungen über die Geschichte der Philosophie" (Erster Teil, erster Abschnitt: Philosophie des Heraklit, 2: Die Weise der Realität; suhrkamp-Werkausgabe in zwanzig Bänden, 1971, Bd. 18) S. 328 ff.: „Abstrakter Prozess, Zeit"; „Reale Form als Prozess, Feuer"; S. 333. „Das Erlöschen der Seele, des Feuers in Wasser, die Verbrennung, die zum Produkt wird, erzählen einige falsch als Weltverbrennung. (...) Wir sehen aber sogleich an den bestimmtesten Stellen, daß dieser Weltenbrand nicht gemeint sei, sondern es ist dies (...) der allgemeine Prozess des Universums." So wenig wie Hegel nehmen SCHLEIERMACHER (Geschichte der Philosophie I, S. 94 ff.) und LASSALLE (Die Philosophie Herakleitos' des Dunklen, 1858, II 126–240) eine Ekpyrosislehre des Heraklit an.

[9] Xenophanes v. Kolophon (6./5. Jh.) frg. 18 (D.):
οὔτοι ἀπ' ἀρχῆς πάντα θεοὶ θνητοῖσ' ὑπέδειξαν ἀλλὰ χρόνωι ζητοῦντες ἐφευρίσκουσιν ἄμεινον.
Vgl. EDELSTEIN, Progress, bes. S. 3–18. – Vgl. hier § 2.2.

geht zum Besseren; das Wort ‚Zeit' erweckt hier Zuversicht; es ist nicht „leere Zeit", sondern eine ‚bessere Zukunft', und alles ist von den Göttern gewollt. Das paßt nicht so leicht in eine Lehre von Kreislauf und Wiederkunft – und so läßt Nietzsche es fort.

Auch die stoische Lehre des πάλιν πάντα ταὐτά („noch einmal alles dasselbe") hat Nietzsche nirgends, soweit ich sehe, sorgfältig dargelegt. Ihn interessierte Heraklit, nicht die Nachsokratiker[10].

Die Stoiker aber lehren, wie reich und widerspruchsvoll antike Philosophie ist, und wie genau noch im letzten, scheinbar abwegigen Detail. Einige Stoiker nämlich lehnten die Lehre vom Weltzyklus und der Wiederkehr des Gleichen überhaupt ab[11]. Andere nahmen eine sukzessive „Reinigung" und Erneuerung des Kosmos an[12]. Andere versuchten, die Identität des menschlichen Subjektes in der Unendlichkeit der Geschichte zu bewahren. Sie leugneten deshalb die numerische Identität der Subjekte in den verschiedenen Zyklen. Sie setzten „kleine" Abweichungen bei der Wiederkehr des Gleichen an –: Als ob die Geringfügigkeit der Abweichung den logischen Widerspruch verdecken könnte[13]! Aber sie mußten die „besondere Eigenart" des Individuums[14] retten und dabei die Ewigkeit von Welt und Geschichte bewahren.

Andere Stoiker nahmen an, einige Götter überlebten den periodischen Weltenbrand – nicht alles also gehe zugrunde, und über den Weltenbrand hinweg bewahrten die Götter das Gedächtnis der menschlichen Geschichte[15]. Und natürlich meldet sich auch ein schlichter logischer, aus einem gewöhnlichen ‚linearen' Zeitgefühl erwachsener Gedanke: Wenn im ewigen Kreislauf der Welt auch „noch einmal das Gleiche" käme, so wären die Welten doch mindestens durch die Reihenfolge, durch ihren Platz in der Reihe der Wiederholungen unterschieden[16].

---

[10] Die wichtigsten Quellen aus der Alten Stoa für Weltperioden: Zenon: SVF I 97–109; Chrysipp: SVF II 623–631. Es handelt sich um eine sehr abstrakte kosmologische Spekulation, in der die Ewigkeit des Kosmos mit seinen augenfälligen Veränderungen zusammen gedacht werden soll. Die logische Struktur wird besonders deutlich in den von Philo überlieferten Fragmenten, z. B. SVF II 620.

[11] Zweifel an der Ekpyrosis-Lehre: Zenon d. J. (SVF II 596, Z. 16ff.); „einige" (SVF II 617); zur späteren Aufgabe der Zyklentheorie bei Boethos und Panaitios s. ZELLER, Philosophie der Griechen III 1, ³1880, S. 555f.; 561f.

[12] Vertreter der Alten Stoa bei Hippolyt, Philos. 21 = SVF II 598.

[13] SVF II 626: ὀλίγη παραλλαγή; Frage nach zahlenmäßiger Identität: II 624.

[14] Zum ἰδίως ποιός s. SVF II 624; 630; 395; 397. Zur philosophischen Tragweite dieses Begriffes vgl. 2.3.

[15] SVF II 625.

[16] SVF II 627; vgl. 624.

Diese ernsthaften und subtilen Überlegungen schon der ältesten Stoiker bleiben bei Nietzsche, soweit ich sehe, ungenutzt[17]. Nietzsche hat für seine Lehre von der ewigen Wiederkunft des Gleichen – ebenso wie in seiner Deutung der Tragödie und der Religion des Dionysos – ein bedeutsames Stück antiker Kultur isoliert und stark vereinfacht. Er hat die Antike archaischer, ahistorischer, mythischer gemacht, die geschichtlichen, subjektiven und utopischen Elemente ausgeschieden, die naturhaften übersteigert. So hat Nietzsche die Antike zu einer antichristlichen und antimodernen Gegenposition verkürzt[18].

Mit seiner Lehre „von der ewigen Wiederkunft des Gleichen" lieferte er den einen eine Waffe gegen christliches Geschichtsbild, jüdischen Messianismus und bürgerlichen und sozialistischen Fortschrittsglauben. Den anderen aber bot er ein bequemes Feindbild.

1.3. Das hebräische Denken im Vergleich mit dem griechischen

Mit diesem Feindbild wurde die abendländische Geistesgeschichte einfach und konnte ‚logisch' konstruiert werden. Wenn die Hellenen – die

---

[17] Zwei Punkte seien anmerkungsweise hinzugefügt:
a) Bei der Untersuchung antiker Zyklenlehre muß auf den Zusammenhang von ‚Wiederholung' und ‚Gesetz' geachtet werden. Regelmäßige Abfolgen zeigen Konstanten und Strukturen.
b) Der Ort und das Gewicht der Lehre von der ewigen Wiederkehr in den verschiedenen Epochen der Stoa müßte im einzelnen untersucht werden. Der Einfluß dieses Theorems auf Logik, Ethik, Politik etc. ist m.E. nicht groß. Es ist ein altes, wichtiges, aber nicht zentrales und auch nicht unumstrittenes „Dogma" (SVF II 626).

[18] Das Unhellenische („Protestantische") hat LÖWITH, Nietzsches Philosophie, S. 113 ff., unter dem (ungenauen) Titel „Die antichristliche Wiederholung der Antike auf der Spitze der Modernität", bes. S. 125 f. hervorgehoben. Daß Nietzsche die antiken Einwände gegen das Christentum nicht gekannt haben soll, scheint mir – nicht zuletzt angesichts seines Freundes Overbeck – unwahrscheinlich. Daß Nietzsches Denken stark auf ‚Willen' und ‚Zukunft' gerichtet sei und *deshalb* nicht hellenisch sondern christlich sei, setzt bereits das verkürzte, von ‚modernen' oder ‚para-jüdischen' Motiven purifizierte Antikenbild voraus, wie es Nietzsche erst geliefert (bzw. verstärkt) hat. Über die Vorläufer Nietzsches für dieses archaisierende und naturalisierende Bild der Antike kann hier nicht gehandelt werden. Letztlich werden hier Positionen antiker Apologetik repetiert: das Christentum als Geist (Geschichte) gegen den Paganismus als Natur (Mythus). Argumentationshilfe hierzu wiederum bot das Alte Testament mit seiner Polemik gegen Kanaanäer und Baals-Diener; vgl. Paulus, Römer 1.

‚Heiden' – die Welt zyklisch denken, als Kreislauf und ewige Wiederkehr[19] – dann müssen die Juden und Christen nicht-zyklisch, ‚linear' denken. Da das zyklische Denken die Einmaligkeit und Gerichtetheit von Zeit aufhebt, können die Hellenen also ‚Zeit' nicht sachgemäß denken[20]. Sie denken räumlich; sie „verräumlichen" sogar die Zeit.

Der Raum ist statisch, die Zeit dynamisch. Also denken die Hellenen räumlich-statisch, die Hebräer dynamisch[21].

Zyklus und Raum sind Form und Ort des natürlichen Geschehens, der Gestirne, Pflanzen, des Lebens. Zeit dagegen ist die Form von Geschichte. Die Hellenen also denken die Natur: sie haben den Naturmythos mit seiner ewigen Rückkehr zum Ursprung – und die Naturwissenschaft. Die Hebräer haben das richtige Geschichtsbewußtsein, die Griechen nicht: denn für sie ist „die Geschichte eine ewige Wiederholung"[22].

---

[19] Vgl. Augustins famose Deutung eines Psalmenverses, dessen Sinn durch die Übersetzung ins Griechische und Lateinische verloren gegangen war. Ps. 11 (12),9:

a) hebr.:	sābīb	reschā'īm	jithhalāchūn.
dt.:	ringsum	die Bösen	gehen einher.
b) gr.:	κύκλῳ	οἱ ἀσεβεῖς	περιπατοῦσιν·
dt.:	im Kreise	die Unfrommen	gehen umher.
c) lat.:	in circuitu	impii	ambulabunt.
dt.:	im Kreislauf	die Unfrommen	werden wandeln.

Augustin, de civ. dei 12,13–15. Vgl. K. LÖWITH, Weltgeschichte und Heilsgeschehen (engl. 1949), dt. 1953, S. 152 mit Anm. 13 und 15: seine Klage über die schlechten Übersetzungen dieser Stelle ist unberechtigt. – Die Wirkungsgeschichte der augustinischen Deutung, die zu den Vorstufen des Denkschemas ‚linear/zyklisch' gehört, habe ich nicht untersucht.

[20] Vgl. J. TAUBES, Abendländische Eschatologie, 1947, S. 3 ff., S. 11: „Es ist eine entscheidene Wende, wenn sich die geschichtliche Welt Israels vom mythischen Lebenskreis des alten Orients und der Antike abhebt. Durch allen Mythos klingt das Gesetz des Kreislaufs von Geburt und Tod. (...) In der ewigen Wiederkehr des Gleichen fällt das Wohin mit dem Woher zusammen. Der Ursprung als das Ineins von Woher und Wohin ist die Mitte der mythischen Welt. (...) Die Götter der Natur sind die Baale, und der heiligste der Baals-Götter ist Dionysos." Das letzte Wort und die Insistenz auf dem Modell ‚Kreislauf' zeigt, daß auch Taubes' Bild von der Antike stark von Nietzsche beeinflußt ist. Vgl. aber jetzt J. Taubes, The Price of Messianism, Referat auf dem World Congress of Jewish Studies, Jerusalem 1981 (erscheint demnächst in: Jewish Studies): eine Auseinandersetzung mit Scholem's Thesen zum Messianismus.

[21] BOMANN[6], Das hebräische Denken, 210.

[22] BOMANN[6], S. 148. Er fährt fort: „Es geschieht nichts Neues unter der Sonne" (scil. für das griechische Geschichtsempfinden). Das freilich ist eine Wendung aus Qohelet 1,9 – griechisch beeinflußt?

So ergibt sich eine kulturmorphologische Schau von bezwingender Einfachheit. Die Hellenen denken räumlich, statisch; sie sind eidetisch (visuell) veranlagt; ihr Denken ist auf die Natur und ihre Zyklen beschränkt, sei's als ‚Naturreligion', sei's als ‚Naturwissenschaft'. Dagegen: „Die Hebräer und Semiten, nicht die Griechen und wir Europäer ... (haben) ... das adäquate Zeitverständnis", so Thorleif Bomann in seinem einflußreichen Buche über „Das hebräische Denken im Vergleich mit dem Griechischen"[23]. Den Griechen dagegen ist – nach Bomann[24] – „die Geschichte ein Stück Natur": „Mit gutem Grunde kann man daher sagen, daß ihr Geistesleben ahistorisch ist"[25].

Bomann gründet diese Annahme weniger auf das Studium des antiken Geisteslebens: Die griechischen Geschichtsschreiber, Lyriker, Theologen, Weisen, die Stoiker werden aus dem Vergleich des hebräischen und griechischen Denkens ausgeschlossen[26]. Die Fortentwicklung des nietzscheanischen Griechenbildes, wie Bomann es bei Oswald Spengler fand, war ihm offenbar ausreichend. Spengler, so meint Bomann, habe „die Eigenart des klassischen griechischen Denkens glänzend analysiert"[27]; er habe „in seinem Buch ‚Untergang des Abendlandes' das statische, geometrische, visuelle und geschichtslose Denken der Griechen sehr gut dargestellt"[28]. Zu Unrecht allerdings habe Spengler den ‚dynamischen' und ‚geschichtlichen' Typus mit dem ‚faustischen' Menschen identifiziert: diesen Typus vertrete doch, so Bomann, das alte Israel! Hier beginnt das Karussell von Kulturmorphologie und intuitiver Völkerpsychologie sich schnell zu drehen. Bedeutende Gelehrte vertreten nämlich die entgegengesetzte Meinung:

---

[23] BOMANN[6], S. 124.
[21] BOMANN[6], S. 148. Der Hinweis, die griechische Geschichtsschreibung suche in der Wiederholung Gesetze, ist richtig, freilich auf die altorientalische und alttestamentliche Historiographie auszudehnen: vgl. CANCIK, Art. Geschichtsschreibung, in: Bibellexikon ²1968, Sp. 570f.; ders., Grundzüge, 39ff., 223f. zu Richter 2,11–22.
[25] BOMANN[6], 148. – Diese Annahmen sind von Nietzsches Ausführungen über den Nutzen und Nachteil der Historie für das Leben und die untergeordnete Bedeutung der Historie für die griechische Bildung im „tragischen Zeitalter" beeinflußt. Ähnlich SPENGLER, Der Untergang des Abendlandes. Umrisse einer Morphologie der Weltgeschichte, 1923 (= 1980), S. 10ff. Spengler ist ein Kronzeuge für Bomanns Griechenbild: s. u. Anm. 27.
[26] BOMANN[3], 3 (mit historisch und methodisch unzureichender Begründung); zu Einzelheiten vgl. BARR, passim und JAESCHKE, Suche, S. 104f.
[27] BOMANN[3], S. 3; vgl. 147: Spengler unter den Zeugen für „ahistoric spirituality" (R. Niebuhr) der Griechen. – Im Vorwort zur zweiten Auflage (1953) nennt Bomann als einzigen ‚Grundlagenautor' Oswald Spengler.
[28] BOMANN[3], Anm. 297.

das hebräische Denken sei der Geschichte fremd (L. Köhler); sei in einigen biblischen Texten zyklisch (Königspsalmen; Qohelet) oder verstehe die Weltgeschichte insgesamt zyklisch; das hebräische Zeitverständnis sei nicht linear, sondern rhythmisch, punktuell[29].

Ich möchte in diesem Karussell von geistreichen Schlagworten nicht mitfahren.

Ich möchte Ihnen vielmehr Überlieferungsinhalte, Texte und Autoren vorstellen, die m. W. in dieser Diskussion noch nicht gehört wurden. Die drei Texte stammen aus der ‚frühneutestamentlichen' Zeit, aus der Epoche von Caesar bis Nero. Sie sind in Rom oder für Rom geschrieben. Die Autoren sind bekannte Historiker und Philosophen, aber keine Spezialisten; sie schreiben für ein breites gebildetes Publikum.

2. Geschichte, Fortschritt, Zeit in der jüngeren Stoa

2.1. Diodor: Zyklus und Geschichte

2.1.1. Der Text (Diodor 1,1)

Der erste Text steht bei Diodoros, einem griechisch schreibenden Sizilianer aus der Zeit Caesars. Er hat in 40 Büchern eine „Bibliothek" der Weltgeschichte, vom Anfang der Welt bis zur Eroberung Galliens verfaßt[30]. Im Vorwort äußert er sich ausführlich und erbaulich über die Aufgabe seiner Geschichtsschreibung:

„Es wäre gerecht, daß alle Menschen großen Dank denen zuteilen, die Universalgeschichten erarbeiten, weil sie mit privaten Mühen dem Leben der Gemeinschaft zu nutzen erstrebten. (...) Die aus der Geschichte sich ergebende Einsicht in das Versagen und die Errungenschaften der anderen bietet Lehre ohne Erfahrung der Übel[31].

---

[29] Nachweise bei JAESCHKE, Suche, 102 f. Immerhin hat bereits 1949 ERNST FUCHS in der Auseinandersetzung mit O. Cullmann sich gegen die Brauchbarkeit des Gegensatzpaares zyklisch/linear ausgesprochen (Zur Frage nach dem historischen Jesus, ²1965, S. 83 Anm. 10).

[30] Über Leben und Werk Diodors s. W. VON CHRIST – W. SCHMID – O. STÄHLIN, Geschichte der griechischen Literatur II 1, ⁶1920, 403–409: die Urteile der Zunft über Diodor („lediglich mit der Papierschere"). Hier auch Literaturhinweise zu seinen Quellen.

[31] Zum Pathos des wissenschaftlichen ‚Nutzens' vgl. EDELSTEIN, Progress, S. 153.

Weiterhin erstrebten (diese Geschichtsschreiber), alle Menschen, die durch ihre gegenseitige Verwandtschaft zwar verbunden, nach Orten und Zeiten aber getrennt sind, unter ein- und dieselbe Ordnung zusammen zu führen.

Dadurch werden die Geschichtsschreiber gleichsam Helfer der göttlichen Vorsehung:

Diese nämlich hat die Ordnung der sichtbaren Gestirne und die Naturen der Menschen in eine gemeinsame Beziehung (Analogie) gesetzt und dreht (sie) so herum andauernd den ganzen Aeon und teilt dabei aus dem Schicksal jedem zu, was ihm zufällt[32].

Und die Geschichtsschreiber schreiben die allgemeinen Taten der Welt (Oekumene) auf, wie die einer einzigen Stadt[33] und weisen so ihre eigene Geschichtsschreibung aus als eine einzige Rechenschaftsablage[34] und ein gemeinsames Verwaltungsamt über das, was sich vollendet hat."

2.1.2. „Helfer der Vorsehung"

Kein antiker Historiker hat seine Aufgabe anspruchsvoller bestimmt als Diodor – beziehungsweise seine Vorlage[35]; und das zu Beginn einer großen Kompilation, deren Mangel an Originalität zu bewundern, die Fachleute nicht müde werden. „Helfer der göttlichen Vorsehung" sind

---

[32] Vgl. Diodor II 30,1: das Weltbild der Chaldäer; stark stoisierend; nach K. REINHARDT, Art. Poseidonios (RE 22, 1955, 559–826), Sp. 823f., aus Poseidonios. – Zu „Äon – unendliche Zeit", s. V. GOLDSCHMIDT, Le système stoïcien, S. 39f.

[33] Zu ‚Welt-Stadt – Kosmo-polis' vgl. Areios Didymos, in: SVF II 528: der Kosmos sei ein „System" aus Himmel, Luft, Erde, Meer und den Wesen darin; ebenso werde auch das Wort ‚Stadt' in zweifacher Weise gebraucht, als Wohnort und als „System" der Bürger. Diese Unterscheidung ist wichtig auch für die Lehre von der Wiederkehr des Gleichen (das „System" bleibt gleich).

[34] Das hier gebrauchte Wort ‚Logos' hat in der Stoa eine sehr weite Bedeutung; es weist auch hier auf den Logos in der Weltordnung und Geschichte; zwischen Göttern und Menschen besteht Gemeinschaft (Koinonia), weil alle am Logos teilhaben.

[35] Vorlage wahrscheinlich Poseidonios, Proöm der Historien; s. F. JACOBY, FGrHist 87 F 1 (Komm.); K. REINHARDT, Poseidonios, 1921, S. 32f.; ders., Kosmos und Sympathie, 1926, 184f.; ders., Art. Poseidonios, RE, Sp. 631; ANNE BURTON, Diodorus Siculus, S. 35ff. (mit Parallelen und Literatur); W. SPOERRI, Späthellenistische Berichte über Welt, Kultur und Götter, 1959, S. 206; L. EDELSTEIN – G. KIDD (Hrsg.), Posidonius. I. The Fragments, Cambridge 1972, S. XVIII mit Anm. 3. DREWS, a.O. S. 383, betont die Möglichkeit, diese Gedanken dem Diodor selbst zuzuweisen; Ephoros als Quelle sei auszuscheiden.

die Historiker: denn die ursprüngliche Einheit und Verwandtschaft aller Menschen ist durch die Vorsehung zwar gewollt, aber die Menschheit lebt in Raum und Zeit getrennt. Die Beziehung der menschlichen Natur zu den Gestirnen indessen zeigt die Einheit der Menschheit. In der Ordnung und Bewegung des Himmels wird Universalgeschichte anschaulich. Der stoische Historiker, durch seine Philosophie über diese „Synthese" belehrt, stellt in seiner Weltgeschichte diese Einheit dar. Insofern ist er „Helfer der göttlichen Vorsehung".

„Den ganzen Aeon lang", d. h. ‚ununterbrochen und ewig' läßt die Vorsehung die Sterne kreisen; mit ihnen bewegen sich die menschlichen Naturen, die in einer analogen Beziehung zu der „Ordnung" der Gestirne stehen (εἰς ἀναλογίαν συνδεῖσα) [36]. Diodor sagt aber nicht, daß die menschliche Geschichte sich ‚zyklisch' bewege!

Ohne Zweifel bezieht Diodor sich hier auf die stoischen Lehren von Welt und Zeit, Vorsehung und Schicksal. Er hat aber keineswegs – weder hier noch an anderen Stellen seines Werkes[37] – die ungemein subtilen Diskussionen der verschiedenen stoischen Richtungen über die Wiederkehr des Gleichen und ihre Variationen (§ 1.2) ausgebreitet. In seiner Geschichtsschreibung spielen diese Spekulationen überhaupt keine Rolle. Seine Weltgeschichte stellt die verschiedenen Kulturen ‚linear' nebeneinander, verknüpft sie mehr oder minder geschickt und korrekt miteinander durch Synchronismen. Alles mündet in die römische Geschichte, deren Höhepunkt Diodor in Caesar erlebt[38].

[36] Plato, Timaios 41 d–e: ... διεῖλεν ψυχὰς ἰσαρίθμους τοῖς ἄστροις, ἔνειμέν θ' ἑκάστην πρὸς ἕκαστον· – Zum Analogie-Begriff vgl. ebd. 32 b–c. Hierauf Platos Zeitlehre.

[37] Besonders aufschlußreich unter diesem Gesichtspunkt Diodors Darstellung des Pythagoreismus, an dem er als Sizilianer auch aus lokalhistorischen Gründen sehr interessiert ist. Er baut aber die pythagoreische Lehre von Wiedergeburt und Seelenwanderung nicht in eine historische Lehre ein, verbindet sie auch nicht mit zyklischen Gedanken.

[38] Vgl. § 2.2.2. Die Art, wie Diodor die Universalgeschichte aus den einzelnen Geschichten konstruiert, braucht hier nicht vorgeführt zu werden. Nur auf 1,94,2 sei verwiesen, wo in Kulturvergleichen Zarathustra, Zalmoxis, Moses, also Gesetzgeber genannt sind, die jeweils von ihren Göttern belehrt und legitimiert sind – Moses durch Iao, d.i. Jahwe/Jehova. Das oekumenische und kulturgeschichtliche Programm ist bei Diodor nicht nur Proömientopos, sondern an vielen Stellen seines Werkes realisiert. – Zur theologischen Diskussion über die Möglichkeit und die Entstehung von Weltgeschichte (durch sog. ‚Saekularisierung des apokalyptischen Geschichtsbildes') vgl. JAESCHKE, Suche, S. 175 ff., wo sehr viel antikes Material der scharfsinnigen methodischen Analyse hinzugefügt werden könnte. Zum forschungsgeschichtlichen Ort dieser Betrachtungen über die Möglichkeit und das Vorhandensein von Menschheits- und Universalgeschichte

Nicht einmal die Astrologie, die in unserem Text tief in der stoischen Kosmologie und Anthropologie eingebettet ist, hat auf die Struktur der historischen Narrative Einfluß gehabt.

2.1.3. Hellenistische Geschichtsschreibung bei Diodor

Zwar wird die Astrologie oft erwähnt und hoch gerühmt[39]. Sie gilt als Erfahrungswissenschaft, die „naturwissenschaftlich" gesicherte Prognosen bieten kann, Königen und Privatleuten. Aber nicht Determinismus oder Fatalismus will Diodor lehren. Er schreibt vielmehr ‚moralische Geschichtsschreibung'; er fordert die Freiheit der Rede; die Geschichtsschreibung ist nicht nur das Gedächtnis der Menschheit sondern auch ihr Gewissen[40]. Sie ist „Prophetin der Wahrheit"[41]; ihr „göttlichster Mund" verteilt Lob und Tadel und nutzt der moralischen Erbauung mindestens so viel wie die Philosophie.

Trotz dieser erhabenen Worte gilt Diodoros von Sizilien wenig in der Zunft der Historiker. Man will es ihm nicht danken, daß er uns die schönsten Utopien des Altertums überliefert hat: den Sonnenstaat[42]; ferne Inseln, wo die Götter einst Menschen waren[43]; einen Staat der Frauen in Afrika[44], wo die Männer zu Hause die Kinder nähren. Diodor überliefert auch eine Anti-Utopie: Am Ende der Welt gebe es eine geschlossene Gesellschaft; gut bewacht, streng isoliert; unter unmenschlichen Bedingungen schürfen Zwangsarbeiter, darunter Frauen und Kinder, in den ägyptischen Bergwerken nach dem ‚Gold der Pharaonen'[45]. Auch diese Gegenutopie, einen der wichtigsten Texte antiker Sozialkritik, schreibt Diodor als „Diener der göttlichen Vorsehung".

Am abträglichsten aber für die Reputation unseres Historikers ist es, daß er Mythos und Geschichte vermischt. Die Söhne der Götter, sagt er, die Heroen und großen Männer hätten den Menschen viele Wohltaten erwiesen. Die Nachgeborenen verehrten sie deshalb mit Opfern; den „Hymnus (bei diesen Opfern) singt mit geziemendem Lob in Ewigkeit die Geschichtsschreibung"[46].

bei den Griechen und Römern, vgl. H. COHEN, Religion, S. 291 f.: s. u. Anm. 114.
[39] Einige Beispiele: 1,94; 2,29–31; 3,56; 3,60,2; 6,1,8.
[40] 14,1; 15,1.
[41] 1,2,2.
[42] Iambulos bei Diodor 2,55–60.
[43] Euhemeros bei Diodor 5,42 ff.; 6,1 ff.
[44] 3,52: Gynaiko-kratie im Modell der verkehrten Welt.
[45] Agatharchides bei Diodor 2,11 ff.

Dieses Gleichnis widerspricht aufs schönste den Schemata, die bei der Vergleichung von hebräischer und griechischer Geschichtsschreibung tradiert zu werden pflegen. Es gibt auch in Hellas und Rom religiöse Geschichtsschreibung und, darauf aufbauend, eine Geschichtstheologie. Bei Diodor ist sie aus stoischer Philosophie und chaldäischer Astrologie entwickelt.

2.2. Cicero: Fortschritt und Theodizee

2.2.1. Der Text (Cicero bei Laktanz 13,9–12)[47]

Der wichtigste Artikel der stoischen Philosophie ist der Glaube, die Welt sei gut; sie sei um des Menschen willen gemacht; die Welt sei mit Vernunft durchsetzt und werde durch die göttliche Vorsehung gesteuert[48].

Das war so schwer zu beweisen wie die Lehre von der ewigen Wiederkehr und ließ sich ebenso leicht und geistreich verspotten. Schmerz, Ungerechtigkeit, Krieg waren schon damals zu offenkundige ‚Widerlegungen' des stoischen Glaubens. Aber die Stoiker ließen sich nicht entmutigen und erfanden, was man seit Leibniz „Theodizee" nennt – die Rechtfertigung Gottes durch den Menschen[49]. Sie sammelten für die Verteidigung Gottes folgende Argumente:

---

[46] 4,1,4: ὁ τῆς ἱστορίας λόγος τοῖς καθήκουσιν ἐπαίνοις εἰς τὸν αἰῶνα καθύμνησεν.

[47] Zum Text: Das Fragment bei Lactanz wird in den Ausgaben von Cicero, de natura deorum, an verschiedenen Stellen eingeordnet: W. Ax, Teubneriana ²1933=1961 in B. III 25,65; A. St. Pease, 1958 in B. III als frg. VII; von Arnim hat den Text Chrysipp zugewiesen (SVF II 1172) – ohne Angabe von Gründen. Ciceros Werk hat Lactanz nach Gehalt und Stil sehr stark beeinflußt; Lactanz will es ergänzen (de opificio 1,14). Das jüngste, freilich hart kritisierte Werk zu den Quellen des Lactanz ist R. M. Ogilvie, The Library of Lactantius, 1978, bes. S. 58 ff.: Cicero. Die Quelle Ciceros ist unbekannt: vielleicht Chrysipp, der in vielen seiner Schriften das Theodizeeproblem behandelte (SVF II 1168–1186), oder Poseidonios, wie Anklänge bei Seneca nahelegen (s. Anm. 64).

[48] Vgl. das Referat stoischer Lehre bei Lactanz, inst. div. 7,4,11; Cicero, nat. deor. 2,152.

[49] Leibniz, Essai de théodicée sur la bonté de Dieu, la liberté de l'homme et l'origine du mal, 1710. Daß die Stoiker aufgrund ihrer Kosmologie, Theologie und Anthropologie mehr als andere Philosophien zur Theodizee gezwungen sind, betont Billicsich I 61 ff.: „eigentlich (?) als erste (...) genötigt waren, eine ausgeführte Theodizee zu geben". Auch die „Hiobsituation" ist in der stoischen Literatur ausgebildet: Gott antwortet auf die Anklagen des Menschen (Seneca, de providentia 6,3).

- Gegensätze müssen sein, ohne Kälte keine Hitze[50];
- viele Übel sind nur Schein, sie betreffen uns nicht ‚eigentlich'[51];
- die Übel sind Strafen für die Bösen[52];
- sie erfüllen einen übergeordneten, den Menschen unerfindlichen Zweck in der Gesamtheit der Weltordnung[53];
- sie dienen der Prüfung und Ertüchtigung der Guten: „ohne Gegner erschlafft die Tugendkraft"[54];
- die Übel sind eine Nebenfolge des Guten[55];
- der Gott ist nicht ganz allmächtig, sondern an das Naturgesetz gebunden, er ist nicht ganz allwissend; er sorgt – wie ein weiser König – für das große Ganze, kümmert sich aber nicht um die Kleinigkeiten[56];
- das Böse ist nötig als Möglichkeit der Willensfreiheit[57];
- schließlich: Geschlechterfluch[58], die Unwissenheit der Menschen[59] und die im Vergleich zur Größe und Schönheit der Schöpfung insgesamt nun doch anerkennenswerte Geringfügigkeit der Übel in der Welt[60].

Diese Argumente sind – auch in ihrer Häufung – wenig überzeugend. Bewundernswert bleibt: die Stoiker widersagen dem Dualismus. Sündenböcke oder Teufel mit Sitz in der Materie und im Fleische haben sie zur Deutung des Bösen in der Welt nicht zugelassen[61]. Und sie haben ein Argument erfunden, das – bei Verlust der philosophischen Voraussetzung – bis auf den heutigen Tag verwertbar geblieben ist: die Rechtfertigung Gottes durch den Fortschritt der Zeiten.

---

[50] SVF II 1169. 1181.
[51] Die Lehre von den ἀδιάφορα – dem ‚Indifferenten'.
[52] SVF II 1175. 1176.
[53] SVF II 1176. 1181.
[54] Seneca, de prov. 2,3: *marcet sine adversario virtus;* SVF II 1173.
[55] SVF II 1170; Eusebius, praep. evang. 8, 14, 34 ff. (aus Poseidonios?): Beim Umschlagen von Feuchtigkeit in Wärme – notwendige Naturvorgänge – entstehen, unabsichtlich, auch giftige Reptilien. Vgl. auch SVF II 1125.
[56] SVF II 1183; Cicero, nat. deor. 2,164 (Gott sorgt auch für die Einzelnen); Seneca, naturales quaestiones 2,46 (nur für die Gesamtheit); Cicero, nat. deor. 2,66,167: *magna dii curant, parva neglegunt;* vgl. 3, 35, 86.
[57] Kleanthes, Zeushymnus; Chrysipp.
[58] Seneca, de beneficiis 4,31–32; vgl. SVF II 1180.
[59] SVF II 1185.
[60] SVF II 1179.
[61] Auffällig sind die φαῦλα δαιμόνια bei Chrysipp, Über das Sein (SVF II 1178). Der Platonismus drang zeitweise auch in die Stoa ein und führte, zumal bei Poseidonios, zu dualistischen Formulierungen in der Psychologie und Metaphysik: s. EDELSTEIN, Stoicism, S. 52; 61.

M. Tullius Cicero berichtet in seinem Werk „über die Natur der Götter":

„Die Frage, weshalb – wenn Gott alles der Menschen wegen gemacht habe – doch auch so vieles gefunden werde, was uns entgegengesetzt sei und feindlich und verderbenbringend im Meere und auf Erden, (diese Frage) haben die Stoiker zurückgewiesen. Sie sagen nämlich, unter den Pflanzen und in der Zahl der Tiere gebe es vieles, dessen Nutzen noch verborgen sei (*adhuc lateat utilitas*); aber er werde durch den Fortschritt der Zeiten erfunden werden (*processu temporum inventuri*), so wie schon vieles, was früheren Generationen unbekannt war, die Notwendigkeit und die Praxis erfunden haben."

Cicero, alt geworden und skeptisch, weist diese Lösung zurück:

„Welcher Nutzen kann denn in Mäusen, in Insekten, in Schlangen gefunden werden, die den Menschen lästig und gefährlich sind? Oder ist irgendeine Medizin darin verborgen? Und wenn sie das ist, möge sie nur einstmals erfunden werden –: doch wohl gegen Übel, wo doch jene das gerade abstreiten (?), *daß* es überhaupt ein Übel gebe. Die Viper, sagen sie, verbrannt und in Asche zerfallen, heile den Biß eben dieses Tieres. Wieviel besser wäre es doch gewesen, es gäbe dieses Tier überhaupt nicht, als daß von ihm ein Heilmittel gegen es selbst verlangt würde."

Der Text ist einzigartig[62]. Theodizee, Kulturentstehungslehre[63], Fortschrittsglauben gibt es in stoischen Texten oft[64], nie wieder aber,

---

[62] Die reichen Parallelen bei PEASE, a.l., belegen Einzelheiten, nicht aber die Verknüpfung. Bei POHLENZ, Stoa S. 99ff., ist die Besonderheit offenbar nicht erkannt, auch nicht bei HAL KOCH, Pronoia und Paideusis (1932), S. 205–216: „Die Bedeutung der stoischen Theodizee für Origenes". CAPELLE, S. 193 hat die Verknüpfung nicht bemerkt und hält Ciceros Argument für eine Verlegenheitslösung. BILLICSICH, Theodizee 1, S. 71, fügt u. a. Seneca, naturales quaestiones 7,30 und de beneficiis 4,32 hinzu, die Fortschritt oder Theodizee, nicht aber Ciceros Verknüpfung aufweisen. Vgl. Cicero, Lucullus 120 (zitiert bei LACTANZ, div. inst. 7, 4, 11).

[63] Der Topos, der Mensch sei, durch Not gezwungen und durch Erfahrung belehrt, allmählich aus der Roheit einer (ihm feindlichen!) Natur zur Sprache, Gesellung, Sitte und Wissenschaft aufgestiegen, gehört der nichtteleologischen, materialistischen Tradition an, also Demokrit, Epikur, Lukrez. Die Begriffe ‚Zwang' und ‚Erfahrung' sind bei Cicero geschickt als Beweis für Fortschritt verwendet. Die Vorstellung vom Menschen als Mängelwesen ist der Stoa nicht fremd.

[64] Seneca, nat. quaest. 7,25 (*latent – aperta*); 7,30 (*latet*); 7,35; epistulae morales 33,10–11. Poseidonisches Gedankengut an den genannten Stellen aus Seneca vermutet EDELSTEIN, Stoicism, S. 66ff.; unsere Cicero-Stelle hat er nicht berücksichtigt. Auch sie paßt m.E. eher in das 2. – 1. Jh. v. Chr. als zur

soweit ich sehe, die Verknüpfung zu einem geschichtstheologischen Argument[65].

2.2.2. „Die zweite Natur"
Die Stoiker sind zur Theodizee gezwungen.

Die Welt ist gut, sagen sie; in den Dingen ist Vernunft, Ordnung, Zweckmäßigkeit „verborgen"; der Mensch hat Teil an dieser Vernunft; so kann er die Ordnung, den Nutzen der Dinge erfinden. Vieles weiß er „noch" nicht: Aber vieles wissen wir auch erst seit kurzer Zeit; unsere Nachfahren, sagen die Stoiker, werden mehr wissen als wir und über unsere Ignoranz sich verwundern. „Vieles ist aufbewahrt für Generationen, die leben werden, wenn die Erinnerung an uns erloschen ist"[66]. Dies ist ein universalgeschichtlicher Entwurf von einiger Dignität: Von der Entstehung der Menschheit zum Aufstieg der Kultur, mit Blick in eine offene Zukunft. Die wissenschaftliche Forschung erhält bei den Stoikern metaphysischen Rang: sie findet die in den Dingen verborgene Vernunft. So wird ein eher irrationales Motiv – Zwang zur Verteidigung des stoischen Dogmas – Antrieb zu rationaler Wissenschaft und deren Gebrauch (*utilitas*).

Die Stoa reflektiert das wissenschaftlich-technische Selbstbewußtsein der Antike, das in der betrachteten Zeit, zwischen Caesar und Nero, einen Höhepunkt erreicht[67]. Die Stoiker glauben jetzt[68]: „Beim Menschen liegt die ganze Herrschaft über die irdischen Güter. Wir nutzen Felder, Berge, unser sind Flüsse, unser die Seen... wir geben durch Bewässerungsanlagen dem Boden Fruchtbarkeit, Flüsse dämmen wir ein, kanalisieren sie, leiten sie um."

Alten Stoa. Vgl. noch Seneca, epist. mor. 95,14: *ceterae artes, quarum in processu subtilitas crevit,* wie Medizin und Philosophie.
[65] Dieser Befund ist auffällig, da Lactanz das Fragment mit folgenden Worten einführt: „Aber die Akademiker *pflegen,* wenn sie gegen die Stoiker diskutieren, zu fragen, warum – wenn doch alles..."
[66] Seneca, nat. quaest. 7,30,5: *multa venientis aevi populus ignota nobis sciet. multa saeculis tunc futuris, cum memoria nostra exoleverit, reservantur.* – 7,25,5: *Veniet tempus* – sibyllinischer Stil! – *quo posteri nostri tam aperta nos nescisse mirentur.* – epist. mor. 33,10: *numquam autem invenietur si contenti fuerimus inventis (...) patet omnibus veritas, nondum est occupata: multum ex illa etiam futuris relictum est.* – Vgl. EDELSTEIN, Stoicism, S. 66.
[67] EDELSTEIN, Stoicism, S. 49 f.: „Die Wende vom 3. zum 2. Jh. markiert den größten Fortschritt in antiker wissenschaftlicher Forschung."
[68] Cicero, nat. deor. 2,152. Pease's Anmerkung zur Stelle bietet Belege für den psychologischen Sprachgebrauch: *consuetudo – altera natura.* Vgl. Seneca, epist. mor. 95, 13 ff. (Quelle: Poseidonios).

Stoisches Weltvertrauen in Güte, Vernunft, Vorsehung ist hier gesteigert und konkretisiert als Beherrschung und Nutzung der Welt. Das Selbstbewußtsein der römischen Ingenieure und Philosophen wagt die Aussage: „mit unseren Händen schließlich versuchen wir, in der Natur der Dinge gleichsam eine zweite Natur herzustellen (*alteram naturam efficere*)."

Man sieht: Stoischer Fortschrittsglaube ist nicht eine beschauliche Metapher sondern reflektiert ein aggressives Naturverhältnis, imperiale Technik[69]. Diese „zweite Natur" aus Wissenschaft und ihre Nutzung macht, gerade für den Stoiker, das Leben nicht nur leichter. Das „einfache Leben", das Leben „in Übereinstimmung mit der Vernunft, dem Logos in der Natur" ist nicht mehr eindeutig zu bestimmen. In der universalen Geschichte des menschlichen Fortschritts zeigt sich deshalb den Stoikern *gleichzeitig* eine Zunahme von Gefahren, Verführungen, moralischem Verfall[70].

Der Fortschrittsglaube der Stoiker ist kein naiver Optimismus, sondern bedenkt eine besondere historische Situation: die Vereinigung des Mittelmeerraumes zu einem einheitlichen Wirtschafts- und Kulturraum auf sehr hohem zivilisatorischem Niveau. Die Welt ist unterworfen; der Erdkreis ist durchgängig geworden (*pervius orbis*); die Neugier sucht, was jenseits der Welt liegt[71]. Die Weltuntergangsängste gehören auch damals dazu: „Wohin fällt die Welt?"[72]

In Rom wurde der universale Glaube an einen Fortschritt der Menschheit in Wissenschaft und Zivilisation gesteigert durch die Ausbildung einer römischen Geschichtstheologie. Aus dem Nichts ist die-

---

[69] Vgl. H. Cancik, Römische Rationalität, in: P. Eicher (Hrsg.), Gottesvorstellung und Gesellschaftsentwicklung, 1979, 67–92. Ders., Der Eingang in die Unterwelt, in: Der Altsprachliche Unterricht XXIII 2, 1980, S. 57f.: Vergils Lob der römischen Technik. Zum Fortschrittssyndrom im Rom des 1. Jh. vor und nach Christus vgl. noch: Seneca, de otio 5,1 (*cupido ignota noscendi*); Zeit wird knapp, ebd. 5,6 (*horas suas avarissime servet*).

[70] Der stoische Pessimismus ist bei Poseidonios besonders deutlich zu beobachten, s. Edelstein, Stoicism, S. 65ff.; er zeigt sich in seinem psychologischen und metaphysischen „Dualismus" und in seinen historischen Werken; der moralische Verfall sei „unvermeidlich wegen des Fortschritts der Zivilisation". Die Kritik der stoischen *ratio*, wie sie in Cicero, nat. deor. 2,152 der Stoiker Balbus vorträgt, wird in Cicero, nat. deor. 3 durch den Akademiker und Pontifex Cotta durchgeführt.

[71] *curiositas:* Seneca, nat. quaest. 7,15,5; de otio 5,3; *ultra mundum scrutor:* Seneca, de otio 5,6. Dieses ‚Lob der Neugier' ist gerade bei Seneca ponderiert durch die Warnung vor unnützem Wissen.

[72] Seneca (?), Hercules Oetaeus, V. 1118: *quis mundum capiet locus?*

se Stadt, durch Prophezeiungen und Zeichen andauernd geleitet, zu einem Weltreich gewachsen, langsam, unaufhaltsam. Die Geschichten der einzelnen Völker münden in die römische Geschichte ein (vgl. § 2.1.2.). Diese Geschichte ist die Verwirklichung eines Planes des höchsten Gottes; er gab einst, in der mythischen Vorzeit Roms, die berühmte Verheißung:

> Den Römern setze ich weder Zielmarken im Raum noch Zeiten:
> Herrschaft ohn' Ende gab ich ihnen[73].
> *his ego nec metas rerum nec tempora pono,*
> *imperium sine fine dedi.*

Dieses Geschichtsbewußtsein ist fest in Kult, Mythos und Geschichtsschreibung verankert. Nicht selten wird es, wie in den zitierten Versen Vergils, philosophisch vertieft.

2.2.3. Fortschritt ohne Messias

Die stoische Idee vom „Fortschritt der Zeiten", die Verfertigung der Geschichte durch den Menschen im Einklang mit der Natur, ja, die Verfertigung einer „zweiten Natur" ist durch ihr angeblich ‚zyklisches' Denken wohl kaum beeinträchtigt worden. Soweit ich sehe, ist zwischen dem Theorem von der ewigen Wiederkehr des Gleichen und den universalen und nationalen Geschichtsphilosophien nie ein Widerspruch empfunden worden.

Gershom Scholem, der bedeutende deutsch-jüdische Philosoph und Erforscher der Kabbala, hat den neuzeitlichen Fortschrittsglauben als ein Erzeugnis des jüdischen Messianismus erklären wollen[74]. Die „modernen abendländischen Umdeutungen des Messianismus seit der Aufklärung" hätten den Messianismus zum Fortschrittsglauben saekulari-

---

[73] Vergil, Aeneis 1,278f.
[74] G. SCHOLEM, Zum Verständnis der messianischen Idee im Judentum (1959) in: ders., Judaica 1, 1963, 7–74, S. 24f.: „Die Erlösung ist kein Ergebnis innerweltlicher Entwicklungen wie etwa in den modernen abendländischen Umdeutungen des Messianismus seit der Aufklärung, wo noch in seiner Säkularisierung im Fortschrittsglauben der Messianismus eine ungebrochene und ungeheure Macht beweist." – Auf S. 54 formuliert Scholem: „Der Rationalismus der jüdischen und europäischen Aufklärung" habe „die messianische Idee einer immer fortschreitenden Aufklärung unterworfen"; dabei habe er – „wenn auch auf eine ganz neue, dem Mittelalter fremde Weise" – das „utopische Element" betont: „Der Messianismus geht die Verbindung mit der Idee des ewigen Fortschritts und der unendlichen Aufgabe einer sich vollendenden Menschheit ein." Der antiken Tradition von Utopie, Fortschritt, Erziehung, Menschheit etc. ist Scholem auch hier nicht nachgegangen.

siert („verweltlicht"); gerade dabei aber habe der Messianismus seine „ungebrochene und ungeheure Macht" bewiesen.

Welchen Anteil Scholem an der Ausbildung des neuzeitlichen Fortschrittsdenkens der antiken Tradition, ihrer Neufassung und Popularisierung in Renaissance, Humanismus und vor allem im niederländischen Neu-Stoizismus zuweist, ist nicht ersichtlich; Scholem nennt die Stoiker nicht[75]. Die Herleitung aus dem Messianismus, wie ihn Scholem selbst darstellt, bleibt freilich – trotz des Zauberwortes ‚Saekularisierung' – widersprüchlich. Einerseits:

„Die Bibel und die Apokalyptiker kennen keinen Fortschritt in der Geschichte zur Erlösung hin. Die Erlösung ist kein Ergebnis innerweltlicher Entwicklungen (...) Sie ist vielmehr ein Einbruch der Transzendenz in die Geschichte (...) Die Konstruktionen der Geschichte, in denen (...) der Apokalyptiker schwelgt, haben nichts mit modernen Vorstellungen von Entwicklung oder Fortschritt zu tun"; andererseits: „noch in seiner Saekularisierung im Fortschrittsglauben (beweist) der Messianismus seine ungebrochene und ungeheure Macht"[76].

Der Schluß müßte doch vielmehr lauten: Messianismus und Fortschrittsdenken haben nach Sache und Herkunft nichts miteinander zu tun.

Folgt Scholems Behauptung vielleicht aus jenen eingangs skizzierten Denkschemata, nach denen ‚lineares' Zeitgefühl, ‚eigentliches' Geschichtsbewußtsein und Zukunft in der hellenisch-römischen Welt nicht denkbar seien? So daß die Suche nach den Ahnen des neuzeitlichen Zeit- und Geschichtsbewußtseins sich zwangsläufig an die jüdische oder christliche Tradition wenden muß?

---

[75] Über das Antike-Bild von Scholem kann hier nicht gehandelt werden; vgl. z. B. SCHOLEM, Das Ringen zwischen dem biblischen Gott und dem Gott Plotins in der alten Kabbala, in: ders., über einige Grundbegriffe des Judentums (1957/1965), 1970, 9–52.

[76] SCHOLEM, Zum Verständnis der messianischen Idee, S. 24 ff. Unter den Vorgängern Scholems ist – von ihm selbst genannt – hervorzuheben: HERMANN COHEN, Die Religion der Vernunft aus den Quellen des Judentums (1919), ²1929, bes. 290–292, wo auch ein Vergleich jüdischer und griechischer Geschichtsauffassung; vgl. S. 286: „Dieser Kreislauf des Entstehens und Vergehens ist jedoch ein Widerspruch gegen die Schöpfung, die auf Vorsehung beruht, während der Gedanke von Kreislauf das Schicksal und den Zufall voraussetzt. Entwicklung und Fortschritt zu einem zweckhaften Ziele widerstreiten dem Mythos der Weltverbrennung. Innerhalb des Monotheismus kann der Untergang der Welt nur verwendbar werden als Strafgericht Gottes. Aber schon der Bund Gottes mit Noah macht die gänzliche Vernichtung unmöglich."

Die stoische und römische ‚Geschichtsphilosophie' lehrt jedoch zumindest dies: Fortschritt ist auch ohne Messias gedacht worden. Der Einfluß der stoischen Philosophie auf das alte Christentum und die Philosophie der frühen Neuzeit ist sicher, in diesem besonderen Punkte aber m.W. noch nicht erforscht.

2.3. Seneca – Zeit und Tod

2.3.1. Der Text (epist. 1,1)

Ewige Wiederkehr des Gleichen – Fortschrittsglaube – Universalgeschichte – römische Geschichtstheologie: diese vier Charakteristika des hellenischen und römischen Geschichtsbewußtseins um die Zeitenwende müssen nun ergänzt werden durch die damalige „Psychologie" der Zeit.

Der Redner, Dichter, Prinzenerzieher und Reichsverweser Lucius Annaeus Seneca hat um 60 nach Christus, als er politisch schon entmachtet, ja durch seinen einstigen Schüler Nero bereits in Lebensgefahr gebracht war, sein Alterswerk verfaßt, das „Buch der moralischen Briefe". Der erste Brief exponiert das Thema des ganzen, wohl bedeutendsten Werkes Senecas. Er lautet:

„(1) Mach es so, mein Lucilius, mach dich frei für dich. Und sammle und wahre die Zeit, die dir bis jetzt noch fortgeschleppt oder gestohlen wurde oder dir entglitt. Überzeuge dich, es ist so, wie ich schreibe: manche Zeit wird uns entrissen, manche unvermerkt entzogen, manche fließt fort. Doch am schimpflichsten ist der Verlust, der aus Unachtsamkeit geschieht. Und, wenn man darauf achten wollte: der größte Teil des Lebens entgleitet beim Schlecht-Tun, ein großer beim Nichts-Tun, das ganze Leben beim Anderes-Tun.

(2) Wen könntest du mir nennen, der der Zeit irgendeinen Preis zuschreibt, der den Tag taxiert, der einsieht, daß er täglich stirbt? Darin täuschen wir uns nämlich, daß wir den Tod *vor* uns sehen: zu einem großen Teil ist er schon vorbeigegangen. Alles was von der Lebenszeit hinter uns ist, hat der Tod in Besitz. Mach es also, mein Lucilius, wie du schreibst, umfasse alle Stunden. So wird es geschehen, daß du weniger vom Morgen abhängst, wenn du auf das Heute die Hand legst. Das Leben rennt vorbei, indem man es aufschiebt.

(3) Nichts, Lucilius, ist unser eigen, nur die Zeit ist unser. Die Natur hat uns in den Besitz allein dieser – einer flüchtigen und schlüpfrigen – Sache eingewiesen.

(Und diesen unersetzlichen Besitz verschleudern wir.)

(4) Was *ich* mache, wirst du vielleicht fragen, der ich dir dies vorhalte? Ich will es offen gestehen: was bei einem großzügigen, aber achtsamen Menschen passiert: die Ausgaben sind fest verbucht. Ich kann nicht sagen, ich vertue nichts, aber ich könnte sagen, was ich vertue, und warum und wie; die Gründe meiner Armut an Zeit könnte ich vorlegen. Doch es geht mir wie den meisten, die ohne eigenes Verschulden in Not geraten sind: alle zeigen Verständnis, keiner hilft.

(5) ... Du jedoch, wahre das Deinige (an Zeit), und fang rechtzeitig damit an. Denn, wie unsere Vorfahren meinten: zu spät kommt Sparsamkeit, wenn das Faß zur Neige geht – ganz unten bleibt der Rest – und die Hefe."

2.3.2. „Auf der Flucht leben"

Der Brief entwirft unaufdringlich, als Gespräch unter Freunden[77], in einem Selbstzeugnis über eigenes Lebensgefühl eine Lehre vom Menschen. In diesem Brief ist es das Lebensgefühl eines alten Mannes. Aber schon in seinen frühesten Schriften[78] entwirft Seneca eine Anthropologie seiner Zeit, das heißt der herrschenden Schicht in der Großstadt Rom.

Das Leben, sagt er, ist geliehen; wir sind nicht Herren, sondern Verwalter; wir müssen Rechenschaft ablegen über unser Leben (*ratio vitae*), auch über die vergeudete Zeit[79]. Am besten, man rechnet täglich mit seinem Leben ab[80]. Wir sind nur Gast auf Erden (*hospites*)[81], Schauspieler in dem Theater, das Welt heißt[82]. Unser Leben vollzieht sich wie in einem Raube[83]; unser Leben ist eine Flucht. Wir müssen eilen, es drängt: ohne Aufschub jetzt leben[84]. Jeden Tag muß das Leben „ganz"

---

[77] Die erste Epistel des Buches ist als Antwortschreiben Senecas stilisiert; der Leser wird sozusagen Zeuge eines Gespräches, das schon im Gange war, bevor er hinzutrat.

[78] Die Themen dieses Briefes sind vorbereitet in der Consolationsliteratur, besonders in der *consolatio ad Marciam* (vgl. z. B. c. 21) und in der Schrift: „Über die Kürze des Lebens". Auch diese Schrift enthält mehr als die überall und immer vernehmbaren Klagen über die Vergänglichkeit des Menschen: unter dem eher traditionellen Topos verbirgt sich eine ‚Lebensphilosophie', die das Leben vom Tod her denkt und durch die „reißende Zeit" definiert sieht.

[79] Vgl. Seneca, de brevitate vitae 18,3; consolatio ad Marciam 10,1–2.

[80] Epist. mor. 101,7: *cotidie*.

[81] Cons. Marc. 21,1: *ad brevissimum tempus editi, cito cessuri (...) hoc prospicimus hospitium*.

[82] Cons. Marc. 10,1.

[83] Cons. Marc. 10,4: *rapina omnium rerum;* vgl. epist. mor. 49,2; 101,8.

[84] Cons. Marc. 10,4; vgl. de brev. vitae 9,1.

sein⁸⁵, vollendet, voll, genug, „satt", auch wenn es nicht lang war. Die Intensität des Lebens wird gewogen, nicht seine Länge gemessen⁸⁶. Der Mensch ist ausgesetzt in die reißende, gierige, verschlingende Zeit⁸⁷, geworfen in einen Punkt Zeit⁸⁸, er „hängt" in einem Punkt Zeit; die Zeit flieht in rasender Geschwindigkeit, sie *ist* eigentlich gar nicht⁸⁹. So „hängt" das Ich in der unendlichen Zeit.

„Täglich sterben wir": der Tod ist nicht das Ende des Lebens, er fängt mit der Geburt an⁹⁰; „das ganze Leben lang muß man sterben lernen"⁹¹. Wer diese Lektion kann, ist frei⁹². Die Zeit ist für Seneca das Sterben im Leben⁹³. Die Zeit des Menschen ist von ihrem „Ende" her gedacht, vom Tode⁹⁴. Sie ist „einsinnig", „unumkehrbar", gerichtet.

---

⁸⁵ Epist. mor. 101,10: *vita cotidie tota (sit)*.

⁸⁶ Brev. vitae 7,10: *non ille diu vixit, sed diu fuit;* Cons. Marc. 12,3; vgl. 21,2; epist. mor. 93,2: *non ut diu vivamus curandum est, sed ut satis.* – epist. mor. 12,8: (...) *dies omnis* (...) *consummet et expleat vitam.* Der zwölfte Brief mit dem Thema „Alter – Zeit – Tod" schließt in Korrespondenz zu Brief 1 das erste Buch der Briefe.

⁸⁷ Cons. Marc. 16,8: *rapidum tempus;* Troades V. 400: *tempus nos avidum devorat et Chaos*.

⁸⁸ Epist. Mor. 77,11–12: *haec paria sunt: non eris nec fuisti. in hoc punctum coniectus es;* Cons. Marc. 21,2: *minorem portionem aetas nostra quam puncti habet;* (...) *non multum abest a nihilo;* epist. mor. 49,3: *punctum est quod vivimus et adhuc puncto minus*.

⁸⁹ Nat. quaest. 6,32,9–10: (...) *nihil interesse inter exiguum tempus et longum* (...) *Fluit tempus et avidissimus sui deserit. Nec quod futurum est, meum est, nec quod fuit, in puncto fugientis temporis pendeo.* Zur „Zeiten-Flucht" vgl. brev. vitae 9,3.

⁹⁰ Cons. ad Polybium 4,3; Cons. Marc. 11,1: *mortales peperisti* – der alte Sinnspruch wird von Seneca „lebensphilosophisch" verschärft, so als hieße es: „Sterbende hast du geboren". Die verbreitete antike Vorstellung einer ‚Einheit von Leben und Tod' gewinnt hier eine neue Bedeutung. – Vgl. auch die Sentenz des Publilius Syrus: *a morte semper homines tantundem absumus;* Seneca, epist. mor. 24,20: *cotidie morimur*.

⁹¹ Brev. vitae 7,3: *tota vita discendum est mori*.

⁹² Cons. Marc. 20,1 ff.; 20,3: *caram te, vita, beneficio mortis habeo*.

⁹³ Die Formulierung soll darauf hinweisen, daß Seneca die religiösen, lyrischen, consolatorischen etc. Klagemotive über die Kürze des Lebens und die Sterblichkeit des Menschen mit Hilfe der Kategorie Zeit und in Verbindung mit affektpsychologischen Gedanken über Furcht, Hoffnung, Erinnerung und Gedächtnis zu einem neuen Philosophem zusammen gedacht hat: zu seiner ‚Anthropologie' oder ‚Lebensphilosophie'.

⁹⁴ Formuliert im Hinblick auf J. TAUBES, Abendländische Eschatologie, S. 3. – Zur Position von Karl Löwith und Jacob Taubes vgl. O. MARQUARD, Schwierigkeiten mit der Geschichtsphilosophie, 1973, S. 15: „Oder fällt – nach den exemplarisch 1947 von Löwith und Taubes vertretenen Thesen –

Der Mythos von der ewigen Wiederkehr des Gleichen, den er als Stoiker glaubte[95], hat ihn in dieser Konzeption der condition humaine nicht behindert.

Die Antike ist keineswegs, wie der Berliner Judaist und Religionsphilosoph Jacob Taubes annimmt, im „Kreislauf von Geburt und Tod gefangen"; sie ist nicht dominiert vom Gedanken der ewigen Wiederkehr; die Römer sind nicht ein ‚Volk ohne Zeit'; ihr Zeitgefühl ist nicht mythisch, steht nicht unter der Herrschaft des Raumes[96]. Dementsprechend wird man die Annahme ablehnen, erst durch jüdische Eschatologie sei eine sachgemäße Erfassung von Zeit und Geschichte möglich, da nur am jüngsten Tage die Geschichte sich übersteige und sich selbst sichtbar werde[97].

Auch hier, wo man es nicht erwarten möchte, in Taubes' Bild der Antike, hat sich Nietzsches ungeschichtliche und undialektische Zerteilung der Antike in Hellenen hier und Juden da durchgesetzt[98].

2.3.3. „Jetzt leben"

Stoa ist Individualismus und Dynamik[99]. Seneca stellt den Begriff des Selbst und der Erziehung, des sittlichen Fortschritts, in den Mittelpunkt: Wie wird der Mensch er selbst? Wie kann er sich selbst befreien? Wie behauptet er sein Selbst gegen die reißende, gierige Zeit? gegen

---

ihr (sc. der Geschichtsphilosophie) Anfang zusammen mit dem Anfang des Christentums bzw. der prophetischen Apokalyptik, so daß die neuzeitliche Geschichtsphilosophie als deren Saekularisation diese Geschichtstheologie fortsetzt?"

[95] Der Schluß der Trostschrift an Marcia ist als Offenbarungsrede (Apokalypse) des Vaters an die Tochter gestaltet; sie referiert in quasi-poetischer Form die stoische Eschatologie.

[96] Vgl. TAUBES, S. 11f.

[97] TAUBES, S. 3. – „Sinn" kann prinzipiell in der Geschichte auch dann gefunden (gesetzt, angenommen, geglaubt) werden, wenn sie nicht ‚von ihrem Ende her' gedacht wird. Dies ist auch ein Ergebnis der Diskussion über die Geschichtstheologie Pannenbergs, das a fortiori auf die Thesen von Taubes zu beziehen ist, bei dem „Auferstehung" und „Christologie" als „proleptische" Ausdrücke natürlich eine andere (geschichtstheologische) Bedeutung haben: Vgl. P. EICHER, Geschichte und Wort Gottes, in: Catholica 32, 1978, 346f.

[98] Auf Nietzsche und seine Fortsetzer zielt sein Satz: „Die Götter der Natur sind die Baale, und der heiligste der Baalsgötter ist Dionysos" (11). Bei den Hellenen galt das Gebot, nicht einen Gott zu viel, d. h. unter Vernachlässigung der anderen zu verehren: vgl. z. B. Demeter und Persephone in den Kulten von Eleusis; Apoll und Dionysos in Delphi.

[99] Vgl. EDELSTEIN, Stoicism, S. 25, 95f., 31, 35.

die Ungewißheit, Unsicherheit, Unberechenbarkeit der Welt[100], wie sie von den Stoikern im Rom des 1. Jh.s n. Chr. so intensiv und real erlebt wurde?

Die Antwort lautet einerseits:
– „lebe jetzt, ohne Aufschub" –
– „werde der du bist: werde du selbst, werde dein eigen (*suum fieri*)" –
– „erfülle den Augenblick";
und andererseits:
– du lebst nicht für dich, nicht für dein Selbst, sondern, insofern Mensch, für die Gattung Mensch[101]; –
– „verliere dich nicht an den Augenblick, sonst verschlingt dich die Zeit"[102] –
– „nutze den Nachgeborenen"[103].

Die stoische Anthropologie mit ihrer Parole ‚jetzt leben, jede Stunde ganz leben', ist also nicht der einfache Gegensatz zu der messianischen Idee, wie sie Gershom Scholem entwickelt hat[104]. „Die messianische Idee", sagt Scholem, „ist die eigentlich anti-existentialistische Idee"; sie zwingt zu einem „Leben im Aufschub": „In der Hoffnung leben ist etwas Großes, aber auch etwas tief Unwirkliches. Es entwertet das Eigengewicht der Person, die sich nie erfüllen kann."

Stoisches Leben indessen, ist, so sahen wir, nicht einfach Leben im Augenblick *oder* im Aufschub, sondern Dialektik von Selbst und Mensch, Jetzt und Zukunft, Zufall und Vorsehung: „Die Zeit wälzt sich fort", sagt Seneca, „zwar nach einem beschlossenen Gesetze, aber durch das Dunkel"[105].

---

[100] Praedikate wie *dubium* und *incertum* gewinnen durch den Bezug auf den Mythos und die Religion der Fortuna Anschaulichkeit und Gewicht. Das „Reich der Fortuna": Cons. Marc. 10,5; vgl. Seneca, Thyest V. 598 ff.; 606: *dubium tempus;* 614 ff.

[101] Seneca, de otio 4 über die „zwei Republiken", in denen wir Menschen wohnen – vgl. Augustins Bild von den zwei *civitates*.

[102] Brev. vitae 9,1; 12,1.

[103] 6,4: *ut sciat se tum quoque ea acturum per quae posteris prosit.*

[104] G. Scholem, Zum Verständnis der messianischen Idee im Judentum, S. 167. Daß auch im Judentum die messianische Idee, „das Leben im Aufschub", durch andere ‚Ideen' ausbalanciert wird, darf vorausgesetzt werden. Wichtig ist mir an dieser Stelle, daß Senecas Philosophie, deren Nähe zur „Lebensphilosophie" nicht leicht zu fassen ist (trotz Diltheys Schriften zu Stoa, Neustoizismus und neuzeitlicher Anthropologie), nicht mit der „existentialistischen Idee" identifiziert wird, die Scholem als Gegensatz zum Messianismus hinstellt. Ob der Existentialismus – welcher? – in dieser Entgegensetzung unverzerrt zum Ausdruck kommt, ist mir unsicher.

[105] Seneca, epist. mor. 101,5: *volvitur (!) tempus rata quidem lege sed per obscurum.*

Die Lebensbedingungen, die mit dieser Philosophie gedeutet und bezwungen werden, sind bekannt.

Rom zur Zeit Senecas ist eine Millionenstadt. Der Wasserverbrauch pro Einwohner beträgt etwa 1000 Liter/Tag. Das ist mehr als das Doppelte der pro Kopf in Rom verfügbaren Wassermenge im Jahre 1968 n. Chr. Der Grad der Arbeitsteilung läßt sich an der Menge der Berufsnamen ermessen: allein für die Arbeit der Unfreien und Halbfreien brauchte man mehrere hundert Funktionsbezeichnungen. Auf dem Marsfeld steht eine Sonnenuhr[106]: der Zeiger – er steht heute vor dem italienischen Parlament – ist etwa dreißig Meter hoch; das Zifferblatt bedeckt eine Fläche von etwa 10000 m²; der Schatten mißt zur Zeit der Wintersonnenwende mittags etwa 220 Fuß, das sind 70 m. Die Uhr wurde berechnet von dem Genie des Mathematikers Facundus Novius. Sie wurde gebaut von dem Kaiser Augustus, der so sorgsam mit der Zeit umging, daß er „alle Briefe" nicht nur mit dem Tagesdatum versah, sondern auch mit der Angabe der Stunde[107], m.W. der erste Mensch der Weltgeschichte, von dem solches berichtet wird.

Seine Sonnenuhr auf dem Marsfeld ging freilich bereits zur Zeit Senecas nicht mehr richtig. Man fand vielerlei Gründe: Erdbeben, Absinken der Fundamente des Obelisken-Zeigers, oder auch: ‚die Sonne habe ihren Lauf verändert' und gar: ‚die ganze Erde sei etwas aus ihrem Zentrum bewegt worden.'

So groß und so genau also waren die Uhren in Rom. Und so knapp war die Zeit, so sparsam, ja „geizig" mußte damit umgegangen sein[108]. Dies ist die julisch-claudische Epoche; damals werden die ersten „Christianer" in Rom beobachtet. Ein römischer Jude aus Tarsos, Paulus, sitzt in Rom in Untersuchungshaft und lehrt – nicht die *An*kunft, sondern die *Wieder*kunft des Messias.

---

[106] Die archäologischen und literarischen Befunde sind scharfsinnig und anschaulich dargestellt und erläutert von E. BUCHNER, Solarium Augusti und Ara Pacis, in: Röm. Mitteilungen 83, 1976, 319–365.

[107] Sueton, Augustus 50: *ad epistulas omnis horarum quoque momenta nec diei modo sed et noctis quibus datae significarentur addebat.* Sueton hat im kaiserlichen Archiv Handschriften des Augustus studiert: *litterae ipsius autographae* (ebd. 87,1).

[108] Über den „Mangel an Zeit" klagt Seneca epist. mor. 48,12; de otio 5,7. Das „Orakel": *tempori parce* rühmt er epist. mor. 88,39 und 94,28.

3. „Die Differenz" – ein modernes Konstrukt

Die drei zeitgenössischen Gelehrten, die ich nannte – Gershom Scholem, Thorleif Bomann, Jacob Taubes –, vertreten jene weit verbreitete Annahme, es bestehe eine grundsätzliche, wesentliche Differenz zwischen dem „hebräischen Denken" über Zeit und Geschichte und dem hellenisch-römischen. Scholem und Taubes vertreten darüber hinaus die Annahme, das neuzeitliche Zeit- und Geschichtsbewußtsein sei eine Errungenschaft, die denknotwendig vom Judentum oder mindestens doch von einem verweltlichten Christentum hervorgebracht worden sei (Saekularisierungsthese).

Beide Annahmen sind m.E. nicht richtig. Ausgehend von den drei Beispielen, die ich Ihnen vorgestellt habe, lassen sich nämlich, abschließend, folgende Thesen formulieren:

3.1. Zum Zeit- und Geschichtsbewußtsein der Hellenen und Römer

Es gibt bei den Hellenen und Römern vom 6. Jh. v. Chr. bis zum 6. Jh. n. Chr., von Anaximander und Xenophanes bis Plotin und Boethius eine reiche und subtile Tradition über Zeit, Fortschritt, Geschichte.

Es gibt physikalische Theorien über die Zeit als das Maß der Bewegung[109], biologische Beobachtungen über den Lebensrhythmus der Tiere[110], psychologische Betrachtungen über Langeweile, Angst, Hoffnung[111], metaphysische Spekulationen über das Sein der Vergangenheit.

Im Zusammenwirken mit einer vielgestaltigen, kritischen, erbaulichen oder politischen Geschichtsschreibung bildete sich hieraus ein Gedankenkreis, den man – mit modernen Worten – als ‚Geschichts-

---

[109] Aristoteles, Physik, B. III–IV; die Hauptgesichtspunkte sind: Bewegung – unendlich – Raum – Leere – Zeit und Zahl – das Jetzt – Teilbarkeit der Zeit; vgl. CONEN, a.O., S. 14ff.; die psychologischen Aspekte hat Aristoteles nicht übersehen, vgl. Physik 223a 16–17 und unten Anm. 111.

[110] Seneca über das schnellere Lebenstempo der kleineren Tiere: Cons. Marc. 21,4: *non una hominibus senectus est, ut ne animalibus quidem: intra quattuordecim quaedam annos defatigavit, et haec illis longissima aetas est, quae homini prima.*

[111] Vgl. z.B. Aristoteles' „Kleine Schriften zur Seelenlehre", in denen eine „Wissenschaft von der Hoffnung" gefordert wird.

philosophie' oder ‚Geschichtstheologie' bezeichnen kann. Aus diesem Gedankenkreis seien hervorgehoben:

a) der antike Fortschrittsglaube, der in Ciceros Wort von der Rechtfertigung Gottes durch den Fortschritt der Zeiten eine zukunftsträchtige Formel gefunden hat;

b) die stoische Begründung der Universalgeschichte aus der Idee der Menschheit und der Vorsehung;

c) die „existentielle" Zeiterfahrung in Senecas „Lebensphilosophie";

d) die nationale Geschichtstheologie der Römer und ihre Vergegenwärtigung im Kult.

3.2. Das „hebräische Denken"

Nirgends im Alten oder Neuen Testament, in Mischna oder Talmud oder christlichen Apokryphen gibt es zusammenhängende Texte und Diskurse über Zeit, Zukunft, Geschichte in dieser begrifflichen Schärfe, von solchem Reichtum der Beobachtung, Dichte der Tradition.

Da keine Texte dieser Art existieren, ergab sich der Zwang, ein hebräisches Denken und Zeitgefühl zu konstruieren aus dem Gebrauch der biblischen *Wörter* für Zeit und dem hebräischen Verbum mit seinen Handlungsaspekten.

Der Vergleich des also rekonstruierten „hebräischen Denkens" mit der völlig anders gearteten hellenischen Tradition ist an sich schon ein kühnes Unterfangen.

Da die hellenische Tradition nur verkürzt und – aus den angedeuteten Gründen (§ 1) – verzerrt aufgenommen wurde, ist jener Vergleich im ganzen unfruchtbar geblieben.

3.3. Religion und Geschichte

‚Historisches Bewußtsein', Geschichtsschreibung und ‚Geschichtsphilosophie' entstehen auch in ‚polytheistischen Religionen' oder sogenannten Naturreligionen[112]. Die Hethiter in Kleinasien haben eine beachtliche Geschichtsschreibung entwickelt, Jahrhunderte vor der biblischen.

---

[112] Alle in diesem Satze gebrauchten Ausdrücke sind unklar. Unter ‚Geschichtsphilosophie' ist hier der im ersten Punkt umschriebene Gedankenkreis gemeint.

‚Naturreligion' führt keineswegs zwangsläufig in ‚zyklisches Denken', genau so wenig wie sie Naturbeherrschung ausschließt. ‚Fortschritt' kann ohne Messias gedacht werden, ‚Geschichte' auch ohne den Tag Jahwes, den „Jüngsten Tag"[113], ‚Menschheitsgeschichte' auch ohne die Mythen von Adam oder Messias[114].

Das bedeutet: Im Gefüge der Kulturen sind Religion und Geschichte weniger eng und eindeutig verbunden, als moderne Ableitungen vermuten.

3.4. Forschungsgeschichte: Das Antikenbild im Deutschland des 19./20. Jahrhunderts

Nietzsche hat die Antike archaisiert, naturalisiert, remythisiert; er hat ihre Aufklärung, Wissenschaft und Geschichte zu tilgen oder abzuwerten gesucht. Das von Nietzsche konstruierte Bild der Antike hat mit allen seinen Verkürzungen und Verführungen – Dionysos über alle anderen Götter! – stark auf die gelehrte Welt gewirkt, besonders stark außerhalb der philologischen Zunft.

Martin Buber, Gershom Scholem, Walter Benjamin, Jacob Taubes, Oswald Spengler, Thorleif Bomann und viele andere sind in ihrer Vorstellung von Antike – einer auf die klassischen und vorklassischen Griechen beschränkten Antike – von Nietzsche beeinflußt.

Zu diesem auf ewige Wiederkehr, zyklisches, naturgebundenes, mythisch-magisches Denken stilisierten Griechenbild wurde ein „hebräisches" Denken konstruiert, das die Gegensätze herausstellt: Lineares Denken, Geschichtsbewußtsein, Entmythisierung; die Baale und Naturgötter werden entmächtigt.

[113] Natürlich gibt es Eschatologie auch bei Hellenen und Römern, d. h. eine Lehre von den „letzten Dingen" eines Menschen, eines Kollektivs (Volkes, Reiches) und der Welt.

[114] Schöpfung (aus dem Nichts) und Monogenismus (d. h. Abstammung aller Menschen von einem einzigen Stammelternpaar), dazu eine universal gedachte Erlösung durch Christus werden oft als notwendige Bedingung für die Entstehung von universalem Geschichtsbewußtsein angesehen. Die antiken Texte, zumal die stoische Geschichtsphilosophie, widerlegen diese Annahme. Vgl. H. COHEN, Die Religion der Vernunft, S. 291 f.: „Diesen Gedanken der Geschichte, der die Zukunft zum Inhalt hat, hatten die Griechen niemals. Ihre Geschichte ist die auf ihren Ursprung gerichtete, ihre Vergangenheit erzählende Geschichte ihrer Nation. Andere Nationen bilden ein geschichtliches Problem nur für ihre Reisebeschreibungen. Eine Geschichte der Menschheit ist unter diesem Horizonte ein unmöglicher Gedanke." Vgl. dagegen hier 2.1.

Dieser Gegensatz ist ein unhaltbares Konstrukt[115]. In der Antike ist diese Differenz nicht aufzufinden.

3.5. Antike und Entstehung der Neuzeit

Welchen Nutzen haben die hier vorgelegten Interpretationen in der Diskussion um die Entstehung und die Legitimität der Neuzeit?

In dieser Diskussion geht es u. a. darum, welche Wirkung das antike Erbe im 16. Jahrhundert ausgeübt hat, was als „Verweltlichung" des Christentums entstanden, und was eine genuin neuzeitliche Hervorbringung sei.

Zu der Hypothese von der Entstehung der Neuzeit durch Verweltlichung des Christentums gehört die Annahme, Geschichtsbewußtsein und Fortschrittsglaube der Neuzeit setzten notwendig eine jüdisch-christliche Tradition voraus; nur als ‚Verweltlichung' dieser Tradition könne Geschichtsphilosophie entstehen[116]. Diese Annahme wird durch das Vorhandensein einer hellenisch-römischen ‚Geschichtsphilosophie' erschüttert.

Die Wirkung der Antike in dem Prozeß, den man ‚Entstehung der Neuzeit' nennt, bleibt gelegentlich deshalb undeutlich, weil die antike Tradition nicht mehr genügend präsent ist[117]. Dies liegt zum Teil an der undurchschauten Verformung des Antikenbildes durch Nietzsche und daran, daß wir die große Tradition des frühbürgerlichen Humanismus

---

[115] Vgl. Guzzoni, Nietzsche-Rezeption, S. VIIff.; Löwith, Nietzsches Philosophie, S. 199ff.: „Anhang: Zur Geschichte der Nietzsche-Deutungen (1894–1954)". – Bausteine zu diesem Konstrukt lieferten u. a. Herder, Winkkelmann, Hegel und Schlegel in seiner Schrift: „Über das Studium der griechischen Poesie". Vgl. J. Barr, Alt und Neu, cap. II: „Athen oder Jerusalem"; vgl. bes. S. 31 f.: „Die Aufstellung des Denkgegensatzes dient nicht dazu, die antike Welt zu beschreiben, sondern dazu, verschiedene Elemente der modernen Kultur zu analysieren." – „Heute scheint der Wert des Kontrastes darin zu bestehen, daß er der biblisch-christlichen Tradition innerhalb der Geistesgeschichte Selbstgefühl und Ansehen verleiht." – ders., Biblical Words, 11ff.; 30f.
[116] Vgl. z. B. K. Löwith, Meaning in History. The Theological Implications of the Philosophy of History, 1949, S. 1ff.; vgl. S. 6ff. (zu Herodot, Thukydides, Polybios). Gegen Löwith argumentiert u. a. Edelstein, Progress, S. XXII: Die Möglichkeit, die Zukunft zu erkennen, könne nicht als Differenz zwischen antiker und moderner Historiographie angesetzt werden.
[117] So ist m. E. in dem scharfsinnigen und materialreichen Buche von G. Abel über den Neustoizismus die antike Stoa nicht genau begriffen. Auch bei H. Cohen ist z. B. die Stoa verkürzt dargestellt.

– Erasmus, Lipsius, Grotius – verloren haben. Diese Situation hat ein unverdächtiger Beobachter im Jahre 1948, etwas dramatisch, beschrieben; Karl Barth in seiner Kirchlichen Dogmatik[118]: „Die gewisse Hetze gegen das Griechentum, die sich in der Theologie der letzten Jahrzehnte bemerkbar gemacht hat, war keine gute Sache, und ihre Fortsetzung könnte nur bedeuten, daß wir für die griechische Gefahr in einiger Zeit aufs neue und erst recht anfällig werden müßten."

Bibliographische Notiz

Abkürzungen

D.	H. Diels, Die Fragmente der Vorsokratiker, ³1912.
FGrHist	F. Jacoby, Die Fragmente der griechischen Historiker, 1957ff.
KSA	Friedrich Nietzsche. Sämtliche Werke. Kritische Studienausgabe in 15 Bänden, herausgegeben von G. Colli – M. Montinari (1967ff.) dtv 1980.
SVF	Joh. v. Arnim, Stoicorum Veterum Fragmenta, Bd. I–IV, 1905ff.

I Orient

B. Albrektson, History and the Gods. An essay on the idea of historical events as divine manifestations in the ancient Near East and Israel, 1967.
   Rez.: OLZ LXVI 1971, 150–151.
J. Barr, The Semantics of Biblical Language, Oxford 1961 (dt.: Bibelexegese und moderne Semantik, 1965).
ders., Biblical Words for Time, 1962.
ders., Alt und Neu in der biblischen Überlieferung, 1967.
Th. Bomann, Das hebräische Denken im Vergleich mit dem Griechischen, ³1959 und ⁶1977.
H. Cancik, Grundzüge der hethitischen und frühisraelitischen Geschichtsschreibung. Abhandlungen des deutschen Palästina-Vereins, 1976.
ders., Mythische und historische Wahrheit. Interpretationen zu Texten der hethitischen, biblischen und griechischen Historiographie, Stuttgarter Bibelstudien 48, 1970.
G. Delling, Das Zeitverständnis des Neuen Testamentes, Gütersloh 1940.
J. Ebach, Weltentstehung und Kulturentwicklung bei Philo von Byblos, 1979 (Altorientalische und griechische Quellen; Analyse und Bibliographie).

---

[118] KARL BARTH, Kirchliche Dogmatik III 2 (1948), S. 341.

W. Jaeschke, Die Suche nach den eschatologischen Wurzeln der Geschichtsphilosophie. Beiträge zur evangelischen Theologie, Bd. 76, München 1976.

W. Pannenberg, Zeit und Ewigkeit in der religiösen Erfahrung Israels und des Christentums, in: ders., Grundfragen systematischer Theologie, Gesammelte Aufsätze, Bd. II, 1980, 188–206 (beruht auf Eliade, Bomann).

II Okzident

G. Abel, Stoizismus und frühe Neuzeit. Zur Entstehungsgeschichte modernen Denkens im Felde von Ethik und Politik, Berlin-New York 1978.

W. Beierwaltes, Plotin über Ewigkeit und Zeit (Enneade III 7: περὶ αἰῶνος καὶ χρόνου); Text, Einleitung, Kommentar, 1967.

F. Billicsich, Das Problem des Übels in der Philosophie des Abendlandes, Bd. I: Von Platon bis Thomas v. Aquino, ²1955 (¹1936).

W. den Boer, Progress in the Greece of Thukydides, New York 1977.

Anne Burton, Diodorus Siculus, Book I. A Commentary 1972.

G. Busolt, Diodors Verhältnis zum Stoizismus, in: Jb. f. class. Philologie 139, 1889, 297–315.

Hildegard Cancik, Untersuchungen zu Senecas epistulae morales, Spudasmata 18, 1967.

W. Capelle, Zur antiken Theodizee, in: Archiv f. Gesch. d. Philosophie 20, 1907, 173–195.

P. F. Conen, S. J., Die Zeittheorie des Aristoteles. Zetemata 35, München 1964.

W. Dilthey, Das natürliche System der Geisteswissenschaften im 17. Jh., in: Archiv f. Gesch. d. Philosophie, 1892/93 = Gesammelte Schriften, Bd. II, 1977, 90–245.

ders., Die Funktion der Anthropologie in der Kultur des 16. und 17. Jh.s, in: SB Preuß. Akad. d. Wiss., 1904 = Ges. Schr. Bd. II, 416–492.

E. R. Dodds, The Ancient Concept of Progress and other Essays on Greek Literature and Belief, Oxford 1973.

R. Drews, Diodorus and his Sources, in: American Journal of Philology 83, 1962, 383–392.

L. Edelstein, The Meaning of Stoicism, 1966 (Abk.: Stoicism).

ders., The Idea of Progress in Classical Antiquity, 1967 (Abk.: Progress).

H. Fraenkel, Die Zeitauffassung in der frühgriechischen Literatur (1931), in: ders., Wege und Formen frühgriechischen Denkens, 1960, 1–22.

K. Gaiser, Platon und die Geschichte, 1961.

V. Goldschmidt, Le système stoïcien et l'idée du temps, 1979.

J. Helgeland, Time and Space: Christian and Roman, in: ANRW II 23.2, S. 1285–1305.

U. Hölscher, Anaximander und die Anfänge der Philosophie, in: Hermes 81, 1953, 257–277. 385–418 (wieder abgedruckt in: H. G. Gadamer (Hrsg.), Um die Begriffswelt der Vorsokratiker, Darmstadt 1968, 95–176).

Max Mühl, Die antike Menschheitsidee in ihrer geschichtlichen Entwicklung, 1928.

G. Neck, Das Problem der Zeit im Epikureismus. Diss. Heidelberg 1964.

R. M. Ogilvie, The Library of Lactantius, Oxford 1978.

K. Reinhardt, Poseidonios, 1955.

W. Spoerri, Späthellenistische Berichte über Welt, Kultur und Götter. Untersuchungen zu Diodor v. Sizilien, Basel, 1959.

J. Vogt, Wege zum historischen Universum. Von Ranke bis Toynbee, 1961 (nichts zu Diodor).

B. L. van der Waerden, Das große Jahr und die ewige Wiederkehr, in: Hermes 1952, 129–155.

III Nietzsche

A. Guzzoni (Hrsg.), 90 Jahre Nietzsche-Rezeption, Meisenheim 1979 (mit Texten von Brandes, Riehl, Vaihinger, Klages, Bäumler, Jaspers, Heidegger, Löwith, Sartre, Foucault, Fink, Danto, Rey, Pautrat).

E. Horneffer, Nietzsches Lehre von der ewigen Wiederkunft und deren bisherige Veröffentlichung, Leipzig 1900.

K. Löwith, Nietzsches Philosophie der ewigen Wiederkunft des Gleichen, Berlin 1935 (^{2}Stuttgart 1956, stark verändert).

W. Nestle, Friedrich Nietzsche und die griechische Philosophie, in: Neue Jbb. f. d. klass. Altertum 15, 1912, 554–584 (= ders., Griechische Weltanschauung in ihrer Bedeutung für die Gegenwart, 1946, 255–295).

R. Oehler, Friedrich Nietzsche und die Vorsokratiker, Leipzig 1904.

J.-P. Sartre, Die ewige Wiederkunft des Gleichen: Nietzsches List, in: Guzzoni (Hrsg.), s. o., S. 103–107 (aus: Sartre, Saint Genet, B. I, 1952, 320–324).

K. Schlechta, Der junge Nietzsche und das klassische Altertum, Mainz 1948 (Mainzer Universität, Reden und Aufsätze, H. 1).

W. Strothmann, Überblick über den Gedanken der ewigen Wiederkehr. Diss. München 1917.

G. W. Trompf, The Idea of Historical Recurrence in Western Thought. From Antiquity to the Reformation, 1979.

Peter Häberle

Zeit und Verfassungskultur

Gliederung

Einleitung: Makrodimension – Mikrodimension – Alltagsbeispiele

1. Bestandsaufnahme: Das Zeitproblem in Verfassungspraxis und -theorie
1.1. Ausgangspunkte der Diskussion
1.2. Verfassungsstaatliche Instrumente und Verfahren zur Anbindung der Verfassung an die Zeit
1.2.1. Anbindung der Verfassung an Tradition und Herkommen
   a) Rezeptions-, „Kulturelles Erbe"-Klauseln
   b) Klassikertexte und Erziehungsziele
1.2.2. Verarbeitung des Zeitfaktors in Gegenwart und Zukunft
   a) Zukunfts- und Fortschrittsklauseln
   b) Verfassungswandel kraft Verfassungsinterpretation
   c) Sondervoten
   d) Gesetzgebung(saufträge)
   e) Vorwirkung von Gesetzen
   f) Experimentier- und Erfahrungsklauseln
   g) Verfassungsänderungen

   Inkurs I:
   30 Jahre Grundgesetz

2. Thematisierung der Zeit durch den kulturwissenschaftlichen Ansatz
2.1. Der Brückenschlag zu einem komplexen kulturellen Zeitbegriff – Zeit als kulturelle Kategorie
2.1.1. Verfassungen als Garanten von Kontinuität und Wandel
2.1.2. Zeit als kulturelle und interdisziplinäre Kategorie
2.2. Kulturwissenschaftliches Verfassungsverständnis
2.2.1. Der kulturwissenschaftliche Ansatz

2.2.2. „Verfassungskultur"

2.2.3. „Kulturspezifische Verfassungsinterpretation"

Inkurs II:
Die Wiederbelebung der Republikklausel: ein Beispiel für verfassungskulturelle Wachstumsprozesse

2.2.4. „Kulturelle Freiheit" – Grundpflichten

3. Die Verfassung als Generationenvertrag zum Schutz von Kulturgütern der Nachwelt – dargelegt an aktuellen Beispielen: Umweltschutz, Grenzen der Staatsverschuldung, als Testfall für „Zeit und (Verfassungs)Kultur"

3.1. Der verfassungstheoretische Ansatz

3.2. Insbesondere: Umweltschutzfragen im Atomzeitalter

3.3. Insbesondere: Grenzen der Staatsverschuldung

Einleitung: Makrodimension – Mikrodimension – Alltagsbeispiele

Der Versuch, dem Thema „Zeit" im Lichte der Verfassung und ihrer Kultur nachzugehen, beginnt mit einer ersten Annäherung anhand von Alltagsbeispielen und brisanten tagespolitischen Fragen (Stichworte: Grenzen der Staatsverschuldung, Atommüll). Die Zeitproblematik entfaltet sich im politischen Gemeinwesen in zwei Dimensionen: die erste, große, „historische" läßt sich als „Verfassung in der Zeit" kennzeichnen. Sie ist die *Makro-Dimension*. Die zweite oder „kleine" *Mikro-Dimension* kann als „Zeit im Verfassungsrecht" charakterisiert werden. Im *Makrobereich* geht es um Verfassungen und ihr Recht vor und in der Geschichte, im *Mikrobereich* um die Zeit in der Gegenwart des konkreten Verfassungsrechts, bei uns also des Grundgesetzes.

Beginnen wir mit Beispielen, wie der Bürger die Zeit im Recht erfährt. Schon dem Laien sind aus dem juristischen Alltag in der Mikrodimension rechtliche Figuren mit Zeitbezug vertraut: Fristen, deren Nichteinhaltung den Verlust von Rechten mit sich bringt; die Verjährung von Rechtsansprüchen oder der strafrechtlichen Verfolgbarkeit im Interesse des Rechtsfriedens. Gerichtsurteile werden rechtskräftig,

Verwaltungsakte der Behörden bestandskräftig. Manche Eltern werden den Schritt ihrer Kinder zur Volljährigkeit schon mit 18 Jahren mit gemischten Gefühlen betrachten, ebenso wie manche Politiker die entsprechend erfolgte Herabsetzung des Wahlalters. Denken wir aber auch an die Legislaturperioden z. B. des Bundestages oder an Amtsperioden für Regierende, jeweils als ein Stück Kontrolle und Legitimation der politischen Macht in Demokratien, jüngst im Falle der sog. „Abwahl" *Carters* und *Giscards* (1980 bzw. 1981) evident[1]. Eine Fülle weiterer rechtlicher Formen der Periodizität von Geschehnissen wäre nachweisbar. Im Problemfeld des Rechtsschutzes zeigt sich die Verknüpfung der Gerechtigkeit mit der Rechtzeitigkeit nicht nur an der aktuellen Diskussion um die Dauer der Verwaltungsgerichtsprozesse (z. B. bei Asylbewerbern und atomrechtlichen Genehmigungsverfahren) oder am „einstweiligen Rechtsschutz" (etwa in numerus-clausus-Prozessen); schon die enormen „zeitlichen Belastungen" z. B. in NS-Prozessen (wie dem *Majdanek*-Prozeß) oder im Falle *König*[2] verdeutlichen, wo die Gerechtigkeit (schon) wegen unangemessen langer Verfahrensdauer verfehlt werden kann[3].

Gedenkaufsätze wie „30 Jahre Bundesrepublik – Tradition und

---

[1] Der Zeitfaktor spielt je nach staatlichem Funktionsbereich eine unterschiedliche Rolle. Die 4jährige Wahlperiode des Bundestages z. B. entspricht seiner Funktion als parlamentarisches Organ; die jetzige Begrenzung der Amtsdauer von Bundesverfassungsrichtern auf 12 Jahre (§ 4 BVerfGG) ist aber nicht selbstverständlich, früher wurden sie auf Lebenszeit gewählt. Der Grundsatz, bestimmte öffentliche Aufgaben in bestimmten Gremien bzw. Funktionen nur auf Zeit zu übertragen, rechtfertigt sich aus einer Vielzahl einzelner Gesichtspunkte: etwa Verhinderung von Machtmißbrauch, demokratische Legitimation, Öffnung gegenüber neuen Entwicklungen, etc., z. T. auch Stärkung der (richterlichen) Unabhängigkeit: Zeit und (öffentliches) Amt sind einander spezifisch verbunden. Umgekehrt gilt aber auch, daß ein Mandat auf bestimmte Zeit anvertraut ist, vom Mandatsträger verantwortet werden muß und dieser nur ausnahmsweise vorzeitig aus seiner Verantwortung entlassen werden sollte.

[2] EuGH Menschenrechte, NJW 1979, S. 477ff. Er hätte schon aus Art. 19 Abs. 4, 103 Abs. 1 GG „richtig" entschieden werden können. S. jetzt BVerfGE 55, 349 (369): „Wirksamer Rechtsschutz bedeutet zumal auch Rechtsschutz innerhalb angemessener Zeit". S. aber auch BVerfGE 55, 1 (6): Das rechtliche Gehör verwehrt, „daß mit dem Menschen ‚kurzer Prozeß' gemacht wird."

[3] Ein Beispiel für die Arbeit mit dem Zeitargument bei der Feststellung von *Gewohnheitsrecht:* BVerfGE 34, 293 (304).

Wandel"[4] rufen ins Bewußtsein, wie stark die Zeit unsere – „bewährte" – Verfassung prägt; denn in diesen drei Jahrzehnten erfolgten nicht weniger als 34 formalisierte Verfassungsänderungen: Die Makrodimension wird sichtbar. Die Verfassungsrechtswissenschaft steht hier nicht allein: Ganz allgemein d. h. *kulturell* wird jüngst die *Geschichte* „wiederentdeckt". Das beginnt bei dem Bemühen, für das Gymnasium zu einem „Kanon der Fächer, der Texte und der Werte zurückzufinden"[5], und führt über die studentische Wiederbesinnung auf Verfassungsgeschichte bis hin zur Suche nach einem Beitrag zur „Überwindung der Geschichtslosigkeit der deutschen Demokratie"[6].

Von großer Brisanz sind heute zwei rechtliche Fragen, hinter denen die Zeitthematik ganz neu sichtbar wird in Gestalt des Problems der Verfassung als eines „Generationenvertrages": erstens beim Schutz der noch ungeborenen Nachwelt vor dem „Atommüll"; zweitens bei der Frage der Grenzen der Staatsverschuldung, die im Interesse späterer Generationen zu ziehen sind. Beide Fragen haben mehreres gemeinsam: Der positive Text des GG läßt uns weitgehend im Stich. Darum ist grundsätzlich vom Verfassungsverständnis aus und tiefer kulturwissenschaftlich zu argumentieren: Beinhaltet eine als dynamisierter (Sozial-)Vertrag i. S. eines „immer neuen sich Vertragens" verstandene Verfassung nicht auch den Schutz der späteren Generationen, ihrer kulturellen Güter als materielles und immaterielles Substrat für ihr Leben, ihrer Umwelt und ihrer Freiheit vor übermäßigen Steuerlasten? Der heutige Verfassungsinterpret und -politiker sähe sich also auch zeitlichen Grenzen gegenüber: in der Makrodimension. Auf diese verfassungstheoretisch noch nicht ausgemessenen Fragen könnte das Thema „Zeit und Verfassungskultur" antworten. Denn „Kultur" erinnert an Verantwortungen und Bindungen, die die rein juristische Betrachtungsweise nicht zu erkennen vermag.

---

[4] So der Titel des von J. BECKER 1979 herausgegebenen Bandes; ferner: D. MERTEN/R. MORSEY (Hrsg.), 30 Jahre Grundgesetz, 1979. Aus der Zeitschriftenliteratur etwa: H. MAIER, H. RIDDER, U. MATZ und A. GROSSER, in: PVS 20 (1979), S. 156ff., 168ff., 183ff. bzw. 190ff.; H. WEICHMANN, in: DVBl. 1979, S. 364ff.; G. HARTKOPF, H. SCHNOOR und M. ROMMEL, in: DÖV 1979, S. 349ff., 355ff. bzw. 362ff.

[5] Vgl. K. ADAM, in: FAZ vom 15. 12. 1980, S. 21.

[6] P. GLOTZ, zit. nach FAZ vom 16. 12. 1980, S. 2. – P. LERCHE berichtet als Mentor einer Vortragsreihe der Siemensgesellschaft zum Thema „Die deutsche Neurose" (Schriften der Carl Friedrich von Siemens Stiftung, hrsg. von A. PEISL und A. MOHLER, Bd. 3, 1980, S. 238, 240) von der zugehörigen Erläuterung: Handlungsfähig sei ein Volk erst, wenn es in der Lage sei, seine Geschichte zu erzählen und sich mit ihr und durch sie zu identifizieren.

1. Bestandsaufnahme: Das Zeitproblem in Verfassungspraxis und -theorie

1.1. Ausgangspunkte der Diskussion

Der Verfassungsstaat westlicher Prägung ist gekennzeichnet durch die Menschenwürde als Prämisse, durch Volkssouveränität und Gewaltenteilung, durch Grundrechte und Toleranz, Parteienvielfalt und Unabhängigkeit der Gerichte; er wird aus gutem Grund als pluralistische Demokratie bzw. offene Gesellschaft gerühmt. Seiner Verfassung, verstanden als rechtliche Grundordnung von Staat *und* Gesellschaft, kommt erhöhte formelle rechtliche Geltungskraft zu. Sie stiftet das Moment der Stabilität und Dauer; eindrucksvolles Beispiel ist die mehr als zweihundertjährige US-Verfassung. Dieser Dauer wegen – das GG wagt für seine Grundprinzipien in Art. 79 Abs. 3 analog einigen anderen Verfassungen sogar einen „Ewigkeitsanspruch"! – bedarf es aber auch der Instrumente und Verfahren, dank derer sich die Verfassung als „öffentlicher Prozeß"[7] an Entwicklungen in der Zeit flexibel anpaßt, ohne daß der Sinn der Verfassung Schaden leidet: nämlich „Anregung und Schranke" i. S. *R. Smends* zu sein, auch „Norm und Aufgabe" (*U. Scheuner*) und „Beschränkung und Rationalisierung" staatlicher Macht (*H. Ehmke*), auch gesellschaftlicher Macht. Gerade die US-Bundesverfassung kennt neben der zahlenmäßig in zweihundert Jahren ungewöhnlich selten in Anspruch genommenen Verfassungsänderung Verfahren des Wandels: vor allem durch Verfassungsrichterspruch.

Die deutsche Staatsrechtslehre hat sich mit dem Zeitthema erst in den 70er Jahren näher beschäftigt. Sowohl die Reformeuphorie dieser Jahre als auch die Verfassungs-Jubiläen und der berechtigte Stolz auf unser GG und seine Geschichte dürften dem Zeitthema günstig gewesen sein. So finden wir 1974 die Stichworte „Zeit und Verfassung"[8], später die Modifizierung zu „Verfassung und Zeit"[9]; *W. Maihofers* Wort von der „Rechtswissenschaft als Zukunftswissenschaft" (1971) und

---

[7] Zum Ganzen: P. HÄBERLE, Verfassung als öffentlicher Prozeß, 1978.

[8] P. HÄBERLE, Zeit und Verfassung, in: ZfP 21 (1974), S. 111 ff., jetzt in: *ders.*, Verfassung als öffentlicher Prozeß, 1978, S. 59 ff.

[9] Vgl. M. KLOEPFER, in: Der Staat 13 (1974), S. 457 ff.; W.-R. SCHENKE, in: AöR 103 (1978), S. 566 ff. Aus der Literatur ferner: W. FIEDLER, Sozialer Wandel, Verfassungswandel, Rechtsprechung, 1972; G. DÜRIG, in: FS Tübinger Juristenfakultät, 1977, S. 21 ff. Früh: H.-U. EVERS, in: W. WEBER/C.

G. *Husserls* frühe Studien über „Recht und Zeit" (1955) waren hier ebenso motivierend wie die Entdeckung der Planung als „neuer" Staatsfunktion[10]. Auch das „Prinzip Hoffnung" *Ernst Blochs* könnte eine dauernde Ermutigung sein, die Zeitdimension im gesellschaftlichen Zusammenleben zu thematisieren und sie im Recht bewußt zu reflektieren[11].

Für die meisten heutigen Arbeiten zum Zeitthema ist ein Doppeltes charakteristisch: Erstens vernachlässigen sie die Ambivalenz des *Janus* „Zeit": Zeit wird voller Entdeckerfreude vor allem im Blick auf die Zukunft betrachtet, der traditionale Aspekt ist nicht gleichermaßen grundsätzlich und differenziert behandelt. Da aber die Eigenart des Verfassungsstaates, ja seine besondere Leistung in einer *flexiblen* Verknüpfung von dynamischen *und* statischen Momenten liegt, müssen Tradition bzw. Erbe *und* Gegenwart bzw. Zukunft mit Offenheit nach vorn verarbeitet werden können. Mögen die Akzente und Bedürfnisse im Laufe der Entwicklungsgeschichte einer Verfassung wechseln, verfassungstheoretisch sind von vorneherein *beide* Perspektiven ins Auge zu fassen. Zweitens wird das Zeitthema weder methodisch noch sachlich prinzipiell über das im engeren Sinne Juristische hinausgeführt: etwa im Blick auf das übergreifend *Kulturelle* hin, von dem Verfassung und Recht doch nur ein Teil sind. Spätestens das neue Buch von R. *Wendorff* „Zeit und Kultur" von 1980 wird daher zur Herausforderung, unser Thema „Zeit und Verfassung" von 1974 jetzt zum Thema „Zeit und Verfassungs*kultur*" fortzuführen.

H. ULE/O. BACHOF (Hrsg.), Rechtsschutz im Sozialrecht, 1965, S. 63 ff.; R. BÄUMLIN, Staat, Recht und Geschichte, 1961, S. 9 ff. u.ö.; S. ROSENNE, The time factor in the Jurisdiction of the International Court of Justice, 1960; K. ENGISCH, Vom Weltbild des Juristen, 2. Aufl. 1965, S. 67 ff.

[10] Dazu J. H. KAISER, in: J. H. KAISER (Hrsg.), Planung, Bd. 1, S. 7, 31 f.

[11] Die *Utopie*, als klassische Literaturgattung in der Staatslehre bekannt, holt als utopischer Entwurf die Zukunft spezifisch in die Gegenwart herein. Sie hat in ihr schon im jeweiligen Heute eine Funktion: als Hoffnung, aber auch als Entlastung. Es darf der Satz gewagt werden: Utopien seien unentbehrlich für politisches Denken und Handeln. Ihr „élan créateur" ist jeweils eine Herausforderung an die Gegenwart und ihre Möglichkeiten. Auch der heutige Verfassungsstaat war einmal eine Utopie! Die kritische Sonde, die Utopien implizite oder explizite an die Gegenwart anlegen – oft durch Verlegung von Raum und Zeit ins Utopische – ist auch in der offenen Gesellschaft unverzichtbar. Sie ist ein legitimes Mittel der Kritik an bestehenden Zuständen, so „unerträglich" Utopien oft erscheinen. Das Eigentümliche ist, daß hier eine Literaturgattung mit Hilfe des Kunstgriffs der Raum- und Zeitverschiebung eine Grundlagenwissenschaft wie die Staats- und Verfassungslehre mit bestimmt.

1.2. Verfassungsstaatliche Instrumente und Verfahren zur Anbindung der Verfassung an die Zeit

Vergleichen wir westliche Verfassungen, so erweist sich, daß sie dem Zeitfaktor in zwei Richtungen Tribut zollen:

1) Im Blick *zurück* (retrospektiv): auf die Vergangenheit, auf Tradition und Überlieferung, Herkommen und „kulturelles Erbe",

2) im Blick *nach vorn* (prospektiv): auf das Zukünftige, Werdende (z. B. in der Form von sog. „Verfassungswandel", gesetzlichen Experimentierklauseln, Vorwirkung von Gesetzen und völkerrechtlichen Verträgen oder Verfassungstextänderungen).

Im Spannungsfeld *beider* Dimensionen, im *Wechselspiel* der einzelnen stärker traditionalen bzw. prospektiven Verfahren erst „lebt" die Verfassung offener Gesellschaften, deren Eigenart gerade die Anerkennung der *Ungleichzeitigkeiten* gesellschaftlicher Entwicklungen (und damit des Pluralismus) ist. Langfristig kommt es durch beide Dimensionen hindurch zu *kulturellen Prozessen der Produktion und der Rezeption*, an denen Verfassungen teilhaben und in ihnen alle Interpreten einer offenen Gesellschaft: staatliche und öffentliche Funktionen, Gesetzgeber und Parteien, Bürger und Gruppen, Bundesverfassungsgericht und Untergerichte, die mehr als sog. bloße „Fachgerichte" sind, Staatsrechtslehre, sogar andere Wissenschaften, ja (selbst und besonders auch) die Kunst.

Im einzelnen:

1.2.1. Anbindung der Verfassung an Tradition und Herkommen

Verfassungen entstehen nicht auf der tabula rasa einer kulturlosen Stunde Null. Selbst wenn sie aus revolutionären Prozessen geboren sind, kennen sie Formen der Anbindung an Vorgefundenes, bleiben Bruchstücke der alten (Verfassungs)Rechtskultur erhalten. Das GG und die deutschen Landesverfassungen seit 1946 kennen ein differenziertes Instrumentarium der Einbeziehung von Tradition und Traditionen. Seine Behandlung muß *vor* der Erörterung des Wandels von Verfassungen stehen.

a) *Rezeptions- und „kulturelles Erbe"-Klauseln*

An die erste Stelle gehört die *ausdrückliche Rezeption* (Tradition durch Rezeption): Beispiele wie Art. 140 GG (die Übernahme des Weimarer

Staatskirchenrechts), aber auch Herkommensklauseln wie Art. 12 Abs. 2 GG oder Art. 123 Abs. 1 GG („Recht aus der Zeit vor dem Zusammentritt des Bundestages gilt fort, soweit es dem Grundgesetz nicht widerspricht") sind klassische verfassungsstaatliche Rezeptionsformen[12]. Im übrigen gibt es eine Fülle mehr oder weniger *stillschweigender Rezeptionen* vor allem im Grundrechtsteil[13]. Ganze

[12] Weitere Beispiele: vgl. Art. 178 Abs. 2 S. 1 und Abs. 3 WRV; s. auch die Regelungen in Art. 170 Abs. 3 S. 1, 174 S. 1 WRV. Ferner: Art. 94 Abs. 3 Verf. Bad.-Württ.; Art. 186 Abs. 2 und 3 Verf. Bayern; Art. 85 Verf. Berlin; Art. 151 Abs. 2 Verf. Hessen (Antastung der „bestehenden Rechtseinheit" nicht ohne zwingenden Grund); Art. 55 Verf. Niedersachsen; Art. 137 Verf. Rheinl.-Pfalz; Art. 132 Verf. Saar mit einer *Anpassungs*klausel. S. auch Art. 56 Abs. 2 Verf. Niedersachsen: „die überkommenen heimatgebundenen Einrichtungen dieser (sc. ehemaligen) Länder...". Mitunter ist aber gerade hier schon auf *künftige* Verfassungen Bezug genommen: Art. 152 Verf. Bremen; s. auch Art. 153 Abs. 2 Verf. Hessen: „Künftiges Recht der deutschen Republik bricht Landesrecht". Ferner Art. 141 Verf. Rheinl.-Pfalz.

[13] Dazu allg. P. HÄBERLE, Die Wesensgehaltgarantie des Art. 19 Abs. 2 GG, 1. Aufl. 1962, S. 162ff.; s. auch P. LERCHE, in: ZZP 78 (1965), S. 1 (11 f.). – Durchmustert man die deutschen Länderverfassungen seit 1946, so gibt es Rezeptionsklauseln in Bezug auf 140 GG (so Art. 5 Verf. Bad.-Württ., Art. 22 Verf. NW), wie überhaupt das *Staatskirchenrecht* in Deutschland nicht nur ausweislich Art. 140 GG eine betont „rezeptionshaltige" Materie ist, vgl. etwa die Kirchenvertragsgarantien in Art. 8 Verf. Bad.-Württ. oder die Status-quo-Garantie in Art. 7 Abs. 1 ebd. (Leistungen an die Kirchen bleiben dem Grunde nach gewährleistet); ähnlich Art. 145 Abs. 1 Verf. Bayern, Art. 133 Abs. 1 Satz 2 Verf. Bayern: „anerkannten Religionsgemeinschaften"; s. auch Art. 37 Abs. 2 Verf. Saar; Art. 60 Abs. 2 Verf. Hessen: Status-quo-Garantie für theologische Fakultäten an den Universitäten. – Bezug genommen wird mitunter auf „abweichende Übung" (Art. 10 Verf. Bad.-Württ.). Überall dort, wo auf *christliche Kulturwerte* verwiesen wird, bricht mehr oder weniger deutlich der Rezeptionsaspekt auf, vgl. Art. 3 Abs. 1 S. 3 Verf. Bad.-Württ.: „Christliche Überlieferung"; Art. 16 Abs. 1 Verf. Bad.-Württ.: „christliche und abendländische Bildungs- und Kulturwerte". S. auch BVerfGE 41, 29 (52). – Auch die *Feiertagsgarantien* stehen noch unter dieser Ausstrahlung von Tradition, vgl. Art. 147 Verf. Bayern: „Die Sonntage und staatlich anerkannten Feiertage bleiben als Tage der seelischen Erhebung und der Arbeitsruhe gesetzlich geschützt"; ebenso Art. 53 Verf. Hessen. Prägnant Art. 3 Abs. 1 S. 2 Verf. Baden-Württ.: „Hierbei ist die christliche Überlieferung zu wahren". Gelegentlich werden die Status-quo-Garantien ausgedehnt, z. B. Art. 6 Abs. 3 Verf. NW: „Das Mitwirkungsrecht der Kirchen und Religionsgemeinschaften sowie (!) der Verbände der freien Wohlfahrtspflege... bleibt gewährleistet und ist zu fördern". Doch war der 1. Mai zunächst einmal ein hart erkämpfter, durchaus „revolutionärer" Feiertag. – *Denkmal- und Landschaftsschutz* sind ein weiterer Sachbereich, der rezeptionstechnisch und traditional geregelt ist, vgl. etwa Art. 141 Verf. Bayern; Art. 62 Verf. Hessen. Verfassungen der deutschen Bundesländer sind zitiert nach CH. PESTALOZZA (Hrsg.), 2. Aufl. 1981.

Rechtskulturen wie das Bürgerliche Recht, das BGB[14], haben auf diese Art große Verfassungsumbrüche überlebt[15], mitunter im Wege einer „Sprung-Rezeption" über Perioden – wie das sog. „Dritte Reich" – hinweg. Im Medium der „historischen Auslegung" als dem klassischen Mittel, die Vergangenheit juristisch einzubinden[16], wird so schließlich ein „vorverfassungsrechtliches Gesamtbild" (*H. Nawiasky*)[17] zum Anknüpfungspunkt an die Vergangenheit[18]. Für unseren Zusammenhang besonders zu beachten ist jene Gattung von Verfassungssätzen, die intensiv auf „verfassungskulturelle" Tiefendimensionen verweisen. Gemeint sind Normen, die sich auf Aspekte des *„kulturellen Erbes"* berufen, vornehmlich in Präambeln[19], aber auch in anderen Rechtstexten[20].

[14] Und in seinem historischen Zusammenhang auch das Staatshaftungsrecht, vgl. jüngst P. BADURA, in: NJW 1981, S. 1337 (1339 ff.).

[15] Dabei können einst wichtige Institute textlich verblassen bzw. verloren gehen! Ein Beispiel ist das Öffentlichkeitsprinzip für die Rechtsprechung. In Art. X § 178 Paulskirchenverfassung heißt es noch: „Das Gerichtsverfahren soll öffentlich und mündlich sein". Im GG fehlt eine solche Norm (s. aber Art. 90 Verf. Bayern: Grundsatz öffentlicher Gerichtsverhandlungen!). Ihr Inhalt ist aber in Art. 92 GG mitzudenken (ähnliches gilt für die in Art. XI § 184 ebd. programmierte kommunale Selbstverwaltung bzw. Art. 28 Abs. 2 GG). In Art. 109 WRV mußte es in Abs. 3 noch heißen: „Öffentlich-rechtliche Vorrechte oder Nachteile der Geburt oder des Standes sind aufzuheben; Adelsbezeichnungen gelten nur als Teil des Namens...". In Art. 3 GG wurde das immanent vorausgesetzt. Viele der in Art. 129 WRV noch einzeln aufgeführten Prinzipien gehören heute zu den „hergebrachten Grundsätzen" des Berufsbeamtentums nach Art. 33 Abs. 5 GG. So gesehen schaffen Verfassungen in vielerlei Formen der ausdrücklichen oder stillschweigenden Rezeption Kontinuität.

[16] Dazu auch CH. STARCK, VVDStRL 34 (1976), S. 43 (72); P. HÄBERLE, Zeit und Verfassung (1974), jetzt in: Verfassung als öffentlicher Prozeß, 1978, S. 59 (76 ff.).

[17] H. NAWIASKY, Allgemeine Rechtslehre, 2. Aufl. 1948, S. 130 f.; s. auch BVerfGE 56,22 (28): „Vorverfassungsrechtliches Gesamtbild des Prozeßrechts".

[18] Es darf nicht zeit-los interpretiert werden, um die Bildung von „Verfassungsfossilien" zu vermeiden; vgl. kritisch W.-R. SCHENKE, AöR 103 (1978), S. 566 (584). Beispiele für die Gefahren solcher Versteinerung lassen sich unschwer bei Auslegungen der „hergebrachten Grundsätze des Berufsbeamtentums" (Art. 33 Abs. 5 GG) finden. – Rezeptionen vorgefundener (Rechts)Texte sind keine lediglich „passive" Übernahme. Die inkorporierten Texte gewinnen in ihren neuen Kon-Texten neue Dimensionen und entsprechend gewandelte Inhalte. Umgekehrt beeinflussen sie ihrerseits diese Kon-Texte. Insofern kommt es auch hier zu einem Wechselspiel von (kultureller) Rezeption und Produktion.

[19] Vgl. Präambel Verf. Hamburg: „Als Welthafenstadt eine ihr durch Geschichte und Lage zugewiesene Aufgabe...". Präambel Verf. Bayern:

b) *Klassikertexte und Erziehungsziele*

Ähnlich wirksame kulturelle „Transmissionsriemen" für Überlieferung sind Klassikertexte und Erziehungsziele.

Klassikertexte eines *Locke* oder *Montesquieu*[21] haben den Verfassungsstaat wesentlich vorangetrieben und ausgebaut. Was zur Zeit des *Thomas Morus* und danach noch „Utopie" war, ist heute täglich praktizierte verfassungsstaatliche Errungenschaft: Denken wir an Elemente des Rechtsstaates, die Bindung aller öffentlichen Gewalt, an das Widerstandsrecht als ultima ratio. Diese Klassikertexte erweisen sich im Laufe der neueren (Verfassungs)Geschichte immer wieder als Legitimationsebene und Herausforderung für den Verfassungsstaat. Nicht nur die „Federalist Papers" von 1788 für die USA, auch alte und neue Texte (von *Sophokles* bis *Brecht*) etwa zur Menschenwürde[22] speichern

> „Mehr als tausendjährige Geschichte". – Die vielleicht umfassendste, über das Juristische hinausführende Umschreibung des – kulturellen – Erbes findet sich in der Präambel der *MRK* von 1950: „... entschlossen, als Regierungen europäischer Staaten, die vom gleichen Geiste beseelt sind und ein gemeinsames Erbe an geistigen Gütern, politischen Überlieferungen, Achtung der Freiheit und Vorherrschaft des Gesetzes besitzen..." Präambeln erweisen sich mithin als diejenigen Bestandteile von Rechtstexten, die dem umfassenden Kulturellen am ehesten Raum lassen und die Brücke zwischen diesem und dem rechtlich Ausgeformten schlagen. Schon die vorangegangene Satzung des Europarates vom 5. 5. 1949 hatte in ihrer Präambel ebenfalls zwischen dem Geistigen und den Rechtsprinzipien Brücken geschlagen: „... in unerschütterlicher Verbundenheit mit den geistigen und sittlichen Werten, die das gemeinsame Erbe ihrer Völker sind und der persönlichen Freiheit, der politischen Freiheit und der Herrschaft des Rechts zugrunde liegen, auf denen jede wahre Demokratie beruht". – Die europäische *Sozialcharta* (ESC) von 1961 beschwört schon in ihrer Präambel die Ideale und Grundsätze, die der Mitglieder des Europarates „gemeinsames Erbe sind"; zugleich will sie aber auch „Weiterentwicklung der Menschenrechte und Grundfreiheiten". Allgemein: P. HÄBERLE, Präambeln im Text und Kontext von Verfassungen, FS Broermann, i. E.

[20] Vgl. Art. 1 *Europäisches Kulturabkommen* vom 19. 12. 1954 (zit. nach F. BERBER, Völkerrecht, Dokumentensammlung, Bd. 1, 1967): „Jede Vertragspartei trifft geeignete Maßnahmen zum Schutz und zur Mehrung ihres Beitrags zum gemeinsamen kulturellen Erbe Europas". S. auch Art. 5 ebd.: „Als Bestandteil des gemeinsamen europäischen kulturellen Erbes". – All diese Rezeptionsformen sind ein Stück Legitimation der Gegenwart durch Tradition.

[21] Einzelheiten zum folgenden in: P. HÄBERLE, Klassikertexte im Verfassungsleben, 1981, S. 11 ff., 35, 47 f. u. ö. – Aus der Lit. noch T. S. ELIOT: Was ist ein Klassiker? (1944), 1963.

[22] Dazu mein Athener Gastvortrag über die Menschenwürde in: Rechtstheorie 11 (1980), S. 389 (420 f., 423 f.).

kulturelle Einsichten und Erfahrungen, die den „positiven" Verfassunggeber überdauern. Spätere Verfassungsausleger können die alten Texte jeweils neu interpretieren – sie sollen sie aber nicht archivieren! Ich erinnere beispielhaft daran, wie man *Montesquieu* und *Rousseau* auch für das Demokratieverständnis des GG immer wieder gegeneinanderstellt[23].

Schließlich tradieren die ausdrücklichen wie die durch Interpretation gewonnenen *Erziehungsziele* Bildungsgüter (etwa nach Art. 131 Abs. 2, 136 Abs. 2 Bayer. Verf. z. B. Toleranz, Menschenwürde, Völkerversöhnung etc.); sie formulieren auf einem Teilbereich ein Stück des „kulturellen Erbes"[24]. Insofern dienen sie als Instrument, das Vorgefundene zu stabilisieren; zugleich richten sich die Erziehungsziele auf die Zukunft: Sie *grundieren* die offene Gesellschaft *kulturell*, übers Juristische hinaus, und sichern so den Verfassungsstaat in der Generationenfolge. Mit *Rezeption* kann so bereits auch der *Wandel* rezipiert werden: Damit kommen, nach den verschiedenen Stufen der Vergangenheitsbewältigung, Gegenwart und Zukunft ins Blickfeld.

1.2.2. Verarbeitung des Zeitfaktors in Gegenwart und Zukunft

Die Verfahren und Instrumente zur verfassungsrechtlichen Verarbeitung des Zeitfaktors im Blick auf *Gegenwart*[25] und *Zukunft* sind vielgestaltig; ein stärker „dynamisches" Verfassungsverständnis[26] wendet sich ihnen primär zu. Gestuft nach dem Grad der Formalisierung ergibt sich folgendes Bild:

a) *Zukunfts- und Fortschrittsklauseln*

Eine besondere Form verfassungstextlicher Beanspruchung der *Zukunft* findet sich in mehreren Varianten: in der absoluten, „ewigen"

---

[23] Etwa im Verhältnis von Art. 38 zu 21 GG.
[24] Einzelheiten in P. HÄBERLE, Kulturpolitik in der Stadt – ein Verfassungsauftrag, 1979, S. 29ff.; ders., in: FS HANS HUBER, 1981, S. 211ff.; ders., in: RdJB 28 (1980), S. 368ff.
[25] Vergessen wir nicht, daß der Faktor Zeit auch *Gegenwärtigkeit* bedeutet. Im Verfassungsrecht heißt dies „Geltung", Bejahung und Annahme durch die Verfassungsinterpreten der offenen Gesellschaft, Durchsetzbarkeit und Präsenz im Bewußtsein der Rechtsgemeinschaft. Dennoch dürfte „Gegenwart" eher Sache der Verwaltung sein, s. P. KIRCHHOF, Verwalten und Zeit. Über gegenwartsbezogenes, rechtzeitiges und zeitgerechtes Verwalten, 1975, bes. S. 2ff. im Anschluß an G. HUSSERL, Recht und Zeit, 1955, S. 42ff., 52f.
[26] Vgl. als stärker „statisch" orientierten Ansatz: W. LEISNER, in: Der Staat 7 (1968), S. 137ff.

Festlegung auf bestimmte Prinzipien – ähnlich Art. 79 Abs. 3 GG[27] –, in der Formulierung eines „immerwährenden Geltungsanspruchs"[28] oder in der dauernden Negierung besonders verwerflicher früherer Rechtszustände wie der Leibeigenschaft oder der Titel[29]. Hier schlägt die scharfe Vergangenheitsbewältigung in einen hohen Zukunftsanspruch um. Eine weitere Thematisierung der Zukunft findet sich in Verfassungen, die ausdrücklich von „segensreicher Zukunft" sprechen[30], die kommenden deutschen Geschlechter ansprechen[31], von der Republik die Förderung der kulturellen Entwicklung verlangen[32] oder den „*Fortschritt*" beschwören: in Klauseln, die sich zur Feiertagsgarantie des 1. Mai als Bekenntnis zum Fortschritt äußern (Art. 32 Verf. Hessen 1946) oder weit allgemeiner[33]. Die *zwei Seiten* einer Kultur, ihre traditionale wie ihre prospektive, kommen hier schon deutlich zum Ausdruck[34].

b) *Verfassungswandel kraft Verfassungsinterpretation*

Relativ unauffällig und ohne Formalisierung vollzieht sich der *Verfassungswandel*[35] kraft *Interpretation*, d. h. ohne ausdrückliche Textänderung. Allein im Wege der Interpretation, sei es durch die Ge-

[27] Vgl. Art. 16 Erkl. 1789; Art. 110 Abs. 1 Verf. Griechenland (1975); Art. 130 Verf. Belgien; Art. 9 Verf. Türkei (1961); Art. 89 Abs. 5 Verf. Frankreich (1958); Art. 75 Abs. 1 S. 2 Verf. Bayern (1946).

[28] So Art. 25 Abs. 2 Verf. Griechenland (1975): „immerwährende Menschenrechte".

[29] „Die Leibeigenschaft bleibt immer aufgehoben": § 25 Verf. Württ. (1819); ähnlich Art. IX § 166 Paulskirchenverf.; Art. II § 137 ebd.: „Alle Titel ... sind aufgehoben und dürfen nie wieder eingeführt werden". Art. 186 Abs. 1 Verf. Bayern (1946): „Die Bayerische Verfassung vom 14. August 1919 ist (!) aufgehoben".

[30] Präambel Hessische Verfassungsurkunde (1831); s. auch die „Zukunft" in Präambel Verf. Hessen (1946).

[31] So die generationenorientierte Präambel der Verf. Bayern (1946).

[32] Art. 9 Abs. 1 Verf. Italien (1947).

[33] Präambel Verf. Spanien (1978): „Fortschritt von Wirtschaft und Kultur zu fördern". S. auch Art. 41 Abs. 2 Verf. Türkei. Bezugnahmen auf *künftige* Verfassungen bilden eine Sonderform: Art. 152 Bremen; 153 Abs. 2 Hessen; 141 Rheinland-Pfalz.

[34] Prägnant Art. 9 Verf. Italien: Die Republik fördert die kulturelle Entwicklung (Abs. 1), sie schützt die Landschaft und das historische und künstlerische Erbe der Nation (Abs. 2). – Die Texte sind zitiert nach P. C. MAYER-TASCH, Die Verfassungen der nichtkommunistischen Staaten Europas, 2. Aufl. 1975, nach E. R. HUBER, Dokumente zur deutschen Verfassungsgeschichte, Bd. 1, 1961, sowie nach CH. PESTALOZZA (Hrsg.), Verfassungen der deutschen Bundesländer, 2. Aufl. 1981.

[35] Verf. benutzt hier mit der h. M. den Begriff „Verfassungswandel", obwohl

richte, sei es durch die Staatspraxis, öffentliche Meinung und die Wissenschaft, bzw. in ihrem Verbund, wird hier eine Verfassungsnorm neu bzw. anders verstanden. Das Eigentum, z. B. auch das des BGB von 1900, ist so einem tiefgreifenden Wandel unterlegen[36]. Hierher gehören Wachstumsprozesse, die einzelne Verfassungsprinzipien mit enormen Resultaten ergriffen haben. So hat das Verständnis des „sozialen Rechtsstaats" von 1981 z. B. mit der Auslegung des GG von 1949 nur noch wenig gemeinsam. Auch die – unverändert aktuellen[37] – rechtsschöpferischen Leistungen, die dem BVerfG 1960 im Fernsehurteil im Blick auf Art. 5 GG geglückt sind[38], bilden ein Beispiel für Wandel durch Interpretation[39]. Die Grenzen – etwa die Grenze des Wortlauts – sind viel behandelt[40], aber schwer zu ziehen.

Verfassungsinterpretation ist je nach Methode in sich teils retrospektiv[41], teils prospektiv. Die einzelnen Auslegungsmethoden „organisieren" nichts anderes als die Zeit! Die historische Auslegung bringt die Entstehungszeit ein, die objektive die Gegenwart und die folgenorientierte, prognostische die Zukunft. Vielleicht ist die generelle „Unberechenbarkeit" der Zeitläufte der Grund, weshalb bislang keine Methodenlehre die einzelnen Auslegungsmethoden gewichten konnte. Vermutlich ist ihr Verhältnis zueinander eine Funktion der Zeit, also flexibel. Was Rezeptionsklauseln einerseits, Verfassungsänderungen andererseits im Großen bedeuten – sie tradieren Erbe und öffnen sich der Zukunft –, das organisieren die Interpretationsmethoden

---

dieser nach seiner Ansicht eigentlich „verabschiedet" werden müßte: vgl. P. Häberle, Zeit und Verfassung (1974), in: *ders.,* Verfassung als öffentlicher Prozeß, 1978, S. 59 (82f.). Aus der Literatur s. P. Lerche, in: Festgabe für Maunz, 1971, S. 285ff.; K. Hesse, in: FS für Scheuner, 1973, S. 123ff.; W.-R. Schenke, in: AöR 103 (1978), S. 566 (585ff.).

[36] Zuletzt: T. Maunz, in: BayVBl. 1981, S. 311ff. – Probleme auch der Mikrodimension behandelt C. Timm, Eigentumsgarantie und Zeitablauf, 1977.

[37] Vgl. jetzt wieder die Entscheidung des BVerfG zum saarländischen Privatrundfunkgesetz (BVerfGE 57, 295).

[38] BVerfGE 12, 205.

[39] Die rechtswissenschaftliche Literatur zum Wandel ist kaum mehr zu überblicken, vgl. etwa J. Harenburg/A. Podlech/ B. Schlink (Hrsg.), Rechtlicher Wandel durch richterliche Entscheidung, 1980; W. Fikentscher/ H. Franke/ O. Köhler (Hrsg.), Entstehung und Wandel rechtlicher Traditionen, 1980; U. Immenga (Hrsg.), Rechtswissenschaft und Rechtsentwicklung, 1980; vgl. auch T. W. Adornos Diktum: „Seine Zuflucht hat das Alte allein an der Spitze des Neuen, in Brüchen, nicht durch Kontinuität".

[40] Vgl. K. Hesse, in: FS U. Scheuner, 1973, S. 123 (136ff.).

[41] Das BVerfG ist dann insofern „Rezeptionsorgan", neben ihm alle an Verfassungsinterpretation Beteiligte.

„im Kleinen". Verfassungsinterpretation ist freilich kaum je *nur* dem Erbe oder *nur* der Zukunft zugewandt. Das Mischverhältnis der traditionalen bzw. gegenwartsnahen und zukunftsoffenen Momente dürfte seinerseits variabel sein. Verfassungsinterpretation – „schöpferisch" verstanden als Ausdruck des (public) law in action im Sinne *Essers*[42] – ist eben hierdurch in die Zeitachse „gespannt".

Wenn das BVerfG den *Prognoseentscheidungen* anderer staatlicher Instanzen, vor allem des Gesetzgebers, funktionellrechtlich richtig Raum läßt[43], ist dies eine Form interpretatorischer Bewältigung der Zeit: ein Stück Zukunft wird schon jetzt berücksichtigt. Zwar hat jede staatliche Funktion ein Stück Prognosenkompetenz. In der Demokratie kommt indes dem parlamentarischen Gesetzgeber die „Vorhand" zu, nicht aber ein Monopol. – Schließlich sei – eng damit verbunden – die *folgenorientierte Auslegung* als Tribut an die Zeit erwähnt. Rechtsprechungsänderungen sind ebenfalls Ausdrucksformen der Mikrodimension „Zeit im Verfassungsrecht" wie auch die Rückwirkung von Gesetzen.

c) *Sondervoten*

Das *Sondervotum* durch alternativ interpretierende Verfassungsrichter kann zu einer speziellen Form der Ankündigung und Beförderung, ja Beschleunigung von „Verfassungswandel" werden. Vor allem die Geschichte der Verfassungsgerichtsbarkeit in den USA liefert hierfür erstaunliche Beispiele[44], etwa im Zusammenhang mit der Respektierung der New-Deal-Gesetzgebung *Roosevelts*. Auch bei uns sind schon Anzeichen solcher Wirkungen der „Alternativjudikatur" von Sondervoten auf die Entwicklung der Rechtsprechung des BVerfG insgesamt nachweisbar[45].

In der Zeitachse gesehen, gibt es zwei Arten von *Sondervoten:* die *retrospektiven* und die *prospektiven*. Prospektive Sondervoten sind gemeinhin spektakulärer, weil ihnen die Zukunft gehört oder doch zu gehören scheint: Sie weichen durch neue Einsichten vom Überkomme-

---

[42] J. Esser, Grundsatz und Norm in der richterlichen Fortbildung des Privatrechts, 1956, hat insofern juristische Interpretation als Vorgang in der Zeit klassisch zum Ausdruck gebracht.
[43] Dazu F. Ossenbühl, in: Festgabe 25 Jahre BVerfG, Bd. 1, 1976, S. 458 ff. S. z. B. BVerfGE 50, 290 (331 ff.); 56, 54 (78 ff.).
[44] Dazu W. Haller, Supreme Court und Politik in den USA, 1972 (vgl. auch meine Besprechung in DVBl. 1973, S. 388 f.).
[45] Belege bei P. Häberle, Kommentierte Verfassungsrechtsprechung, 1979, S. 24 ff.; eine Zusammenstellung der SV bei B. Zierlein, in: DÖV 1981, S. 83 (94 ff.).

nen, bisher Herrschenden ab und stellen den Konsens in der Gegenwart mit neuen Erkenntnissen „produktiv" in Frage. Ein Beispiel ist das Sondervotum *Rupp-von Brünneck* zum Eigentumscharakter von Sozialleistungen[46], das jetzt vom BVerfG für Rentenansprüche insgesamt aufgegriffen wurde[47], neuestens auch das Sondervotum *Simon/ Heußner* in Sachen Mühlheim-Kärlich, das in der Wissenschaft vertretene neue Positionen aufgreift und das Mehrheitsvotum konsequent zu Ende denkt[48]. Das Sondervotum von *Erwin Stein* im Mephistofall[49] könnte insofern zu einem „prospektiven" und „produktiven" Sondervotum werden, als ihm seit der Wiederveröffentlichung des *Klaus Mann*schen Buches im Deutschland unserer Tage die Zukunft zu gehören scheint. Das Persönlichkeitsrecht von *G. Gründgens* tritt jetzt zurück, sei es durch Zeitablauf, sei es in Korrektur an der Mehrheitsmeinung des Senats. Die Grenze zwischen dem Rechtlichen und dem Widerrechtlichen kann also gerade durch das Vorpreschen eines Sondervotums variabel werden[50]. Die normative Kraft von Sondervoten, ihre Rolle als „Alternativjudikatur" ist an diesem Beispiel besonders plastisch, ebenso der Vorgang von Produktion und Rezeption weit über das Juristische hinaus: Die Vitalität kultureller Prozesse wird effektiv.

Retrospektive Sondervoten bringen demgegenüber eine Meinung in Begründung oder Ergebnis zum Ausdruck, die von der „modernen"

---

[46] BVerfGE 32, 129 (141 ff.).
[47] BVerfGE 53, 257 (289 ff.).
[48] BVerfGE 53, 30 bzw. 69; dazu ferner K. REDEKER, in NJW 1980, S. 1593 ff. – Als anderes „prospektives" Beispiel kommt das Sondervotum zweier Richter des BayVfGH zur Anwendbarkeit von Art. 141 Abs. 3 S. 1 (freier Zugang zu Naturschönheiten) auch auf Reiter (BayVfGHE 28 (1975), 107, 135) in Betracht. Zwar scheint dieses Sondervotum in seinem ersten Teil retrospektiv zu argumentieren – es greift dort auf den Willen des Verfassunggebers und die bisherige Rechtsprechung zurück –, letztlich ausschlaggebend ist jedoch eine neuere und zukünftige Entwicklungen berücksichtigende Argumentation. Gerade angesichts der starken Zunahme der Reiter ist es zukunftsweisend, den von ihnen ausgehenden relativ intensiven Beeinträchtigungen Belange Dritter und Gesichtspunkte der Gemeinverträglichkeit gegenüberzustellen und Reiter schon nicht in den Anwendungsbereich von Art. 141 Abs. 3 S. 1 BV hineinzunehmen (anders jedoch die Mehrheitsmeinung in BayVfGHE 28 (1975), 107, auch noch in E 30 (1977), 152).
[49] BVerfGE 30, 173, SV 200.
[50] ERWIN STEINS Sondervotum dürfte auf diejenigen, die eine Wiederveröffentlichung des Romans von KLAUS MANN in der Bundesrepublik verantworten zu können glaubten, eher als Ermutigung gewirkt haben, vgl. B. SPANGENBERG, Vorwort zu: K. MANN, Mephisto, 1980, S. II, IV; M. REICH-RANICKI, FAZ vom 18. 12. 1980, S. 23; B. SPANGENBERG, Karriere eines Romans, 1981.

der Mehrheit überholt bzw. „überwunden" („overruled") wurde. Vereinfacht gesagt: Der „konservative" Standpunkt ist in der Minderheit geblieben[51]. – Im Zusammenhang gesehen kann sich über längere Zeit in Sondervoten eine ganz bestimmte (Außenseiter-)Richtung repräsentieren, die ein Teil des ganzen Spektrums der Republik und der offenen Gesellschaft ihrer Verfassungsinterpreten ist. Hinter der personellen Kontinuität wird die Kontinuität in der Sache sichtbar, über die Grenzen der einzelnen Senate hinaus. So können Sondervoten in wenigen Jahren *Traditionen* begründen und schließlich einmal in Zukunft die Mehrheit gewinnen – oder auch als auf Dauer nicht konsensfähig zur bloßen Fußnote der Rechtsprechungsgeschichte werden.

d) *Gesetzgebung(saufträge)*

Die Tätigkeit des Gesetzgebers läßt sich als ständige Verarbeitung des sozialen Wandels in der Zeit begreifen und offenbart eine Fülle von einschlägigen Verfahren und Techniken. In der Frühzeit des GG galt es, die offenen (oder versteckten) *Verfassungsaufträge,* etwa zur Gleichberechtigung der Geschlechter (Art. 3 Abs. 2 GG), der unehelichen Kinder (Art. 6 Abs. 5 GG) oder auch zur innerparteilichen Demokratie (Art. 21 Abs. 3 GG) zu „erfüllen"[52] (vgl. auch Art. 95 Abs. 3, 117 Abs. 2 GG); heute sind es oft durch Interpretation gewonnene *Aufträge des Bundesverfassungsgerichts,* die die Legislative in die Pflicht nehmen, in Zukunft verfassungsgerechte(re) Folgerungen zu ziehen[53]: sei es, daß eine Regelung für „noch nicht" (aber bald) verfassungswidrig erklärt wird – wie bei der Reform der Witwenrente, die bis 1984 erfolgt sein muß[54] –, sei es, daß eine Regelung für verfassungswidrig erklärt wird, dem Gesetzgeber aber zu ihrer Neuerung Zeit gelas-

---

[51] Es wäre reizvoll zu untersuchen, ob es in der relativ jungen Geschichte des SV im BVerfG auch dafür schon Beispiele gibt (vermutlich sind die USA ergiebiger). – Eine eher retrospektive Begründung (zu „Gemeinwohl", „öffentlichem Interesse" usw.) jetzt in: SV Böhmer (NJW 1981, S. 1258 ff.) zur Gondelbahnentscheidung; vgl. auch das SV von Schlabrendorff, BVerfGE 33, 35 ff. – Erforscht werden müßte auch, ob und wie das retrospektive und prospektive Moment an und in den Auslegungsmethoden einzelner SV ablesbar wäre.

[52] Vgl. aber auch A. Arndt, Das nicht erfüllte Grundgesetz, 1960, jetzt in: *ders.,* Gesammelte juristische Schriften, 1976, S. 141 ff.

[53] Vgl. auch Ch. Pestalozza, in: Festgabe 25 Jahre Bundesverfassungsgericht, 1976, Bd. I, S. 519 (540 ff., 558 ff.).

[54] Vgl. BVerfGE 39, 169 (194 f.).

sen ist⁵⁵. Die Diskussion der Verfassungsaufträge⁵⁶, ja die Deutung des GG und seiner wesentlichen Prinzipien als „Verfassungsauftrag" ist eine mehr oder weniger bewußte Thematisierung der Zeit, die sich in die neuere Entwicklung einfügt. Die Weimarer Staatsrechtslehre hatte die Gesetzgebungsaufträge charakteristischerweise in der Alternative: Programmsatz oder aktuelles Recht? stehen lassen⁵⁷.

Auch ohne solche Aufträge konkretisiert die Legislative durch ihre *einfache Gesetzgebung* ständig und immer wieder neu die grundrechtlichen Freiheiten und Rechtsprinzipien des GG⁵⁸ und wirkt mit veränderten rechtspolitischen Akzenten „von unten" auf die Verfassung als öffentlichen Prozeß: Hier begegnet auch am ehesten die Problemfülle der Mikrodimension von „Zeit im Verfassungsrecht"⁵⁹: von den Fristen im Gesetzgebungsverfahren über Fragen des Geltungsbeginns, der Geltungsdauer (als einem der wichtigsten Gleichheitsfaktoren⁶⁰), der Stichtage oder des Übergangsrechts bis hin zur Rückwirkung von

---

⁵⁵ Der österreichische Verfassungsgerichtshof verpflichtet den Gesetzgeber mitunter zu einer nach seinen zeitlichen Möglichkeiten abgestuften Reform-Gesetzgebung.

⁵⁶ P. LERCHE, in: AöR 90 (1965), S. 341 ff.; E. WIENHOLTZ, Normative Verfassung und Gesetzgebung, 1968, ebd. S. 3 ff. Nw. aus der Rspr. des BVerfG. – Es gibt Materien, die über längere Perioden immer ein Auftrag an die Zukunft waren – lange Zeit galt dies für die Gleichstellung des unehelichen Kindes in Gestalt der Verfassungsaufträge wie Art. 121 WRV bzw. 6 Abs. 5 GG. Oft braucht der Verfassungsstaat die Arbeit und den Einsatz vieler Generationen. Denkmal- und Naturschutz ist eine seit langem vorhandene, der Tradition verpflichtete, sich aber in der Zukunft intensivierende Aufgabe.

⁵⁷ Dazu E. WIENHOLTZ, aaO., S. 14 ff. Art. 29 GG wurde durch Verfassungs*änderung* (1975) vom Verfassungsauftrag zur bloßen Kompetenznorm zurückgestuft. Umgekehrt können auch bloße Kompetenznormen zu Verfassungsaufträgen umgedacht werden. Art. 3 Verf. Bayern ist als Ist- *und* Soll-Norm zu verstehen, die in die Dimension des Verfassungsauftrages hinüberwächst.

⁵⁸ Vgl. P. HÄBERLE, Die Wesensgehaltgarantie des Art. 19 Abs. 2 GG, 1. Aufl. 1962, S. 219 ff.; W.-R. SCHENKE, in: AöR 103 (1981), S. 566 (586).

⁵⁹ Vgl. M. KLOEPFER, in: Der Staat 13 (1974), S. 457 ff.

⁶⁰ G. DÜRIG, in: FS Tübinger Juristenfakultät, 1977, S. 21 (29); s. auch G. DÜRIG in: T. MAUNZ/ G. DÜRIG/R. HERZOG/R. SCHOLZ, GG, Kommentar, 5. Aufl. 1980, Art. 3 Abs. 1 GG/Rdn. 194 ff. – Vgl. als aktuelles Beispiel BVerfG JZ 1981, S. 60: Der Gesetzgeber muß gesetzliche Regelungen, die das BVerfG für unvereinbar mit Art. 3 Abs. 1 GG erklärt hat, *auch für die Vergangenheit* entsprechend neu regeln.

Gesetzen, auch der „dynamischen" Verweisungen[61]. Verfassungsdogmatische Figuren wie Vertrauensschutz oder Bundestreue, auch die Figur des dynamischen Grundrechtsschutzes[62] verbergen Probleme (auch) der Zeitgerechtigkeit[63].

e) *Vorwirkung von Gesetzen*

Nur noch kurz seien zwei erst jüngst stärker bewußte Formen der Hereinnahme der Zeit in die Verfassungsentwicklung erwähnt: zunächst die *Vorwirkung von Gesetzen und Verträgen*[64]. Die Vorwirkung formell noch nicht wirksamen Rechts ist ebenso nachweisbar wie – differenziert – zulässig. Im internationalen Bereich fällt die Vorwirkung des Salt-II-Vertrages auf: USA und UdSSR halten sich bis heute (genauer: Mai 1981) noch stillschweigend an den Vertragsentwurf. Vorwirkungen sind aber nichts anderes als eine Beschleunigung des Zeitfaktors.

---

[61] Die Zeitproblematik steckt auch hinter der Rechtstechnik der *Verweisung* in Gesetzen, also der Bezugnahme auf andere Regelungen („Verweisungsobjekte", z. B. andere Normen, Verwaltungsvorschriften, DIN-Normen, Regeln privater Vereinigungen), soweit es sich um „dynamische" (oder „antizipierte") (Terminologie: F. Ossenbühl, in: DVBl. 1967, S. 401) Verweisungen handelt. Diese beziehen sich im Gegensatz zu den „statischen" Verweisungen nicht auf die bei Verabschiedung der Verweisungsnorm geltende, sondern auf die jeweilige Fassung der Verweisungsobjekte. Da sie häufiger und leichter aktualisiert werden als Gesetze, werden letztere durch dynamische Verweisungen „zeitoffener". Der jeweils neue Entwicklungsstand findet Eingang ins Gesetz. Es hält sich dadurch beweglich, macht sich andererseits aber auch abhängig vom Verweisungsobjekt und dessen Gestaltern. Die Verweisungstechnik begegnet daher auch verfassungsrechtlichen Bedenken (vgl. hierzu BVerfGE 47, 285 (311 ff.); 26, 338 (366 f.) m. w. N.; VG Hamburg, NJW 1979, S. 667 ff.; F. Ossenbühl, aaO.; H.-U. Karpen, Die Verweisung als Mittel der Gesetzgebungstechnik, 1970, S. 101 ff.; *ders.*, in: J. Rödig (Hrsg.), Studien zu einer Theorie der Gesetzgebung, 1976, S. 221 (232 ff.); J.-F. Staats, in: J. Rödig (Hrsg.), aaO., S. 244 ff.; *ders.*, in: ZRP 1978, S. 59 ff.; E. Baden, in: NJW 1979, S. 623 ff.; W.-R. Schenke, in: NJW 1980, S. 743 ff.). Verfassungsrechtlich weniger problematisch sind funktional äquivalente Möglichkeiten (etwa Generalklauseln, Verzicht auf Detailbestimmungen, Verordnungsermächtigungen).

[62] Vgl. BVerfGE 49, 89 (137).

[63] S. auch die Zeitklausel in § 40 BVerfGG. Das Fehlen einer „Wiederaufnahmeklausel" im Parteiverbotsverfahren schafft besondere Probleme. Dazu etwa R. Schuster, in: ZRP 1968, S. 413 ff.; JZ 1968, S. 152 ff.

[64] Zur Vorwirkung von Gesetzen M. Kloepfer, Vorwirkung von Gesetzen, 1974; P. Häberle, Öffentliches Interesse als juristisches Problem, 1970, S. 396 Anm. 148, S. 486 ff.; *ders.*, Zeit und Verfassung (1974), in: *ders.*, Verfassung als öffentlicher Prozeß, 1978, S. 59 (83 ff.).

f) Experimentier- und Erfahrungsklauseln

Schließlich sei ein Blick auf gesetzliche *Experimentier- und Erfahrungsklauseln* geworfen. Sie treten besonders in reformfreudigen Zeiten auf und erweisen sich als Versuch einer zeitlich befristeten begrenzten Vorwegnahme des Zukünftigen. In den 70er Jahren wurden sie bei uns zum Thema. Bekanntes Beispiel ist § 5b DRiG – die einstufige Juristenausbildung, der ich z. B. meine bayerische Existenz in Bayreuth verdanke. Hier können diese schon von *Montesquieu* gesehenen[65] Klauseln nicht im einzelnen diskutiert werden[66], sie sind aber als *eine* Form der „probeweisen" Vorwegnahme der Zukunft zu registrieren. Heute wendet sich das Interesse der Evaluation von Gesetzen zu: Die Implementationsforschung z. B. behandelt ganze Gesetze, als ob sie ein Experiment wären, um möglicherweise verbessernde Gesetzesnovellen vorbereiten zu können (besonders im Umweltschutz- und im Planungsrecht)[67]; „Gesetzgebung auf Zeit" wird zum Thema[68].

g) Verfassungsänderungen

Das klassische Institut, um Neuem *formalisiert* und unmittelbar Eingang in die Verfassung zu eröffnen, ist die Verfassungs*änderung*, also die Änderung des Verfassungstextes in bestimmten Verfahren mit meist qualifizierter Mehrheit als vergrößerter Konsensbasis (vgl. Art. 79 Abs. 2 GG). Alle Verfassungsstaaten mit Verfassungsurkunde kennen diese Möglichkeit, dem Wandel der Zeit auch textlich Rechnung zu tragen, mögen sich die Voraussetzungen im einzelnen (etwa die Größe der Mehrheit) unterscheiden.

Verfassungsänderungen können der Anpassung an Entwicklungen dienen, die faktisch schon gelaufen sind; sie können solche aber auch erst herbeiführen (wollen). „Anpassungs-" und „Gestaltungsänderung" sind also zu unterscheiden. Dauer und Stabilität einer Verfassung scheinen zunächst *gegen* Verfassungsänderungen zu sprechen,

---

[65] Vgl. MONTESQUIEU, Vom Geist der Gesetze, II. Buch, 2. Kap. a. E. (Reclam 1976, S. 109).

[66] Näheres bei P. HÄBERLE, Verfassung als öffentlicher Prozeß, 1978, S. 85 ff.; s. auch D. PIRSON, in: FS Jahrreiss, 1974, S. 181 ff. – Zur Gesetzgebung als Experiment im Bereich von „Pilotprojekten": W. SCHMITT GLAESER, Kabelkommunikation und Verfassung, 1979, S. 205, 207 ff.

[67] Vgl. R. MAYNTZ (Hrsg.), Implementation politischer Programme, 1980; H. WOLLMANN (Hrsg.), Politik im Dickicht der Bürokratie, 1980; E. BLANKENBERG/K. LENK (Hrsg.), unter Mitarbeit von R. ROGOWSKI, Organisation und Recht, 1980.

[68] W. HUGGER, in: PVS 20 (1979), S. 202 ff.; s. auch K. ECKEL, in: ZfS 7 (1978), S. 39 ff.; K. HOPT, in: JZ 1972, S. 65 (70).

doch können diese der Dauer und Stabilität eines Gemeinwesens gerade auch *dienen*, wenn sie „zeitgerecht" sind. Ob das so ist, läßt sich nur im Einzelfall und bereichsspezifisch sagen[69].

Das gilt erst recht für jene Bündelung von Verfassungsänderungen, die zur *„Totalrevision"* einer Verfassung führen sollen. Die deutsche Diskussion in und um die Enquête-Kommission des Deutschen Bundestages hat sich als offenbar unzeitgemäß erwiesen[70]: Sie ist verfassungspolitisch und wissenschaftlich weitgehend im Sande verlaufen. Die ergiebigere Schweizer Diskussion[71] könnte sich demgegenüber mittel- und langfristig als wirksamer erweisen.

Diese sachliche Bestandsaufnahme relativiert die analytische Trennung von Mikro- und Makro-Dimension: Beide Ebenen sind vielfältig miteinander verschränkt. Die Summierung kleiner Zeiteinheiten in den spezifischen Verfahren und Instrumenten einer Verfassung bildet letztlich ein Stück der historischen Makro-Wirkdimension der Zeit (Verfassungsinterpretation kann schließlich zur Verfassungs*änderung*, diese sogar zu einem Stück Verfassung*gebung* werden!). Auch umgekehrt gilt: Die Makrodimension „Verfassung in der Zeit" beeinflußt die Mikrodimension „Zeit im Verfassungsrecht". Vermutlich ist die Veränderung der *richterlichen* Funktion, vor allem der verfassungsrichterlichen, eine entsprechend bedeutsame Wende: Die Anerkennung von Sondervoten und der Vorwirkung von Gesetzen usw. beinhaltet ja eine Auflockerung der Bindung an das Gesetz und insoweit auch der relativen Dauer. Die richterliche „Emanzipation" vom Gesetz, die in der Gewinnung prätorischer Funktionen liegt, spiegelt eine veränderte Lage im Mikrobereich: Auch der Richter, nicht nur der Gesetzgeber, (re-)agiert auf Wandel: Gerechtigkeit heute, hier und jetzt!

---

[69] Dazu näher P. HÄBERLE, Verfassung als öffentlicher Prozeß, 1978, S. 88 ff. S. aber auch die Zeitgrenze für Verfassungsänderungen in Art. 110 Abs. 6 Verf. Griechenland (1975): Eine Verfassungsänderung vor dem Ablauf von 5 Jahren nach dem Abschluß der vorhergehenden ist unzulässig.

[70] Zu ihr: Enquête-Kommission Verfassungsreform, Schlußbericht 1976 (BT-Drs. 7/5924); ferner: R. GRAWERT, in: Der Staat 18 (1979), S. 229 ff.; R. WAHL, in: AöR 103 (1978), S. 477 ff.

[71] Vgl. den Entwurf einer Schweizer Bundesverfassung (1977), abgedruckt in: AöR 104 (1979), S. 475 ff.; ferner: P. SALADIN, in: AöR 104 (1979), S. 345 ff.; sowie die Beiträge in: ZSR N.F. 97 (1978), I. Halbbd., S. 229 ff.; dazu zuletzt K. EICHENBERGER, in: ZaöRV 40 (1980), S. 477 ff.; G. MÜLLER, in: Der Staat 20 (1981), S. 83 ff.

Inkurs I: „30 Jahre Grundgesetz"

So sehr die einzelnen zeitoffenen Momente einer Verfassung zunächst für sich stehen – in größeren Zeiträumen gedacht wirken sie zusammen. Die Sache „30 Jahre GG" – als Summierung von Mikro- und Makrodimension – verlangt zum einen, den Themen nachzugehen, die „im Laufe der Zeit" dazu geführt haben, daß das GG von 1979 mit dem GG von 1949 nur noch zum Teil übereinstimmt. Ich nenne das veränderte Grundrechtsverständnis, Leistungsstaatlichkeit, materielle und prozessuale Teilhaberechte, den Ausbau des Sozialstaats, aber auch die vielfältigen Änderungen im Bundesstaatsgefüge, nicht zuletzt das gewandelte Selbstverständnis unserer Republik auf dem Weg vom bloßen „Provisorium" zum „Vollstaat", aber auch ihre Integration in die EG[72] bzw. andere internationale Kooperationsformen[73].

Fragen wir zum anderen nach den Formen und Verfahren, in denen das GG auf die Anforderungen oder Bedürfnisse der Zeit zu reagieren wußte, und nach den „(Pro)Motoren" für diesen Wandel, so begegnen wir wie bei der Rezeption *allen* oben erwähnten Instrumenten und „Organen" für die Verarbeitung von Zeit bzw. Wandel: Einen großen Raum nimmt bereits die („einfache") *Verfassungsinterpretation* ein, vor allem die des BVerfG. Denken wir an den Ausbau der Grundrechte unter den Stichworten Lüth-, Apotheken-, Fernsehurteil, zuletzt etwa die Mülheim-Kärlich-Entscheidung samt Sondervotum *Simon/Heußner*[74]. Das Fernsehurteil mit seinem Pluralismus-Postulat wurde für Bayern durch formelle Verfassungs*änderung* in Art. 111a (1973) sogar ausdrücklich rezipiert[75]. Viel von dem, was der Verfassung*geber* von 1949 im GG festlegen wollte, haben die Verfassungs*interpreten* der folgenden 30 Jahre präzisiert und vertieft, aber in weiten Teilen doch auch modifiziert und gewandelt; dementsprechend verliert die „historische" Auslegung an Gewicht. Man kann in dieser Interpretationsgeschichte fast ein Stück Verfassunggebung sehen[76]. Nehmen wir

---

[72] Vgl. auch die Voten von H. F. ZACHER und P. BADURA zu Deutschland nach 30 Jahren GG, in: VVDStRL 38 (1980), S. 153 ff. bzw. 156 f.
[73] Zum „kooperativen Verfassungsstaat" mein gleichnamiger Beitrag in: FS Schelsky (1978), S. 141 ff.
[74] BVerfGE 7, 198; 7, 377 bzw. 12, 205 und E 53, 30 bzw. 69.
[75] Zu den Streitfragen: W. SCHMITT GLAESER, Kabelkommunikation und Verfassung, 1979, bes. S. 85 ff.
[76] Dazu mein Berner Gastvortrag „Verfassungsinterpretation und Verfassunggebung" (1978), jetzt in: P. HÄBERLE, Verfassung als öffentlicher Prozeß, 1978, S. 182 ff.

die großen „prätorischen" Urteile des BVerfG und die Kommentierung dieser Judikatur durch die Wissenschaft, dann erkennen wir den tiefgreifenden *Wandel durch Interpretation*, aber auch die „Protagonisten" dieses Wandels: vor allem das BVerfG, gelegentlich vorbereitet durch Erkenntnisse von Staatsrechtslehrern – *R. Smends* „Bundestreue", *U. Scheuners* „Vorformung des politischen Willens", *K. Hesses* „praktische Konkordanz" oder *P. Lerches* „schonendster Ausgleich"[77]. Die Leistungen der *Sondervoten* bei der Ankündigung von Wandel, d. h. ihre alternativen Interpretationen im letzten Jahrzehnt sind dabei nicht gering zu veranschlagen.

An diesen Prozessen ist auch der *(einfache) Gesetzgeber* als Schrittmacher von Verfassungswandel beteiligt. Beim Verständnis von Eigentum und Sozialstaatsklausel liegt dies auf der Hand. Modifizierungen des Gerechtigkeitsgedankens, greifbar bei der Mitbestimmung im Betrieb, der Aktualisierung des Gleichheitssatzes zur Chancengleichheit im Ausbildungswesen (von „Honnef" zu Bafög etc.) und in der Ausgestaltung des Arbeitsrechts und Sozialrechts, sind für die Auslegung der Verfassung auf Dauer nicht ohne Auswirkung.

Das Bild findet seine Ergänzung in der nicht geringen Zahl von *Verfassungsänderungen*. Von der ersten, der Herabstufung des damaligen Straf-Artikels 143 GG über „Hochverrat" auf die einfachgesetzliche Ebene des StGB, bis zur jüngsten Kompetenzerweiterung des Bundes (Art. 74 Nr. 4a GG) läßt sich beobachten, wie schrittweise formelle Verfassungsänderungen auf der Ebene „Zeit im Verfassungsrecht" zu einer Vervollständigung und Konsolidierung des nun nicht mehr „provisorischen" GG und damit zur „Normalisierung" der Verfassung in der Zeit geführt haben: Wehrverfassung (1956), Notstandsverfassung (1968) und Wirtschafts- und Finanzverfassung (1967/69) sind „Stationen".

Ich greife nur die Entwicklung der *Bundesstaatlichkeit* auf: Hier sind relativ viele Wandlungen und Verfassungsänderungen erfolgt – der Bund hat tendenziell immer mehr Kompetenzen erlangt[78]. In der Zeit der Euphorie des „Kooperativen Föderalismus" wurde 1969 der

---

[77] Vgl. BVerfGE 12, 205 (254) und 8, 104 (113) bzw. E 41, 29 (51) und 41, 88 (109).

[78] Z. B. die konkurrierende Gesetzgebungszuständigkeit bei der wirtschaftlichen Sicherung der Krankenhäuser (Art. 74 Ziff. 19 GG), schon 1959 für die Erzeugung und Nutzung der Kernenergie zu friedlichen Zwecken (Ziff. 11a ebd.), für Abfallbeseitigung, Luftreinhaltung und Lärmbekämpfung (Art. 74 Ziff. 24 GG) im Jahre 1972, die Rahmenkompetenz für das Hochschulwesen (Art. 75 Ziff. 1a GG) im Jahre 1969.

neue Abschnitt „Gemeinschaftsaufgaben" eingeführt (Art. 91a und b GG)[79], die freilich jüngst besonders umstritten sind.

Fragen wir nach den realen und idealen Kräften hinter den einzelnen (bundesstaatlichen) Verfassungsänderungen, so stoßen wir auf jene Fülle verfassungsgestaltender Potenzen, die auch die anderen Formen des Wandels tragen: politische Parteien (auf Parteitagen und in Bundestagsdebatten), die Verfassungspraxis, Staatsrechtslehrer und Praktiker in Gutachten oder sonstigen Arbeiten (in concreto das *Troeger*-Gutachten" von 1966), die Staatsrechtslehrertagungen (in concreto 1960 bzw. 1962, VVDStRL 19, S. 1ff. bzw. 21, S. 66ff., und 1972, VVDStRL 31, S. 13ff.), Gerichte usw. Sie alle partizipieren am Wandel, sind Teil dieser Vorgänge der Anpassung und des Widerstands, der Produktion und der Rezeption. Freilich: Die Aufgaben und Sachbereiche, Formen und Verfahren können zwar genannt werden – das letzte „movens" der Verfassungsgeschichte läßt sich dadurch allerdings nicht erfassen. Für die Zukunft wird man nur allgemein sagen können, daß das GG mit neuen Knappheiten, aber auch mit neuem Überfluß fertig zu werden hat[80], mit der Knappheit der Ressourcen (etwa der Energie und der Umwelt), daß es Wege zu finden hat, wie die Jugend für den Verfassungsstaat als Kulturstaat zu gewinnen ist, und daß es die technologischen Veränderungen und ganz neuen Möglichkeiten im Medienbereich verarbeiten muß.

Ob und wie das aber durch Verfassungs*interpretation,* „Verfassungs*wandel*" oder Verfassungs*änderung* geschehen kann, vermag niemand vorauszusagen. Es dürfte sich um Prozesse handeln, die nicht nur wirtschaftliche oder politische Ursachen haben. Sie umfassen übergreifend kulturelle Entwicklungen.

Die Zeit äußert sich gerade in diesen Vorgängen, *rechtlich* wird sie meist erst spät greifbar (von der gewandelten Verfassungsinterpretation bis zur formalisierten Verfassungsänderung), sozio-*kulturell* ist sie für empfindlichere Seismographen wie Kunst und Literatur schon früher spürbar. Die *rechtliche* Erfassung von Wandel ist meist erst die *Schluß*phase. Verfassungstheoretisch muß jetzt den *kulturellen* Prozessen, ihren Äußerungsformen und Gestaltungsmächten die Aufmerksamkeit gelten.

---

[79] Dazu I. VON MÜNCH/J. A. FROWEIN, VVDStRL 31 (1973), S. 13ff. bzw. 51 ff.; S. MARNITZ, Die Gemeinschaftsaufgaben des Art. 91a GG als Versuch einer verfassungsrechtlichen Institutionalisierung der bundesstaatlichen Kooperation, 1974.
[80] Allgemein dazu H. F. ZACHER, VVDStRL 38 (1980), S. 153 (155).

2. Thematisierung der Zeit durch den kulturwissenschaftlichen Ansatz

2.1. Der Brückenschlag zu einem komplexen kulturellen Zeitbegriff – Zeit als kulturelle Kategorie

2.1.1. Verfassungen als Garanten von Kontinuität und Wandel

Die Bestandsaufnahme hat gezeigt, wie sich verfassungsstaatliche Verfassungen zwischen Tradition und Zukunft entfalten und zu bewähren suchen; insgesamt eine eindrucksvolle Entwicklungsgeschichte[81], in der manche Momente des kulturellen „Erbes" aber auch verworfen oder vergessen wurden. „Verfassung in der Zeit" ist, aufs Ganze des Werdens des Verfassungsstaates gesehen, keine Zeit *ohne* Verfassung! Es gibt seitdem kein Denken über die Zeit jenseits aller verfassungsstaatlichen Elemente – selbst nicht am Vorabend von Verfassunggebungen[82]. Der Zeitfaktor prägt nämlich Verfassunggebung besonders, denn hier wird eine „neue" Verfassung kreiert. Die neue Zeit beginnt meist mit einem Akt der Verfassunggebung. In dem Maße, wie sich Verfassungsinterpretation und Verfassunggebung im Rahmen des westlichen Verfassungstypus näher rücken[83], relativiert sich aber die Bedeutung der Verfassunggebung und damit der sogenannte „neue Anfang". Gerade der *verfassungskulturelle* Ansatz baut Brücken von der alten zur neuen Verfassung, die die formaljuristische,

---

[81] Die in Deutschland erreichten *Verfeinerungen* der Instrumente und Verfahren (z. B. das verfassungsrichterliche Sondervotum und Art. 79 Abs. 3 GG) erlauben sogar, von einem „Fortschritt" im Ausbau des Verfassungsstaates zu sprechen. Freilich: Die verfassungsstaatlichen Instrumente zur Einbindung von Entwicklungen sind nicht per se Instrumente für den „Fortschritt". Reformen können, müssen aber nicht zu Besserem führen.

[82] Ex post gesehen verlaufen die geschichtlichen Entwicklungen eher kontinuierlich. Für den Verfassungsjuristen sind sie der Eigenheit des Rechts gemäß, das sich an Äußerem, Greifbarem, z. B. an Terminen, festhalten muß, weniger kontinuierlich: eine Verfassungsänderung kulminiert in einem bestimmten vorgeschriebenen Verfahren, zu einem bestimmten „Zeit*punkt*", ein Sondervotum objektiviert sich – vielleicht nach längerer Vor-Diskussion in der Wissenschaft und im Gericht – mit *einem Mal*. Über die „Totalrevision" einer Verfassung, etwa der Schweizerischen, wird dann *einmal* entschieden (oder sie wird verworfen).

[83] Dazu P. HÄBERLE, Verfassungsinterpretation und Verfassunggebung (1978), in: *ders.*, Verfassung als öffentlicher Prozeß, 1978, S. 182 ff.; s. auch *meine* Besprechung in: AöR 106 (1981), S. 149 ff.

vom Volkssouveränitätsdogma verfälschte Betrachtung, fixiert auf den explosionsartig gedachten Akt der Verfassunggebung, nicht sehen kann. – Hier ein Beispiel: Vieles an der Weimarer Verfassung war schon außer Kraft, bevor revolutionäre Akte des NS-Regimes sie auch formell außer Kraft setzten. Umgekehrt haben sich formell fortgeltende Verfassungsprinzipien über eine längere Zeit hin stärker geändert, als dies die bloß juristische Betrachtungsweise erkennen kann: sei es über tiefgreifende formelle Verfassungsänderungen, die weite Ausstrahlungswirkungen entfalten, sei es durch „stillen Wandel" der Interpretation desselben Textes. Die Tiefenwandlungen der USA-Bundesverfassung im Laufe von 200 Jahren vermag nur eine kulturwissenschaftliche Verfassungsbetrachtung zu erfassen.

Unser Denken von „Zeit" geschieht heute je immer schon im Kraftfeld von einzelnen Verfassungen als Beispielen des Typus: Verfassungen als freiheitliche Ordnungen des Pluralismus versuchen der Zeit in *doppelter* Weise gerecht zu werden: in Gestalt der Bereitstellung von Verfahren, die Konflikte im sozialen *Wandel* befrieden und auffangen, aber auch durch Schaffung von Instituten, die *Dauer* garantieren und Identität des einzelnen und des politischen Gemeinwesens im Wandel sichern[84]. Verfassungen schaffen und bewahren ein Stück kul-

---

[84] Vermutlich gibt es ein optimales Verhältnis zwischen den eher vergangenheitsorientierten „rezeptiven" und den eher zukunftsorientierten „prospektiven" Teilen verfassungsstaatlicher Verfassungen. Ein Übermaß an „Neuanfängen" könnte die neue Ordnung zu labil machen, ein Übermaß an Rezeptionstätigkeit der verfassunggebenden Kräfte könnte (wie beim GG?) zu früh Verfassungsänderungen oder andere Formen des Wandels erzwingen. Ein Denken, das Verfassungen möglichst in der Zeit sich entwickeln sehen will, wird beide Extreme meiden. Unter dem Zeitaspekt kann es sich empfehlen, eine ausgeglichene „Mischung" von bloßen Kompetenznormen einerseits, „zwingenden" Verfassungsaufträgen andererseits herzustellen. Werden zu viele – unerfüllbare – Verfassungsaufträge postuliert, wird die Verfassung u. U. im ganzen unglaubwürdig, weil sie nicht alle gleichzeitig einlösen kann. Werden nur formale Kompetenzen eingeräumt, bleibt der Forderungscharakter von Verfassungen zu schwach und zu blaß. Im ganzen wäre eine Skala von Techniken zu erstellen, wie der Verfassunggeber die Zeit in die Verfassung einbaut. Neben der erwähnten „großen" Abstufung von der Verfassungsänderung über das Sondervotum bis zum Wandel durch Interpretation träte „im kleinen" eine weitere Differenzierung: vom Programmsatz und von der bloßen formalen Kompetenz (Art. 15 GG) über die materielle Kompetenz (Art. 74 Ziff. 16 GG) bis zum Verfassungsauftrag – z. B. Art. 6 Abs. 5 GG.

turreller Kontinuität[85]. Wie stark ist z. B. unser Bewußtsein seit 2 Jahrhunderten von Menschenwürde, (kultureller) Freiheit, Toleranz, Gewaltenteilung, Pluralismus etc. geprägt! Unser modernes Rechtsbewußtsein ist aber zugleich besonders von der Idee geformt, Recht und Gerechtigkeit seien *wandelbar,* die „Reform des Rechts" sei für das Recht wesentlich, bis hin zur Konsequenz einer „Reform der Reformen".

2.1.2. *Zeit als kulturelle und interdisziplinäre Kategorie*

Die Kategorie „Zeit", wie sie sich im Verfassungsrecht ausprägt, folgt primär der zeitlichen Strukturierung der täglichen Handlungen des Menschen (und seiner „Anschauungen" mit subjektiv-objektiven[86]

---

[85] Einen Teilaspekt liefert hier z. B. die unter Historikern geführte Kontinuitäts-Diskussion: s. H. M. BAUMGARTNER, Kontinuität als Paradigma historischer Konstruktion, in: Philosophisches Jahrbuch 1973, S. 254ff.; grundsätzlich jetzt: R. KOSSELECK, Vergangene Zukunft. Zur Semantik geschichtlicher Zeiten, 1979.

[86] Auch auf Verfassungsebene hat Zeit *objektive* und *subjektive* Komponenten. Einerseits finden sich durch die Objektivität der Zeit festgelegte Fristen (etwa Art. 68 Abs. 2 GG), andererseits auch Zeitregelungen, die subjektivierende Elemente enthalten, also auf Vorstellungen der Individuen abstellen. Ein Beispiel für die subjektive Komponente ist der häufig erscheinende Begriff „unverzüglich" (z. B. in Art. 63 Abs. 4 S. 1, Art. 76 Abs. 2 S. 3, Art. 115b Abs. 2 S. 2, Art. 115 l Abs. 2 S. 3 GG, Art. 101 Abs. 2 S. 2 Verf. Hessen, Art. 21 Abs. 2 S. 1 Verf. Niedersachsen, Art. 52 Abs. 3 S. 2 Verf. Nordrhein-Westfalen). Deutlich werden subjektive Zeitvorstellungen auch herangezogen, wenn darauf abgestellt wird, daß etwas „als besonders eilbedürftig bezeichnet" wurde (Art. 76 Abs. 2 S. 3 GG), „für dringlich erachtet" bzw. „bezeichnet" wird (Art. 84 Abs. 5 S. 2, Art. 85 Abs. 3 S. 3, Art. 115d Abs. 2 S. 1 GG), oder daß die Lage „ein sofortiges Handeln erfordert" (Art. 115a Abs. 2 S. 1, Art. 115i Abs. 1 GG) oder daß etwas nicht mehr „rechtzeitig" möglich ist (Art. 115 Abs. 2, Abs. 3 S. 2, Art. 115e Abs. 1 GG). Derartige Formulierungen finden sich besonders zahlreich in den Bestimmungen des GG für den Verteidigungsfall (Art. 115a ff.). Die Ausnahmesituation rechtfertigt es, ansonsten – auch zeitlich – festgelegte Verfahrensabläufe stärker von subjektiven Zeiteinschätzungen abhängig zu machen und dadurch flexibler und reaktionsschneller zu werden. – Auch soweit sich das Verfassungsrecht (Art. 19 Abs. 4, Art. 103 Abs. 1 GG) im einfachen Recht niederschlägt, ist ggf. auch auf die die Zeit subjektivierenden Momente abzustellen, so etwa bei der Wiedereinsetzung in den vorigen Stand. Bei verspätetem Eingang wegen einer unüblichen langen Postbeförderungsdauer ist zwar die Frist – objektiv – versäumt. Aber bei der Frage der Wiedereinsetzung wird auf die subjektive Zeitvorstellung zurückgegriffen. Wenn zu einem Zeitpunkt abgesendet wurde, in dem bei normaler Beförderungsdauer mit rechtzeitigem Eingehen gerechnet werden konnte, liegt kein die Wiedereinsetzung hinderndes Verschulden vor (BVerfGE 44, 302, 306; 50, 1, 3; st. Rspr.).

Komponenten) bzw. seiner Gemeinschaft. Dieses Bewußtsein und Verständnis von Zeit[87] als Strukturmerkmal sozialer Ordnungen und menschlicher Erfahrungen steht nicht neben, sondern im *Zusammenhang* mit den Ausprägungen von „Zeit" in den übrigen Wissenschaften[88] und Künsten, weil diese alle[89] letztlich Ausformung einer Kulturperiode sind. So gewiß die „Eigenständigkeit" des Rechts (und der Rechtswissenschaft) gegenüber dem Sozialen (und den Sozialwissenschaften) bleibt[90], so sicher hat das Recht, besonders das Verfassungsrecht, Teil an der *Gesamtkultur* einer Zeit, also auch am *Denken* über Zeit und *Handeln* in und mit der Zeit (bzw. ihrem „Tempo")[91].

[87] Neben der Zeit ist es der *„Raum"*, der menschliches Handeln strukturiert. Und vielleicht gehören die Verfassungstheorie der Zeit und des Raumes letztlich zusammen. Ansätze zu einer Verfassungstheorie des Raumes bei P. HÄBERLE, Kulturpolitik in der Stadt – ein Verfassungsauftrag, 1979, S. 38 ff.; s. auch R. WENDORFF, Zeit und Kultur, 1980, S. 660 f.

[88] S. aus der Ethnologie: U. R. VON EHRENFELS, Zeitbegriff und Stufenfolge in völkerkundlicher Sicht, Studium generale 19 (1966), S. 736 ff.; J. T. FRASER, The interdisciplinary study of time, Studium generale 19 (1966), S. 705 ff.; ders. (ed.), The study of time, 1972; R. W. MEYER (Hrsg.), Das Zeitproblem im 20. Jahrhundert, 1964; W. E. MOORE, Man time and society, 1963; J. PIAGET, Die Bildung des Zeitbegriffs beim Kinde (1955), 1974; M. SCHÖPS, Zeit und Gesellschaft, 1980; H. YAKER (ed.), The future of time, man's temporal environement, 1971; J. A. ROTH, Time tables, 1963.

[89] Die *Gestaltungs*möglichkeiten der Geisteswissenschaften sollten nicht gering geschätzt werden. Sie entscheiden mit, welche Klassikertexte als solche tradiert werden, sie bestimmen das „kulturelle Erbe", das z. B. eines *Montesquieu* nicht entraten kann. Die Rechtswissenschaft arbeitet dabei Hand in Hand mit der Politik- und Geschichtswissenschaft. Die Wiederentdeckung eines *Tocqueville* war auch ein Dienst am Verfassungsstaat als gemeineuropäischer Leistung.

[90] Vgl. K. LARENZ, in: FS E. R. Huber, 1973, S. 291 ff.

[91] Die Berufung auf eine spezifische Aufgabe des Juristen, „Recht dem Unrecht" und „Ordnung dem Chaos" abzutrotzen, und eine scharfe Gegenüberstellung vom offenen Prozeß des politischen, sozialen und kulturellen Lebens und einem rechtlich geordneten Bereich, also auch von Politik und Recht (vgl. W. HENKE, in: Der Staat 19 [1980], S. 181, [190 f. bergen]), einen verkappten Dezisionismus. Der Verzicht, das Verfassungsleben als realen und i. w. S. kulturellen Prozeß in seinen (tatsächlich vorhandenen) vielfältigen Wirkungen auf das Verfassungsrecht weder bei der Interpretation des Grundgesetzes noch bei der theoretischen Analyse der Verfassungen von vornherein einzubeziehen, muß zu einem rechtspositivistisch halbierten Rationalismus führen. Er kann bereits die Vielfalt verfassungsrechtlicher Interpretationsstreitigkeiten in Wissenschaft und Praxis nicht erklären, geschweige denn nach übergreifenden Maßstäben entscheiden, sondern nur in „richtig" oder „falsch" sortieren. Erst und nur ein Rückgriff auf die realen, sozio-kulturellen Hintergründe von Interpretationsdivergenzen kann rationalere Maßstäbe für rechtliche Entscheidungskonflikte erarbeiten – und

Der die Wissenschaften und Künste einer Epoche verbindende interdisziplinäre Zeitbegriff ist gewiß *komplex*[92] und findet seine Grenzen an der Relativität der auf die jeweiligen Gegenstandsbereiche der Einzelwissenschaften zugeschnittenen Zeitbegriffe und Zeithorizonte. Gleichwohl lassen sich dank des Zusammenhanges der Kultur der jeweiligen Epoche im Zeitverständnis[93] Aspekte eines gemeinsamen *kulturellen* bzw. *kulturbedingten* Zeitbegriffs erarbeiten, die der Verfassungsrechtswissenschaft weiterhelfen[94]. Das Bewußtsein vom immer rascheren Wandel dürfte eine solche Gemeinsamkeit sein, die für die Verfassungen und ihre Kultur ähnlich wie für andere Wissenschaften und die Künste gilt.

Umgekehrt dürfen etwa die Sozialwissenschaften die spezifische Verwendungsweise von Zeit durch den Juristen, z. B. die differenzierten Instrumente des Verfassungsrechts, nicht einebnen[95], etwa unter

damit die rechtliche Diskussion vertiefen, ohne diese damit schon der Politik auszuliefern. Soweit sich die dem Prozeß der Rechtserzeugung durch Norminterpretation zugrunde- und vorausliegenden sozio-kulturellen Prozesse im Gehalt von offenen Rechtsnormen verdichten, ermöglichen sie eine kulturwissenschaftlich vertiefte Verfassungsinterpretation. Gewiß sind dabei der Wortlaut als Grenze der Auslegung und methodische Disziplin zu beachten, doch werden Wortlaut und Methodik oft überschätzt (was durchaus kein Widerspruch ist); anders freilich B. SCHLINK, in: Der Staat 19 (1980), S. 73 (84), der sich dann aber selber (S. 91, vgl. auch 105) relativieren muß: jeder Anspruch auf Methodenklarheit kann die Grenzen der Rechtswissenschaft als einer letztlich hermeneutischen Disziplin nicht überspringen.

[92] Vgl. nur N. LUHMANN, in: W. SCHLUCHTER (Hrsg.), Verhalten, Handeln und System, 1980, S. 32ff., hier S. 56ff.; s. a. *ders.*, Soziologische Aufklärung 2, 1975, S. 103ff.; vgl. auch N. ELIAS' Unterscheidung zwischen zwei Begriffen von „Zeit": der physikalischen Zeit („Fließbandzeit der Momente") und der historisch-gesellschaftlichen Zeit der Utopie als „Prozeßzeit", in der sich die Vergangenheit über die Gegenwart mit der Zukunft zusammenschließt (FAZ vom 26. 6. 1981, S. 25, Utopie-Kolloquium in Bielefeld).

[93] Im diesem Sinne: R. WENDORFF, Zeit und Kultur, 1980, z. B. S. 653ff.

[94] Ein Einblick in das in der Verfassung zum Ausdruck gelangende Zeitverständnis einer Rechtskultur ergibt sich auch aus Einsichten in das Selbstverständnis des Menschen und Bürgers überhaupt.

[95] Damit soll keiner Immunisierungsstrategie das Wort geredet werden. Z. B. wird die Unterscheidung von „Zeit im Verfassungsrecht" und „Verfassung in der Zeit" unschwer Kontakt finden zu N. LUHMANNS Differenzierung von punktueller (irreversibler) Gegenwart und dauernder (reversibler) Gegenwart, finden Kontinuität und Wandel von Verfassungen bzw. ihren Kulturgehalten in seinem Zeitbindungseffekt eine parallele Analyse (auf anderer, allgemeiner Ebene), s. *ders.*, in: W. SCHLUCHTER (Hrsg.), aaO., S. 41f. bzw. 47f. Die Notwendigkeit, bei interdisziplinären Bemühungen die un-

der Forderung „sofortiger und totaler Rezeption von Wandel durch das Recht"[96]. Dies bedeutete Auflösung des Rechts, Verlust der Rechtssicherheit und damit eines Gerechtigkeitselements sowie Negierung der Verfassung, die nach ihrem Telos „*Grund*ordnung" sein soll: dazu gehört ein Mindestmaß an *Dauer* und *Stabilität* (z. B. durch Rezeptionen, Disziplinierung richterlicher Rechtsschöpfung, behutsames Vorgehen bei Reformen[97] etc.), dem sich auch ein dynamisches und „prozedurales" Verfassungsverständnis[98] verpflichtet weiß. Hier treffen wir uns mit *R. Wendorff*, der „um einen Ausgleich, ein Gegengewicht gegen die Einseitigkeiten unserer linearen Zeitkultur" ringt[99], nach „bleibenden Werten" sucht[100] und so eine spannungsreiche „Polarität" in der westlichen Welt erhofft[101].

terschiedlichen Handlungszusammenhänge und Konkretionsebenen der einzelnen (besonders: praxisorientierten) Wissenschaften zu berücksichtigen, erweist sich dabei oft als praktische Kommunikationsbarriere.

[96] Das (Verfassungs)Recht und seine Wissenschaft täten sich einen schlechten Dienst, gäben sie jedem sozialen Wandel eilfertig nach, reagierten sie auf *jede* kulturelle Herausforderung oder gar Provokation. Sie verlören ihren Stellenwert im Zusammenwirken mit den anderen kulturellen Faktoren und Vorgängen. Der Weg zwischen Behauptung und Wandel ist gewiß schwer, aber er ist der Weg des (Verfassungs)Rechts. Auch die richterliche Unabhängigkeit gehört zu den verfassungsstaatlichen Instrumenten, die dem „Eigenwert" des Rechts gegenüber anderen Vorgängen dienen wollen und können. Was letztlich den Gang der (Verfassungs)Geschichte steuert, ist eine Frage an das, besser die „Subjekte" der Geschichte. Sie kann nur in Glaubenssätzen beantwortet werden, ein solcher ist der Satz von der dem *Menschen* möglichen Sinngebung der Geschichte i.S. Sir *Poppers*.

[97] An *gesetzlichen Reformen* zeigt sich, wie sehr es *kultureller* Wachstumsprozesse bedarf, damit das – neue – Recht „Wurzeln" schlägt. Ein etwaiges Übermaß an Reformen im rechtlichen Bereich greift nicht mehr. Der Gesetzgeber mag noch so viel „von oben" reformieren: Wird den Reformen nicht genügend Zeit gelassen, in der Praxis zu wirken, werden sie gegenstandslos. Der Prozeß der Rechtsgeltung ist mit der Verkündigung einer Norm im Bundesgesetzblatt nicht gewonnen, denn das Vertrautmachen und Vertrautwerden der Gesetzesadressaten mit der Norm braucht *Zeit*. Die Bedingungen für die Geltung von Rechtsnormen sind letztlich *kultureller* Natur: sie sind weder nur „staatlich" noch nur „gesellschaftlich", weder nur sachlich noch nur persönlich begründet.

[98] Die verschiedenen „Schulen" dürften sich gerade durch ihr unterschiedliches Zeitverständnis, ihre verschiedenen „Einstellungen" zur Zeit unterscheiden: Die ältere denkt eher statisch, die von R. SMEND angeführte Richtung eher dynamisch. Je nach dem ist der Stellenwert von Normativität als „Unverbrüchlichkeit" verschieden; vgl. auch W.-R. SCHENKE, in: AöR 103 (1978), S. 566 (570 ff.).

[99] R. WENDORFF, Zeit und Kultur, 1980, S. 655.

[100] R. WENDORFF, aaO., S. 657.

Halten wir fest: „Brückenbegriff" zu dieser Einbettung des Verfassungsrechts und seiner Zeitprobleme ist die „Kultur", die Methode dieses „Brückenschlages" muß daher kulturwissenschaftlich sein: nur so erscheinen eine theoretische Anbindung des Verfassungsstaates an die Zeit, sein Zugleich von Vergangenheitsorientierung und Offenheit sowie seine materiale Fundierung als Teil eines „kulturellen Wachstumsprozesses" *(L. Kolakowski)* möglich. „Kultur" ist der „Stoff", aus dem Verfassungen werden, sich wandeln und entwickeln, auch „altern"[102].

2.2. Kulturwissenschaftliches Verfassungsverständnis

2.2.1. Der kulturwissenschaftliche Ansatz

Ausgangspunkt ist die Erkenntnis, daß die *Verfassung* nicht nur rechtliche Ordnung für Juristen und von diesen nach alten und neuen Kunstregeln zu interpretieren ist – sie wirkt wesentlich auch als Leitfaden für Nichtjuristen: für den Bürger. Verfassung ist nicht nur juristischer Text oder normatives „Regelwerk", sondern auch Ausdruck eines kulturellen Entwicklungszustandes, Mittel der kulturellen Selbstdarstellung des Volkes, Spiegel seines kulturellen Erbes und Fundament seiner Hoffnungen. *Lebende* Verfassungen sind nicht allein das Werk von Juristen und Politikern, sondern das Werk aller Verfassungsinterpreten der offenen Gesellschaft. Verfassung ist der Form und der Sache nach weit mehr Ausdruck und Vermittlung von *Kultur,* Rahmen für kulturelle (Re-)Produktion und Rezeption und Speicher von überkommenen kulturellen „Informationen", Erfahrungen[103], Er-

---

[101] Dazu R. Wendorff, aaO., S. 653 ff.: „Polarität, Spannung, Ausgewogenheit". – Die Zeitebenen verschränken sich vielfältig: Der Verfassungs*historiker,* der „Vergangenes" berichtet, tritt dabei mehr oder weniger bewußt und offen auch als Kommentator des Gegenwärtigen auf; der staatsrechtliche *Dogmatiker* hat auch seine Vorverständnisse und Anleihen aus der Geschichte und seine Hoffnungen auf die Zukunft; der Verfassungs*politiker* des „Prinzips Hoffnung" lebt auch aus Vergangenheit und Gegenwart und sei es auch nur, indem er ein Kontrastprogramm zu ihnen (bis hin zur „konkreten Utopie") entwirft.
[102] Auf eine Weise geht die Staatsgewalt vom Volk zur Kultur und vice versa, jedenfalls bei einem weit verstandenen Kulturbegriff und offenen Kulturkonzept.
[103] Das (Verfassungs)Recht besitzt aber noch einen besonderen Zeitbezug. In seinen Instituten „speichert" es kulturelle *Erfahrungen.* Ja, sie sind ein Stück Kultur. Die in Jahrhunderten römischer Rechtskultur gewachsenen Erfahrungen haben z. B. in einer Vielzahl noch heute im Bürgerlichen Recht

lebnissen, Weisheiten[104]. Entsprechend tiefer liegt ihre – kulturelle – Geltungsweise[105]. Dies ist am schönsten erfaßt in dem von *H. Heller*

zu findender Formen Gestalt gewonnen. *Montesquieus* Lehre von der Gewaltenteilung als Erfahrung bezüglich der Neigung des Menschen zum Machtmißbrauch ist ein Beispiel für viele. Gerade der *erfahrungswissenschaftliche* Ansatz bringt die Zeit – ja eine ganze Kultur – auf seine Weise in die Verfassungstheorie ein. Das GG ist in vielem Reaktion auf die Erfahrungen in Weimar! Das Minimum an Erziehung, das gerade auch freiheitliche Verfassungen brauchen und vermitteln müssen, ist auch Schaffung von Kontinuität und Stabilität in der Zeitachse. Normierte Erziehungsziele sind wie viele Rechtssätze ein Stück geronnener Erfahrung!

[104] Im nicht-juristischen, kulturanthropologisch bzw. ethnologisch gewendeten Sinne wird der Begriff „Verfassung" nicht zufällig benutzt bei B. MALINOWSKI, Eine wissenschaftliche Theorie der Kultur (1941), 1975, S. 142. – Verfassungstheorie in unserem speziellen Sinne darf die Einsicht in die kulturelle Tiefendimension gerade auch verfassungsstaatlicher Verfassungen nicht verlieren.

[105] Die *Staatsrechtslehre* hat bislang relativ wenig Vorarbeit geleistet für ein kulturwissenschaftliches Verfassungsverständnis bzw. die Konturierung der „Verfassungskultur". Gewiß gehören die kulturwissenschaftlichen Arbeiten eines H. HELLER (Staatslehre, 1934, bes. S. 32ff., 158ff.) ebenso hierher wie die geistes- bzw. kulturgeschichtlichen Ansätze eines R. SMEND, E. KAUFMANN und G. HOLSTEIN (Nachweise in: P. HÄBERLE, Kulturstaatlichkeit und Kulturverfassungsrecht, i.E.); doch sind sie unter dem GG bislang nicht weiter verfolgt worden; seltsamerweise haben weder der Streit um „Staat und Gesellschaft" oder „Verfassung und Verfassungswirklichkeit" noch die Kontroverse um die „Methoden der Verfassungsinterpretation", weder der staatskirchenrechtliche Grundsatzstreit der 60er Jahre noch die jüngste „Grundwertedebatte" zur „Verfassungskultur" hingeführt. Schon die Verfassungs*vergleichung* hätte den kulturwissenschaftlichen Ansatz nahegelegt. Das Privatrecht hat die Arbeit mit Gesichtspunkten der „Rechtskultur" nicht vergessen (F. WIEACKER, Privatrechtsgeschichte der Neuzeit, 2. Aufl. 1967, S. 13, 26; J. ESSER, Grundsatz und Norm in der richterlichen Fortbildung des Privatrechts, 3. Aufl. 1974, weist auf – den Kulturnationen gemeinsame – kulturelle Grundlagen des Rechts und auf von allen *Kultur*nationen anerkannte *Rechts*grundsätze hin, etwa S. 28, 34ff., 378); anders das Verfassungsrecht: hier hat der Gedanke der Rechtskultur bislang wenig Fuß gefaßt. Die Ausblendung dürfte sehr deutsche politische und wissenschaftsgeschichtliche Ursachen haben. Einerseits war die Faszination des Politischen an der Sache Verfassung so stark, daß die Schicht des Kulturellen unbeachtet blieb; andererseits wurde Kultur offenbar – einer deutschen Tradition folgend – als so unpolitisch und „nichtrechtlich" angesehen, daß sie kaum Gegenstand der Staats- und Verfassungslehre wurde (s. etwa die vereinzelte Randbemerkung zur Kulturabhängigkeit von Solidarität bei G. JELLINEK, Allgemeine Staatslehre, 5. Neudruck der 3. Aufl. (1928), 1966, S. 253). Schließlich dürfte die Fixierung auf die *geschriebene* Verfassung als Ursache wirken. Dabei ließe sich die Geschichte der Diskussionen in der Staatsrechtslehre als Prozeß kultureller Produktion und Rezeption beschreiben.

aktivierten Bild *Goethes*, Verfassung sei „geprägte Form, die lebend sich entwickelt".

Vor allem die Präambeln und (ausdrücklichen oder verdeckten) Erziehungsziele (wie Toleranz, Pflichtbewußtsein, Solidarität), auch Symbole und Verfassungstexte i. w. S. wie Klassikertexte[106] formulieren Kulturgehalte der Verfassungen mit eher nicht-juristischen Mitteln und in einer nicht-juristischen Sprache, die vielfach bürgernäher, aber auch „idealistischer" ist als die der übrigen Verfassungstexte. Sie sind eine Art *„nicht-juristische Fassung" der Verfassung.* Als Glaubensartikel wollen sie den „Geist" zum Ausdruck bringen, aus dem die verfassungsjuristische Seite von Verfassungen entsteht und tradiert werden soll. Die Identität einer Verfassung zwischen Überlieferung, Erbe und geschichtlicher Erfahrung einerseits, Hoffnungen, Möglichkeiten und Gestaltungsfähigkeit der Zukunft eines Volkes andererseits ist deshalb erst kulturwissenschaftlich voll erfaßbar[107]. Dank interdisziplinärer (kulturwissenschaftlicher) Arbeitsmethoden kommt dadurch das den Verfassungen Vorausliegende, sie Tragende und Weiterführende ins Blickfeld: die primären schöpferischen Prozesse des (kulturellen) Wandels (wie auch kultureller Kontinuität), die der Verfassungsstaat „im Laufe der Zeit" aufgreift und die er im Wege von „challenge and response", von Versuch und Irrtum im Sinne *Poppers* (nachbereitend) verarbeitet. Der Verfassungsstaat fängt den vielgestaltigen Wandel in Kunst und Wissenschaft, Politik[108] und Wirtschaft auf, er behauptet

---

[106] Einen Zusammenhang von musikalischem Zeitmaß, Taktgefühl, Herrschaftszeit und Herrscherwürde stellt etwa unnachahmlich *Shakespeare* her (vgl. König Richard II., 5. Aufzug, 4. Auftritt). Ein Zeit-Zitat auch in: „Wie es Euch gefällt" (2. Akt, 7. Szene, Jacques).

[107] Vgl. zum kulturwissenschaftlichen Ansatz bereits P. Häberle, Kulturpolitik in der Stadt – ein Verfassungsauftrag, 1979, S. 43 ff.; *ders.*, Kulturverfassungsrecht im Bundesstaat, 1980, S. 62 ff. sowie in: VVDStRL 38 (1980), S. 114 ff. (Diskussion); *ders.*, in: FS H. Huber, 1981, S. 211 (212, 228 ff.).

[108] So schwer es ist, das *Politische* am Verfassungsrecht in bündigen Umschreibungen wie „anderer Aggregatzustand" etc. einzufangen, so schwer erweist es sich, das *Kulturelle* „am", „im" und „hinter" dem Verfassungsrecht „dingfest" zu machen. – Was ist das „Motorische" im Verfassungsleben, an Verfassungsnormen? Es ist das *Kulturelle*, nicht etwa nur das Politische. Verfassungsprinzipien entstehen aus kulturellen Prozessen, sie wandeln sich aus ihnen. Die primäre, wenn nicht ausschließliche Fixierung auf das Politische hat den übergreifenden Zusammenhang der Kultur in den Hintergrund treten lassen. Diese Präponderanz des Kulturellen kann sich auch auf sozialwissenschaftliche Grundlagentheorien berufen: s. etwa T. Parsons Selbstverständnis als „Kulturdeterminist" in: *ders.*, Gesellschaften, 1975, S. 173 ff. (175); krit. differenzierend W. Schluchter, in: W. Schluchter (Hrsg.), Verhalten, Handeln und System, 1980, S. 106 (115 f.),

sich aber auch durch *Eigen*leistungen (nicht zuletzt eben darin[109]). Das kulturwissenschaftliche Verfassungsverständnis sucht eine Erweiterung der wissenschaftlichen Horizonte und eine Vertiefung bzw. Ausleuchtung des Verfassungsstaates auf seine Hintergründe[110]; es ermöglicht damit eine „gründlichere" Thematisierung der „Zeit in der Verfassung" und der „Verfassung in der Zeit", indem es die Verfassung in den kulturellen Kontext ihrer Zeit stellt. Die Zeit spiegelt sich in *kulturellen* Entwicklungen und Kristallisationen „früher" und „genauer" wider als in *juristischen* Formen und Verfahren, Inhalten und Instituten; „Möglichkeitsdenken"[111] ist primär in Kunst und Philosophie zuhause[112].

Die tieferen kulturellen Impulse und „feineren" Strömungen, die etwa zu „Verfassungswandel", zur Vorwirkung von Gesetzen führen (oder nicht), werden durch ein „nur-juristisches" Verfassungsverständnis allenfalls mittelfristig greifbar. Zeitlich kann es meist nur Ergebnisse registrieren. Diese rechtlichen Ausformungen halten übrigens aus gutem Grund länger an Traditionen fest, als dies im „Kulturspiegel" anderer Wissenschaften, aber auch der („seismographischen") Künste und im Spektrum anderer „Medien" (wie der Politik) der Fall

der aber selber für das Verhältnis von Kultur und ihren Bezug auf *alle* Lebensordnungen (auch die rechtlich-politische) auf das soziologische Konzept der „Interpenetration", d. h. der *wechsel*seitigen Verschränkung und Beeinflussung zurückgreift (S. 130 ff.). – *Kultureller* Wandel geht den *juristischen* Formen der Verarbeitung von Wandel meist voraus. Das läßt sich an Beispielen von Verfassungsänderungen (Gemeinschaftsaufgaben des Art. 91a und b GG!) ebenso belegen wie in der Reform einfachen Rechts. Die Entkriminalisierung des herkömmlichen Sexualstrafrechts in den 70er Jahren entsprach tieferen kulturellen Wandlungen im sozialethischen Bereich.

[109] Es gilt deshalb, die verfassungsstaatlichen Methoden und Instrumente zu verfeinern bzw. zu sensibilisieren, die die Entwicklungsvorgänge auffangen, welche die Makrodimension „Verfassung in der Zeit" und die Mikrodimension „Zeit im Verfassungsrecht" prägen.

[110] Das kulturwissenschaftliche Verfassungsverständnis bedeutet keine Preisgabe der verschiedenen Spielarten bewährter juristischer Verfassungsverständnisse und -funktionen; diese behalten ihr *relatives* Recht: als „materielles" oder soziologisches, als „positives" oder „historisches" Verfassungsverständnis.

[111] Vgl. P. HÄBERLE, Demokratische Verfassungstheorie im Lichte des Möglichkeitsdenkens (1977), in: *ders.*, Verfassung als öffentlicher Prozeß, 1978, S. 1 ff.

[112] Der Jurist hingegen arbeitet eher im nachhinein und relativ „oberflächlich", verhältnismäßig technisch und vordergründig; er arbeitet mit der Zeit (d. h. mit Tradition und Wandel, Erbe und Hoffnung, Geschichte und Offenheit in der Zukunft) mehr aus „zweiter Hand".

ist. Die vielen Möglichkeiten in einer als offen gedachten Geschichte kann der Jurist mit seinem „Handwerk" *und* seiner „Kunst" gewiß nur ausschnittweise erfassen; aber er muß wissen, daß er in einem übergreifenden – kulturellen – Zusammenhang steht.

All dies ist Korrelat (nicht Surrogat) der Verfassung als juristischem Ensemble von formalen und formalisierten Techniken, juristischen Methoden, Dogmen, Instituten und inhaltlichen Prinzipien. Die Erarbeitung der kulturellen Dimension der Verfassung will also nicht „gesicherte Juristenkunst" in Frage stellen. Der Verfassungsjurist hat sogar auf seinen mehr äußerlichen Instrumenten und Inhalten zu beharren – um der Verfassung als eines spezifisch *rechtlichen* Gerüsts willen, das sie *auch* ist. Aber die Verfassung ist mehr: zum Bürger und Gemeinwesen hin ein Stück kultureller Grundlegung und Identität[113].

Die offene Gesellschaft findet so ihre – kulturelle – *Grundierung*. Sie geschieht nur sehr vermittelt und oberflächlich, fragmentarisch und begrenzt durch das Recht als solches. Grundlegend werden andere Substanzen: der Kulturverbund eines Volkes, seine praktizierten Erziehungsziele etc., kurz: die Kultur eines Volkes. Auch das den Verfassungsnormen Zugrundeliegende und sie Umgebende an „Verfassungskultur" gehört hierher.

Der vieldiskutierte *soziale* Grundkonsens ist nur ein Teilaspekt: Die offene Gesellschaft wird vor allem durch einen *kulturellen Konsens* konstituiert. Er steht nicht in der Verfassung „geschrieben"; er findet sich dort nur bruchstückhaft, aber er ist letztlich das „geistige Band", das ein Volk heute und in der Generationenfolge umschließt: z. B. in Gestalt von Klassikertexten, nationalen Gedenktagen und anderen „kulturellen Kristallisationen" im Verfassungsrecht. Anders formuliert: Die Verfassung des Pluralismus ist von vornherein eine Bezugnahme auf den kulturellen Zusammenhang eines Volkes, wie er in großen Zeiträumen geworden ist. *Wie* sie dies – vor allem in der Zeitachse – leistet, ist jetzt näher zu erörtern: unter den Stichworten Verfassungskul-

---

[113] Der kulturwissenschaftliche Ansatz will das vorherrschende Verfassungsverständnis nur *ergänzen* um das, was die Verfassungsinterpreten im weiteren Sinne, die „nichtjuristischen" Bürger leben, praktizieren, begreifen. Beide Seiten zusammen, die juristische und die kulturwissenschaftliche Seite, machen das Ganze einer Verfassung aus. Das hat Konsequenzen z. B. im Erzieherischen: Der pädagogische Auftrag des GG fordert nicht so sehr Vermittlung theoretisch-juristischen Wissens – das bleibt Sache der zunftmäßigen Juristen. Es geht um Vermittlung der Verfassung als Rahmen für und *Teilaussage* über Kultur bzw. Erziehungsziele. *Die Verfassung ist insoweit Schulbuch und Lehrbuch.*

tur, kulturspezifische Verfassungsinterpretation und kulturelle Freiheit.

2.2.2. „Verfassungskultur"

„Verfassungskultur" erweist sich als der Begriff, der sprachlich den kulturwissenschaftlichen Ansatz mit dem Verfassungsverständnis sachangemessen verknüpft[114]. Er hat primär den Bürger und die Pluralgruppen zum aktiven und passiven Adressaten, nicht den (Verfassungs-)Juristen. Verfassungskultur ist der Inbegriff der (subjektiven) Einstellungen, der Werthaltungen und des Denkens sowie des (objektiven) Handelns der Bürger und Pluralgruppen, der Organe auch des Staates etc. im Verhältnis zur Verfassung. Ihr Bild von der Verfassung aus ihrer jeweiligen Rolle als Literat, Künstler, Arbeiter, Professor, Beamter ist ein Stück Verfassungskultur! Verfassungskultur ist die *nichtjuristische Fassung der Verfassung eines politischen Gemeinwesens!*

Zum Beispiel sind die Grenzen der Verfassungsänderung weniger in einer rechtlichen sog. „Ewigkeitsklausel" wie in Art. 79 Abs. 3 GG, einer typischen „Juristennorm", zu suchen als vielmehr über praktizierte

---

[114] Der Begriff der „politischen Kultur" wird seit geraumer Zeit diskutiert; aus der Fülle der Literatur zur „politischen Kultur" zuletzt etwa: P. REICHEL, in: PVS 21 (1980), S. 382 ff. und die von ihm angeregte Diskussion: D. BERG-SCHLOSSER, H. GERSTENBERGER, K. L. SHELL/J. SCHISSLER sowie O. W. GABRIEL, in: PVS 22 (1981), S. 110 ff., 117 ff., 195 ff. sowie 204 ff.; G. A. ALMOND/S. VERBA *(Eds.),* The civic culture revisited, 1980; H. RAUSCH, Die politische Kultur in der Bundesrepublik Deutschland, 1980; M. und S. GREIFFENHAGEN, Ein schwieriges Vaterland. Zur politischen Kultur Deutschlands, 1979, bes. S. 18 ff.; T. STAMMEN, in: J. BECKER (Hrsg.), Dreißig Jahre Bundesrepublik – Tradition und Wandel, 1979, S. 11 ff.; s. auch SPD-Grundwertekommission (Hrsg.), Theorie und Grundwerte. Zur politischen Kultur in der Demokratie, 1980; ferner T. RASEHORN, in: Frankfurter Hefte, 1980, H. 9, S. 18 ff.; w. Nw. bei J. SCHISSLER, in: ZfP 25 (1978), S. 154 ff. (Fn. 1 ff.) und P. HÄBERLE, Kommentierte Verfassungsrechtsprechung, 1979, S. 448 (Fn. 69). – Demgegenüber besitzt „Verfassungskultur" noch keine Tradition. Die Sache, die sie meint, ist freilich unter anderen Namen schon berührt worden. Das Wort vom Verfassungsrecht als „politischem Recht" (R. SMEND, auch H. TRIEPEL), D. SCHINDLERS „Ambiance", aber auch die jüngsten Überlegungen zum – kulturellen – Kontext von Verfassungsnormen liefern erste Gesichtspunkte für die Erarbeitung der „Verfassungskultur". Gemeint ist das den Verfassungstext Überschreitende, Um-, ja Übergreifende, gemeint ist das Ensemble von Werthaltungen, Denkrichtungen, Gewohnheiten und Einstellungen, in das der Verfassungstext eingebettet ist und aus dem heraus er entsteht, sich wandelt und mitunter auch vergeht.

Erziehungsziele im Blick auf Menschenwürde und Toleranz, Freiheit und Gleichheit: „Pädagogische Verfassungsinterpretation" als Vehikel für Verfassungskultur und der pflegliche Umgang mit der qualitativ verstandenen Verfassung werden zur wirklichen Garantie der Verfassung[114a].

Bis aus „erlassenen" Verfassungen eine (Verfassungs)Kultur wird, braucht es viel Zeit. Darum muß der Satz, unser GG sei die freiheitlichste Verfassung, die es je auf deutschem Boden gab, durch die Frage relativiert werden, wie tief die „politische Kultur" auch in Krisen demokratisch gegründet sei, wie sehr sich in Wort und Tat der einfache Bürger mit den Grundrechten aller anderen Bürger identifiziere, nicht nur mit den eigenen[115], und wie pfleglich die Verfassung von allen gewahrt werde. Verfassungskultur ist insofern *stärker zeitabhängig* als verfassungsrechtliche Regeln; sie kann eine Verfassung dennoch tiefer gründen.

[114a] Ein Aspekt der Verfassungskultur ist die *„Grundrechtskultur"*. Verfasser hat diesen Begriff erstmals 1978 vorgeschlagen (P. HÄBERLE, Verfassung als öffentlicher Prozeß, 1978, S. 587f.) und später näher präzisiert (in DERS., Kommentierte Verfassungsrechtsprechung, 1979, S. 88ff.). Gemeint ist die These, die Grundrechtswirklichkeit erwachse *nicht allein* aus juristischen Grundrechtstexten, sondern aus einer Vielzahl anderer (Kultur-)Inhalte und -Funktionen. Eine noch so hoch differenzierte Grundrechtsdogmatik (wie in der BR Deutschland) ist noch keine Garantie dafür, daß Grundrechte auch wirklich gelebt werden. Die *„Kultur der Freiheit"* bestimmt sich aus einem großen Datenkranz: aus Bürgersinn, dem Engagement der Bürger für (ihre) Grundrechte und ihrer Bereitschaft, Verantwortung zu übernehmen, republikanischen Traditionen und Tugenden (wie sie vor allem in Frankreich bestehen, das darum auch keinen juristischen Grundrechtsperfektionismus braucht), Verhaltensethiken der Medien, dem wissenschaftlichen Selbstverständnis der Staatsrechtslehrer und ihrer Bereitschaft, mit dem Pluralismuspostulat in jeder Hinsicht ernst zu machen, anderen Berufsethiken, kulturellen „Instanzen" wie Literatur und Literaten etc. Gerade die kulturelle Grundrechtsvergleichung wird bei ihrer Erklärung von Unterschieden und Gemeinsamkeiten in den einzelnen Verfassungsstaaten und bei der Suche nach funktionalen Äquivalenten einzelner Rechtsinstitute ohne den Begriff gewachsene „Grundrechtskultur" nicht auskommen.

[115] Die bayerische Popularklage bei Grundrechtsverletzungen (Art. 98 Bayer. Verf.) gibt eine spezifische Chance, mit den Mitteln des Rechts durch den Weg zum Verfassungsgericht auf Dauer mehr Grundrechtskultur zu erreichen. Vielleicht ist „Verfassungskultur" die Zeit „in Gedanken" *und praktisches Handeln* (!) gefaßt, um *Hegels* Wort abzuwandeln. Die Aufdeckung

„*Verfassungskultur*" bedarf der Unterscheidung vom Kulturverfassungsrecht. „*Kulturverfassungsrecht*"[116] umschreibt den kulturrechtlichen *Teil* der Verfassung, mit dem andere wie der rechts- bzw. sozialstaatliche in einem weniger intensiven Zusammenhang stehen. „Verfassungskultur" meint demgegenüber *alle*, auch vor-verfassungsrechtlichen identitätsbestimmenden Bereiche der Verfassung eines politischen Gemeinwesens vom Typus des *westlichen Verfassungsstaates*[117].

Das Verfassungsrecht unterscheidet sich wie alles Recht vom „bloß Kulturellen" durch die *rechtliche Verbindlichkeit*. Das Kulturelle hat eigene Geltungskraft und eigenen Geltungsstand, es wirkt ohne direkt juristische Sanktionen[118].

Für den Bereich der Demokratie können Felder genannt werden, in denen das Verfassungsrecht Raum läßt für *eigenes „Gewächs"* politi-

des kulturellen Hintergrundes verfassungsstaatlicher Verfassungen dient sowohl der Erarbeitung des *Idealtypus* „Verfassungsstaat" mit kulturellen Elementen, als auch der Erfassung der je *individuellen* Verfassungskultur eines Volkes. „Grundrechtskultur" ist etwa in Frankreich und Deutschland in vielem toto coelo verschieden, z. B. in Bezug auf die gerichtliche Durchsetzbarkeit hier, die Sensibilität der öffentlichen Meinung als „Hüter der Grundrechte" dort. Und so prägend Kontexte für Rechtstexte sind, so sehr gibt es doch genuin gemeineuropäisches „kulturelles Erbe" in Sachen Grundrechte. M.a.W.: Der kulturwissenschaftliche Ansatz im Verfassungsrecht ist keine nationalstaatliche Verengung, sondern beides: Individualisierung einerseits, Generalisierung andererseits.

[116] Spezifische Impulse für die Verfassungskultur eines Volkes kommen aus seinem *Kulturverfassungsrecht*. Die Gemeinsamkeit von Kulturverfassung und Verfassungskultur ist nicht nur nomineller Art. Kunst und Wissenschaft liefern ständig „Material", Schöpferisches, das sich zu einem Stück Verfassungskultur verdichten kann. Die wissenschaftliche Aufbereitung des Parlamentarismus dient ebenso der Verfassungskultur, wie die Erschließung der vielfältigen Dimensionen der Grundrechte der „Grundrechtskultur" förderlich ist.

[117] Die *öffentliche Meinung* prägt nicht nur das Politische im demokratischen Gemeinwesen; sie umfaßt, belebt und prägt indes noch einen anderen, nicht minder wichtigen Bereich: den *kulturellen*. Die kulturelle öffentliche Meinung ist nicht nur ein Faktor in den Entwicklungsprozessen des Kulturverfassungsrechts. Sie wirkt auch in allen Bereichen der Verfassungskultur.

[118] An der Sozialethik läßt sich dies besonders belegen. Das Verfassungs- und Familienrecht regeln ihre Sache nur fragmentarisch. Welche Familienkultur (oder Vereinskultur) sich im übrigen wie entwickelt, läuft nach eigenen „Gesetzen". Alle juristische Gleichberechtigung zwischen Mann und Frau kann nicht verhindern, daß soziokulturell immer noch weite Bereiche nicht „egalisiert" sind.

scher Kultur[119]. Verfassungskultur nimmt dabei Elemente dessen auf, was man in Deutschland allenfalls „Nationalkultur" nennt: Das Wahlverhalten der Bürger, etwa die Bereitschaft, „Machtwechsel" auch wirklich herbeizuführen (wie in England), Parlamentsbräuche und praktizierter Ehrenkodex der Abgeordneten, die Rolle des Journalismus, auch der freien Advokatur, Sensibilität, Wachsamkeit und Kritikbereitschaft der öffentlichen Meinung, all das sind Momente einer „Verfassungskultur"[120].

„Verfassungskultur" könnte so zum Stichwort werden, das die Beiträge aller denkenden und handelnden Bürger, insbesondere vieler Wissenschaften zur „Verfassung einer Zeit" integriert. Das Wort, „wir" seien Hüter der Verfassung, bedarf der Erstreckung auf alle Bürger und nicht zuletzt auf alle Wissenschaftler. So schwer es ist, der Zeit wissenschaftlich „auf der Spur" zu bleiben: Erscheinungsformen, Wachstumsprozesse, Wandel und Auflösungsvorgänge könnten dank des verfassungskulturellen Ansatzes transparenter und greifbarer werden.

2.2.3. *„Kulturspezifische Verfassungsinterpretation"*

„Wenn zwei Grundgesetze dasselbe sagen, so ist es nicht dasselbe." Dieser Satz *R. Smends* von 1951 führt auf die Frage, wie es zu rechtfertigen sei, daß dieselben juristischen Texte, etwa in den Menschenrechtspakten zwischen Ost und West, aber auch in den einzelnen Verfassungsstaaten des Westens verschieden interpretiert werden und verschieden interpretiert werden dürfen. Der sachliche Hintergrund, auf

---

[119] „Politische Kultur" geht der Verfassungskultur in zeitlicher Hinsicht oft voraus, man kann auch sagen, diese bilde einen spezifischen Aggregatzustand jener. Es besteht aber *keine* volle Identität. *Verfassungs*kultur setzt einen höheren Grad an Dichte, Beständigkeit, Dauer und Objektivation voraus als „politische Kultur". Nicht alles, was politische Kultur ist, wird zur Verfassungskultur. Der Wortbestandteil „Verfassung" in „Verfassungskultur" ist ernst zu nehmen: Er verlangt ein Mindestmaß an Dauer und Objektivierbarkeit. Das „Gewachsensein" ist stabiler geworden. Verfassungskultur ist Ergebnis generationenlanger Arbeit an der Verfassung.

[120] Im einzelnen kann der Inhalt von „Verfassungskultur" ambivalent sein. Die hohe Wahlbeteiligung bei Bundestagswahlen kann als charakteristisches Merkmal der Verfassungskultur angesehen werden, die vom „Willen zur Verfassung" i.S. von K. Hesse gekennzeichnet ist (so: H.-P. Schneider, in: AöR-Beiheft 1, 1974, S. 64 ff. [68 ff.]), aber auch als Signal für politische Störungen oder politischen Zwang (vgl. in dieser Tendenz R. Dahrendorf, Für eine Erneuerung der Demokratie in der Bundesrepublik, 1968, S. 36 ff.).

dem die einzelnen Auslegungsmethoden „gebündelt" werden, ist die den jeweiligen Verfassungsstaat grundierende nationale *Kultur*. M. a. W.: Derselbe Text gewinnt in den einzelnen Rechtskulturen einen je unterschiedlichen Inhalt. „Kulturspezifische Verfassungsinterpretation" meint die Methoden und Verfahren, aber auch „Hintergründe" für diese Auslegung.

Diese „Relativität" des Inhalts von Rechtstexten ist kein notwendiges Übel, sondern durch die Sache bedingt. Die Individualität einer Verfassung färbt identisch erscheinende Texte inhaltlich verschieden ein, d. h. sie prägt sie *kulturspezifisch*[121].

Kulturspezifische Verfassungsinterpretation vermag der Zeit daher am besten „auf die Spur" zu kommen. Die Methoden der Verfassungsinterpretation haben dem Zeitfaktor mehr oder weniger verdeckt Eingang ins Geschäft der Auslegung verschafft. Zum Teil verabsolutieren sie einzelne „Zeiten"[122]. *H. Ehmkes* flexible Anwendung der einzelnen Interpretationsmethoden[123] ist daher ein Durchbruch gewesen, doch blieb offen, nach welchen Maßstäben die einzelnen Auslegungsmethoden letztlich kombiniert werden sollen. Da die einzelnen Interpretationsmethoden unterschiedliche Ausschnitte dessen beibringen, was *kulturell* in der Zeit geschieht, könnte die kulturwissenschaftliche Ver-

---

[121] Die Rechtsvergleichung im öffentlichen Recht hat, soweit ersichtlich, bislang noch nicht das Kulturspezifische methodologisch thematisiert (zur Rechtsvergleichung: J. H. KAISER, H. STREBEL, R. BERNHARDT und K. ZEMANEK, in: ZaöRV 24 (1963), S. 391 ff., 404 ff., 431 ff. bzw. 452 ff.; J. M. MÖSSNER, in: AöR 99 (1974), S. 193 ff.; s. auch P. HÄBERLE, in: K. VOGEL (Hrsg.), Grundrechtsverständnis und Normenkontrolle, 1979, S. 65 f. – Diskussion –). Das überrascht, da bei der Menschenrechtsdiskussion unschwer zu erkennen ist, daß die juristischen Texte verschieden verstanden werden und auch – ohne „schlechtes Gewissen" – verschieden verstanden werden *dürfen*. Gewiß wurde längst die Relevanz der „ambiance", (D. SCHINDLER), der Geschichte etc. erkannt. M. E. fehlt es aber an der Beantwortung der Frage, wie sich die kulturspezifischen Unterschiede zwischen den Völkern in der juristischen Interpretation auswirken. Bündelt das Kulturspezifische Inhalte oder wirkt es über Methoden oder ist es selbst Methode?

[122] Die historische Auslegung hebt nur auf den Entstehungszeit*punkt* der (Verfassungs)Rechtsnorm ab – berühmt-berüchtigt ist die heute noch in Österreich propagierte „Versteinerungstheorie"! –, die objektive Auslegungsmethode stellt praktisch auf Gegenwart und zum Teil auch auf die Zukunft ab, ohne daß dies immer offen zum Ausdruck käme. Eine allein folgenorientierte Auslegungsmethode könnte das Verfassungsrecht zum Situationsrecht pervertieren lassen.

[123] H. EHMKE, VVDStRL 20 (1963), S. 53 (57 ff.), jetzt in: *ders.*, Beiträge zur Verfassungstheorie und Verfassungspolitik, 1981, S. 329 (332 ff.).

fassungsinterpretation einen Rahmen für die Kombination der Methoden bei der Verfassungsauslegung bieten.

Recht und Rechtswissenschaft, Gesetzgeber und Richter leben nicht aus sich selbst. Sie sind auf „Materialien" angewiesen, auf „Anstöße" und „Stoffe", z. B. auf neue Gerechtigkeitselemente, neue Erkenntnisse und Erfahrungen, aber auch neue Hoffnungen und Ideale, die das bisherige Recht in neuem Licht erscheinen lassen, oder die sie zwingen, die herkömmlichen Inhalte zu verteidigen. Im Bewußtsein, daß das Recht selbst Faktor und Ausdruck von Kultur ist, können sie – in ihren Kunstregeln „diszipliniert" – auch auf diese kulturellen Entwicklungen zurück-, notfalls auch vorausgreifen. Diese „kulturspezifische Verfassungsinterpretation" ist gewiß kein „Zauberstab", der nun die Auslegungsprobleme plötzlich löste. Wohl aber gewinnt die Verfassungsinterpretation offener als bisher Anschluß nicht nur an die sozialen und wirtschaftlichen, sondern vor allem an die kulturellen Bewegungen, Entwicklungen und Selbstbehauptungen, die ein politisches Gemeinwesen charakterisieren[124].

Inkurs II: Die Wiederbelebung der Republikklausel: ein Beispiel für verfassungskulturelle Wachstumsprozesse

Am Beispiel des Verfassungsprinzips „Republik" (Art. 20 Abs. 1, 28 Abs. 2 GG) zeigt sich, wie stark das Verfassungsrecht in „kulturelle Wachstumsprozesse" eingebettet ist, wie sehr juristische Interpretationsvorgänge vom Kulturellen, nicht primär Juristischen abhängig sind: sachlich und personal, und wie eine wenig beachtete „formaljuristische" Bestimmung „im Laufe der Zeit" Leben (wieder)gewinnt bzw. aus der kulturellen Ambiance aktualisiert wird, sich aber auch wandelt: als Teil kultureller (Re-)Produktion und Rezeption.

Die Republikklausel war seit Gründung der Bundesrepublik wissenschaftlich vernachlässigt worden. Ungeachtet verschiedener Wiederbelebungsversuche durch Hinweis auf den Bezug zur „res publica" und „salus publica"[125] ist die der Allgemeinen Staatslehre entlehnte

---

[124] Ein Beispiel ist das ökologische Denken. Erst nach dem Interesse der geistigen Avantgarde der Gesellschaft, von Philosophen, Geisteswissenschaftlern und Künstlern, versucht die Rechtswissenschaft, Anschluß zu finden: so C. SENING, Bedrohte Erholungslandschaft, 1977, S. 80.
[125] K. HESSE, Grundzüge des Verfassungsrechts der BR Deutschland, 12. Auflage 1980, S. 50f., 110; 4. Aufl. 1970, S. 50f., 103; 1. Aufl. 1967, S. 50f., 103; P. HÄBERLE, Öffentliches Interesse als juristisches Problem, 1970, S.

bloß negative Definition vorherrschend: Republik als „Nichtmonarchie"[126]. In unseren Tagen kamen Anstöße aus dem kulurell-politisch-literarischen Raum, die sich um neue bzw. positive Sinngebung bemühen und den Begriff zu „besetzen" trachten: Denkern und Dichtern gelangen kulturelle Vorleistungen. Ich erinnere an die „Briefe zur Verteidigung der Republik", die weniger Juristen[127] denn Literaten (namentlich z. B. *H. Böll, N. Born, D. Kühn, H.-E. Nossack* oder *M. Walser*)[128] schrieben, oder an *W. Jens' „Republikanische Reden" (1979)*. *Erst danach* haben sich Juristen wieder der Sinnfülle des Republik-Begriffs erinnert[129]. Sie arbeiten ex post: bewußt oder unbewußt beflügelt durch kulturelle Reproduktion. Darum ist auch das Kulturverfassungsrecht als Umhegung des Schöpferischen so wichtig. Die „Republik" wird jetzt i.S. von „freiheitlich", „demokratisch" und „verantwortlich" verstanden. Einmal so (re)aktiviert, kann die „Republik" von allen Verfassungsinterpreten der offenen Gesellschaft gelebt und in allen Formen – als Rechtssatz und als Erziehungsziel – juristisch und pädagogisch verwirklicht werden.

Dieses *materiale Republik*verständnis hat in Europa *eine* Bewährungsprobe schon bestanden: *Picasso* hatte testamentarisch verfügt, das Bild „Guernica" dürfe erst dann nach Spanien gebracht werden, wenn dort „die Republik" wieder eingeführt sei. Diese Bedingung war von den Nachlaßverwaltern und Erben *Picassos* zu Recht als Formel

708, 728; *ders.*, Verfassung als öffentlicher Prozeß, 1978, S. 68, 198, 206, 487.

[126] Vgl. z. B. G. JELLINEK, Allgemeine Staatslehre, 5. Neudruck der 3. Aufl. 1928, 1959, S. 711. – Das 74spaltige Sachregister von: HERB. KRÜGER, Allgemeine Staatslehre, 2. Aufl. 1966 (1028 S.) kennt das Stichwort „Republik" gar nicht.

[127] S. aber die Briefe von ULRICH KLUG und RICHARD SCHMID.

[128] Hrsg. von F. DUVE, H. BÖLL und K. STAECK, 1977 (dazu auch die anschließende Kontroverse zwischen K. SONTHEIMER und J. HABERMAS, in: SZ vom 26./27. 11. 1977, jetzt in: J. HABERMAS, Kleine Politische Schriften I–IV, 1981, S. 387ff.); vgl. von den gleichen Hrsg. auch den Band: „Kämpfen für die sanfte Republik", 1980; auch in anderen Schriften dieser Verlagsreihe wurde der Topos „Republik" aktiviert: vgl. W. D. NARR (Hrsg.), Wir Bürger als Sicherheitsrisiko. Beiträge zur Verfassung unserer Republik, 1977; s. auch M. GÜDE, L. RAISER, H. SIMON und C. F. VON WEIZSÄCKER, Zur Verfassung unserer Demokratie, 4 republikanische Reden, 1978. Inzwischen ist der Begriff „von links" fast gängig, vgl. den Titel von Bd. 1 der Stichworte zur „geistigen Situation der Zeit", hrsg. von J. HABERMAS, 1979: „Nation und Republik".

[129] Vgl. etwa K. LÖW, in: DÖV 1979, S. 819ff.; J. ISENSEE, in: JZ 1981, S. 1ff.; W. HENKE, in: JZ 1981, S. 249ff.; P. HÄBERLE, in: FS H. Huber, 1981, S. 211 (237f.).

„wenn wieder demokratische, freie Verhältnisse herrschen" interpretiert worden, das könne auch in einer parlamentarischen Monarchie – wie dem heutigen Spanien – sein[130].

2.2.4. „Kulturelle Freiheit" – Grundpflichten

„Kulturelle Freiheit" wird der Begriff, durch den jetzt die Grundrechtstheorie Anschluß an die Zeitproblematik gewinnt – durch die Untersuchung, welches die kulturellen (kulturstaatlichen) und kulturspezifischen Bedingungen von grundrechtlicher Freiheit und Menschenwürde sind, wie sie sich kulturell wandeln und „erfüllen". Die Grundrechtskataloge mögen äußerlich einander noch so ähnlich sein: Was sie inhaltlich bedeuten, ergibt sich erst aus dem kulturellen Kontext[131]. Daran bewährt sich kulturspezifische Verfassungsinterpretation.

Es gibt keine Freiheit ohne Kultur! Der individuelle Freiheitsgebrauch ist durch zahlreiche historische Erfahrungen und Vergewisserungen vorgeprägt, d. h.: der kulturell-zeitliche Faktor bestimmt die Freiheit mit[132]. Der Jurist stößt hier notwendig auf die Grenzen seiner Disziplin. Er kann „das Kulturelle" nicht im einzelnen definieren und

---

[130] Vgl. FAZ vom 23. 1. 1981, S. 21 und vom 2. 3. 1981, S. 23. – Das Wort von der Verfassung als großem „Angebot" (G. HEINEMANN) läßt sich auch für einzelne ihrer Prinzipien fruchtbar machen. Wir kennen Beispiele für die „Renaissance" von Verfassungssätzen, etwa den Erziehungszielen und „sozialen Grundrechten" der Länderverfassungen (dazu B. BEUTLER, Das Staatsbild in den Länderverfassungen nach 1945, 1973; P. HÄBERLE, VVDStRL 30 (1972), S. 43, (90ff.). Das Gegenteil ist ebenfalls geläufig: Das *Vergessen* von Verfassungsinhalten und -aufträgen, z. B. die Grundpflichten oder Art. 29 Abs. 1 a.F. GG. Verfassungen als „juristische Regelwerke" leben nicht aus sich selbst; sie sind oft eher die Folie für substanziell tiefere Vorgänge kultureller Natur (das Politische ist nur *ein* Aspekt).

[131] Grundrechtsvergleichung ist nur als *interkulturelle* Vergleichung möglich, der äußere Textvergleich liefert nur erste Anhaltspunkte. Der kulturelle Kontext erst zeigt die reale Bedeutung von Grundrechten. Sozialwissenschaftliches Arbeiten allein wäre zu eng. So sehr alle Grundrechte „soziale Grundrechte in einem weiteren Sinne" sind, so wichtig wird ihre *kulturelle* Tiefendimension: auch in der Generationenfolge und im Wandel der Verfassungsentwicklungen eines Volkes.

[132] Die wachsende Individualisierung und Privatisierung der Verfügungsmacht über Zeit – z. B. durch Arbeitszeitverkürzung, Gleitzeit, spezifische Ansprüche auf Teilzeit-Arbeit einerseits, durch zeitliche Nicht-Gebundenheit z. B. an kulturelle Veranstaltungen durch Tonband, Schallplatten, Filme oder die zukünftigen Videotechniken andererseits – aktualisieren die kulturellen Bindungen von Freiheit immer mehr.

ist daher auf die Erkenntnisse anderer Disziplinen angewiesen. Er soll daher z. B. die Kunstfreiheitsgarantie möglichst formal und weit fassen, damit Kunst und Künstlern möglichst viel Raum bleibt[133]. Wie stark hier der Wandel ist, läßt sich an den variablen Grenzen erkennen: *Bergmanns* Film „Das Schweigen" fällt heute unter die Freiheit der Kunst des Art. 5 Abs. 3 GG, vor Jahrzehnten wurde das noch verneint oder doch bestritten. In der Konsequenz liegen Bemühungen, die im Kulturverfassungsrecht erkennbaren Freiheitsgehalte i. S. eines *offenen Kulturkonzepts* zu entfalten[134]. Das bedeutet dann auch, dem Kulturstaat zur Aufgabe zu machen, auf seine Weise die kulturellen Grundrechte zu effektivieren i. S. kultureller, vor allem prozessual wirksamer Teilhaberechte[135].

Juristische Garantien für kulturelle Freiheit schaffen zwar noch keine kulturelle Freiheit, sind aber Bedingungen ihrer Möglichkeit: Der durch Grundrechte garantierte Freiheitsraum für die einzelnen öffnet das politische Gemeinwesen als Kulturgemeinschaft all jenen Prozessen und Ausprägungen, Erkenntnissen und Werken, die seine Identität ausmachen. Klassikertexte und ihre je neue (Re)Aktualisierung durch Interpretation, wissenschaftliche Erkenntnisse, Kunstwerke jeder Art, politische Philosophien und wirtschaftliche Innovation sind Konsequenz und Ausdruck komplexer, im weitesten Sinne verstandener „kultureller" Freiheit[136]. Sie führen diese zugleich zu „neuen Ufern". Die kulturell erfüllte Freiheit eines *J. Beuys* hat in der Zeitachse gesehen Auswirkungen auf die rechtliche Freiheitsgarantie: Diese erweitert

[133] So der Ansatz von W. KNIES, Schranken der Kunstfreiheit als verfassungsrechtliches Problem, 1967.
[134] Dazu P. HÄBERLE, Kulturpolitik in der Stadt – ein Verfassungsauftrag, 1979, S. 34f., 37, 57ff.; *ders.*, Kulturverfassungsrecht im Bundesstaat, 1980, S. 13ff.
[135] Ein neuralgischer Punkt ist die Frage des Anspruchs auf Subventionierung von Privattheatern.
[136] Kulturelle Wachstumsprozesse verlaufen über ein Wechselspiel von „potentieller" Freiheit, über „erfüllte" Freiheit bzw. kulturelle Freiheitsergebnisse bis zu Werken, von denen aus wieder neue individuelle Freiheit möglich, aber auch notwendig ist und gewagt werden muß (mit der Möglichkeit des Scheiterns). Kulturelle Freiheit ist – in der Zeitachse betrachtet – eine Leistung vieler Generationen, im „Querschnitt" gesehen ist sie Produktion vieler unterschiedlicher Kreise und Gruppen eines Volkes bzw. Verfassungsinterpreten. Von der individuellen Statur eines Volkes aus gesehen ist Freiheit wesentlich um ihrer „Objektivationen" und „Materialisierungen" sprich: Resultate willen garantiert, die ihre Einzelausübung hervorbringen kann. Die heutigen Bemühungen um „alternative" Kulturformen sind kein Widerspruch, sondern eher Bestätigung des hier formulierten Zusammenhangs von Kultur und Freiheit.

sich. *F. Schillers* kulturell im „Don Carlos" manifestierte Forderung nach „Gedankenfreiheit" bleibt ein Klassikertext mit Langzeitwirkung über viele Verfassungsepochen. *B. Brechts* Frage „Alle Staatsgewalt geht vom Volke aus, aber wo geht sie hin?" ist ein Stachel im Fleisch jeder Demokratietheorie. Kurz: Das jeweils Neue entsteht aus kultureller Freiheit, es „gerinnt" zu einem Stück (Grundrechts-)Kultur[137] und treibt deren Entwicklung weiter.

Einen solchen Entwicklungsprozeß veranschaulicht auch das Beispiel der *Grundpflichten*. In Bezug auf sie fehlt bislang eine differenzierte Verfassungstheorie. Angesichts der aktuellen Herausforderungen und Knappheiten, als „Grenzen des Sozialstaats" diskutiert, angesichts erneuerter Einsichten in die Solidarität als Bedingung menschlicher Gemeinschaft (die französische Revolution verlangte auch die „Brüderlichkeit"[138]!), stellt sich heute die Frage, ob Wiederbesinnung auf die Grundpflichten nicht ein Gebot der Zeit wäre[139]. Vermutlich muß die Treuhandpflicht, die einer Verfassung für ihre Kulturgüter gegenüber den späteren Generationen obliegt, auch von der Grundpflichtenseite des Bürgers her konstruiert werden. Menschenwürde konstituiert sich – wie alle kulturelle Freiheit – aus den Leistungen früherer Generationen und verpflichtet auch zur Rücksicht auf spätere. Vielleicht stehen wir schon heute und hier vor einer solchen „Renaissance" der *Grundpflichten*[140].

---

[137] Ausprägung der „kulturellen Freiheit" ist die „Grundrechtskultur", d. h. der die Grundrechte betreffende Ausschnitt der „Verfassungskultur" und damit ein Stück der *nichtjuristischen (Ver)Fassung des Gemeinwesens*. Grundrechtskultur ist nur zum Teil das Werk von juristischen Verfassungstexten und juristischer Dogmatik, sie erwächst vielmehr auch aus republikanischen Traditionen, wie sie sich im Funktionieren der öffentlichen Meinung, in der Berufsethik von Journalisten (vgl. Institutionen wie den deutschen Presserat) oder in „Spielregeln" der Massenmedien zeigt. Vgl. zum Ganzen P. HÄBERLE, Kommentierte Verfassungsrechtsprechung, 1979, S. 88 ff.

[138] HERB. KRÜGER, Brüderlichkeit – das dritte, fast vergessene Ideal der Demokratie, in: Festgabe für T. Maunz, 1971, S. 249 ff.

[139] S. jetzt R. STOBER, Grundpflichten und Grundgesetz, 1979.

[140] Auf diese Weise würde die oft nur als Lippenbekenntnis, bestenfalls „idealistisch" formulierte Bindungsseite der Freiheit eingelöst, wie es sich der Sache nach schon in der Ausgestaltung des Verwaltungsrechtsverhältnisses zeigt: vgl. P. HÄBERLE, Das Verwaltungsrechtsverhältnis – eine Problemskizze, in: *ders.*, Die Verfassung des Pluralismus, 1980, S. 248 ff.

3. Die Verfassung als Generationenvertrag zum Schutz von Kulturgütern der Nachwelt – dargelegt an aktuellen Beispielen: Umweltschutz, Grenzen der Staatsverschuldung als Testfall für „Zeit und (Verfassungs)Kultur"

3.1. Der verfassungstheoretische Ansatz

Die Erarbeitung des Zeitproblems im Verfassungsrecht steht heute in zwei Fragen von hoher, auch tagespolitischer Brisanz vor ihrer Bewährungsprobe: bei der Ermittlung von Grenzen der Staatsverschuldung und bei der Kernenergie. Da das „positive" Verfassungsrecht hier zunächst wenig Anhaltspunkte gibt – sieht man von Art. 115 Abs. 1 S. 2 GG bzw. Art. 2 Abs. 2 GG einmal ab –, ist die Verfassungstheorie gefordert.

Die Sensibilisierung für die Dimension der Zeit geschieht hier nicht allein im Zeichen der Verarbeitung oder gar Stimulierung von *Wandel,* sondern umgekehrt auch im Zeichen der *Bewahrung* eines bestimmten kulturellen „Erbes" im Interesse späterer Generationen[141]. Ihnen soll die überkommene politische Gestaltungsfreiheit erhalten bleiben: Ihre Demokratie[142], ihr Selbstbestimmungsrecht, ihre Grundrechte könnten ja in der Substanz getroffen sein, wenn wir, die heutige Generation, via Staatsverschuldung über Gebühr auf Kosten der späteren lebten; ihre Umwelt und damit Bedingungen ihrer Menschenwürde, ihre Natur und Kultur, ihre Humanität und Freiheit wären existentiell gefährdet, wenn die Lagerung von Atommüll unabsehbare Gefahren für ihr Leben zur Folge hätte[143]. Aus einer „Vorwirkung" von Ver-

---

[141] Bemerkenswert F. VILMAR, in: Die neue Gesellschaft 28 (1981), S. 458ff., der an die erste Stelle der Wertetabelle die Sicherung der menschlichen Existenz gestellt sehen will und eine neue „Ethik der Erhaltung, der Bewahrung, der Vergütung und nicht des Fortschritts und der Vervollkommnung" fordert. S. auch H. JONAS, Das Prinzip Verantwortung, 1980, der die Prüfung verlangt, was die Natur an menschlicher Erfindungskraft noch ertragen könne und eine Ethik der „Fernverantwortung" fordert.

[142] Der Zusammenhang zwischen Staatsschulden und den Lebensbedingungen der Demokratie ist – im Anschluß an J. BUCHANAN und R. WAGNER – behandelt bei G. PÜTTNER, Staatsverschuldung als Rechtsproblem, 1980, S. 9, 11.

[143] Die „Sache Kultur" ist intensivierter Ausdruck erfüllter, betätigter, nicht zuletzt erarbeiteter personaler Würde. Sie ist weder für den Staat „verfügbar" noch für die Menschenwürde nur instrumental zu verstehen.

fassungsrechtsgütern, deren Adressaten noch ungeboren sind[144], ist eine Verfassungspflicht des und im Heute zu folgern, die Vielfalt von Natur und Kultur für die Nachwelt zu bewahren, fortzuentwickeln und ihr den entsprechenden Rahmen zu geben. Mit dem vielberufenen Schutz des „Erbes der Menschheit" ist auch verfassungsstaatlich ernst zu machen: mit der Kraft eines Verfassungsauftrages.

Die Verfassungstheorie ist für den natürlichen und kulturellen Generationenschutz in der Zeitdimension noch wenig gerüstet. Erst in unseren Tagen wird das „kernenergiespezifische Risikopotential in der Zeit" begriffen. Es erwächst aus der Gefahr möglicher Spätfolgen gegenwärtiger Radioaktivitätsbelastungen, durch die Langlebigkeit radioaktiver Abfallstoffe und durch das zeitlich nicht mehr überschaubare „Risikopotential der Nuklearentsorgung"[145].

Staatsverschuldung erscheint in der Zeitachse gesehen als eine Art versteckter Besteuerung der künftigen Generationen. Deren Schutz müßte im Rahmen des Übermaßverbots „vorwirken": Die heutige Generation darf nicht auf Kosten der nächsten im Übermaß leben. Gewiß kann Staatsverschuldung heute auch Ermöglichung und Sicherung der Existenz künftiger Generationen sein, etwa bei sog. „Zukunftsinvestitionen". Aber das ist nur die eine Seite. Von einem bestimmten Punkt an schlägt Staatsverschuldung von der *Leistung für* die Zukunft in eine („hypothekarische") *Belastung der Zukunft* um[146].

M. E. kann nur ein tieferer, eben der *kulturwissenschaftliche* Ansatz die „Nachwelt" schon heute so in den Gesichtskreis und Verantwortungsbereich des Verfassungsstaates und seines Rechts, bzw. der Verfassungspolitiker und -interpreten einbeziehen, daß die materiellen und ideellen Lebensvoraussetzungen dieser Nachwelt gesichert werden. Im Treuhandgedanken, kombiniert mit der Menschenwürde,

---

[144] Die „Ungeborenen" werden immer mehr zum Adressaten der Literatur und des Rechts: vgl. etwa LOUISE WEISS' Botschaft „an die Ungeborenen" (1980) bzw. das Votum des BVerfG zugunsten des ungeborenen Lebens in der § 218-Entscheidung (E 39, 1)!

[145] Dazu jetzt C. DEGENHART, Kernenergierecht, 1981, S. 162 ff., mit einer Argumentation aus Art. 2 Abs. 2 GG. Zum „Schutz der Nachwelt" durch das GG und den „zeitlichen Dimensionen staatsrechtlicher Verantwortung" jetzt grds. H. HOFMANN, Rechtsfragen atomarer Entsorgung, 1981, S. 259 ff., 262 ff.

[146] Treffend H. EHMKE, Grenzen der Verfassungsänderung, 1953, S. 130, jetzt in: *ders.*, Beiträge zur Verfassungstheorie und Verfassungspolitik, 1981, S. 129 (im Blick auf Budgetrecht und Staatsschulden): „Ebenso ist eine Belastung der zukünftigen Generationen, die die Freiheit des politischen Lebens für sie in Frage stellen würde, als verfassungswidrig zu betrachten".

steckt die ethische (Selbst)Verpflichtung zum Schutz späterer Generationen. „*Verfassung*" ist von vorneherein auch im Blick auf und in Verantwortung für spätere Generationen des verfaßten Volkes zu denken, wie immer dies rechtstechnisch geleistet wird (etwa über den Vertrag zugunsten Dritter, der Ungeborenen). Die Verfassung von heute trägt schon etwas von der Verfassung der Zukunft in sich. Sie hat Verantwortung für diese *eine* Verfassung. Befaßte sie sich nur mit dem Heute, rechtfertigte sie sich nur vor dem Heute, wäre dies ebenso egozentrisch wie fragmentarisch. Mit der „Offenheit der Verfassung" muß auch insoweit ernst gemacht werden, als in der Gegenwart die Garantien für eine *offene Zukunft* geschaffen werden: dazu gehört das Ringen um Grenzen der Staatsverschuldung und der Schutz späterer Generationen vor unberechenbaren Atomrisiken. Offene Zukunft und offene Gesellschaft gehören zusammen.

3.2. Insbesondere: Umweltschutzfragen im Atomzeitalter

„Verfassung als Vertrag", der sich hic et nunc, aber auch in der Zeitachse ständig erneuert[147], ist der erste Gesichtspunkt. In Polen jüngst praktiziert, ist Verfassung als Vertrag vielleicht eine „kulturelle Invariante" i. S. *Kolakowskis*[148], eine Als-Ob-These, um in Gemeinschaft zu leben und zu überleben[149]. Der so *dynamisiert* begriffene Genera-

---

[147] A. Renans „plebiscite de tous les jours" ist zu sehr von der Volkssouveränität her gedacht, es sollte in das Vertragsdenken umgewandelt werden: i. S. eines ständig erneuerten Gesellschaftsvertrages, der in Art. 1 GG (Menschenwürde) wurzelt und im allgemeinen Wahlrecht eine Ausprägung besitzt; vgl. auch R. Bäumlin, Staat, Recht und Geschichte, 1961, S. 46 f.

[148] L. Kolakowski, In der Sackgasse der Kulturanthropologie, in: Merkur 1980, S. 1188 ff.

[149] Zur Verfassung als Vertrag mein Augsburger Vortrag von 1978: Verfassungsgerichtsbarkeit als politische Kraft, in: P. Häberle, Kommentierte Verfassungsrechtsprechung, 1979, S. 438 ff.; s. auch P. Saladin, in: AöR 104 (1979), S. 345 (372 ff.). – Gesellschafts- bzw. Generationenvertrag ist eine verfassungsrechtlich ebenso notwendige wie hilfreiche „Fiktion", so sehr sich gewiß verfassungsvertragliche Momente gerade heute auch in der Realität finden. Jedenfalls muß sich die heutige Generation in Grenzen einer Selbstbindung im Blick auf die künftige unterwerfen. Das Vertragsmodell kann dabei Schutz gegen Willkür bieten.

tionenvertrag, aus der Sozialversicherung[150] ein wohlbekanntes „Raster"[151], dürfte gute Argumente aus *J. Rawls* für unsere Zeit erneuerter Lehre vom Gesellschaftsvertrag erhalten[152]. Vertragspartner ist – vorweggenommen – auch die kommende Generation, jedenfalls muß mit dieser „Fiktion" gearbeitet werden[153]. So sehr man versuchen darf, Grenzen der Verfassungsänderung zu konstruieren, um diese spätere Generation zu *binden* (vgl. Art. 79 Abs. 3 GG), so sehr muß dieselbe Generation *freigestellt* bleiben, darf man sie also nicht durch ein Übermaß an Umweltgefährdung belasten, muß es eine verfassungsstaatliche *Selbstbindung* (auch via Grundpflichten) des und im Heute geben. Konkret: Unberechenbare Atomrisiken[154] für spätere Generationen dürfen nicht eingegangen werden.

[150] Wie *nahe* die Zukunft auch im Recht sein kann, zeigt ein Blick auf die *Sozialversicherung* und die drohende Überlastquote. Sie muß schon heute mit Zahlen rechnen, die sich auf das Jahr 2030 beziehen: denn dann hat die kommende Generation die jetzige rentenmäßig zu versorgen. Schon heute entstehen zahlenmäßig Größen, an denen sich Politik und Recht zu orientieren haben, auch wenn sie rechnerisch in der Zeitachse ständig revidiert werden müssen. Der Generationenvertrag ist ein Gesellschaftsvertrag „im Laufe der Zeit", ein *dynamisierter Gesellschaftsvertrag*. Er bezieht jedenfalls die ganze Tiefe von Vergangenheit, Gegenwart und Zukunft eines Volkes ein und zeigt, daß der Zeitfaktor Grundprobleme der Verfassungslehre existentiell bestimmt: s. auch W. Schmitt, in: DVBl. 1979, S. 873 (875ff.); ferner: T. Maunz/H. Schraft, in: Die Sozialversicherung der Gegenwart, Jahrb. Bd. 7 (1968), S. 5 (9). Zur Figur des „Generationenvertrags" auch BVerfGE 53, 257 (292f., 295); s. auch E 53, 164 (177): keine Überforderung der „arbeitenden Generation".

[151] Vgl. bereits K. Mannheim, Das Problem der Generationen (1928), in: *ders.*, Wissenssoziologie, 2. Aufl. 1970, S. 509ff.

[152] J. Rawls, Eine Theorie der Gerechtigkeit, 1979, bes. S. 27ff.

[153] Der Jurist arbeitet auch sonst mit Fiktionen, vgl. zur „logischen Sekunde" etwa F. Wieacker, in: FS Erik Wolf, 1962, S. 421ff.; er hält in Brüsseler EG-Gremien die „Uhr" an. S. auch SV Geller, Rupp, BVerfGE 31, 334ff.; P. Häberle, Bespr. in DÖV 1981, S. 809f.

[154] BVerfGE 49, 89 (137ff.) hält zwar auch bereits Regelungen, deren Vollziehung erst zu erheblichen Grundrechts*gefährdungen* führen kann, für potentiell verfassungswidrig (141f.). Die Entscheidung nimmt aber das sog. „Restrisiko" jenseits der „Schwelle praktischer Vernunft" (143) in Kauf, weil ein Schadenseintritt „nach dem Stand von Wissenschaft und Technik *praktisch* ausgeschlossen" erscheine (143). Dieses Restrisiko bezieht sich indes nur auf die Genehmigung der einzelnen Kraftwerksanlagen – die (ungeklärte) Frage der *Entsorgung* wurde nicht entschieden, vielmehr unter Hinweis auf ein „Nachfassen" des Gesetzgebers z. Zt. („bisher") offen gelassen. Die – *irreversible!* – Belastung der späteren Generationen auf viele Jahrhunderte mit unserem Atommüll um einiger Jahrzehnte Wachstum willen läßt sich schwerlich rechtfertigen, wenn man Verfassung als (auch) Generatio-

Dieser verfassungs- bzw. vertragstheoretische Ansatz erfährt eine Grundierung und „Überhöhung" vom Kulturellen her. Verfassung muß Kulturgüter tradieren – dazu gehört auch die Natur! In einer Reihe von Verfassungen stehen Natur *und* Kultur nicht zufällig schon textlich in einem denkbar engen Zusammenhang[155].

Natur und Kultur sind vom Menschen gestaltete wechselbezügliche Güter; beide gehören sachlich zusammen – geistes- wie sozialgeschichtlich. Dieser Zusammenhang offenbart sich in unseren Tagen, angesichts der Bedrohung und „Knappheit" der Natur, auf neue Weise: Der Schutz der *Natur* bedeutet heute zugleich Schutz der Kultur; natürliche und kulturelle Umwelt sind insofern *eine* Umwelt[156]. Der Schutz der Natur als „Kulturgut" wird in der Generationenfolge wesentliche Aufgabe des *Kulturstaates* (vgl. Art. 3 Verf. Bayern). Zugespitzt: Natur steht unter Denkmalschutz, was die Bewahrung ihres Substrats als Lebensbedingung für die Nachwelt betrifft[157]; es gibt einen Besitz, „der jenem der Freiheit vorausliegt: die Integrität jener Natur, in deren ökologischer Nische Leben und Freiheit selbst angesiedelt sind" (*R. Spaemann*)[158]. Der Verfassungsstaat hat sich des jeweils für ihn „Wesentlichen" anzunehmen. Zum „kulturellen" und „natürlichen" Erbe gehört auch die Vermittlung von Lebensraum bzw. Umwelt in der Generationenfolge[159].

nenvertrag betrachtet, den Nachgeborenen eine Abwägung *ihres* eigenen Risikos aber verbaut wird, vgl. R. SPAEMANN, in: Scheidewege 9 (1979), S. 476 (488ff.).

[155] Vgl. Art. 150 Abs. 1 WRV: Die Denkmäler der Kunst, der Geschichte und der Natur sowie die Landschaft genießen den Schutz und die Pflege des Staates. Ähnlich Art. 141 Abs. 1 S. 1 Verf. Bayern und Art. 40 Abs. 1 S. 3 Verf. Rheinl.-Pfalz, 34 Abs. 2 Saar. In dem im übrigen fast gleichlautenden Art. 62 Verf. Hessen ist der Begriff „Natur" durch „Kultur" ersetzt! Art. 18 Abs. 2 Verf. NW schützt die Denkmäler der Kultur, der Geschichte und der Kunst, die Landschaft und die Naturdenkmale. – Art. 9 Abs. 2 Italien (1947): „Sie (sc. die Republik) schützt die Landschaft und das historische und künstlerische Erbe der Nation".

[156] Prägnant daher Art. 24 Abs. 1 S. 1 Verf. Griechenland von 1975: „Der Schutz der natürlichen und kulturellen Umwelt ist Pflicht des Staates."

[157] Zum „vergessenen Faktor Zeit" bei der Ausbeutung der Rohstoffe der Erde ohne Zeithorizont: H. GRUHL, Ein Planet wird geplündert, 1978, S. 91ff. – Kritisch zur „Öko-Klage" aber vor allem A. MOHLER, Der Traum vom Paradies, 1978.

[158] R. SPAEMANN, in: Scheidewege 9 (1979), S. 476 (496).

[159] Vgl. P. HÄBERLE, VVDStRL 38 (1980), S. 340f. (Diskussion). – Auch läßt sich vom *Verfassungs*begriff her in einem spezifischen Sinne argumentieren: Verfassung hat die Aufgabe, gegen staatlichen und gesellschaftlichen Machtmißbrauch zu schützen. Dieser Gedanke ist in die zeitliche Dimension zu erstrecken: Die noch ungeborene Generation, das „werdende Volk"

In der *freiheitlichen Demokratie* hat das *Volk* keine beliebige Verfügungsmacht über das – ihm überkommene und überantwortete – Erbe. Es besitzt nur eine Art „Treuhänderschaft"[160] über die Güter von Natur und Kultur: Es hat sie an die Nachwelt weiterzureichen; diese soll ebenfalls politische und kulturelle Freiheit und Demokratie leben können[161]. „Volk" ist auch in der Zeitdimension eine *pluralistische* Größe. Daraus erwachsen verfassungsrechtliche Bindungen und Verantwortlichkeiten.

Auf der Ebene der *Grundrechte* wirken Begrenzungen in doppelter Hinsicht. Grundrechte wie Art. 2 Abs. 2 GG (Schutz von Leben und Gesundheit) schützen in „Vorwirkung" schon jetzt die Nachgeborenen[162] – so wie Art. 2 Abs. 2 GG im Rahmen des Streites um § 218 StGB bereits die Ungeborenen sichert[163]. Von der Gegenwart aus gedacht verstärkt sich dieser Schutz durch die *Grundpflichten:* Dem Bürger von heute – in seiner individuellen Biographie der kulturellen seines Volkes verbunden – erwächst eine Grundpflicht (aus Art. 1 Abs. 1 S. 1 GG!) zum Respekt vor Leben und Gesundheit des Mitbürgers von morgen[164]. Diese vertragstheoretisch fundierte Grundpflicht bleibt nicht nur moralisch-rhetorischer Natur, sie wird zur juristischen Pflicht. Die buchstäblich existentielle – natürliche und kulturelle – *Solidarität* der Bürger eines Volkes ist nicht nur eine Sache des und im Heute, sie ist auch Sache in der *Generationenfolge*.

ist schon heute Gegenstand des verfassungsrechtlichen Schutzanspruches. Mindestens im kulturwissenschaftlich erweiterten Ansatz läßt sich so argumentieren. Es besteht eine Art „Lebensgarantie" für das Volk in der Generationenkette. Als Kulturvolk kann es nur in der Tradition von Kultur fortbestehen.

[160] Plastisch verbindet die *Präambel* der Verfassung Baden (1947) Geschichte, Gegenwart und Zukunft im *Treuhand*gedanken: „... hat sich das badische Volk, als Treuhänder der alten badischen Überlieferung beseelt von dem Willen, seinen Staat im demokratischen Geist nach den Grundsätzen des christlichen Sittengesetzes und der sozialen Gerechtigkeit neu zu gestalten, folgende Verfassung gegeben". Allgemein zur Zeitdimension in Präambeln *meine* Bayreuther Antrittsvorlesung in: FS BROERMANN (Anm. 19).

[161] Nicht als ob hier einer „naiven" Status-quo-Garantie von Natur und Kultur das Wort geredet würde. Beide sind viel zu wandelbar, müssen sich aber gleichwohl in Mindestvoraussetzungen behaupten.

[162] Zur „grundrechtssichernden Geltungsfortbildung": P. HÄBERLE, VVDStRL 30 (1972), S. 43 (69ff.).

[163] Vgl. BVerfGE 39, 1. – Eine Argumentationshilfe liegt auch in Art. 125 Abs. 1 S. 1 Verf. Bayern: „Gesunde Kinder sind das köstlichste Gut eines Volkes."

[164] S. auch den Appell an das „Generationsgewissen" bei H. GRUHL, Ein Planet wird geplündert, 1978, S. 231 ff.

Die punktuellen *Denkmal- und Naturschutzkompetenzen* des Gesetzgebers (z. B. Art. 74 Ziff. 24, 75 Ziff. 3 GG; Art. 141, 83 Abs. 1 a. E. Verf. Bayern) vermögen Formulierungshilfe zu leisten. Im Lichte eines materiellen (positiven) Kompetenzverständnisses[165] betrachtet, will die Verfassung Denkmal-, Landschafts-, Natur- und Umweltschutz als *bleibende* und dauernde Kultur-Aufgaben garantiert und wahrgenommen wissen. Eine unberechenbar durch Atommüll gefährdete Umwelt verbietet sich daher.

Zusammengefaßt ergibt sich, daß der Umweltgefährdung künftiger Generationen *schon heute* materiale Grenzen gezogen sind: von der Kultur der Verfassung aus. Wo sie im *einzelnen* zu ziehen sind, mag umstritten bleiben. *Daß* sie aber grundsätzlich gezogen werden müssen, dürfte evident sein. Der Ewigkeitsanspruch des GG in Art. 79 Abs. 3 GG hat eine Umkehrung in diesen neuen Grenzen für das Handeln im Verfassungsstaat; sie gibt ihm eine neue Legitimation.

3.3. Insbesondere: Grenzen der Staatsverschuldung

Ein letztes Wort zur Staatsverschuldung: Ihre Beurteilung ist in der *Nationalökonomie* umstritten. Dogmengeschichte und heutige Theorie pendeln zwischen zwei Klassikertexten: zwischen *D. Ricardo's* Wort, die öffentliche Verschuldung sei eine der „schrecklichsten Geißeln, die je zur Plage der Nation erfunden wurde", und dem Satz *Lorenz von Stein's:* „Ein Staat ohne Staatsverschuldung tut entweder zu wenig oder er fordert zu viel von seiner Gegenwart"[166]. Vermutlich ist eine *mittlere* Linie die richtige[167], um so mehr, als sich demokratische

---

[165] Vgl. H. EHMKE, VVDStRL 20 (1963), S. 53 (89ff.), jetzt in: *ders.,* Beiträge zur Verfassungstheorie und Verfassungspolitik, 1981, S. 329 (360ff.); P. HÄBERLE, Öffentliches Interesse als juristisches Problem, 1970, S. 468ff., 618, 666ff.; C. PESTALOZZA, in: Der Staat 11 (1972), S. 161ff.

[166] Zitat nach R. HICKEL, in: K. DIEHL/P. MOMBERT (Hrsg.), Das Staatsschuldenproblem, 1980, S. VI.

[167] Vgl. R. HICKEL, ebd., S. XXXIX: „Notwendigkeiten und Grenzen der öffentlichen Verschuldung". – Differenzierend auch E. LANG/W. A. S. KOCH, Staatsverschuldung – Staatsbankrott, 1980. S. auch den mittleren Weg des Deutschen Instituts für Wirtschaftsforschung (FAZ vom 2. 7. 1981 S. 11), das sowohl vor „wirtschaftspolitischen Kraftakten in expansiver Richtung" als auch vor Überreaktionen auf die Forderungen nach einer radikalen Kürzung der Staatsdefizite warnt. S. aber auch den Aufsatztitel von J. STARBATTY, FAZ vom 14. 3. 1981, S. 13: „Das Saatgut der Gesellschaft wird verzehrt".

Verfassungen nicht *einer* wissenschaftlichen Theorie ausliefern dürfen. Staatsschulden dienen – wie die Sozialversicherung – einer Chancen- *und* Lastenverteilung zwischen den Generationen und „zwischen den Zeiten"[168]. So wenig eine absolute und quantifizierbare Grenze für die Staatsverschuldung unabhängig von Raum und Zeit definiert werden kann, so sehr ist um die je konkrete Verschuldungsgrenze zu ringen. Diese ist etwa dann erreicht, wenn die Belastung der Bürger langfristig so hoch ist, „daß die aus einer weiteren Verschuldungszunahme resultierenden zusätzlichen Zinszahlungen kaum noch durch eine Erhöhung der Steuersätze, sondern überwiegend durch Einsparungen... finanziert werden können"[169].

Wie läßt sich eine solche Grenze *verfassungsstaatlich* begründen? M. E. mit Hilfe des „Zeit-Arguments". *Demokratie*, mit *Theodor Heuss* als Macht auf Zeit verstanden[170], versucht im Haushalts- und Finanzverfassungsrecht durch ein strenges „Regiment der Zeit"[171], Macht zu begrenzen und dadurch politische Freiheit zu sichern. *Zusätzlich* zu der Machtkontrolle, die schon in der Begrenzung der Legislaturperiode des Parlaments auf 4 Jahre liegt, dienen diesem Ziel folgende „formalen" Institute, welche die Mikrodimension „Zeit im Verfassungsrecht" in noch *kleinere* Einheiten („Zeitmaße") als die 4-Jahresperiode zerlegen: die Feststellung des Haushaltsplans „nach ein oder

---

[168] Zur amerikanischen Diskussion der „inter-generation equity": H. Hoppe, Probleme der öffentlichen Verschuldung, Institut Finanzen und Steuern e.V., Heft 115, 1977, S. 81ff.

[169] H. Hoppe, aaO., S. 85. – Püttner, aaO., S. 11 und passim entwickelt aus dem Grundprinzip „Macht auf Zeit", daß der gewählte Gesetzgeber nur über die endgültigen Einnahmen seiner Amtsperioden befinden und nicht auf die Einnahmen künftiger Amtsträger vorgreifen darf. Der derzeitige Streitstand wird summiert bei K. Stern, Das Staatsrecht der BR Deutschland, Band 2, 1980, S. 1271ff. m. w. Nw.; ferner: P. Schaal, Thesen zur Staatsverschuldung in der BR Deutschland, in: BB 1981, S. 1ff.; H. H. von Arnim, Grundprobleme der Staatsverschuldung, in: BayVBl. 1981, S. 514ff.; G. Brenner, C. E. Haury, E.-M. Lipp, Staatsverschuldung und Verfassung, in Fin Arch 38 (1980), S. 236ff.

[170] Demokratie als „Macht auf Zeit" heißt gewiß auch „Macht *in* der Zeit". Das darf aber nicht bedeuten, daß die heutige Generation bewußt durch irreversible Fakten kaum mehr erträgliche Belastungen für die zukünftige Generation setzt und ihr damit Zukunft „nimmt".

[171] Ganz unter der strengen Herrschaft der Zeit stehen auch die Parallel-Normen in neueren Verfassungsstaaten: vgl. Art. 78 Verf. Griechenland (1975), der in Abs. 2 für Gesetze über Steuern und Finanzlasten ein Rückwirkungsverbot normiert; Art. 79 Abs. 5 ebd. sieht eine befristete Verlängerung des alten Haushaltsplanes bei fehlendem neuen vor. Vgl. auch Art. 134 Verf. Spanien (1978).

mehreren Rechnungsjahren" (Art. 110 Abs. 2)[172], die detaillierte Normierung der begrenzten Zulässigkeit von Ausgaben vor Genehmigung des Etats, die strenge Regelung eines *Nothaushaltsrechts* (Art. 111 GG)[173], das Gebot *nächstjährlicher* Rechnungslegung durch den Bundesminister der Finanzen und der *jährlichen* Rechnungsprüfung durch den Rechnungshof (Art. 114 GG)[174].

Diese ausdrücklich normierte Sensibilität für die Zeit[175] und das Denken in „kleinen Zeiteinheiten" ist ein erster Hinweis darauf, daß der Verfassungsstaat im Haushalts- und Finanzbereich Dispositionsfreiheit nur stück- und zeitweise – und damit begrenzt – geben will. Hinter der rein formal erscheinenden „Zeitherrschaft" verbirgt sich ein materialer Gedanke[176] (ein Stück Gewaltenteilung und Sicherung politischer Freiheit). Die aus demokratischer Verantwortung geborene Zurückhaltung der Verfassungen besteht, weil sich Schulden als „negative Fakten" schwerer rückgängig machen lassen als so manches Gesetz. Von der materiellen Seite her[177] suchen überdies diejenigen Ver-

---

[172] S. auch die Verwendung des Begriffs „Zeiträume" in Art. 110 Abs. 2 S. 2 GG.
[173] Ebenso Art. 80 Verf. Baden-Württ.; Art. 140 Verf. Hessen.
[174] Vgl. schon H. EHMKE, Grenzen der Verfassungsänderung, 1953, S. 129, jetzt in: *ders.*, Beiträge zur Verfassungstheorie und Verfassungspolitik, 1981, S. 128: „Wesentliches Moment der Sicherung der politischen Freiheit in der Generationenfolge ist das Budgetrecht, weil die Ausgaben in der Regel nur für ein Jahr und nicht für unübersehbare Zeiträume bewilligt werden".
[175] Das „strenge Regiment" der Zeit ist auch in deutschen Länderverfassungen sichtbar (vgl. etwa Art. 107 Abs. 2 Verf. Saar; Art. 141 bis 144 Verf. Hessen).
[176] Zu Recht meint G. PÜTTNER, Staatsverschuldung als Rechtsproblem, 1980, S. 12, das Gebot des jährlichen Haushaltsausgleichs sei „nicht nur eine Nebensächlichkeit".
[177] *Vergleichend* bzw. *geschichtlich* lassen bisherige Regelungen zum Haushalts- bzw. Finanzverfassungsrecht Ansätze zur *verfassungsstaatlichen Disziplinierung* der Staatsverschuldung erkennen. Nach Art. 115 Abs. 1 GG (ebenso Art. 84 S. 2 Verf. Baden-Württ.; Art. 54 S. 2 Verf. Nieders.; Art. 117 S. 2 Verf. Rhld.-Pf.) dürfen die Einnahmen aus Krediten die Summe der im Haushaltsplan veranschlagten Ausgaben für Investitionen nicht überschreiten. Das ältere Recht war strenger: Schon Art. 115 S. 1 GG a. F. – er galt bis 1969 (dazu G. PÜTTNER, Staatsverschuldung als Rechtsproblem, 1980, S. 17f.) – erlaubte die Kreditbeschaffung „nur bei außerordentlichem Bedarf und in der Regel nur für Ausgaben zu werbenden Zwecken". Damit befand es sich in Übereinstimmung mit manchen noch geltenden deutschen Verfassungen (Art. 75 Abs. 2 Verf. Berlin erlaubt Anleihen „nur zur Bestreitung eines außerordentlichen Bedarfs, in der Regel nur für Anlagen von bleibendem Wert"; ebenso Art. 141 Verf. Hessen; Art. 46 Verf. Schleswig-

fassungsnormen staatliche Finanzmacht zu begrenzen, welche die Kreditbeschaffung an Voraussetzungen wie „außerordentlicher Bedarf", „werbende Zwecke", „bleibende Werte" u. ä. binden[178]. Auch die engen Voraussetzungen, unter denen im Falle eines unvorhergesehenen und unabweisbaren Bedürfnisses i. S. des Art. 112 GG Haushaltsüberschreitungen zulässig sind[179], gehören hierher; ebenso das Prinzip der Erhaltung des „Grundstockvermögens" des Staates (Art. 81 Verf. Bayern).

Dieses strenge „Zeitregiment" ist wegen der Gefährlichkeit unkontrollierten längerfristigen Finanzgebarens des Staates durch den demokratischen Verfassungsstaat erkämpft worden; um so mehr ist solches Finanzgebaren in der Makrodimension „Verfassung in der Zeit" begrenzt zu halten: der politischen Freiheit wegen.

Schließlich wird das Verfassungsprinzip des *Leistungsstaates* einschlägig: Ein auf Dauer, d. h. in der Generationenkette übermäßig verschuldeter Verfassungsstaat kann seine Leistungs-, d. h. auch Grundrechtsaufgaben nicht mehr erfüllen – etwa dann, wenn ihm seine Pflicht, Schuldzinsen zu entrichten, die demokratische Handlungsfreiheit weitgehend nimmt. Seine Leistungsfähigkeit zur Erfüllung öffentlicher Aufgaben[180] muß ebenso erhalten bleiben wie die politische Freiheit. Das kann teils die *Aufnahme* von Staatsschulden (Zukunftsinve-

---

Holst.). Art. 82 Verf. Bayern enthält die Klausel vom „außerordentlichen Bedarf". Vielen „überholten" Verfassungen war die alte Fassung des Art. 115 GG gemeinsam: vgl. Art. 87 WRV: „nur bei außerordentlichem Bedarf und in der Regel nur für Ausgaben zu werbenden Zwecken". Auf dieses Vorbild gehen wohl auch die ostdeutschen Verfassungen nach 1945 zurück (zit. nach B. DENNEWITZ, Die Verfassungen der modernen Staaten, 2 Bd., 1948): Art. 57 Brandenburg; Art. 84 Mecklenburg-Vorpommern; Art. 83 S. 1 Sachsen-Anhalt; Art. 66 Abs. 1 Thüringen. Von den außer Kraft getretenen südwestdeutschen Länderverfassungen entsprach Art. 102 Verf. Baden (1947) dem Grundsatz des Art. 87 WRV.

[178] Diese Bedarf-Klauseln sind zugleich ein Beispiel für Verfassungsnormen, die schon *in sich* mit Änderungen rechnen! (s. auch Art. 112 GG).

[179] Vgl. BVerfGE 45, 1; zum „Zeitdruck": ebd. S. 36 f.; dazu K. STERN, in: FinArch 37 (1979), S. 94 ff.

[180] Der „Leistungsstaat" wurde vom Verf. u. a. durch Analogie zu den kommunalrechtlichen Gemeinwohlklauseln präzisiert (VVDStRL 30 [1972], S. 43 [57]). Es liegt in der Konsequenz dieser Linie, wenn jetzt G. PÜTTNER, aaO., S. 20 f. zur Begrenzung der Verschuldung überzeugend auf die Normen des Gemeinderechts zurückgreift, die die staatliche Genehmigung ausschließen, „wenn die entstehenden Kreditverpflichtungen mit der dauernden Leistungsfähigkeit der Gemeinde nicht im Einklang stehen".

stitionen!), teils ihre *Begrenzung* bedeuten[181]. Darin liegt die unvermeidbare Ambivalenz des Problems und die Janusköpfigkeit des Themas „Zeit und Verfassungskultur".

---

[181] Es ist verfassungstheoretisch wichtig zu unterscheiden, ob die Staatsverschuldung im Blick auf Zukunftsinvestitionen oder auf Beamtengehälter erfolgt, ob produktive oder konsumtive Ausgaben finanziert werden sollen. Für eine gesetzgeberische Klärung des Begriffs „Investition": K. STERN, Das Staatsrecht der BR Deutschland, Band 2, 1980, S. 1281.

David Epstein

Das Erlebnis der Zeit in der Musik

Struktur und Prozeß

Zu dem Thema Zeitprozeß und Zeitstruktur in der Musik ist – berechtigterweise – schon viel gesagt und geschrieben worden; hier möchte ich mich jedoch einem besonderen Aspekt zuwenden, der mit Ästhetik zu tun hat.

Von Ästhetik zu sprechen, ist vielleicht etwas gefährlich, da der Begriff während des letzten Jahrhunderts in Verruf geraten ist, besonders in der Musik. Er scheint so unklar, so ungenau. Für viele Menschen bedeutet Ästhetik einfach „Schönheitssinn"; was aber ist Schönheit? Was für Sie schön ist, kann für mich unschön sein, oder umgekehrt. Wir könnten vielleicht übereinkommen, daß Schuberts „Serenade" schön ist, aber würden wir alle gleicher Meinung sein über die Mörderszene in „Wozzeck" oder die Verrücktheit eines Boris Gudonov? Hat denn der Begriff Schönheit hier überhaupt eine Bedeutung? Und was hilft es einem Musiker, wenn ich ihn bitte, eine Phrase „schön" zu spielen? Was heißt „schön"? Laut zu spielen, stark, weich, langsam – das alles kann man verstehen und unmittelbar ausführen. Aber wie ist „schön" in eine musikalische Interpretation zu übersetzen?

Ich möchte den Begriff Ästhetik deshalb anders fassen. Mit Ästhetik meine ich nicht „Schönheit", sondern vielmehr unsere gefühlsmäßige Antwort auf ein Kunstwerk, in diesem Falle Musik. Dies ist natürlich auch keine einfache Aussage, denn eine gefühlsmäßige Antwort ist selbst etwas kompliziertes, denn Wahrnehmung, Kenntnis und viele andere Prozesse sind eingeschlossen. Zwar „fühlen" wir nie ganz ohne gedankliche Aktivität, aber lassen Sie mich für diese Diskussion hier „Gefühl" oder „Affekt" in einem einfachen Sinn gebrauchen: Fühlen im Gegensatz zum begrifflichen Analysieren.

In diesem Sinn von Affekt ist ein Musiker immer in einer Weise „ästhetisch", sei es in der Probe oder in der Aufführung. Er hört sich selbst mit einer Aufmerksamkeit, die in ihrer Klarheit und Intensität erstaunlich ist, und mit einem Scharfsinn, der stets fragt: Ist das Tempo richtig? Ist es zu laut? Zu weich? Sind Phrasierung und Artikulation korrekt? Sind sie vielleicht zu scharf oder zu zart? Ist der „Charakter" richtig getroffen und so weiter? In diesem Sinne ist das musikalische oder ästhetische Gefühl das entscheidende Kriterium für die künstlerische Arbeit. Es handelt sich dabei um einen intuitiven Prozeß, der weitgehend automatisch und unbewußt abläuft. Sobald jedoch ein Problem auftritt, für welches man nicht sofort eine Antwort findet, reicht die Intuition nicht mehr aus. Hier brauchen wir eine Theorie, mit der eine Lösung erreicht werden kann. Obwohl Intuition vielleicht den wichtigeren Teil der Musikalität ausmacht (und dies mag man vielleicht mit musikalischem Talent bezeichnen), so ist Intuition doch nicht für alle Komponenten musikalischen Ausdrucks ausreichend. Wir benötigen auch strukturelle Gesichtspunkte. Solche Strukturgerüste oder Theorien gibt es für die unterschiedlichsten Aspekte in der Musik. Wir sind zum Beispiel imstande, die Einheit verschiedener Themen aufzuzeigen, oder die Syntax und Logik der harmonischen Progression. Auch können wir das musikalische Formenbild aufdecken, sowie die Beziehung von Melodie, Linie und harmonischer Progression[1]. All dies betrifft jedoch nur das statische Gefüge der Musik. Das heißt, das musikalische Werk wird in seinen verschiedenen Teilen betrachtet, zerlegt für die theoretische Betrachtung, ohne Bewegung. Musik ist jedoch eine in der Zeit ausgelegte Kunst, vielleicht die Kunst in der Zeit schlechthin. Ohne Bewegung in der Zeit gibt es keine Musik. Die Zeit ist in der Musik der verbindende Rahmen, der alle musikalischen Elemente zu einem geschlossenen Ganzen vereinigt. Wenn wir nach den Eigenschaften dieses Zeitprozesses fragen, stellt sich gleichzeitig die Frage nach dem zugrundeliegenden Zeitmechanismus, der Musik und musikalische Bewegung bestimmt. Die Kenntnis dieses Mechanismus kann uns vielleicht Aufschluß über musikalische Stimmung und musikalisches Gefühl bringen und dies genau ist meine Hypothese!

Wenn wir die Musik neben anderen Künsten betrachten, in denen der zeitliche Ablauf auch wesentlich ist, dann sehen wir, daß der Zeitprozeß für die Musik spezifisch ist. Musik formt aus der Zeit und in der Zeit eine Struktur mit strengen Proportionen, und sie geht in der Zeit durch diese Struktur hindurch mit einer genau und streng regulierten Bewegung, die wahrhaft einzigartig ist. Ein Vergleich mit dem Drama, einer anderen wichtigen Zeitkunst, mag dies erhellen: Einem Schauh, Hamlets Monolog in vielen verschiedenen Wei-

[1] Mein Buch „Beyond Orpheus: Studies in Musical Structure" (Cambridge, Mass.: M.I.T. Press 1979) bringt viele Beiträge zu diesen musikalischen Aspekten und zitiert auch viele der relevanten Bücher zu diesem Thema.

sen zu sprechen, ohne den Text und seine Bedeutung wesentlich zu verändern. Dabei kann er Tempo, Akzente und Satzgruppen nach Belieben durch besonderen Nachdruck verändern, um den Ausdruck zu variieren.

Ein Musiker hingegen kann sich mit einer musikalischen Phrase nicht eine derartige Freiheit nehmen, denn dies würde diese Phrase zerstören. Zwar kann er hier etwas beschleunigen, dort etwas verlangsamen, aber wenn er dabei eine eng bestimmte Grenze überschreitet, können wir die Phrase nicht mehr wiedererkennen. Es ist also die Zeit und die Gruppierung in der Zeit, welche die Phrase überhaupt erst erkennbar macht. Dies ist zum Beispiel das wohlbekannte Thema von Beethovens „Eroica" (Beispiel 1a), allerdings so wiedergegeben, daß man es nicht als solches erkennen kann! Alles ist da – die Noten, der Klang, die Stimmung und so fort; aber der Rhythmus ist falsch. Nur wenn der Rhythmus sich im richtigen Maß ändert, ist die Melodie klar zu hören (Beispiel 1b).

Beispiel 1a

Beispiel 1b Beethoven – Sinfonie Nr. 3, I

Wir beginnen zu ahnen, welche Rolle Zeit in der Musik spielt. Andere Aspekte der musikalischen Zeit werden wir noch leichter verstehen, wenn wir die Zeit in der Musik als einen Aspekt der Zeit im allgemeinen begreifen lernen. Dabei ist interessant, daß ähnliche Gesichtspunkte auch in anderen Bereichen eine wesentliche Rolle spielen.

Dabei sind vier Aspekte zu beachten:
1. Die Dualität der Zeit;
2. Die Hierarchie in der Zeitstruktur;
3. Zeitliche Abgrenzungen;
4. Die Tatsache, daß Zeit als solche nicht wahrgenommen werden kann;

Zu 1.

Die Dualität der Zeit wird häufig gekennzeichnet durch den Gegensatz zwischen „objektiver" und „subjektiver" Zeit. Diese Unterscheidung ist sicher sinnvoll für solche Wissenschaften wie die experimentelle Psychologie, wo es z. B. um die Art und Weise von Beobachtungen geht. In der Musik muß diese Unterscheidung aber anders getroffen werden, denn in der Musik geht es um das Erleben und alles Erleben, so auch das Erleben der Zeit, ist subjektiv. Angemessener ist deshalb eine Unterscheidung von zwei Arten subjektiver Zeitwahrnehmung: Der mehr mechanischen oder metrischen Zeitwahrnehmung und dem, was an jenem Zeiterlebnis einmalig und besonders ist – nämlich dem Rhythmus.

Dieser Unterschied ist uns aus der Erfahrung geläufig. Wir wissen einerseits, wie die Tageszeit als Uhrzeit abläuft, welch große Diskrepanz aber zu dem Zeitgefühl besteht, welches wir bei persönlichen Erlebnissen tagsüber empfinden können. Genauso ist es in der Musik. Das Metronom ist unsere musikalische Uhr, das Metrum unser musikalischer Maßstab. Rhythmus ist unser einmaliger Zeitmesser, eigentümlich in seiner Form für jeden Satz. Wenn ich sage, ein Satz ist viertaktig, das heißt in einem „Doppelmeter" geschrieben, kenne ich die ganze metrische Information für diesen Satz – denn wahrscheinlich wird der ganze Satz in Doppelmeter gesetzt sein. Eine wichtige Information, gewiß, aber nicht sehr interessant. Für die rhythmische Information hingegen besitze ich noch nichts – solange nichts, bis ich nicht mindestens eine Phrase oder Melodie gehört habe und einen Begriff des musikalischen Motivs oder der Gestalt gewonnen habe.

Zu 2.

Hierarchie in der Zeitstruktur ist ebenfalls unserem Zeiterleben vertraut, und zwar in metrischer oder nicht-metrischer Form. Wir messen Uhrzeit in Sekunden, Minuten, Stunden, Tagen, Monaten, Jahren; zugleich wird Zeit bei uns aber auch in hierarchischen Erlebnisperioden gemessen: Ein Schuljahr, Urlaubszeit, Kindheit, Jugend und so fort. Gleich verhält es sich in der Musik, wo die Zeit auch in periodischen Schichten gemessen wird, jede Periode entweder metrisch oder rhythmisch. So haben wir auf der Seite der Metrik Schlag, Takt, Hyptertakt, d. h. eine Periode von vier oder acht Takten, wobei jeder Takt als Schlag empfunden wird, und noch weitere Unterteilungen. Jeder rhythmische Modus entspricht, Schicht für Schicht, einem metrischen Gegenpart. Dem Schlag entspricht der Puls, dem Takt das Motiv, dem Hypertakt die Phrase; dann gibt es noch weitere Unterteilungen, für welche wir in beiden Modi der musikalischen Zeit bisher noch gar keine Bezeichnung haben. Die unterteilte Aufstellung zeigt die Zeit-Hierarchie in den beiden Modi:

Musikalische Zeit

Meter	*Rhythmus*
Schlag	Puls
Takt	Motiv
Hypertakt	Phrase
weitere Sektionen	weitere Sektionen

Zu 3.
Es ist offensichtlich, daß Zeit Abgrenzungen haben muß, denn unmarkierte, nicht abgegrenzte Zeit ist nicht wahrnehmbar und insofern kein brauchbares Konzept. Nur durch Markierungen können wir Zeit auch wahrnehmen. Gerade hier jedoch gibt es ein seltsames Problem, denn es gibt für die Zeit keine spezifische Terminologie. Ein Vergleich mit dem Raum macht indes klar: Wir haben eine eigenständige Geometrie, mit der wir den Raum beschreiben können. Wir scheinen geradezu raumkonditionierte Wesen zu sein, sprechen wir doch vom Raum als lang, kurz, tief, flach und so fort. Weiter können wir von Linien, Punkten, Kurven und so fort sprechen.

Für die Zeit besitzen wir keine vergleichbare Terminologie. Tatsächlich müssen wir Zeit immer durch Analogien beschreiben, sehr oft mit räumlichen Begriffen, in Ermangelung einer eigenen chronometrischen Terminologie. Wir sprechen deshalb von langer Zeit, kurzer Zeit und so fort, oder auch von Zeitpunkten. Denn, um Zeit zu markieren, müssen wir einen Klang, eine Glocke, ein Metronom benutzen oder den Gesichtssinn bemühen, um z. B. die Uhr zu lesen. Das Erleben der Zeit und die Beurteilung von Zeit gerät dadurch in einen Widerspruch, da wir zur Beschreibung und Kennzeichnung Zeichen, Symbole und einen Wortschatz aus einem anderen Bereich heranziehen müssen. Solange uns dies nicht klar ist, kann es leicht zu Verwirrungen und Verirrungen kommen, indem von einer Größe gesprochen wird, wenn eine ganz andere gemeint ist. Z. B. denken wir in Zeitbegriffen, markieren Zeit aber durch Klang, Schlag, Akzent wie auch – was sehr wichtig ist – durch harmonische Änderungen und Progressionen.

Zu 4.
Mit diesem Widerspruch zwischen Zeiterlebnis und Markierung von

zeitlichen Ereignissen verbunden ist die Tatsache, daß Zeit, obwohl sie zwar Realität ist, doch so etwas wie ein intellektuelles Phänomen zu sein scheint. Das heißt, Zeit an sich ist nicht wahrnehmbar durch Empfindungen; wir können sie weder sehen, hören, berühren, riechen, schmecken. Somit ist es nicht nur schwierig, Zeit als Phänomen zu beschreiben – sondern Zeit ist auch außerordentlich schwer zu verstehen, da sie anders als die meisten Phänomene unserer Umwelt, keine unmittelbare sinnliche Grundlage hat.

Ein weiterer Gesichtspunkt muß noch untersucht werden, bevor wir zu einem besseren Verständnis kommen, nämlich das Wesen der musikalischen Unterteilung selbst. Auch hier beobachten wir zwei Phänomene, denn die Musik ist durch zwei Arten von Unterteilungen gekennzeichnet, nämlich dem „Akzent" im strukturalen Bereich und dem „Stress" im ornamentalen Bereich. Lassen Sie mich hier eine Nebenbemerkung machen: Der Ausdruck „Stress" mag verwirrend erscheinen, weil er im Deutschen wie im Englischen mit anderen Bedeutungsgehalten vorbelastet ist. Doch gibt es für das Phänomen, auf das ich mich beziehe, bisher keinen besseren Ausdruck; was ich mit Stress im weiteren Verlauf meiner Ausführungen meine, ist eine besondere Form des Nachdrucks, die nicht struktural, sondern ornamental ist. Nachdem der Ausdruck „Stress" bereits von verschiedenen Musiktheoretikern benutzt wird, möchte ich zur Vermeidung weiterer Begriffsverwirrungen bei diesem Begriff bleiben.

„Akzent" und „Stress" werden zwar oft durch dieselben Symbole bezeichnet, doch ist der Unterschied zwischen ihnen fundamental. Der Akzent ist ein Bestandteil der Struktur. Wenn man den Akzent wegnimmt, zerstört man die Musik. Stress auf der anderen Seite ist dem Wesen nach ornamental und kann von der musikalischen Gestalt abgezogen werden, ohne die Musik zu zerstören. Zwar wird die musikalische Gestalt dadurch weniger interessant, sie bleibt aber erkennbar. Seltsamerweise sind es oft die Artikulations- und Akzentsymbole (>, △, sf, rf, .., usw.), die den „Stress" markieren, während die „Akzente" keine Unterteilungen brauchen, weil sie dem Stück selbst inhärent sind. Sie werden durch die metrische Position, zum Beispiel dem metrischen Abtakt oder durch harmonische Progressionen gebildet. In diesem letzteren Sinn hat die harmonische Auflösung einen Abtakt-Ef-

Beispiel 2 Beethoven – Sinfonie Nr. 3, I

fekt oder einen „Akzent", während das Gegenteil, die harmonische Spannung, Auftakt-Charakter hat. So haben der erste Satz, das Schlußthema, die ersten Noten in Takt 109 von Beethovens „Eroica" einen starken Abtakt-Effekt, während die Sforzandi ornamentalen oder „Stress"-Charakter haben. Das heißt, sie können weggelassen werden, ohne die Musik unkenntlich zu machen (Beispiel 2).

Als Gegenstand für diese Diskussion dient die klassisch-romantische Musik des 18. und 19. Jahrhunderts, etwa von Haydn und Mozart bis Mahler und wir sprechen von der Instrumental-Musik ohne weitere Differenzierung des Begriffs. Wenn wir ein klares Modell von dieser Musik entwickeln können, indem die Prinzipien, die diesem Modell zugrunde liegen, deutlich ausgedrückt werden, so lassen sich diese Prinzipien vielleicht auf die Musik anderer Epochen und sogar anderer Kulturen ausdehnen.

Was wir hier im Modell beschreiben, ist die Struktur, die der musikalischen Bewegung zugrunde liegt. Dies ist ein wichtiger Punkt, denn Bewegung ist in der Musik eine fundamentale Qualität, ohne die es keine Musik und im Grunde auch kein musikalisches Gefühl gibt. Aber Bewegung muß nicht nur beginnen, sie muß auch in Gang gehalten werden. Eine solche Kontinuität erfolgt nicht automatisch; sie bedarf einer unterstützenden Struktur, welche den Fortgang der Bewegung möglich, ja unvermeidlich macht. Dieser Vorgang läßt sich etwa mit der Fahrt in einer Achterbahn in einem Vergnügungspark vergleichen. Stellen wir uns vor, daß wir einem Ingenieur den Auftrag geben, eine Achterbahn zu entwerfen, wobei folgende Bedingungen erfüllt sein müssen: Daß a) die Bewegungsenergie nur aus der Schwungkraft (also nicht aus einem Motor) bezogen wird und daß b) die Fahrt des Wagens über Berge und Täler zu einem Ziele führt. Dazu muß der Ingenieur alle physikalischen Faktoren genau berücksichtigen – die Abdachungswinkel, den Reibungskoeffizienten, das Wagengewicht, die Wagengeschwindigkeit und so fort. Ist alles richtig berechnet, so vollendet der Wagen seine Fahrt gemäß Plan. Der geringste Fehler in der Berechnung führt jedoch zu einer mißglückten Fahrt und der Wagen bleibt z. B. unterwegs stehen. Die Insassen müssen aussteigen und den Wagen schieben.

Ähnlich verhält es sich in der Musik. Beginnt ein Satz, hat auch schon die musikalische Bewegung begonnen. Die Rolle des Komponisten ist hier dieselbe wie die des Ingenieurs; er muß eine Struktur entwerfen, welche die Bewegung bis zum Satzende trägt. Eine falsche Berechnung bedeutet, daß der Satz in der Mitte aufhört und daß wir, als die aufführenden Künstler den Satz zuletzt schieben müssen, ohne die

Hilfe seines Schöpfers. Die Struktur als Bewegungsträger erzeugt ein „Gleichgewicht der Kräfte", und zwar jener Kräfte, die wir vorhin beschrieben haben – nämlich „Akzent", Meter, Rhythmus, Phrasenkontur, Phrasenanfang und -ende, harmonische Progression, „Stress". Wenn diese Kräfte zusammenkommen, das heißt, wenn sie alle synchronisiert sind, erhalten wir das Gefühl eines höchst kraftvollen Abtaktes. Die Kraft dieses Zusammenkommens kann so groß sein, daß – bei Mißbrauch – eine Vorwärtsbewegung aufgehalten wird. Sind diese Kräfte aber immer im Gleichgewicht, nämlich unsynchronisiert, dann setzt sich die Bewegung fort. Auf diese Weise wird ein starkes Auftaktgefühl erzeugt. Brahms hat dieses Prinzip in seiner Musik mit wahrer Meisterschaft angewendet. Deshalb erscheint seine Musik vielleicht manchmal merkwürdig, denn die starken Schläge stehen in der Partitur am schwachen Teil des Taktes, und umgekehrt. Auch für den Dirigenten fühlt sich das seltsam an, wenn man in Auftakt-Manier schlagen muß, aber einen Abtakt empfindet, wie zum Beispiel in der ersten Symphonie (Beispiel 3). Aber als Folge dieser Technik bei Brahms ist es ganz unmöglich, die Vorwärtsbewegung aufzuhalten, da die Bewegung eben integraler Bestandteil der Struktur ist.

Beispiel 3 Brahms – Sinfonie Nr. 1, I

Das Intermezzo für Klavier, Opus 118, Nummer 2 von Brahms illustriert ebenfalls dieses Prinzip. Seine ruhige und flüssige Stimmung verbirgt allerdings seinen Mechanismus der Bewegung (Beispiel 4). Die Phrasierung ist immer auftaktig, so daß man eine stete Vorwärtsbewegung erhält, was dem Charakter einer solchen Struktur entspricht. Daraus ergibt sich eine irgendwie rückläufige Anlage in der Struktur; oft liegt nämlich der Auftakt mit seinem Vorwärtscharakter an einem Grundakkord, der an sich Rast oder Ruhe vermittelt. Darüber hinaus ist der Abtakt, metrisch stark und stabil, in unstabilen Harmonien gebaut und hat einen vorwärts strebenden Charakter. Diese Anlage ist sowohl am Ende der ersten wie der letzten Sektion, an denen man eine „normale", auf- und abgehende, schwach-starke Rhythmus-Struktur

Beispiel 4 Brahms – Intermezzo in A-dur, Op. 118, Nr. 2

findet, konsequent durchgeführt. Somit ist jede dieser Sektionen ein großer Auftakt, von der ersten Note bis zum Sektionsschluß.

Ähnlich ist der zweite Satz von Brahms zweiter Symphonie gebaut. Hier jedoch haben wir einen ganz großen Satz, was seine Form und die zeitliche Dauer anbelangt. Brahms legte dem Satz einen ähnlichen Plan zugrunde, so daß der Satz als Ganzes wie ein enormer Auftakt anmutet, der auf den letzten Akkord zueilt. Erst hier, bei diesem letzten Akkord, sind metrischer „Schlag", harmonische Auflösung und alle anderen Faktoren zusammengeführt zu einem eigentlichen Abtakt. Bevor dieser Punkt erreicht ist, steht alles im Konflikt. Die erste Phrase zum Beispiel scheint mit dem Abtakt zu beginnen, ist aber tatsächlich als Auftakt geschrieben. Das zweite Thema klingt an, als ob es zur Rast einladen wollte, das heißt mit einer Abtakt-Stimmung, ist aber tatsächlich auf einem Auftakt aufgebaut. Auch ist es in einer fremden Tonart geschrieben, das heißt nicht in derjenigen der Tonika (m. 33). Somit steht es in einer harmonischen Spannung zur Tonart des Ganzen. Beispiel 5 macht dies für verschiedene Stellen deutlich.

Als weiteres Beispiel für diesen Prozeß betrachten wir das Menuett-Trio aus Haydn's Symphonie Nummer 101. Hier erkennen wir auch Haydn mit seinem Sinn für Humor und Satire: wie Mozart in seinem „musikalischen Spaß", hat er eine Parodie auf die Bauerntölpel-Musiker geschrieben. Diese Musiker hören so schlecht, daß sie, wenn die Flötenmelodie ihren Höhepunkt bei Note *mi* erreicht, nicht wissen, wie sie den Akkord ändern sollen – und so entsteht eine Dissonanz. Bei der Wiederholung „korrigiert" Haydn diesen „Fehler" – so daß wir si-

Beispiel 5 Brahms – Sinfonie Nr. 2, II

cher sein können, daß zumindest *er* richtig gehört hat! Tiefer, und interessanter vielleicht, ist die Zeitstruktur in diesem Trio. Es beginnt mit einer viertaktigen Einleitung, was uns darauf vorbereitet, daß noch mehr von diesen gleichmäßig viertaktigen Phrasen folgen werden. Wenn jedoch die Flötenmelodie einsetzt, sind es nicht mehr vier Takte, sondern eine Folge von 3 + 3 + 6 Takten, also eine vollkommene Asymmetrie. Das bringt einen Konflikt zu der Erwartung, die zu Beginn geschaffen wurde (Beispiel 6a).

Beispiel 5 cont'd.)

Haydn bringt noch einen weiteren Kontrast zwischen dem Phrasenakzent und metrischem Akzent. Das Motiv ♪♪♪ | ♪♪ ♩ das fünf Noten auf drei Schläge aufweist, ist verkürzt zu fünf Achtelnoten. Dieses Motiv läuft im gebundenen System, so daß die Phrasenakzente immer gegen die metrischen Akzente stehen (Beispiel 6b). Nochmals: Konflikt und Zeitkonkurrenz garantieren, daß die Musik vorangeht.

Ein weiterer Punkt: Haydns Überraschung, das plötzliche Fortissimo, kommt in der Mitte der Phrase (vergleiche nochmals Beispiel 6a,

Beispiel 6a Haydn – Sinfonie Nr. 101, III

Beispiel 6b

m. 94), was im Grunde einen komischen und lebendigen Effekt erzeugt. Doch müssen wir diesen Effekt im Gleichgewicht halten. Zu viel Fortissimo bringt zu viel Überraschung und verzerrt dieses Moment. Denn das Fortissimo ist kein strukturaler „Akzent", vielmehr ein „Stress", das heißt ornamental, obgleich interessant. Unser Beispiel macht das klar, denn das Fortissimo könnte aus der Phrase ausgeklammert werden, ohne die Musik zu zerstören.

Dieser Unterschied in der Intensität von „Akzent" und „Stress" in der Aufführung ist tatsächlich außerordentlich wichtig, denn die Übertreibung und daraus folgende Verzerrung des Effekts können einem Satz wirklich Schaden zufügen. Der vielleicht berühmteste Fall ist der Anfang von Beethovens „Eroica" mit seinen beiden lauten Akkorden. Bei näherer Betrachtung wird deutlich, daß diese beiden Fortissimo-Takte eigentlich Auftakte zu einem Abtakt sind, der beim dritten Takt erfolgt und mit seinem wohlbekannten Thema, weich einsetzt. Nochmals: Wie bei Brahms ist die Artikulation umgekehrt: Der Auftakt ist schwer und laut, der Abtakt leicht und weich. So beginnt die Bewegung. Weiter fällt auf, daß dieses Metrum von „auf-auf-ab" wie ein poetischer Versfuß dazu dient, die großen Sektionsgrenzen zu markieren (vergleiche Beispiel 7). Oft jedoch, besonders heute in unserer überenergischen Aufführungswelt, hört man diese zwei Akkorde so explosiv und machtvoll gespielt, daß die Musik danach kaum noch weiterfahren kann. Die beiden Akkorde, die eigentlich „Stress" sind, klingen wie „Akzente". Somit ist der Satz gleichsam am Anfang schon beendet, und steht still, wo er vorwärtsgehen müßte.

Wir haben von musikalischer Bewegung gesprochen, dem Medium, mit welchem wir gleichsam durch die musikalische Zeit reisen. Unsere Diskussion hat bis jetzt mit der rhythmisch-metrischen Struktur zu tun gehabt, durch welche musikalische Bewegung unterstützt wird. Die Geschwindigkeit jedoch, mit der Musik durch die Zeit geht, mit anderen Worten das *Tempo,* ist ebenfalls sehr wichtig für die Richtigkeit und Stimmigkeit unseres musikalischen Gefühls.

Das richtige Tempo ist für den Musiker immer von größter Bedeutung. Was aber ist das richtige Tempo und wie findet man es? Letztlich ist dies eine Frage nach der musikalischen Intuition, wobei Tempobezeichnungen nach der Richtigkeit des Tempos als Wegweiser dienen können. Oft sind sie ebensosehr Charakterbeschreibungen wie Geschwindigkeitsbezeichnungen. Zum Beispiel „Allegro non troppo, con sentimento e grazioso", eine typische Bezeichnung in unserem Repertoire. Was heißt das nun wirklich? Mehr noch, was meint „allegro" (oder lebendig) selbst? Sicher für Mozart ein schnelleres Tempo als für

Beispiel 7 Beethoven – Sinfonie Nr. 3, I

Brahms. Schon das Wort selbst hat keine feste, unveränderliche Bedeutung.

Auch das Metronom ist keine absolute Hilfe. Zwar ist das Gerät zuverlässig und sein Tempo absolut, doch wie oft erscheint das Metronomtempo unrichtig und ungewohnt. Zudem ist es bei jedem Komponisten anders. Bei Stravinsky, Bartók oder Tschaikowsky erscheinen die Metronomzeichen in einem erstaunlichen Maß genau bestimmt zu sein, während wir bei Beethoven in Schwierigkeiten geraten, unter anderem deshalb, weil sein Metronom möglicherweise nicht richtig funktionierte. Bei Schumann finden wir einige Metronom-Bezeichnungen, die ganz richtig scheinen, andere dagegen, die ungenau sein müssen.

Wie paßt das alles zusammen? Brahms hat den Metronom-Bezeichnungen so mißtraut, daß er in einem berühmten Beispiel, dem Ende des letzten Satzes in seinem zweiten Klavierkonzert, eine Tempobezeichnung per Metronom erst machte und dann wieder strich.

Wo stehen wir also, wenn weder Begriffe noch mechanische Kategorien zur Bezeichnung des musikalischen Tempos verläßlich sind? Tatsächlich sind wir hier nicht ganz ohne Hilfe. Denn es gibt eine weitere Grundlage, die für das richtige Tempo noch wichtiger erscheint, nämlich das Prinzip der sogenannten Tempoproportionen. Es hat ursprünglich mit den Beziehungen zwischen den einzelnen Tempi in einer ganzen Komposition zu tun. Das heißt, diese Theorie sagt nichts anderes, als daß ein Werk, trotz seiner Gliederung in Sätze oder Abschnitte, nicht nur einen thematischen oder harmonischen Zusammenhang, sondern auch einen Zusammenhang hinsichtlich der Tempi haben muß. Tatsächlich liegt in den Tempoverhältnissen ein Haupt-Beziehungsprinzip. Denn es ist fraglich, ob jedermann die strukturelle Übereinstimmung von Noten, Akkorden und Tonarten in den großen Meisterwerken wahrnimmt. Sicher tragen zwar Talent und Training viel zu dieser Sensibilität bei. Jedoch fühlt jedermann spontan Tempo, Puls und Bewegung. Außerdem reagiert man im allgemeinen sehr empfindlich auf den Sinn und die Richtigkeit einer musikalischen Aufführung. Es könnte sein, daß das Tempo und die Tempoproportionen die Grundlage für dieses Empfinden bilden.

Dieses Tempoproportionsprinzip kann leicht erklärt werden, und zwar bilden in einem Werk mit verschiedenen Sätzen oder Abschnitten die Tempi sämtlicher Teile einfache proportionale Verhältnisse niedriger Ordnung: 1:1, 1:2, 2:3, 3:4.

So wäre zum Beispiel in einer Mozart-Symphonie der zweite Satz „Andante" zweimal so langsam wie der erste Satz „Allegro", und der letzte Satz „Allegro molto" möglicherweise doppelt so schnell wie der erste Satz. Der dritte Satz „Menuett", im wesentlichen dreitaktig, würde wahrscheinlich in einem 2:3-Verhältnis stehen zum langsamen Satz und mit einem symmetrisch umgekehrten Verhältnis (3:2) zum letzten Satz zurückkehren. Obschon es also an der Oberfläche eine Vielfalt von verschiedensten Ereignissen und Aktivitäten gibt, sowie scheinbar verschiedene Tempi, liegt ihr eine konstante Schwingung zugrunde, die alles vereint.

Diese Beziehungs-Ordnungen finden wir tatsächlich in Mozarts „Haffner-Symphonie" (Nr. 35) (Beispiel 8). Sie sind geradezu erstaunlich in ihrer Genauigkeit, was für die Tempoeinheit der Werke Mozarts allgemein kennzeichnend ist. Natürlich war sein Sinn für Tempo äu-

			(Menuet)	
Satz	I	II	III	IV
Puls	¢ ♩ =	2/4 ♪ =	3/4 ♩ =	¢ 𝅝
Verhältnis	1 :	1 :		1
		2 :	3 :	2

Beispiel 8 Mozart – Sinfonie Nr. 35 (Haffner)

ßerst präzis. Diese Präzision finden wir auch wiederum bei Brahms, der nicht nur die Satztempi vereint, sondern auch das Maß von Rallentandi und Accelerandi von Tempo zu Tempo[2]. In allen Fällen hat Brahms diese Tempoverhältnisse mit einer rhythmischen oder motivischen Gestalt bezeichnet. Die Proportionen sind damit gehört und gefühlt. Die Verhältnisse sind ein Ausdruck dieser Tempobeziehungen, aber – und dies ist sehr wichtig! – diese Beziehungen sind ganz in musikalischen Qualitäten empfunden. Ein gutes Beispiel sind Brahms Haydn-Variationen, im Übergang von der fünften zur sechsten Variation (Beispiel 9). Hier ist der „Sub-Puls" in jeder Variation gleich, nur die Gruppierung ändert von einer Dreier- zu einer Viererguppe (von Var. 5 zu Var. 6). Somit ändert sich das Tempo im Verhältnis 3:4. Die Änderung vollzieht sich leicht und zwanglos, zusammengehalten und hörbar durch den „Sub-Puls".

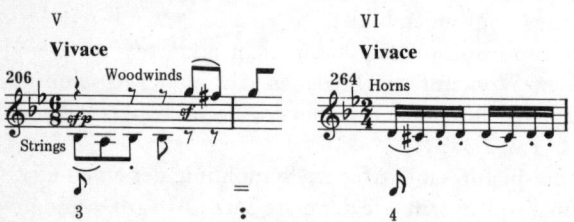

Beispiel 9 Brahms – Variationen über ein Thema von Josef Haydn

Das Prinzip der Tempoverhältnisse scheint für dieses ganze Repertoire verbindlich zu sein. Vielleicht gilt es noch für weitere Bereiche gleichsam als Universale. Bestimmt trifft es zu für Haydn, Mahler, Tschaikowsky, Schubert, Schumann, meist mit großer Bedeutung für die musikalische Einheit eines Werks. In Schumanns dritter Symphonie zum Beispiel spielt es eine große Rolle. Der Takt am Anfang des ersten Satzes kann zweifach gehört werden: Als eintaktig (3/4 meter), das

---

[2] Es ist unmöglich, hier diese Frage eingehender zu diskutieren. Siehe *op. cit.*, Kap. 4, 6, 7 und 8.

heißt mit Synkopen oder als dreitaktig (in $\frac{3}{2}$ meter). Beim siebten Takt wird klar, daß das Eintakt-Prinzip dem Grundplan entspricht. Die andere Seite dieser Zweideutigkeit ergibt dann genau das Tempo für den nächsten Satz (Beispiel 10).

Beispiel 10 Schumann – Sinfonie Nr. 3, I

Man findet diese Beziehung auch bei Beethoven, obgleich seine Tempi, wie wir bereits gesehen haben, fragwürdig sind, und deshalb das Prinzip nicht so streng durchgeführt erscheint. Es gibt ja offenbar verschiedene Grade der Zeitsensibilität, selbst bei den größten Meistern. Bei Mozart, Mahler, Brahms und anderen finden wir eine erstaunliche Genauigkeit in den Zeitbeziehungen; bei Haydn und Beethoven vielleicht etwas weniger. Das Prinzip gilt dabei aber immer noch, und die Tempi, die wir von diesen Prinzipien ableiten können, sind äußerst überzeugend, selbst bei den meisten von Beethovens Metronom-Angaben.

Es scheint sich hier um den Unterschied zwischen Kompetenz und Performanz im Sinne von Chomskys Theorien im Bereich der Sprache zu handeln. Das heißt, obgleich wir alle im selben Maß diese Kompetenz des Zeitgefühls zu haben scheinen, variiert die Performanz in bestimmten Graden.

Dieser letzte Punkt stellt uns vor eine neue und interessante Frage, nämlich die der physiologischen und psychologischen Grundlage der musikalischen Zeit-Einhaltung. Wir haben hier von Tempobeziehungen gesprochen, auch von der Genauigkeit innerhalb dieses Prozesses. Es scheint tatsächlich so zu sein – und darauf beziehen sich meine neuesten, noch nicht publizierten Untersuchungen – daß diese Zeitstrukturen, die sich in den Tempoproportionen zeigen, nicht nur ein Phänomen der westlichen Kultur darstellen, sondern offenbar einem universellen Zeitmechanismus zugrunde liegen.

Ohne Zweifel muß dieses Phänomen eine biologische Grundlage haben – es gibt keine andere Möglichkeit. Aber wo in unserem Körper und in welcher Weise funktioniert es? Wir haben in den letzten zwei Jahrzehnten viel über biologische Uhren gelernt. Sicherlich ist das Phänomen einer strikten musikalischen Zeiteinhaltung ein Beispiel für das Vorhandensein solcher biologischer Uhren. Viele der bisher untersuchten Uhren beziehen sich auf eine mehr oder minder lange Zeitdauer: Tages-Rhythmen, Jahreszeit-Rhythmen, oder, im Gegenteil, auf solche, die in Millisekunden gemessen werden, wie die neuronalen Übertragungen. Hier hingegen haben wir ein biologisches Zeitphänomen, das im Bereich von wenigen Sekunden liegt, das heißt, in der durchschnittlichen Dauer der meisten musikalischen Tempi, und somit im Bereich der sogenannten Präsenszeit liegt, wie sie in der experimentellen Psychologie bestimmt wurde.

Meine oben zitierte Untersuchung zeigt auch, daß diese Verhältnisse zu einem erstaunlichen Grade genau sind, mit Abweichungen, die so gering sind, daß sie in Millisekunden gemessen werden müssen und oft unter der Wahrnehmungsschwelle liegen.

Mehr noch, es kommt vor, daß wir uns unbehaglich fühlen und eine Aufführung als unbefriedigend empfinden, wenn diese zeitlichen Beziehungen nicht genau eingehalten werden. Wenn hingegen eine Aufführung in Übereinstimmung mit diesen Zeitproportionen geschieht, so empfinden wir dies vielleicht mehr als nur angenehm und befriedigend, vielmehr als ergreifend und gewaltig. Wir alle haben sicher schon erlebt, daß wir und die ganze Zuhörerschaft mitgerissen werden durch eine solche Aufführung, gleichsam bewegt im selben Tempo, und den umfassenden Pulsschlag fühlend.

„Une grande expérience"! – um so mehr, als eben die einzelnen Tempi selbst mit ihrem individuellen Charakter durch ein Rahmentempo verbunden sind. Wo aber liegt die Tempokontrolle in unserem System? In der Muskulatur? Zweifellos, aber sicher nicht nur dort. Im Gehirn? Gewiß, denn wir wissen, daß das Erleben von Zeit durch das Gehirn vermittelt wird. Aber wie geschieht das genau? Durch welchen Mechanismus und innerhalb welcher Zeitgrenzen und -toleranzen?

Hier eröffnet sich ein großer neuer Forschungsbereich, ein Fundus, der für vielerlei Arbeitsgebiete von Interesse ist. Für mich als Musiker ist diese Information von größter Wichtigkeit. Denn wenn mir die Bedeutung der Musik ein echtes Anliegen ist, nicht nur für die Musik selbst, sondern auch für Musik als menschliches und anthropologisches Phänomen, muß mich auch die biologische und psychologische Seite des musikalischen Prozesses zutiefst angehen und interessieren. Auch kann mir das Wissen um diese Zusammenhänge beim Spielen selbst sehr hilfreich sein, indem ich den Zeitablauf eines Stückes besser gestalten und gleichzeitig auch kontrollieren kann.

Es scheint, daß das Zeitprinzip, das diesem Prozeß zugrunde liegt, auch für die Ästhetik relevant ist. Denn das musikalische Gefühl ist eng mit diesem Zeitprozeß verknüpft. Offensichtlich kann ich ja mit dem strengen Takt etwas „spielen", ihn etwa verletzen, wenn auch nur an ganz bestimmten Stellen. Wir kennen dies als „Rubato", als „Swing", als „Accelerando" und „Ritardando". Doch scheint genau dieses „Spiel" seine festen Regeln zu haben. Wahrscheinlich kann ich lediglich in der Mitte der Phrase hin und wieder frei spielen und dies auch nur ganz begrenzt; am Phrasenanfang und -ende muß ich streng das Tempo einhalten, sonst riskiere ich, Unbehagen zu bereiten und eine Zeitstruktur zu zerstören. Weiter ist es mir möglich, hinsichtlich großer Phrasenabschnitte mit der Zeit etwas freier umzugehen, aber bei Tempoübergängen muß ich wieder streng im Takt sein, damit die Tempoproportionen zwischen diesen beiden Abschnitten wahrgenommen werden können.

Daß diese Grundregeln ästhetische Auswirkungen haben, scheint auf der Hand zu liegen. Ebenso scheint mir die biologische Basis unbestreitbar zu sein, die diesem affektiven Erlebnis zugrunde liegt. Darüberhinaus erfahre ich einen psychologischen Effekt während der Aufführung – und Sie ebenso, wenn Sie meiner Aufführung lauschen. In diesem Sinne sind Affekt, Nervensystem, Physiologie, kognitive Psychologie, Logik sowie eine quasi-linguistische Substruktur mit der Musik, ihrer Aufführung und ihrem Zeitprozeß verbunden.

Vielleicht stehen wir an einem Wendepunkt unseres Musikverständnisses. In früheren Zeiten haben wir vorwiegend mit Intuition Musik gemacht und waren froh, wenn alles gut gegangen war, weniger froh, wenn sich Probleme einstellten, die sich unserem Verständnis entzogen. Jetzt haben wir die Möglichkeit, eine reichere, breitere Sicht des Phänomens zu gewinnen, wobei sich die Intuition – das so wichtige Phänomen – für eine Erweiterung der musikalischen Perspektive mit einer Theorie verbinden läßt.

Früher haben wir die Zeitfrage in der Musik mit Glück und Zufall gelöst – manchmal auch ohne Glück. Allmählich beginnen wir nun, eine breitere Perspektive zu gewinnen, dank welcher wir Zeitstruktur und Zeitprozesse genauer erkennen können – vor allem in der Funktion eines Zeitgerüsts der musikalischen Bewegung. Früher waren wir gezwungen, ästhetische Fragen zu ignorieren, oft zur eigenen Unzufriedenheit, denn die Antworten zu diesen Fragen waren nicht vorhanden, die Fragen selbst formlos und ungenau. Jetzt, unter Zuhilfenahme der Zeitaspekte, erfahren diese Fragen eine neue Berechtigung und eine neue Präzision. Für den Musiker bedeutet dies einen bedeutungsvollen Augenblick, da seine Erfahrungsbereiche sich ausdehnen. Zeit, dieses einzigartige musikalische Element, wird in seiner Bedeutung für die Musik immer wichtiger werden.

Meiner Kollegin, Frau Dr. Christa Sütterlin, möchte ich für ihre Assistenz bei der deutschen Übersetzung dieses Aufsatzes herzlich danken.

David M. Epstein

Edgar Lüscher

Zusammenfassende Bemerkungen zur physikalischen Zeitdefinition

In der Physik stellen wir das Geschehen, unsere Erfahrung, zunächst in einem 3-dimensionalen geometrischen Raum und in einer eindimensionalen Zeitkoordinate dar. Wichtig sind zwei Aspekte der Zeit: einerseits Maß, Dauer, Intervallänge und andererseits gerichteter monotoner Ablauf, im Englischen „arrow of time".

Für die Theorien der klassischen Physik war der „absolute Zeitbegriff" Newtons (in „philosophiae naturalis principia mathematica") ein notwendiges Element. Es gibt jedoch keine experimentelle Methode, um die absolute Zeit direkt zu bestimmen, deshalb besitzt sie für die Beschreibung physikalischer Vorgänge keine praktische Bedeutung. Dies war der Anlaß zu den kritischen Überlegungen von *Mach, Poincaré, Einstein, Reichenbach* u. a. bereits um die Jahrhundertwende.

In der Elementarteilchenphysik dringen wir zu geometrischen Dimensionen in der Größenordnung von 10^{-15} cm und in der Astrophysik in Größenordnung von 10^{27} cm (Ereignishorizont) vor. Verknüpfen wir diese Längen mit der wesentlichen Konstante des elektromagnetischen Feldes – der Lichtgeschwindigkeit ~ 300 000 km s^{-1} – so erhalten wir die Größenordnungen der Grenzen für heute abschätzbare Zeitintervalle von 10^{-24} sec. bis 10^{10} Jahre. Ordnet man typische Zeitdauern nach den geometrischen Abmessungen der charakteristischen Objekte nach *F. Hund*[1], so ergibt sich:

- Elementarteilchen Uhr mit der Einheit 10^{-24} sec.
- Atomuhr mit der Einheit 10^{-16} sec.
- Pulsschlag des menschlichen Herzens mit der Einheit 1 sec.
- Planeten Uhr (typ. Umlaufszeiten) 10^{8} sec.
- Paläontologische Uhr 10^{16} sec.
- Weltalter (Hubble-Uhr) 10^{18} sec.

Zur Festsetzung einer physikalischen (metrischen) Zeit benutzt man zwei Grundtypen von Erscheinungen, nämlich erstens periodische

---

[1] F. Hund, Stud. gen. *23*. 1088. 1970.

Vorgänge (Planetenumlaufzeiten, Erdrotation, Pendelschwingungen, Kristallschwingungen, Molekülschwingungen) und zweitens monoton ablaufende Vorgänge (Wasseruhr, geradelinige Bewegung eines Körpers im Raum, radioaktiver Zerfall. *Galilei* benutzte zur Eichung seiner Wasseruhren den Herzschlag. Für *Galilei* und *Newton* war die Veränderung des Bewegungszustandes die einzige Veränderung, die sich mathematisch exakt ausdrücken ließ, was zu der Grundgleichung der klassischen Mechanik ($\vec{k} = m \frac{d^2}{dt^2} \vec{r}$) führte). Damit wurde die physikalische Zeit mit der in der Bewegung auftretenden Zeit gleichgesetzt. Man konnte die physikalische Welt als eine Gesamtheit von Trajektorien in einem Raum-Zeit Kontinuum auffassen, wobei die Dynamik zwischen der Zukunft und der Vergangenheit keinen Unterschied macht, d. h. die Grundgleichung der klassischen Mechanik ist invariant gegenüber der Zeitumkehr. Bewegungen vorwärts in der Zeit und rückwärts in der Zeit sind gleichermaßen möglich. Ohne die Richtung in der Zeit einzuführen, kann man jedoch keine Entwicklungsprozesse auf nichttriviale Weise beschreiben. Lange Zeit galt in der Physik die Feststellung von *Bergson* (1907, L'évolution créatrice), daß die Veränderung nichts als eine Verleumdung des Werdens und die Zeit lediglich ein Parameter sei, nach *J. Wheeler:* „Die Zeit ist Sklave der Physik und sie endet mit der Physik".

Prigogine bemerkt in seinem Buch „From being to becoming", daß es bis heute das Ideal der theoretischen Physik sei, das Bild einer stabilen Welt, die dem Prozeß des Werdens sich entzieht, zu entwerfen. Langsam finden jedoch typisch biologische Modelle (Evolution, etc.) Eingang in die Physik. (*Haken, Prigogine, Eigen, Schlögl, Queisser* u. a.). Nach *J. Wheeler* hat die physikalische Zeit einen Anfang und ein Ende.

A. Friedmann zeigte, daß nach der Einsteinschen geometrischen Theorie der Gravitation – allgemeine Relativitätstheorie – das Universum mit einem Urknall beginnt und sich ausdehnt. Den ersten überzeugenden empirischen Beweis dazu lieferte *Hubble* Ende der zwanziger Jahre. Eine überwältigende Anzahl von astrophysikalischen Beobachtungen seither erhärteten diese Annahme immer mehr. Die 1965 von *Penzias* und *Wilson* entdeckte sog. 3K-Strahlung ist ein Kronzeuge der Urknall- und Weltraumausdehnungshypothese. Dieser Urknall hat etwa vor 15 bis 20 Milliarden Jahren stattgefunden. Über die ersten paar Minuten der Entstehung unseres Universums hat man bereits ziemlich exakte Vorstellungen, lediglich über die allerersten Mikrosekunden weiß man noch zu wenig. Von einer physikalischen Zeit vor dem Urknall zu sprechen ist bedeutungslos und daher ohne Sinn. Der

Zeitbegriff in der Physik bleibt stets mit dem Geschehen verknüpft. Die Möglichkeit eines Zyklen durchlaufenden Universums schließen die Gleichungen von Einstein aus. *Wheeler:* „Alle Anzeichen deuten heute darauf hin, daß es vor dem Urknall kein vorher gab".

Als Endpunkt der Zeit betrachtet man den allgemeinen Gravitationskollaps (totales schwarzes Loch), indem alle Materie vernichtet wird. (Masse jedoch erhalten bleibt.) Der Horizont des schwarzen Lochs bildet die Schwarzschild Kugel.

Nach *Ch. Townes* et al und *J. Oort* existiert im Zentrum unserer Milchstraße ein schwarzes Loch von etwa 4 Mio Sonnenmassen. Im Zentrum der M-87 Galaxie wird ein weiteres mit 5 Milliarden Sonnenmassen vermutet. Für die Erklärung der außerordentlich großen Energiestrahlung der Quasare müssen Gravitations-Superkollapse herangezogen werden. Ein rückwärtslaufender Film eines Gravitationskollapses würde sich wahrscheinlich in keiner Weise von einem vorwärtslaufenden Film des Urknalls unterscheiden. Die Frage nach einem „Nachher" nach dem Gravitationskollaps ist ebenso sinnlos, wie das „Vorher" vor dem Urknall.

Die Materie und die Zeit haben einen Anfang und ein Ende. Nach *J. Wheeler* kann die Zeit nicht das letzte Konzept in der Beschreibung der Natur sein: „Zeit ist weder ursprünglich noch genau. Sie ist eine Schätzung. Sie ist ein sekundärer Begriff und wird in ihrer Wichtigkeit irgendwann ins zweite Glied rücken".

In der makroskopischen Welt läuft die Zeit irreversibel in eine Richtung. In der mikroskopischen Welt der Atome und Moleküle gilt dagegen fast überall das Prinzip der Mikroreversibilität. Mit Ausnahme von ein paar schwachen Verletzungen gilt die Formulierung von *Eddington* noch heute: „Alle Gesetze der Physik sind auf mikroskopischer Ebene bezüglich der Zeit (fast)[2] vollständig reversibel; eine ausgezeichnete Zeitrichtung ist nicht definiert. Auf makroskopischer Ebene ist in abgeschlossenen Systemen eine Zeitrichtung („arrow of time") durch den Grad der Ordnung (Entropie) festgelegt. Der zweite Hauptsatz der Thermodynamik enthält nach *Blaser* eine Aussage über den Zeitvektor. Im Universum zeigt der Zeitvektor immer in Richtung zunehmender Unordnung. Dies gilt auch für biologische Systeme, die durch Evolution einen wachsenden Organisationsgrad, also abnehmende Unordnung, erreichen. Der zweite Hauptsatz der Thermodynamik gilt auch für solche Systeme. Es muß aber beachtet werden, daß es sich dabei um *offene* thermodynamische Systeme handelt, denn lebende

---

[2] T-Symmetrie Verletzung.

Strukturen benötigen einen ständigen Zustrom von chemischen Verbindungen hoher freier Energie. Dabei produzieren sie ungeordnete Systeme als Abfallprodukte. Würde ein biologisches System in ein thermodynamisch abgeschlossenes verwandelt, würde der „Tod" abzusehen sein. Mathematisch betrachtet man komplexe Molekülsysteme als dissipative Strukturen. Die Zeitsymmetrie wird durch die Verzweigungsbegrenzungen gebrochen. Die Zeitrichtung, bestimmt durch biologische Abläufe, bezeichnet *Eigen* als stark im Gegensatz zur Richtungsfestlegung durch die Entropie, die *Eigen* als schwache Zeitrichtung definiert. Mathematisch stellt *M. Eigen* die Evolution von biologischen Systemen als Trajektorie in einem 6n-dimensionalen Phasenraum dar, wobei n die Anzahl der Zustände bedeutet. Die Trajektorie berührt alle relativen Maxima bis zum höchsten Punkt, hat also stets eine positive Steigung. Dadurch ist die starke Zeitrichtung in der Biologie bestimmt.

*Ernst Pöppel**

Erlebte Zeit und die Zeit überhaupt: Ein Versuch der Integration

Heidegger verweist in seiner kleinen Schrift „Was ist das – die Philosophie?" auf die Tradition unseres Fragens, und er betont, daß die Weise, wie wir fragen, ursprünglich griechisch sei. Die Grundfrage ist die nach der „Washeit", (der „quidditas"), und wir verstehen die Frage als die nach dem Wesen des Gefragten. Es ist dieselbe Frage, die Augustinus im 11. Buch der Confessiones stellt: „Quid est ergo tempus?".

Die Antworten auf die Frage nach der Washeit der Zeit sind – erstaunlicherweise – außerordentlich verschieden. Man sollte doch meinen, daß es nur *ein* Wesen der Zeit geben könne (so denkt zumindest ein „naiver" Naturwissenschaftler). Aber die Deutungen der Zeit sind so vielfältig, wie die Anzahl der Denker, die sich an der Zeit-Frage versuchen, (trotz der historischen Abhängigkeiten). Stellen wir als Beleg nur Heidegger's „Zeit als Horizont des Seins"[1] dem relativistischen Zeitbegriff Einstein's gegenüber, um diesen Unterschied im Denken über die Frage nach dem Wesen der Zeit zu verdeutlichen.

Worin ist diese Vielfalt der Antworten auf die Zeit-Frage begründet? Ich sehe zwei Gründe, einen psychologischen und einen erkenntnistheoretischen. Psychologischer Grund: Jeder Denker (und Wissenschaftler) geht implizit oder auch explizit von dem Paradigma seiner Fachrichtung im Sinne von Thomas Kuhn[2] aus, wobei sein eigenes Denken und sein Fachgebiet zum Zentrum des Weltverständnisses wird. Befaßt man sich mit Physik oder Astronomie, wird das Denken aber in eine ganz andere Richtung gelenkt, als wenn man sich beispielsweise mit Geschichte oder Philosophie auseinandersetzt. Der Ausgangspunkt des Denkens ist verschieden, der Ausgangspunkt bestimmt den Weg des Denkens, und deshalb sind die Antworten auf die *Was-Frage* verschieden. Dies bedeutet hinsichtlich der Zeit-Frage ent-

---

* In leicht gekürzter Form erscheint dieser Beitrag unter dem Titel „Erlebte Zeit und die Zeit überhaupt" auch in „Das Phänomen Zeit" (Hrsg. M. Horvath: Literas-Verlag, Wien, 1982).

[1] HEIDEGGER, M.: Sein und Zeit, 1927.
[2] KUHN, TH.: The structure of Scientific Revolutions, 1962.

weder, daß es a) *ein* Wesen der Zeit nicht gibt, oder daß es b) um das menschliche Denken schlecht bestellt ist, d. h. daß der Ausgangspunkt unseres Denkens jeweils das Ziel des Denkens verstellt[3]. Mit anderen Worten, daß die Zeit-Frage nicht beantwortet, sondern jeweils nur interpretiert wird oder werden kann.

Dies weist auf den erkenntnistheoretischen Grund für die Vielfalt der Antworten auf die Frage: Was ist Zeit? Die Frage – in dieser Form gestellt – ist für uns zu schwer. Sie übersteigt unser Denken und ist insofern vielleicht sogar eine „verbotene" Frage bzw. überhaupt keine Frage, wenn wir Wittgenstein's Hinweis beachten: „Wenn sich eine Frage überhaupt stellen läßt, so *kann* sie auch beantwortet werden"[4].

Da die Antworten auf die Zeit-Frage so vielfältig sind, und da die Frage nach der Washeit der Zeit vielleicht prinzipiell zu schwer ist (und nicht nur für den Autor), gebe ich die Frage auf und gehe für eine integrative Betrachtung verschiedener Auffassungen von Zeit von einer anderen Frage aus.

Dabei bleibt nach dem Vorgebrachten gar nichts anderes übrig, als von der eigenen Wissenschaft, in der man sich zu Hause fühlt, von ihren Paradigma und ihren impliziten oder expliziten „Vorurteilen" auszugehen, wobei ich diesen wissenschaftlichen Bereich möglichst weit fassen will, indem ich ihn als Neurowissenschaft anspreche, der neben anderen auch die Neurophysiologie und die Psychologie umfaßt. Mein Ansatzpunkt ist also ausgesprochen subjektiv. Ich möchte einige Beobachtungen dazu verwenden, um eine Begriffs-Klärung anzustreben, denn es ist mein Eindruck, daß wir im interdisziplinären Gespräch oft unterschiedliche Auffassungen mit dem Zeitbegriff verbinden, die das Gespräch erschweren.

Meine Ausgangsfrage lautet: *Wie komme ich zur Zeit?* Oder – etwas weniger phänomenologisch, indem Zeit bereits vorausgesetzt wird – wie kommt Zeit zu mir? Ich verstehe diese Frage hauptsächlich evolutionistisch, implizit aber auch ontogenetisch.

Um die Frage „wie komme ich zur Zeit?" zu erörtern, gehe ich von einer psychologischen Klassifikation der subjektiven Erfahrung von Zeit aus, die an anderer Stelle ausführlicher vorliegt[5]. Dazu scheint man als Wahrnehmungsforscher in besonderer Weise aufgerufen zu sein, wobei übrigens auffallend ist, daß theoretische Überlegungen

---

[3] PÖPPEL, E.: Lust und Schmerz. Grundlagen menschlichen Verhaltens und Erlebens, Severin und Siedler, 1982, Kap. 22.

[4] WITTGENSEIN, L.: Tractatus Logico-philosophicus, 1918.

[5] PÖPPEL, E.: Time Perception. In Handbook of Sensory Physiology, Vol. VIII: Perception, Springer-Verlag, 1978.

über Zeit von Philosophen oder Physikern meist auch von solchen Erlebnis-Kategorien ausgehen. Für Kant beispielsweise scheint Zeiterleben mit dem „Zugleichsein" und „Aufeinanderfolgen" gekennzeichnet zu sein[6] – zumindest kann man den ersten Absatz in der transzendentalen Ästhetik, wo er „Von der Zeit" spricht, in dieser Weise interpretieren. Davon ausgehend kommt er dann zu dem Kernsatz „Die Zeit ist nichts anderes als die Form des inneren Sinnes". Oder ein Satz von Einstein[7]: „Wissenschaft ist der Versuch, der *chaotischen Mannigfaltigkeit der Sinneserlebnisse* ein logisch einheitliches gedankliches System zuzuordnen". Auch hier wird eine wahrnehmungspsychologische Aussage gemacht („die chaotische Mannigfaltigkeit..."), die in dieser Form übrigens kein Wahrnehmungsforscher akzeptieren würde, denn das Faszinierende für den Hirnforscher ist gerade die Beobachtung der vom Gehirn der Umwelt „aufgezwungenen" Ordnung!

In dem Versuch, eine „Taxonomie" des Zeiterlebens zu erarbeiten, kann man von folgenden Erlebnis-Kategorien ausgehen, für die Gehirn-Mechanismen angenommen werden, bzw. bereits aufgefunden wurden (vergl. s. Anm. 5):

Das Erleben von *Gleichzeitigkeit*
Das Erleben von *Folge*
Das Erleben von *Jetzt*
Das Erleben von *Dauer*

Gleichzeitigkeit:

Das Erleben von Gleichzeitigkeit ist abhängig von der Funktionsweise unserer Sinnessysteme. Was in der akustischen Modalität, beim Hören also, innerhalb von zwei Tausendstel Sekunden geschieht, ist für uns gleichzeitig; was drei Tausendstel auseinanderliegt, ist für die meisten nicht mehr gleichzeitig. Was in der visuellen Modalität, beim Sehen, drei oder sogar zehn Tausendstel Sekunden auseinanderliegt, ist gleichzeitig; erst Intervalle ab etwa zwanzig Tausendstel Sekunden können als ungleichzeitig erlebt werden. Gleichzeitigkeit ist also nicht etwas Absolutes, sondern je nach unserem Ausblick in die Welt durch verschiedene Sinne unterschiedlich. (Gleichzeitigkeit ist also auch im Gehirn ein „relativer" Begriff; dem Inertialsystem in der speziellen Relativitätstheorie entspricht hier die Modalität der zeitlichen Erfahrung).

---

[6] KANT, I.: Kritik der reinen Vernunft.
[7] EINSTEIN, A.: Das Fundament der Physik, Science 1940.

Folge:
Selbst wenn jedoch zwanzig Tausendstel Sekunden zwischen zwei akustischen oder visuellen Ereignissen liegen (sie also nicht als „gleichzeitig" erlebt werden), können wir trotzdem noch nicht sagen, welches dieser Ereignisse vor dem anderen auftrat! Damit wir eine identifizierbare Folge erleben können, müssen mindestens etwa dreißig Tausendstel Sekunden zwischen diesen Ereignissen liegen. Und dieser Wert ist interessanterweise derselbe für alle Sinnessysteme: Sehen, Hören oder Tasten (beim Riechen oder Schmecken kennt man sich nicht so gut aus). Für das Erleben von Folge muß ein Ereignis als solches erkannt werden (Identifikation), wobei dafür die Minimalzeit bei dreißig Tausendstel Sekunden liegt. Für die Ereignis-Identifikation wird ein Gehirn-Mechanismus angenommen, der wie ein oszillatorisches System mit einer Frequenz von etwa 30 Hz arbeitet[8]. Studien an Hirnstörungen und neurophysiologische Untersuchungen belegen dies ausreichend. Das Erlebnis der Ungleichzeitigkeit von Ereignissen ist also notwendig, jedoch noch nicht hinreichend für das Erlebnis bestimmter, aufeinander folgender Ereignisse. Für das Erlebnis der Folge, der *Abzählbarkeit* von Ereignissen, wird ein weiterer Mechanismus im Gehirn benötigt. Dem qualitativen Sprung von Gleichzeitigkeit zur Folge entspricht in der Hierarchie des Gehirns die Verlagerung der Reiz-Verarbeitung von den Sinnesorganen in das Gehirn.

Jetzt:
Aufeinander folgende Ereignisse werden bis zu einer bestimmten zeitlichen Grenze als „gegenwärtig" erlebt. Beispiel aus der Sprache: das Wort „jetzt" setzt sich aus aufeinanderfolgenden phonetischen Ereignissen zusammen; wenn ich aber „jetzt" jetzt höre, dann höre ich das ganze Jetzt jetzt und nicht in der Abfolge der einzelnen phonetischen Einheiten. Dies verweist auf eine weitere Leistung des Gehirns, nämlich die *Integration* zeitlich getrennt auftretender Ereignisse in Wahrnehmungs-Gestalten, die als solche jeweils „jetzt", d. h. gegenwärtig sind. Die obere zeitliche Grenze für diese Integration von Wahrnehmungserlebnissen liegt bei zwei bis vier Sekunden. Diese Dauer entspricht interessanterweise auch Äußerungseinheiten in der spontanen Sprache. Was wir jeweils als „gegenwärtig" *erleben,* ist nicht ein ausdehnungsloser Punkt auf der Zeit-Achse der klassischen Physik, sondern es sind zu Gestalten integrierte Ereignisse mit Bedeutung. Und

---

[8] PÖPPEL, E.: Excitability cycles in central intermittency. Psychologische Forschung, 1970.

der zeitliche Rahmen dieses unmittelbaren Jetzt-Erlebens von zwei bis vier Sekunden wird vom Gehirn bereitgestellt. Dieser zeitliche Rahmen ist auch die Grundlage unserer Bewußtseins-Tätigkeit; jeweils für einen kurzen Zeitabschnitt „konzentriert" sich das Bewußtsein auf einen Sachverhalt und automatisch „zwingt" das Gehirn die Konzentration nach wenigen Sekunden zum nächsten Inhalt (vgl. Anm. 3). Die Kontinuität des Denkens wird vom Gehirn also in Zeit-Quanten von wenigen Sekunden „zerhackt", weswegen wir bei Überforderung des *Gedächtnisses* manchmal den Faden verlieren. Das Erlebnis einer *Folge* von Ereignissen ist also wiederum nicht hinreichend aber fraglos notwendig für das Erlebnis von Jetzt, von der Gegenwärtigkeit. Das Jetzt scheint *das* Grund-Phänomen des Zeit-Erlebens überhaupt zu sein. Wenn man von einem „Jetztpunkt" ausgeht, der ausdehnungslos zwischen Vergangenheit und Zukunft liegt und kontinuierlich in die Zukunft wandert (oder durch den die Zukunft hindurch sich in die Vergangenheit schiebt) dann bewegt man sich schon nicht mehr auf der phänomenalen bzw. neuronalen Ebene, sondern hat bereits vom Erlebnis abstrahiert, wobei z. B. eine „absolute" Zeit im Sinne Newton's vorausgesetzt wird. Newton[9] kennzeichnet Zeit mit den folgenden Worten: „Absolute, true, and mathematical time, of itself, and from its own nature, flows equably, without relation to anything external, and by other name is called duration; relative, apparent, and common time, is some sensible and external (whether accurate or unequable) measure of duration by the means of motion, which is commonly used instead of true time; such as an hour, a day, a month, a year".

Dauer:
Das Erlebnis von Dauer ist Zentrum und häufig Ausgangspunkt von Überlegungen über das Wesen der Zeit (insbesondere auch in der Tradition der experimentellen Psychologie). Th. Mann's „Zauberberg" handelt hiervon; Bergson[10] geht von der durée aus. In der hier vorgestellten hierarchischen Klassifikation subjektiver Zeit kommt das Erlebnis von Dauer aber erst zum Schluß. Warum? Experimentell hat sich gezeigt, daß unser Erleben von Dauer sich aus der Reichhaltigkeit der im Bewußtsein verarbeiteten Ereignisse ergibt. Wenn innerhalb eines vorgegebenen Zeit-Invervalls wenig geschieht, wird wenig im Bewußtsein verarbeitet, wenig im *Gedächtnis* gespeichert, und erscheint im Rückblick die „Zeit" kurz. Während eines solchen verarmten Er-

---

[9] NEWTON, I. Mathematical Principles of Natural Philosophy.
[10] BERGSON, H.: Sur les données immédiates de la conscience, 1888.

eignis-Stromes scheint „Zeit" dahinzuschleichen und es stellt sich das Erlebnis der *Langeweile* ein. Geschieht viel, dann wird viel im Bewußtsein verarbeitet, und die Zeit scheint zu fliegen, doch im Rückblick erscheint die Dauer als lang. Dies Phänomen wird als subjektives *Zeit-Paradox* bezeichnet. Das Erlebnis der Dauer ist also abhängig von verarbeiteter Information.

Damit eine Dauer-Bewertung vorgenommen werden kann, wird natürlich ein Maßstab benötigt. Dieser Maßstab wird vermutlich im wesentlichen durch den Integrations-Mechanismus und durch die hochfrequente „Gehirn-Uhr" mit einer Taktfrequenz von ca. 30 Hz, die der Identifikation von Ereignissen zugrunde liegt, bereitgestellt. Eine exogene Uhr, oder „gelernte" Zeit, wie sie von vielen empiristisch orientierten Psychologen gefordert wird, wird nicht benötigt. Mit anderen Worten: auch „Uhr-lose" Menschen (oder Kulturen) können Kurzweil oder Langeweile erleben, da der Maßstab für das Erlebnis von Dauer in uns selbst liegt. Fazit: Für das Erlebnis von Dauer ist die Identifikation und Integration von Ereignissen zu Wahrnehmungs-Gestalten notwendig, doch ist dies wiederum nicht hinreichend.

Das Hinzukommende bezeichnen wir als *Gedächtnis*. Ohne Gedächtnis ist Dauer nicht erlebbar; ohne eine bestimmte Form von Gedächtnis ist natürlich auch das Erleben von Jetzt und der Folge nicht denkbar. Gedächtnis ist zentral für unsere Analyse „wie ich zur Zeit komme". Die Bedeutung von Gedächtnis hinsichtlich der Frage nach der Washeit der Zeit hebt ja auch Augustinus[11] hervor. Ich möchte mich nicht in eine Analyse über das Gedächtnis verlieren, sondern nur einen Sachverhalt hervorheben, der für die Grundfrage „wie komme ich zur Zeit" wesentlich erscheint. Wir haben Gedächtnis, um für zukünftige Situationen vorbereitet zu sein. Mit Gedächtnis wird also Zeit übersprungen. Damit aber etwas Gespeichertes aus dem Gedächtnis überhaupt ins Bewußtsein kommt, muß die jeweilige Situation es nahelegen. Wenn keine semantischen (oder anderen) Bezüge zu Vergangenem bestehen, bleibt ein Gedächtnis-Inhalt stumm.

Entwicklungsgeschichtlich scheint mir nun das Folgende wesentlich zu sein: Gedächtnis ist nur dann sinnvoll, wenn die Welt nicht völlig indeterminiert ist. Wenn es keine Korrelation zwischen aufeinanderfolgenden Situationen gibt, wäre Gedächtnis überflüssig, da es nutzlos wäre. Aus diesem Grunde kann übrigens der „arrow of time"[12], der durch den zweiten Hauptsatz der Wärmelehre definiert wird, nicht

---

[11] AUGUSTINUS: Confessiones, 11. Buch.
[12] BLASER, : Dieser Band.

Grundlage der subjektiven Erfahrung eines Zeitpfeiles sein, da aufgrund der Zunahme der Entropie in einem geschlossenen System nie wieder eine Situation „wie früher" eintritt, und somit ein Gedächtnis funktionslos wäre. Mit anderen Worten: In einem geschlossenen System könnte sich Gedächtnis gar nicht entwickeln aufgrund der fehlenden semantischen Bezüge zu vergangenen Situationen – und somit auch kein *Zeiterleben*. Aber wir leben ja auch gar nicht in einem geschlossenen System, und deshalb ist die „schwache Zeitlichkeit"[13], die im zweiten Hauptsatz impliziert wird, entwicklungsgeschichtlich bedeutungslos.

Ich möchte nun behaupten, daß wir auch kein Gedächtnis hätten, wenn die Welt für uns völlig determiniert wäre. In einer determinierten Welt bräuchten Lebewesen nur feste Programme („fixed action patterns") zur Steuerung ihres Verhaltens. Solche scheint es zwar auch im menschlichen Verhalten zu geben, und auch diese instinktiven Verhaltensweisen beruhen auf einer bestimmten Form von „Gedächtnis". Ich möchte Gedächtnis hier jedoch in einem weiteren Sinn verstehen. Gedächtnis ist jene Instanz, die aufgrund früherer Erfahrungen bei Entscheidungen in späteren Situationen notwendige Informationen bereitstellt. Wenn wir vor eine Wahl gestellt werden, dann wägen wir die Alternativen ab und versuchen die beste Lösung zu finden; und dieser gedankliche Prozeß kann nur ablaufen auf der Grundlage eines funktionsfähigen Gedächtnisses. Dieses Gedächtnis zwingt uns also nicht zu bestimmten Handlungen (wie bestimmte Signalreize ihnen zugeordnete Reflexe oder Instinkthandlungen bedingen), sondern dieses Gedächtnis erlaubt eine bessere Beurteilung jeweils gegenwärtiger Situationen. *Freie Entscheidungen* können nur auf der Grundlage von Reflexion getroffen werden, wobei Gedächtnis die Zeit überwindet, indem es frühere Erfahrung dem reflektiven Bewußtsein bereitstellt. Meines Erachtens konnte sich diese Form von Gedächtnis in der Phylogenese nur entwickeln, weil die reale Welt nicht vollkommen determiniert ist.

Zusammenfassend: Das Gedächtnis, das notwendig ist für freie Entscheidungen, kann nur in einer Welt, die zwischen völliger Determiniertheit und völliger Indeterminiertheit liegt, vorgefunden werden.

Zur Veranschaulichung ein Beispiel: Manche „primitive" Organismen leben in gewissem Sinne tatsächlich in vollkommen determinierten Umwelten, insofern sie nur Verhaltensweisen entwickelt haben, die stets automatisch bei bestimmten Reiz-Konstellationen ausgelöst

---

[13] EIGEN, M.: Dieser Band.

werden. Es gibt Nervensysteme (z. B. bei manchen Polypen), die nur aus einem Typ von Neuronen bestehen, und die dem Organismus daher keinerlei „Entscheidungs-Freiheit" im Verhalten gewähren können. Aufgrund ihrer Hirn-Organisation und den damit möglichen Handlungsweisen ist für sie die Welt determiniert, da andere Situationen neben denen, für die Verhalten programmiert wurde, in dem „Weltbild" dieser Lebewesen nicht existent sind. Dies heißt, daß für den Menschen die Welt erst aufgrund seiner Gehirnentwicklung partiell indeterminiert wurde.

Das bisher Aufgeführte sei kurz zusammengefaßt:
Es sind vier „primäre" Zeiterlebnisse definiert worden (Gleichzeitigkeit, Jetzt, Folge, Dauer), die hierarchisch angeordnet sind. Für die einzelnen Zeiterlebnisse lassen sich aufgrund experimental-psychologischer und neurophysiologischer Befunde Gesetze formulieren, und es lassen sich insbesondere neuronale Mechanismen identifizieren. Wenn wir diese elementaren Zeiterlebnisse zusammenfassen, können wir von einem primären, unmittelbaren Zeiterleben sprechen, das begründet ist in Mechanismen des Gehirns, die im Laufe der Evolution gebildet wurden, um Verhalten und Erleben anzupassen und zu optimieren.

Auf dieser Grundlage scheint es mir nun möglich zu sein, einige der Thesen aus der „Zeit-Serie" begrifflich einzuordnen, wobei nicht versucht werden soll, „alles" zu integrieren, sondern in dem Bezugssystem der vorgestellten hierarchischen Taxonomie auf einige Gesichtspunkte hinzuweisen; der Integrationsversuch ist also abermals subjektiv.

„Zeiterleben" ist ein wesentlicher Gesichtspunkt bei Epstein[14], der versucht, auf ästhetische Merkmale in der Musik hinzuweisen, die an unser Erlebnis von Zeitlichem gekoppelt sind. Epstein verweist z. B. auf das Problem der Bewegung in der Musik und auf ganzzahlige Tempo-Beziehungen innerhalb von Musikstücken. Ohne die Annahme einer Integration von musikalischen Ereignissen zu Gestalten (etwa Motiven), ohne Voraussetzung einer „Gehirn-Uhr", die die Tempo-Relationen erst erkennbar macht, sind diese Beobachtungen nicht verständlich. Die zeitlichen Randbedingungen, die von unserem Gehirn vorgegeben werden, bedingen eine bestimmte Form und Wirkung von Musik. Werden diese Randbedingungen verletzt, dann verändert sich qualitativ die (ästhetische) Wirkung der Musik.

---

[14] EPSTEIN, D.: Dieser Band.

Auch manche der Ausführungen von Heimann[15] und Grüsser[16] scheinen in das diskutierte Klassifikations-Schema von Zeiterlebnissen eingeordnet werden zu können. Beeinflussungen der Hirntätigkeit, sei es aufgrund von Verletzungen, endogenen Veränderungen im biochemischen Haushalt oder exogenen Noxen, können auch stets Folgen in der zeitlichen Analyse von Information und dadurch im Zeiterleben haben. Untersuchungen am Institut für Medizinische Psychologie in München belegen dies besonders bei Patienten mit Hirnverletzungen. Die Wirkung von Drogen, die zu Alterationen des Zeiterlebens führen, könnte beispielsweise so verstanden werden: Wird die „Gehirn-Uhr" etwa durch Amphetamine beschleunigt, wird notwendigerweise innerhalb eines vorgegebenen Zeitintervalls mehr integriert werden müssen, d. h. das Zeiterleben ist dann grundlegend geändert. Oder: Verliert ein Patient nach einer Elektrokrampf-Behandlung sein Gedächtnis für „Zeitmarken" von Ereignissen, wird er „den Strom der Zeit" anders erleben müssen. Der Verlust des Gedächtnisses bei einer bestimmten Form von Alkohol-Psychose (Korsakow) scheint im wesentlichen ein Verlust für zeitliche Folge von Ereignissen zu sein. Es ist denkbar, daß die Konfabulationen solcher Patienten in dem Verlust der erlebbaren Kausalität in der realen Welt begründet sind, der sich meines Erachtens einstellen muß, wenn zeitliche Folge im Gehirn nicht mehr sachgerecht bereitgestellt wird.

Das Erleben von Bewegung im Raum und Zeit gehören zusammen. So definiert Aristoteles[17] die Zeit folgendermaßen: Zeit ist das Maß der Bewegung nach dem Früher und Später. Auch an der Bewegung läßt sich zeigen, wie Kausalität abhängig ist von Zeit. Wenn im Gehirn eine Störung vorliegt, die die Perzeption von Bewegung nicht mehr möglich macht, ist die Folge notwendigerweise ein völlig verändertes „Weltbild" dieses Menschen. Ein Objekt im Raum kann sich dann nämlich für den Beobachter nicht mehr von hier nach dort *bewegen*, sondern es ist hier, und irgendwann dort, ohne daß eine Verbindung zwischen den Situationen bestünde. Dies muß dazu führen, daß die Identität von Gegenständen in Frage gestellt wird, denn die Möglichkeit, Bewegung zu sehen, bedingt ja, daß wahrgenommene Objekte über die Zeit mit sich selbst für uns identisch bleiben. Fehlt dieser Einblick in die Welt, ist Identitäts-Verlust und Akausalität die Folge. Unser „Weltbild" wäre, wenn wir alle „Bewegungs-blind" wären, ein völ-

---

[15] HEIMANN, H.: Dieser Band.
[16] GRÜSSER, O. J.: Dieser Band.
[17] ARISTOTELES: Physik.

lig anderes (vergl. Anm. 3). So leuchtet ein, daß Aristoteles in der „Physik" die Bestimmung des Wesens der Bewegung als Grundfrage nach der Physik bezeichnet, und über die Bewegung Zeit definiert.

Für die *Konstituierung des Zeiterlebens* scheinen mir neben der Entwicklung der grundlegenden Hirn-Mechanismen *biologische* Rhythmen, über die Aschoff[18] und Heimann referieren, von zentraler Bedeutung zu sein. Es wird ausgeführt, daß unser Verhalten eingepaßt ist in die periodisch sich ändernde Umwelt. Aufgrund der Entwicklung einer (oder mehrerer) inneren Uhr von etwa Tageslänge („circadian") antizipiert der Organismus sich wiederholende Umwelt-Ereignisse, wird von diesen also nicht täglich überrascht. Für unser unmittelbares Zeiterleben (in dem oben diskutierten Sinne) scheint Folgendes entscheidend zu sein: Von unserem Gedächtnis wird uns vermittelt, daß ähnliche Situationen sich täglich wiederholen. Die Periodizität der Umwelt determiniert bestimmte Abläufe; doch ist die Umwelt natürlich nicht voll durch die physikalische Periodizität determiniert (das Wetter ändert sich beispielsweise). Unser Gedächtnis findet täglich nur ähnliche Randbedingungen vor. Die Periodizität in der physikalischen Welt, und unsere Anpassung an sie, hat somit die Entwicklung von Gedächtnis überhaupt erst möglich gemacht. Wobei daran erinnert sei: Gedächtnis ist nur sinnvoll bzw. möglich in einer Welt, die zwischen völliger Determiniertheit und Indeterminiertheit liegt.

Bisher wurde im wesentlichen nur vom *Zeiterleben* und den es konstitutionierenden Mechanismen gesprochen. Ich möchte nun einen Sprung wagen, bei dem ich mich möglicherweise zwischen die Stühle setze, auf denen Geisteswissenschaftler zur rechten und Naturwissenschaftler, insbesondere Physiker, zur linken sitzen. Ich möchte nämlich fragen, ob das bisher Gesagte sich eignet, auch eine *begriffliche* Klärung für die Zeit in diesen wissenschaftlichen Bereichen zu gewinnen.

Ausgangspunkt der Überlegung ist, daß das Zeiterleben als das primär Gegebene anzusehen ist. Im nächsten Schritt wird nun nicht gefragt: „Was ist Zeit?", sondern es wird versucht, die *Bedingung der Möglichkeit* von Zeiterleben zu diskutieren. Mir scheint nun genau das einzutreten, was zu Beginn angesprochen wurde; daß nämlich der Ausgangspunkt des Denkens den Weg des Denkens determiniert. Als Physiker versucht man die Gesetze der Natur zu erfassen, und wird dabei zu Annahmen geführt, die mit diesen Gesetzen kompatibel sein müssen. Eine solche Annahme unterliegt beispielsweise der klassi-

---

[18] Aschoff, J.: Dieser Band.

schen Physik, indem eine *absolute* Zeit angenommen wird (vergl. Anm. 9), die, wie Prigogine[19] betont, aber nur als ein Parameter anzusehen ist.

Vielleicht gereicht es zur Klarheit, hier ein längeres Zitat von *Einstein* einzuschieben[20]: „Es (das Weltbild) stellt die höchsten Anforderungen an die Straffheit und Exaktheit der Darstellung der Zusammenhänge, wie sie nur die Benutzung der mathematischen Sprache verleiht. Aber dafür muß sich der Physiker stofflich um so mehr bescheiden, indem er sich damit begnügen muß, die allereinfachsten Vorgänge abzubilden, die unserem Erleben zugänglich gemacht werden können, während alle komplexeren Vorgänge nicht mit jener subtilen Genauigkeit und Konsequenz, wie sie der theoretische Physiker fordert, durch den menschlichen Geist nachkonstruiert werden können. Höchste Reinheit, Klarheit und Sicherheit auf Kosten der Vollständigkeit. Was kann es aber für einen Reiz haben, einen so kleinen Ausschnitt der Natur genau zu erfassen, alles Feinere und Komplexere aber scheu und mutlos beiseite zu lassen. Verdient das Ergebnis einer so resignierten Bemühung den stolzen Namen „Weltbild"? Ich glaube, der stolze Name ist wohlverdient, denn die allgemeinen Gesetze, auf welche das Gedankengebäude der theoretischen Physik gegründet ist, erheben den Anspruch, für jedes Naturgeschehen gültig zu sein. Auf ihnen sollte sich auf dem Wege reiner gedanklicher Deduktion die Abbildung, d. h. die Theorie eines jeden Naturprozesses einschließlich der Lebensvorgänge finden lassen, wenn jener Prozeß der Deduktion nicht weit über die Leistungsfähigkeit menschlichen Denkens hinausginge. Der Verzicht des physikalischen Weltbildes auf Vollständigkeit ist also kein prinzipieller. Höchste Aufgabe des Physikers ist also das Aufsuchen jener elementaren Gesetze, auf denen durch seine Deduktion das Weltbild zu gewinnen ist. Zu diesen elementaren Gesetzen führt kein logischer Weg, sondern nur die auf Einfühlung in die Erfahrung sich stützende Intuition."

„Wenn es nun wahr ist, daß die axiomatische Grundlage der theoretischen Physik nicht aus der Erfahrung erschlossen, sondern frei erfunden werden muß, dürfen wir dann überhaupt hoffen, den richtigen Weg zu finden? Noch mehr: Existiert dieser richtige Weg nicht nur in unserer Illusion?... Hierauf antworte ich mit aller Zuversicht, daß es *den* richtigen Weg nach meiner Meinung gibt, und daß wir ihn auch zu finden vermögen. Nach unserer bisherigen Erfahrung sind wir nämlich

---

[19] PRIGOGINE, I.: Vom Sein zum Werden; Piper-Verlag, 1979.
[20] EINSTEIN, A.: Zum Weltbild des theoretischen Physikers. In: „Mein Weltbild", Querido-Verlag, Amsterdam, 1934.

zu dem Vertrauen berechtigt, daß die Natur die Realisierung des mathematisch denkbar Einfachsten ist. Durch seine mathematische Konstruktion vermögen wir nach meiner Überlegung diejenigen Begriffe und diejenige gesetzliche Verknüpfung zwischen ihnen zu finden, welche den Schlüssel für das Verstehen der Naturerscheinungen liefern. Die brauchbaren mathematischen Begriffe können durch die Erfahrung wohl nahe gelegt aber keinesfalls aus ihr abgeleitet werden. *Erfahrung bleibt natürlich das einzige Kriterium der Brauchbarkeit einer mathematischen Konstruktion für die Physik."* (Hervorhebung vom Verf.)

Folgende Gesichtspunkte möchte ich aus den Bemerkungen von Einstein noch einmal hervorheben: a) der Glaube an das physikalische Weltbild, b) die Bedeutung des mathematisch Einfachen, c) die begrenzte Leistungsfähigkeit des menschlichen Denkens und d) die Erfahrung als notwendiges Kriterium. Aus diesen Worten ergibt sich, daß in den Bereichen der Welt, für die keine Erfahrungen möglich sind (wir verfügen z. B. im Gegensatz zu manchen Tieren nicht über einen elektrischen Sinn), theoretisch-physikalische Theorien über die Welt nicht verifiziert werden können. Da unser Gehirn aufgrund seiner Entwicklungsgeschichte nur *einen* Ausblick in die Welt hat (über dessen Umfang wir übrigens überhaupt keine Vorstellung haben können), ist notwendigerweise jede physikalische Theorie ein Blick durch nur *ein* (nämlich unser) Fenster in die Welt. Physikalische Theorien sind deshalb notwendig anthropozentrisch. Für unsere Zeit-Diskussion heißt dies, daß die Suche nach den Bedingungen der Möglichkeit von Zeiterleben in der realen Welt bestimmt wird von den Mechanismen des Gehirns, die Zeiterleben bedingen. Ein theoretischer Zeitbegriff in der Physik (z. B. die „absolute" Zeit Newton's), der das Zeiterleben zu übersteigen vorgibt, kann gar nicht unabhängig vom Zeiterleben konzipiert werden. Ich schlage deshalb vor, den physikalischen Zeitbegriff (sei es der Newton's, Einstein's oder Prigogine's) aus dem primären Zeiterleben als ein *sekundäres Konstrukt* abgeleitet anzusehen. Dies schränkt natürlich die Bedeutung des physikalischen Zeitbegriffs in keinster Weise ein (wer wäre nicht fasziniert vom relativistischen Zeitbegriff), sondern soll nur darauf verweisen, daß dieser *Begriff* anthropozentrisch ist und in der subjektiven Erfahrung dem primären Zeiterleben folgt (wobei mir Einstein als Kronzeuge dient).

Ich möchte nun zum Schluß behaupten, daß auch jener Zeitbegriff, der in manchen geisteswissenschaftlichen Analysen thematisiert ist, ein sekundäres Konstrukt ist – das allerdings in eine ganz andere Denkrichtung zielt. Während der physikalische Zeitbegriff „kognitiv" ausgerichtet ist, wobei versucht wird, die Zeit in der Welt zu erfassen, scheint in vielen geisteswissenschaftlichen Zeitbegriffen „Lebenszeit" impliziert zu sein. Dieser Zeitbegriff ist (psychologisch gesehen) emotional oder, vielleicht besser, *semantisch* orientiert. Zeit wird beispielsweise verstanden als Auftrag, Sorge, Hoffnung, Sinnerfüllung, „rechte" Zeit, Bedrohung – d. h. Zeit wird als eine existentielle Dimension interpretiert. Vielleicht läßt sich hier auch der historische Zeitbegriff ansiedeln, indem kulturelle Ereignisse, nicht individuelle Erfahrungen, Ausgangspunkt der Interpretation von Zeit sind.

Der Grund für die Genese eines semantischen Zeitbegriffs ist wohl die Erfahrung der Vergänglichkeit und des Todes; deshalb ist „Zukunft" oft der Anker des Denkens. So schreibt Heidegger in „Sein und Zeit": „Das *primäre* Phänomen der ursprünglichen und eigentlichen Zeitlichkeit ist die Zukunft" (Hervorhebung vom Verf.), und er versteht das Zeiterleben und den physikalischen Zeitbegriff (übrigens auch den von Aristoteles oder Bergson) als einen „vulgären" Zeitbegriff.

Ich möchte aus Gründen der Begriffsklärung dagegenstellen, daß ohne „primäres" Zeiterleben, so wie es erörtert wurde, Zukunft gar nicht gedacht werden kann. Das Zeiterleben ist primär, während der semantische Zeitbegriff (wozu ich Heidegger's zähle) sekundär ist (was natürlich nicht wertend gemeint ist, sondern nur heißen soll, daß für den begrifflichen Umgang mit Zeit der semantische Zeitbegriff sekundär ist). Zur Verdeutlichung noch ein Wort aus „Sein und Zeit": „Das, von wo aus das Dasein so etwas wie Sein unausdrücklich versteht und auslegt, ist die Zeit. Diese muß als der Horizont alles Seinsverständnisses und jeder Seinsauslegung ans Licht gebracht werden." Ich verstehe dies „denk-genetisch" so, daß Heidegger vom Verstehen und Auslegen von Zeit ausgeht, und nicht vom Zeiterleben selbst; dies hat er in seinem Denken übersprungen, da es als „vulgär" nicht maßgeblich für sein Denken zu sein scheint. Dies bedeutet aber für uns wiederum, daß sein Denken einen anderen Ausgangspunkt nimmt, als etwa bei einem Physiker oder Neurowissenschaftler. Und dies bedingt natürlich einen ganz anderen Denkweg und ein anderes Ziel des Denkens.

Zusammenfassung:
Um zu einer *begrifflichen* Klärung über Phänomene der Zeit zu kommen, wird nicht mehr von der Frage: „Was ist (die) Zeit?" ausgegangen, sondern es wird vorgeschlagen, evolutionistisch zu denken und

von der Frage „Wie komme ich zur Zeit?" auszugehen. Die Analyse dieser Frage führt zum *primären Zeiterleben*, das insbesondere in den Neurowissenschaften einschließlich der Psychologie untersucht wird. Um das primäre Zeiterleben selbst zu begründen, die Bedingungen seiner Möglichkeit verständlich zu machen, gehen die Naturwissenschaften reduktionistisch vor. In der theoretischen Physik finden sich Antworten in den Gesetzen der Natur, und wir kommen über diese Gesetze zu einem *sekundären Zeitbegriff*, der kompatibel ist mit unserer Beschreibung der Natur. Ein anderer, jedoch auch sekundärer Zeitbegriff findet sich in den Geisteswissenschaften. Ausgehend vom primären Zeiterleben und besonders vom Zukunfts-Wissen wird versucht, die Zeit zu *deuten*, sei es individuell, sei es kulturell. Es wird vorgeschlagen, dieses Konstrukt als semantischen Zeitbegriff zu bezeichnen.

primäre Ebene	*Zeiterleben* (Neurowissenschaften, Physiologie und Psychologie)	
sekundäre Ebene	a) *physikalischer Zeitbegriff* (kognitiv, Welt-Erklärung)	b) *semantischer Zeitbegriff* (hermeneutisch, Leben und Geschichte deutend)

Bibliographie
(zusammengestellt von Armin Mohler)

Als Ergänzung zu den Literaturangaben der einzelnen Beiträge soll hier kurz auf die wichtigste allgemeine Literatur zum Zeitproblem hingewiesen werden. Der am breitesten angelegte Versuch einer Zusammenfassung der Probleme ist das (von Babylon bis heute reichende) Sachbuch eines ehemaligen Verlegers:

1980 *Rudolf Wendorff: „Zeit und Kultur.* Geschichte des Zeitbewußtseins in Europa", 2. Auflage 1981, 720 S., Opladen, Westdeutscher Verlag.

Dieser fast die Kräfte eines Einzelnen übersteigende Versuch, nicht nur alle Zeiten, sondern auch alle Fachgebiete von der Mechanik bis zur Theologie zu überblicken, steht allein. Leider sind bei Wendorff Anmerkungen und Bibliographie nicht getrennt. Die nützlichste Bibliographie legte vor:

1981 *Julius T. Fraser: „A Report on the Literature of Time 1900 – 1980"*, S. 234–270 in: The Study of Time IV (s. u.).

Bei den folgenden Übersichtswerken handelt es sich um Sammelbände, die Symposien von Vertretern der verschiedensten Wissenschaften wiedergeben. Die bibliographischen Angaben über die einzelnen Sammelbände werden durch Hinweise auf den Inhalt der Bände ergänzt; diese Hinweise sollen den Leser vor allem auf im vorliegenden Band nicht behandelte Themen und Fragestellungen hinweisen.

Angelsächsische Sammelbände

Hier sind in erster Linie die bisher vier Bände zu nennen, in welchen die von J. T. Fraser gegründete *International Society for the Study of Time* die Vorträge ihrer internationalen Tagungen druckt:

1972 *Julius T. Fraser, F. C. Haber, Gert Heinz Müller* (Herausgeber): *„The Study of Time.* Proceedings of the First Conference of the International Society for the Study of Time", VIII – 500 S., 65 Abb., Berlin-Heidelberg-New York, Julius Springer-Verlag.
Die Tagung fand 1969 in Oberwolfach im Schwarzwald statt; deutsche Teilnehmer: der Mathematiker G. H. Müller, der

Physiker F. Hund, E. Pöppel. Die meisten Vorträge wurden zuvor im „Studium Generale" (1970/1971) abgedruckt. 11 Vorträge aus der Physik, 9 aus der Biologie, 11 aus den Geisteswissenschaften, 3 aus einer Sondertagung über Zeitverschiebung beim Fliegen. Hingewiesen sei auf die fünf Vorträge zum Thema „Time, Philosophy and the Logic of Time Concept" (The Notion of the Present – Instants and Intervals – The Fiction of Instants – On the Reality of Becoming – Whitehead and the Philosophy of Time) sowie auf die kulturgeschichtlichen Beiträge: „Die Vergöttlichung der Zeit", „Die Darwinsche Revolution in der Zeitauffassung", „Einstellungen zur Zeit in vier Neger-Subkulturen", „Über Hegel – eine Studie über Hexerei" (Erich Voegelin), „Die Zeit und das moderne Selbst" (bei Descartes, Rousseau und im Drama).

1975 *Julius T. Fraser, Nathaniel Lawrence* (Herausgeber): *„The Study of Time II.* Proceedings of the Second Conference...", X-486 S., 80 Abb., gleicher Verlag.
Die Tagung fand 1973 am Yamanaka-See in Japan statt. 9 naturwissenschaftliche, 17 geisteswissenschaftliche Vorträge, 6 aus einer Sondertagung über Uhren und Zeitmessung. Hingewiesen sei auf die Beiträge: „Zeit, Tod und Ritual im Alter", „Zeit und Ethik", „Zeitauffassung der westlichen Antike", Beiträge über die Zeitauffassungen von Leibniz, Hegel und Marx, Nietzsche, Husserl, Proust.

1978 *Julius T. Fraser, David A. Park* (Herausgeber): *„The Study of Time III.* Proceedings of the Third Conference...", VIII – 727 S., 34 Abb., gleicher Verlag.
Die Tagung fand 1976 in Alpbach (Österreich) statt. 11 naturwissenschaftliche, 18 geisteswissenschaftliche Vorträge. Hingewiesen sei auf: „Levels of Language in -Discourse about Time", „Zeit, Gedächtnis und Affekt", „Ideen von Anfang und Ende in der Kosmologie", „Zeiteinteilung in Großorganisationen", „Rhythmen der Stadt", „Das Studium der Zeit in Polen, Tschechoslowakei und Rußland", „Zeit und Opfer", „Zeitauffassung der Mithra-Mysterien", „Die wechselnde Ikonographie von Vater Zeit", Beiträge über die Zeitauffassungen von Joyce, Thomas Mann, D. H. Lawrence.

1981 *Julius T. Fraser, Nathaniel Lawrence, David A. Park* (Herausgeber): *„The Study of Time IV.* Papers from the Fourth Conference...", XXVIII – 286 S., 26 Abb., gleicher Verlag.

Die Tagung fand 1979 in Alpbach (Österreich) statt. 5 naturwissenschaftliche, 14 geisteswissenschaftliche Vorträge. Die Musik ist besonders stark vertreten: „On musical continuity" unseres Mitarbeiters David Epstein, dann „The zones of time in music and human activity" von L. Bielawski und „The creation of audible time" von L. Rowell. Hingewiesen sei außerdem auf: „My time is your time", „The beginning of the beginning in Western thought", „Death, literature, and its consolations", „The origins of time", „Perspectivity and the principle of continuity" sowie Beiträge über die Zeit im Hindu-Buddhismus, in jugoslawischer Folklore und bei D. H. Lawrence, Hermann Hesse, Kawabata.

Eine Serie von drei Bänden zur Zeit, die von der UNESCO in ihrer Buchreihe „At the crossroads of cultures" veröffentlicht wurden, ist ebenfalls vorwiegend angelsächsisch bestimmt.

1976 „*Cultures and Time*" (ohne Angabe eines Herausgebers; Einführung von Paul Ricoeur), 245 S., Paris, The Unesco Press.
Dieser Band behandelt die Zeit- und Geschichtsauffassungen in folgenden Kulturen: China, Indien, die Bantus, griechische Antike, Judentum, Christentum, Islam.

1977 „*Time and the Philosophies*" (ohne Angabe eines Herausgebers; Einführung von Paul Ricoeur), 256 S., Paris, Unesco.
Ein erster Abschnitt „The instant, the immediate, the now – and eternity, the all, the one" enthält einen Beitrag über arabisch-muslimische Philosophie, von einem Japaner „Time, temporality and freedom", H. G. Gadamer, „The Western view of the inner experience of time and the limits of thought". Ein zweiter Abschnitt umfaßt „Sociological interpretations of time. Pathology of time". Im dritten Abschnitt „Psychological and moral valuation of time" u. a. ein Beitrag „Time and its secret in Latin-America". Der vierte Abschnitt behandelt unter der Thematik „Some illustrations of time as experienced" die Typen des Wahrsagers, des Propheten, des Guru, des Futurologen und des Führers (letzterer Beitrag von A. J. Toynbee).

1979 *Frank Greenaway* (Herausgeber): „*Time and the Sciences*" X – 182 S., Paris, Unesco. Hingewiesen sei auf die Beiträge „Die mathematische Zeit und ihre Rolle in der Entwicklung des wissenschaftlichen Weltbildes" (G. J. Withrow), „Expressions of time in the information science and their implications", „The unifying time of environmental transformation" sowie drei Beiträge zur Zeitauffassung in bäuerlichen Kulturen.

Sammelbände in deutscher Sprache

Aus dieser Übersicht wird deutlich, daß die Zeit in den unmittelbaren Nachkriegsjahren nach 1945 in Deutschland noch ein intensiv bearbeitetes Thema war.

1955 *Studium Generale, Achter Jahrgang 1955.* Über den ganzen 800 Seiten starken Jahrgang verteilt finden sich umfangreiche Beiträge zur Zeit (auf ein Symposion zurückgehend ?). In unserem Band nicht behandelte Themen: „Absolute Zeitrechnung" (als Vorbedingung für das Studium der Geschichte), „Die Entfaltung des Lebens im Rahmen der geologischen Zeit", „Die Zeit als physiologische Grundlage des Formensehens" (H. Autrum), „Tempus und Aspekt in den altaischen Sprachen", „Das Zeitproblem in der Bildkunst" (Dagobert Frey), „Das Zeitverständnis Ostasiens", „Zeiterlebnis und Zeitgerüst in der Dichtung" (Günther Müller), „Der jahreszeitliche Ablauf des Naturgeschehens in den verschiedenen Klimagürteln der Erde" (C. Troll), „Jahresperiodik der Fortpflanzung bei Warmblütern" (unser Autor J. Aschoff), außerdem fünf Beiträge aus philosophischer Sicht: „Was ist Zeit?", „Die Objektivität der Zeit" (A. Wenzl), „‚Sprache und Zeit'", „Zum Problem der erlebten Zeit", „Über einige Wesenszüge des Gesprächs".

1959 *Rudolf Zaunick* (Herausgeber): *„Das Zeitproblem.* Bericht über die Jahresversammlung der Deutschen Akademie der Naturforscher Leopoldina, 9. bis 12. Mai 1959 in Halle/Saale. Zehn Vorträge...", S. 7–223 in: Nova Acta Leopoldina, Neue Folge, Band 21, Nr. 143, Leipzig Joh. Abr. Barth Verlag. Hingewiesen sei auf: „Zeitmessung und Zeitbegriff in der Astronomie", „Die Radioaktivität im Dienste der Zeitrechnung", „Zeitfolgen in der Chemie", „Kreislauf und Entwicklung in der Geschichte der Erdrinde", „Mutationsforschung in ihrer Bedeutung für die Evolution", „Zeitliche Strukturen biologischer Vorgänge" (unser Autor J. Aschoff), „Sexualdifferente Biomorphose des Menschen".

Der folgende schweizerische Beitrag ist aus einer Ringvorlesung von Dozenten der Universität Zürich im Wintersemester 1963/64 entstanden:

1964 *Rudolf W. Meyer* (Herausgeber): *"Das Zeitproblem im 20. Jahrhundert"*, Sammlung Dalp, Bd. 96, 361 S., Bern, Francke Verlag.
Hingewiesen sei auf: „Die Darstellung der Zeit in der Sprache" (E. Leisi), „Die Zeit des Bewußtseins", „Die Philosophie in Auseinandersetzung mit der Relativitätstheorie", „Die Zeit als Einbildungskraft des Dichters" (E. Staiger), „L'instant, point de départ du temps" (über Zeit in zeitgenössischer französischer Literatur, von Georges Poulet), „Das Zeitproblem im englischen und amerikanischen Roman", „Das Leben im Strom der Zeit" (Entwicklungsgeschichte der Lebewesen), „Die Zeit im Spiegel der Wirtschaftstheorie", „Das Zeitproblem in der Musik", „Über Zeit, Gesellschaft und Geschichte" (Hans Barth).

Der wesentlich spätere, aus der Eranos-Tagung von 1978 in Ascona hervorgegangene Sammelband legt den Akzent eindeutig auf die im Titel enthaltene Antithese:

1981 *Adolf Portmann u. Rudolf Ritsema* (Herausgeber): *"Zeit und Zeitlosigkeit"* Eranos-Jahrbuch, Bd. 47, 346 S., Frankfurt/Main, Insel Verlag.
Hingewiesen sei auf: „Zeit, Endzeit, Ewigkeit" (Ernst Benz), „Zeit und Ewigkeit in der Musik", „Das Gespenst des Vergänglichen", „Les murs et les fêlures du temps" sowie auf Beiträge über die Feldstruktur der Zeit im Zen-Buddhismus und über Richard Wagner.

Einzelwerke

Wenn wir den großen Sammelbänden noch vier systematische Untersuchungen des Zeitproblems von einzelnen Verfassern anschließen, so darf das natürlich nur pars pro toto verstanden werden. Der eingehendste deutsche Versuch der ersten Jahrhunderthälfte, naturwissenschaftlich und geisteswissenschaftlich zugleich das Zeitproblem zu behandeln, dürfte dieses Buch sein, dem zwei Untersuchungen des Verfassers zur Raum-Zeit-Philosophie (1926, 1930) vorausgehen.

1934 *Werner Gent: „Das Problem der Zeit.* Eine historische und systematische Untersuchung", VII – 187 S., Frankfurt/Main, Verlag G. Schulte-Bulmke. (Verfasser ist Doktor der Philosophie und der Medizin.)

Da in der Gegenwart die Initialzündung zur systematischen Befassung mit dem Zeitproblem von Julius T. Fraser ausging, sollte zum mindesten sein bisher letztes Buch zum Thema erwähnt werden:

1978 *J. T. Fraser: „Time as Conflict.* A Scientific and Humanistic Study", 356 S., Basel, Birkhäuser Verlag.

Für die zahlreichen zeitgenössischen Bemühungen führender Naturwissenschaftler um eine systematische Behandlung des Zeitproblems mögen das Buch des Nobelpreisträgers für Chemie von 1977 sowie das Buch eines Mathematikers stehen:

1979 *Ilya Prigogine: „Vom Sein zum Werden".* Zeit und Komplexität in den Naturwissenschaften", aus dem Englischen übersetzt, 261 S., München, Verlag Piper.

1980 *Gerald James Withrow: „The Natural Philosophy of Time",* X – 399 S., Oxford, Clarendon Press.

1981 *Julius T. Fraser: „A Report on the Literature of Time 1900 – 1980",* S. 234–270 in: The Study of Time IV (s. u.).

Die Autoren

Jürgen Aschoff, geb. 1913 in Freiburg/Br. Studium der Medizin (1931 – 1937) in Bonn und in Freiburg/Br. Ausbildung als Physiologe unter Prof. H. Rein am Physiologischen Institut in Göttingen (Habilitation 1944). Ab 1952 am Institut für Physiologie im Max-Planck-Institut für medizinische Forschung in Heidelberg tätig. Im April 1958 Berufung zum Wissenschaftlichen Mitglied und zum Leiter einer selbständigen Abteilung im Max-Planck-Institut für Verhaltensphysiologie (Seewiesen und Andechs). Seit 31. 1. 81 emeritiert. Forschungsgebiete: Energiehaushalt und Temperaturregulation, insbesondere konvektiver Wärmetransport, sowie biologische Rhythmen, zumal die Tages- und Jahresperiodik bei Tier und Mensch.

Jan Assmann, geboren 1938 in Langelsheim, Krs. Gandersheim. Studium in München, Heidelberg, Göttingen, Paris; Promotion 1965, Habilitation 1971. Seit 1976 Ordinarius für Ägypotologie an der Universität Heidelberg als Nachfolger von Eberhard Otto. Grabungstätigkeit in Ägypten seit 1966; Mitglied des Deutschen Archäologischen Instituts. Forschungsschwerpunkte: Strukturanalyse der ägyptischen Literatur, Erschließung ägyptischer religiöser Texte. Wichtigste Veröffentlichungen: Liturgische Lieder an den Sonnengott, Sommer 1969; Der König als Sonnenpriester, 1970; Das Grab des Basa, 1973; Ägyptische Hymnen und Gebete, 1975; Das Grab der Mutirdis, 1977.

Jean-Pierre Blaser, geb. 1923 in Zürich, daselbst Physikstudium an der Eidgenössischen Technischen Hochschule mit Promotion in Kernphysik. 1952 – 1955 Forschung in Teilchenphysik in Pittsburgh, USA. Von 1955 – 1959 Direktor der Sternwarte in Neuchâtel mit Forschungsrichtung astronomische und elektronische Atomzeit. Seit 1960 Professor für Physik an der ETH Zürich und ab 1968 Direktor des Schweizerischen Instituts für Nuklearforschung (SIN), nationales Laboratorium der Schweiz für Kern- und Teilchenphysik und deren Anwendungen.

Hubert Cancik, geb. 1937 in Berlin, Professor für Klassische Philologie und Antike Religionswissenschaft am philologischen Seminar der Universität Tübingen. Studium der klassischen Philologie, Altorientalistik und Theologie in Berlin, Münster, Manchester, Tübingen; Habilitation für „Klassische Philologie"; Lehrtätigkeit zunächst an der katholisch-theologischen Fakultät in der Abteilung ‚Altes Testament';

danach in der Fakultät für Kulturwissenschaften der Universität Tübingen mit den Schwerpunkten: Latinistik, antike Religionsgeschichte, Wirkungsgeschichte der antiken Kultur. Mitherausgeber der Reihe „Die Religionen der Menschheit" (Kohlhammer-Verlag, Stuttgart). Veröffentlichungen: Untersuchungen zur lyrischen Kunst des P. Papinius Statius, Hildesheim 1965; Mythische und historische Wahrheit, Stuttgart, 1970; Grundzüge der hethitischen und frühisraelitischen Geschichtsschreibung, Wiesbaden 1976; Römische Rationalität. Religions- und kulturgeschichtliche Bemerkungen zu einer Frühform des technischen Bewußtseins (in: Forum Religionswissenschaft, München 1979, 67–92); Aufsätze zur antiken Literatur- und Religionsgeschichte.

Carsten Colpe, geb. 1929 in Dresden. 1949 – 1955 Studium der Theologie, Orientalistik und Philosophie in Mainz und Göttingen, 1955 – 1960 wissenschaftlicher Assistent, 1960 – 1962 Privatdozent für Neues Testament und spätantike Religionsgeschichte in Hamburg, 1962 – 1969 ord. Professor für Allgemeine Religionsgeschichte in Göttingen, 1969 – 1974 ord. Professor für Iranistik FU Berlin, seit 1974 Professor für Allgemeine Religionsgeschichte, Historische Theologie und Iranische Philologie an der FU Berlin, 1963/64 Gastprofessor Yale University New Haven/USA, 1974 und 1975 Gastprofessor British Academy London und University of Chicago/USA. Veröffentlichungen zur Gnosis, zum Synkretismus, zur Iranischen Mythologie, zur Auseinandersetzung zwischen Antike und Christentum (u. a. Christologie), zum Islam, zu neueren messianischen Bewegungen und zur religionsgeschichtlichen Methode.

Manfred Eigen, geb. 9. Mai 1927 in Bochum, Studium der Physik und Chemie in Göttingen. 1951 Dr. rer. nat. (Physikalische Chemie), 1951 – 53 Wissenschaftlicher Mitarbeiter am Institut für physikalische Chemie der Universität Göttingen. Ab 1953 am Max-Planck-Institut für physikalische Chemie, Göttingen. 1964 Direktor am Max-Planck-Institut für Physikalische Chemie, Göttingen. Honorarprofessor Technische Hochschule Braunschweig und Universität Göttingen. Neben zahlreichen Ehrendoktoraten und Auszeichnungen 1967 Nobelpreis für Chemie. 1973 Orden pour le Mérite. Veröffentlichungen u. a.: „Methods for Investigation of Ionic Reactions in Aqueous Solutions with Half Times as short as 10^{-9} sec." in: Disc. Farad. Soc. 17, p. 194 (1954); „Der Zeitmaßstab der Natur", Jahrb. d. MPG p. 40–67 (1966); „Die ‚unmeßbar' schnellen Reaktionen" (Nobelvortrag), in: Les Prix

Nobel en 1967 (1968); „Selforganization of Matter and the Evolution of Biological Macromolecules", Naturwissenschaften 58, p. 465 (1971); „Ludus Vitalis", Mannheimer Forum 73/74, Boehringer Mannheim GmbH (zusammen mit Ruthild Winkler); „Das Spiel – Naturgesetze steuern den Zufall", München 1975 (zusammen mit Ruthild Winkler); „The Hypercycle: A Principle of Natural Self-Organization" Part A, B, C. Naturwissenschaften 64, 541–565 (1977); 65, 7–41; 341ß369 (1978) (zusammen mit Peter Schuster).

David Epstein, born 1930 in New York City. A. B. in Philosophy, Antioch College, M.F.A. in Music, Brandeis University, M. Mus. New England Conservatory of Music, Ph. D. in Music Composition and Theory, Princeton University. Composer, conductor, theorist. 1956–57, music critic, New York City. 1957–62, Assistant Professor Antioch College. 1962–64, Music Director of New York's educational television station, WNDT. Since 1965, Professor of Music, Massachusetts Institute of Technology. Guest conductor with numerous orchestras in Europe and U.S.A., including Sinfonieorchester des Bayerischen Rundfunks, Bamberger Symphoniker, Berlin Radio Symphony, Royal Philharmonic Orchestra, Czech Radio Orchestra, Jerusalem Symphony Orchestra, Haifa Symphony Orchestra, American Symphony, etc. Commissions and awards from Ford and Rockefeller Foundations, New York State Council for the Arts, Massachusetts Arts Council. 1980–81: Visiting Fellow, Max-Planck-Institut für Verhaltensphysiologie, Seewiesen; Visiting Professor, Ludwig-Maximilians-Universität München. Major book: Beyond Orpheus: Studies in Musical Structure (1979). Numerous articles in professional journals.

Otto-Joachim Grüsser, geb. 1932 in Eßlingen a. N. 1951 – 1956 Studium der Medizin und Psychologie in Tübingen, Bonn und Freiburg i. Breisgau. Dr. med. 1956 – 1958 Wissenschaftlicher Mitarbeiter an der Abteilung für Klinische Neurophysiologie der Universität Freiburg i. Breisgau. 1960 – 1963 Universitäts-Nervenklinik Göttingen; Facharzt für Neurologie und Psychiatrie. Seit 1964 Dozent und Wissenschaftlicher Rat am Physiologischen Institut der Freien Universität Berlin, Aufbau einer neurophysiologischen Abteilung an diesem Institut. Seit 1971 ordentlicher Professor für Physiologie (Neurophysiologie). 1962/1963, 1968, 1970/71 und 1976 Forschungsaufenthalte in USA (Los Angeles, Miami, Cambridge). Forschungsgebiete: Neurophysiologie des visuellen und oculomotorischen Systems, neurobiologische

Grundlagen der höheren Hirnfunktionen, Neurobiologie der Sprache (Aphasien). Wissenschaftstheorie.

Peter Häberle, geb. 1934 in Göppingen/Württ. Nach dem Studium der Rechtswissenschaften in Tübingen, Bonn, Montpellier und Freiburg/Br. 1961 Promotion bei Konrad Hesse und Erik Wolf in Freiburg/Br.; 1961 – 1968 Wissenschaftlicher Assistent in Freiburg/Br. bzw. Gerichtsreferendar in Baden-Württemberg; 1969 Habilitation an der Universität Freiburg/Br.; 1969 – 1976 o. Professor für Öffentliches Recht und Kirchenrecht in Marburg/L., dort 1974 – 1975 Dekan; 1976 Berufung nach Augsburg, seit 1981 Inhaber des Lehrstuhls für Öffentliches Recht, Rechtsphilosophie und Kirchenrecht an der Universität Bayreuth, seit 1978 auch Mitglied des Lehrkörpers der Hochschule für Politik in München. Neuerdings auch regelmäßige Lehrtätigkeit an der Handelshochschule St. Gallen. Veröffentlichungen u. a. Die Wechselgehaltgarantie des Art. 19 Abs. 2 GG, 1962, 2. Aufl. 1972; Öffentliches Interesse als juristisches Problem, 1970; Grundrechte im Leistungsstaat, 1972; Verfassungsgerichtsbarkeit (Hrsg.), 1976; Verfassung als öffentlicher Prozeß, 1978; Kommentierte Verfassungsrechtsprechung, 1979; Kulturpolitik in der Stadt – ein Verfassungsauftrag, 1979; Die Verfassung des Pluralismus, 1980; Kulturverfassungsrecht im Bundesstaat, 1980; Klassikertexte im Verfassungsleben, 1981.

Hans Heimann, geb. 1922 in Biel (Schweiz). Medizin-Studium 1941 – 1947 in Genf und Bern. Weiterbildung zum Facharzt für Psychiatrie und Psychotherapie an der Psychiatrischen Universitätsklinik Bern. 1952 Habilitation für Psychiatrie, Oberarzt und Extra-Ordinarius für Psychiatrie in Bern bis 1964 (Arbeiten zur Psychopathologie der Modellpsychosen, Psychopathologie des Ausdrucks, Grenzgebieten der Psychopathologie). 1964 – 1974 Aufbau eines Forschungszentrums für experimentelle Psychopathologie an der Psychiatrischen Universitätsklinik Lausanne (Untersuchungen zur Quantifizierung von Ausdrucksbewegungen, Veränderungen psychischer Vorgänge durch Psychopharmaka, klinische Psychopharmakologie). Seit 1974 Ordinarius für Psychiatrie in Tübingen (Untersuchungen zur Psychophysiologie endogener Psychosen, Handbuchbeiträge zur Psychopathologie und zu den Wirkungsprinzipien der Psychopharmaka).

Edgar Lüscher, geb. am 15. September 1925 in Reinach/Schweiz. Studium an der Eidgenössischen Technischen Hochschule Zürich Physik und Mathematik. Nach der Tätigkeit in der Industrie Professor an der

University of Illinois. Seit 1964 o. Professor am Physik-Department der Technischen Universität München. Seit 1966 auswärtiges Mitglied der Max-Planck-Gesellschaft. Seine Arbeitsgebiete sind Atom- und Festkörperphysik.

Ernst Pöppel, geb. 1940 in Schwessin/Pommern. Studium der Psychologie und Zoologie in Freiburg/Brsg., München und Innsbruck. Dr. phil. 1968. Neurophysiologische Arbeiten am Max-Planck-Institut für Psychiatrie München 1969–1970. Neurophysiologische Arbeiten am Massachusetts Institute of Technology 1971–1973. Habilitation in Sinnesphysiologie an der Universität München 1974. Habilitation in Psychologie an der Universität Innsbruck 1976. Professor für Medizinische Psychologie an der Universität München 1976. Veröffentlichungen zu Problemen der Zeit und des visuellen Systems.

Ferdinand Seibt, geb. 1927 in Böhmen, studierte vornehmlich Geschichte und Philosophie. Nach zehnjähriger Lehrtägigkeit an Münchner Gymnasien habilitierte er sich für mittlere und neuere Geschichte und wurde 1969 als ordentlicher Professor an die Ruhr-Universität nach Bochum berufen. 1980 folgte er einer einjährigen Einladung an das Zentrum für interdisziplinäre Forschung in Bielefeld. Veröffentlichungen: Schrieb einige Bücher über Entwicklungen des Spätmittelalters und der frühen Neuzeit, über böhmische Geschichte, eine Monographie über Karl IV, daneben rund 90 Fachaufsätze, Fernseh- und Hörfunksendungen.

John A. Wheeler, Ashbel Smith Professor of Physics and Director of Centre for Theoretical Physics, University of Texas at Austin; born 9 July 1911 in Jacksonville/Florida; Member of American Philosophical Society; Mem. U.S. Nat. Acad. of Sciences; Mem. Nat. Acad. of Arts and Sciences, Past President of Amer. Phys. Soc.; Hon. Mem. of New York Acad. of Sciences; For. Mem. Royal Danish Academy; For. Mem. Royal Soc. of Sciences of Uppsala; Joseph Henry Professor of Physics, Emeritus, Princeton University; Einstein Prize of Strauss Foundation, 1965; Enrico Fermi Award of the U.S. Atomic Energy Commission, 1968; Franklin Medal of the Franklin Institute, 1969; National Medal of Science of the U.S., 1971. Publications: Geometrodynamics, 1962; Gravitation Theory and Gravitational Collapse, 1965; Spacetime Physics, 1966; Einstein's vision, 1968; Gravitation, 1973; Black Holes, Gravitation Waves and Cosmology, 1974; and Frontiers of Time, 1979.

Register

zusammengestellt von Marta Heinisch

1. Sachregister

Zeit
–, abgegrenzte 349
–, absolute 3, 6, 35, 62, 235, 365, 373, 379f.
–, äußere 2, 133
–, angemessene 291
–, astronomische 242, 251
–, biologische 128
–, deine 83
–, diesseitige 197, 206
–, einsinnige 278
–, erfahrene 110
–, erlebte 81, 83, 87, 110, 122, 126ff., 369, 386
–, ewige 201 f.
–, gelebte 74
–, gelernte 374
–, gemessene 251, 254
–, genealogische 254
–, geologische 386
–, gesellschaftlich-historische 89
–, gierige 278 f.
–, historische 89, 147ff., 151, 204, 219, 250 f.
–, historisch-gesellschaftliche 316
–, in der Bewegung auftretende 366
–, in sich kreisende 193
–, individuell-historische 90
–, jenseitige 197
–, kosmische 158, 197, 204, 208f., 211f., 217, 219
–, kosmologische 251
–, kritische 92 f.
–, leere 90, 92, 261
–, lineare 83
–, mathematische 35, 385
–, meine 60, 83
–, musikalische 347, 349, 357
–, mythische 254
–, natürliche 219
–, objektive 62, 68f., 132, 348
–, ökologische 254
–, offene 187 f.
–, physikalische 113, 151, 316, 366
–, rechte 38
–, reißende 277 ff.
–, subjektive 1 ff., 15, 61, 74, 90, 132, 348, 373
–, theologisch-mytholgische 83
–, unbegrenzte 248
–, unmarkierte 349
–, unumkehrbare 278
–, verschlingende 250, 278
–, vulgäre 86
–, wahre 35
– als apriorische Anschauungsform des inneren Sinnes 61
– als Bezugssystem 63
– als Einbildungskraft des Dichters 387
– als das Maß der Bewegung 282
– als Dimension VII
– als duale Einheit (Hendiadyion) 199, 207ff., 212f., 215, 219
– als Horizont des Seins 369
– als Idee Gottes 35
– als Kategorie 145, 153, 289, 312-317
– als Kondition 145
– als Phänomen 350
– als Strukturmerkmal 315
– als subjektiv erlebte Erfahrung 63
– als unabhängige Variable 3
– als unsere Epoche VII
– als Variable 8, 10
– als vergessener Faktor 337
– als vierte Koordinate 7
– im Angesicht Gottes 204
– im Verfassungsrecht 290, 302, 304, 308, 310, 316, 321, 340
– ohne Ziel 257, 259
– und Bewegung 377
– und Dasein 197
– und Ethik 384
– und Gedächtnis 375
– und Kultur 294, 316, 383

Sachregister

– und Opfer   384
– und Spiel   258
– und Tätigkeit   195
– und Tod   276f.
– und Verfassung   293f., 297, 301, 306, 332
– und Verfassungskultur   290, 292, 294, 343
– und Zahl   282
– und Zeitlosigkeit   387
Armut an –   277
Leiden an der –   92f.
Tribut an die –   302
Gesetzgebung auf –   307
Macht auf –   340
Anfang der –   31
Das Doppelgesicht der –   189
Dualität der –   347f.
Ende der –   30f.
Endpunkt der –   367
Erleben der –   348f.
Erschöpfung der – (nach 7000 Jahren)   162
Fülle der Zeiten   159
Gerichtetheit der –   216
In-der-Zeit-Sein   212
Jenseits der –   203f., 259
Negation der –   203ff.
Philosophie der –   206
Regiment der –   340f.
Reversion der –   56
Strom der –   377, 387
Substanz der –   204
Thematisierung der –   305
Tor der –   17f., 22, 24, 31f., 34
Vergöttlichung der –   384
Washeit der – 369f., 374
Wesen der –   208, 369f., 373
Verfassung in der –   290, 308, 312, 316, 321, 342
Materie und –   367
Recht und –   294, 299
Sein und –   369, 381
Sprache und –   386
Verfassung und –   293
Verwalten und –   299
Beurteilung von –   349
Erleben von –   362
Zeitabhängigkeit   36

Zeitablauf   7, 15, 65, 185, 301, 303, 363
Zeitabschnitt   73, 82, 167, 372
Zeitabstand   136
Zeitabstraktheit/zeitabstrakt   192, 199
Zeitachse   302, 319, 322, 331, 334ff., 372
Zeitalter   153, 159, 171, 237, 258, 264
–, adäquates   264
–, Goldenes   180, 237
–, tragisches   264
Zeitanfang   367
Zeitanschauung   147
Zeitargument   291, 340
Zeitaspekt   313, 364
Zeitauffassung   153, 206, 254, 287, 384ff.
Zeitausdruck   197
Zeitausrichtung
–, immanente   41
Zeitbedarf   116
Zeitbebriff   10, 13, 35, 37, 55ff., 60, 68, 83, 86ff., 145, 148, 156–159, 182, 185, 192f., 198ff., 202, 204–207, 209, 212, 214, 218, 221f., 226f., 232f., 237, 240, 242, 247, 249–254, 258, 289, 312, 315f., 349, 366, 370, 381f., 386
–, absoluter   7, 86, 365
–, biblischer   158
–, chronologischer   2
–, dynamischer   2
–, historischer   151, 381
–, komplexer   15
–, objektiver   69, 86
–, physikalischer   380ff.
–, relativistischer   369, 380
–, semantischer   381f.
–, theoretischer   380
–, vulgärer   381
–, wissenschaftlicher   1f.
Zeitbegrifflichkeit   211
Zeitberechnung   238, 242
Zeitbereich   82, 102, 111
Zeitbeschleunigungsphänomene   68
Zeitbewußtsein   37, 147, 157f., 162, 164, 166f., 173f., 178, 180f., 188, 201, 275, 282, 383
Zeitbeziehung   361
Zeitbezug/zeitbezogen   130, 158, 290, 318

Zeitbildprägung 155
Zeitbindungseffekt 316
Zeitdauer 39, 123, 244, 362, 365
Zeitdefinition 9, 365
Zeitdehnungsphänomene 68
Zeitdenken 194, 233, 241
Zeitdeutung 185
Zeitdifferenz 94
Zeitdimension 57, 72, 76, 204, 294, 334, 338
Zeit-Diskussion 380
Zeitdruck 342
Zeitebene 318
Zeiteinhaltung 361f.
Zeiteinheit 36, 193f., 198, 200, 215, 233, 241, 255, 308, 341
Zeiteinschätzung 314
Zeiteinteilung 227, 230, 233, 242, 246f., 250f., 253, 384
−ssystem 225, 237
Zeitelement 258
Zeitempfinden 155, 172, 175f.
Zeitempfindung 109, 134, 157, 161
Zeitende 367
Zeitentfaltung 56
zeitenthoben 192
Zeitentrückung 161
Zeitepoche 9
Zeiterfahrung 79f., 157f., 253, 283
Zeiterfassung 157
Zeiterleben 63–66, 71, 74, 76, 78ff., 82, 90, 102, 113, 348, 371, 373, 375–378, 380ff.
−sstörungen 67ff., 73
Zeiterlebnis 348f., 376f., 386
Zeiteröffnung 229
Zeitexperiment 93
Zeitfaktor 150, 289, 291, 295, 299, 306, 312, 327, 336
Zeitfestlegung 36
Zeitfigur 199, 205, 216
Zeit(en)-Flucht 278
Zeitfluß 87
Zeit(en)folge 146, 150, 154, 386
Zeitfrage 363, 369f.
Zeitfülle 197, 205, 211f., 219f.
Zeitfunktion 50
Zeitgeber 74, 123f., 129f., 136f., 141f.

Zeitgebundenheit 189f.
Zeitgefühl 1f., 169, 175, 187, 261, 275, 279, 283, 348, 361
Zeitgeist 155
zeitgenössisch 176
Zeitgenosse 62, 150
Zeitgerechtigkeit/zeitgerecht 306, 308
Zeitgerüst 157, 363, 386
Zeitgesetz 36f.
zeitgespiegelt 109
Zeitgestalt 67, 106, 108ff., 122f.
Zeitgott 180, 241
Zeitgrenze 308, 362
zeithaltig 192
Zeitherrschaft 341
Zeit-Hierarchie 349
Zeithorizont 13, 149f., 152, 154, 187, 316
Zeitinterpretation 83, 132
Zeitintervall 9, 91f., 94f., 102, 123, 134, 373, 377
zeitinvariant 45
zeitinvers 110
Zeitkategorie 210
Zeitklausel 306
Zeitkonkurrenz 355
Zeitkonstante 36f., 40, 101
Zeitkonzept 55
Zeitkoordinate 15, 57, 77, 365
Zeitkultur 317
Zeitkunst 346
Zeitläufte 301
Zeitlehre 225, 267
Zeitliches 146, 376
Zeitlichkeit 17, 35, 41, 45ff., 54f., 86, 91, 146, 170, 192, 381
−, schwache 46f., 49, 375
−, starke 47, 49–54, 56
Zeitlosigkeit/zeitlos 12, 151, 176, 186, 191f., 254, 297
Zeitmangel 253
Zeitmarke 377
Zeitmaß 152, 320, 340
−stab 36
Zeitmechanismus 346, 362
Zeitmesser 168, 348
Zeitmeßgerät 137
Zeitmessung 8, 10, 36, 133f., 206, 384, 386

Zeitmittel 44
Zeit-Nische 138
Zeitnormal 9
zeitoffen 306, 309
Zeitordnung 65, 142
Zeitort 216
Zeit-Paradoxon 374
Zeitpfeil 15, 41f., 88, 374
Zeitphänomen 362
Zeitprinzip 363
Zeitproblem 145, 238, 289, 293, 315, 318, 333, 383, 386ff.
Zeitproblematik 85, 290, 306, 330
Zeitprogramm 139
Zeitproportion 362
Zeitprozeß 345f., 363
Zeitpunkt 20, 25, 61, 149, 195, 238, 312, 314, 349
 Entstehungs- 327
Zeitquant 372
Zeitquantelung 88
Zeitquantum 10
Zeitraffer 38, 127f.
−wirkung 68
Zeitraffungsphänomen 68
Zeitraum 10, 38, 82, 133, 151, 153, 185, 309, 322, 341
Zeitrechnung 222, 251, 386
−, absolute 386
Zeitreferenz 199
Zeitregelung 314
Zeitregiment 342
Zeitreihenanalyse 76
Zeitrhythmus 2, 146
Zeitrichtung/zeitgerichtet 3–8, 12f., 15, 42, 49, 87f., 128, 368
−, ausgezeichnete 367
−, thermodynamische 4
Zeitschätzung 102f., 123, 126, 134
Zeit-Schlange 207
Zeitschrift 145
Zeitsensibilität 361
Zeitsequenz 130
Zeit-Serie 376
Zeitsinn 90f., 102, 110, 112f., 123f.
−esstörungen 68
Zeitskala 1, 3, 36, 152
Zeitspanne 37f., 197f., 207
Zeitspekulation 172, 226

Zeitstandard 10
Zeitstellung 199
Zeitstil 191
Zeitstillstand 56, 65
Zeitstoppen 5
Zeitstrecke 64f.
Zeitstruktur 59–66, 68, 71–74, 76ff., 128–131, 134, 139, 142, 345, 347f., 354, 361, 363
Zeitstufen 198f.
Zeitsymbol 255
Zeitsymmetrie/zeitsymmetrisch 3, 7f., 11, 15, 56, 128, 368
Zeitsystem 146, 239f.
Zeitteil 112
Zeitthema(tik) 292ff.
Zeittheorie 145, 253, 287
Zeittoleranz 362
Zeitumkehr/zeitumgekehrt 4, 7, 10, 35, 41, 45f., 128, 366
−invarianz 3, 11f.
−operation 11
zeitunsymmetrisch 15
Zeiturteil 69
Zeitvektor 367
Zeitverdinglichung 250
Zeitverhalten 84
Zeit-Verrückter 62
Zeitverschiebung 157, 294, 384
Zeitverständnis 157–161, 164, 169, 177, 182f., 250, 264f., 286, 316f., 386
Zeitvertrauen 175
Zeitvorstellung 84, 193, 222, 226f., 233, 240ff., 247, 249f., 252f., 314
Zeitwahrnehmung 68, 113, 116, 122ff., 126, 128, 348
Zeit-Zitat 320

Achsenzeit 153
Amarnazeit 19, 230
Arbeitszeit 142
−verkürzung 330
Atomzeit 10
−alter 290, 335–337
Aufgangszeit 240
Beobachtungszeit 46
djet-Zeit (Resultativität) 198–205, 207ff., 211f., 214, 218

Elementarzeit 39
Endzeit 172, 230, 255, 387
–bewußtsein 163
Entscheidungszeit 104 ff., 122
–messung 105
–werte 106
Entstehungszeit 301
Entwicklungszeit 124
Ephemeridenzeit 10
Evolutionszeit 89
Fließbandzeit (der Momente) 316
Frühzeit 304
Gezeiten 139
Gleichzeitigkeit 6 f., 90, 94, 150, 153, 371 f., 376
–sgrenze 94
Gleitzeit 330
Globalzeit 185
Goethezeit 143
Gründerzeit 259
Halbwertzeit 189
Heilszeit 161
Herrschaftszeit 320
Ichzeit 61 ff., 65, 69, 74–77, 90
Individualzeit 56, 159
Jahreszeit 134, 138 f., 193 ff. 251, 362
Kampfzeit 247
Langzeit
–information 40
–registrierung 74
–struktur 150
–wirkung 332
Latenzzeit 105, 116
Lebenszeit 160, 197, 206, 238, 258, 276, 291, 381
neheh-Zeit (Virtualität) 197–205, 207 f., 211 f., 214, 218
Neuzeit 153, 226, 285, 287

Ortszeit 143
Präsenszeit 121, 362
–, psychische 98, 101
–, sprachliche 101
Prozeßzeit 316
Ramessidenzeit 203
Raumzeit 25, 31–34, 248
–geometrie 31, 34
–-Kontinuum 366
–philosophie 387
–welt 55
Reaktionszeit 40, 104 ff., 122
Rechtzeitigkeit 291
Regierungszeit 239
Reizzeit 102
Schlafzeit 136 f., 140
Seleukidenzeit 234
Spätzeit 194
Steinzeit 190
Superzeit 32
Tageszeit 60, 82, 126, 134 ff., 138 f., 141, 348
Teilzeit
–arbeit 330
Traumzeit 113
Uhrzeit 348
Umlaufzeit 166, 365 f.
Urlaubszeit 348
Urzeit 255
Vater Zeit 384
Wachzeit 113, 136 f., 140
Wartezeit 82
Weltzeit 59 f., 61 f., 65, 73, 89, 146, 245, 247, 249, 258
–alter 162
–interpretation 83
–strecke 61
Wiederkehrzeit 38 f., 44 ff., 49

2. Namensregister

Abegg, E. 237, 243
Abel, G. 285, 287
Abu Qurrā, Theodor 246
Abydenos 234
Achill 196
Ackermann aus Böhmen 170
Adam 191, 259, 284
Adam, K. 292
Adama van Scheltema, Frederik 154
Adorno, Theodor W. 301
Äneas 274
Agatharchides 268
Ahriman (= Angra Mainyu) 244, 248, 250, 255
Ahura Mazdā (= Ōhrmazd) 244
Ailly, Pierre d' 172
Alberti, Leon Battista 169f.
Albertus Magnus 172
Albrektson, B. 286
Alexander der Große 232, 234, 245
Alff, Wilhelm 181
Almond, G. A. 323
Altner, H. 172
Amenophis III. 195, 223
Amos 229
Amun 206, 213f., 216, 221
Anaximander 258, 260, 282, 287
Anderson, E. C. 21
Andrasi, A. 21
Angelus Silesius 78
Angermeier, H. 146
Anklesaria, B. T. 255f.
Anselm von Havelberg 162
Antiochos I. 249
Apelt, O. 235
Apuleius 217
Archimedes 203
Areios Didymos 266
Ariès, Philippe 160, 162, 181
Aristokritos 246
Aristoteles 35, 84, 86f., 90, 154, 165f., 171, 235, 245, 248, 282, 287, 377ff., 381
Armozel 249
Arndt, A. 304
Arnim, H. H. 340

Arnim, Johann 269, 286
Aschoff, Jürgen 79, 133–144, 378, 386, 388
Aschoka (König) 239
Asclepius 217
Asmussen, J. P. 228
Assmann, Aleida 190, 210, 219
Assmann, Jan 189–223
Astrapsychos 245
Atum 207f.
Augustinus 61, 132, 149, 232, 249, 263, 280, 369, 474
Augustus 159, 281
Autrum, Hansjochem 386
Ax, W. 269
Aži Dahāka 255f.

Baas, F. 29
Bach, Johann Sebastian 67, 108f.
Bachof, O. 294
Bacon, Francis 177
Baden, E. 306
Badura, Peter 297, 309
Bäumler, Alfred 288
Bäumlin, R. 294, 335
Balbus 273
Barbara (Heilige) 160
bar Konai, Theodor 243, 245
Barr, J. 285f.
Barr, K. 228, 264
Barth, Hans 387
Barth, Karl 61, 286
Bartholomae, Christian 255
Bartók, Béla 358
Bary, Wm. Th. de 238
Bauer, W. 200, 256
Baumgartner, H. M. 314
Becker, J. 292, 323
Becker, K.-E. 168
Beethoven, Ludwig van 347, 350f., 357f., 361
Beierswaltes, W. 287
Beleznay, E. 21
Bellemans, A. 43
Belting, Hans 189, 220
Ben-Chorin, Schalom 254

Bender, K.-H. 174
Bengel, Johann Albrecht 176
Benjamin, Walter 284
Bentley, Ruth 34
Bentzen, A. 236
Benz, Ernst 163, 387
Berber, F. 298
Bergmann, Ingmar 331
Berg-Schlosser, D. 323
Bergson, Henri 366, 373, 381
Berkhofer, R. F. 146
Berlioz, Hector 67
Bernays, J. 258
Bernhardt, R. 327
Bernhart, J. 149
Bernheim, A 147
Berossos 234f., 239
Berthold, P. 138f.
Beutler, B. 330
Beuys, Joseph 31
Bianchi, U. 248, 250
Bidez, J. 245f., 248
Biebricher, Ch. K. 48
Bielawski, L. 385
Billicsich, F. 269, 271, 287
Bīrūnī 241, 243f.
Blake, William 218ff.
Blankenberg, E. 307
Blaser, Jean-Pierre 1–15, 86, 367, 374
Blekastad, M. 176
Blinder Jüngling (Weissager, 14. Jhrh.) 172
Bloch, Ernst 294
Böker, R. 243
Böll, Heinrich 329
Beolz, G. 21
Boer, W. den 287
Boerner, H. 182
Boethos 261, 282
Boltzmann, Ludwig 4f., 38f., 41ff., 45, 47, 56, 59, 89, 225
Bomann, Thorleif 263, 282, 284, 286f.
Borchardt, L. 194, 220
Borges, Jorge Luis 204, 220
Born, N. 329
Bosch, Hieronymus 176
Bosl, Karl 166

Bossuet, Jacques Bénigne 177
Bothmer, B. V. 190, 220
Boyce, M. 228, 248
Bousset, W. 256
Brady, J. 138
Brahma 240
Brahmagupta 237
Brahms, Johannes 352ff., 357, 359ff.
Brandes, Georg 288
Braudel, Fernand 150f.
Braun, Karl Ferdinand 119
Brecht, Bertolt 298, 332
Brenner, G. 340
Breughel, Pieter d. J. 170
Breysig, Kurt 154
Brigitta von Schweden (Heilige) 172
Broermann, Johannes 298, 338
Bruhn, K. 239
Brunner, H. 189, 195, 202, 221
Brunner-Traut, E. 194, 221
Bruno, Giordano 175
Buber, Martin 73, 284
Buchanan, J. 333
Buchner, E. 281
Buck, A. 250
Buddha 153, 239
Büttner, U. 121
Burckhardt, Jacob 173
Burstein, St. M. 239
Burton, Anne 266, 287
Busolt, G. 287

Cäsar 159, 265, 267, 272
Calvin, Johann 172
Cameron, G. G. 230
Campanella, Thomas 171
Cancik, Hildegard 287
Cancik, Hubert 233, 254, 257–288, 389
Capelle, W. 271, 287
Carion, Johannes 172
Carlos (= Don Carlos) 332
Carnot, Nicolas-Léonard Sadi 4
Carter, Jimmy 291
Cassirer, Ernst 82, 84, 252
Cellarius, Martin 152
Cervenka, J. 171
Chaisson, E. J. 29

Namensregister

Chance, B. 37
Chandrasekhar, Subrahmanyan 45
Cheikho, Louis 246
Chepre 207 f.
Chomsky, Noam 361
Christ, W. von 265
Christodoulou, Demetrios 27
Christus 153, 160, 179, 265, 284
Chrysipp 261, 269 f.
Cicero 269–273, 283
Ciompi, L. 71
Cipolla, C. M. 168, 173
Clarke, Samuel 35
Clausius, Rudolf Emanuel 4, 14
Cohen, Hermann 268, 275, 284 f.
Cohn, N. 174
Coli, E. 40
Colli, Giorgio 286
Colpe, Carsten 225–256, 390
Comenius, Johannes Amos 171, 176
Condorcet, Antoine 180 f.
Conen, P. F. 282, 287
Conrad, B. 94
Conrad, K. 68
Cotta (Akademiker und Pontifex) 273
Crusius, Otto 258
Cullmann, Oscar 265
Cumont, F. 245 f., 248
Cureton, William 247
Curie, Marie und Pierre 14

Dahrendorf, Ralf 326
Damaskios 248
Daniel (Prophet) 171, 232, 236, 246 f.
Dante 167
Danto, Arthur Coleman 288
Darius der Große 231
Darwin, Charles 14, 384
Daveithe 249
Dayhoff, M. O. 53
Degenhart, C. 334
Degkwitz, R. 63
Delling, G. 286
Demeter 279
Demokrit 271
Dempf, Alois 163, 232
Denbigh, Kenneth G. 55
Dennewitz, B. 342
Dentan, R. C. 230

Derchain, Ph. 212 f., 215, 217, 221
Descartes 177, 257, 384
Deuterojesaja 229
Dhabhar 255
Diakonoff, I. M. 199, 221
Dicke, R. H. 18
Diderot, Denis 180, 185
Diehl, K. 339
Diels, Hermann 286
Dilthey, Wilhelm 252, 280, 287
Diodor 191 f., 195, 205, 265–269, 287 f.
Diogenes Laertios 235, 245
Diogenes von Babylon 234
Dionysos 257, 260, 262 f., 279, 284
Djedefhor 195
Dodds, E. R. 287
Donders, Frans Cornelis 104 ff.
Dondi, Jacopo 168, 184
Drechsler, W. 34
Dress, A. 53 f.
Drews, R. 266
Dürig, G. 293, 305
Duve, Freimut 329

Ebach, J. 286
Eckel, K. 307
Eckhart (Meister) 171
Eddington, Arthur Stanley 88, 367
Edelstein, L. 260, 265, 270, 272 f., 279, 285, 287
Ehmke, Horst 293, 327, 334, 339, 341
Ehrenfels, U. R. 315
Ehrenfest, Paul und Tatjana 43, 47 f.
Eibl-Eibesfeldt, Irenäus 89
Eichenberger, K. 308
Eicher, P. 273, 279
Eicken, Heinrich von 147
Eigen, Manfred 12, 15, 35–57, 133, 366, 368, 375, 390
Einstein, Albert 6 f., 17 ff., 22 f., 26, 31, 33, 59, 145, 225, 252, 365 ff., 369, 371, 379 f.
Elber, V. H. 160
Eleleth 249
Eliade, Mircea 182, 287
Elias, N. 316
Eliot, Thomas Stearns 298
Elsas, Chr. 249

Empedokles 260
Engelmann, W. 76
Engels, Friedrich 153, 179
Engisch, K. 294
Ephoros 266
Epikur 271, 287
Epstein, David M. 345–364, 376, 385, 391
Erasmus 286
Erikson, R. 74
Esser, J. 302, 319
Etana (Schäfer) 231
Eudemos von Rhodos 235, 248
Eudoxos von Knidos 242, 245, 247
Euklid 149, 151
Euphemeros 268
Eusebius 159, 270
Evans-Pritchard, E. E. 254
Evers, H.-U. 293
Eznik von Kolb 243, 245

Faber, K. G. 220
Facundus Novius 281
Faust 264
Fecht, G. 196, 221
Fermi, Enrico 33
Feynman, Richard 35
Ficino, Marsilio 191
Fiedler, W. 293
Fikentscher, Wolfgang 301
Fink, Eugen 288
Fischer, F. 71
Flacius Illyricus 173
Fleet, S. 168f.
Flügge, S. 39
Foerster, W. 256
Forsee, A. 17
Fortuna 171, 280
Foucault, Michel 288
Fowler, W. A. 22
Fra Dolcino 174
Fraenkel, H. 258, 287
Franke, H. 301
Franklin, Benjamin 182
Fraser, Julius T. 145, 153, 159, 168, 315, 383f., 388
Frey, Dagobert 386
Friedell, Egon 172f.
Friedmann, Alexander 19, 366

Friedrich der Große 108
Frowein, J. A. 311
Fuchs, Ernst 265
Fuchs, H. 256
Fuchs, P. 227
Fuller, R. W. 23
Fulton, John Farquhar 189
Fulton, R. 221
Funkenstein, A. 160, 163, 232

Gaballa, G. A. 193, 211
Gabriel, O. W. 323
Gadamer, H. G. 287, 385
Gaertner, H. J. 76
Gaiser, K. 287
Galilei, Galileo 2, 6, 8, 87, 134, 175, 366
Galley, N. 100
Gamow, George 19
Gardiner, W. 47
Gardner, M. 88
Gayōmard 244f.
Geballe, T. R. 29
Gebsattel, V. E. 74
Gehlen, Arnold 215, 221
Geldner, K. F. 255
Geller, Gregor 336
Gellner, E. 154
Gent, Werner 146, 171, 226, 388
Georgi, H. 38
Gerstenberger, H. 323
Ghazarian, Heigaz 100
Giacconi, Ricardo 27, 29f.
Giedke, H. 75
Giscard d'Estaing, Valery 291
Glandsdorff, P. 49
Glashow, Sheldon L. 39
Glotz, Peter 292
Gobryas 245
Gödel, Kurt 57
Göpfert, Herbert G. 100
Görres, Joseph 160
Goethe, Johann Wolfgang 155, 320
Götze, Alfred 148, 155
Goff, J. le 166
Goldschmidt, V. 266, 287
Gombrich, E. H. 189, 221
Goodwin, F. K. 142
Graefe, Eckart 192, 221

Graefe, Erhart 203, 214, 221
Grant, E. 145
Grass, Günter 100f.
Grawert, R. 308
Greenaway, Frank 385
Greiffenhagen, Martin und Sylvia 323
Griffiths, John Gwyn 208
Grind, W. van de 98
Grindlay, J. E. 28
Groenewegen-Frankfort, H. A. 192, 221
Groot, H. B. de 218, 221
Grosser, A. 292
Grotius, Hugo 286
Grünbaum, Adolf 85
Gründgens, Gustav 303
Grüsser, Otto-Joachim 79–132, 377, 391
Grüsser-Cornehls, Ursula 80f., 118f., 121
Gruhl, Herbert 337f.
Gruhle, H. W. 68
Grundmann, Herbert 163, 172
Guardini, Romano 153
Gudonov, Boris 345
Güde, M. 329
Gülke, P. 165
Gundel, H. 243
Gunn, Battiscombe 197
Gurjewitsch, A. J. 147, 156, 158, 161, 165, 170
Gursky, Herbert 27, 29
Guyon, Jeanne Marie Bouvier de La Mothe 73
Guzzoni, Alfredo 285, 288
Gwinner, E. 138f.

Haarbrücker (Übersetzer) 247
Haber, F. C. 383
Habermas, Jürgen 187f., 329
Häberle, Peter 289–343, 392
Haeckel, Ernst 54
Häfner, Heinz 62, 68
Haken, Hermann 49f., 366
Halberg, F. 137
Haller, W. 302
Hamlet 346
Hammer, G. G. 37
Hampe, K. 171

Hannig, R. 199, 221
Harenburg, J. 301
Harrison, B. K. 26
Hartkopf, G. 292
Haury, C. E. 340
Hauser, A. 165
Haussig, H. W. 239, 242
Haydn, Joseph 351, 353, 355f. 360f.
Hegel, Georg Wilhelm Friedrich 99ff., 187, 190, 260, 285, 324, 384
Hehl, Friedrich W. 34
Heidegger, Martin 85f., 288, 369, 381
Heidelberger, M. 145
Heimann, Hans 59–78, 142, 377f., 392
Heinemann, Gustav 330
Heinrich, K. 250
Heisenberg, Werner 32, 39
Heiss, R. 182
Heitsch, E. 236
Hekataios von Abdera 191
Helck, W 189, 194, 220
Held, R. 91
Helgeland, J. 287
Heller, Hermann 319
Hellholm, D. 220
Hellner, K. A. 119
Henke, W. 315, 329
Hensel, H. 91
Herakles 258
Heraklit 234f., 257–261
Hercules Oetaeus 273
Herder, Johann Gottfried 155, 285
Hering, Ewald 89
Hermippus 245
Hermodoros 245
Herodot 242, 285
Herrmann, S. 158
Herzog, R. 305
Hesiod 236f.
Hesse, Hermann 385
Hesse, Konrad 301, 310, 326, 328, 392
Heuss, Theodor 340
Heußner, Hermann 303, 309
Hickel, R. 339
Hieronymus (Heiliger) 160
Hildebrandt, G. 135

Hinnells, J. 250
Hiob 269
Hippasos von Metapont 235
Hippius, Hanns VIII
Hippolyt 258, 261
Höhne, P. 105
Hölscher, Uvo 287
Hoff, H. 68
Hoffmann, E. v. 178
Hoffmann, K. 138, 253
Hofmann, H. 334
Holstein, G. 319
Holzner, P. 132
Homer 258
Hoppe, H. 340
Hopt, K. 307
Horneffer, Ernst 288
Hornung, Erik 196f., 203, 207, 213, 215, 219, 221
Horus 209ff.
Horvath, M. 369
Hubble, Edwin Powell 12, 19, 365f.
Huber, Ernst Rudolf 300, 315
Huber, Hans 299, 320, 329
Hufeland, Christoph Wilhelm 143f.
Hugger, W. 307
Hund, F. 365, 384
Hus, Jan 174
Hušetar (Heiland) 255
Husserl, Edmund 384
Husserl, G. 294, 299
Huygens, Christian 9
Hystaspes 246, 256
Hyvärinen, J. 112

Iambulos 268
Immenga, U. 301
Isensee, Josef 329
Iserloh, E. 167
Isis 210, 237

Jacobus (Verfasser des Jacobusbriefes) 158
Jacoby, F. 266, 286
Jeaschke, W. 264f., 267, 287
Jahrreiss, Hermann 307
Jahwe 203, 229, 267, 284
Jantzen, H. 165
Janus 294, 343

Jaspers, Karl 153, 288
Jellinek, Georg 319, 329
Jens, Walter 329
Joachim von Fiore 163f., 173, 232
Joerden, R. 178
Johannes (Evangelist) 256
Johannes von Salisbury 163
Johnsson, A. 74
Jonas, H. 333
Jones, R. F. 177
Joyce, James 384
Jünger, Ernst 135, 169
Jung, R. 68, 98, 125
Junge, F. 191, 199, 216, 221
Junker, H. F. J. 249

Känel, Hans 34
Kaiser, J. H. 294, 327
Kakosy, L. 203, 221
Kaletsch, H. 251
Kalivoda, R. 174
Kant, Immanuel 61, 85, 225, 227, 252, 371
Kapadia, D. D. 255
Karl IV. 168f.
Karpen, H.-U. 306
Kaufmann, E. 319
Kawabata, Yasunari 385
Keel, O. 221
Kees, H. 196, 221
Kelpe, Günter 34
Keresāspa/Krišasp 256
Kern, H. 251
Kerr, F. J. 28
Kerr, Roy P. 26
Kestin, Hanno 154
Kidd, G. 266
Kierkegaard, Sören Aabye 257
Kirchhof, P. 299
Klages, Ludwig 288
Klasens, A. 215, 222
Kleanthes 270
Klinke, R. 94
Kloepfer, M. 293, 305f.
Klug, Ulrich 329
Kluge, Friedrich 148, 155
Kluxen, Kurt 145f., 150
Knies, W. 331
Koch, Hal 271

Koch, K. 232, 236
Koch, W. A. S. 339
Koefoed-Petersen, O. 190, 222
Köhler, L. 265
Köhler, O. 301
Kolakowski, Leszek 318, 335
Kollegg, E. 29
Konfuzius 153
Korsakow, S. 70, 377
Koschmieder, E. 199, 222
Koselleck, Reinhard 145ff., 178ff., 314
Kotulová, E. 173
Kraepelin, Emil 74, 78
Kramer, F. 227, 254
Krau, W. 169
Krauss, R. 193, 222
Krawczynski, M. 132
Kries, J. 85
Kristian, J. 29
Kronos 148, 170
Krüger, Herbert 329, 332
Krüger, L. 85
Kruse, R. 125
Kubbler, G. 189, 191, 222
Küffner, H. 168
Kühn, D. 329
Kuhn, Thomas S. 369
Kurylowicz, J. 199, 222
Kyros der Große 231

Lackeit, Conrad 258
Lactanz 246, 256, 269, 271f.
Lacy, J. H. 29
Laessoe, J. 228
Landmann, M. 154
Landsberger, B. 253
Lang, E. 339
Lange, Heinrich 61
Langham, Wright 21
Laplace, Pierre Simon 23
Larenz, Karl 315
Lassalle, Ferdinand 260
Lawrence, David Herbert 384f.
Lawrence, Nathaniel 384
Layton, B. 247
Leach, E. R. 254
Leclercq, J. 158, 166
Lee, Tsung Dao 11

Legrain, G. 196, 222
Leibniz, Gottfried Wilhelm 17, 35, 53, 84, 171, 173, 269, 384
Leibowitz, H. W. 91
Leisi, Ernst 387
Leisner, W. 299
Lenk, K. 307
Leonardo da Vinci 175
Lerche, Peter 292, 296, 301, 305, 310
Leuschner, H. J. 146
Levy, H.-B. 177
Liddell H. G. 234
Lincoln, B. 256
Lipp, E.-M. 340
Lipsius, Justus 286
Lloyd, H. A. 168
Locke, John 298
Löw, K. 329
Löwe, H. 162
Löwith, Karl 154, 257, 262f., 278, 285, 288
Lommel, H. 248
Lorentz, Hendrik Antoon 88
Lorenz, Konrad 89
Loschmidt, Joseph 42
Luce, R. 48
Lucilius 276
Lucullus 271
Ludz, Peter Christian 146
Lübke, A. 168
Lübke, L. 168f.
Lüscher, Edgar 365-368, 392
Lüth, Erich 309
Luhmann, Niklas 146f., 150, 316
Lukian 258
Lukrez 271
Lunkenheimer, H. U. 98
Luther, Martin 172, 175

Mach, Ernst 89, 91, 109f., 134, 365
Machamer, P. K. 145
Machiavelli, Niccolò 175
Mähl, H.-J. 176, 180
Maeyer, L. de 37
Mahāvīra 239
Mahler, Gustav 351, 360f.
Mai, P. 172
Maier, H. 292

Maihofer, Werner 293
al-Makrīzī 221
Malinowski, Bronislaw 318
Mann, Klaus 303
Mann, Thomas 373, 384
Mannheim, Karl 336
Manu 237
Map, Walter 162
Maria (Jungfrau) 160
Marnitz, S. 311
Marquard, Odo 278
Marsilius von Padua 167
Marrou, H. I. 250
Martin, A. von 183
Marx, Karl 153, 179, 187, 384
Matz, U. 292
Maunz, Theodor 301, 305, 332, 336
Maurice, M. 168
Maxwell, James Clerk 4 ff.
Mayer-Bohne, Christa 34
Mayer, Gross, W. 65, 68
Mayer-Tasch, P. C. 300
Mayntz, R. 307
Megegi aus Theben 196
Meier, Christian 220
Meinhardt, H. 54
Merikare (König) 189, 221
Merten, D. 292
Messias 237, 262 f., 274 ff., 281, 284
Meyer, Rudolf W. 100, 315, 387
Michel, J. 23
Mickunas, A. 150, 154
Minkowski, E. 71
Minkowski, Hermann 35
Misner, C. W. 25
Mithra 249 f.
Moeller, V. 238
Mößbauer, Rudolf 9
Mössner, J. M. 327
Mohler, Armin 292, 337, 383–393
Molé, M. 255
Mombert, P. 339
Monier-Williams, M. 237 f., 240
Monod, Jacques 15
Montesquieu, Charles de Secondat 155, 298 f., 307, 315, 319
Montinari, M. 286
Moore, W. E. 315
Mordek, B. H. 162

Morenz, S. 195, 222
Morsey, R. 292
Morus, Thomas 177, 298
Moses 267
Mozart, Wolfgang Amadeus 351, 353, 357, 359 ff.
Mühl, Max 287
Mühlmann, Wilhelm E. 237, 254, 256
Müller, Christian 59
Müller, E. W. 254
Müller, G. 254
Müller, Gebhard 308
Müller, Gert Heinz 383
Müller, Günther 386
Müller, M. 68
Münch, J. von 311
Münster, A. 39
Mumford, Lewis 168
Muth, L. 100

Narr, D. 329
Nawiasky, H. 297
Nebneteru 221
Neck, G. 287
Needham, J. 159, 174, 182
Nefersecheru 210
Nefertari 213
Nephtyhs 210
Nero 160, 265, 272, 276
Nestle, Wilhelm 258, 260, 288
Negebauer, O. 194, 222, 235
Newton, Isaak 3 f., 6 f., 18, 35, 87, 173, 225, 235, 365 f., 373, 380
Nicolaus von Cues 167, 171 f.
Niebuhr, Barthold Georg 178
Niebuhr, Reinhold 264
Nietzsche, Friedrich 257–260, 262 ff., 279, 284 ff., 288, 384
Niewisch, T. 232
Nilsson, M. P. 251
Nipperdey, Thomas VIII
Niwinski, A. 198, 200, 219, 222
Noah 275
Nock, A. D. 228
Nohl, Hermann 177 ff.
Nossack, H.-E. 329
Noth, M. 232
Novalis 176, 180
Nyberg, H. S. 243, 246, 255

Oehler, R. 260, 288
Oetinger, Friedrich Christoph 176
Ogilvie, R. M. 269, 287
Ōhrmazd (= Ahura Mazdā) 244, 248, 255
Olbers, Wilhelm 12
Onnophrius 209
Oort, Jan 28, 366
Oppenheimer, J. R. 23
Orban, J. 43
Origenes 271
Orion 212
Oroiael 249
Orpheus 346
Ort, J. H. 29
Osiris (Wan-nafre) 203, 208–215, 222
Osiris Amenophis 211
Osiris Antef 211
Osiris Ranofer 211
Ossenbühl, F. 302, 306
Ostanes 245
Osten-Sacken, P. von der 254
Otto, Eberhard 193, 196, 220, 222, 389
Otto von Freising 162
Overbeck, Franz 262
Overseth, O. E. 88

Panaitios 261
Pannenberg, Wolfhart 204, 279, 287
Panofsky, Erwin 170
Pautrat, Bernard 288
Papousek, M. 142
Park, David A. 384
Parker, R. A. 193, 222
Parson, T. 320
Pascal, Blaise 257
Paul, Hermann 165
Paulus 160, 262, 281
Pauly, August Friedrich 243
Pazatas 245
Pease, St. 269, 271f.
Peebles, P. J. E. 18
Peisl, Anton 292
Penrose, Roger 27
Penzias, A. A. 18, 366

Penzoldt, Ernst 133
Persephone 279
Pestalozza, Ch. 296, 300, 304, 339
Petosiris 196
Petrarca 167, 250
Pétrement, S. 249
Petrus 160
Peuckert, W.-E. 256
Pflug, B. 74 ff., 142
Philo von Byblos 261, 286
Piaget, Jean 62, 68 f., 72, 315
Piankoff, A. 202, 213, 218
Picasso, Pablo 329
Pichler, E. 68
Pico, Giovanni (= Pico della Mirandola) 172
Pingree, D. 234, 237, 240
Pirson, D. 307
Planck, Max 10, 27, 32, 36, 39
Platon 84, 154, 190 ff., 198, 201, 204 ff., 235, 245 f., 258, 267, 270, 287
Plinius 245
Plotin 275, 282, 287
Podlech, A. 301
Pöppel, Ernst 91, 369–382, 384
Pötzl, H. 68
Pohlenz, Max 271
Poincaré, Henri 6, 38, 42, 44, 56, 365
Polybios 154, 278, 285
Popper, Karl Raimund 59, 85, 89, 317, 320
Portmann, Adolf 387
Poseidonios 266, 269–273, 288
Post, R. R. 167
Poulet, Georges 387
Powenz, Baltus 133
Prigogine, Ilya 14, 49, 56, 366, 379f., 388
Progoff, I. 171
Proust, Marcel 384
Ptahhotep 196, 223
Ptolemäus, Claudius 195
Publilius Syrus 278
Püttner, G. 333, 340ff.
Pythagoras 84, 235, 267

Qohelet 263, 265
Queisser, Hans-Joachim 366

Rackensperger, W. 128
Raiser, L. 329
Rambova, N. 202
Ramses VI. 213
Ranke, Leopold 150f., 181, 288
Rasehorn, T. 323
Rausch, H. 323
Rawls, J. 336
Re 206–209, 212–216
Redeker, K. 303
Reeves, Marjorie 163f.
Reich, K. 235
Reichardt, M. 126
Reichel, P. 323
Reichenbach, Carl-Ludwig 365
Reich-Ranicki, Marcel 303
Rein, H. 389
Reinberg, A. 142
Reinhardt, K. 266, 288
Reischies, F. 105
Reitzenstein, R. 236
Renan, A. 335
Rey, Jean-Michel 288
Rhetorios 234f.
Ricardo, David 339
Richard II. 320
Rickert, Heinrich 252
Ricoeur, Paul 385
Ridder, H. 292
Rieger, K. 126
Riehl, Alois 288
Rienzo, Cola di 174
Riley, Eva 34
Ritsema, Rudolf 387
Rodriguez, L. F. 29
Rödig, J. 306
Römhild, A. 167
Röntgen, Wilhelm Conrad 27–30
Rogowski, R. 307
Rohde, E. 236
Roll, P. G. 18
Rommel, M. 292
Rosenfeld, H. 170
Rosenne, S. 294
Rossi, Bruno 27
Roth, J. A. 315
Roth, R. 236
Rousseau, Jean-Jacques 180, 257, 299, 384

Rowell, L. 385
Rudolph, K. 229
Rüegg, W. 100
Ruffini, R. 23
Rupert von Deutz 162
Rupp, Hans 336
Rupp von Brünneck, Wiltraud 303
Rutenfranz, J. 143

Sachau, Eduard 244
Sachmet 195
Šahrastānī 242
Saladin, P. 308, 335
Salam, Abdus 39
Saletu, B. 75
Salsano, A. 151
Sargent, W. L. W. 29
Sartre, Jean-Paul 288
Saturn 170, 180
Sauneron, Serge 212
Saykam, U. 132
Schaal, P. 340
Schaeder, H. H. 236
Schedel, Hartmann 159
Scheffner, D. 125
Scheftelowitz, J. 241
Schelsky, Helmut 309
Schenke, W.-R. 293, 297, 301, 305f., 317
Schenkel, W. 196, 199, 222
Scheuner, U. 293, 301, 310
Schiel, Hubert 61
Schild, Alfred 26
Schiller, Friedrich 182, 332
Schindler, D. 323, 327
Schirnding, Albert 62
Schissler, J. 323
Schlabrendorff, Fabian 304
Schlechta, K. 288
Schlegel, Friedrich 180f., 186, 285
Schleiermacher, Friedrich Ernst 260
Schlerath, B. 229, 248
Schlink, B. 301, 316
Schlögl, H. A. 191, 222, 366
Schlözer, August Ludwig 178
Schluchter, W. 316, 320
Schmid, Richard 329

Schmid, W. 245, 265
Schmidt, R. 94
Schmitt, W. 336
Schmitt Glaeser, W. 307, 309
Schneider, Hans-Peter 326
Schnoor, H. 292
Schöps, M. 315
Scholem, Gershom 263, 274f., 280, 282, 284
Scholz, R. 305
Schott, S. 193, 215, 222
Schrader, F. O. 239f.
Schraft, H. 336
Schreier, E. 29
Schrödinger, Erwin 7
Schubert, Franz 345, 360
Schultz-Hencke, Harald 60
Schumann, Robert 358, 360f.
Schuster, Peter 47, 51, 391
Schuster, R. 306
Schwaiger, G. 172
Schwanz, E. 121
Schwarzschild, Karl 24, 367
Schweitzer, Albert 99ff.
Scott, R. 234
Seibt, Ferdinand 145–188, 393
Sembach, KL.-J. 251
Semler, Johann Salomon 178f.
Seneca 269–273, 276–282, 287
Sening, C. 328
Sethe, K. 191, 193, 222
Shakespeare, William 80, 320
Shannon, Claude 89
Sharma, A. 237, 240, 254
Shell, K. L. 323
Siedow, H. 63
Sigrist, Chr. 227, 254
Simmel, G. 252
Simon, Helmut 303, 309, 329
Simonsen, S. C. 28
Smend, R. 293, 310, 317, 319, 323, 326
Smith, Jonathan 239
Smoluchowski, Marian von 45
Snyder, H. 23
Soden, W. von 234, 239, 253
Sokrates 132, 153, 260f.
Sombart, W. 170, 183
Sontheimer, K. 329

Sophokles 298
Sorokin, Pitirim A. 177
Spaemann, R. 337
Spangenberg, B. 303
Speiser, E. A. 230
Spehlmann, R. 125
Spener, Philipp Jacob 176
Spengler, Oswald 154, 264, 284
Sphujidhvaja 240
Spiegel, Joachim 211, 222
Spiegelmann, S. 48
Spinrad, H. 29
Spörl, J. 163
Spoerri, W. 266, 288
Staats, J.-F. 306
Staeck, K. 329
Staiger, E. 387
Stählin, O. 265
Stammen, T. 323
Starbatty, J. 339
Starck, Ch. 297
Stauffer, J. 29
Stein, Erwin 303
Stein, H. 65
Stein, Lorenz 339
Steinen, W. von der 161
Steiner, G. 190, 222
Stephanus (Heiliger) 160
Stern, K. 340, 342f.
Stober, R. 332
Storch, A. 72f.
Straus, Erwin 61, 74
Stravinsky, Igor Feodorowitsch 358
Strebel, H. 327
Stricker, B. H. 219, 222
Strothmann, W. 288
Sueton 281
Sütterlin, Christa 364
Sumper, M. 48

Talmon, Sh. 254
Tananbaum, H. 28f.
Tarski, Alfred 57
Tatenen 222
Taubes, Jacob 263, 278f., 282, 284
Tellenbach, H. 220
Teuber, H.-L. 91
Theopomp von Chios 242, 245
Thews, G. 94

Thiessen, S. 145
Thom, René 50
Thomas (Apostel) 160
Thomas von Aquin 287
Thorne, K. S. 25 f.
Toth 206
Thraētaona/Frētōn 255 f.
Thukydides 149, 285, 287
Tillich, Paul 182
Timaios aus Lokri 84, 198, 201, 204, 267
Timm, A. 182
Timm, C. 301
Tissot, R. 70
Tocquille, Alexis Clérel 315
Torbaldo di Francia, N. 33
Townes, Charles H. 28 f., 367
Toynbee, Arnold 154, 288
Toynbee, A. J. 385
Triepel, H. 323
Troeger, Heinrich 311
Troll, C. 386
Trompf, G. W. 288
Tschaikowsky, Peter Iljitsch 358, 360
Tubach, J. 232
Turnbull, R. G. 145
Tutanchamun 202

Uexküll, Jacob Johann 98, 127 f.
Ule, H. 294
Umāra al-Yāmani 192
Uroboros 218–221

Vaihinger, Hans 288
Vanderleyen, C. 190, 193, 222
Varāha Mihira 240 f.
Vasari, Giorgio 220
Verba, S. 323
Vergil 273 f.
Vettius Valens 240 f.
Vico, Giovanni Battista 179
Vilmar, F. 333
Voegelin, Erich 384
Vogel, K. 327
Vogelfrei (= Prinz Vogelfrei) 259
Vogt, J. 288
Voltaire 178, 186
Vosskamp, W. 182

Wachsmuth, W. 135

Wachteri, Johann George 17
Waerden, B. L. van der 233 f., 239 f., 243, 288
Wagner, F. 178
Wagner, H. 87
Wagner, R. 333
Wagner, Richard 387
Wahl, R. 308
Wakano, M. 26
Walser, Martin 329
Walther von der Vogelweide 164 f.
Weber, A. 155
Weber, Ernst Heinrich 95, 102
Weber, Kaspar 66 ff.
Weber, Max 159
Weber, W. 293
Wehr, T. A. 142
Weichmann, H. 292
Weinberg, Steven 22, 39
Weinmann, H.-M. 125
Weiss, Louise 334
Weissmann, Ch. 48
Weizsäcker, Carl Friedrich 88, 187 f., 225, 329
Wellek, A. 67
Wendorff, Rudolf 145, 156 f., 161, 165, 167 ff., 172 f., 175 ff., 226, 294, 315–318, 383, 388
Wenzl, A. 386
West, Robert 256
Westendorf, W. 208, 220 ff.
Westphal, J. A. 29
Wever, R. 136, 140
Wheeler, John Archibald 12, 17–34, 86, 204, 366 f., 393
Whitehead, Alfred North 384
Widengren, G. 242
Wieacker, F. 319, 336
Wieland, Johann Christian 180, 186
Wienholtz, E. 305
Wießner, G. 221
Wilamowitz-Moellendorff, Ulrich von 258
Wildung, D. 200, 222
Wilkinson, D. T. 18
Williams, Ann 163
Wilson, C. P. 29, 366
Wilson, R. W. 18
Winckelmann, Johann Joachim 285

Winkler-Oswatitsch, Ruthild 43, 47, 53, 391
Winzer, G. 132
Wissowa, Georg 243
Withrow, Gerald James 385, 388
Wittgenstein, Ludwig Josef Johann 370
Wolf, Erik 336, 392
Wolf, W. 193, 222
Wolf-Brinkmann, E. 212, 222
Wollmann, E. R. 28
Wollmann, H. 307
Woolf, H. 33
Woeringer, W. 190, 222

Xanthos der Lyder 242, 245, 247
Xenophanes von Kolophon 260, 282
Xerxes 245 f.

Yaker, H. 315
Yama (Urkönig und Totenrichter) 241
Yang, Chen Ning 11
Yavaneśvara 240
Yima (Urkönig) 244 f.

Young, Edward 218
Young, P. J. 29
Yoyotte, Jean 195, 209, 222

Žaba, Z. 196, 223
Žabkar, L. V. 212, 223
Zach, F. von 23
Zacher, H. F. 309, 311
Zaehner, R. C. 245., 248
Zalmoxis 267
Zaman 247 ff.
Zarathustra (= Zoroaster) 228 ff., 241 f., 244–248, 255, 257, 259, 267
Zaunick, Rudolf 386
Zeller, Eduard 261
Zemanek, H. 173
Zemanek, K. 89, 327
Zenon 261
Zermelo, Ernest 42, 47
Zeus 148
Zierlein, B. 302
Zimmermann, V. A. 158
Zinzendorf, Nikolaus Ludwig 182
Zurvan 241, 247–251

Schriften der Carl Friedrich von Siemens Stiftung

Südliches Schloßrondell 23, 8000 München 19

Im Buchhandel lieferbar:

Band 1:
Der Mensch und seine Sprache
1979. 380 Seiten

Band 2:
Der Ernstfall
1979. 240 Seiten

Band 4:
Kursbuch der Weltanschauungen
1980. 448 Seiten

Band 5:
Reproduktion des Menschen
1981. 330 Seiten

Band 8:
Peter R. Hofstätter
Psychologie zwischen Kenntnis und Kult
1984. 212 Seiten

Band 9:
Psychologie – Psychologisierung – Psychologismus
1985. 160 Seiten

Band 10:
Einführung in den Konstruktivismus
1985. 159 Seiten

Band 11:
Armin Mohler (Hrsg.)
Wirklichkeit als Tabu
1986. 200 Seiten

Oldenbourg

Heinrich Meier (Hrsg.)

Die Herausforderung der Evolutionsbiologie
Mit Beiträgen von Richard D. Alexander, Norbert Bischof, Richard Dawkins, Hans Kummer, Roger D. Masters, Ernst Mayr, Ilya Prigogine und Christian Vogel.
294 Seiten mit 28 Abbildungen. Serie Piper 997

Keine wissenschaftliche Revolution der Moderne hat das Selbstverständnis des Menschen sichtbarer verändert und in den Augen vieler tiefgreifender erschüttert als die Umwälzung, die Darwin und seine Nachfolger bewirkt haben. Die Herausforderung der Evolutionsbiologie reicht daher über den Streit der Wissenschaft weit hinaus. Sie richtet sich nicht nur an die Humanwissenschaften und die Philosophie, für die sie neue Perspektiven eröffnet. Eine Wissenschaft, die sich anschickt, den Ursprung des Menschen zu erhellen und seine Natur zu erforschen, stellt auch eine religiöse und politische Herausforderung dar.

»Heinrich Meier, der 35jährige Leiter der Münchner Carl Friedrich von Siemens Stiftung, nennt das dezent: ›Die Herausforderung der Evolutionsbiologie‹. Davon hat er eine Elite der einschlägigen Wissenschaften im regelmäßig überfüllten Nymphenburger Kavaliershaus der Stiftung Zeugnis ablegen lassen. Seinen akademisch geschulten Gästen dort hat es mitunter den Atem genommen. Jetzt, weiter präzisiert im Buch, gewinnt das eine noch stärkere Brisanz.«
Der Spiegel

PIPER

Manfred Eigen / Ruthild Winkler

Das Spiel
Naturgesetze steuern den Zufall
404 Seiten mit 68 zum Teil farbigen Abbildungen.
Serie Piper 410

Alles Geschehen in unserer Welt gleicht einem großen Spiel, in dem von vornherein nichts als die Regeln festliegen. Das Spiel ist ein Naturphänomen, das schon von Anbeginn den Lauf der Welt gelenkt hat: die Gestalten der Materie, ihre Organisation zu lebenden Strukturen wie auch das soziale Verhalten des Menschen.
Dies ist die Quintessenz des faszinierenden Buches des Göttinger Biochemikers und Nobelpreisträgers Manfred Eigen und seiner Mitarbeiterin Ruthild Winkler, das in seine subtile, aber stets praxisbezogene Untersuchung auch brisante »apokalyptische« Themen unserer Zeit, z. B. die Frage der Genmanipulation und des Wachstums in einem begrenzten Lebensraum, mit einbezieht.

». . . ein Buch, aus dem der Leser höchst komplizierte Fakten und Vorgänge ›spielend‹ lernt«. Die Zeit

Von Manfred Eigen liegt vor:

Stufen zum Leben
Die frühe Evolution im Visier der Molekularbiologie
311 Seiten mit 50 zum Teil farbigen Abbildungen. Leinen

Der Nobelpreisträger Manfred Eigen zeigt in den »Stufen zum Leben«, daß die Voraussetzungen für die Entstehung des Lebens in jüngster Zeit sowohl theoretisch als auch experimentell erforschbar geworden sind. Dadurch erscheint Darwins Evolutionstheorie in einem neuen Licht. Eigens neues Buch – das ist aktuelle Evolutionsforschung aus erster Hand.

»Manfred Eigens ›Stufen zum Leben‹ ist ein solides Sachbuch, das den Charakter eines Grundlagenwerkes hat.« Frankfurter Allgemeine Zeitung

PIPER

Harald Fritzsch

Eine Formel verändert die Welt
Newton, Einstein und die Relativitätstheorie
346 Seiten mit 82 Abbildungen. Geb.

Harald Fritzsch, der mit »Quarks – Urstoff unserer Welt« und »Vom Urknall zum Zerfall« bereits ein großes Publikum erreichen konnte, bringt dem Leser in seinem Buch Einsteins Relativitätstheorie auf besonders eingängige Weise nahe: Newton, Einstein und der erfundene zeitgenössische Physiker Haller erklären sich gegenseitig und damit auch dem Leser die Relativitätstheorie und ihre Folgen.

QUARKS
Vorwort von Herwig Schopper.
320 Seiten mit 91 Abbildungen. Serie Piper 332

»Dem mit physikalischen Grundprinzipien vertrauten Leser wird dieses Buch eine Fülle neuer Einsichten vermitteln.«   Süddeutsche Zeitung

Vom Urknall zum Zerfall
Die Welt zwischen Anfang und Ende
351 Seiten mit 55 Abbildungen. Serie Piper 518

»Aber das Besondere ist wohl, daß sich die Darstellung so spannend und überzeugend liest und daß man das Gefühl hat, hervorragend informiert zu werden.«   Heinz Maier-Leibnitz

»Gemessen an der Komplexität der Phänomene versteht es der Autor aber gekonnt, auch komplizierteste Zusammenhänge klar und verständlich auf ihren wesentlichen Kern zu reduzieren.«   Bernd Kröger, DIE ZEIT

P̄IPER

Edgar Lüscher

Moderne Physik

Von der Mikrostruktur der Materie bis zum Bau des Universums
Unter Mitarbeit von Ernst Hofmeister. 508 Seiten mit 330 Abbildungen und 50 Tabellen. Serie Piper 457

Die moderne Physik hat unser Leben und unser Weltbild entscheidend verändert. Angewandte Physik in Form der modernen Technik ist aus unserem Alltag nicht mehr wegzudenken – die immer wichtiger werdende Mikroelektronik ist dafür nur ein Beispiel. Dieses Buch macht die moderne Physik in ihrer Gesamtheit, von der Mikrostruktur der Materie bis zum Bau des Universums, deutlich. Grundlegende Arbeitsgebiete – wie etwa Raum und Zeit, Wellen, Energie, Festkörperphysik – werden anschaulich dargestellt und in ihren Zusammenhängen verdeutlicht. Unterstützt von über 330 meist farbigen Abbildungen, erhält der Leser einen einzigartigen Einblick in die Werkstatt des modernen Physikers.

»Es gibt im ganzen deutschen Sprachraum kein vergleichbares Buch, mit welchem der Laie sich den ganzen Korpus der Physik fast ohne Formeln in ihren Grundzügen einverleiben kann.. Viel mehr als eine faszinierende Einführung in die Physik: ein echter und fundamentaler Beitrag zur Kultur.« Neue Zürcher Zeitung

PIPER

Lust am Forschen
Ein Lesebuch zu den Naturwissenschaften
Herausgegeben von Klaus Stadler.
503 Seiten. Serie Piper 1050

»Lust am Forschen« möchte zeigen, warum Wissenschaftler gern forschen, welche Freude sie am Erwerb neuen Wissens und an überraschenden Ergebnissen haben. Dabei soll auch der eigentliche Prozeß des Forschens in den verschiedensten Bereichen moderner Naturwissenschaft deutlich werden. Glücklicherweise haben große Naturwissenschaftler immer wieder sowohl über ihre »Lust am Forschen« als auch über ihre Arbeit und deren Ergebnisse in Büchern berichtet, die sich auch an Nichtwissenschaftler wenden. Dieses Lesebuch versammelt 70 Texte von 51 Autoren, deren Bücher im Rahmen des wissenschaftlichen Programms des Piper Verlags erschienen sind. In 9 Kapiteln kommen Themen zur Sprache, die die Forschung in verschiedensten naturwissenschaftlichen Disziplinen vor allem in unserem Jahrhundert, aber auch schon in vorausgegangenen Zeiten geprägt haben. Einige Texte stellen große Naturwissenschaftler früherer Jahrhunderte vor. Ziel des Buches ist es, die Leser mit einem breiten Spektrum naturwissenschaftlichen Forschens vertraut zu machen und sie zu eigenem Weiterlesen und Weiterdenken anzuregen.

P<small>IPER</small>

Alfred Gierer

Die Physik, das Leben und die Seele
Anspruch und Grenzen der Naturwissenschaft
310 Seiten mit 19 Abbildungen. Geb.
(Auch in der Serie Piper 927 lieferbar)

In diesem Buch zeigt der Physiker und Biologe Alfred Gierer die Reichweite, aber auch die prinzipiellen Grenzen naturwissenschaftlichen Denkens auf. Beides wird besonders deutlich im Verhältnis der Biologie zur Physik. Hier stellen sich die Fragen, was Leben ist, wie es entstand und sich bis zur Höhe des Menschen entwickelte, wie der Reichtum der Formen zu verstehen ist und in welcher Beziehung das Bewußtsein, die »Seele«, zu einem wissenschaftlichen Verhältnis der Lebensvorgänge steht.

»Gierers Buch war überfällig. Er überläßt die Diskussion um die unüberschaubare Komplexität der Wirklichkeit nicht länger den Philosophen, Theologen und Mystikern.« Die Zeit

»Gierer hat hier zweifelsohne ein sehr lesenswertes – im übrigen auch gut lesbares – Buch vorgelegt, das für jeden an den Grundproblemen eines naturwissenschaftlichen Weltbildes interessierten Leser einiges an Perspektiven bietet.« Spektrum der Wissenschaft

»Ein vorzügliches Buch, das die wissenschaftlichen Erkenntnisse von Logik, Erkenntnistheorie, Physik und Biologie auf dem neuesten Stand diskutiert.« Frankfurter Allgemeine Zeitung

Grégoire Nicolis / Ilya Prigogine
Die Erforschung des Komplexen

Auf dem Weg zu einem neuen Verständnis der Naturwissenschaften
Aus dem Engl. von Eckhard Rebhan und Rainer Feistel.
384 Seiten mit 110 Abbildungen. Kt.

Die beiden Autoren lassen die Leser teilhaben an aufregenden Entwicklungen in der modernen Naturwissenschaft. Sie sind davon überzeugt, daß Wissenschaft mit der interdisziplinären Erforschung des Komplexen den Menschen dazu verhelfen wird, ihre gesamte Umwelt besser zu verstehen und damit Lösungen für drängende Probleme zu finden.

Ilya Prigogine
Vom Sein zum Werden

Zeit und Komplexität in den Naturwissenschaften
Aus dem Engl. von Friedrich Griese. 304 Seiten. Kt.

Prigogine fand bei seinen Untersuchungen, die 1977 mit dem Nobelpreis für Chemie ausgezeichnet wurden, daß auch bei irreversiblen Prozessen geordnete Strukturen entstehen können. Für die Evolutionstheorie bedeutete diese Erkenntnis einen großen Schritt nach vorn. Sie hat nämlich insbesondere die Grundlagen dafür geschaffen, daß man nunmehr in der Lage ist, auch den Übergang von toter zu lebender Materie rational zu erfassen. Die neuen Vorstellungen sind nicht nur auf Probleme der Physik, Chemie und Biologie anwendbar, sondern eignen sich auch zur Beschreibung des Verhaltens sozialer Systeme.

Ilya Prigogine / Isabelle Stengers
Dialog mit der Natur

Neue Wege naturwissenschaftlichen Denkens
Aus dem Engl. und Franz. von Friedrich Griese.
347 Seiten mit 11 Abbildungen auf Tafeln und 28 Zeichnungen. Geb.

»Der ›Dialog mit der Natur‹, blendend geschrieben und hervorragend übersetzt, wird sich vermutlich als eines der wichtigsten Werke unserer Zeit erweisen.«

Bild der Wissenschaft

PIPER

Heinz Zahrnt

Gotteswende
Christsein zwischen Atheismus und neuer Religiosität.
276 Seiten. Geb.

Heinz Zahrnt analysiert die religiöse Situation der Gegenwart und ihre Zukunftsperspektive. Der kämpferische, humanistische Atheismus des 19. Jahrhunderts ist zur religiösen Gleichgültigkeit verkommen, andererseits hat die globale Bedrohung der Menschheit einen »metaphysischen Schock« versetzt. Eine neue Gottsuche auf oft fragwürdigen Wegen ist die Folge. Wenn das Christentum den Dialog mit den Suchenden nicht scheut und auf eine Verbindung von Weltvernunft und Spiritualität hinarbeitet, kann es Antworten finden, die auch in der Zukunft tragfähig sind.

Jesus aus Nazareth
Ein Leben. 320 Seiten. Geb.

Heinz Zahrnt hat *sein* Jesus-Buch geschrieben: keine Biographie, keine Christologie, sondern »ein Lebensbild, geformt aus den verschiedenen Aspekten seiner Erscheinung und so lebendig und anschaulich erzählt, wie Stoff und Autor es hergeben«.

Martin Luther
Reformator wider Willen. 264 Seiten mit 7 Abbildungen.
Serie Piper 5246

Die Sache mit Gott
Die protestantische Theologie im 20. Jahrhundert.
430 Seiten. Serie Piper 890

Westlich von Eden
Zwölf Reden an die Verehrer und die Verächter der christlichen Religion.
238 Seiten. Kart.

Wie kann Gott das zulassen?
Hiob – Der Mensch im Leid.
96 Seiten. Serie Piper 453

PIPER

Hans Küng

Christ sein
676 Seiten. Geb.

Ewiges Leben?
327 Seiten. Serie Piper 364

Existiert Gott?
Antwort auf die Gottesfrage der Neuzeit. 878 Seiten. Geb.

Freud und die Zukunft der Religion
160 Seiten. Serie Piper 709

Die Kirche
605 Seiten. Serie Piper 161

Rechtfertigung
Die Lehre Karl Barths und eine katholische Besinnung
Geleitbrief von Karl Barth. 393 Seiten. Serie Piper 674

Strukturen der Kirche
Mit einem Vorwort zur Taschenbuchausgabe und einem Epilog.
369 Seiten. Serie Piper 762

Theologie im Aufbruch
Eine ökumenische Grundlegung. 320 Seiten. Geb.

P<small>IPER</small>

Hans Küng

24 Thesen zur Gottesfrage
134 Seiten. Serie Piper 171

20 Thesen zum Christsein
75 Seiten. Serie Piper 100

Katholische Kirche – wohin?
Wider den Verrat am Konzil.
Herausgegeben von Norbert Greinacher und Hans Küng.
467 Seiten. Serie Piper 488

Hans Küng / Josef van Ess / Heinrich von Stietencron / Heinz Bechert
Christentum und Weltreligionen
Hinführung zum Dialog mit Islam, Hinduismus und Buddhismus
631 Seiten. Geb.

Hans Küng / Julia Ching
Christentum und Chinesische Religion
319 Seiten. Geb.

Menschwerdung Gottes
Eine Einführung in Hegels theologisches Denken als
Prolegomena zu einer künftigen Christologie.
Mit einem Vorwort zur Taschenbuchausgabe.
704 Seiten. Serie Piper 1049

Walter Jens / Hans Küng
Dichtung und Religion
Pascal, Gryphius, Lessing, Hölderlin, Novalis,
Kierkegaard, Dostojewski, Kafka
388 Seiten. Serie Piper 901

P<small>IPER</small>